量子力学

（第五版）

张永德 著

科学出版社

北京

内 容 简 介

本书讲述非相对论量子力学，内容新颖，阐述清晰，分析深入，不回避问题；包括量子力学的物理基础、Schrödinger 方程、一维问题、中心场束缚态问题、量子力学的表象与表示、对称性分析和应用、电子自旋、定态微扰论、电磁作用分析和应用、势散射理论、含时问题与量子跃迁等.

本书适合作为高校物理类各专业本科生或研究生教材，也可供教师及研究人员教学科研参考. 同时，书中针对不同学时给出了三种不同的选用方案. 为便于教学和自学，书中习题配有题解出版（《量子力学习题精解（第二版）》，张鹏飞，吴强，柳盛典编著）.

图书在版编目 (CIP) 数据

量子力学 / 张永德著. —5 版. —北京：科学出版社，2021.10
ISBN 978-7-03-070000-1

Ⅰ. ①量… Ⅱ. ①张… Ⅲ. ①量子力学－高等学校－教材
Ⅳ. ①O413.1

中国版本图书馆 CIP 数据核字(2021)第 203993 号

责任编辑：龙嫚嫚 罗 吉 / 责任校对：杨聪敏
责任印制：张 伟 / 封面设计：蓝正设计

科学出版社出版
北京东黄城根北街 16 号
邮政编码：100717
http://www.sciencep.com

北京盛通商印快线网络科技有限公司印刷

科学出版社发行 各地新华书店经销

*

2002 年 3 月第 一 版 开本：720×1000 1/16
2008 年 8 月第 二 版 印张：24
2015 年 8 月第 三 版 字数：484 000
2017 年 1 月第 四 版 2023 年 8 月第十七次印刷
2021 年 10 月第 五 版 印数：28851～29650

定价：59.00 元

第五版前言

本版继续注意加强物理分析. **其一**，第 1、3、11 三章三次涉及推导分析 Planck 公式. 第三次推导分析中指出：**Planck 公式（11.60）以极为简明的方式（$B_{ij}/B_{ji}=0,\pm1$）凝聚着 Maxwell-Boltzmann、Bose-Einstein、Fermi-Dirac 三大能谱分布**. 但鉴于课程限制，该处省略了针对全同费米子体系的 Fermi-Dirac 分布印证分析，只给了脚注指引. **其二**，关于波函数的物理解释. 书中首次指明了**微观粒子波函数是微观粒子潜在力学“能力”的完备描述**. 这里，力学能力描述方式虽然普适但却显然是抽象的. 只有在各个具体测量表象下所呈现出的各种物理实验表现，才是真实观察到的实验现象. 比如，如果没有任何外场，空间的内秉性质原本是各向同性的. 这时中心场氢原子波函数中的磁量子数 m 显然应当理解作为对于原子绕着将来（注意现在还没有!）出现的某个 z 轴转动能力的描述. 总之，在能力描述解释下，只存在波函数测量塌缩的随机性，并不存在不同表象波函数彼此转换塌缩解释的诡异性，也没有量子力学多世界并存物理解释的诡异性. 事情仅仅归结为抽象的能力描述和在某种具体情况下实际表现之间的关联. **其三**，物理上常常为了方便而使用带有奇性的数学计算. 但是，与此同时应当注意保持数学的最高原则——逻辑自洽性. 众所周知，即便在经典物理学中也经常遇到，比如牛顿力学就成功地使用着质点定义和轨道概念. 诚如 Dirac 所说:科学中有许多理论概念的例子，这些理论概念是实际上遇到的事物的极限，虽然它们在实验上是不能实现的，但它们对于自然规律的精确表达是有用的[①]. 量子力学并不例外，除了广泛使用平面波、阶跃势、无限深势阱和 δ 函数等等之外，中心场定态求解还使用了原点是奇性的球坐标系. 这时运算中除过 r，但其定义域包含零点（$r\in[0,+\infty)$）. 显然，此除法运算在坐标原点附近是不合法的！于是有必要考察由此奇性运算可能带来的后果. 果然，后果是出现了在直角坐标系中并不是解的多余解（§4.3 第 2 节）. 于是，为了保证量子力学数学逻辑自洽性，额外引入了限制条件 $\lim_{r\to0} r\psi(r)=0$ 以清除这些多余的非物理的解. 这就是在中心场坐标原点处波函数的自然边条件的由来. 许多量子力学书经常使用奇性计算而不考查相应数学逻辑是否自洽，叙述粗放了. **其四**，这里再次强调，物理内容很多的第一章可以简洁归纳为 2-1-3-5 四个数字. 同时参考测量对经典状态和量子状态影响的形象比喻——调皮刚强小男孩的面孔和敏感害羞小女孩

---

① P.A.M.Dirac，量子力学原理，北京：科学出版社，1965 年，第 47 页.

的面孔. 前者任你如何逗他，就只是一副“杠杠的”面孔！后者在逗她之前可以认为谈不上什么具体面孔——一副无表情的抽象的非哭非笑的面孔，其后则完全依赖于你用什么话逗她而定.

说到底，数学理论正确性的最高原则是逻辑自洽性，而物理理论正确性的最高原则是第三版前言所说“科学理性精神”. 其实，实验检验正是作为自然科学皇帝的物理学有时向数学说“不”的底气所在. 正因为如此，物理学发展史中多次摒弃（更多是部分摈弃）过大大小小的理论方案. 其中不乏看起来数理逻辑自洽优美的理论. 例如 Dirac 磁单极子理论，Witten 超弦理论等等.

作　者

2021 年 8 月 15 日

第四版前言

相对于第三版，这一版尽量增加了一些关于量子力学基本物理观念、物理思想、物理禀性、物理逻辑、物理分析、结果涵义的阐述，随时指明量子力学上层建筑（理论体系）与其实验基础（实验观测）之间的关联，也注意吸纳当代文献中适合在量子力学层次上讲述的结果. 此外，还指出了一些常见的不很清晰、不够严谨的数学处理. 另一方面，在不损及全书理论体系和不降低全书标准前提下，减轻了全书的分量. 为此，删去了超精细结构叙述、减少了谐振子路径积分计算、删去了讲述谐振子路径积分的附录六、删去了 **WKB** 近似中关于转向点的分析、放弃了向经典过渡的全面分析等. 这些内容可以在我的《高等量子力学》中找到更为详细深入的叙述. 此外，还改画了几幅插图，改变了个别地方的标记符号，改正了发现的书中和习题中的一些印刷错误. 作者感谢张鹏飞教授在本书校阅上许多帮助. 他还为本书编配了题解，并已由科学出版社配套出版. 希望这一切使本书更便于重点高校物理系师生教学使用.

虽然学习量子力学是艰苦的，但也能是愉快的；是费思量的，也能是有趣的；是繁重的，也能是驰骋的. 确实，纵观微观世界的量子力学，诚如朱熹所言：

半亩方塘一鉴开，天光云影共徘徊；

问渠那得清如许，为有源头活水来.

趁这次重印，我对本书作了一些主要是物理阐述的修订补充.

最后，作者感谢并铭记所有帮助过我的老师、好友、同行和学生. 年近七轮生肖，暮年体会，世事云烟，惟真情可贵，惟奉献长存.

作　者

2016 年 10 月 24 日

2018 年 1 月修改

2021 年 6 月修改

第三版前言

本书自 2002 年出版以来，现在是第三版．这次修订的基本想法是：在遵循原来体系，不降低原书标准的前提下，一、为便于初学者入门，删减了第一、二、五章中部分内容，其中有的则转移作为了附录；二、删去了电磁场真空态能量和 Casimir 效应的第 9.6 节．三、删去了讲述量子信息初步的整个第十二章；四、删去了推导量子统计分布的附录三，删去它们的理由是为了减轻总体份量，更大的理由是后继课程还会更深入地讲到它们；五、增加现在的附录三，讲解一个最简明的 von Neumann 测量模型；六、改进一些叙述，尽量说得更为清楚一点．特别是对那些时常有意回避或无意忽视的疑难问题，在课程范围之内尽量说一说．其中也包括一些数学问题，如从有限维矩阵代数运算向无限维算符运算过渡时，两者之间的差别等；七、顾及当代量子力学的新进展，吸收一点新的内容、观点和概念．**作者认为，修改后本书标准并没有降低，但整体上看，起点有所降低，份量有所减轻，叙述更集中、更清楚一些．结合相应题解，现在版本会更便于老师讲授和学生学习，更适合重点大学物理专业的教学．**

量子力学诞生已过百年，但迄今关于它还存在着极大争议和种种曲解，有的时候几乎就是排斥和抗拒，更多的则是不理解和隔阂！人类接受经典物理学就从没有经历如此艰难波折的过程．有鉴于此，从经典牛顿力学过渡到量子力学的时候，人们确实有必要以“吾日三省吾身”的反省精神，对自己的思想认识多一点剖析和领悟，并看透人们经常面临的“**三重雾霾**”①：**经典物理学带来的先入为主的偏颇、人类现在和将来全部观测能力具有的“人择原理”的局限、人类制定的全部“可道”之“道”带给人们的迷惑．在自然面前，人们只能虚心谨慎地遵从科学的“理性精神”——“相信实验，相信逻辑．遵照实验事实指引的方向，依靠逻辑拐杖前行”，别无选择！**

张永德

2015 年 1 月 1 日

① 张永德，量子菜根谭（第Ⅲ版），北京：清华大学出版社，2016 年，第 30 讲．

第一版前言

到 19 世纪末，经典物理学的两大支柱——牛顿力学和电磁波理论（包括光学）取得了辉煌的成就．经典物理学巨大成就的灿烂光芒，眩惑了人们的眼睛．原本对立的粒子和波这两种概念，被普适化、绝对化了．与此同时，牛顿力学和波动力学的描述方法也被普适化和绝对化了．仿佛物理学所研究的全部对象必定非此即彼．与此相应，Laplace 决定论也被普适化和绝对化起来，成了因果论的惟一正确形式，用 Einstein 的话来说就是：“无论如何，我确信上帝是不玩掷骰子的．”

当然，这句话并非 Einstein 观点的论据，只能说表达了他的信念．但至少到目前为止，我们可以说，这是一种混入了主观推测的信念，现实物理世界并非如此．正如 Bohr 所说，人们能有什么“根据”去肯定“上帝”是“不玩掷骰子”的呢？就凭经典物理学和 Laplace 决定论的巨大成就吗？这显然是一种含有主观成分的外推、一种不可靠的根据．

因为，经典物理学（以及和它相伴的 Laplace 决定论）在取得辉煌成就的同时，也暴露出极大的局限性：牛顿力学（包括后来建立的相对论力学）只局限于研究物体在其外在时空中的力学运动，并没有涉及物体的物质结构、物质的内禀属性、物质种类的相互转化；而光学（包括后来的电磁波理论）只局限于研究光的传导，并没有涉及光的产生和吸收、光和物质相互作用的机制．经典物理学一旦超出原先范畴，进入这些新领域，立即显得捉襟见肘、漏洞百出．就在经典物理学处于巅峰的 19 世纪末，也已经发现许多无法用经典物理学理解的现象．比如，Becquerel 发现的放射性现象、黑体辐射中的紫外灾难、光电效应等．虽然它们仅仅是当时经典物理学万里晴空中远在天边的几朵乌云，但预示着暴风雨即将来临．

话得说回来，人们经常习惯于根据已有的知识和经验去思考新问题、理解新现象．尤其当现有理论已经取得辉煌成就的情况下，更是如此．也正因为这样，这时的理论也常会转化成无形的“囚笼”，束缚或钝化人们的创造性思维．不幸的是，这种对思想的束缚或钝化作用经常是习惯性的、不自觉的，因而也就是不易挣脱的．所以，量子力学的初学者，在从经典物理学过渡到量子物理学的时候，必须善于剖析自己从宏观日常经验中积习起来的观念，善于从经典物理学这种先入为主的“囚笼”中挣脱出来，从下意识的“人择原理”的偏颇中解放出来．依照新的实验事实所指引的方向，利用逻辑思维前进．新的实验事实是医治我们物理思想僵化的特效药方；逻辑思维是扶助我们前进的惟一可靠工具．两者相结合，才是正确指引我们前进的

灯塔，才是肯定、修正或否定新旧物理理论的惟一裁判，才是肯定、修正或否定我们积习观念的惟一裁判．其中，实验检验又是最高和最后的裁判．

当今的量子理论已经发展成为庞大的理论群体．不夸张地说，量子理论是物理学家迄今为止所建立的最宏伟的物理理论．它博大精深、包罗万象，小至夸克和胶子的量子色动力学，大至宇宙的早期理论，无所不在，已经取得了前所未有的辉煌成就．

正如在经典物理学辉煌成就的面前，不应当目眩神夺一样，在量子理论辉煌成就的面前，也应保持清醒的头脑．目前的量子理论仍然不是人类追求的最终真理．**从量子理论诞生时刻起，成功和困难就像人的躯体和影子那样，一直相伴相随：成功的躯体越长越高大、越雄伟，困难的阴影也愈来愈浓重、愈清晰．**Dirac 在评论这些困难时说，人们期盼建立一个更基本的理论，而这将需要人们基本观念上的某种巨大的变革①．

量子力学与其后继课程——高等量子力学、量子散射理论、量子电动力学、量子统计、量子场论、固体量子场论、量子信息论等逻辑相承、联系紧密、几乎浑然一体．因此，常常遇见“打通”与后继课程的界限，简单地引入一些后继课程内容的做法．但本书取材仅限于非相对论量子力学范畴，只限于阐述这一范畴的基本原理、基本内容和重要应用．书中也常有进一步的分析讨论，那只是“就地”深入，并不涉及繁难的数学运算和进一步的理论阐述，尽量不用后继课程的内容．即便个别处采用了，也很大程度地减少了其数学的繁难程度．特别是，**本书不涉及相对论量子力学．尽管它的数学形式优美，有些结果也很有用．我认为，与其将这部分内容纳入量子力学，不如将它作为预备知识归入量子场论更为合适．这是由于，相对论量子力学前提假设中隐含着两个严重的逻辑矛盾——其中之一便是微观粒子力学理论与相对论性能量的矛盾．微观粒子力学理论的前提是粒子数守恒，而相对论性能量却使粒子之间的转化成为可能——导致粒子数不再守恒．由于前提中内在的逻辑不自洽性，相对论量子力学变成一个不稳定的、过渡性的理论．**只有继续向前，彻底贯彻量子逻辑，为了与相对论性高能量相匹配而解除粒子数定域守恒的限制，考虑粒子真正的（不算以产生、湮灭算符表示状态改变的情况）产生、湮灭和转化，走向量子场论，才能克服由这一前提矛盾造成的一些根本性理论缺陷．**舍去相对论量子力学有关内容之后，本书便维持了量子力学作为微观粒子的力学理论在逻辑上的自洽性．**

作者自转入中国科学技术大学从教以来，一直从事近代量子理论方面的科研和教学工作，长期教授物理系本科生的量子力学以及理论物理专业研究生的一些后继量子理论课程，本书便是在这一教学和科研背景下，在所编写的量子力学讲义基础上，历经多次较大修改，最后定稿而成．

---

① P.A.M.Dirac, Methods in Theoretical Physics, included in “from a life of physics”, World Scientific,1989.

写这本书时，从内容选择和阐述侧重上**作者想尽力实现以下三点愿望：一、偏重物理思想的阐述和论证、物理内涵的挖掘和剖析，以求得对量子力学原理有较好的领悟．与此同时，数学推导则力求清楚简洁**．前者比如，波粒二象性和量子力学一些基本特征之间的内在逻辑关联、波函数的物理解释、对一维问题总结的四个定理、全同性原理内涵的剖析、核力的物理来源等．后者比如，幺正变换和Dirac符号的详细推算、磁场下原子谱线分裂的统一处理、直流交流和磁Josephson效应的统一叙述、带自旋的Born近似等．**二、尽量包容一些最新的进展**．量子力学作为一门基础性的理论课程，老面貌的更新比较困难．本书根据近代文献和个人的体会，尽可能以深入浅出的方式去做这件事．比如，相干态及有关问题、非惯性系量子力学、AB效应及相关问题、中子干涉量度学介绍、量子Zeno效应及其存在性证明、含时振子求解、量子物理基础等．**三、叙述中注意做到封闭与开放相结合**．在展示量子理论优美、力量和逻辑自洽性的同时，不回避问题，尽量随时指出问题的开放的一面，指出目前认知的边界，以便明了对该问题认识的局限性、处理方法的近似性，增进对量子理论内在困难的了解．这既有助于加深对现有内容的理解，又能活跃思想，尽量不使量子力学僵化成为新的教条，不成为束缚人们思维的新"囚笼"．比如，非相对论量子力学的局限性、无限深方阱问题的争论、Dirac符号的局限性、Born近似适用条件讨论、量子理论内在逻辑自洽性分析、封闭系统的局限性等．同时也指明部分有关文献，供使用者进一步参考．但限于传统教材内容以及能力和经验等诸多因素，真正做好这三点是困难的．书中在材料取舍、编排和叙述上的偏颇、不当，甚至错误都会存在，敬请指正．

这是一本关于非相对论量子力学的教材，也是一本参考书．它既可以用于综合性大学物理系和相近各系本科生的教学，也可以供有关专业的教师和研究生使用．**本书在内容份量略超过（一学期76学时）传统教材的20%～25%**．这样做基于两点考虑：**其一**，为教师备课和研究生辅导复习时拓宽思路之用；**其二**，为讲课教师提供适量多余的讲授和讨论的内容，视授课对象和教学方案作适当的选择，也为少数有余力的学生提供一点在量子力学层次上驰骋的场合．**这些超过份量的章节均用"※"标记，按通常教学，略去不讲并不损及对量子力学的基本理解．与此相应，作者将全部内容分为三个部分，即：Ⅰ——基本内容；Ⅱ——进一步内容；Ⅲ——开放系统问题**．无"※"号的Ⅰ为周学时3的内容；无"※"号的Ⅰ加上Ⅱ是周学时4的内容，加上Ⅲ以及大部分"※"号则是周学时6的内容．这些教案可视情况选用．习题的分量也有超过，可以选做其中一部分．应当指出，过去传统的前苏联教材习题多偏重于基础知识的巩固、基本功的训练和数学技巧的演练．这当然是必要的，但仅有这些是不够的．因此，从科学出版社出版的《物理学大题典》（由《美国物理试题与解答》扩充而来）的量子力学卷，选用了部分美国著名大学的研究生入学量子力学试题．这些试题往往偏新颖、偏应用、偏物理．作者认为，

将两方面适当结合起来会更全面一些．部分习题是作者依据内容自拟的．

最后，作者感谢全国高校量子力学研究会的许多同行好友：喀兴林、曾谨言、柯善哲、倪光炯、钱伯初等教授的多次切磋琢磨．裴寿镛教授还用本书初稿在北京师范大学试讲过．感谢潘建伟教授以及 Helmut Rauch 教授、Anton Zeilinger 教授，从他们杰出工作中，作者学习到不少新知识，拓宽了思路，有助于本书内容的改进．在本书出版过程中，得到了柯善哲教授和科学出版社鄢德平、昌盛的热情支持．侯广、吴盛俊、周锦东、张涵打印文稿时付出了辛勤的劳动．吴盛俊、吴强、柳盛典及张鹏飞教授先后参与编集和解答了书中习题（科学出版社同时出版）．张涵在文字表达上提出不少建设性的意见．张鹏飞教授改进绘制了书中部分插图．没有这些宝贵帮助，这本书面世是不可能的．作者在此向他们一并表示谢意．

张永德

2001 年 11 月 24 日

目　录

第一部分　基本内容

第二部分　进一步内容

第三部分　开放体系问题

第一部分　基本内容

第一章　量子力学的物理基础

§1.1　最初的实验基础

19世纪末到20世纪30年代，产生了一系列著名的科学实验．它们触发了从经典物理学向量子物理学的思想跃变，奠定了量子理论的基本观念．由于前面课程有详细介绍，下面仅给出简要介绍和必要的补充．

1．第一组实验——光的粒子性实验

黑体辐射、光电效应、Compton 散射．它们给出了能量分立化、辐射场量子化的概念，从实验上揭示了光的粒子性质．

〔**黑体辐射谱**〕．19世纪末，黑体辐射的能量谱已被实验物理学家很好地测定了，但按照经典物理学的观念，难以全面理解这些结果．

Wien 公式（1894—1896）．Wien 依据热力学一般分析并结合实验数据，得出黑体辐射谱的经验公式——Wien 公式．设腔内黑体辐射场与温度为 T 的腔壁物质处于热平衡状态，记辐射场单位体积、频率在 $\nu \to \nu + \mathrm{d}\nu$ 间隔的能量密度为 $\mathrm{d}E_\nu = \varepsilon(\nu)\mathrm{d}\nu$，Wien 经验公式为

$$\boxed{\mathrm{d}E_\nu = \varepsilon(\nu)\mathrm{d}\nu = c_1\nu^3 \mathrm{e}^{-c_2\nu\beta}\mathrm{d}\nu} \tag{1.1}$$

其中，c_1、c_2 是两个常系数；$\beta = 1/(kT)$．公式在高频短波长区间与实验符合，但在中、低频区，特别是低频区与实验差别很大．

Rayleigh-Jeans 公式（1900，Rayleigh；1905，Jeans）．另一方面，Rayleigh 和 Jeans 将腔中黑体辐射场看作大量电磁波驻波振子的集合，求得驻波振子自由度数目，接着按 Maxwell-Boltzmann（M-B）分布，用能量连续分布的经典观念，导出黑体辐射谱的另一个表达式——Rayleigh-Jeans 公式．

推导　首先，记腔内黑体辐射场的单位体积中频率在ν附近$\mathrm{d}\nu$间隔内驻波振子数（自由度数）为$N_\nu \mathrm{d}\nu$．用区间$(0,L)$驻波的周期边条件$\mathrm{e}^{ikx}\big|_{x=0} = \mathrm{e}^{ikx}\big|_{x=L}$，可以求得驻波振子分立的波矢，以及波矢变化的最小间隔

$$kL = 2n\pi \to k = \frac{2n\pi}{L} \to \Delta k = \frac{2\pi}{L}$$

考虑到横波有两个极化状态，辐射场单位体积中波数在$\boldsymbol{k} \to \boldsymbol{k} + \mathrm{d}^3\boldsymbol{k}$内自由度数目为

$$\rho(\nu)\mathrm{d}\nu = 2\times\frac{\mathrm{d}^3\boldsymbol{k}}{(2\pi/L)^3}\bigg|_{L=1} = 2\times\frac{4\pi|\boldsymbol{k}|^2\,\mathrm{d}|\boldsymbol{k}|}{8\pi^3} = \frac{|\boldsymbol{k}|^2\,\mathrm{d}|\boldsymbol{k}|}{\pi^2} = \frac{8\pi\nu^2\mathrm{d}\nu}{c^3} \tag{1.2a}$$

这里$|\boldsymbol{k}| = \dfrac{2\pi}{\lambda} = \dfrac{2\pi\nu}{c}$．由于计算对单位体积进行已令$L=1$．等式的量纲是体积倒数．其次，令频率$\nu$驻波振子的平均能量为$\bar{\varepsilon}_\nu$，由M-B分布律，按经典的能量连续变化观念，有

$$\bar{\varepsilon}_\nu = \frac{\int_0^\infty \varepsilon \mathrm{e}^{-\varepsilon\beta}\mathrm{d}\varepsilon}{\int_0^\infty \mathrm{e}^{-\varepsilon\beta}\mathrm{d}\varepsilon} = \frac{1}{\beta} = kT \tag{1.2b}$$

注意$\bar{\varepsilon}_\nu$与频率无关．最后，将两者相乘即得Rayleigh-Jeans公式

$$\boxed{\mathrm{d}E_\nu = \varepsilon(\nu)\mathrm{d}\nu = \rho(\nu)\bar{\varepsilon}_\nu\mathrm{d}\nu = \frac{8\pi kT\nu^2}{c^3}\mathrm{d}\nu} \tag{1.2c}$$

（1.2c）式与Wien公式正好相反，在低频部分与实验曲线符合很好，但对高频区段不但不符合，而且出现黑体辐射能量密度随频率增大趋于无穷的荒谬结果．这就是当年著名的“紫外灾难”，是经典物理学最早显露的困难之一．

Planck公式．1900年Planck引入一个崭新的概念——“能量子”概念计算平均能量$\bar{\varepsilon}_\nu$[①]．他假设腔中振子的振动能量（不像经典理论主张的那样和振幅平方成正比并呈连续变化，而是）和振子频率ν成正比，并且只能取分立值

$$0,\quad h\nu,\quad 2h\nu,\quad 3h\nu,\quad \cdots$$

这里正比系数h经后来测定为$6.62606876\times10^{-34}\,\mathrm{J\cdot s}$，就是人们称为的**Planck常量．于是，当腔中辐射场和腔壁物质处于热平衡状态时，它们之间交换的能量只能是这样一份份的．**由此，按M-B分布律，与上述分立能量相对应的比例系数为

$$1,\quad \mathrm{e}^{-h\nu\beta},\quad \mathrm{e}^{-2h\nu\beta},\quad \mathrm{e}^{-3h\nu\beta},\quad \cdots$$

---

① M. Planck, Verh. Dtsch. Phys. Ges. Berlin **2**, 237(1900)；或M. Planck, Ann. der. Physik, **4**, 561(1901).原推导是基于熵的观点，较复杂．此处推导已按后来（1905年）Einstein观点予以简化．

将每个系数都除以总和，转变成权重比例．于是，频率ν驻波振子的平均能量等于

$$\bar{\varepsilon}_{\nu}=\sum_{n=0}^{\infty}\left(\frac{\mathrm{e}^{-nh\nu\beta}}{\sum_{n=0}^{\infty}\mathrm{e}^{-nh\nu\beta}}\right)nh\nu=-\frac{\partial}{\partial\beta}\ln\left(\sum_{n=0}^{\infty}\mathrm{e}^{-nh\nu\beta}\right)=\frac{\partial}{\partial\beta}\ln(1-\mathrm{e}^{-h\nu\beta})=\frac{h\nu}{\mathrm{e}^{h\nu\beta}-1}$$

将$\bar{\varepsilon}_{\nu}$乘以自由度数目$\rho(\nu)\mathrm{d}\nu$就得到著名的关于黑体辐射能量密度的**Planck公式**

$$\boxed{\mathrm{d}E(\nu)=\frac{8\pi h\nu^3}{c^3}\frac{\mathrm{d}\nu}{\mathrm{e}^{h\nu\beta}-1}} \tag{1.3}$$

容易看出，**(1.3)式符合已知的全部实验数据：它在高频和低频波段分别概括了Wien公式和Rayleigh-Jeans公式，并且体现了关于辐射谱峰值位置的Wien位移定律．这表明，腔内电磁场与腔壁物质相互作用时，所交换的各种频率的能量全是断续的、一份一份的，也就是量子化的．伴随（1.3）式出现，诞生了量子时代．这里预先指出，将来3.1.3节和11.5.4节还会一再涉及Planck公式（1.3），逐步加深对它的理解．**

〔**光电效应**〕．自1887年Hertz起，到1916年Millikan止，光电效应的实验规律被逐步地揭示出来．其中，无法为经典物理学所理解的实验事实有：**反向遏止电压它和逸出电子的最大动能成正比）和入射光强无关；反向遏止电压和入射光的频率呈线性关系；电子逸出相对于光照射几乎无时间延迟**．这三点难于理解是因为，按经典观念，入射光的电磁场强迫金属表面电子振动．入射光强度越大，强迫振动的振幅也越大，逸出电子的动能也应当越大．于是，反向遏止电压应当与入射光强度呈线性关系，而且还应当与入射光频率无关．此外，由于电子运动区域的横断面积很小，接收到的光能很有限，自光照射时起，电子从受迫振动中聚积到能够逸出金属表面的动能需要一段时间．然而，实验表明这个弛豫时间很短，不大于$10^{-9}\mathrm{s}$．为了解决这些矛盾，1905年，Einstein在能量子概念基础上，大胆地再前进一步，提出“**光量子**”概念①，指出光电效应是光量子和电子碰撞并被电子吸收，从而导致电子逸出．相应的方程是

$$\boxed{h\nu=\varPhi_0+\frac{1}{2}mv_{\max}^2} \tag{1.4}$$

这里$\varPhi_0$是实验所用金属的脱出功．对于Cs为1.9eV，Pt为6.3eV等．方程右边用的是逸出电子的最大速度，那是因为有些电子在从金属表面逸出（以及在空气传播）过程中，可能遭受碰撞而损失部分动能．这样一来，不仅光场能量是量子化的，而

① A. Einstein, Ann. Physik, **17**, 132(1905).

且光场本身就是量子化的，仿佛是一团“光子气”. **光电效应显示，照射在金属表面的波场像是一束微粒子的集合**. 沿着这一思路前进，甚至可以引入光子的“有效”质量 m^*，即

$$m^* \equiv \frac{\varepsilon}{c^2} = \frac{h\nu}{c^2}$$

于是，当光子在重力场中垂直向上飞行 H 距离后，其频率将会从原来的 ν_0 减小为 ν

$$h\nu_0 = h\nu + \frac{h\nu}{c^2} gH$$

从而

$$\nu < \nu_0$$

这说明垂直向上飞行的光子，其频率会产生红移①. 1960 年，这个预言为 R. V. Pound 和 G. A. Rebka Jr.在哈佛大学校园水塔上的实验所证实. Einstein 的光电方程被 Millikan 用 10 年时间的实验所证实.

〔**Compton 散射**〕. 稍后的 1923 年发现了 Compton 效应，用实验直接证实了光量子的存在. **这个效应表明，散射光的能量角分布完全符合通常微粒子碰撞所遵从的能量守恒定律和动量守恒定律**. 如图 1-1 所示，设初始电子静止，于是有

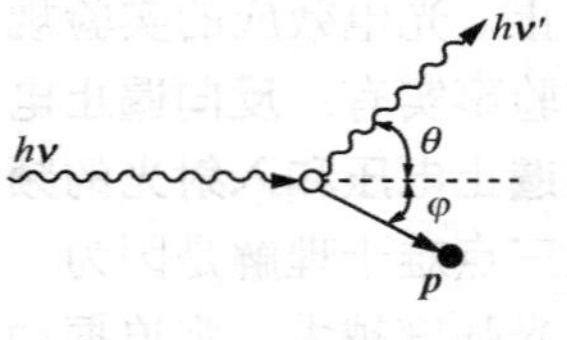

图 1-1

$$\boxed{\begin{cases} m_0 c^2 + h\nu = mc^2 + h\nu' \\ \dfrac{\boldsymbol{h\nu}}{c} = \dfrac{\boldsymbol{h\nu'}}{c} + \boldsymbol{p} \end{cases}} \tag{1.5}$$

将矢量方程右边 $\dfrac{\boldsymbol{h\nu'}}{c}$ 项移到左边，平方之后利用第一个方程以及 $\boldsymbol{p}^2 c^2 = m^2 c^4 - m_0^2 c^4$，得到

$$\boxed{h\nu' = \frac{h\nu}{1 + \dfrac{h\nu}{m_0 c^2}(1 - \cos\theta)}} \tag{1.6a}$$

引入记号 $\lambda_{\mathrm{C}} = \dfrac{h}{m_0 c} = 0.0242\text{Å}$，称为电子 Compton 波长. （1.6a）式改写为

$$\boxed{\lambda' - \lambda = \lambda_{\mathrm{C}}(1 - \cos\theta)} \tag{1.6b}$$

这个公式已为实验所证实. **可是，这里推导中使用了光的粒子性以及散射光频率会减小等概念，这些都是光的经典电磁波理论所无法理解的**（经典观念认为，电子在受迫振动下所发射的次波——散射光，其频率和入射光频率相同).

---

① 这里，在地球引力条件下，等式右边第二项比第一项小很多，所以作了一阶近似.

总之，这一组实验揭示了：作为波动场的光其实也有粒子性质的一面.

2．第二组实验——粒子的波动性实验

电子 Young（杨氏）双缝实验、电子在晶体表面的衍射实验以及中子在晶体上的衍射实验．它们表明：原先认为是粒子的这些微观客体，其实也具有波动的性质，有时会呈现出只有波才具有的干涉、衍射现象，从实验上揭示了微观粒子的波动性质.

〔**Young 双缝实验**〕. Feynman 说：**电子 Young 双缝实验是量子力学的心脏**．说明这个实验在表征微观粒子内禀性质、决定量子力学理论品格上处于基础地位.

1961 年 Jönssen 用电子束做了单缝、双缝衍射实验[①]．由于电子波长很短，这种实验中缝宽和缝距都要十分狭小，加之低能电子容易被缝屏物质散射衰减，就当时实验技术而言，实验是很难做的．Jönssen 在铜膜上刻了五条缝宽为 0.3μm、缝长 50μm、缝距 1μm 的狭缝，分别用单、双、三、四、五条缝做了衍射实验．实验中电子的加速电压为 50keV，接收屏距离缝屏 35cm．下面对双缝实验作一些概念性分析（如图 1-2）[②].

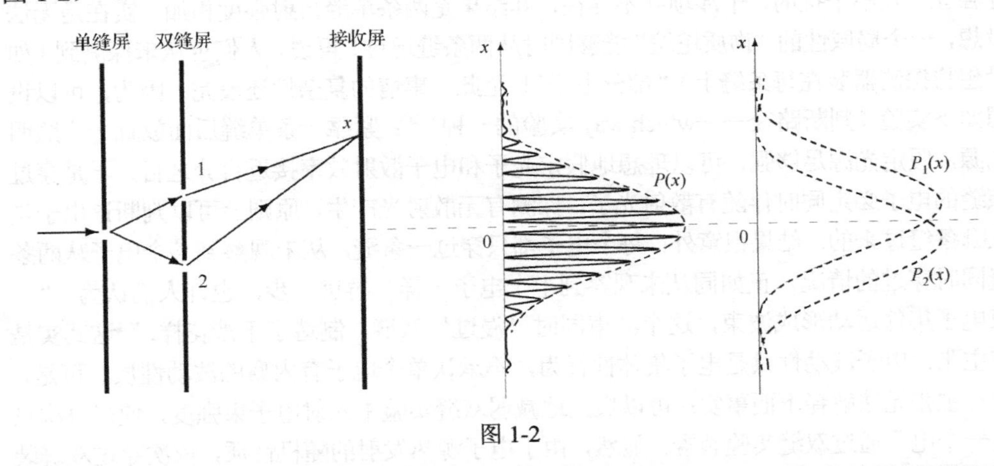

图 1-2

实验事实是，这时在接收屏 x 处探测到电子的概率 $P(x)$ 并不简单地等于两缝各自单独开启时的概率 $P_1(x)$、$P_2(x)$ 之和，而是存在两缝相互影响的干涉项

$$P(x)=P_1(x)+P_2(x)+\text{干涉项}$$

这个干涉项可正可负，随 x 迅速变化，从而使 $P(x)$ 呈现明暗相间的干涉条纹．如果

---

① C. Jönssen, Z. Physik, **161**, 454(1961). D. Brandt 等将其译成英文，刊于 Am. J. Phys., **42**, 5(1974).

② 电子 Young 双缝实验是最富于量子力学味道也是最奇特的实验之一．直到现在仍不断出现这个实验的各种翻版；关于它的严格计算可见费曼，量子力学与路径积分；一个唯象计算见张永德，大学物理，第 11 卷，第 9 期，1992．详见附录二.

通过缝屏的是光波、声波，出现这种干涉项是很自然的．因为在 x 处总波幅 $\psi(x)$ 是由缝 1、缝 2 同时传播过来的波幅 $\psi_1(x)$、$\psi_2(x)$ 之和

$$\psi(x)=\psi_1(x)+\psi_2(x)$$

于是

$$\begin{aligned}P(x)&=|\psi(x)|^2=|\psi_1(x)+\psi_2(x)|^2=|\psi_1(x)|^2+|\psi_2(x)|^2+2\,\mathrm{Re}(\psi_1^*(x)\psi_2(x))\\&=P_1(x)+P_2(x)+2\,\mathrm{Re}(\psi_1^*(x)\psi_2(x))\end{aligned}\tag{1.7}$$

传到 x 点处的两个波幅叠加，造成了干涉现象．但现在是电子，从经典粒子的观念来理解，这个干涉项的存在令人十分困惑！每当人们在实验中探测到电子的时候，它们总是有一定的能量、一定的电荷、一个静止质量，特别是，有一个局域的位置！正是这些物理特征给人们以电子是“粒子”的形象，是一个一个局域性的“物质坨坨”．拿这些观念和实验事实去理解电子 Young 双缝实验中的干涉现象，觉得怎么都协调不起来．如果电子是以粒子的“身份”通过狭缝，不论通过的是哪条缝，只能穿过其中一条，这时另一条缝存在与否对这个电子穿过行为并不产生影响．就是说，两条缝的作用就应当是相互独立、互不干扰的，干涉项并不存在，其结果是两条单缝衍射强度相加．实在是无法设想，一个局域性的“物质坨坨”能够同时从两条缝通过！再说，人们也从未探测到（如设想将探测器装在每条缝上）“部分电子”！至此，事情的复杂性还没完．因为，可以设想如下实验（判断路径——which way 实验的一种）[①]：紧靠一条单缝后面放置一个照明光源，假定光源足够强，可以理想地假定光子和电子散射效率接近百分之百，于是穿过该缝的电子必定同时伴随有散射光子．探测有无散射光产生，原则上可以判断该电子是从哪条缝过来的．结果很意外：每个电子都只穿过一条缝，从未观察到某个电子从两条缝同时穿过的情况，正如同从未观察到半个电子一样！再进一步，也许人们认为：“一束电子集体运动形成波束，这个波束同时‘漫过’双缝，制造了干涉花样．”这其实是在主张：电子波动性只是电子集体性行为，不承认单个电子有内禀的波动性质！可是，这种主张无法解释下面事实：可以极大地减弱双缝实验中入射电子束强度，使得每次只有一个电子通过双缝实验装置．显然，由于电子源热发射的随机性质，依次穿过双缝装置的各个电子，它们行为彼此应当无关．但实验结果是，只要实验时间足够长，接收屏上电子密度分布的累计结果，干涉花样依然不变！**总之，对这个实验的解释似乎陷入了两难境地！**

那么，电子到底是怎样穿过缝屏上这两条缝的呢？这是一个物理问题，不是一个哲学和神学问题，是可以问，也应当问，是应当回答，也可以回答的问题！

总结上面分析可以知道，如果认为电子是经典“粒子”，就不能同时穿过两条缝，不会产生干涉项；若认为电子具有内禀的波动性，像某种经典“波”，就能同时

---

① R.P.Feynman, A.R.Hibbs, Quantum Mechanics and Path Integrals, McGraw-Hill Book Company, 1965.

穿过两条缝，产生干涉项．至此，可以明确地说，每个电子都是以“独特”方式“同时”穿过两条缝的！这是基于“科学理性精神”（实验事实+逻辑分析）所能得到的惟一的说法！这里说“独特”方式是因为，这种方式既根本不同于经典粒子通过方式，也不完全等同于经典波的通过方式．和经典波方式“不完全等同”在于：每个电子可以在其传播途径上任一点（包括在缝前、缝中、缝后、接收屏等各处）以一定的概率被探测到，而一旦被探测到，它总是以一个完整的粒子的形象（一定质量、一定电荷、一个相当局域的空间位置）出现，特别是，从来没有实验在两个缝上同时发现同一个电子．这就是与经典波本质不同之处．正是面对如此解释，有人批评这种“同时”的说法从实验观点来看缺乏实践意义．其实这种批评只强调了 which way 实验的实践意义，而忽视了 Young 双缝实验也同样是实验，具有同等的实践意义！实际上，这恰好说明：以波行为穿过双缝的电子，同时又具有粒子性的一面．这里强调指出，情况之所以如此诡异，正是由于测量严重干扰了电子原来状态，发生了不可逆转的状态突变，表现出“波形象到粒子形象”的突变．就是说，正是对电子位置的测量，造就了电子的经典粒子面貌！事实是，在位置测量之前，电子并非（!）以“粒子”的形象事先客观地存在着①！所有判断路径的实验都只表明：每次测量（对电子状态干扰）的结果确实表明电子以粒子的方式只从一条缝通过；但并不表明：作这类测量（对电子状态干扰）之前，电子客观上就是以经典粒子的方式只从一条缝通过！这里，人们不应当按照宏观世界得到的习惯观念，将实验所得图像潜意识地外推用到做这些实验之前！实际上，正是这一类测量使本来从两条缝“同时”穿过的电子状态发生突变，变为仅从一条缝穿过的状态．它们恰恰只表明，对电子位置的测量干扰并改变了电子状态，成为造就电子粒子面貌的直接原因！

总之，在电子 Young 双缝实验中，电子穿过双缝时表现出它具有波动的内禀性质，而在位置测量中被抓住时，又表现出粒子的禀性．这一切只能说明：作为微观客体电子，既具有经典粒子的性质，又具有经典波的性质．它究竟显示什么样的图像完全依赖于人们如何观测——不同的实验造成不同的干扰！产生不同的状态坍缩！也就给出不同的图像！事实上，电子既不是经典的粒子，也不是经典的波！如果借用不恰当的经典语言来作经典类比，就简单地说电子具有波粒二象性（duality 或 dualism，这个问题后面还将进一步阐述）．或者更确切地说，这个实验表明，最重要的量是概率幅 $\psi(x)$：到达 x 点有两条可能的路径，相应于两个概率幅 $\psi_1(x)$、$\psi_2(x)$，在 x 点找到电子的概率正是这两个概率幅之和的模平方②．

① 从下面测量理论知道，对状态 $\psi(x)$ 进行某个力学量的测量，实质是将 $\psi(x)$ 按该力学量的本征态进行展开，测得力学量的数值总只是本征值中的一个，它出现的概率是该展式相应项系数的模方．而该次测量完毕时，$\psi(x)$ 即突变（坍缩）为该本征态．

② 事实上，以后全部实验都表明，量子力学的所有干涉都来自所有可能路径提供的相因子的等权叠加．而任何双态系统的相干叠加便等价于广义的 Young 双缝实验，详见附录二．

〔**电子在晶体表面的衍射实验**〕. 20 世纪 20 年代做成了几个出色的电子衍射实验. 其中，1927 年 Davisson 和 Germer 采用镍单晶（d=2.15 Å）做的电子衍射实验，显示了电子的波动性①. 实验示意如下：截取单晶一个面作为表面，该表面形成二维平面点阵，其中的一维图像如图 1-3 所示. 对垂直入射的一束电子，在和垂直方向夹角为 θ 的方向所测到的电子，按点阵衍射理论，一定沿多光束干涉极大的方向. 如对第一级极大，应有

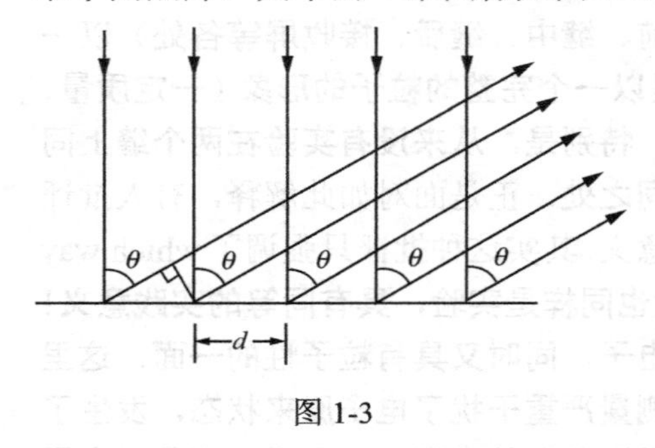

图 1-3

$$\boxed{d\sin\theta=\lambda} \tag{1.8}$$

如对 100eV 能量的入射电子，其 de Broglie 波长 λ=1.23 Å，在由（1.8）式决定的 θ 方向实验观测到反射电子强度的峰值. 这证明电子具有波的性质.

〔**中子衍射实验**〕. 后来，用 NaCl 晶体做了中子衍射实验. 到 1969 年，又用中性钾原子束做了单缝衍射实验②，证明了量子理论的正确性. 实验所用缝宽为 23×10^{-6} m. 1975 年成功地实现了中子干涉实验③，并进而建立起高精密的**中子干涉量度学**. 20 世纪 90 年代，更出现了原子光学④，这时的光栅已是电磁波的驻波. 在此期间，又提出了**多粒子干涉现象**⑤. 直至近来碳-60 也有波动性的实验⑥.

除上面两组关于波粒二象性的基础实验之外，1911 年 Rutherford 根据 **α 粒子被金属箔散射**的实验提出了原子的有核模型，特别是 1913 年 Bohr 建立了原子的初等量子理论，它们对量子力学的诞生也起了直接的推动作用. Bohr 理论要点有三：**第一，定态概念；第二，定态间的跃迁概念；第三，角动量量子化概念**. 这里，定态概念主张原子的有核模型只对某些离散的能量 $E_m\,(m=1,2,\cdots)$ 才是稳定的，这是为了解决电子绕原子核转动时稳定存在不辐射的问题. 因为经典电动力学主张，带电粒子只要有加速度就会产生辐射而损失自己的能量，于是这种有核模型中电子的稳定转动是不可能的. 至于定态之间跃迁概念是为了解决原子光谱中的 Ritz 组合定则

$$\boxed{\omega_{mn}=(E_m-E_n)/\hbar} \tag{1.9}$$

就是说，原子发光是由于原子从能量较高定态向能量较低定态的跃迁. 第三点是利

① C. Davisson, L.H.Germer, Nature, **119**, 558-560 (1927).
② John A. Leavitt, et al., Am. J. Phys., **37**, 905 (1969).
③ H.Rauch, et.al., Phys. Lett. A, **54**, 425 (1975).
④ A. Zeilinger, et.al., Nature, **388**, 827 (1997).
⑤ D. Greenberger, et.al., Nature, **347**, 429 (1990)；Physics Today, **46**, 8 (1993).
⑥ M. Amdt, et al., Nature, **401**, 680 (1999).

用经典轨道概念将原子核外电子的角动量具体化为动量对坐标的回路积分形式，从而提出角动量量子化条件

$$J = m\hbar$$

补充了核外电子处于分立定态的量子化内容．这三个要点，除第三点回路积分量子化是一种不成功的尝试外，作为基本概念均被后来量子力学所吸纳并极大地发展了．

§1.2 基本观念

1．基本图像：de Broglie 关系与波粒二象性

1905 年 Einstein 通过提出下列关系引入光量子的概念：

$$\boxed{E = h\nu = \hbar\omega, \quad \boldsymbol{p} = \frac{E}{c}\boldsymbol{e} = \frac{h}{\lambda}\boldsymbol{e} = \hbar\boldsymbol{k}} \tag{1.10a}$$

（$\hbar = \dfrac{h}{2\pi}$； $\boldsymbol{e}$ 为动量方向的单位矢量），这就在原先认为光是电磁波的图像上添加了粒子的图像：如果知道等式右边波动参数 ω 和 $\boldsymbol{k}$，便可用这组关系求得左边相应微粒子特性的量．这组关系已由上节第一组实验所证实．经过 18 年之久，de Broglie 克服积习观念的约束，逆过来理解这组关系，将上面这组关系从针对 $m=0$ 的情况推广到 $m \neq 0$ 的情况，提出原先认为是粒子的微观粒子也具有波动性[①]，

$$\boxed{\omega = \frac{E}{\hbar}, \quad \boldsymbol{k} = \frac{\boldsymbol{p}}{\hbar}} \tag{1.10b}$$

这是说，**如果已知等式右边的粒子参数 E 和 $\boldsymbol{p}$，便可由这组关系式求得该粒子所具有的波动特性**．（1.10b）式便是常说的 **de Broglie** 关系．其中关于波长的第二个公式已为上节第二组实验所证实，而关于频率的第一个公式则被原子光谱实验所证实．综合上面两组关系式，中间桥梁便是 Planck 常量 $\hbar$，形象地写出来就是

$$\boxed{(E, \boldsymbol{p}) \xleftrightarrow{\hbar} (\omega, \boldsymbol{k})} \tag{1.11}$$

经常将物质粒子的（1.10b）式和光子的（1.10a）式，统称作“Einstein-de Broglie 关系”．这组关系是物质世界的普遍性质．其中将两种图像联系起来的 Planck 常量 $\hbar$ 的数值很小，是波粒二象性可以显现出来的标度．

综上所述，不论静止质量为零和不为零的微观物质，普遍存在波粒二象的性质．这两种截然不同的属性通过 Planck 常量连接成为 Einstein-de Broglie 关系，统

---

① Louis de Broglie, Waves and Quanta, Nature, Vol.**112**, 540 (1923).

一在所有微观物质上．对初学者而言，波粒二象性是理解微观物质普遍属性的基本图像，也是初学者理解量子力学的基本图像．

然而，这种波粒二象性的基本图像，使初学者常常感到迷惑和不习惯．原因在于他们所接触的全部宏观物理现象中，$\hbar$的作用都是可以忽略的，不存在这种二象性：波就是纯粹的波，粒子就是地道的质点．于是，初学者常常会问：电子一会儿像波，一会儿又像粒子，那它到底是什么？为了回答这种问题，可以用个比喻：某个人，今天早晨遇到某事时笑了，表现出一副笑面孔；但今天中午碰到另一件事时他哭了，表现出另一副截然不同的哭面孔．面对他表现出的两副截然不同的面孔，人们能不能据此发问：他到底是怎样的面孔？显然不会这样发问，因为这些都是这个人的面孔．人们只应当问：他在什么情况下会表现出笑面孔，而在什么情况下会表现出哭面孔？将这种论述“平移”到电子波粒二象性问题上来，可以回答说：**波性和粒子性都是电子所具有的属性，当它表现出具有两种属性的时候，人们不应当追问它“到底归属于”什么属性，而只应当追问：它在什么样的实验条件下表现出类似于经典波的性质，在什么样的实验条件下表现出类似于经典粒子的性质！其实，电子既不是经典的波（波包），也不是经典的粒子（弹丸）．只能说它有时像经典波，有时又像经典粒子．“像什么”的前提就是“不等同”．归根结底，电子就是电子本身！电子波粒二象性这种有些古怪的图像，是由于人们使用了经典类比的方法，用宏观经典物理学的语言描述微观客体的实验行为时，必然得到的一种并非贴切的表述，这仿佛人们使用母语词汇去理解外语词汇！**鉴于人们习惯用已有知识和经验去理解和描述新的东西，因此保留波粒二象性的图像有助于初学者的理解和形象思维．只是注意不要执着和拘泥．这里，正如 Young 双缝实验所启示的，**根本的东西是概率幅，是有关概率幅的计算，而不是借助经典语言所得出的波粒二象性图像**（参见第 5 页脚注②）.

2．de Broglie 波的初步分析

对光子、非相对论电子和中子，de Broglie 波波长和能量的关系式为

$$\lambda_\gamma=\frac{1.241\times10^4}{E}$$
$$\lambda_e=\frac{12.26}{\sqrt{E}} \tag{1.12}$$
$$\lambda_n=\frac{0.286}{\sqrt{E}}$$

这里 E（对 $m\neq0$ 的粒子，E 为其动能）的单位为 eV；λ 的单位为 Å.

对宏观物体，其波动性可以忽略．例如，1g 小球，当速度 u=1m/s 时，其 de Broglie 波波长为

$$\lambda=\frac{h}{mu}=6.6\times10^{-31}\mathrm{m}$$

显然，和小球本身尺度以及小球做宏观机械运动的空间尺度相比较，这个尺度完全可以忽略．从而，在研究小球做任何宏观机械运动时，与这个波长相联系的波动性质（也就是与小球运动相关的非经典物理学的量子效应）完全可以忽略．

de Broglie 波的群速度和相速度．对 $m=0$ 和 $m\neq 0$ 两种情况，虽然 de Broglie 关系相同，但它们的相速度是有差别的，

$$m\neq 0\text{：相速度 } V_{\text{phase}}=\lambda\nu=\frac{\omega}{k}=\frac{E}{p}=\frac{1}{2}u \tag{1.13a}$$

$$m=0\text{：相速度 } V_{\text{phase}}=\frac{\omega}{k}=c \tag{1.13b}$$

对 $m\neq 0$ 的（1.13a）情况，考虑到是非相对论的，并且对于静止粒子应当有 $V_{\text{phase}}=0$，所以取 $E=\frac{p^2}{2m}$（但也有争议说应当用 $mc^2-m_0c^2$）．表明这时粒子 de Broglie 波波包的相速度不等于粒子的运动速度 u，但波包的群速度等于粒子的运动速度

$$V_{\text{group}}=\frac{\mathrm{d}\omega}{\mathrm{d}k}=\frac{\mathrm{d}(\hbar\omega)}{\mathrm{d}(\hbar k)}=\frac{\mathrm{d}E}{\mathrm{d}p}=\frac{\mathrm{d}}{\mathrm{d}p}\frac{p^2}{2m}=u \tag{1.13c}$$

依据群速度这个结果，以前曾有人主张微观粒子实际上是 de Broglie 波的某种波包．企图用波动性片面取代波泣二象性）（正如同以前经常用粒子性片面取代波粒二象性）．但进一步考察表明，这会导致不能接受的结果而被否定（比如，电子的 de Broglie 波包会弥散而电子本身是稳定的粒子．详见§3.3）．

3．基本特征：概率幅描述、量子化现象、不确定性关系

实验说明，量子力学的基本图像是：所有微观粒子具有波粒二象性．下面表明，由此基本图像出发，由物理分析可以推论出量子力学具有三个基本特征：概率描述、物理量常常分立取值的量子化现象、不确定性关系式．三者贯穿整个量子力学，共同构筑起量子力学的基本特征．注意，这些“古怪”全部根源于微观实验事实！

第一，由微观粒子波粒二象性，可以导致量子力学的一个重要特征：描述粒子运动中的或然性，即概率幅或 de Broglie 波的概率诠释．

再以电子 Young 双缝实验为例．假定电子源强度十分弱，实验时间很长，以致可以认为，每次实验都是单个电子穿过实验装置．各个电子彼此之间相互独立．如果认定某个电子，当它穿过缝屏后到底在接收屏上哪一个位置处被观测到，结果是随机的，无法事先以 Laplace 决定论方式作理论准确预计．单个电子穿过狭缝时状态怎样突变、其动量改变多少、在接收屏上被测到时的状态怎样突变，都是深邃的、事先无法预计的、不可逆转的变化．只有大量同类型突变的统计规律才是可以事先准确预计的．**Young 双缝实验的实验现象明确地传达了单个电子单次实验结果的或**

然性！这种或然性正体现了电子既像波又像粒子、既不是波又不是粒子的奇特禀性.

实验事实明确无误地显示了“波动性特有的相干性”和“上帝掷骰子”的真正或然性！这迫使人们别无选择，只能采用具有相干性的概率幅的描述方式，即采用概率诠释的概率幅的描述方式．于是，以电子 Young 双缝实验为例，在接收屏上 x 处观测到电子（表现出了粒子面貌）的概率 $P(x)$是该处 de Broglie 波波场振幅的模平方，而该处的振幅又是由（作为波源的）两条缝传播过来的波幅的叠加．**这样一来，由于 de Broglie 波这种概率幅波既具有相干叠加性又具有概率的诠释，这种描述方法不但能以统一方式描述电子的波粒两种属性，而且和带有“或然性”的双缝干涉实验事实相匹配！**

与一束匀速直线运动粒子流相联系的应当是一个平面波 $Ae^{i(\boldsymbol{k}\cdot\boldsymbol{r}-\omega t)}$，将 de Broglie 关系代入其中，便得到和这束粒子流相联系的 de Broglie 平面波

$$\psi(\boldsymbol{x},t)=Ae^{\frac{i}{\hbar}(\boldsymbol{p}\cdot\boldsymbol{r}-Et)} \tag{1.14}$$

如果定义 $|\psi(\boldsymbol{r},t)|^2=|A|^2$ 为 $\boldsymbol{r}$ 处单位体积内找到这束匀速直线运动粒子的数目，则数目分布将是空间均匀的．更一般的是研究下面归一化的 de Broglie 波波包

$$\psi(\boldsymbol{r},t)=\int\psi(\boldsymbol{p})e^{\frac{i}{\hbar}(\boldsymbol{p}\cdot\boldsymbol{r}-Et)}d\boldsymbol{p} \tag{1.15a}$$

这里 $\boldsymbol{p}$ 和 E 满足关系式 $E=\dfrac{\boldsymbol{p}^2}{2m}$．取 $t=0$，于是 de Broglie 波波包成为

$$\psi(\boldsymbol{r})=\int\psi(\boldsymbol{p})e^{\frac{i}{\hbar}\boldsymbol{p}\cdot\boldsymbol{r}}d\boldsymbol{p} \tag{1.15b}$$

这里 $\psi(\boldsymbol{r})$ 是粒子在 $\boldsymbol{r}$ 处的 de Broglie 波波幅，即概率幅．**将 $|\psi(\boldsymbol{r})|^2$ 理解为 $\boldsymbol{r}$ 附近单位体积内找到粒子的概率，或说成粒子取坐标 $\boldsymbol{r}$ 的概率密度．而 $|\psi(\boldsymbol{p})|^2$ 则理解成粒子取动量 $\boldsymbol{p}$ 的概率密度.**

总之，如此引入的 de Broglie 波，是惟一能够统一描述微观粒子波粒二象性的方法：$\psi(\boldsymbol{r})$ 本身是波幅，可以叠加干涉，体现微观粒子的波动性；一旦以 $|\psi(\boldsymbol{r})|^2$ 概率在 $\boldsymbol{r}$ 处被观察到，却又是个完整的粒子形象！惟有这种概率幅计算和概率诠释的描述方式和微观粒子波粒二象性性质相匹配，和实验表现的或然性相匹配！但是，人们将这两种完全不同的禀性以如此方式统一描述的时候，付出了沉重的代价：放弃了经典物理学中惯用的 Laplace 决定论，理论描述中引入了或然性，引入了概率观念．显然，为了做到统一的、兼顾两种属性的描述，这种代价是必须付出的.

第二，微观粒子波动性怎样导致微观粒子能量和状态的分立化或量子化现象.

注意，即便在经典物理学领域，也存在一个重要的、普遍的、众所周知的事实：任何类型的波动，当它们展布或传播在无限时空中时，波参数可以取连续变化数值；

但是，一旦用某种方式将这些波局域在有限时空，波场所取的波参数必定分立化，它们频率和波长均要断续化、分立化．从 Fourier 频谱分析观点来说，任意局域的波动问题总是一个 Fourier 级数问题，而不是一个 Fourier 积分问题．或者说，任何波动方程的局域解总是一个本征值和本征函数问题[①]．这正是经典物理学中一维弦振动、二维膜振动、三维微波腔内电磁波驻波等所显示的现象．

转到微观粒子情况．**当 de Broglie 波局域化时，其波动性同样会造成频率和波长的分立化．而且还进一步，频率和波长的分立化又通过 de Broglie 波特有的禀性转化为该粒子能量和动量的分立化．因此，任何局域化的 de Broglie 波必将伴随其能量的量子化．这是微观粒子具有 de Broglie 波波动性的结果，是局域 de Broglie 波（由边界反射而）自相干涉的结果．**

第三，微观粒子的波动性怎样导致 Heisenberg 不确定性关系．

按照前面 de Broglie 波波包 $\psi(x)$ 和 $\psi(p)$ 的物理解释，可以定义微观粒子坐标 x 和动量 p（相对于任选值 x_0、p_0）的测量均方偏差

$$(\Delta x)^2 = \frac{\int_{-\infty}^{+\infty}(x-x_0)^2\left|\psi(x)\right|^2 \mathrm{d}x}{\int_{-\infty}^{+\infty}\left|\psi(x)\right|^2 \mathrm{d}x} \tag{1.16}$$

$$(\Delta p)^2 = \frac{\int_{-\infty}^{+\infty}(p-p_0)^2\left|\psi(p)\right|^2 \mathrm{d}p}{\int_{-\infty}^{+\infty}\left|\psi(p)\right|^2 \mathrm{d}p} \tag{1.17}$$

（1.15b）式表明 $\psi(x)$ 和 $\psi(p)$ 是一对 Fourier 积分变换对，应用 Fourier 积分变换的带宽定理[②]，立刻得到关于两个方均根的 Heisenberg 不确定性关系

$$\boxed{\Delta x \cdot \Delta p \geqslant \frac{\hbar}{2}} \tag{1.18}$$

此式说明，不论微观粒子 de Broglie 波波包形状如何，在同一个态（!）中，粒子动

---

① 就物理学中常见的一些波动方程来说，本征值是离散的或是部分离散的．

② Fourier 带宽定理：

若 $f(x)=\frac{1}{2\pi}\int_{-\infty}^{+\infty}F(y)\mathrm{e}^{\mathrm{i}xy}\mathrm{d}y$，$F(y)=\int_{-\infty}^{+\infty}f(x)\mathrm{e}^{-\mathrm{i}xy}\mathrm{d}x$，并定义

$$(\Delta x)^2 = \frac{\int_{-\infty}^{+\infty}(x-x_0)^2\left|f(x)\right|^2 \mathrm{d}x}{\int_{-\infty}^{+\infty}\left|f(x)\right|^2 \mathrm{d}x},\quad (\Delta y)^2 = \frac{\int_{-\infty}^{+\infty}(y-y_0)^2\left|F(y)\right|^2 \mathrm{d}y}{\int_{-\infty}^{+\infty}\left|F(y)\right|^2 \mathrm{d}y}$$

其中，x_0，y_0 为任意固定值，则有

$$\Delta x \cdot \Delta y \geqslant \frac{1}{2}$$

参见例如 D.C. 香帕尼，傅里叶变换及其物理应用，陈难先，何晓民，译，北京：科学出版社. 1980，p.18.

量偏差方均根与坐标偏差方均根的乘积不小于 $\frac{\hbar}{2}$．或者说，不论微观粒子处于何种状态，其坐标和动量客观上就不可能同时具有确定的数值，当然也就谈不上能在同一个实验（!）中将它俩同时（!）测准！这里强调指出，这种不能同时测准是原则性的．就是说，不存在能同时测准微观粒子位置和动量的实验方案，（1.18）式并非任何实验方案欠周到、实验技术欠精密所带来的实验误差．

由于 Fourier 积分变换的带宽定理只是一个与物理无关的普适数学定理，可知任何种类波（弹性波、光波、声波……）均存在类似关系式．这是对波动过程进行 Fourier 分析所得的基本结论！所以说，不确定性关系的物理根源是微观粒子的波动性！或者说，微观粒子波动禀性对微观粒子状态施加的普适制约！当然，经典力学质点运动状态根本不存在这种普适制约．于是，随着研究问题向宏观领域趋近，$\hbar$ 作用逐渐减小，粒子的波动现象逐渐减弱，就从 x、p 不能同时测准“约略”成为能够同时测“准”了．

§1.3　不确定性关系讨论

1．能量和时间的不确定性关系

鉴于 Heisenberg 不确定性关系（1.18）式的物理根源是微观粒子的波动性，因此它也就是一个普遍成立的关系式．在任何 Planck 常量 $\hbar$ 作用不能忽略的现象里，在任何显示波粒二象性的事例中，在任何量子物理实验中，都能分析出这一不确定性关系．

（1.18）式的形式还可以改变一下．设粒子沿 x 方向运动，由于粒子在 x 方向位置有一个不确定量，用光照射办法确定其位置时，发生散射的时间也就有一个不确定量

$$\Delta t = \frac{\Delta x}{v_x}$$

这里 v_x 是散射前粒子的速度．显然，这也是用显微镜观察粒子时观测时间的不确定量．另一方面，粒子能量 $E = \frac{1}{2m}p_x^2$，所以和 Δp_x 相应的粒子能量的不确定量为

$$\Delta E = v_x \Delta p_x$$

两者相乘，即得不确定性关系的另一种形式

$$\boxed{\Delta E \cdot \Delta t \approx \hbar} \tag{1.19a}$$

这里只强调定性的物理概念而略写了相对不重要的常系数因子．（1.19a）式有几种解释和应用．

第一，将观测时间不确定量理解作观测的持续时间，那么，测量粒子能量 E 的

不确定量和观测持续时间之间就存在这种不确定性关系．换句话说，对测量过程分析表明，为了精确测量能量，使精确度达到ΔE，要求测量所花费的时间至少为

$$\Delta t \approx \frac{\hbar}{\Delta E} \tag{1.19b}$$

第二，如果针对的是一个不稳定的半衰期为τ的能级，此能级必有一个能级宽度Γ，两者之间满足不确定性关系

$$\Gamma \cdot \tau \approx \hbar \tag{1.19c}$$

第三，如果把 Fourier 频谱分析观点用于持续时间为Δt的波包，就启发人们对此关系再作出一种解释：**对于只在时间间隔Δt内持续的任何不稳定现象，其能量必有一个不确定量（或所含频率必有一个宽度），两者之间满足上面的不确定性关系**①．

第四，不确定性关系的推导，除上面直接应用带宽定理外，其广义形式的一般性推导见附录一．关系的物理意义是：若对大量同样态重复观测两个非对易的物理量，则两者各次测量所得数值有涨落，涨落的方均根偏差满足广义不确定性关系．

2．关于不确定性关系概念的三点注意

第一，不确定性关系是针对“同一个态作x和p的同时测量”来说的．这里“对同一个态作同时测量”的含义是：**制备大量相同的被测态（组成纯态系综），分别对它们独立、重复测量．而另一方面当前文献中的“弱测量”是对被测态相继（!）进行两次测量②，以便研究“测量与测量所产生的扰动之间的关系（MDR）”**——一般说，测量精度越高，测量对态的扰动也越大．现在有些人将后者错误地认同为前者，甚至宣称不确定性关系不再成立！这是对不确定性关系含义的误读．当然，这种误读与当年 Heisenberg 本人用显微镜观测位置的不准确解释有关．详见附录一．

第二，此关系不仅对纯态系综大量重复测量成立，即作为统计规律正确，其实，关系既然根源于微观粒子的本性，它当然对单个微观粒子状态描述，以及对其进行的单次实验也成立．客观上，微观粒子任何状态中，x和p本来就不可能同时具有确定的数值，并非对单个微观粒子两者都确定，只是系综统计测量才出现不确定．

以$\Delta E \cdot \Delta t \approx \hbar$为例．当一个原子由第$n$能级退激发到较低的第$m$能级时，发出以中心频率$\omega = (E_n - E_m)/\hbar$涨落的光子，这是一个持续时间为$\delta t$的过程，一定程度上可以将其看成一个有限长波列的空间电磁波包

$$A(xt) = \int_{\omega-\Delta\omega/2}^{\omega+\Delta\omega/2} f(\omega) \mathrm{e}^{\mathrm{i}(kx-\omega t)} \mathrm{d}\omega \tag{1.20}$$

它们在传播方向的延伸长度（相干长度$\sim \delta l$）可用如下办法测量：通过半透片将波

---

① 此处解释亦参见：E. 费米，量子力学，西安：西安交通大学出版社，1984.

② 第一次测量后被测态即已改变，其后进行的第二次测量其实是对改变后的态进行测量，这并非不确定性关系所涉及的对同一个态进行的同时测量求取平均，后者的“同时测量”其实是对纯态系综的重复测量．

包分解，沿两条路径经历不同相移后再行汇合，测量仍旧保持相干性的最大程差（$\sim \delta l$）. 如果不确定性关系只是量子系综的特性，对单个原子辐射不成立，那么，尽管参与跃迁的能级位置高低不同，但宽度都很窄. 因此，尽管不同电磁波包之间的能量不同，但每个电磁波包能量本身都很确定，也即每个δl都很长. 只需测量每个波包的δl（也即测量$\delta t = \delta l / c$）长短即可判定，实验表明：**不确定性关系对原子退激发中发射的单个电磁波包也成立**.

第三，由于粒子的位置和动量不能同时具有确定值，**量子理论原则上反对（经典物理中常见的）静止粒子概念和运动轨道概念**. 这是因为，这些概念都是以粒子位置和动量能够同时测准为前提的.

3. 不确定性关系的初步应用

不确定性关系使能量尺度与空间尺度产生了定性半定量的关联. 具体如下：

（1）**原子物理和凝聚态物理情况**.

这时空间尺度为 $\text{Å} = 10^{-8}\,\text{cm}$，

$$\frac{p^2}{2m_e} \approx \frac{\hbar^2 c^2}{2m_e c^2 \lambda^2} = \frac{(6.58\times10^{-22}\,\text{MeV}\cdot\text{s})^2 \times (3\times10^{10}\,\text{cm/s})^2}{2\times0.511\,\text{MeV}\times(10^{-8}\,\text{cm})^2} = 3.8\,\text{eV} \sim \text{Å}$$

所以

$$\text{原子尺度} \sim \text{Å} \leftrightarrow \text{相应的能量尺度}\,1\sim10\,\text{eV}$$

（2）**原子核物理情况**.

原子核物理常用的空间尺度为$10^{-13}\,\text{cm}$，

$$\frac{p^2}{2m_n} \approx \frac{\hbar^2 c^2}{2m_n c^2 (3.3\,\text{fm})^2} = \frac{(1.973\times10^{-11}\,\text{MeV}\cdot\text{cm})^2}{2\times940\,\text{MeV}\cdot(3.3\times10^{-13}\,\text{cm})^2} = 2\,\text{MeV} \sim 3.3\,\text{fm}$$

所以

$$\text{原子核尺度}\,1\sim6.5\,\text{fm} \leftrightarrow \text{相应的能量尺度}\,0.5\sim20\,\text{MeV}$$

（3）**粒子物理情况**.

高能物理的空间尺度$\leqslant 10^{-14}\,\text{cm}$. 这时粒子已很接近光速，所以

$$\Delta E \approx \Delta p \cdot c \approx \frac{\hbar c}{2\Delta x} \geqslant \frac{1.973\times10^{-11}\,\text{MeV}\cdot\text{cm}}{2\times10^{-14}\,\text{cm}} \approx 1\,\text{GeV}$$

所以

$$\text{高能物理尺度} \leqslant 10^{-14}\,\text{cm} \leftrightarrow \text{相应的能量尺度} \geqslant 1\,\text{GeV}$$

§1.4 理论体系公设

上面简要讲述了导致量子力学诞生并构成它的实验基础的一些实验事实，以及由这些实验事实抽引出的一些基本观念. 这些基本观念构成了量子力学的物理基础，

体现了量子力学最本质的特征．遵循这些基本观念，利用公设加逻辑的公认科学体系，便能构筑起整个非相对论量子力学的理论体系．这个体系的基础可以归纳为5个基本公设．当然，同任何科学理论一样，作为整个理论出发点的这些公设分别都是许多实验经验（以及这些实验经验所揭示的基本观念）的概括．并且它们当然都是在量子力学建立之后才抽象归纳出来的．下面简要阐述一下这些公设．

1．第一公设——波函数公设

“微观粒子的量子状态可以用波函数$\psi(\boldsymbol{r},t)$作完全的描述．波函数是粒子坐标和时间的复值函数，模平方$|\psi(\boldsymbol{r},t)|^2$为概率密度，即$t$时刻在体积元$\mathrm{d}\boldsymbol{r}$中找到粒子的概率为

$$\boxed{\mathrm{d}P(\boldsymbol{r},t)=\psi^*(\boldsymbol{r},t)\cdot\psi(\boldsymbol{r},t)\mathrm{d}\boldsymbol{r}} \tag{1.21}$$

波函数在定义域内（除可数个点、线、面外）处处单值、连续、可微；对定义域内任意部分区域模平方可积．而且，如果ψ_1和ψ_2是波函数，则它们的任意复系数线性叠加

$$\psi(\boldsymbol{r},t)=c_1\psi_1(\boldsymbol{r},t)+c_2\psi_2(\boldsymbol{r},t) \tag{1.22}$$

也是波函数．对任意两个波函数，定义它们复数内积

$$\boxed{(\varphi,\psi)=\int\varphi^*(\boldsymbol{r})\psi(\boldsymbol{r})\mathrm{d}\boldsymbol{r}} \tag{1.23}$$

于是，全体波函数集合组成描述量子状态的Hilbert空间．”

波函数公设内容细分为五点：**任意量子状态可由波函数所完全表示、波函数概率诠释以及随之而来对波函数数学性质的要求、波函数服从线性叠加原理、全体波函数集合组成Hilbert空间．**

补充解释四点：**第一，公设中量子态线性叠加原理是对整个量子理论都成立的普遍原理．**但由后继理论可知，**其全名应当是“渐近自由状态空间的线性叠加原理”**[①]；**第二，**依据波函数$\psi(\boldsymbol{r},t)$的物理意义，从实验测量的观点，只要求

$$\boxed{\int_{[M]}|\psi(\boldsymbol{r},t)|^2\,\mathrm{d}\boldsymbol{r}=\text{单值、有限}} \tag{1.24}$$

式中，$[M]$表示被测点M附近任意小但仍为有限的小体积．这是因为，任何测量粒子位置的实验，无论其精确度多高，也不能精确到几何点，测量定位的区域尽管很小终归有限．于是，实验测量概率值必须单值有限就体现为要求上述积分单值有限，并不要求波函数处处连续单值有限．例如，波函数在$r=0$点可以发散，只要发散速度满足如下条件即可：

$$\psi(\boldsymbol{r},t)\xrightarrow{r\to0}\infty\quad\text{应慢于}\quad r^{-3/2}\xrightarrow{r\to0}\infty \tag{1.25}$$

---

① 这里事关量子理论是否为线性的问题，详见张永德，量子菜根谭——现代量子理论专题分析（第III版），第12讲，北京：清华大学出版社，2016．

关于这个问题§4.3 将有详细讨论．**第三，**经典物理的自由粒子匀速直线运动，对应于量子理论的动量为确定值的微观粒子状态．完全描述这种微观粒子状态的波函数是平面 de Broglie 波

$$\psi(\boldsymbol{r},t)=A\mathrm{e}^{\frac{\mathrm{i}}{\hbar}(\boldsymbol{p}\cdot\boldsymbol{r}-Et)} \tag{1.26}$$

描述动量值为 $\boldsymbol{p}$ 的无尽的粒子流，在这个束流中每单位体积内平均有 $\psi^*\psi=|A|^2$ 个粒子存在．认真说，绝对单色无尽延续的平面波（1.26）式只是一个理想状态，并非实际的物理的状态．但无妨将它们作为理论工具，让公式写得简单明了．通常表示一个粒子状态用（1.15）式的波包[①]；**第四，最后强调指出：经典力学中对质点力学状态用$(\boldsymbol{r},\boldsymbol{p})$完备描述，现在推广为微观粒子力学状态第一公设．这是力学状态描叙从"占有力学量数值"向"具有能力"的深刻推广！**分析见§4.3.4.

总之，此公设假定，微观粒子所有量子状态总和构成一个具有内积（1.23）式的 Hilbert 空间．注意，为了物理描述方便，量子力学后来还引入了一些不可归一的波函数．于是实际上，微观粒子整个状态空间是一个扩大了的 Hilbert 空间．

2．第二公设——算符公设

这里预先扼要讲一点"算符"概念．数学中经常涉及一些同类数学量的集合（比如，全体整数、某一类函数、全部 n 维矩阵，等等）．**从一种集合到另一种集合的各种各样的"对应关系"——称"映射（map）或变换"．每一种映射（变换）都表征着那两类集合之间一种对应或关联．纵观量子理论全体，涉及的映射（变换）共计有以下 4 类：**

函数："数→数"的映射；

泛函数："函数→数"的映射，或者说函数的函数；

算符："函数→函数"的映射；

超算符："算符→算符"的映射．

就函数而言，每一种数到数的映射方式定义一种函数，不同的映射方式定义不同的函数．泛函数、算符或超算符等类似．比如，旅游费用是旅游路线的泛函数；空间某一指定点的电势是空间电荷分布的泛函数；一个定积分由被积函数向积出数值的映射是一个泛函数；而不定积分则是"函数→函数"的映射，其作用是一种积分算符；导数 d/dx 是微分算符，它通过一次求导产生一种"函数→函数"的映射，是众多算符中最简单的一种．其实，这些变换都是矩阵对矢量变换作用向连续脚标情况的推广．**总之，掌握这 4 类映射观点，就在总体上区分清楚了物理学中各类数学量**

① 这里说法并不意味放弃使用平面波．由于它给数学描述带来简化，而它引起的积分发散等问题可以用一些人为办法补救（后面将引入 δ 函数，将平面波归一化为可行的 δ 函数），所以还经常使用．

之间的数学关联．量子力学中只有前 3 种，后继理论，主要是量子统计、量子通信中将会遇到第 4 种．

任一可观测力学量 Ω 用相应的线性 Hermite 算符 $\hat{\Omega}$ 表示．算符 $\hat{\Omega}$ 作用于 Hilbert 空间状态上，体现为状态之间的某种线性映射．在由力学量 Ω 到算符 $\hat{\Omega}$ 的众多对应规则中，基本规则是坐标 x 和动量 p 向它们算符 $\hat{x}$、$\hat{p}$ 的对应，要求满足如下对易规则：

$$\boxed{\hat{x}\hat{p}-\hat{p}\hat{x}=\mathrm{i}\hbar} \tag{1.27}$$

这个公设的中心内容是经典力学量的 Hermite 算符化．解释以下几点：

第一，经典物理学中所有力学量均转化为对应的 Hermite 算符，这些算符作用在波函数上，产生波函数的映射（变换）．惟时间这个量除外．在全部量子理论中，时间一直保持为连续变化的参量，不存在相应的"时间算符"．

第二，关于 $\hat{x}$ 和 $\hat{p}$ 的对易规则（1.27）式可如下理解．按 $\psi(\boldsymbol{r},t)$ 的概率解释，力学量坐标的平均值应为

$$|\boldsymbol{r}|\equiv\frac{\int\hat{\boldsymbol{r}}|\psi(\boldsymbol{r},t)|^2\,\mathrm{d}\boldsymbol{r}}{\int|\psi(\boldsymbol{r},t)|^2\,\mathrm{d}\boldsymbol{r}}=\frac{\int\boldsymbol{r}|\psi(\boldsymbol{r},t)|^2\,\mathrm{d}\boldsymbol{r}}{\int|\psi(\boldsymbol{r},t)|^2\,\mathrm{d}\boldsymbol{r}} \tag{1.28}$$

可以看到，由于状态波函数 ψ 已经用坐标 $\boldsymbol{r}$ 的函数来描述，坐标算符 $\hat{\boldsymbol{r}}$ 可直接取定为坐标矢量 $\boldsymbol{r}$ ①．这时算符 $\hat{\boldsymbol{p}}$ 的表达式如何？以一维 de Broglie 平面波波函数为例，它是动量算符的本征函数，对应本征值为 p．写出它的本征方程即为

$$\hat{p}\mathrm{e}^{\frac{\mathrm{i}}{\hbar}(p\cdot x-Et)}=p\mathrm{e}^{\frac{\mathrm{i}}{\hbar}(p\cdot x-Et)} \tag{1.29}$$

可以看出，一维情况下动量算符表达式可以取作

$$\hat{p}=\frac{\hbar}{\mathrm{i}}\frac{\mathrm{d}}{\mathrm{d}x} \tag{1.30}$$

在 $\hat{x}$ 和 $\hat{p}$ 如此表示之下，它们之间的对易规则即为

$$[\hat{x},\hat{p}]=\hat{x}\hat{p}-\hat{p}\hat{x}=x\frac{\hbar}{\mathrm{i}}\frac{\mathrm{d}}{\mathrm{d}x}-\frac{\hbar}{\mathrm{i}}\frac{\mathrm{d}}{\mathrm{d}x}x=x\frac{\hbar}{\mathrm{i}}\frac{\mathrm{d}}{\mathrm{d}x}-\frac{\hbar}{\mathrm{i}}\left(\frac{\mathrm{d}x}{\mathrm{d}x}+x\frac{\mathrm{d}}{\mathrm{d}x}\right)=\mathrm{i}\hbar$$

由此开启了量子力学的非对易代数运算．考虑 x、y、z 是三维空间的独立对等的自由度，相应测量原则上互不干扰，对应规则形式应当相同、彼此对易．从而有

$$\hat{\boldsymbol{r}}=\{\hat{x},\hat{y},\hat{z}\},\quad \hat{\boldsymbol{p}}=\{\hat{p}_x,\hat{p}_y,\hat{p}_z\}=-\mathrm{i}\hbar\nabla$$

第三，由此，动能算符、势能算符等就可以用这两个算符的函数来构造．它们为

① 由于 $\psi(\boldsymbol{r})$ 并非是 $\hat{\boldsymbol{r}}$ 的本征函数，无法对它写出本征方程．但若把 $\delta(\boldsymbol{r}-\boldsymbol{r}_0)$ 视作某种实际的、十分局域于 $\boldsymbol{r}_0$ 点的粒子波函数的理想极限表示，则可对它写出坐标算符 $\hat{\boldsymbol{r}}$ 的本征方程为 $\hat{\boldsymbol{r}}\delta(\boldsymbol{r}-\boldsymbol{r}_0)=\boldsymbol{r}_0\delta(\boldsymbol{r}-\boldsymbol{r}_0)$．

非相对论动能算符 $\hat{T}=\dfrac{\hat{p}^2}{2m}=-\dfrac{\hbar^2}{2m}\Delta$

势能算符 $\hat{V}=\hat{V}(\hat{\boldsymbol{r}})$

角动量算符 $\hat{\boldsymbol{L}}=\hat{\boldsymbol{r}}\times\hat{\boldsymbol{p}}=-\mathrm{i}\hbar\boldsymbol{r}\times\nabla$ (1.31)

粒子密度算符[①] $\hat{\rho}=\delta(\boldsymbol{r}-\boldsymbol{r}')$

粒子流密度算符 $\hat{\boldsymbol{j}}=\dfrac{1}{2}\left[\delta(\hat{\boldsymbol{r}}-\hat{\boldsymbol{r}}')\dfrac{\hat{\boldsymbol{p}}'}{m}+\dfrac{\hat{\boldsymbol{p}}'}{m}\delta(\hat{\boldsymbol{r}}-\hat{\boldsymbol{r}}')\right]\quad(\boldsymbol{p}'=-\mathrm{i}\hbar\nabla')$

这里，关于粒子密度算符和粒子流密度算符的说明（以及其余注意）事项参见第二章.

体系能量算符 $\hat{E}=\mathrm{i}\hbar\dfrac{\partial}{\partial t}$；Hamilton 量算符 $\hat{H}=\hat{T}+\hat{V}$

球坐标中角动量算符

$$
\begin{aligned}
\hat{L}_x&=\hat{y}\hat{P}_z-\hat{z}\hat{P}_y=-\mathrm{i}\hbar\left(y\frac{\partial}{\partial z}-z\frac{\partial}{\partial y}\right)=\mathrm{i}\hbar\left(\sin\varphi\frac{\partial}{\partial\theta}+\cot\theta\cos\varphi\frac{\partial}{\partial\varphi}\right)\\
\hat{L}_y&=-\mathrm{i}\hbar\left(\cos\varphi\frac{\partial}{\partial\theta}-\cot\theta\sin\varphi\frac{\partial}{\partial\varphi}\right)\\
\hat{L}_z&=-\mathrm{i}\hbar\frac{\partial}{\partial\varphi}
\end{aligned}
\tag{1.32}
$$

相应的动能算符为

$$
\hat{T}=-\frac{\hbar^2}{2m}\frac{1}{r}\frac{\partial^2}{\partial r^2}r+\frac{\boldsymbol{L}^2}{2mr^2}
\tag{1.33}
$$

通常这种逻辑飞跃的算符化过程称作一次量子化或正则量子化，详见第二章.

3．第三公设——测量公设（期望值公设）

“若微观粒子处于波函数 $\psi(\boldsymbol{r})$ 描述的状态，对其进行可观测量 Ω 的单次测量，一定导致状态的本征坍缩：波函数 $\psi(\boldsymbol{r})$ 将随机地坍缩为 $\hat{\Omega}$ 的某个本征态；与此同时，测得 Ω 的数值一定等于该本征值．若对波函数为 $\psi(\boldsymbol{r})$ 的微观粒子量子系综进行 Ω 的多次重复测量，所得期望值 $\bar{\Omega}_\psi$ 将为

$$
\boxed{\bar{\Omega}_\psi=\int\psi^*(\boldsymbol{r})\hat{\Omega}\psi(\boldsymbol{r})\mathrm{d}v\quad\left(\int\psi^*(\boldsymbol{r})\psi(\boldsymbol{r})\mathrm{d}v=1\right)}
\tag{1.34}
$$

如果被测波函数 $\psi(\boldsymbol{r})$ 不是 $\hat{\Omega}$ 的本征态，应将 $\psi(\boldsymbol{r})$ 按照 $\hat{\Omega}$ 的本征函数族展开，即

---

① 这里 $\boldsymbol{r}$ 是变量，$\boldsymbol{r}'$ 是参变量，类似于矩阵运算中的行标和列标、详细参考后面式（2.12）和式（2.20）以及式（5.10）.

$$\psi(\boldsymbol{r})=\sum_n c_n\psi_n(\boldsymbol{r}) \quad \left(\hat{\Omega}\psi_n(\boldsymbol{r})=\omega_n\psi_n(\boldsymbol{r}),\quad \forall n\right) \tag{1.35}$$

代入（1.34）式，将 $\bar{\Omega}_\psi$ 转化为本征值 ω_n 的权重平均

$$\boxed{\bar{\Omega}_\psi=\int\left(\sum_n c_n^*\psi_n^*(\boldsymbol{r})\right)\hat{\Omega}\left(\sum_n c_n\psi_n(\boldsymbol{r})\right)\mathrm{d}v=\sum_n\left|c_n\right|^2\omega_n \quad \left(\sum_n\left|c_n\right|^2=1\right)} \tag{1.36}$$

这里，将求和式拆开分别求积分时，用到了 Hermite 算符本征函数正交归一性质. 叙述见下章§2.13. **权重系数就是展开式中相应系数的模平方 $|c_n|^2$，也就是测得本征值 ω_n 的概率.**”

注意，随着被测态的演化，这些权重系数 c_n 可能随时间变化. **除第一公设外，这是量子力学中又一个直接将力学量的理论计算与实验观测联系起来的公设. 此公设和波函数公设共同沟通着量子力学的理论计算上层和实验观测基础，成为它们之间的桥梁.** 这里暂只指出以下几点：

第一，这里说的期望值是指对大量相同的量子态 $\psi(\boldsymbol{r})$（它们组成所谓纯态量子系综）作多次重复性观测的平均结果. 以后应当注意区分两种情况：**对量子系综进行多次重复测量的平均结果，对单个量子态的单次测量结果.**

第二，对态 $\psi(\boldsymbol{r})$ 进行力学量 Ω 的每一次完整测量全过程一般分为三个阶段：一、“纠缠分解”，$\psi(\boldsymbol{r})$ 按 $\hat{\Omega}$ 的本征态分解并和测量仪器的可区分态因相互作用而量子纠缠，成为为纠缠分解；二、**“波函数坍缩”**，$\psi(\boldsymbol{r})$ 以展开式系数模平方为概率向 $\hat{\Omega}$ 的本征态之一突变；三、**“初态制备”**，测量结果是制备了一个初态. 因为，测量坍缩后的态在新环境新 Hamilton 量管控下作为初态开始新一轮演化. 参见附录三.

第三，每次测量并读出结果同时，态 $\psi(\boldsymbol{r})$ 即受严重干扰，并向该次测量所得本征值的本征态随机突变（坍缩）过去，使得波函数约化到它的一个成分（分支）. 这种由单次测量造成的坍缩称为“第一类波包坍缩”. 注意，对同一个量子状态 $\psi(\boldsymbol{r})$，依照不同种类的测量，坍缩结果不同，表现出来的形象也不同. 例如，

$$\text{测量 }\hat{\boldsymbol{r}}:\ \psi(\boldsymbol{r})=\int\psi(\boldsymbol{r}')\delta(\boldsymbol{r}-\boldsymbol{r}')\mathrm{d}\boldsymbol{r}'\Rightarrow\left\{\left|\psi(\boldsymbol{r}')\right|^2,\quad \delta(\boldsymbol{r}-\boldsymbol{r}'),\quad \forall\boldsymbol{r}'\right\} \tag{1.37a}$$

$$\text{测量 }\hat{\boldsymbol{p}}:\ \psi(\boldsymbol{r})=\int\varphi(\boldsymbol{p})\mathrm{e}^{\frac{\mathrm{i}}{\hbar}\boldsymbol{p}\cdot\boldsymbol{r}}\mathrm{d}\boldsymbol{p}\Rightarrow\left\{\left|\varphi(\boldsymbol{p})\right|^2,\quad \mathrm{e}^{\frac{\mathrm{i}}{\hbar}\boldsymbol{p}\cdot\boldsymbol{r}},\quad \forall\boldsymbol{p}\right\} \tag{1.37b}$$

$$\text{测量 }\hat{\Omega}:\ \psi(\boldsymbol{r})=\sum_n c_n\psi_n(\boldsymbol{r})\Rightarrow\left\{\left|c_n\right|^2,\quad \psi_n(\boldsymbol{r}),\quad \forall n\right\} \tag{1.37c}$$

除非被测态 $\psi(\boldsymbol{r})$ 是该被测力学量的某个本征态，否则单次测量后 $\psi(\boldsymbol{r})$ 究竟向哪个本征态分支突变，就像测得的本征值一样，无法事先理论预计. 正如第一行测量 $\hat{\boldsymbol{r}}$ 所体现的，现在讨论的随机性就是前面 Young 双缝实验接收屏上哪处探测到电子的随机性.

第四，量子力学实验中力学量观测值总应当是实数. 这要求，**对任一波函数**

$\psi(\boldsymbol{r})$，无论单次测量随机结果或多次测量平均结果都应当是实数．单次测量结果必是 $\hat{\Omega}$ 的本征值之一，确为实数；对量子系综多次测量结果 $\bar{\Omega}_{\psi}$ 按（1.37）式也为实数，由 $\hat{\Omega}$ 是 Hermite 算符也知确实如此

$$\int \psi^*(\boldsymbol{r})\hat{\Omega}\psi(\boldsymbol{r})\mathrm{d}v = \left\{\int \psi^*(\boldsymbol{r})\hat{\Omega}\psi(\boldsymbol{r})\mathrm{d}v\right\}^*$$

以上四点初步阐述了测量公设的基本内容①．

4．第四公设——微观体系动力学演化公设（Schrödinger 方程公设）

一个微观粒子体系的状态波函数满足如下 Schrödinger 方程：

$$\boxed{\mathrm{i}\hbar\frac{\partial\psi(\boldsymbol{r},t)}{\partial t} = \hat{H}(\boldsymbol{r},\boldsymbol{p})\psi(\boldsymbol{r},t) = \hat{H}(\boldsymbol{r},-\mathrm{i}\hbar\nabla)\psi(\boldsymbol{r},t)} \tag{1.38a}$$

这里 $\hat{H}$ 为体系 Hamilton 算符，又称为体系的 Hamilton 量，

$$\hat{H} = \hat{T} + \hat{V}(\boldsymbol{r}) = \frac{\hat{\boldsymbol{p}}^2}{2m} + V(\boldsymbol{r}) = -\frac{\hbar^2}{2m}\Delta + V(\boldsymbol{r}) \tag{1.38b}$$

这里强调指出，如果说“测量公设”中所涉及的状态坍缩是不可预测的、不可逆的、斩断相干性的、非局域的，因而完全不遵守经典观念的因果律，那么本公设规定状态波函数的时空演化完全遵守经典观念的因果律，保持着全部相干性，不存在任何不可预测成分！量子状态演化中的决定论形式和量子测量中的随机坍缩形式，这两种因果观的有机结合就是微观世界的新因果观——量子力学的因果律！

5．第五公设——全同性原理公设

此公设详见§6.3．有关此公设（并非公设内容，而是公设本身）的独立性尚有争议，见第六章最后一节．

小结　本章物理概念和物理分析较多，但基本线索可以简单概括为 4 个数：

2—1—3—5

2——两组基本实验，它们揭示了微观粒子普遍具有波粒二象的内禀双重性质；1——一个基本观念，量子力学的基本观念就是：微观粒子普遍具有波粒二象性；3——三个基本特征，由基本观念通过物理分析推论出量子力学应当具有这三个基本特征；5——五条公设，它们是整个量子力学理论框架的逻辑概括．

① 实际上，测量公设内容十分丰富．如想了解得具体一些，如上面“三个阶段”叙述，可在读完第七章自旋后，阅读本书附录三关于 von Neumann 模型的叙述．若想了解更多内容，可见前面脚注文献中的有关各讲．

习　题

1．在宏观世界里，量子现象常可以忽略．对下列诸情况，在数值上加以证明：

（1）长 $l=1\text{m}$，质量 $M=1\text{kg}$ 的单摆的零点振荡 $E_0=\frac{1}{2}\hbar\omega$ 的振幅；

（2）质量 $M=5\text{g}$，以速度 10cm/s 向一刚性障碍物（高 5cm，宽 1cm）运动的子弹的透射率；

（3）质量 $M=0.1\text{kg}$，以速度 0.5m/s 运动的钢球被尺寸为 $1\text{m}\times1.5\text{m}$ 窗子所衍射．

2．用 $\hbar,e,c,m$（电子质量）和 M（质子质量）凑出下列每个量，给出粗略的数值估计：

（1）Bohr 半径（cm）；　（2）氢原子结合能（eV）；　（3）Bohr 磁子；

（4）电子的 Compton 波长（cm）；　（5）经典电子半径（cm）；

（6）电子静止能量（MeV）；　（7）质子静止能量（MeV）；　（8）精细结构常数；

（9）典型的氢原子精细结构分裂．

3．导出（1.12）式，验算三个公式中的系数数值．

4．室温（T~300K）下中子速度为 2200m/s，计算它的 de Broglie 波长；求出同温度下电子速度，计算电子的 de Broglie 波长．

5．指出下列实验中，哪些实验主要表明辐射场的粒子性、哪些实验主要表明能量交换的量子性、哪些实验主要表明物质粒子的波动性：

（1）光电效应；　（2）黑体辐射谱；　（3）Franck-Hertz 实验；

（4）Davisson-Germer 实验；　（5）Compton 散射．

简述理由．

6．考虑如下实验：一束电子射向刻有 A、B 两缝的平板，板外是一装有检测器阵列的屏幕．利用检测器能定出电子撞击屏幕的位置．在下列各种情形下，画出入射电子强度随屏幕位置变化的草图，给出简单解释．

（1）A 缝开启，B 缝关闭；

（2）B 缝开启，A 缝关闭；

（3）两缝均开启．

7．讨论以下波函数的归一化问题：

（1）一维无限深势阱中的粒子，设 $\psi(x)=A\sin\frac{\pi x}{a}(0\leqslant x\leqslant a)$，求归一化系数 A．

（2）设 $\psi(x)=A\exp\left\{-\frac{1}{2}\alpha^2x^2\right\}$，$\alpha$ 为已知常数，求归一化系数 A．

（3）设 $\psi(x)=\exp(ikx)$，粒子的位置概率分布如何？能否归一？

（4）设 $\psi(x)=\delta(x)$，粒子的位置概率分布如何？能否归一？

8．设在球坐标中，粒子波函数为 $\psi(r,\theta,\varphi)$，试求：

（1）在球壳 $(r,r+\mathrm{d}r)$ 中找到粒子的概率；

（2）在 (θ,φ) 方向的立体角 $\mathrm{d}\Omega$ 中找到粒子的概率.

9．对下列波函数所描述的粒子，分别求出位置和动量的不确定度，并验证不确定性关系：

（1）平面波 $\psi(x)=\exp\{\mathrm{i}kx\}$；

（2）$\psi(x)=\delta(x-x_0)$；

（3）Gauss 波包 $\psi(x)=\exp\left\{-\frac{1}{2}\alpha^2x^2\right\}$；

（4）$\psi(x)=\frac{1}{\sqrt{L}}\exp\left(-|x|/L\right)$.

提示　注意（4）中 $\psi(x)$ 在 $x=0$ 处性状. 最好避免直接求其二阶导数.

10．利用不确定性关系估计无限深势阱中粒子的基态能量. 设阱宽为 a.

11．证明流密度算符 $\hat{\boldsymbol{j}}=\frac{1}{2}\left[\delta(\boldsymbol{r}-\boldsymbol{r}')\frac{\hat{\boldsymbol{p}}}{m}+\frac{\hat{\boldsymbol{p}}}{m}\delta(\boldsymbol{r}-\boldsymbol{r}')\right]$ 是 Hermite 算符.

12．结合电子 Young 双缝实验中电子被接收屏上探测器探测到之前和之后的实验测量过程，解释量子力学第三公设——测量公设中三个阶段的说法.

13．写出 Fourier 积分变换的“带宽定理”. 结合 de Broglie 关系，引出 Heisenberg 不确定性关系.

14．为什么说“轨道”概念是被量子力学扬弃的经典力学概念？

15．为什么说“静止粒子”概念是被量子力学扬弃的经典力学概念？

16．回忆小结：如何从波粒二象性以物理分析方式推论出量子力学的三个基本特征？

第二章 算符公设与 Schrödinger 方程公设讨论

为了后面叙述需要，本章预先简单讨论一下算符公设和 Schrödinger 方程公设. 这两个公设合起来便是常说的从经典 Newton 力学转向量子力学的"一次量子化"或"正则量子化". **这是一个毫无逻辑推理可言、几乎是粗暴的推广手续，其物理实质是改造质点轨道描述，硬性植入波动相干性，达到描述波泣二象性微观粒子对象的目的. 类似于将几何光学推广到波动光学**：众所周知，Maxwell 方程如果取极短波长近似，清除波动相干性，便简化回归到几何光学的基本方程——程函方程[①]. 但如果逆过来，硬要从程函方程"导出"Maxwell 方程，便必须借助某些类似的无逻辑推理可言的推广手续，植入波动相干性. 但由于不像笃信牛顿力学那样执着于几何光学，人们只是理性地依据实验事实，经过综合归纳，作为公设直接接受了 Maxwell 方程. 方程的正确性由其计算结果与实验是否符合来验证. 详细论述见本页脚注 2 文献[②].

§2.1 算符公设讨论

算符公设的主要内容是从经典力学量到量子算符的对应规则. 它既是一次量子化的基本内容，也是量子力学基础之一. 为了后面叙述需要，暂先简单叙述部分内容，以后根据需要再陆续补充.

1. 线性算符

如果对任意复常数α, β和任意波函数φ和ψ（见后），算符$\hat{\Omega}$有

$$\hat{\Omega}(\alpha\varphi + \beta\psi) = \alpha\hat{\Omega}\varphi + \beta\hat{\Omega}\psi \tag{2.1}$$

称$\hat{\Omega}$为线性算符. 量子力学只涉及线性算符.

2. Hermite 共轭算符

$\hat{\Omega}$的 Hermite 共轭算符$\hat{\Omega}^{+}$由它在所有态中全体标积来定义，即下式等号左边$\hat{\Omega}^{+}$在任意波函数φ和ψ中标积由已知的等号右边的量决定

$$(\hat{\Omega}^{+}\varphi, \psi) = (\varphi, \Omega\psi) \Leftrightarrow \int\left(\hat{\Omega}^{+}\varphi(\boldsymbol{r})\right)^{*}\psi(\boldsymbol{r})\mathrm{d}\boldsymbol{r} = \int\varphi^{*}(\boldsymbol{r})\Omega\psi(\boldsymbol{r})\mathrm{d}\boldsymbol{r} \tag{2.2a}$$

---

① M.玻恩，E.沃耳夫，光学原理（上册），第三章，科学出版社，1978 年，第 147 页.

② 张永德，《量子菜根谭（第 III 版）》，第 11 讲，清华大学出版社；或见《高等量子力学》，第三章或附录 A. 科学出版社.

对上式取复数共轭，有

$$\int \psi^*(\boldsymbol{r})\hat{\Omega}^+\varphi(\boldsymbol{r})\mathrm{d}v = \int (\Omega\psi(\boldsymbol{r}))^*\varphi(\boldsymbol{r})\mathrm{d}v \tag{2.2b}$$

自共轭算符（Hermite 算符）. 如果 $\hat{\Omega}^+ = \hat{\Omega}$，称 $\hat{\Omega}$ 为 Hermite 算符[①]. 这时将有

$$\int \psi^*(\boldsymbol{r})\hat{\Omega}\varphi(\boldsymbol{r})\mathrm{d}v = \left[\int \varphi^*(\boldsymbol{r})\hat{\Omega}\psi(\boldsymbol{r})\mathrm{d}v\right]^* \tag{2.3}$$

3. Hermite 算符本征值均为实数，对应不同本征值的本征函数相互正交

证明　为证明此定理，设 $\psi_1(\boldsymbol{r})$ 和 $\psi_2(\boldsymbol{r})$ 分别是 Hermite 算符 $\hat{\Omega}$ 的对应本征值为 ω_1 和 ω_2 的本征函数，即有本征方程

$$\hat{\Omega}\psi_1(\boldsymbol{r}) = \omega_1\psi_1(\boldsymbol{r}),\quad \hat{\Omega}\psi_2(\boldsymbol{r}) = \omega_2\psi_2(\boldsymbol{r}) \tag{2.4a}$$

对这两个方程分别左乘以 $\psi_2^*(\boldsymbol{r})$ 和 $\psi_1^*(\boldsymbol{r})$ 并积分，得

$$\int \psi_2^*(\boldsymbol{r})\hat{\Omega}\psi_1(\boldsymbol{r})\mathrm{d}v = \omega_1\int \psi_2^*(\boldsymbol{r})\psi_1(\boldsymbol{r})\mathrm{d}v$$

$$\int \psi_1^*(\boldsymbol{r})\hat{\Omega}\psi_2(\boldsymbol{r})\mathrm{d}v = \omega_2\int \psi_1^*(\boldsymbol{r})\psi_2(\boldsymbol{r})\mathrm{d}v$$

另一方面，由 $\hat{\Omega}$ 的 Hermite 性质可得

$$\int \psi_2^*(\boldsymbol{r})\hat{\Omega}\psi_1(\boldsymbol{r})\mathrm{d}v = \left[\int \psi_1^*(\boldsymbol{r})\hat{\Omega}\psi_2(\boldsymbol{r})\mathrm{d}v\right]^*$$

将上面两个等式代入此式，得

$$(\omega_1 - \omega_2^*)\int \psi_2^*(\boldsymbol{r})\psi_1(\boldsymbol{r})\mathrm{d}v = 0$$

如果取 $\psi_2(\boldsymbol{r})$ 为 $\psi_1(\boldsymbol{r})$，由于 $\int |\psi_1(\boldsymbol{r})|^2\mathrm{d}v \neq 0$，得 $\omega_1 = \omega_1^*$，即 $\hat{\Omega}$ 的本征值都是实数；如果 $\omega_1 \neq \omega_2$，这导致

$$\int \psi_2^*(\boldsymbol{r})\psi_1(\boldsymbol{r})\mathrm{d}v = 0 \tag{2.4b}$$

说明分属于不同本征值的本征函数 $\psi_1(\boldsymbol{r})$ 和 $\psi_2(\boldsymbol{r})$ 相互正交. 将这些 ψ_i 归一化，便得到正交归一的函数族. **一般说，一个 Hermite 算符的本征函数族不一定是完备的. 这里完备性是指：使用该函数族可以展开任一波函数（注意不是任意数学函数）. 若一个 Hermite 算符的本征函数族是完备的，则它所对应的力学量称为可观测量.**

---

① 为避免数学混乱，这里指出：物理上的 Hermite 算符（$\hat{\Omega}^+ = \hat{\Omega}$）是数学中的自伴算符（self-adjoint operator），而不是数学中的 Hermite 算符（又名对称算符 symmetric operator），后者可以有 $\hat{\Omega}^+ \neq \hat{\Omega}$. 自伴算符必为对称算符，反之不一定. 一个算符是否为自伴的，除它本身性质以外，还与它的定义域有关系. 详见张永德，高等量子力学，附录 B. 北京：科学出版社，2009；或 J.M. Domingos, et al., Foundations of Physics, vol. **14**, No. 2, 147 (1984).

4. 经典力学量与算符对应问题

对于复杂的经典体系和力学量，比如势 V 中含有动量 $\boldsymbol{p}$ 时，在一次量子化过程中，由于算符 $\hat{\boldsymbol{r}}$ 和 $\hat{\boldsymbol{p}}$ 不对易而出现一个经典力学量表达式可能对应几个量子算符表达式的情况，它们之间的差别仅在于其中 $\hat{\boldsymbol{r}}$ 和 $\hat{\boldsymbol{p}}$ 的排列顺序不同．例如

$$\text{经典力学量}\, x^2 p_x^2 \Rightarrow \text{量子算符}\, \hat{x}^2 \hat{p}_x^2, \hat{x}\hat{p}_x^2\hat{x}, \hat{p}_x^2\hat{x}^2$$

对于这个从经典向量子过渡的算符顺序问题，存在普遍对应规则①．其中最简单的可选方案是对称化形式．例如，粒子流密度算符就是

$$\text{经典力学量} \quad \boldsymbol{j} = \rho \boldsymbol{v} = \rho \frac{\boldsymbol{p}}{m} \quad \Rightarrow \quad \text{量子算符} \quad \hat{\boldsymbol{j}} = \frac{1}{2}\left[\delta(\hat{\boldsymbol{r}} - \hat{\boldsymbol{r}}')\frac{\hat{\boldsymbol{p}}}{m} + \frac{\hat{\boldsymbol{p}}}{m}\delta(\hat{\boldsymbol{r}} - \hat{\boldsymbol{r}}')\right]$$

当然，归根结底，对应方案是否正确要由计算结果与实验是否符合来检验．

5. 算符对易和同时测量问题

可证重要结论：两个力学量 A 和 B 可以同时观测的充要条件是它们对应的算符彼此对易，即

$$[\hat{A}, \hat{B}] = \hat{A}\hat{B} - \hat{B}\hat{A} = 0$$

这里，等式右边零算符的含义是它作用到任何波函数上结果都为零．

证明　条件必要性．根据第一章测量公设，测量某个力学量之后，原先波函数必定以某一概率向该力学量的本征态之一坍缩．所以，如果对任一状态都能够同时测定 A、B，就必定存在向之坍缩的 $\hat{A}$ 、$\hat{B}$ 的共同本征态 ψ_{ab}．于是有

$$[\hat{A}, \hat{B}]\psi_{ab} = (ab - ba)\psi_{ab} = 0$$

这里 ψ_{ab} 是 $\hat{A}$ 、$\hat{B}$ 的某一共同本征态．又由于 $\hat{A}$ 、$\hat{B}$ 是可观测物理量，所以 $\{\psi_{ab}\}$ 序列是完备的，任一波函数 ψ 总可按 $\{\psi_{ab}\}$ 展开，于是有

$$[\hat{A}, \hat{B}]\psi = [\hat{A}, \hat{B}]\sum_{ab} \alpha_{ab}\psi_{ab} = \sum_{ab} \alpha_{ab}[\hat{A}, \hat{B}]\psi_{ab} = 0$$

鉴于 ψ 的任意性，从而得到

$$[\hat{A}, \hat{B}] = 0$$

条件充分性．如果

$$[\hat{A}, \hat{B}] = 0$$

假定 $\hat{A}$ 、$\hat{B}$ 中有一个是非简并的，就是说对应每一个本征值只存在一个本征态．比如 $\hat{A}$ 是这样，于是取 $\hat{A}$ 的一个本征态 ψ_a，有

① 比如可见：C. J. Isham，Lectures on Quantum Theory——Mathematical and Structural Foundations. Imperial College Press, 1998.

$$0=[\hat{A},\hat{B}]\psi_a=\hat{A}\hat{B}\psi_a-\hat{B}\hat{A}\psi_a$$

也即

$$\hat{A}(\hat{B}\psi_a)=a(\hat{B}\psi_a)$$

这就是说，$\hat{B}\psi_a$ 也是 $\hat{A}$ 的本征值为 a 的本征态．根据假定，$\hat{A}$ 的这个本征态不简并，因此 $\hat{B}\psi_a$ 和 ψ_a 必定只差一常系数，即

$$\hat{B}\psi_a=b\psi_a$$

说明 ψ_a 也是 B 的（本征值为 b 的）本征态．也就是说，力学量 A、B 可以同时观测．对于有简并的情况，结论依然如此，这在以后论述．　　证毕．

最后，为澄清误会应当指出，**如果 $\hat{A}$ 和 $\hat{B}$ 不对易，它们"不能同时测量"的含义是：这时 $\hat{A}$ 和 $\hat{B}$ 不存在共同的本征函数序列可用于展开任意被测态，所以不能对任意被测态同时测量这两个力学量．但这不等于不存在个别（对应零本征值）的共同本征态．单就这个特殊态作同时观测还是可能的．**见§4.2 和附录一．

6．动量算符的 Hermite 性问题

按算符公设，将算符 $\hat{p}_x=-\mathrm{i}\hbar\dfrac{\mathrm{d}}{\mathrm{d}x}$ 为 Hermite 的条件写为如下积分等式：

$$\int\psi^*\left(-\mathrm{i}\hbar\frac{\mathrm{d}\varphi}{\mathrm{d}x}\right)\mathrm{d}x=\int\varphi\left(-\mathrm{i}\hbar\frac{\mathrm{d}\psi}{\mathrm{d}x}\right)^*\mathrm{d}x \tag{2.5a}$$

这里 $\varphi(x)$、$\psi(x)$ 是两个任意波函数．注意此式右边在分部积分之后等于

$$\int\mathrm{i}\hbar\frac{\mathrm{d}\psi^*}{\mathrm{d}x}\varphi\mathrm{d}x=\mathrm{i}\hbar\psi^*\varphi\Big|_{\mathrm{down}}^{\mathrm{up}}+\int\psi^*\left(-\mathrm{i}\hbar\frac{\mathrm{d}\varphi}{\mathrm{d}x}\right)\mathrm{d}x \tag{2.5b}$$

由此得知，**仅当分部积分等式右边第一项为零时，$\hat{p}_x$ 的 Hermite 性才能被保证**．就束缚态而言，当 $x\to\pm\infty$ 时，$\psi(x)$ 和 $\varphi(x)$ 均趋于零，$\hat{p}_x$ 的 Hermite 性不会出现问题．至于有限区间 $[a,b]$ 情况，$\hat{p}_x$ 的 Hermite 性只在满足周期边界条件的函数族中才被保证，这时分部积分出来的两项相减等于零[①]．

7．对易子计算

第一，量子力学计算的基本内容之一是计算各种对易子．由算符公设，这类计算的出发点是如下基本对易规则：

$$\boxed{[x_i,\hat{p}_j]=\mathrm{i}\hbar\delta_{ij}} \tag{2.6}$$

---

① 如第一章算符公设注解中所说，一个算符的 Hermite 性还与它的定义域有关．为避免不确定性，本书规定动量算符 $\hat{p}=-\mathrm{i}\hbar\dfrac{\mathrm{d}}{\mathrm{d}x}$ 的定义域为 $(-\infty,+\infty)$，这与 Hilbert 空间态矢的内积区间、概率归一范围、Schrödinger 方程定义域等保持一致，尽管粒子运动可以是局域的．

此外，在对易子计算中还经常用到一些恒等式，如

$$\boxed{\begin{aligned}&[\hat{A},\alpha\hat{B}+\beta\hat{C}]=\alpha[\hat{A},\hat{B}]+\beta[\hat{A},\hat{C}]\\&[\hat{A},\hat{B}]=-[\hat{B},\hat{A}]\\&[\hat{A},\hat{B}\hat{C}]=\hat{B}[\hat{A},\hat{C}]+[\hat{A},\hat{B}]\hat{C}\\&[\hat{A},[\hat{B},\hat{C}]]+[\hat{B},[\hat{C},\hat{A}]]+[\hat{C},[\hat{A},\hat{B}]]=0\end{aligned}} \tag{2.7}$$

第二，作为对易子计算的例子，证明如下结论：设 $\hat{A}=A(\hat{x},\hat{p})$ 和 $\hat{B}=B(\hat{x},\hat{p})$ 能表达成 $\hat{x},\hat{p}$ 的幂级数，求证

$$\boxed{\lim_{\hbar\to 0}[\hat{A},\hat{B}]_{\text{QP}}=\{A,B\}_{\text{CP}}} \tag{2.8}$$

式中，右边是将 $\hat{A},\hat{B}$ 两个算符函数中的变数 $\hat{x}$ 和 $\hat{p}$ 换为经典变量 x,p 时的经典 Poisson 括号（定义见分析力学，也见下面推导结果的恒等号）.

证明 设 $\hat{A}=\sum_{l,m=0}^{\infty}a_{lm}\hat{x}^l\hat{p}^m$（这是可以做到的，因为如有 $\hat{x}$ 在 $\hat{p}$ 右边的项，通过基本对易子将其调换，直到每项的 $\hat{x}$ 均在 $\hat{p}$ 的左方）. 注意有以下对易关系：

$$\begin{aligned}&[\hat{x},f(\hat{x},\hat{p})]=\mathrm{i}\hbar\frac{\partial f}{\partial\hat{p}}\\&[\hat{x}^2,f(\hat{x},\hat{p})]=\mathrm{i}\hbar\left(\hat{x}\frac{\partial f}{\partial\hat{p}}+\frac{\partial f}{\partial\hat{p}}\hat{x}\right)\\&\cdots\cdots\\&[\hat{x}^n,f(\hat{x},\hat{p})]=\mathrm{i}\hbar\left(\hat{x}^{n-1}\frac{\partial f}{\partial\hat{p}}+\hat{x}^{n-2}\frac{\partial f}{\partial\hat{p}}\hat{x}+\cdots+\frac{\partial f}{\partial\hat{p}}\hat{x}^{n-1}\right)\end{aligned} \tag{2.9a}$$

类似有

$$[\hat{p}^m,f(\hat{x},\hat{p})]=-\mathrm{i}\hbar\left(\hat{p}^{m-1}\frac{\partial f}{\partial\hat{x}}+\hat{p}^{m-2}\frac{\partial f}{\partial\hat{x}}\hat{p}+\cdots+\frac{\partial f}{\partial\hat{x}}\hat{p}^{m-1}\right) \tag{2.9b}$$

$$\begin{aligned}\lim_{\hbar\to 0}\frac{1}{\mathrm{i}\hbar}[\hat{A}(\hat{x},\hat{p}),\hat{B}(\hat{x},\hat{p})]&=\lim_{\hbar\to 0}\frac{1}{\mathrm{i}\hbar}\sum_{l,m}a_{lm}[\hat{x}^l\hat{p}^m,\hat{B}(\hat{x},\hat{p})]\\&=\lim_{\hbar\to 0}\frac{1}{\mathrm{i}\hbar}\sum_{l,m}a_{lm}\left\{\hat{x}^l[\hat{p}^m,\hat{B}]+[\hat{x}^l,\hat{B}]\hat{p}^m\right\}\\&=\lim_{\hbar\to 0}\frac{1}{\mathrm{i}\hbar}\sum_{l,m}a_{lm}\left\{-\mathrm{i}\hbar\hat{x}^l\left[\hat{p}^{m-1}\frac{\partial\hat{B}}{\partial\hat{x}}+\hat{p}^{m-2}\frac{\partial\hat{B}}{\partial\hat{x}}\hat{p}+\cdots+\frac{\partial\hat{B}}{\partial\hat{x}}\hat{p}^{m-1}\right]\right.\\&\quad\left.+\mathrm{i}\hbar\left[\hat{x}^{l-1}\frac{\partial\hat{B}}{\partial\hat{p}}+\hat{x}^{l-2}\frac{\partial\hat{B}}{\partial\hat{p}}\hat{x}+\cdots+\frac{\partial\hat{B}}{\partial\hat{p}}\hat{x}^{l-1}\right]\hat{p}^m\right\}\end{aligned}$$

$$
\overset{(A)}{\Rightarrow}\sum_{l,m}a_{lm}\left\{-m\frac{\partial B}{\partial x}x^l p^{m-1}+lx^{l-1}p^m\frac{\partial B}{\partial p}\right\}
$$

$$
=\sum_{l,m}a_{lm}\left\{\frac{\partial\left(x^l p^m\right)}{\partial x}\frac{\partial B}{\partial p}-\frac{\partial B}{\partial x}\frac{\partial\left(x^l p^m\right)}{\partial p}\right\}
$$

$$
=\frac{\partial}{\partial x}\left(\sum_{l,m}a_{lm}x^l p^m\right)\frac{\partial B}{\partial p}-\frac{\partial B}{\partial x}\frac{\partial}{\partial p}\left(\sum_{l,m}a_{lm}x^l p^m\right)
$$

$$
=\left\{\frac{\partial A}{\partial x}\frac{\partial B}{\partial p}-\frac{\partial B}{\partial x}\frac{\partial A}{\partial p}\right\}\equiv\{A,B\}_{\mathrm{CP}}
$$

这里(A)步趋近号是由于当 $\hbar\to 0$ 时，$\hat{x}$ 与 $\hat{p}$ 对易，从而 $\dfrac{\partial\hat{B}}{\partial\hat{x}}$ 与 $\hat{p}^k$ 可交换，成为对应的经典力学量；其余类似，到此证毕.

§2.2　Schrödinger 方程公设讨论

第四公设的 Schrödinger 方程是非相对论量子力学的基本动力学方程，下面对它作初步的考察.

1．Schrödinger 方程与“一次量子化”

可以用一种简明的公设性程式——“一次量子化”程式，形式上直接“得到”Schrödinger 方程．**程式是按以下“替换”关系：**

$$
E\to \mathrm{i}\hbar\frac{\partial}{\partial t},\quad \boldsymbol{p}\to\hat{\boldsymbol{p}},\quad \boldsymbol{r}\to\hat{\boldsymbol{r}}=\boldsymbol{r} \tag{2.10}
$$

将非相对论经典力学中力学量关系式替换为算符方程，再将所得算符方程作用到体系状态波函数 $\psi(\boldsymbol{r},t)$ **上即可**．对于粒子在外场 $V(\boldsymbol{r})$ 中运动的情况，按非相对论经典力学，粒子总能量 $E=\dfrac{\boldsymbol{p}^2}{2m}+V(\boldsymbol{r})$．为了过渡到相应的量子体系，采用这个程式，就得到与此经典体系对应的量子体系的 Schrödinger 方程

$$
\boxed{\mathrm{i}\hbar\frac{\partial\psi(\boldsymbol{r},t)}{\partial t}=\left(\frac{\hat{\boldsymbol{p}}^2}{2m}+V(\boldsymbol{r})\right)\psi(\boldsymbol{r},t)=\hat{H}\psi(\boldsymbol{r},t)} \tag{2.11}
$$

上面用了 $\hat{V}(\hat{\boldsymbol{r}})\psi(\boldsymbol{r},t)=V(\boldsymbol{r})\psi(\boldsymbol{r},t)$，并记 $\dfrac{\boldsymbol{p}^2}{2m}+V(\boldsymbol{r})=-\dfrac{\hbar^2}{2m}\Delta+V(\boldsymbol{r})=\hat{H}$ 称为这个量子体系的 Hamilton 量．按实际情况再配以适当的初始条件 $\psi(\boldsymbol{r},0)=f(\boldsymbol{r})$ 和边界条件，便是一个完整的非相对论量子力学问题．注意，(2.11) 式左边虽然是时间一阶偏导数，但由于有虚数因子 i，所以仍然是个波动方程，有波动解.

一次量子化程式概括了量子力学的第一、第二、第四公设[①]. 实际上，经典力学与量子力学的转化过渡问题当然存在可以理解的叙述[②]. 现在这种算符过渡方式给人以强烈的"无厘头"式逻辑飞跃的感觉. 尽管如此，它倒不失为最简单直接的说法，所以也还时常提及.

若$V = V(\boldsymbol{r},t)$，相关的量子体系 Hamilton 量$\hat{H} = \hat{H}(t)$含时. 表明粒子在时变势场中运动，与外界有能量、动量等交换，机械能一般不守恒，是个非定态问题，由第十一章叙述.

Schrödinger 方程的特例是自由粒子$V(\boldsymbol{r}) = 0$的情况，

$$\mathrm{i}\hbar\frac{\partial\psi(\boldsymbol{r},t)}{\partial t} = \frac{\hat{\boldsymbol{p}}^2}{2m}\psi(\boldsymbol{r},t)$$

其解为已知的自由粒子波函数$\psi(\boldsymbol{r},t) = A\mathrm{e}^{\frac{\mathrm{i}}{\hbar}(\boldsymbol{p}\cdot\boldsymbol{r}-Et)}$，是个平面波的波动解.

2．态叠加原理，方程线性形式与"外场近似"

关于这个问题必须说明以下四点：

第一，"量子态叠加原理"不仅是状态公设的重要组成部分，而且对于从低能到高能整个量子理论都适用. 但这里应当消除一个普遍的误解：实际上，此原理的全名是"**量子体系的（渐近）自由状态空间遵守线性叠加原理**"! 它只是主张：排除相互作用（但各自可以经受弱外场作用）的自由状态空间的量子态服从线性叠加. 对于低能弱场情况，可以认为粒子之间彼此是自由的. 但是，全面仔细考察可知，**全部量子理论表明，认真考虑相互作用的状态空间必定是非线性的**[③]!

第二，Schrödinger 方程对波函数ψ是线性的. 导致这种结果的主要原因是："一次量子化"时对势场V作了（略去二阶效应的）"外场近似"[④]——认定势场V是由已知普通函数所描述，只考虑V对ψ施加影响，忽视ψ对V的反馈作用. 这就排除了粒子与外场相互作用中的相互反馈、相互影响，使V中不含有ψ. 显然，这个近似的实质是对 Schrödinger 方程实施线性化近似，使其易于求解！鉴于非相对论量

---

① 除了测量公设和全同性原理公设. 全同性原理公设在两体或多体问题以及"二次量子化"方法中才用到.

② 量子力学与经典力学关系的叙述见以后各章，关于量子力学向经典力学过渡的叙述，详见张永德，高等量子力学（第三版），附录 A. 北京：科学出版社. 2015 年.

③ 实际上，只要认真考虑粒子间相互作用中的相互反馈、相互影响，量子理论就必定也必须是非线性的！如果相互作用比较强，还会进一步出现新旧粒子产生湮灭、粒子种类转化. 此时无论是动力学方程组或是状态空间都是高度非线性的. 例如，最简单的粒子反应$\mathrm{e}+\mathrm{e}^+ \longrightarrow 2\gamma$，人们无法想象，怎么可能将两个 Dirac 方程解通过线性叠加而成为 Maxwell 解！事实是，迄今难于知道是怎样形象而具体地转化的，尽管可以用各阶 Feynman 图对过程的概率幅作精准的微扰计算. 详见张永德，量子菜根谭（第Ⅲ版），第 12 讲，北京：清华大学出版社，2016 年.

④ "外场近似"是具有重大后果的线性化近似. 比如，它完全排除了在散射中入射粒子对靶原子的影响，以致完全略去了入射粒子对靶原子的极化、激发、电离等实验过程. 因为靶原子对入射粒子的作用$V(r)$在整个散射过程中，作为已知函数保持不变. 详见第 10 章.

子力学涉及的能量较低（和静止能量相比），势场作用本身不强，对于这类低能弱场情况，若限于研究单体运动范围，就可以实行外场近似，从而对方程线性化．这不但是必要的而且是合理的．综合以上两条，于是应当消除一种常见的误解：“基于 Schrödinger 方程和态叠加原理的线性性质，可以认定量子力学本质上是个线性理论．”其实，就整体而论量子理论是高度非线性的！参见上页第 3、4 两条脚注．

第三，量子态叠加原理和经典波叠加概念有不少相似之处，但有本质的差异．这里是一种特殊的概率幅波——de Broglie 波的叠加原理．因此在以下三个方面都明显不同于经典波叠加概念：**测量突变（波包坍缩）；单次测量结果原则上的不确定性；每次测量所得力学量数值总是本征值！**

第四，量子态叠加原理内涵丰富．比如，它造成**测量的不确定性，不支持 Einstein 的定域物理实在论的主张**．然而实际上，自然界中绝大部分量子态的可观测力学量确实不具有单一确定的数值．此外，原理还导致许多重要的结论．这里不再论述．

3．概率流密度与概率定域守恒

对 Schrödinger 方程取复数共轭，得

$$-i\hbar\frac{\partial\psi^*(\boldsymbol{r},t)}{\partial t}=-\frac{\hbar^2}{2m}\Delta\psi^*(\boldsymbol{r},t)+V\psi^*(\boldsymbol{r},t)$$

将此方程左乘以 ψ，再将 Schrödinger 方程左乘以 ψ^*，两者相减，就得到**粒子概率流密度的连续性方程**（注意 ψ 的量纲为 $\mathrm{cm}^{-3/2}$，$\boldsymbol{j}$ 的量纲为 $\mathrm{cm}^{-2}\cdot\mathrm{s}^{-1}$）

$$\boxed{\frac{\partial\rho}{\partial t}=-\nabla\cdot\boldsymbol{j}}\tag{2.12a}$$

其中

$$\psi^*(\boldsymbol{r},t)\psi(\boldsymbol{r},t)=\rho(\boldsymbol{r},t)$$

$$\boldsymbol{j}(\boldsymbol{r},t)=\frac{\hbar}{2m\mathrm{i}}[\psi^*(\boldsymbol{r},t)\nabla\psi(\boldsymbol{r},t)-\psi(\boldsymbol{r},t)\nabla\psi^*(\boldsymbol{r},t)]\tag{2.12b}$$

分别表示粒子处于 $\psi^*(\boldsymbol{r},t)$ 态时的密度和流密度．注意它们分别为算符 $\hat{\rho}=\delta(\boldsymbol{r}-\boldsymbol{r}')$ 和 $\hat{\boldsymbol{j}}=\dfrac{1}{2m}[\delta(\boldsymbol{r}-\boldsymbol{r}')\hat{\boldsymbol{p}}'+\hat{\boldsymbol{p}}'\delta(\boldsymbol{r}-\boldsymbol{r}')]$ 在 $\psi(\boldsymbol{r},t)$ 中的期望值（具体计算见下节），因而（2.12）式具有重复测量取平均．也即态平均计算的含意，也就常常具有可以直观理解的宏观物理意义．

概率流密度最简单例子是自由粒子平面波态．设 $\psi=A\mathrm{e}^{i\boldsymbol{k}\cdot\boldsymbol{r}}$，代入（2.12b）式，得

$$\boldsymbol{j}=|A|^2\frac{\hbar\boldsymbol{k}}{m}=|\psi|^2\frac{\boldsymbol{p}}{m}=\rho\boldsymbol{v}$$

果然具有宏观的物理含义．（2.12）式表明，**$\boldsymbol{r}$ 处 $\mathrm{d}\boldsymbol{r}$ 体积内概率密度的变化是由**

此处 d*r* 体积内外之间粒子交流造成的．这是非相对论量子力学粒子数定域守恒的数学表示．如果对（2.12）式进行全空间体积积分，用 Gauss 公式将右边散度的体积积分转化为无穷远处表面通量积分．假定粒子运动局域在有限空间范围，或者假定在无穷远处不存在净粒子流，总之这项为零．最后即得粒子在全空间的总概率守恒

$$\frac{\partial}{\partial t}\int_{\text{all space}}\rho(\boldsymbol{r},t)\mathrm{d}\boldsymbol{r}=0 \tag{2.13}$$

这些分析表明，**Schrödinger 方程内蕴含一个与位势无关的性质：就任意局部空间而言，总进出粒子数定域守恒；就全空间而言，总粒子数守恒．于是波函数的变化仅仅表明粒子在时空中运动．整个非相对论量子力学并不考虑粒子如何产生、怎样湮灭，不考虑新旧粒子间的相互转化！这正是非相对论量子力学的基本范畴，也正是传统意义上“力学”理论的范畴！这种状况和涉及的非相对论低能范围相匹配，再次说明，非相对论量子力学的前提假设在逻辑上是相当自洽的**[①]．

4．稳定势场 Schrödinger 方程的含时一般解

给定初始波函数 $\psi(\boldsymbol{r},0)$ 后，如何计算后来任意时刻的 $\psi(\boldsymbol{r},t)$？这就是初始波函数随时间演化的问题，简称为初值问题．

若势场 $V(\boldsymbol{r})$ 不显含 t（如果有边界条件，也假定是稳定的，不随时间改变），在对应的经典情况下（经典粒子在势场 $V(\boldsymbol{r})$ 中运动），将有机械能守恒；在量子情况下（后面将会阐明）依然有总能量守恒．这时，问题的一般解法是：

第一，通过下面变换，将 Schrödinger 方程中的时间变数和空间变数分离，

$$\psi(\boldsymbol{r},t)=\psi_E(\boldsymbol{r})\mathrm{e}^{-\frac{\mathrm{i}}{\hbar}Et}\Rightarrow \mathrm{i}\hbar\frac{\partial\left\{\psi_E(\boldsymbol{r})\mathrm{e}^{-\mathrm{i}Et/\hbar}\right\}}{\partial t}=\hat{H}\left\{\psi_E(\boldsymbol{r})\mathrm{e}^{-\mathrm{i}Et/\hbar}\right\}\Rightarrow \tag{2.14a}$$

$$\boxed{\hat{H}\psi_E(\boldsymbol{r})=E\psi_E(\boldsymbol{r})}$$

化简为关于 $\psi_E(\boldsymbol{r})$ 的不含时方程，即此量子体系 Hamilton 量 $\hat{H}$ 的本征值为 E 的本征方程，常称为**（能量 E 的）定态 Schrödinger 方程**．一般而言，定态 Schrödinger 方程问题是一个求本征值和本征函数问题．就是说，对于给定的 $\hat{H}$，通常不是对任意 E 值都存在对应的解 $\psi_E(\boldsymbol{r})$．有对应解 $\psi_{E_n}(\boldsymbol{r})\equiv\psi_n(\boldsymbol{r})$ 存在的 E_n 值集合称为该定态 Schrödinger 方程的能谱．一般说，量子体系的能谱既有分立部分也有连续部分（但有些形式的势场只存在分立谱或只存在连续谱）．全部对应解的集合

$$\left\{\psi_n(\boldsymbol{r})\middle|H\psi_n(\boldsymbol{r})=E_n\psi_n(\boldsymbol{r}),\quad\forall n\right\}$$

称为这一问题的（能量）本征函数族．

---

① 不像单粒子的相对论量子力学，详见前面脚注②③文献．

第二，将给定的初始波函数 $\psi(\boldsymbol{r},0)$（设已归一化）按此本征函数族 $\{\psi_n(\boldsymbol{r}),\forall n\}$ 展开，求得展开系数 c_n，

$$\boxed{\psi(\boldsymbol{r},0)=\sum_n c_n\psi_n(\boldsymbol{r})\quad\left(\sum_n|c_n|^2=1\right)}\tag{2.14b}$$

一般说，这个展开式还应当包含连续谱积分部分，为书写简明这里省略了.

第三，向求和式中每一项添加相应时间因子 $\mathrm{e}^{-\frac{\mathrm{i}E_nt}{\hbar}}$，最后即得任意 t 时刻的波函数

$$\boxed{\psi(\boldsymbol{r},t)=\sum_n c_n\psi_n(\boldsymbol{r})\mathrm{e}^{-\frac{\mathrm{i}E_nt}{\hbar}}}\tag{2.14c}$$

代入（2.11）式验证即知此结果是解. 根据基本公设，在此叠加态中，测量能量时得到 E_n 值、出现 ψ_n 态的概率为 $|c_n|^2$，于是测量 $\psi(\boldsymbol{r},t)$ 态能量得到期望值为 $\bar{E}=\sum_n E_n|c_n|^2$.

对于能谱为连续的情况，比如 de Broglie 平面波叠加的 Gauss 波包自由演化问题，只需用积分代替求和，相应计算类比这里模式进行. 详见§3.3.

5. 势场界面和奇点处波函数的性质

一般说，$\psi(\boldsymbol{r},t)$ 的概率诠释要求 $\psi(\boldsymbol{r},t)$ 在其分布区域内处处连续、模为单值、在任一有限区域内模平方可积. 另外，根据可以用动量算符作用得知，除位势的奇点、突变点之外，应当处处可微. 在位势发生突变的界面或界点上，如突变是有限的，由边界两边概率流相等可得 ψ 微商连续（不仅要求 ψ 本身连续）. 只在势场无限大跃变的地方 ψ 微商才可能不连续. 在势为无穷大的区域中，方程中 $V\psi$ 项必须为有限值以保持方程在此区域内依然成立，由此推知此区域内的 ψ 必须为零[①]. 在势场的奇点处，ψ 有时（并非一定）会出现奇点，此时仍要求包含奇点的任意区域内模平方可积. **总之，关于 ψ 的各种要求或是从物理考虑得出，或是由 Schrödinger 方程导出.**

例如，$x=0$ 处有强度为 $-\gamma$ 吸引 δ 函数位势 $V(x)=-\gamma\delta(x)$，Schrödinger 方程为

$$\psi''(x)=-\frac{2m}{\hbar^2}[E+\gamma\delta(x)]\psi(x)$$

在 $x=0$ 附近 $[-\varepsilon,+\varepsilon]$ 小区间内积分，即得 $x=0$ 处非零点的波函数，其一阶导数跃变应满足条件

$$\boxed{\psi'(0^+)-\psi'(0^-)=-\frac{2m\gamma}{\hbar^2}\psi(0)}\tag{2.15}$$

① 在后面第三章的一维无限深方势阱模型求解中，对阱外部分也必须如此考虑，将 Schrödinger 方程理解为定义在全实轴上，相应的动量算符 $\hat{p}$ 也定义在全实轴上，详见 § 3.1.

（2.15）式简单讨论：验算即知，首先，为了保证 δ 函数势模型正确以及有关计算的自洽性，必须注意两点：① δ 函数定义要求乘积函数在 δ 函数奇点处连续，于是波函数在 $x=0$ 点必须连续（这样才能够记作 $\psi(0^{\pm})=\psi(0)$）；**②Schrödinger 方程总概率守恒要求 δ 函数势所表示的物质薄层不吸收（不放出）粒子**. 这包括两类问题：一维束缚定态（驻波振动解，沿 x 轴无流密度）情况，以及有入射流的稳态无吸收散射情况. 这两种情况下，这两点注意是被保证了的. 其中 $\psi(0)$ 可以不是节点，对应 $x=0$ 两侧波函数连续但导数不连续；**其次，δ 函数势模型不能用于有吸收物质薄层的稳态散射情况——一维定态行进问题**. 这时入射出射粒子流之差与薄层吸收率之间必定存在平衡关系，出现诸如薄层吸收、两侧波函数不连续、透穿概率等问题，超出 δ 函数势模型的表达能力，（2.15）式不再成立. 此时应当按照有入射流的吸收薄势阱（垒）的一维定态行进问题处理，分区求解 Schrödinger 方程. δ 函数分析见附录四.

6. 能量平均值下限问题

动能算符 $\hat{T}=\dfrac{\hat{\boldsymbol{p}}^2}{2m}$ 全部本征值都是非负的. 从而不论对任何态，动能的期望值总是非负的 $\bar{T}\geqslant 0$（可以论证这个期望值总是正的，见§3.1 谐振子脚注）. 另一方面，假如 $V(\boldsymbol{r})$ 有最小值 $V_{\min}$，即

$$\bar{V}=\frac{\int\psi^* V\psi\,\mathrm{d}\boldsymbol{r}}{\int\psi^*\psi\,\mathrm{d}\boldsymbol{r}}\geqslant\frac{\int\psi^* V_{\min}\psi\,\mathrm{d}\boldsymbol{r}}{\int\psi^*\psi\,\mathrm{d}\boldsymbol{r}}=V_{\min}$$

于是就得到

$$\bar{E}=\bar{T}+\bar{V}\geqslant\bar{T}+V_{\min}\geqslant V_{\min} \tag{2.16a}$$

这一不等式对任何态均成立，当然也包括对任意的（第 n 个）能量本征态. 于是有

$$\boxed{E_n\geqslant V_{\min}\quad(\forall n)} \tag{2.16b}$$

7. 能谱分界点问题

设外场在无穷远处消失，即假定 $V\to 0(r\to\infty)$. 这时，对应能量 $E<0$（假如存在）的所有定态都是束缚态，波函数只展布在有限区域内. 这是因为，若粒子在无穷远处有存在的概率，在那部分空间里的方程将为

$$\left.\left(\frac{p^2}{2m}\psi=E\psi\right)\right|_{r\to\infty}$$

由于已设定 $E<0$，这个方程是不能成立的，除非 $\psi|_{r\to\infty}=0$. 进一步，简单讨论表明[①]，在 $V\xrightarrow{r\to\infty}0$ 情况下，所有 $E<0$ 态不仅都是束缚态，而且它们负能量本征值均

①Л.Д. 朗道，E.M. 栗弗席茨，量子力学（非相对论理论）上册，高等教育出版社，1980 年，第 36 页.

呈分立谱. 如以前所说，这正是将 de Broglie 波局域化时自身干涉的结果. 所有 $E>0$ 态不仅一定包含无限运动，而且它们本征值将呈连续谱形式[①]. 最常见的例子就是氢原子，或者一般些说 $(\mathrm{e}+\mathrm{p})$ 体系.

§2.3　力学量期望值运动方程与时间导数算符

1. 力学量期望值运动方程

力学量 $\hat{\Omega}$ 在态 $\psi(\boldsymbol{r},t)$ 中的期望值为

$$\left\langle\hat{\Omega}\right\rangle\left(\equiv\bar{\hat{\Omega}}\right)=\int\psi^*(\boldsymbol{r},t)\hat{\Omega}\psi(\boldsymbol{r},t)\mathrm{d}v$$

对它求时间导数，得

$$\begin{aligned}\frac{\mathrm{d}\left\langle\hat{\Omega}\right\rangle}{\mathrm{d}t}&=\int\left\{\frac{\partial\psi^*}{\partial t}\hat{\Omega}\psi+\psi^*\frac{\partial\hat{\Omega}}{\partial t}\psi+\psi^*\hat{\Omega}\frac{\partial\psi}{\partial t}\right\}\mathrm{d}v\\&=\int\left\{\frac{\mathrm{i}}{\hbar}(\hat{H}\psi)^*\hat{\Omega}\psi+\psi^*\frac{\partial\hat{\Omega}}{\partial t}\psi-\frac{\mathrm{i}}{\hbar}\psi^*\hat{\Omega}\hat{H}\psi\right\}\mathrm{d}v\\&=\int\left\{\frac{\mathrm{i}}{\hbar}\psi^*\hat{H}\hat{\Omega}\psi+\psi^*\frac{\partial\hat{\Omega}}{\partial t}\psi-\frac{\mathrm{i}}{\hbar}\psi^*\hat{\Omega}\hat{H}\psi\right\}\mathrm{d}v\\&=\int\psi^*\left[\frac{\partial\hat{\Omega}}{\partial t}+[\hat{\Omega},\hat{H}]_{\mathrm{QP}}\right]\psi\mathrm{d}v\end{aligned}$$

式中，$\dfrac{\partial\hat{\Omega}}{\partial t}$ 是当 $\hat{\Omega}$ 中明显含有时间参数时应取的偏导数；$[\hat{A},\hat{B}]_{\mathrm{QP}}\equiv\dfrac{1}{\mathrm{i}\hbar}(\hat{A}\hat{B}-\hat{B}\hat{A})$ 是量子 Poisson 括号.

2. 时间导数算符

第一，定义　任意算符 $\hat{\Omega}$ 的时间导数算符记作 $\dfrac{\mathrm{d}\hat{\Omega}}{\mathrm{d}t}$. 这个新算符以它在任意态中期望值等于 $\hat{\Omega}$ 在该态期望值的时间导数来定义：

$$\boxed{\left\langle\frac{\mathrm{d}\hat{\Omega}}{\mathrm{d}t}\right\rangle\equiv\frac{\mathrm{d}\left\langle\hat{\Omega}\right\rangle}{\mathrm{d}t}}\tag{2.17a}$$

---

① 对某些特殊形状位势，在正能量连续谱中可能含有束缚态. 但由于零能隙而极不稳定，难于有物理应用. 也见上注文献，第 66 页脚注.

即算符 $\frac{\mathrm{d}\hat{\Omega}}{\mathrm{d}t}$ 是通过规定其期望值来定义此算符本身的．根据此定义，有

$$\int\psi^*\frac{\mathrm{d}\hat{\Omega}}{\mathrm{d}t}\psi\mathrm{d}v=\int\psi^*\left\{\frac{\partial\hat{\Omega}}{\partial t}+[\hat{\Omega},\hat{H}]_{\mathrm{QP}}\right\}\psi\mathrm{d}v$$

鉴于 ψ 的任意性，算符 $\hat{\Omega}$ 的时间导数算符 $\frac{\mathrm{d}\hat{\Omega}}{\mathrm{d}t}$ 又可以等价地定义为

$$\boxed{\frac{\mathrm{d}\hat{\Omega}}{\mathrm{d}t}=\frac{\partial\hat{\Omega}}{\partial t}+\left[\hat{\Omega},\hat{H}\right]_{\mathrm{QP}}} \tag{2.17b}$$

注意，由于存在第二项，对不同的量子体系，同一算符 $\hat{\Omega}$ 的时间导数算符 $\frac{\mathrm{d}\hat{\Omega}}{\mathrm{d}t}$，表达式可能不同．依照 $\frac{\mathrm{d}\hat{\Omega}}{\mathrm{d}t}$ 定义，它显然与经典力学量 $\frac{\mathrm{d}\Omega}{\mathrm{d}t}$ 有物理的紧密关联．另外，若 H 含时仍然可以如此定义时间导数算符．

如果 $\hat{\Omega}$ 不显含 t，其时间导数算符即为

$$\frac{\mathrm{d}\hat{\Omega}}{\mathrm{d}t}=[\hat{\Omega},\hat{H}]_{\mathrm{QP}} \tag{2.17c}$$

注意，有时将 $\frac{\mathrm{d}\hat{\Omega}}{\mathrm{d}t}$ 记作 $\frac{\mathrm{d}\hat{\Omega}}{\mathrm{d}t}$．这时不应误解，记号 $\frac{\mathrm{d}\hat{\Omega}}{\mathrm{d}t}$ 不是对 $\hat{\Omega}$ 中变数 t 直接求导 $\frac{\partial\hat{\Omega}}{\partial t}$！

第二，可证结论：对于分立谱定态，任何不显含时间的力学量算符 $\hat{\Omega}$，即便与 H 不对易，其期望值也不随时间变化．

证明　设分立谱定态为 ψ_n，任一不含时力学量算符为 $\hat{\Omega}$，有

$$\hat{H}\psi_n=E_n\psi_n,\quad \bar{\Omega}=\int\psi_n^*\hat{\Omega}\psi_n\mathrm{d}v$$

于是

$$\begin{aligned}\frac{\mathrm{d}\bar{\Omega}}{\mathrm{d}t}&=\frac{1}{\mathrm{i}\hbar}\int\psi_n^*\left(\hat{\Omega}\hat{H}-\hat{H}\hat{\Omega}\right)\psi_n\mathrm{d}v=\frac{1}{\mathrm{i}\hbar}\left\{\int\psi_n^*\hat{\Omega}E_n\psi_n\mathrm{d}v-\int\psi_n^*\hat{H}\hat{\Omega}\psi_n\mathrm{d}v\right\}\\&=\frac{1}{\mathrm{i}\hbar}\left\{E_n\bar{\Omega}-\int\left(\hat{H}\psi_n\right)^*\hat{\Omega}\psi_n\mathrm{d}v\right\}=\frac{1}{\mathrm{i}\hbar}\left\{E_n\bar{\Omega}-E_n\bar{\Omega}\right\}=0\end{aligned}$$

证毕．这个结论可以说明，**为什么把能量本征态特殊地称为定态**．

第三，对 H 不含时情况，由（2.17c）式可知：i）一个力学量对应的 Hermite

算符，如果它既不显含 t 又与体系 Hamilton 量对易，这个力学量便是这个体系的一个守恒物理量，简称为守恒量，或称为运动常数．ii）就给定体系而言，说某个力学量是守恒量，具体含义有两点，a）该力学量在此体系任意（束缚）态内的期望值不随时间变化；b）该力学量在此体系任意（束缚）态内取值的概率分布不随时间改变．特殊情况下，若所给态中该力学量具有确定值（此时波函数是该力学量算符的本征函数），则在以后任何时刻该态仍具有此确定值，或者说，这个确定值是个**守恒的量子数**，又常称为**好量子数**．iii）前面说过，一个算符的时间导数算符，因为含有与 H 的对易子，对不同体系其表达形式可能不同．

第四，时间导数算符计算举例．

例 1　位置算符 $\hat{x}$．它不显含时间，但其时间导数算符（记作 $\hat{v}_x$）为

$$\begin{aligned}\hat{v}_x &= \frac{1}{\mathrm{i}\hbar}[\hat{x},\hat{H}] = \frac{1}{\mathrm{i}\hbar}(\hat{x}\hat{T}-\hat{T}\hat{x}) \\ &= \frac{1}{\mathrm{i}\hbar}\left(-\frac{\hbar^2}{2m}\right)(x\Delta-\Delta x) = -\frac{\hbar}{2\mathrm{i}m}\left(-2\frac{\partial}{\partial x}\right) = \frac{\hat{p}_x}{m}\end{aligned} \tag{2.18}$$

例 2　和经典力学作用力相对应的算符应当是动量算符的时间导数算符，为

$$\hat{\boldsymbol{F}} \equiv \frac{\mathrm{d}\hat{\boldsymbol{p}}}{\mathrm{d}t} = \frac{1}{\mathrm{i}\hbar}[\hat{\boldsymbol{p}},H] = \frac{1}{\mathrm{i}\hbar}[\hat{\boldsymbol{p}},V] = -\nabla V \tag{2.19}$$

注意，按算符导数定义，此式平均值为 $\dfrac{\mathrm{d}\langle\hat{\boldsymbol{p}}\rangle}{\mathrm{d}t} = -\langle\nabla V\rangle$．综合例 1 和例 2 结果，

$$\boxed{m\frac{\mathrm{d}<\hat{\boldsymbol{r}}>}{\mathrm{d}t} = <\hat{\boldsymbol{p}}>, \qquad \frac{\mathrm{d}<\hat{\boldsymbol{p}}>}{\mathrm{d}t} = -<\nabla V>}$$

称作 **Ehrenfest 定理．粗略地说，此定理表明微观粒子运动在平均意义上遵守 Newton 定理**．（“粗略”是由于第二个方程右边一般不保证能有 $\langle\nabla V(r)\rangle = \nabla V(\langle r\rangle)$）．详细讨论见后面§5.6.2 节脚注及脚注文献①．

例 3　粒子密度算符 $\hat{\delta}(\boldsymbol{r}-\boldsymbol{r}') = \delta(\boldsymbol{r}-\boldsymbol{r}')$ 的时间导数算符．这个算符不显含时间，同样不能说它的时间导数算符为零．事实上

$$\begin{aligned}\frac{\mathrm{d}\hat{\delta}(\boldsymbol{r}-\boldsymbol{r}')}{\mathrm{d}t} &= \frac{1}{\mathrm{i}\hbar}[\hat{\delta}(\boldsymbol{r}-\boldsymbol{r}'),H] = \frac{1}{\mathrm{i}\hbar}\left[\delta(\boldsymbol{r}-\boldsymbol{r}'),\frac{\hat{\boldsymbol{p}}'^2}{2m}\right] \\ &= \frac{-\hbar}{2m\mathrm{i}}\left\{[\hat{\delta}(\boldsymbol{r}-\boldsymbol{r}'),\nabla']\cdot\nabla' + \nabla'\cdot[\hat{\delta}(\boldsymbol{r}-\boldsymbol{r}'),\nabla']\right\}\end{aligned}$$

注意 $[\hat{\delta}(\boldsymbol{r}-\boldsymbol{r}'),\nabla'] = -\nabla'\hat{\delta}(\boldsymbol{r}-\boldsymbol{r}') = \nabla\hat{\delta}(\boldsymbol{r}-\boldsymbol{r}')$．于是得到

① 张永德，高等量子力学（下）（第三版）北京：科学出版社．2015 年．附录 A.

$$\frac{\mathrm{d}\hat{\delta}(\boldsymbol{r}-\boldsymbol{r}')}{\mathrm{d}t}=\frac{-\hbar}{2mi}\left\{[\nabla\hat{\delta}(\boldsymbol{r}-\boldsymbol{r}')]\cdot\nabla'+\nabla'\cdot[\nabla\hat{\delta}(\boldsymbol{r}-\boldsymbol{r}')]\right\}$$
$$=-\nabla\cdot\frac{\hbar}{2mi}\left\{\hat{\delta}(\boldsymbol{r}-\boldsymbol{r}')\nabla'+\nabla'\hat{\delta}(\boldsymbol{r}-\boldsymbol{r}')\right\} \tag{2.20}$$
$$=-\nabla\cdot\left\{\hat{\delta}(\boldsymbol{r}-\boldsymbol{r}')\frac{\hat{\boldsymbol{P}}'}{2m}+\frac{\hat{\boldsymbol{P}}'}{2m}\hat{\delta}(\boldsymbol{r}-\boldsymbol{r}')\right\}=-\nabla\cdot\hat{\boldsymbol{j}}$$

这正是密度算符的时间导数算符表达式. 下面在态 $\psi(\boldsymbol{r}',t)$ 中对（2.20）式求平均. 利用时间导数算符的期望值等于该算符期望值的时间导数这个定义，可知

$$左边=\frac{\mathrm{d}}{\mathrm{d}t}\int\psi^*(\boldsymbol{r}',t)\delta(\boldsymbol{r}'-\boldsymbol{r})\psi(\boldsymbol{r}',t)\mathrm{d}\boldsymbol{r}'=\frac{\mathrm{d}(\psi^*(\boldsymbol{r},t)\psi(\boldsymbol{r},t))}{\mathrm{d}t}=\frac{\mathrm{d}\rho(\boldsymbol{r},t)}{\mathrm{d}t}$$

$$右边=\frac{-\hbar}{2mi}\nabla\cdot\int\psi^*(\boldsymbol{r}',t)[\hat{\delta}(\boldsymbol{r}'-\boldsymbol{r})\cdot\nabla'+\nabla'\cdot\hat{\delta}(\boldsymbol{r}'-\boldsymbol{r})]\psi(\boldsymbol{r}',t)\mathrm{d}\boldsymbol{r}'$$
$$=\frac{-\hbar}{2mi}\nabla\cdot[\psi^*(\boldsymbol{r},t)(\nabla\psi(\boldsymbol{r},t))-\psi(\boldsymbol{r},t)(\nabla\psi^*(\boldsymbol{r},t))]=-\nabla\cdot\left\langle\hat{\boldsymbol{j}}\right\rangle_{\psi}$$

第二项作了分部积分，得到连续性方程. 附带指出，推导表明，通常流密度矢量公式

$$\left\langle\hat{\boldsymbol{j}}\right\rangle_{\psi}=\frac{\hbar}{2mi}\left\{\psi^*(\boldsymbol{r},t)\nabla\psi(\boldsymbol{r},t)-\psi(\boldsymbol{r},t)\nabla\psi^*(\boldsymbol{r},t)\right\} \tag{2.21}$$

其实是流密度矢量算符 $\hat{\boldsymbol{j}}=\hat{\delta}(\boldsymbol{r}'-\boldsymbol{r})\frac{\hat{\boldsymbol{p}}'}{2m}+\frac{\hat{\boldsymbol{p}}'}{2m}\hat{\delta}(\boldsymbol{r}'-\boldsymbol{r})$ 在 $\psi(\boldsymbol{r}',t)$ 态中的期望值.

§2.4 Hellmann-Feynman 定理和 Virial 定理

1. Hellmann-Feynman 定理

微观粒子状态和力学量除了可能随时间变化之外，还可能依赖于某些参数，如势阱宽度、位势函数中参量，甚至粒子质量、电荷、角动量等. 特别是体系 Hamilton 量，其期望值经常包含某些参量或体系的空间结构参数. 现在研究 Hamilton 量期望值如何随参数变化. 设体系 $H(\lambda)$ 处于某个定态 $\psi(\boldsymbol{r},\lambda)$ 上，λ 是某一参量，

$$H(\lambda)\psi(\boldsymbol{r},\lambda)=E(\lambda)\psi(\boldsymbol{r},\lambda) \tag{2.22}$$

于是存在一个很实用的 Hellmann-Feynman 定理

$$\boxed{\frac{\partial E(\lambda)}{\partial\lambda}=\int\mathrm{d}\boldsymbol{r}\psi^*(\boldsymbol{r},\lambda)\frac{\partial H(\lambda)}{\partial\lambda}\psi(\boldsymbol{r},\lambda)} \tag{2.23}$$

证明　由于

$$E(\lambda)=\int \mathrm{d}\boldsymbol{r}\,\psi^*(\boldsymbol{r},\lambda)H(\lambda)\,\psi(\boldsymbol{r},\lambda)$$

对参量 λ 求偏导数

$$\begin{aligned}\frac{\partial E(\lambda)}{\partial\lambda}&=\int \mathrm{d}\boldsymbol{r}\left\{\frac{\partial\psi^*}{\partial\lambda}H(\lambda)\,\psi+\psi^*H(\lambda)\frac{\partial\psi}{\partial\lambda}\right\}+\int \mathrm{d}\boldsymbol{r}\psi^*\frac{\partial H(\lambda)}{\partial\lambda}\psi\\&=\int \mathrm{d}\boldsymbol{r}\left\{E(\lambda)\frac{\partial\psi^*}{\partial\lambda}\psi+E(\lambda)\psi^*\frac{\partial\psi}{\partial\lambda}\right\}+\int \mathrm{d}\boldsymbol{r}\psi^*\frac{\partial H(\lambda)}{\partial\lambda}\psi\\&=E(\lambda)\int \mathrm{d}\boldsymbol{r}\left\{\frac{\partial\psi^*}{\partial\lambda}\psi+\psi^*\frac{\partial\psi}{\partial\lambda}\right\}+\int \mathrm{d}\boldsymbol{r}\psi^*\frac{\partial H(\lambda)}{\partial\lambda}\psi\\&=E(\lambda)\frac{\partial}{\partial\lambda}\left\{\int \mathrm{d}\boldsymbol{r}\left|\psi(\boldsymbol{r},\lambda)\right|^2\right\}+\int \mathrm{d}\boldsymbol{r}\psi^*(\boldsymbol{r},\lambda)\frac{\partial H(\lambda)}{\partial\lambda}\psi(\boldsymbol{r},\lambda)\end{aligned}$$

由于 $\int \mathrm{d}\boldsymbol{r}\psi^*(\boldsymbol{r},\lambda)\,\psi(\boldsymbol{r},\lambda)=1$，第一项为零，即得定理.　　　　证毕.

2．束缚定态的 Virial 定理

设 $\hat{T}$ 和 $\hat{V}$ 是动能和势能算符，**束缚定态的 Virial 定理**表述为

$$\boxed{\left\langle\hat{T}\right\rangle=\frac{1}{2}\left\langle\sum_i x_i\frac{\partial\hat{V}}{\partial x_i}\right\rangle}\tag{2.24a}$$

证明　记 $\boldsymbol{x}=(x_1,x_2,\cdots,x_n)$，由定态 Schrödinger 方程

$$(\hat{T}+\hat{V}-E)\,\psi_E(\boldsymbol{x})=0$$

左乘以 $\sum_i\hat{x}_i\hat{p}_i$，再求内积，得

$$\int \mathrm{d}\boldsymbol{x}\,\psi_E^*(\boldsymbol{x})\left\{\sum_i\hat{x}_i\hat{p}_i(\hat{T}+\hat{V}-E)\,\psi_E(\boldsymbol{x})\right\}=0$$

也即

$$\int \mathrm{d}\boldsymbol{x}\,\psi_E^*(\boldsymbol{x})\sum_i\left\{[\hat{x}_i,\hat{T}]\hat{p}_i+\hat{T}\hat{x}_i\hat{p}_i+\hat{x}_i[\hat{p}_i,\hat{V}]+\hat{V}\hat{x}_i\hat{p}_i-E\hat{x}_i\hat{p}_i\right\}\psi_E(\boldsymbol{x})=0$$

消去部分项，利用对易子 $\left[\hat{x}_i,\hat{T}\right]=\mathrm{i}\hbar\frac{\hat{p}_i}{m}$，$\left[\hat{p}_i,\hat{V}\right]=-\mathrm{i}\hbar\frac{\partial\hat{V}}{\partial x_i}$，即得

$$2\int \mathrm{d}\boldsymbol{x}\psi_E^*(\boldsymbol{x})\frac{\hat{\boldsymbol{p}}^2}{2m}\psi_E(\boldsymbol{x})=\int \mathrm{d}\boldsymbol{x}\psi_E^*(\boldsymbol{x})\sum_i\hat{x}_i\frac{\partial\hat{V}}{\partial x_i}\psi_E(\boldsymbol{x})$$　　　　证毕.

束缚态 Virial 定理讨论：第一，由 Hellmann-Feynman 定理，利用坐标标度变换

$x_i = \lambda y_i$，可以更直接地证明此定理（本章习题 23）；**第二**，设 $\hat{V}(x_1, x_2, \cdots, x_m)$ 是 x_i 的 n 阶齐次函数，由 Euler 定理得 $\sum_i x_i \frac{\partial \hat{V}}{\partial x_i} = n\hat{V}$，这时 Virial 定理简化为

$$\boxed{2\left\langle \hat{T} \right\rangle = n\left\langle \hat{V} \right\rangle} \tag{2.24b}$$

第三，Virial 定理常用于动能与势能期望值以及它们分拆计算．例如，

谐振子势 $\hat{V}(\boldsymbol{r}) = \frac{1}{2}m\omega^2 \boldsymbol{r}^2$：$n = 2$，得 $\left\langle \hat{T} \right\rangle = \left\langle \hat{V} \right\rangle$

Coulomb 势 $\hat{V}(r) = -\frac{e^2}{r}$：$n = -1$，得 $2\left\langle \hat{T} \right\rangle = -\left\langle \hat{V} \right\rangle$

※**思考题**：自由运动 $V = 0$，导致 $\left\langle \hat{T} \right\rangle = 0$．这个“佯谬”出在哪里？返回检查证明过程．

两个定理在原子分子物理和结构化学中有不少应用．个别应用见本章和下章习题．

习　题

1．设粒子在势场 $V(\boldsymbol{r})$ 中运动，证明：

（1）能量期望值为

$$E = \int d^3x W = \int d^3x \left[\frac{\hbar^2}{2m} \nabla \psi^* \cdot \nabla \psi + \psi^* V \psi \right] \quad (W \text{称为能量密度})$$

（2）能量守恒公式为 $\frac{\partial W}{\partial t} + \nabla \cdot \boldsymbol{S} = 0$，其中 $\boldsymbol{S} = -\frac{\hbar^2}{2m}\left(\frac{\partial \psi^*}{\partial t} \nabla \psi + \frac{\partial \psi}{\partial t} \nabla \psi^* \right)$．

2．考虑一维任意不含时 Schrödinger 方程，证明：如果一个解具有性质 $\psi(x) \to 0$（$x \to \pm\infty$），则此解必然是非简并的，并且是实的，除了一个任意整体相因子．

3．考虑一个一维束缚粒子：

（1）证明：$\frac{d}{dt}\int_{-\infty}^{+\infty} \psi^*(x,t)\psi(x,t)dx = 0$；

（2）证明：某粒子在一给定时刻是定态，则它将永远保持定态；

（3）若在 $t = 0$ 时，波函数在 $-a < x < a$ 范围内是常数，而在其他处为零，利用体系的本征态表达以后时间的完整波函数．

答：（3）$\psi(x,t) = \sum_n a_n e^{-i\frac{E_n}{\hbar}t}\psi_n(x)$，$a_n = \sqrt{\frac{1}{2a}}\int_{-a}^{a}\psi_n^*(x)dx$．

4．定义反对易子 $[A,B]_+ = AB + BA$，证明：

$$[AB, C] = A[B,C]_+ - [A,C]_+ B$$

$$[A, BC] = [A,B]_+ C - B[A,C]_+$$

并与下列二式比较：

$$[AB,C]=A[B,C]+[A,C]B$$
$$[A,BC]=[A,B]C+B[A,C]$$

脚标为“+”号的代数式在计算 Fermi 子算符的对易子时极为有用.

5．设算符 $\hat{A}(\xi)$ 依赖于一个连续变化参数 ξ，如果下式右边极限存在：

$$\frac{\mathrm{d}\hat{A}(\xi)}{\mathrm{d}\xi}\equiv\lim_{\varepsilon\to 0}\frac{\hat{A}(\xi+\varepsilon)-\hat{A}(\xi)}{\varepsilon}$$

就称 $\hat{A}(\xi)$ 对 ξ 是可微的，并定义 $\frac{\mathrm{d}\hat{A}(\xi)}{\mathrm{d}\xi}$ 为 $\hat{A}(\xi)$ 对 ξ 的导数．下面证明：

（1）设 $\hat{A}(\xi),\hat{B}(\xi)$ 对 ξ 可微，则有

$$\frac{\mathrm{d}}{\mathrm{d}\xi}(\hat{A}\hat{B})=\frac{\mathrm{d}\hat{A}}{\mathrm{d}\xi}\hat{B}+\hat{A}\frac{\mathrm{d}\hat{B}}{\mathrm{d}\xi}$$

（2）$\frac{\mathrm{d}}{\mathrm{d}\xi}\exp[\mathrm{i}\hat{O}\xi]=\mathrm{i}\hat{O}\exp[\mathrm{i}\hat{O}\xi]$

（3）设 $\hat{A}$ 有逆 $\hat{A}^{-1}$ 存在，且对 ξ 可微，则有

$$\frac{\mathrm{d}}{\mathrm{d}\xi}(\hat{A}^{-1})=-\hat{A}^{-1}\frac{\mathrm{d}\hat{A}}{\mathrm{d}\xi}\hat{A}^{-1}$$

提示　（3）令 $\hat{A}=\hat{A}\hat{A}^{-1}\hat{A}$.

6．证明：任意不显含 t 的力学量算符 $\hat{A}$，其期望值对时间的二次微商为

$$-\hbar^2\frac{\mathrm{d}^2\overline{\hat{A}}}{\mathrm{d}t^2}=\overline{[[\hat{A},H],H]}\quad (H\text{为Hamilton量})$$

7．证明：$\frac{\mathrm{d}\overline{\hat{x}^2}}{\mathrm{d}t}=\frac{1}{m}\overline{(\hat{x}\hat{p}+\hat{p}\hat{x})}$.

8．设 $F(x,p)$ 是 x_k，p_k 的正规函数，证明：

$$[p_k,F]=\frac{\hbar}{\mathrm{i}}\frac{\partial F}{\partial x_k},\quad [x_k,F]=\mathrm{i}\hbar\frac{\partial F}{\partial p_k}$$

正规函数是指可展开成正幂级数形式的函数，如 $F(x,p)=\sum_{m,n=0}\sum_{k,l=1}^{3}C_{kl}^{mn}{x_k}^m{p_l}^n$.

9．设 $\hat{A},\hat{B}$ 不对易，令 $\hat{C}=[\hat{A},\hat{B}]$，设 $\hat{C}$ 与 $\hat{B}$ 对易，即 $[\hat{B},\hat{C}]=0$．证明：

$$[\hat{A},\hat{B}^n]=n\hat{C}\hat{B}^{n-1},\quad [\hat{A},\mathrm{e}^{\lambda\hat{B}}]=\lambda\hat{C}\mathrm{e}^{\lambda\hat{B}}$$

特例

$$[\hat{A},\mathrm{e}^{B}]=\hat{C}\mathrm{e}^{\hat{B}},\quad [\hat{A},f(\hat{B})]=\hat{C}f'(\hat{B})$$

$f(x)$ 是可以展开成 x 正幂级数的函数.

10．设λ是一个小量，算符$\hat{A}$有逆$\hat{A}^{-1}$存在，证明：

$$(\hat{A}-\lambda\hat{B})^{-1}=\hat{A}^{-1}+\lambda\hat{A}^{-1}\hat{B}\hat{A}^{-1}+\lambda^2\hat{A}^{-1}\hat{B}\hat{A}^{-1}\hat{B}\hat{A}^{-1}+\cdots$$

11．给定算符$\hat{A}$、$\hat{B}$和常数λ，有 Baker-Hausdorff 公式

$$e^{\lambda\hat{A}}\hat{B}e^{-\lambda\hat{A}}=\hat{B}+\lambda[\hat{A},\hat{B}]+\frac{\lambda^2}{2!}[\hat{A},[\hat{A},\hat{B}]]+\frac{\lambda^3}{3!}[\hat{A},[\hat{A},[\hat{A},\hat{B}]]]+\cdots$$

先用$e^{\lambda A}$的指数展开的定义式直接验证此公式的前三项．接着作一般性证明．

提示　一般性证明是将公式左边对参数λ作 Taylor 级数展开．

12．证明：$e^{\lambda(\hat{A}+\hat{B})}=e^{\lambda\hat{A}}e^{\lambda\hat{B}}e^{-\frac{1}{2}\lambda^2\hat{C}}=e^{\lambda\hat{B}}e^{\lambda\hat{A}}e^{\frac{1}{2}\lambda^2\hat{C}}$．其中$\hat{C}=\left[\hat{A},\hat{B}\right]$，且与$\hat{A}$，$\hat{B}$都对易．验证它是上面 Baker-Hausdorff 公式的特殊情况．

（此公式的特殊情况$e^Ae^B=e^Be^Ae^{[A,B]}$很常用．）

13．设$\boldsymbol{A},\boldsymbol{B}$为矢量算符，$F$为标量算符，证明：

$$[F,\boldsymbol{A}\cdot\boldsymbol{B}]=[F,\boldsymbol{A}]\cdot\boldsymbol{B}+\boldsymbol{A}\cdot[F,\boldsymbol{B}]$$
$$[F,\boldsymbol{A}\times\boldsymbol{B}]=[F,\boldsymbol{A}]\times\boldsymbol{B}+\boldsymbol{A}\times[F,\boldsymbol{B}]$$

14．设F是由$\hat{\boldsymbol{r}},\hat{\boldsymbol{p}}$构成的标量算符，证明：

$$[\boldsymbol{L},F]=i\hbar\frac{\partial F}{\partial\hat{\boldsymbol{p}}}\times\hat{\boldsymbol{p}}-i\hbar\hat{\boldsymbol{r}}\times\frac{\partial F}{\partial\hat{\boldsymbol{r}}}$$

考查何时等于零．

15．证明：

$$\hat{\boldsymbol{p}}\times\hat{\boldsymbol{L}}+\hat{\boldsymbol{L}}\times\hat{\boldsymbol{p}}=2i\hbar\hat{\boldsymbol{p}}$$
$$i\hbar(\hat{\boldsymbol{p}}\times\hat{\boldsymbol{L}}-\hat{\boldsymbol{L}}\times\hat{\boldsymbol{p}})=[\hat{\boldsymbol{L}}^2,\hat{\boldsymbol{p}}]$$

16．证明：

$$\hat{\boldsymbol{L}}^2=r^2p^2-(\hat{\boldsymbol{r}}\cdot\hat{\boldsymbol{p}})^2+i\hbar\hat{\boldsymbol{r}}\cdot\hat{\boldsymbol{p}}$$
$$\hat{\boldsymbol{p}}^2=\frac{1}{r^2}\hat{\boldsymbol{L}}^2+p_r^2=\frac{1}{r^2}\hat{\boldsymbol{L}}^2-\hbar^2\left(\frac{\partial^2}{\partial r^2}+\frac{2}{r}\frac{\partial}{\partial r}\right)$$

17．证明：

$$(\hat{\boldsymbol{L}}\times\hat{\boldsymbol{p}})\cdot\frac{\hat{\boldsymbol{r}}}{r}=-\frac{\hat{\boldsymbol{L}}^2}{r}$$
$$\frac{\hat{\boldsymbol{r}}}{r}\cdot(\hat{\boldsymbol{L}}\times\hat{\boldsymbol{p}})=-\frac{\hat{\boldsymbol{L}}^2}{r}+2\hbar^2\frac{\partial}{\partial r}$$
$$\frac{\hat{\boldsymbol{r}}}{r}\times(\hat{\boldsymbol{L}}\times\hat{\boldsymbol{p}})+(\hat{\boldsymbol{L}}\times\hat{\boldsymbol{p}})\times\frac{\hat{\boldsymbol{r}}}{r}=2i\hbar\frac{\hat{\boldsymbol{L}}}{r}$$

18．证明：

$$(\hat{\boldsymbol{L}}\times\hat{\boldsymbol{p}})^2=(\hat{\boldsymbol{p}}\times\hat{\boldsymbol{L}})^2=-(\hat{\boldsymbol{L}}\times\hat{\boldsymbol{p}})\cdot(\hat{\boldsymbol{p}}\times\hat{\boldsymbol{L}})=\hat{\boldsymbol{L}}^2\hat{\boldsymbol{p}}^2$$

$$-(\hat{\boldsymbol{p}}\times\hat{\boldsymbol{L}})\cdot(\hat{\boldsymbol{L}}\times\hat{\boldsymbol{p}})=\hat{\boldsymbol{L}}^2\hat{\boldsymbol{p}}^2+4\hbar^2\hat{\boldsymbol{p}}^2$$

$$(\hat{\boldsymbol{L}}\times\hat{\boldsymbol{p}})\times(\hat{\boldsymbol{L}}\times\hat{\boldsymbol{p}})=-\mathrm{i}\hbar\hat{\boldsymbol{L}}\hat{\boldsymbol{p}}^2$$

19．设某能级 E 有三个简并态波函数 (ψ_1,ψ_2,ψ_3)，它们是归一化的，而且彼此线性无关，但不正交．试找出三个彼此正交归一化的波函数．它们是否还简并？

20．设势能 V 与粒子质量 m 无关，求证粒子定态能级 E_n 随 m 增加而下降．

提示　利用 Hellmann-Feynman 定理．

21．对幂次势 $V=\alpha x^n$，分别就 $\alpha>0$ 和 $\alpha<0$ 情况，用 Virial 定理讨论存在束缚态时，n 的取值范围．

22．根据 Hellmann-Feynman 定理，利用坐标标度变换 $x_i=\lambda y_i$，证明 Virial 定理．

23．证明：对一维定态（能量为 E），有超 Virial 定理

$$2nE\overline{x^{n-1}}=2n\overline{(x^{n-1}V)}+\overline{x^n\frac{\mathrm{d}V}{\mathrm{d}x}}-\frac{\hbar^2}{4m}n(n-1)(n-2)\overline{x^{n-3}}$$

并表明当 $n=1$ 时，即化简为 Virial 定理（2.24b）式．

提示　取超 Virial 算符 $G=x^n\dfrac{\mathrm{d}}{\mathrm{d}x}$，算出 $[G,H]$．

第三章　一 维 问 题

求解 Schrödinger 方程是量子力学的中心任务，本章研究一些简单的一维问题．首先求解一些定态例题，接着给出几个一般定理，最后求解一维 Gauss 波包自由运动含时问题．

§3.1　一维定态的一些特例

1．一维方势阱问题，Landau 与 Pauli 的矛盾

这是一个最简单的由势阱造成束缚态的数学模型．当一个实际问题的势阱向上跃变足够快又足够高时，便可用无限深方势阱模型来近似模写，而当跃变足够快但不足够高时，便用有限深方势阱近似模写．势阱跃变“足够快”和“足够高”的相对标准下面将给以说明．

i. *无限深方势阱*

这是本章求解 Schrödinger 方程的第一个例题，但有关它的动量波函数及其衍生问题却引起过争论，甚至导致严重误解：“**量子力学逻辑自相矛盾**”[①].

研究一维 Schrödinger 方程，如图 3-1 所示，其中位势为

$$V(x)=\begin{cases}0 & (|x|<a)\\ +\infty & (|x|\geqslant a)\end{cases}\qquad(3.1\text{a})$$

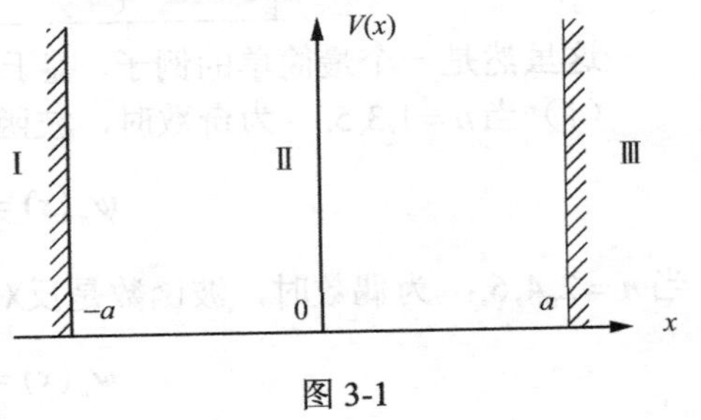

图 3-1

于是定义在整个 x 轴上的 Schrödinger 方程现在分为三个区域：第 I 区 $x\leqslant -a$，第 II 区 $|x|<a$，第 III 区 $x\geqslant a$．由于 I 区和 III 区中 $V(x)=+\infty$（无穷位势问题见讨论（1）），为使 Schrödinger 方程成立，这两个区域中的波函数 $\psi(x)$ 必须为零，即有边界条件 $\psi(x)=0(|x|\geqslant a)$．说明微观粒子即便具有波动性，也难以渗透进非常高的势垒区里．于是坐标波函数求解只须对第 II 区进行，

① 见《文汇报》1997 年 12 月 10 日头版通栏黑体字标题：中国数学家挑战物理学　量子力学逻辑自相矛盾．

$$\begin{cases} -\dfrac{\hbar^2}{2m}\dfrac{\mathrm{d}^2}{\mathrm{d}x^2}\psi(x)=E\psi(x) & (|x|<a) \\ \psi(x)=0 & (|x|\geqslant a) \end{cases} \tag{3.1b}$$

有时，这里的边界条件被简单地写作 $\psi(x)=0(|x|=a)$ [①]. 但由于对阱外情况未作规定，这种提法是含混的. 参见下面讨论.

显然，在第Ⅱ区 $|x|<a$ 内方程通解为

$$\psi(x)=A\sin(kx+\alpha)\quad\left(k=\sqrt{\frac{2mE}{\hbar^2}}\right)$$

这里有两个待定系数 A、α 和一个待定参数 k（k 的数值决定阱中粒子能量）. 为了确定它们，利用两个边界条件 $\psi(\pm a)=0$（加上总概率归一条件，一共也是三个），即

$$\begin{cases} \sin(ka+\alpha)=0 \\ \sin(-ka+\alpha)=0 \end{cases}$$

由此得 $\alpha=ka=\dfrac{n}{2}\pi(n=1,2,3,\cdots)$. 最后，阱中粒子的能级和波函数分别为

$$E_n=\frac{n^2\pi^2\hbar^2}{8ma^2}\quad(n=1,2,3,\cdots) \tag{3.2a}$$

$$\psi_n(x)=\begin{cases} \dfrac{1}{\sqrt{a}}\sin\left[\dfrac{n\pi}{2a}(x+a)\right] & (|x|<a) \\ 0 & (|x|\geqslant a) \end{cases} \tag{3.2b}$$

这虽然是一个最简单的例子，鉴于曾经有过分歧和争论，需要作一些讨论说明：

（1）当 $n=1,3,5,\cdots$ 为奇数时，波函数是对称的

$$\psi_n(x)=\frac{1}{\sqrt{a}}\cos\frac{n\pi x}{2a}$$

当 $n=2,4,6,\cdots$ 为偶数时，波函数是反对称的

$$\psi_n(x)=\frac{1}{\sqrt{a}}\sin\frac{n\pi x}{2a}$$

（波函数前已略去无关紧要的整体相因子）. 各能级波函数节点（零点，不计两个端点 $\pm a$）的个数为：基态（$n=1$）无节点，第一激发态（$n=2$）有一个节点等. 而且可以看出，阱中各能级波函数按 $n+1$ 的奇偶性区分为奇函数和偶函数，就是说有

$$\psi_n(-x)=(-1)^{n+1}\psi_n(x) \tag{3.3}$$

① 这种用法见泡利，物理学讲义，第五卷，详见下面讨论（5）的脚注.

（2）求解结果表明，若用势阱（或势垒）从空间上限制微观粒子活动，也即将粒子 de Broglie 波局域化，则由于波的自身干涉，结果必定导致波的频率分立化．经典物理学中所有波也类似如此！但由 de Broglie 波的特性，频率分立化就意味着能量量子化．同时，即便对基态 $n=1$，粒子动能也不为零，说明阱中粒子从不静止．这里 $\overline{x}=\overline{p}=0$，故 $\Delta x\sim a$，$\Delta p\sim p$，代入不确定性关系 $\Delta x\cdot\Delta p\geqslant\dfrac{\hbar}{2}$，给出 $p\geqslant\dfrac{\hbar}{2a}$．由此可知，若将一个粒子禁闭在 $2a$ 宽度的局部区域中，相应的动能便有

$$\frac{p^2}{2m}\geqslant\frac{\hbar^2}{8ma^2}$$

显然，基态能量高于这个数值．再次可知，§1.3 排除粒子静止概念是正确的．注意，**由于边界条件的存在，（3.2b）解并不是动能算符的本征函数．其实，阱内任何定态都是各种动能（及动量）本征态的叠加态（见讨论（5）），它们由势阱约束着不弥散而成为定态**（否则将呈现自由波包弥散，见§3.3）．

（3）有些书将此处 $\psi_n(x)$ 用复指数表示，并配上因子 $\mathrm{e}^{-\mathrm{i}E_nt/\hbar}$（其实这是近似的，见下），得

$$\psi_n(x)=\begin{cases}\dfrac{1}{2\mathrm{i}\sqrt{a}}\left[\mathrm{e}^{\frac{\mathrm{i}}{\hbar}\left(\frac{n\pi(x+a)\hbar}{2a}-E_nt\right)}-\mathrm{e}^{-\frac{\mathrm{i}}{\hbar}\left(\frac{n\pi(x+a)\hbar}{2a}+E_nt\right)}\right] & (|x|<a)\\ 0 & (|x|\geqslant a)\end{cases}$$

于是形象地解释说：阱中粒子波函数是由两个反向传播的 de Broglie 行波叠加而成的驻波，是阱中 de Broglie 波在 $x=\pm a$ 边界处多次反射相干叠加的结果，类似于两端固定的一段弦振动．**注意，这种说法是不严格的！由此得出动量谱就更不合适！因为这两项仅仅存在于有限区间 $[-a,a]$ 之内，所以它们都不是严格的单色行波．如同光学中有限长度光波波列不会是严格单色波一样！**

（4）**无限深方阱的势函数只是对实际物理情况的近似数学模写，一个计算模型而已**．实际上，介质中势能不可能真是无限大，而且势函数也不可能是严格的阶跃．容易给出能够近似认定某一势函数为无限深方阱的条件．设实际阱壁高为 V_0，E 是问题中涉及的最大能量，可认作无限高的条件是 $E\ll V_0$；同时，设势函数显著上升的尺度为 $\sim\Delta x$，波函数显著变化的尺度为 $\sim\lambda=\dfrac{2\pi}{k}=\dfrac{4a}{n}$，可认作阶跃变化的条件为 $\Delta x\ll\dfrac{4a}{n}$．因此，对于 n 很大的高激发态，势函数将难以被模型化为无限深方阱．总之，显然不应当由这种人为近似模型导出 Hamilton 量不是 Hermite 算符等损及量子力学基本原理的严重结论．

（5）**基态动量波函数问题**．上面说过，**此问题的边界条件有两种不同的提法**．这

两种不同提法对求解阱内坐标波函数并没有影响，但对求解阱内动量波函数却有严重影响. 由此分歧，先是 Pauli，继而 Landau 分别给出不同结果，产生一些混乱，甚至导致有人对量子力学的严重否定①.

首先，Pauli 求解阱内粒子基态动量波函数 $\varphi_1(p)$ 时，简单地认为，阱内粒子运动就是两个相向运动“单色”de Broglie 波叠加而成的驻波，采用第（3）条两个指数上 $n=1$ 基态的两个“动量”，他未作推导直接写出了阱内粒子动量分布，为②

$$|\varphi_1(p)|^2 = \frac{1}{2}\delta\left(p-\frac{\pi\hbar}{2a}\right)+\frac{1}{2}\delta\left(p+\frac{\pi\hbar}{2a}\right) \tag{3.4a}$$

接着，Landau（和 Fermi 等③）纠正了 Pauli 的做法④，将上面定义在全实轴的基态坐标波函数 $\psi_1(x)$ 作 Fourier 积分变换，注意阱外 $\psi_1(x)$ 为零，于是

$$\varphi_1(p)=\frac{1}{\sqrt{2\pi\hbar}}\int_{-\infty}^{+\infty}\mathrm{d}x\mathrm{e}^{-\mathrm{i}\frac{px}{\hbar}}\psi_1(x)=\frac{1}{\sqrt{2\pi\hbar}}\int_{-a}^{+a}\mathrm{d}x\mathrm{e}^{-\mathrm{i}\frac{px}{\hbar}}\psi_1(x)$$

由此得出阱内粒子动量波函数，模平方给出动量概率的连续分布

$$|\varphi_1(p)|^2=\frac{\pi a\cos^2\left(\dfrac{ap}{\hbar}\right)}{2\hbar}\left[\left(\frac{ap}{\hbar}\right)^2-\left(\frac{\pi}{2}\right)^2\right]^{-2}\quad(-\infty<p<+\infty) \tag{3.4b}$$

显然，两种结果很不相同. 究竟谁正确？两者都对？两者都错？众多文献表明四种观点都有人主张！

注意，波函数、动量算符及 Schrödinger 方程原则上都应当定义在整个 x 轴上，而不只是定义在势阱内，所以正确边界条件应当是 $\psi_1(x)=0(|x|\geqslant a)$，而不是 $\psi_1(x)=0(|x|=a)$！如果相反，认为边界条件可以用后者，并认为物理量算符只能定义在势阱 $|x|<a$ 内，这不仅会给量子力学基本原理解释以及很多算符（如动量算符、

---

① 先是在国外非主流物理学界产生一些迷惑，20 世纪 80 年代初传入国内. 直到 20 世纪末，在《光子学报》《物理》《大学物理》等杂志以及全国学术会议上，共有数十篇争论文章和许多发言. 争论殃及动量角动量 Hamilton 量等算符的厄米性、动量波函数的含义、Hamilton 量定义域、量子力学理论基础和逻辑自洽性等基本问题. 争论顶峰表现为 1997 年 12 月 10 号《文汇报》用头版位置以通栏黑体大字标题“中国数学家挑战物理学 量子力学逻辑自相矛盾”的新闻报道!

② 泡利物理学讲义，第 5 卷：波动力学，洪铭熙等译，北京：人民教育出版社，1982 年. 第二章，§7. 泡利这一解法首次见于 1933 年《物理学手册》(德文版). 后来他在 1956～1958 年两次讲授中对此问题均未见改动. 这种提法还可见 L. N. Cooper，物理世界（上、下），杨基方等译，北京：海洋出版社，1984 年，第 184 页.

③ 这一观点也为 Fermi 所强调. 见他于 1954 年所写的量子力学手稿，罗吉庭译，西安：西安交通大学出版社，1984 年，第 12 页、第 60～61 页.

④ 朗道，栗弗席茨，量子力学（非相对论理论），上册，北京：高等教育出版社，1980 年，§22. 原书首版为 1947 年俄文版. 大概朗道认为这只是个细节问题，书中他只以例题解答的形式对 Pauli 结果作了纠正. 由于结论简单清晰，从未引起主流物理学界的注意.

动能算符、轨道角动量算符等）的 Hermite 性、完备性问题带来许多不必要的混乱，理论上很不合适；而且给动量波函数求解带来了分歧：结果有（3.4a）式和（3.4b）式两种！

实质上，这里问题关键在于：动量波函数是非定域的，不像坐标波函数是定域的！即阱内粒子动量波函数的正确答案还依赖于正确处理阱外的坐标波函数，也即依赖于坐标波函数边界条件的正确拟定！如果对阱外坐标波函数作不同的处理，就可以得到阱内动量分布的不同答案.（3.4a）式正是错误处理阱外坐标波函数的结果：在完全不影响阱内坐标波函数求解的情况下，将含混提法“两端点为零的边界条件”粗心地推广为“等间距取零值的周期边界条件”，从而求得坐标波函数的周期解——这等于将阱内坐标波函数向全实轴作了周期性延拓！（3.4a）式正是这个坐标波函数的周期解的动量分布. 显然，坐标波函数周期解的阱外部分并不符合现在问题，当然它的动量分布也就不符合阱内的现在问题. 可以验证（见习题 5），仅当向经典趋近，比值 $\frac{a}{\hbar}$ 很大（或 n 很大）时，正确解（3.4b）式才逐渐过渡并包容（3.4a）式. 注意，有限长度波列并不是严格的单色波，第（3）条中两个指数上的参量 $\pm\frac{\pi n\hbar}{2a}$（特别是当 a 或 n 较小时）其实并不是严格的物理的动量.

这还可以从下面装置的分析中得到佐证. 如图 3-2 所示，有一块无穷大并足够厚的平板，取厚度方向为 z 轴，板上沿 y 方向开一条无限长的缝，沿 x 轴的缝宽为 $2a$. 电子束由板的下方入射. 分离掉电子在 y 和 z 方向的自由运动，单就电子在 x 方向运动而言，便是一个（沿 x 方向）无限深方阱问题. 设在板的上方正 z 轴某处放一接收电子的探测屏，便可以观察狭缝出来的电子在此探测屏上沿 x 方向的偏转，偏转大小与电子在 x 方向动量 p_x 的大小有关. 由此并结合分析（3.4b）式可知，如 a 值较小，必定是一个单缝衍射分布，不会出现（3.4a）式的两个条纹.

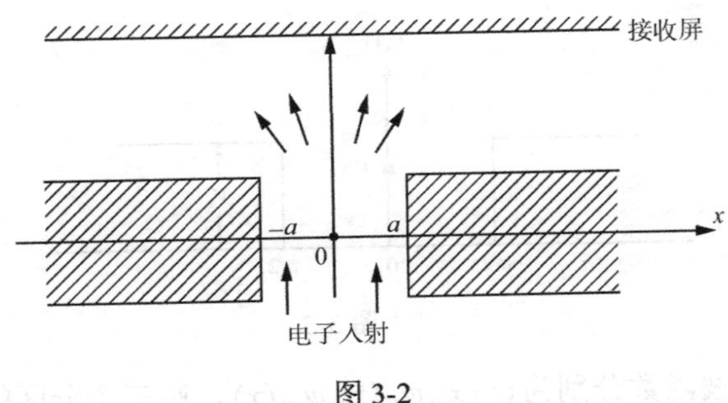

图 3-2

以上讨论是就事论事的. 从根本上说，产生问题的根源在于对 $V=\infty$ 这件事的理解. “无穷大”只是数学家们创造的用于推理论证的逻辑符号而已，不是物理的，

自然界中并不存在. Henri Poincare 说：几何点其实是人的幻想. 甚至说："几何学不是真实的，但是有用的."[①]继承他对几何学的深刻认识，我们也可以说：$V=\infty$ 是**不真实的，但是有用的！**

总之，就思想方法而言，全部困惑的根源在于：将无穷高势垒这件事看成物理的真实的了. 对它过度的执着干扰了我们对真实物理世界的认识，带来许多不必要的困惑和烦恼！事实上，物理学中有许多人造的（按道德经说法是相对真理的"可道"之道，并非恒定不变的绝对真理"常道"）**数学和物理概念**（如质点、无头无尾巴的平面波、其小无内的点、其大无外的无穷大等等），**都只是一些人为抽象的、理想化的、绝对化的概念. 虽然用起来很方便，但其实它们在自然界中并不存在!有时甚至会惹出麻烦！何况，无限深阱问题仅仅是个模型. 模型中用到位势突变和无穷高势垒假设都是近似的. 一般说，模型计算即便出了问题，也不应当肯定危及原理问题. 所以，每当遇到由数学简单化、绝对化带来问题时，注重物理、返回自然界的物理真实，再行考察. 记住这点有时是很重要的**[②].

另外，本例也涉及阱内粒子对容器壁压力问题，而且可以和经典观点相对应. 详见本章习题 3 的题解讨论.

ii. 有限深方势阱

这时位势为

$$V(x)=\begin{cases}0 & \left(|x|<\dfrac{a}{2}\right)\\ V_0 & \left(|x|\geqslant\dfrac{a}{2}\right)\end{cases} \tag{3.5a}$$

这里讨论束缚态情况（阱中粒子能量 E 小于 V_0，如图 3-3）. 前例可看成这里 $V_0\gg E$ 的极限情况.

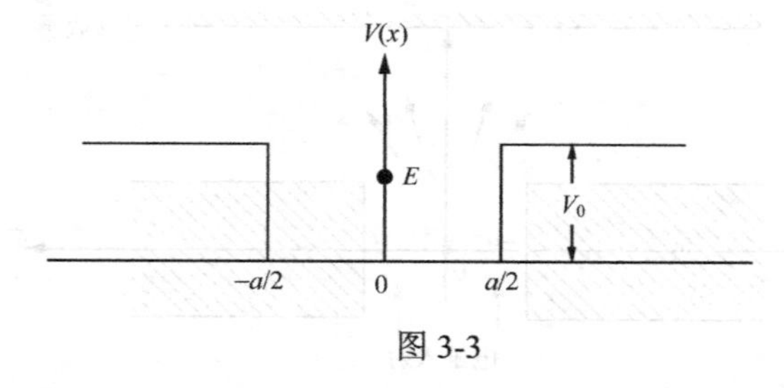

图 3-3

设三个分区的波函数分别为 $\psi_{\mathrm{I}}(x),\psi_{\mathrm{II}}(x),\psi_{\mathrm{III}}(x)$，则三个分区的 Schrödinger 方

① Poincare，科学与假设，叶蕴理译，北京：商务印书馆，1989 年，第 63、65 页.

② 详见张永德，量子菜根谭（第Ⅲ版），北京：清华大学出版社，2016 年，第二讲.

程分别为

$$
\begin{cases}
\text{I}: & -\dfrac{\hbar^2}{2m}\dfrac{\mathrm{d}^2\psi_{\text{I}}}{\mathrm{d}x^2}+V_0\psi_{\text{I}}=E\psi_{\text{I}} & \left(x\leqslant-\dfrac{a}{2}\right)\\
\text{II}: & -\dfrac{\hbar^2}{2m}\dfrac{\mathrm{d}^2\psi_{\text{II}}}{\mathrm{d}x^2}=E\psi_{\text{II}} & \left(-\dfrac{a}{2}<x<\dfrac{a}{2}\right)\\
\text{III}: & -\dfrac{\hbar^2}{2m}\dfrac{\mathrm{d}^2\psi_{\text{III}}}{\mathrm{d}x^2}+V_0\psi_{\text{III}}=E\psi_{\text{III}} & \left(\dfrac{a}{2}\leqslant x\right)
\end{cases}
\tag{3.5b}
$$

或写成

$$
\begin{cases}
\dfrac{\mathrm{d}^2\psi_{\text{I}}}{\mathrm{d}x^2}-k'^2\psi_{\text{I}}=0 & \left(k'=\sqrt{\dfrac{2m(V_0-E)}{\hbar^2}}\right)\\
\dfrac{\mathrm{d}^2\psi_{\text{II}}}{\mathrm{d}x^2}+k^2\psi_{\text{II}}=0 & \left(k=\sqrt{\dfrac{2mE}{\hbar^2}}\right)\\
\dfrac{\mathrm{d}^2\psi_{\text{III}}}{\mathrm{d}x^2}-k'^2\psi_{\text{III}}=0
\end{cases}
$$

三个分区的解分别为

$$
\begin{cases}
\psi_{\text{I}}(x)=A\mathrm{e}^{k'x}\\
\psi_{\text{II}}(x)=B\sin(kx+\alpha)\\
\psi_{\text{III}}(x)=C\mathrm{e}^{-k'x}
\end{cases}
$$

现在的定态是个束缚定态，粒子在$\pm\infty$处波函数为零．所以分别略去了ψ_{I}和ψ_{III}中正指数项，因为它们当$x\to\pm\infty$时发散．**波函数解中有一个待定的参数E（它决定k和k'）和四个待定的系数A，B，C和α，共五个．另一方面，在$x=\pm\dfrac{a}{2}$处波函数及其一阶导数连续，计有四个方程，再加上一个全实轴波函数归一条件，一共也是五个方程，决定这五个未知数．**

如果只对问题的本征值感兴趣，不想求出波函数，利用$(\ln\psi(x))'=\dfrac{\psi'(x)}{\psi(x)}$可以将**边界条件的形式改写为在边界上波函数对数导数连续**，即有

$$
\begin{cases}
(\ln\psi_{\text{I}}(x))'\big|_{x=-\frac{a}{2}}=(\ln\psi_{\text{II}}(x))'\big|_{x=-\frac{a}{2}}\\
(\ln\psi_{\text{II}}(x))'\big|_{x=\frac{a}{2}}=(\ln\psi_{\text{III}}(x))'\big|_{x=\frac{a}{2}}
\end{cases}
\tag{3.6a}
$$

从而绕过待定系数A,B,C的计算，直接决定本征值E．这样，在$x=\pm\dfrac{a}{2}$处的两组边

界条件就成为

$$\begin{cases} \dfrac{k'}{k} = \cot\left(-\dfrac{ka}{2} + \alpha\right) \\ -\dfrac{k'}{k} = \cot\left(\dfrac{ka}{2} + \alpha\right) \end{cases} \tag{3.6b}$$

于是有

$$\tan\left(\frac{ka}{2} + \alpha\right) = \tan\left(\frac{ka}{2} - \alpha\right)$$

由此得知：若要等式成立，必须 $\alpha = 0$ 或者 $\dfrac{\pi}{2}$.

先讨论 $\alpha = \dfrac{\pi}{2}$ 情况，这时 $\psi_{\mathrm{II}}(x) = B\cos kx$. 边界条件为

$$\frac{k'}{k} = \tan\left(\frac{ka}{2}\right)$$

令 $\dfrac{k'a}{2} = \eta$，$\dfrac{ka}{2} = \xi$，上面条件成为

$$\eta = \xi \tan \xi \tag{3.7}$$

另一方面，由 k 和 k' 的表达式可知

$$\xi^2 + \eta^2 = \frac{ma^2 V_0}{2\hbar^2} \tag{3.8}$$

联立（3.7）式和（3.8）式即可得出此问题的能谱. 一般可用图解法求解，即在 ξ-η 平面上，以坐标原点为圆心，半径为 $\sqrt{\dfrac{ma^2 V_0}{2\hbar^2}}$ 作圆周，此圆周与 $\eta = \xi\tan\xi$ 曲线的交点即为所求的 (ξ, η) 值，再由它们中任一个定出相应的能量本征值 E. 由于 $\eta = \xi\tan\xi$ 曲线是多分支曲线（例如，对应 $\eta = 0$，有 $\xi = 0, \pi, 2\pi, \cdots$ 无穷多个值），所以交点可能不止一个，也就是能级可能不止一个，具体多少要看半径大小也就是 V_0 的大小. 但无论 $V_0 a^2$ 多小，由于 $\eta = \xi\tan\xi$ 曲线有一个分支经过坐标原点，所以它与圆周至少有一个交点（即一个能级）存在. 就是说无论方势阱多浅多窄，至少有一个束缚定态存在，具体如图 3-4（a）所示.

再讨论 $\alpha = 0$ 情况，这时 $\psi_{\mathrm{II}}(x) = B\sin kx$，边界条件为

$$\eta = -\xi \cot \xi \tag{3.9}$$

此条件与 $\xi^2 + \eta^2 = \dfrac{ma^2 V_0}{2\hbar^2}$ 相结合，用图解法即可定出相应能谱. 由于（3.9）式各分支曲线都不经过原点，这两个条件方程有无交点要看 $V_0 a^2$ 的数值. 在第一象限

内（$\xi \geqslant 0$，$\eta \geqslant 0$），注意当$\xi=\dfrac{\pi}{2}$时$\eta=0$，并且当ξ从$\dfrac{\pi}{2}$趋向π时η从0趋向$+\infty$．因此若要有交点，圆周半径不应小于$\dfrac{\pi}{2}$，也即

$$\frac{ma^2V_0}{2\hbar^2} \geqslant \frac{\pi^2}{4}$$

这就是阱中能够存在形式为$\sin kx$解的条件（图 3-4（b））．

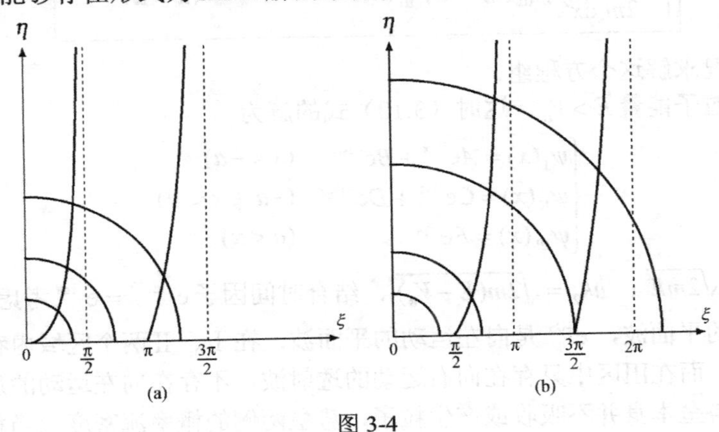

图 3-4

显然，当$V_0 \to +\infty$时，这里的结果将趋向前面无限深方阱的结果．作为习题，读者可自行验证．

2．一维方势垒散射问题

与上面问题不同，现在是一个非束缚态的行进问题，稳定粒子流自无穷远处来朝方势垒入射，透出势垒后射向无穷远去．波函数不能归一化．这是一类包括势垒散射和隧道贯穿等问题的概括．例如，自由中子穿过板状磁场、原子核α衰变、金属中电子光电效应等．

为简化计算，假定势垒为矩形，粒子自左向右朝向势垒运动并经受势垒散射，如图 3-5 所示．

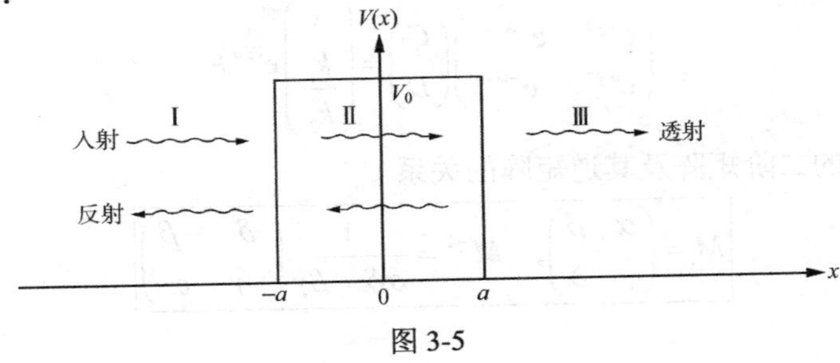

图 3-5

这时，能量为 E 的定态 Schrödinger 方程按势垒分区而分解为三个区域性方程

$$\begin{cases} -\dfrac{\hbar^2}{2m}\dfrac{\mathrm{d}^2}{\mathrm{d}x^2}\psi_{\mathrm{I}}(x)=E\psi_{\mathrm{I}}(x) & (x<-a) \\ -\dfrac{\hbar^2}{2m}\dfrac{\mathrm{d}^2}{\mathrm{d}x^2}\psi_{\mathrm{II}}(x)+V_0(x)\psi_{\mathrm{II}}(x)=E\psi_{\mathrm{II}}(x) & (-a\leqslant x\leqslant a) \\ -\dfrac{\hbar^2}{2m}\dfrac{\mathrm{d}^2}{\mathrm{d}x^2}\psi_{\mathrm{III}}(x)=E\psi_{\mathrm{III}}(x) & (x>a) \end{cases} \tag{3.10}$$

区分两种情况求解这个方程组.

第一，粒子能量 $E>V_0$．这时（3.10）式的解为

$$\begin{cases} \psi_{\mathrm{I}}(x)=A\mathrm{e}^{\mathrm{i}k_1x}+B\mathrm{e}^{-\mathrm{i}k_1x} & (x<-a) \\ \psi_{\mathrm{II}}(x)=C\mathrm{e}^{\mathrm{i}k_2x}+D\mathrm{e}^{-\mathrm{i}k_2x} & (-a\leqslant x\leqslant a) \\ \psi_{\mathrm{III}}(x)=F\mathrm{e}^{\mathrm{i}k_1} & (a<x) \end{cases} \tag{3.11}$$

式中，$\hbar k_1=\sqrt{2mE}$；$\hbar k_2=\sqrt{2m(E-V_0)}$．结合时间因子 $\mathrm{e}^{-\mathrm{i}Et/\hbar}=\mathrm{e}^{-\mathrm{i}\omega t}$ 考虑可知：$\mathrm{e}^{\mathrm{i}kx}$ 是向右运动的平面波，$\mathrm{e}^{-\mathrm{i}kx}$ 是向左运动的平面波．在Ⅰ、Ⅱ两个区域内存在向左运动的反射波．而在Ⅲ区中只存在向右运动的透射波，不存在向左运动的反射波．

考虑到势垒本身并不吸收或产生粒子，势垒两侧的概率流密度应当相等．这导致在 $x=\pm a$ 处波函数及其一阶导数连续的边界条件，于是可得

$$\begin{aligned} &A\mathrm{e}^{-\mathrm{i}k_1a}+B\mathrm{e}^{\mathrm{i}k_1a}=C\mathrm{e}^{-\mathrm{i}k_2a}+D\mathrm{e}^{\mathrm{i}k_2a} \\ &k_1(A\mathrm{e}^{-\mathrm{i}k_1a}-B\mathrm{e}^{\mathrm{i}k_1a})=k_2(C\mathrm{e}^{-\mathrm{i}k_2a}-D\mathrm{e}^{\mathrm{i}k_2a}) \\ &C\mathrm{e}^{\mathrm{i}k_2a}+D\mathrm{e}^{-\mathrm{i}k_2a}=F\mathrm{e}^{\mathrm{i}k_1a} \\ &k_2(C\mathrm{e}^{\mathrm{i}k_2a}-D\mathrm{e}^{-\mathrm{i}k_2a})=k_1F\mathrm{e}^{\mathrm{i}k_1a} \end{aligned}$$

为便于计算，将这些方程改写成矩阵的形式

$$\begin{pmatrix} \mathrm{e}^{-\mathrm{i}k_1a} & \mathrm{e}^{\mathrm{i}k_1a} \\ \mathrm{e}^{-\mathrm{i}k_1a} & -\mathrm{e}^{\mathrm{i}k_1a} \end{pmatrix}\begin{pmatrix} A \\ B \end{pmatrix}=\begin{pmatrix} \mathrm{e}^{-\mathrm{i}k_2a} & \mathrm{e}^{\mathrm{i}k_2a} \\ \dfrac{k_2}{k_1}\mathrm{e}^{-\mathrm{i}k_2a} & -\dfrac{k_2}{k_1}\mathrm{e}^{\mathrm{i}k_2q} \end{pmatrix}\begin{pmatrix} C \\ D \end{pmatrix}$$

$$\begin{pmatrix} \mathrm{e}^{\mathrm{i}k_2a} & \mathrm{e}^{-\mathrm{i}k_2a} \\ \mathrm{e}^{\mathrm{i}k_2a} & -\mathrm{e}^{-\mathrm{i}k_2a} \end{pmatrix}\begin{pmatrix} C \\ D \end{pmatrix}=\begin{pmatrix} 1 \\ \dfrac{k_1}{k_2} \end{pmatrix}\mathrm{e}^{\mathrm{i}k_1a}F$$

根据任意满秩的二阶矩阵及其逆矩阵的关系

$$M=\begin{pmatrix} \alpha & \beta \\ \gamma & \delta \end{pmatrix},\quad M^{-1}=\frac{1}{\alpha\delta-\beta\gamma}\begin{pmatrix} \delta & -\beta \\ -\gamma & \alpha \end{pmatrix}$$

可得

$$\begin{pmatrix} A \\ B \end{pmatrix} = \frac{1}{2}\begin{pmatrix} \left(1+\frac{k_2}{k_1}\right)e^{i(k_1-k_2)a} & \left(1-\frac{k_2}{k_1}\right)e^{i(k_1-k_2)a} \\ \left(1-\frac{k_2}{k_1}\right)e^{-i(k_1-k_2)a} & \left(1+\frac{k_2}{k_1}\right)e^{-i(k_1-k_2)a} \end{pmatrix}\begin{pmatrix} C \\ D \end{pmatrix}$$

$$\begin{pmatrix} C \\ D \end{pmatrix} = \frac{1}{2}\begin{pmatrix} \left(1+\frac{k_1}{k_2}\right)e^{-ik_2a} \\ \left(1-\frac{k_1}{k_2}\right)e^{ik_2a} \end{pmatrix} e^{ik_1a}F$$

消去C,D两个系数，由这两组方程可得势垒两边波函数振幅之间的关系

$$\begin{aligned}\begin{pmatrix} A \\ B \end{pmatrix} &= \frac{1}{4}\begin{pmatrix} \left(1+\frac{k_2}{k_1}\right)\left(1+\frac{k_1}{k_2}\right)e^{2i(k_1-k_2)a} + \left(1-\frac{k_2}{k_1}\right)\left(1-\frac{k_1}{k_2}\right)e^{2i(k_1+k_2)a} \\ \left(1-\frac{k_2}{k_1}\right)\left(1+\frac{k_1}{k_2}\right)e^{-2ik_2a} + \left(1+\frac{k_2}{k_1}\right)\left(1-\frac{k_1}{k_2}\right)e^{2ik_2a} \end{pmatrix}F \\ &= \begin{pmatrix} \left[\cos(2k_2a) - \frac{i}{2}\left(\frac{k_2}{k_1}+\frac{k_1}{k_2}\right)\sin(2k_2a)\right]e^{2ik_1a} \\ \frac{i}{2}\left(\frac{k_2}{k_1}-\frac{k_1}{k_2}\right)\sin(2k_2a) \end{pmatrix}F\end{aligned}$$

由此得到透射系数T和反射系数R为

$$\begin{aligned}T \equiv \left|\frac{F}{A}\right|^2 &= \frac{1}{\cos^2(2k_2a) + \frac{1}{4}\left(\frac{k_2}{k_1}+\frac{k_1}{k_2}\right)^2\sin^2(2k_2a)} \\ &= \frac{1}{1+\frac{V_0^2}{4E(E-V_0)}\sin^2\left(\frac{2a\sqrt{2m(E-V_0)}}{\hbar}\right)}\end{aligned} \tag{3.12}$$

$$\begin{aligned}R \equiv \left|\frac{B}{A}\right|^2 &= \frac{\frac{1}{4}\left(\frac{k_2}{k_1}-\frac{k_1}{k_2}\right)^2\sin^2(2k_2a)}{\cos^2(2k_2a) + \frac{1}{4}\left(\frac{k_2}{k_1}+\frac{k_1}{k_2}\right)^2\sin^2(2k_2a)} \\ &= \frac{\frac{V_0^2}{4E(E-V_0)}\sin^2\left(\frac{2a\sqrt{2m(E-V_0)}}{\hbar}\right)}{1+\frac{V_0^2}{4E(E-V_0)}\sin^2\left(\frac{2a\sqrt{2m(E-V_0)}}{\hbar}\right)}\end{aligned} \tag{3.13}$$

注意，由于所用的边界条件已经保证了边界两侧的概率流密度相等，上面T,R的表达式满足概率守恒条件

$$\boxed{T+R=1} \tag{3.14}$$

是自然的．另外，应当指出，如果入射粒子的能量E满足下面条件：

$$\boxed{2\sqrt{\frac{2m(E-V_0)}{\hbar^2}}a=n\pi} \tag{3.15}$$

则反射系数为0，透射系数为1，入射波全部透过势垒，这种现象称为**共振透射**．出现这种现象的原因是，这时在势垒第一个界面上的反射波，和在势垒第二个界面上反射（包括在势垒中往返多次反射）并透过势垒传向第一区的反射波相消干涉，从而使第一区中的反射波消失．光学中已经知道，在同一介质层两侧的两个反射波之间存在π相位差．现在，势垒两个界面$\pm a$上的反射情况类似于一个介质层两侧的反射情况，从而知道这两个反射波之间已有π相位差存在．因此，**只要在势垒中往返的附加程差为波长整数倍$4k_2a=2n\pi$，便会导致两束反射波相消干涉**①.

这种共振透射现象在波动现象里普遍存在．例如，光学薄膜的无反射透射、波导中的阻抗匹配等.

第二，粒子能量$E<V_0$．这时在由左入射的初条件下，在Ⅰ、Ⅲ区中的解形式不变，只有第Ⅱ区的解改变为

$$\psi_{\text{II}}(x)=C\mathrm{e}^{-\lambda x}+D\mathrm{e}^{\lambda x}\quad(-a<x<a) \tag{3.16}$$

指数$\lambda=\dfrac{\sqrt{2m(V_0-E)}}{\hbar}$．此时求解可利用前面结果，只要将前面公式中$k_2\to\mathrm{i}\lambda$，并利用下面公式：

$$\sin(\mathrm{i}z)=\mathrm{i}\,\mathrm{sh}z,\quad \cos(\mathrm{i}z)=\mathrm{ch}z$$

就得到此时结果

$$T=\left|\frac{F}{A}\right|^2=\frac{1}{\mathrm{ch}^2(2\lambda a)+\frac{1}{4}\left(\frac{\lambda}{k_1}-\frac{k_1}{\lambda}\right)^2\mathrm{sh}^2(2\lambda a)} \tag{3.17}$$

$$R=\left|\frac{B}{A}\right|^2=\frac{\frac{1}{4}\left(\frac{\lambda}{k_1}+\frac{k_1}{\lambda}\right)^2\mathrm{sh}^2(2\lambda a)}{\mathrm{ch}^2(2\lambda a)+\frac{1}{4}\left(\frac{\lambda}{k_1}-\frac{k_1}{\lambda}\right)^2\mathrm{sh}^2(2\lambda a)} \tag{3.18}$$

---

① 注意，此处分析只针对势垒足够宽的情况．如势垒不宽，可能重蹈 Pauli 在无限深方阱问题上的错误．参见p.45关于一维无限深方势阱的讨论（4）.

同样理由，依然有

$$\boxed{T+R=1}$$

理由当然还是和前种情况一样．当 $\lambda a \gg 1$ ，即势垒比较高、透射不容易的情况下，

$$\boxed{T \approx 16\left(\frac{\lambda k_1}{k_1^2+\lambda^2}\right)^2 \mathrm{e}^{-4\lambda a}} \tag{3.19}$$

透射系数 T 和势垒厚度 $2a$ 的关系呈负指数衰减形式．注意，在势垒内部，粒子在不确定性关系范围内仍具有真实的动量和坐标．因为(1.18)式及其后分析仍然成立．此处分析对许多势垒贯穿（隧道效应）现象，如 α 粒子衰变等，有重要应用．

3．一维谐振子问题

在经典力学中，一维谐振子问题是一个基本问题，它是物体位置或其他物理量在平衡值附近作小振动、小摆动、小转动、小振荡、小涨落等问题的理想化概括．在量子力学中，不但情况类似，甚至一维量子谐振子问题更为基本．因为它不仅仅是微观粒子某个物理量在稳定平衡位置附近作小振动（如晶格格点原子振动）等一类常见问题的理想化概括，而且还是将来场量子化的基础．

众所周知，势场中的粒子在其平衡位置附近作小振动时，可对势场 $V(x)$ 作 Taylor 展开并只保留到最低阶不为零的项．设平衡位置 $x_0=0$ ，选取能量标度使 $V(0)=0$ ，平衡位置处一阶导数为零，即 $V'(0)=0$ ，如果平衡是稳定的则有 $V''(0)>0$ ，于是

$$V(x)=V(0)+V'(0)x+\frac{1}{2}V''(0)x^2+\cdots \cong \frac{1}{2}V''(0)x^2$$

除非振动幅度比较大，否则不必考虑展开式中体现非简谐运动的高阶项．这类物理问题的例子很多，例如，原子核内核子（质子或中子）的简谐振动、原子和分子的简谐振动、固体晶格上原子的简谐振动，等等．

综上所述，一维量子谐振子的位势可表示为

$$V(x)=\frac{1}{2}m\omega^2x^2 \tag{3.20a}$$

相应的 Schrödinger 方程是

$$\boxed{-\frac{\hbar^2}{2m}\frac{\mathrm{d}^2\psi(x)}{\mathrm{d}x^2}+\frac{1}{2}m\omega^2x^2\psi(x)=E\psi(x)} \tag{3.20b}$$

显然，由于 $|x|\to\infty$ 时 $V(x)\to\infty$ ，所以 $\psi(x)\xrightarrow{|x|\to\infty}0$．因此，在这种平方增长势阱的

因禁下，粒子运动是局域化的，不会到达无穷远处．为方便计算，将方程的自变数无量纲化，引入自变数变换$\xi=\sqrt{\frac{m\omega}{\hbar}}x$，并令$\lambda=\frac{2E}{\hbar\omega}$，可得

$$\frac{\mathrm{d}^2\psi(\xi)}{\mathrm{d}\xi^2}+(\lambda-\xi^2)\psi(\xi)=0$$

这里已经简单地记$\psi(\xi)=\psi(x)$．下面求解这个方程．当$|\xi|\to\infty$时，此方程趋于方程$\psi''-\xi^2\psi=0$，可知在ψ渐近行为中起主要作用的因子是$\mathrm{e}^{\pm\frac{\xi^2}{2}}$．略去含$\mathrm{e}^{+\frac{\xi^2}{2}}$的一个，因为相应波函数不能平方可积．于是，通过考察方程在无限远处的行为，确定引入如下函数变换：

$$\psi(\xi)=\mathrm{e}^{-\frac{\xi^2}{2}}\varphi(\xi)$$

这样，求解ψ方程问题便转化为求解φ方程问题

$$\frac{\mathrm{d}^2\varphi}{\mathrm{d}\xi^2}-2\xi\frac{\mathrm{d}\varphi}{\mathrm{d}\xi}+(\lambda-1)\varphi=0$$

此方程在ξ取有限值处无奇点，可以假设解为幂级数形式$\varphi(\xi)=\sum_{n=0}^{\infty}a_n\xi^n$，其中$a_n(\forall n)$为待定系数．将此待定解代入$\varphi$的方程，逐项决定系数$a_n$，

$$\sum_{n=2}n(n-1)a_n\xi^{n-2}-2\sum_{n=1}na_n\xi^n+(\lambda-1)\sum_{n=0}a_n\xi^n=0$$

等式要求左边幂次相同的各项系数之和为零．由此得到a_n间的递推关系如下：

$$(n+2)(n+1)a_{n+2}=(1+2n-\lambda)a_n$$

注意系数递推各自在偶次幂项之间和奇次幂项之间独立进行（分别由a_0和a_1出发），可以分开奇、偶项求和．如果参数λ数值不等于某个正奇数，$(1+2n-\lambda)$就总不为零，递推手续将一直进行下去直到无穷，解就成为一个无穷级数

$$\varphi(\xi)=\sum_{m=0}^{\infty}a_{2m}\xi^{2m}+\sum_{m=0}^{\infty}a_{2m+1}\xi^{2m+1}$$

当$\xi\to\infty$时，$\varphi(\xi)$的渐近性质主要取决于m较大的项．现在当m很大时，由递推关系可知，两个无穷级数的各自相邻项的比值都趋于

$$\frac{a_{n+2}}{a_n}\to\frac{2}{n}\quad（当 n 很大）$$

这是指数函数$\mathrm{e}^{2\xi^2}$的展开式当ξ幂次很大时相邻两项的比值．由此可知，这将导致

$\xi \to \infty$ 时 $\psi(\xi) = \mathrm{e}^{-\xi^2/2}\varphi(\xi) \to \infty$，不符合对 $\psi(\xi)$ 的物理要求．由这个分析可知此幂级数应当截断，即参数 λ 必须等于某个正奇数，记为 $\lambda = 2n+1$．这时系数递推将终止在第 n 项．而 φ 方程就成为第 n 阶 Hermite 方程

$$\boxed{\frac{\mathrm{d}^2\varphi}{\mathrm{d}\xi^2} - 2\xi\frac{\mathrm{d}\varphi}{\mathrm{d}\xi} + 2n\varphi = 0}$$

其解为 n 阶 Hermite 多项式 $\mathrm{H}_n(\xi)$

$$\varphi(\xi) = \mathrm{H}_n(\xi) = (-1)^n \mathrm{e}^{\xi^2}\frac{\mathrm{d}^n \mathrm{e}^{-\xi^2}}{\mathrm{d}\xi^n}$$

它们中的前几个是

$$\begin{aligned}
&\mathrm{H}_0(\xi) = 1, && \mathrm{H}_1(\xi) = 2\xi \\
&\mathrm{H}_2(\xi) = -2 + 4\xi^2, && \mathrm{H}_3(\xi) = -12\xi + 8\xi^3 \\
&\mathrm{H}_4(\xi) = 12 - 48\xi^2 + 16\xi^4, && \mathrm{H}_5(\xi) = 120\xi - 160\xi^3 + 32\xi^5
\end{aligned} \tag{3.21}$$

这些 $\mathrm{H}_n(\xi)$ 具有以下正交归一性质和递推关系：

$$\int_{-\infty}^{+\infty} \mathrm{H}_m(\xi)\mathrm{H}_n(\xi)\mathrm{e}^{-\xi^2}\,\mathrm{d}\xi = \begin{cases} 0 & (m \neq n) \\ 2^n\sqrt{\pi}n! & (m = n) \end{cases} \tag{3.22}$$

$$\begin{cases} \dfrac{\mathrm{dH}_n(\xi)}{\mathrm{d}\xi} = 2n\mathrm{H}_{n-1}(\xi) \\ \mathrm{H}_{n+1}(\xi) + 2n\mathrm{H}_{n-1}(\xi) = 2\xi\mathrm{H}_n(\xi) \end{cases} \tag{3.23}$$

而解 $\psi(\xi) = \mathrm{e}^{-\frac{\xi^2}{2}}\mathrm{H}_n(\xi)$ 也满足波函数的各项条件．于是，一维量子谐振子能谱和波函数的表达式为

$$\boxed{\begin{cases} \psi_n(x) = \left(\dfrac{m\omega}{\pi\hbar}\right)^{\frac{1}{4}}(2^n n!)^{-\frac{1}{2}}\mathrm{e}^{-\frac{m\omega}{2\hbar}x^2}\mathrm{H}_n\left(\sqrt{\dfrac{m\omega}{\hbar}}x\right) \\ E_n = \left(n + \dfrac{1}{2}\right)\hbar\omega \quad (n = 0,1,2,\cdots) \end{cases}} \tag{3.24}$$

这里 $\psi_n(x)$ 是已正交归一的．前三个能级的概率分布 $|\psi_n(x)|^2$ 如图 3-6 所示．

鉴于量子谐振子问题十分重要，下面简要讨论并小结一下量子谐振子的有关结果：

第一，任一能量本征态上，平均动能和平均势能相等．

第二章中已用 Virial 定理证明了这个结论．现在换一种办法计算．前面叙述过，不显含时间的算符在任一定态中平均值不随时间改变．现将此结论用到算符 $\hat{\Omega} = \hat{p}\hat{x}$ 上，有（略去算符记号“∧”）

$$0=\frac{\mathrm{d}}{\mathrm{d}t}\langle px\rangle=\frac{1}{\mathrm{i}\hbar}\langle[px,H]\rangle=\frac{1}{\mathrm{i}\hbar}\left\langle p\left[x,\frac{p^2}{2m}\right]+[p,V]x\right\rangle=\frac{1}{\mathrm{i}\hbar}\left\langle \mathrm{i}\hbar\frac{p^2}{m}-\mathrm{i}\hbar\frac{\partial V}{\partial x}x\right\rangle$$

即得

$$\langle T\rangle=\langle V\rangle \tag{3.25}$$

这说明，运动中量子谐振子动能和势能的转换，就平均而言**符合经典图像**.

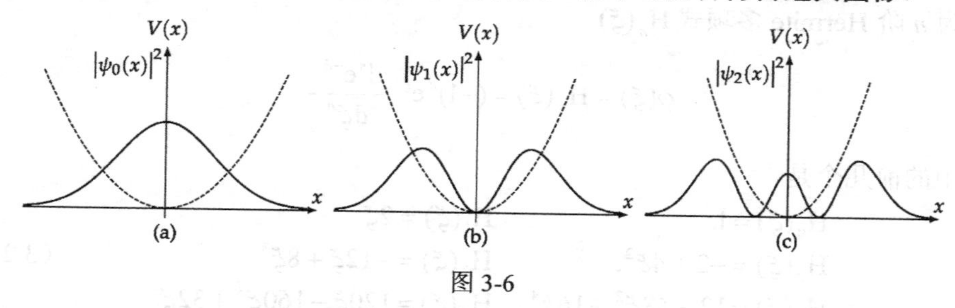

图 3-6

第二，强调指出，在能量本征值问题上，量子谐振子与经典谐振子有两个显著不同的特点：①**能量本征值随量子数 n 变化不但是分立的，而且是等间距的，间距 $\hbar\omega$ 只和振子的固有频率有关**. 这阐明了 Planck 能量子 $\hbar\omega$ 假设的物理根据. 因为，任何量子体系，如果可以认为它在作简谐振动，那么它的能谱特征都是如此，热平衡空腔内的电磁场也不例外. 能谱的这种均匀间距特征和势场为 x^2 的简谐形式密切相关. ②**最低能态（基态）的能量并不为零，而是大于零，**

$$E_0=\frac{1}{2}\hbar\omega,\quad \psi_0(x)=\left(\frac{m\omega}{\pi\hbar}\right)^{1/4}\mathrm{e}^{-\frac{m\omega}{2\hbar}x^2} \tag{3.26}$$

这个 E_0 称为零点能. 就是说，当温度趋于绝对零度时，无论是电磁场的简谐振动还是晶体点阵上的原子振动均已处在**最低能态**. 但按照量子力学的观点，作为量子谐振子，它们却依然在振动着. 因为，这时平均动能和均方位移都大于零（第二点推导见下）：

$$\begin{cases}\langle T\rangle=\dfrac{1}{4}\hbar\omega\\ \overline{(\Delta x)^2}=\langle x^2\rangle=\dfrac{1}{2}\dfrac{\hbar}{m\omega}\end{cases} \tag{3.27}$$

这两个物理量不为零就表明了量子谐振子仍然在振动着. 这种振动被称为零点振动. 事实上，低温下 X 射线的 Bragg 弹性散射强度分布依然和刚性点阵结果不符，说明这时点阵的零点振动依然存在. **“能量量子化”和“存在零点能”是量子振子能谱不同于经典振子能谱的两大特点**. 而且，“存在零点能”的现象即使在 Planck 假设中也是没有表现出来的．这两个特点都是粒子波动性的体现：前者由于粒子 de Broglie 波的自身干涉；后者来源于粒子 de Broglie 波固有的不确定性关系，说明动能值为零值的 de Broglie 波没有物理意义[①]．由于 $\bar{p}\equiv\langle p\rangle=0$，$\bar{x}\equiv\langle x\rangle=0$；$p^2=(p-\bar{p})^2\equiv\Delta p^2$，$x^2$ 类似．于是，对谐振子基态有

$$\frac{1}{4}\hbar\omega=\langle T\rangle=\frac{1}{2m}\langle p^2\rangle=\frac{1}{2m}\langle(\Delta p)^2\rangle$$

$$\frac{1}{4}\hbar\omega=\langle V\rangle=\frac{1}{2}m\omega^2\langle x^2\rangle=\frac{1}{2}m\omega^2\langle(\Delta x)^2\rangle$$

令

$$\overline{\Delta p}=\sqrt{\langle(\Delta p)^2\rangle},\quad \overline{\Delta x}=\sqrt{\langle(\Delta x)^2\rangle}$$

有

$$\overline{\Delta x}\cdot\overline{\Delta p}=\frac{\hbar}{2} \tag{3.28}$$

所以，从经典物理学观点来看，**量子谐振子的基态是具有“最小不确定性”的状态**（这是 Schrödinger 提出的最早的相干态，详见第五章有关叙述）．

第三，注意在第 n 个能级上有 n 个可以看作准粒子的量子 $\hbar\omega$．与此同时，当 n 为偶数时，波函数 $\psi_n(x)$ 为偶函数；当 n 为奇数时，$\psi_n(x)$ 为奇函数．这暗示谐振子单个量子 $\hbar\omega$ 的内禀宇称是负的．

第四，谐振子在 Fock 空间中的表示很常用，见后面§5.6．

第五，研究大量一维谐振子，它们与温度 T 热库相接并达到热平衡．这时按照 Maxwell-Boltzmann 分布律，它们处于能量为 $\varepsilon_n=\left(n+\frac{1}{2}\right)\hbar\omega$ 态的概率为

$$p_n=\frac{e^{-\beta E_n}}{\sum_n e^{-\beta E_n}}$$

这里 $\beta=1/(k_BT)$，k_B 为 Boltzmann 常量．说明，这些谐振子集合是一些纯态的非相干混合：处在 $\varphi_1(x)$ 态的概率为 p_1，处在 $\varphi_2(x)$ 态的概率为 p_2 等等，构成一个纯态系综，归一化称作混态．由此，固有频率为 ω 的谐振子处于温度 T 的混态时，其平均能量为

---

① 任一物理态的平均动能不可能为零．证明（用坐标表象表示也可，因为可转到动量表象）

$$0=\langle T\rangle=\left\langle\frac{p^2}{2m}\right\rangle=\int_{-\infty}^{+\infty}\psi^*(p)\frac{p^2}{2m}\psi(p)\mathrm{d}p$$

$$=\int_{-\infty}^{+\infty}\frac{p^2}{2m}|\psi(p)|^2\,\mathrm{d}p\Rightarrow\psi(p)=0$$

$$\boxed{\overline{\varepsilon}_\omega = \sum p_n\left(n+\frac{1}{2}\right)\hbar\omega = \frac{\hbar\omega}{e^{\beta\hbar\omega}-1}+\frac{1}{2}\hbar\omega}$$

除零点能项外，正是第一章黑体辐射谱的 Planck 公式（1.3）式的$\overline{\varepsilon}_\nu$．于是，若考察振子随能量的分布，可将其中因子$(e^{\beta\hbar\omega}-1)^{-1}$看作振子（声子或光子）在能量为$\hbar\omega$态上的平均占有数，即 Bose-Einstein 分布．当然，如果黑体腔内边界条件不规则，腔中热辐射电磁场所含频率ω会是连续的．

第六，量子谐振子向经典谐振子过渡问题．图 3-7 是n较大时的情况．图中虚线代表按经典观点，在谐振子势阱中找到质点的概率密度分布（单位长度内发现粒子的概率）．由图可以看到，就平均而言，当量子数n越大，量子结果和经典结果越接近．

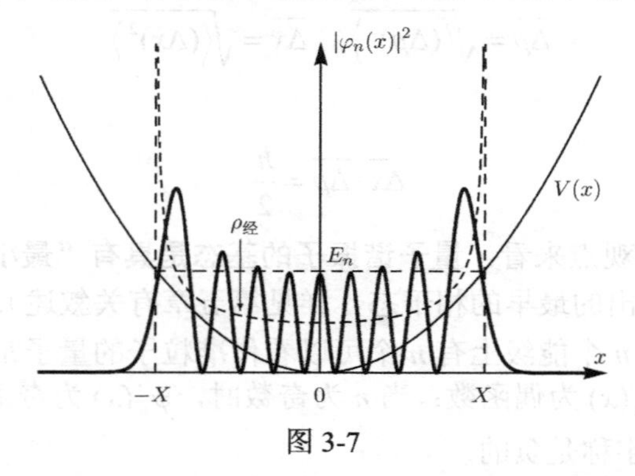

图 3-7

其中，经典ρ_{class}按下面方法计算出：当质点能量为E时，它被绝对地限制在由下式决定的区间$[-X,X]$之内

$$E=\frac{1}{2}m\omega^2X^2$$

在x处dx间隔内的粒子出现的概率$dP(x)=\rho_{\text{class}}dx$正比于它在该处$dx$间隔内往返两次停留的时间$2dt/\tau$（$\tau$为往返周期，$\tau\omega=2\pi$），得

$$\rho_{\text{class}}dx=\frac{2dt}{\tau}=\frac{2}{\tau}\frac{dx}{v}=\frac{1}{\pi}\frac{dx}{\sqrt{X^2-x^2}}$$

这就是图 3-7 中虚线的来由．

4．一维线性势问题

这是如下一些均匀力场问题的概括：重力场中的粒子①和均匀电场中电荷q的粒子．当重力方向或电场强度$\boldsymbol{E}$的方向指向负x轴时，势能（不计任意常数）均可表示为

① 关于量子力学和重力、非惯性参考系及等效原理的讨论见附录五．

$$V(x) = Fx \tag{3.29a}$$

这里 $F = mg$ 或 $q|\boldsymbol{E}|$. 这两个势能里的零点（也即 x 坐标的零点选择）可根据题意选定. V 零点的不同选择仅相当于体系总能量 E 的零点的不同定义，并不给问题带来实质性的变化.

考虑如图 3-8 所示的问题，为了让这个计算模型合理一些，防止粒子向 $x \to -\infty$ 处坍缩(那里势能 $V \to -\infty$!). 在 $x = -x_0$ 处，设有一刚性墙壁(该处势能陡升至 $+\infty$)[①]. 此时的 Schrödinger 方程为

$$\boxed{\psi''(x) + \frac{2m}{\hbar^2}(E - Fx)\psi(x) = 0, \quad \psi(x) = 0 \quad (x \leqslant -x_0)} \tag{3.29b}$$

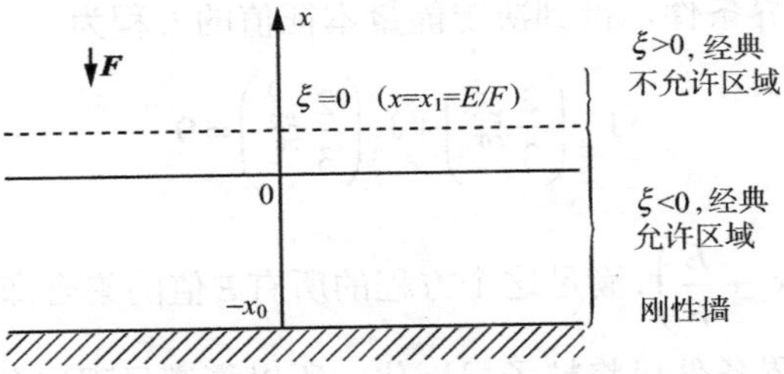

图 3-8

引入无量纲参数

$$\xi \equiv \left(\frac{2mF}{\hbar^2}\right)^{1/3}(x - x_1)$$

从经典观点来看，$\xi = 0$ 是能量为 E（现假定 $E > 0$ ）的粒子所能达到的最大高度. 就是说，以此点为分界线，$\xi > 0$ 为经典不容许区域；$\xi < 0$ 为经典容许区域. 在这样的自变数替换下，Schrödinger 方程变为 Airy 方程

$$\boxed{\psi''(\xi) - \xi\psi(\xi) = 0} \tag{3.30}$$

它的两个线性无关解 $A_i(\xi)$ 和 $B_i(\xi)$ 均称为 Airy 函数[②]，其中，$B_i(\xi) \xrightarrow{\xi \to +\infty} +\infty$ 不符合物理边条件，应当舍去（因为当 $x \to +\infty$ 时 $V(x) \to +\infty$ ，必有 $\psi(x) \to 0$ ），所以在 $[-x_0, +\infty)$ 区域内有限且平方可积的解为

---

① 为防止此量子体系坍缩（至势能为 $-\infty$ 处），这个假定是必要的. 实际上，前面 Hamilton 量 H 本征函数族完备性的叙述以及后面的一维完备性定理均假定 H 有下界.

② 关于 Airy 函数可参见 M. Abramowitz, I. A. Stegum, Handbook of Mathematical Functions, New York: Dover Publications, Inc., p.446; Л. Д. 朗道等，量子力学（非相对论理论），上册，附录 b；J.Phys.A.: Math. Gen, **15** (1982) L463-L465; J.Phys.A.:Math.Gen, **16** (1983) **L**451-**L**453 等；泡利物理学讲义，5. 波动力学，北京：人民教育出版社，1983，第 110 页；等.

$$\psi(\xi) = \alpha A_i(\xi) = \frac{\alpha}{\sqrt{\pi}} \int_0^\infty \cos\left(\frac{u^3}{3} + \xi u\right) \mathrm{d}u$$

式中，α 为 $[-x_0, +\infty)$ 区间上的归一化系数. 为运算方便，按 ξ 大于或小于零的情况分别将 $\psi(\xi)$ 写为（$\mathrm{K}_{1/3}$ 为分数 Hankel 函数，$\mathrm{J}_{\pm 1/3}$ 为分数 Bessel 函数）

$$\psi(\xi) = \begin{cases} \alpha A_i(\xi) = \dfrac{\alpha}{\pi}\sqrt{\dfrac{\xi}{3}}\mathrm{K}_{1/3}\left(\dfrac{2}{3}\xi^{3/2}\right) & (\xi > 0) \\ \alpha A_i(\xi) = \dfrac{\alpha\sqrt{|\xi|}}{3}\left[\mathrm{J}_{-1/3}\left(\dfrac{2}{3}|\xi|^{3/2}\right) + \mathrm{J}_{1/3}\left(\dfrac{2}{3}|\xi|^{3/2}\right)\right] & (\xi < 0) \end{cases} \tag{3.31}$$

应用 $\psi(-x_0) = 0$ 的边界条件，得到决定能量本征值的方程为

$$\mathrm{J}_{-\frac{1}{3}}\left(\frac{2}{3}\xi_0^{\frac{3}{2}}\right) + \mathrm{J}_{\frac{1}{3}}\left(\frac{2}{3}\xi_0^{\frac{3}{2}}\right) = 0 \tag{3.32}$$

式中，$\xi_0 = \left(\dfrac{2mF}{\hbar^2}\right)^{\frac{1}{3}}\left(x_0 + \dfrac{E}{F}\right)$. 满足这个方程的所有 E 值的集合即为此问题的能谱. 注意，由于 $-x_0$ 处的边界条件已将粒子局域化，所以能谱呈现出分立现象.

讨论：第一，如上所述，$[-\xi_0, 0]$ 区域是经典容许区域. 现计算向经典趋近时，此区域中粒子在不同位置出现的概率分布 $P(x)$. 这时可假设 $\hbar \to 0$ ，也即 $|\xi| \to +\infty$. 利用 Bessel 函数 $\mathrm{J}_\nu(z)$ 的渐近表达式①

$$\mathrm{J}_\nu(z) \xrightarrow{z \to +\infty} \sqrt{\frac{2}{\pi z}} \cos\left(z - \frac{\nu\pi}{2} - \frac{\pi}{4}\right)$$

代入上面 $\psi(\xi)$ 在 $\xi < 0$ 区域中的表达式，得

$$\begin{aligned} \psi(\xi) &\xrightarrow{|\xi| \to +\infty} \frac{\alpha\sqrt{|\xi|}}{3} \sqrt{\frac{2}{\pi \cdot \dfrac{2}{3}|\xi|^{3/2}}} \left\{ \cos\left(\frac{2}{3}|\xi|^{3/2} + \frac{\pi}{6} - \frac{\pi}{4}\right) + \cos\left(\frac{2}{3}|\xi|^{3/2} - \frac{\pi}{6} - \frac{\pi}{4}\right) \right\} \\ &= \frac{\alpha}{\sqrt{\pi}} |\xi|^{-1/4} \cos\left(\frac{2}{3}|\xi|^{3/2} - \frac{\pi}{4}\right) \end{aligned}$$

由于势场 $V(x)$ 随 x 变化，这相当于折射率 n 为非均匀的介质中光波波包的运动，这时等效波长 $\lambda = \lambda(x)$ 是位置 x 的函数，于是上式三角函数中的自变量为

$$\frac{2}{3}|\xi|^{3/2} = k(x) \cdot |x| = \frac{2\pi|x|}{\lambda(x)}$$

---

① M. Abramoutitz, I. A. Stegun, Handbook of Mathematical Functions, p.364.

得

$$\lambda(x)=\frac{3\pi\hbar|x|}{(2mF)^{1/2}(x_1-x)^{3/2}}\quad(-x_0<x<x_1)$$

当 $\hbar\to 0$ 时，$\lambda(x)\to 0$，振荡越来越快速．此时在宏观尺度下讨论位置分布概率，实际上已就很多个 λ 的空间范围取了平均，也即将此快速振荡抹平．这样一来，在 $x\to x+\mathrm{d}x$ 内找到粒子的概率便成为

$$P(x)\mathrm{d}x=|\psi(x)|^2\,\mathrm{d}x=\frac{|\alpha|^2}{\pi}|\xi|^{-1/2}\,\overline{\cos^2\left(\frac{2}{3}|\xi|^{3/2}-\frac{\pi}{4}\right)}\mathrm{d}x$$

$$\propto\frac{1}{\sqrt{|\xi|}}\mathrm{d}x\propto\frac{1}{\sqrt{x_1-x}}\mathrm{d}x$$

另一方面，按经典观点有

$$\frac{1}{2}mv^2+Fx=Fx_1$$

得

$$v=\sqrt{\frac{2F}{m}(x_1-x)}$$

并且在 $\mathrm{d}x$ 内找到此经典粒子的概率正比于它在 $\mathrm{d}x$ 内逗留的时间，

$$P(x)\mathrm{d}x\propto\frac{1}{v}\mathrm{d}x\propto\frac{1}{\sqrt{x_1-x}}\mathrm{d}x$$

可知当 $\hbar\to 0$ 时，量子力学分布趋于经典分布．

第二，对 $\xi>0$ 的区域，按经典观点是禁止区域．但按量子力学，仍能有一定的概率在此区域内发现粒子．这显然又是物质粒子 de Broglie 波波动性的表现，是纯粹的量子效应．当 $x\to+\infty$（即 $\xi\to+\infty$）时，由于

$$\mathrm{K}_\nu(z)\xrightarrow{z\to+\infty}\sqrt{\frac{\pi}{2z}}\mathrm{e}^{-z}$$

由 $\psi(\xi)$ 在 $\xi>0$ 区域的表达式可得

$$\psi(\xi)\xrightarrow{\xi\to+\infty}\frac{\alpha}{2\sqrt{\pi}}\xi^{-1/4}\mathrm{e}^{-\frac{2}{3}\xi^{3/2}}$$

表明在此区域内的概率分布随 x 增加而迅速衰减，这显然是由于外场的势能呈线性增长并最终变得很大的缘故．而当 $\hbar\to 0$（$\xi\to+\infty$）时，$\psi(\xi)\to 0$，此区域就逐渐变成经典运动的禁区．

※**第三**，研究取消 $-x_0$ 处刚性墙约束而出现的现象．这时可认为 $x_0 \to +\infty$，利用 $\mathrm{J}_v(z)$ 的渐近表达式，将前面的能量本征值方程简化为

$$\left(\frac{2}{\pi\frac{2}{3}\xi_0^{3/2}}\right)^{1/3}\left[\cos\left(\frac{2}{3}\xi_0^{3/2}+\frac{\pi}{6}-\frac{\pi}{4}\right)+\cos\left(\frac{2}{3}\xi_0^{3/2}-\frac{\pi}{6}-\frac{\pi}{4}\right)\right]=0$$

即

$$\sin\left(\frac{2}{3}\xi_0^{3/2}+\frac{\pi}{4}\right)=0$$

也即

$$\frac{2}{3}\xi_0^{3/2}+\frac{\pi}{4}=n\pi \quad (\xi_0 \gg 1, n \gg 1)$$

于是

$$E_n(x_0)=\frac{1}{2}\left(\frac{9\pi^2\hbar^2F^2}{m}\right)^{1/3}\left(n-\frac{1}{4}\right)^{2/3}-x_0F \quad (x_0 \to \infty, n \gg 1)$$

这里 n 的选取要足够大，以保证在足够大的 x_0 时，仍然有 $E_n(x_0)>0$．由于 E_n 是待定的参数，x_0 和 n 都是独立变数（n 的变化只限于整数范围），鉴于这时 $\frac{\mathrm{d}E_n}{\mathrm{d}n}\xrightarrow{n\to\infty}0$，所以 $E_n(x_0)\xrightarrow[n\to+\infty]{x_0\to+\infty}$ 连续变化，从而过渡到连续谱情况．此时，由归一化条件①

$$\int_{-\infty}^{+\infty}\psi(\xi)\,\psi(\xi')\mathrm{d}x=\delta(E-E')\to\alpha=\frac{(2m)^{1/3}}{\pi^{1/2}F^{1/6}\hbar^{2/3}}$$

※5．Kronig-Penney 势问题

Kronig-Penney 势是从晶体周期势抽象出的模型（图 3-9）．当两个独立的方势阱彼此靠近时，将会相互影响，使原先两个阱中每个能级的空间波函数以对称或者反对称方式组合连接，于是每个能级也就相应劈裂成两个．就这样，当许多方势阱彼此靠近而形成 Kronig-Penney 势时，在此势中运动的电子，原先能谱的每个能级都将劈裂、拓宽成为一个能带．这是晶体中电子运动的最重要特征．由此出发可以定量或半定量地解释固体中的许多现象．现在来处理这一重要模型．

① 朗道，非相对论量子力学，上册，北京：高等教育出版社，1983 年，第 92 页．

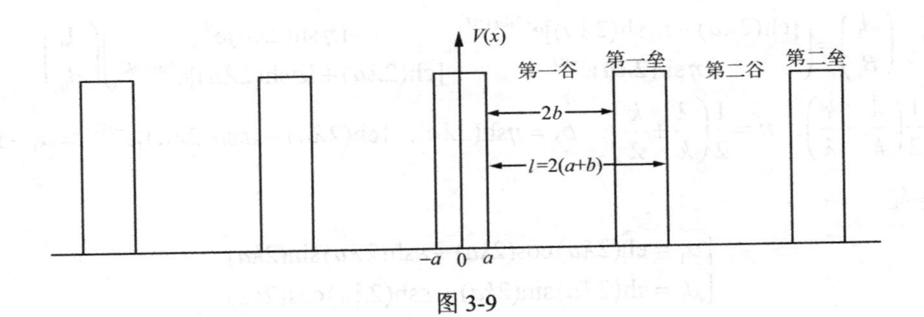

图 3-9

设电子总能量 $E<V_0$. 作为一般考虑，假定第 n 谷中的波函数为①

$$\boxed{\psi_n(x)=A_n\mathrm{e}^{\mathrm{i}k(x-nl)}+B_n\mathrm{e}^{-\mathrm{i}k(x-nl)}\quad((n-1)l+a<x<nl-a)}\tag{3.33a}$$

于是第 0～1 谷情况区段中波函数解为

$$\psi(x)=\begin{cases}A_0\mathrm{e}^{\mathrm{i}kx}+B_0\mathrm{e}^{-\mathrm{i}kx} & (\text{在第0谷里},-l+a<x<-a)\\ C_0\mathrm{e}^{-\lambda x}+D_0\mathrm{e}^{\lambda x} & (\text{在第0垒里},-a<x<a)\\ A_1\mathrm{e}^{-\mathrm{i}kl}\mathrm{e}^{\mathrm{i}kx}+B_1\mathrm{e}^{\mathrm{i}kl}\mathrm{e}^{-\mathrm{i}kx} & (\text{在第1谷里},a<x<l-a)\end{cases}\tag{3.33b}$$

这里 $\hbar k=\sqrt{2mE}$，$\hbar\lambda=\sqrt{2m(V_0-E)}$. 注意，系数 A_1,B_1 中分别含有相因子 $\mathrm{e}^{\mathrm{i}kl},\mathrm{e}^{-\mathrm{i}kl}$（就是说，为方便起见，$A_1,B_1$ 采用了和上面一维势垒例子不同的新定义）. 把 $x=\pm a$ 处的四个边界条件写成矩阵形式

$$\begin{pmatrix}\mathrm{e}^{\mathrm{i}kx} & \mathrm{e}^{-\mathrm{i}kx}\\ \mathrm{i}k\mathrm{e}^{\mathrm{i}kx} & -\mathrm{i}k\mathrm{e}^{-\mathrm{i}kx}\end{pmatrix}_{x=-a}\begin{pmatrix}A_0\\ B_0\end{pmatrix}=\begin{pmatrix}\mathrm{e}^{-\lambda x} & \mathrm{e}^{\lambda x}\\ -\lambda\mathrm{e}^{-\lambda x} & \lambda\mathrm{e}^{\lambda x}\end{pmatrix}_{x=-a}\begin{pmatrix}C_0\\ D_0\end{pmatrix}$$

$$\begin{pmatrix}\mathrm{e}^{-\lambda x} & \mathrm{e}^{\lambda x}\\ -\lambda\mathrm{e}^{-\lambda x} & \lambda\mathrm{e}^{\lambda x}\end{pmatrix}_{x=a}\begin{pmatrix}C_0\\ D_0\end{pmatrix}=\begin{pmatrix}\mathrm{e}^{\mathrm{i}k(x-l)} & \mathrm{e}^{-\mathrm{i}k(x-l)}\\ \mathrm{i}k\mathrm{e}^{\mathrm{i}k(x-l)} & -\mathrm{i}k\mathrm{e}^{-\mathrm{i}k(x-l)}\end{pmatrix}_{x=a}\begin{pmatrix}A_1\\ B_1\end{pmatrix}$$

于是

$$\begin{aligned}\begin{pmatrix}A_1\\ B_1\end{pmatrix}=&\begin{pmatrix}\mathrm{e}^{\mathrm{i}k(a-l)} & \mathrm{e}^{-\mathrm{i}k(a-l)}\\ \mathrm{i}k\mathrm{e}^{\mathrm{i}k(a-l)} & -\mathrm{i}k\mathrm{e}^{-\mathrm{i}k(a-l)}\end{pmatrix}^{-1}\begin{pmatrix}\mathrm{e}^{-\lambda a} & \mathrm{e}^{\lambda a}\\ -\lambda\mathrm{e}^{-\lambda a} & \lambda\mathrm{e}^{\lambda a}\end{pmatrix}\\ &\cdot\begin{pmatrix}\mathrm{e}^{\lambda a} & \mathrm{e}^{-\lambda a}\\ -\lambda\mathrm{e}^{\lambda a} & \lambda\mathrm{e}^{-\lambda a}\end{pmatrix}^{-1}\begin{pmatrix}\mathrm{e}^{-\mathrm{i}ka} & \mathrm{e}^{\mathrm{i}ka}\\ \mathrm{i}k\mathrm{e}^{-\mathrm{i}ka} & -\mathrm{i}k\mathrm{e}^{\mathrm{i}ka}\end{pmatrix}\begin{pmatrix}A_0\\ B_0\end{pmatrix}\end{aligned}$$

按上例中逆矩阵的一般公式求出两个逆矩阵，即得

① 以下用谷中系数（A_0,B_0）→（A_n,B_n）计算. 其实用垒中系数（C_0,D_0）→（C_n,D_n）结果相同.

$$\begin{pmatrix} A_1 \\ B_1 \end{pmatrix} = \begin{pmatrix} [\mathrm{ch}(2\lambda a) - \mathrm{i}\varepsilon\,\mathrm{sh}(2\lambda a)]\mathrm{e}^{-2\mathrm{i}ka+\mathrm{i}kl} & -\mathrm{i}\eta\,\mathrm{sh}(2\lambda a)\mathrm{e}^{\mathrm{i}kl} \\ \mathrm{i}\eta\,\mathrm{sh}(2\lambda a)\mathrm{e}^{-\mathrm{i}kl} & [\mathrm{ch}(2\lambda a) + \mathrm{i}\varepsilon\,\mathrm{sh}(2\lambda a)]\mathrm{e}^{2\mathrm{i}ka-\mathrm{i}kl} \end{pmatrix} \begin{pmatrix} A_0 \\ B_0 \end{pmatrix}$$

$$\varepsilon = \frac{1}{2}\left(\frac{\lambda}{k} - \frac{k}{\lambda}\right),\quad \eta = \frac{1}{2}\left(\frac{\lambda}{k} + \frac{k}{\lambda}\right),\quad \beta_2 = \eta\,\mathrm{sh}(2\lambda a),\quad [\mathrm{ch}(2\lambda a) - \mathrm{i}\varepsilon\mathrm{sh}(2\lambda a)]\mathrm{e}^{-2\mathrm{i}ka} = \alpha_1 - \mathrm{i}\beta_1$$

于是有

$$\begin{cases} \alpha_1 = \mathrm{ch}(2\lambda a)\cos(2ka) - \varepsilon\mathrm{sh}(2\lambda a)\sin(2ka) \\ \beta_1 = \mathrm{ch}(2\lambda a)\sin(2ka) + \varepsilon\mathrm{sh}(2\lambda a)\cos(2ka) \end{cases}$$

以及

$$\alpha_1^2 + \beta_1^2 - \beta_2^2 = 1$$

这里$\alpha_1, \beta_1, \beta_2$均为实数．最后得到如下系数递推公式（$n$为任意整数）：

$$\boxed{\begin{pmatrix} A_n \\ B_n \end{pmatrix} = \Omega \begin{pmatrix} A_{n-1} \\ B_{n-1} \end{pmatrix} = \Omega^n \begin{pmatrix} A_0 \\ B_0 \end{pmatrix}} \tag{3.34a}$$

$$\boxed{\Omega = \begin{pmatrix} (\alpha_1 - \mathrm{i}\beta_1)\mathrm{e}^{\mathrm{i}kl} & -\mathrm{i}\beta_2\mathrm{e}^{\mathrm{i}kl} \\ \mathrm{i}\beta_2\mathrm{e}^{-\mathrm{i}kl} & (\alpha_1 + \mathrm{i}\beta_1)\mathrm{e}^{-\mathrm{i}kl} \end{pmatrix} = \begin{pmatrix} \mathrm{e}^{\mathrm{i}kl} & 0 \\ 0 & \mathrm{e}^{-\mathrm{i}kl} \end{pmatrix} \begin{pmatrix} \alpha_1 - \mathrm{i}\beta_1 & -\mathrm{i}\beta_2 \\ \mathrm{i}\beta_2 & \alpha_1 + \mathrm{i}\beta_1 \end{pmatrix}} \tag{3.34b}$$

下面先考查系数递推矩阵Ω的本征值．设Ω的两个本征值为$\omega_\pm$，有

$$\det(\Omega - \omega_\pm) = 0 \quad \Rightarrow \quad \omega_\pm^2 - \omega_\pm \mathrm{tr}\Omega + \det\Omega = 0$$

由于$\det\Omega = \alpha_1^2 + \beta_1^2 - \beta_2^2 = 1$，于是

$$\boxed{\begin{cases} \omega_\pm = \dfrac{1}{2}\mathrm{tr}\Omega \pm \sqrt{\left(\dfrac{1}{2}\mathrm{tr}\Omega\right)^2 - 1} \\ \omega_+ + \omega_- = \mathrm{tr}\Omega = 2[\alpha_1\cos(kl) + \beta_1\sin(kl)] \\ \omega_+ \cdot \omega_- = 1 \end{cases}} \tag{3.35}$$

根据阱中波函数必须有限的物理要求，可求得如下限制条件：

$$\frac{1}{2}|\mathrm{tr}\Omega| \leqslant 1,\quad 即|\alpha_1\cos(kl) + \beta_1\sin(kl)| \leqslant 1 \tag{3.36}$$

这是因为，**首先**，如果$\frac{1}{2}|\mathrm{tr}\Omega| > 1$，由$\omega_\pm$表达式可知，两个$\omega_\pm$中必有一个模值大于1．不失一般性取$|\omega_+| > 1$，于是$\lim\limits_{n\to+\infty}|\omega_+|^n = +\infty$，而同时$\omega_- = \dfrac{1}{\omega_+}$，又有$\lim\limits_{n\to-\infty}|\omega_-|^n = +\infty$，导致$x \to \pm\infty$处阱中波函数发散，违背物理要求．**其次**，当$\frac{1}{2}|\mathrm{tr}\Omega| = 1$时，$\omega_+ = \omega_- = 1$．

其三，当 $\frac{1}{2}|\text{tr}\Omega|<1$ 时，$\omega_\pm$ 为两个互为共轭的相因子．总结后面两种情况，可以记作

$$\boxed{\omega_+ = e^{iKl},\ \omega_- = e^{-iKl}} \tag{3.37a}$$

这里，实参数 K 和能量 E 有关，由下面条件决定：

$$\frac{1}{2}(\omega_+ + \omega_-) = \frac{1}{2}\text{tr}\Omega$$

即

$$|\cos Kl| = |\alpha_1 \cos kl + \beta_1 \sin kl| \leqslant 1$$

将前面 α_1, β_1 表达式及 $l = 2a + 2b$ 代入此式，得到

$$\boxed{\cos Kl = \text{ch}(2\lambda a)\cdot\cos(2kb) + \varepsilon\text{sh}(2\lambda a)\cdot\sin(2kb)} \tag{3.37b}$$

这就是 $E < V_0$ 情况下的电子能谱公式，下面讨论可知它具有带状结构．

若 $E > V_0$，这时只需作替换 $\lambda = -i\lambda'$ 并注意双曲函数与三角函数的关系（$\text{sh}(iz) = i\sin z, \text{ch}(iz) = \cos z$），就得到另一公式

$$\boxed{\cos Kl = \cos(2\lambda' a)\cos(2kb) - \zeta\sin(2\lambda' a)\sin(2kb)} \tag{3.37c}$$

$$\lambda' = \frac{1}{\hbar}\sqrt{2m(E - V_0)},\quad \zeta = \frac{1}{2}\left(\frac{\lambda'}{k} + \frac{k}{\lambda'}\right)$$

（3.37b,c）式决定电子在 Kronig-Penney 势中运动时容许具有的能量 E，也就是此周期势的能谱．下面讨论它们：

第一，$E < V_0$，由（3.37b）式，因 $|\text{ch}(2\lambda a)| > 1$（设 $\lambda \neq 0$），如果 E 值满足

$$2kb = m\pi \quad (m = \text{整数}) \tag{3.38a}$$

（3.37b）式右边只剩下第一项 $(-1)^m \text{ch}(2\lambda a)$，等式不成立，无 K 解即无周期解．这些 E（及其单侧邻值）被禁止．禁带边界由系列方程 $2kb = m\pi$ 决定．于是，**电子能谱被分割成一系列的称为导带和禁带的能量区间，呈现带状结构．**

第二，$E > V_0$，由（3.37c）式，由下式决定的能量及其单侧邻域是被禁止的：

$$2\lambda' a + 2kb = m\pi \quad (m = \text{整数}) \tag{3.38b}$$

从而构成了在这些点附近的一条条禁带．这些条件可按如下考虑得到：将它们代入（3.37c）式得

$$\begin{aligned}\cos Kl &= \cos(m\pi - 2kb)\cos(2kb) - \zeta\sin(m\pi - 2kb)\sin(2kb) \\ &= (-)^m\left\{1 + (\zeta - 1)\sin^2(2kb)\right\}\end{aligned} \tag{3.39}$$

由于$\zeta > 1$，大括号中量的绝对值大于 1，无K解．由该式决定的能量（及其单侧邻值）属于禁带．说明，**当$E > V_0$时，电子能谱也具有带状结构**．当然，随着E值增大，禁带越窄，这种带状能谱便过渡到固体表面电子散射的连续谱．

第三，由上面叙述可知，单个能隙（禁带）上、下限处能量值必定总是使得

$$\cos Kl = \pm 1$$

也就是说，能隙的上下限必满足

$$Kl = m\pi \quad (m = \text{整数})$$

E-Kl 如图 3-10 所示．

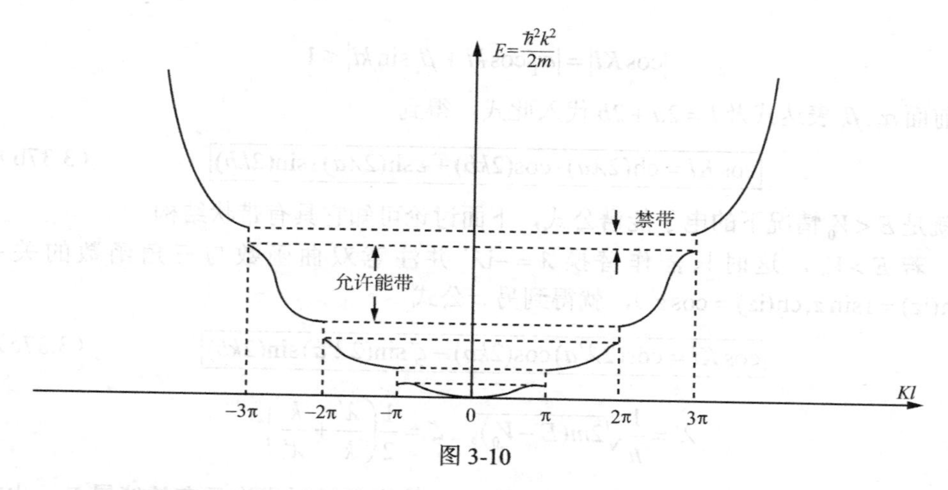

图 3-10

这里电子能谱呈带状结构的结论虽然是在矩形周期势特殊情况下得出的，实际上，对不同形状的周期势，电子能谱均呈带状结构，只是间隙位置和宽度等细节不同．这一来源于电子波动性质的结论对了解固体物质许多基本性质十分重要，并且是固体电子论中不可缺少的基本内容．

Kronig-Penney 势的特例——Dirac 梳．这是令每个势垒区域在保持面积（$2aV_0 = C$）的前提下无限减薄（$a \to 0$）的结果，于是相邻δ函数间距也即上面的谷宽$l = 2b$．这时（3.37b）式简化为下面 Dirac 梳波谱公式（习题 19）

$$\cos Kl = \cos kl + C\sqrt{\frac{m}{2E\hbar^2}}\sin kl$$

讨论 Kronig-Penney 势的本征函数问题．假设Ω的对应本征值ω_+、ω_-的两组本征矢量为$(A_0^{(+)}, B_0^{(+)}), (A_0^{(-)}, B_0^{(-)})$，如从$\omega_+$的本征方程

$$\Omega\begin{pmatrix} A_0^{(+)} \\ B_0^{(+)} \end{pmatrix} = \omega_+ \begin{pmatrix} A_0^{(+)} \\ B_0^{(+)} \end{pmatrix}$$

可以求得解$(A_0^{(+)}, B_0^{(+)})$．如按第一行，有

$$(\alpha_1 - \mathrm{i}\beta_1)\mathrm{e}^{\mathrm{i}kl} A_0^{(+)} - \mathrm{i}\beta_2 \mathrm{e}^{\mathrm{i}kl} B_0^{(+)} = \mathrm{e}^{\mathrm{i}Kl} A_0^{(+)}$$

所以

$$\frac{A_0^{(+)}}{B_0^{(+)}} = \frac{\mathrm{i}\beta_2 \mathrm{e}^{\mathrm{i}kl}}{(\alpha_1 - \mathrm{i}\beta_1)\mathrm{e}^{\mathrm{i}kl} - \mathrm{e}^{\mathrm{i}Kl}} = \frac{\beta_2 \mathrm{e}^{\mathrm{i}kl}}{\alpha_1 \sin kl - \beta_1 \cos kl - \sin Kl}$$

上式的第二步等号用到了下面等式：

$$\cos Kl = \alpha_1 \cos kl + \beta_1 \sin kl$$

于是，可取

$$\begin{cases} A_0^{(+)} = \beta_2 \\ B_0^{(+)} = (\alpha_1 \sin kl - \beta_1 \cos kl - \sin Kl)\mathrm{e}^{-\mathrm{i}kl} \end{cases} \tag{3.40}$$

将（3.37b）式代入（3.34a）式，得知 $A_n^{(+)} = \mathrm{e}^{\mathrm{i}nKl} A_0^{(+)}$ 和 $B_n^{(+)} = \mathrm{e}^{\mathrm{i}nKl} B_0^{(+)}$．从而第 n 个谷中的电子波函数 $\psi_n^{(+)}(x)$ 为 $\{a < [x-(n-1)l] < (l-a)\}$

$$\begin{aligned} \psi_n^{(+)}(x) &= A_n^{(+)} \mathrm{e}^{\mathrm{i}k(x-nl)} + B_n^{(+)} \mathrm{e}^{-\mathrm{i}k(x-nl)} \\ &= \mathrm{e}^{\mathrm{i}nKl} \left\{ A_0^{(+)} \mathrm{e}^{\mathrm{i}k(x-nl)} + B_0^{(+)} \mathrm{e}^{-\mathrm{i}k(x-nl)} \right\} \\ &= \mathrm{e}^{\mathrm{i}Kx} \left\{ \mathrm{e}^{-\mathrm{i}K(x-nl)} [A_0^{(+)} \mathrm{e}^{\mathrm{i}k(x-nl)} + B_0^{(+)} \mathrm{e}^{-\mathrm{i}k(x-nl)}] \right\} \equiv \mathrm{e}^{\mathrm{i}Kx} \cdot u_k(x) \end{aligned}$$

由于谷编号 n 任意，所以 $u_k(x)$ 是周期函数，其周期和 Kronig-Penney 势相同，即

$$u_k(x+l) = u_k(x)$$

由此，电子波函数 $\psi^{(+)}(x)$ 具有如下性质：

$$\psi^{(+)}(x) = \mathrm{e}^{\mathrm{i}Kx} u_k^{(+)}(x) \Rightarrow \psi^{(+)}(x+l) = \mathrm{e}^{\mathrm{i}Kl} \psi^{(+)}(x) \tag{3.41}$$

这里 K 称为 Bloch 波矢，$\psi^{(-)}(x)$ 的情况类似．这一结论具有普遍性，周期势的形状不同只造成间距和形状等有差异．这种带有 Bloch 波矢的平面行波和（与周期势同周期的）周期函数振幅相乘的波函数称作 Bloch 波函数（简单说，一类带有周期性振幅的行波）．这导致 Floque 定理的基本内容：周期势中电子波函数为相应的 Bloch 波函数．

最后还指出，$\psi^{(\pm)}(x)$ 这两个波是线性无关的．除非 $Kl = m\pi$，此时两个解相同，都表示驻波．这是因为，由

$$\begin{cases} \cos Kl = \alpha_1 \cos kl + \beta_1 \sin kl \\ \alpha_1^2 + \beta_1^2 - \beta_2^2 = 1 \end{cases}$$

代入 $Kl = m\pi$，将第一个方程平方，再将第二个方程代入后再开方，即得

$$\alpha_1 \sin kl - \beta_1 \cos kl = \pm\beta_2$$

于是，两个相向传播、位相共轭的行波，当它们振幅相等时，相干叠加便成为驻波

$$\psi^{(+)}(x) = \mathrm{e}^{\mathrm{i}Knl}\left\{\beta_2 \mathrm{e}^{\mathrm{i}k(x-nl)} \pm \beta_2 \mathrm{e}^{-\mathrm{i}k(x-(n-1)l)}\right\}$$

$$= 2\beta_2(-1)^{nm}\mathrm{e}^{-\frac{\mathrm{i}}{2}kl}\begin{Bmatrix} \cos k\left[x-\left(n-\frac{1}{2}\right)l\right] \\ \mathrm{i}\sin k\left[x-\left(n-\frac{1}{2}\right)l\right] \end{Bmatrix}$$

分别对应于$\pm\beta_2$．由于$\psi^{(-)}(x)$解对应于$\omega_- = (\omega_+)^*(-1)^m$，故

$$\psi^{(-)}(x) = [\psi^{(+)}(x)]^* \tag{3.42}$$

这时$\psi^{(\pm)}(x)$表示能隙上下限带边处的驻波解．

※§3.2　一维定态的一般讨论

有了上面一些一维事例的具体认识，现在可以进一步研究一维定态的一些普遍特征．除了第二章中所讲的 Schrödinger 方程的普遍特征之外，一维 Schrödinger 方程还有如下几个一般性结论．

1．本征函数族的完备性定理

定理 1（Courant-Hilbert（C-H）定理）　如果一维分立谱 Hamilton 量的$V(x)$在任意态中平均值有下界，即任给一个单值、连续、可微（除有限个孤立点外）、平方可积函数$\psi(x)$，存在一个不依赖于$\psi(x)$的常数c，使得

$$\boxed{\langle V\rangle = \int V(x)\psi^*(x)\psi(x)\mathrm{d}x \geqslant c} \tag{3.43}$$

则此 Hamilton 量的本征函数族是完备的①．

证明　根据文献①中完备性定理，只要证明此体系 Hamilton 量H有下界、无上界即可．事实上，H是有下界的．因为按定理条件，有

$$\langle H\rangle = \langle T\rangle + \langle V\rangle \geqslant \langle V\rangle \geqslant c$$

此式对任意态均成立．同时，H又是无上界的．因为，如果选取显然满足定理所设条件的归一化波函数$\psi(x) = \sqrt[4]{\dfrac{2}{\pi\lambda^2}}\exp(-x^2/\lambda^2)$，即得

$$\langle T\rangle = \sqrt{\frac{2}{\pi\lambda^2}}\int_{-\infty}^{+\infty}\mathrm{e}^{-\frac{x^2}{\lambda^2}}\left(-\frac{\hbar^2}{2m}\frac{\mathrm{d}^2}{\mathrm{d}x^2}\right)\mathrm{e}^{-\frac{x^2}{\lambda^2}}\mathrm{d}x = \frac{\hbar^2}{2m\lambda^2}$$

当$\lambda\to 0$时，$\langle T\rangle\to+\infty$．于是不论$\langle V\rangle$有无上界，$\langle H\rangle$将随$\lambda\to 0$而无上界．

---

① 张永德，高等量子力学（下册），北京：科学出版社，2015 年，第 10.2.2 节．注意，此处定理的条件比柯朗，希尔伯特（数学物理方法（Ⅰ），北京：科学出版社，1958 年）叙述的 Sturm-Liouville 方程本征函数完备性定理的条件（要求势函数$V(x)$在定义域内为连续函数）宽松得多．

讨论：

（1）这相当于证明了这一类量子体系的能量是可观测量.

（2）此定理有一个特例，即势 $V(x)$ 作为 x 的函数有下限 $V_{\min}$ [①]. 在这种情况下，显然导致 H 有下界、无上界的结论. 这包括了谐振子等重要情况，似乎不能概括 Coulomb 势（对 r 积分）这一重要情况. **但考虑到存在中心场自然边条件（见§4.3 第 2 小节），对 Coulomb 势的（3.43）式积分也有下限. 于是 Coulomb 势的波函数族（当然一般还应包括正能量的散射态）也是完备族.**

（3）这里不作要求地顺便预先指出，（3.43）式还体现着完备性、可观测性及不坍缩条件之间的关联，由此可以直接导出不发生所谓“中心场 Landau 坍缩”的条件[②].

2．束缚态存在定理

定理 2　如果一维 Hamilton 量 $\dfrac{p^2}{2m}+V(x)$ 中势函 $V(x)$ 满足：①$V(\pm\infty)=0$，②$V(x)\leqslant 0$，③对任意波函数 $\psi(x)$，有常数 c 存在，使得 $\int V\psi\psi^*\mathrm{d}x\geqslant c$. 则此体系至少存在一个束缚定态.

证明　设势阱 $V(x)$ 如图 3-11 所示. 在此势阱内，总可以选取一方势阱

$$V_1(x)=\begin{cases}-V_0 & (a<x<b)\\ 0 & (\text{其他})\end{cases}$$

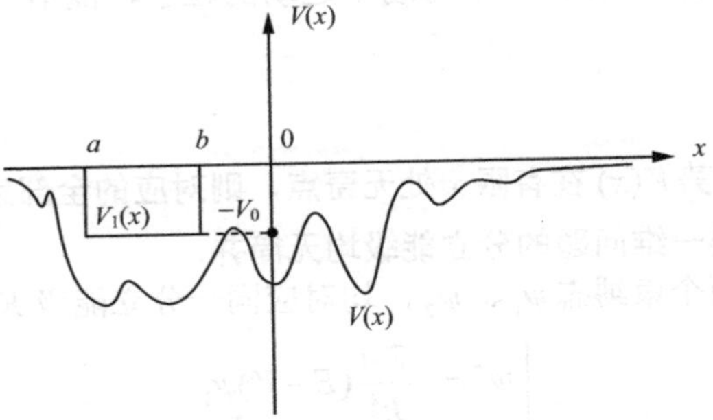

图 3-11

使得 $V_1(x)\geqslant V(x)$ 对所有 x 值均成立. 在此方势阱 $V_1(x)$ 中，至少有一个束缚定态 $\varphi(x)$ 存在，即记 $H_1=\dfrac{p^2}{2m}+V_1(x)$，有 $H_1\varphi=E_0\varphi,\ E_0<0$. 于是

$$\int\varphi^*(x)H_1\varphi(x)\mathrm{d}x=E_0<0$$

① 这就是李政道在《场论与粒子物理学》（上册，第 13 页例 1）中的论断，现在它是定理 1 的一个特例.

② 详见张永德，量子菜根谭（第Ⅲ版），北京：清华大学出版社，2016 年，第 15 讲.

由此，在 $\varphi(x)$ 态下，有

$$\int \varphi^*(x) H \varphi(x) \mathrm{d}x = \int \varphi^*(x) \left[\frac{p^2}{2m} + V(x) \right] \varphi(x) \mathrm{d}x$$

$$\leqslant \int \varphi^*(x) \left[\frac{p^2}{2m} + V_1(x) \right] \varphi(x) \mathrm{d}x = E_0 < 0$$

同时，由设定条件，按前面定理 1，H 的本征函数族 $\{\psi_n(x), \forall n\}$ 是完备的（这里为方便只写分立情况．若谱有连续部分，下面推导只需在相应处添加积分项即可）．于是可写

$$\varphi(x) = \sum_n c_n \psi_n(x)$$

所以

$$\int \varphi^*(x) H \varphi(x) \mathrm{d}x = \sum_{n,m} c_n^* c_m \int \psi_n^* H \psi_m \mathrm{d}x = \sum_n |c_n|^2 E_n < 0$$

可见，至少存在一个负能量 $E_i < 0$ 的定态 $H\psi_i(x) = E_i \psi_i(x)$，有

$$\int \psi_i^*(x) H \psi_i(x) \mathrm{d}x = E_i < 0$$

按§2.2.7 能谱分界点讨论，当 $x \to \pm\infty$ 时 $\psi_i(x) \to 0$，是个束缚态．　　证毕．

讨论：此定理主张，在此一维势场中运动的粒子，能谱一定包含分立的负值部分①．

3．无简并定理

定理 3　若一维势 $V(x)$ 在有限 x 处无奇点，则对应的全部束缚定态都是不简并的．也就是说，这类一维问题的分立能级均无简并．

证明　假定有两个束缚态 ψ_1、ψ_2，均对应同一分立能级 E，则

$$\begin{cases} \psi_1'' = -\dfrac{2m}{\hbar^2}(E-V)\psi_1 \\ \psi_2'' = -\dfrac{2m}{\hbar^2}(E-V)\psi_2 \end{cases}$$

由此得

$$\psi_2 \psi_1'' - \psi_1 \psi_2'' = 0$$

将此式作不定积分，得

$$\psi_2 \psi_1' - \psi_1 \psi_2' = \text{不依赖于 } x \text{ 的常数}$$

① 可用微扰论方法定出一维浅势阱中的能级．参见朗道，量子力学（非相对论理论），上册，北京：高教出版社，1983 年，第 197 页．

由束缚态在无穷远处$\psi_1 = \psi_2 = 0$，定出此常数为零．于是

$$\psi_2 \psi_1' = \psi_1 \psi_2', \quad x = (-\infty, +\infty)$$

就是说，两个波函数的Wronski行列式在全区间内恒等于零，彼此只相差一个常数倍，

$$\psi_1(x) = c\psi_2(x)$$

按波函数含义，$\psi_1(x)$和$\psi_2(x)$代表同一状态．　证毕．

讨论：

（1）这个定理有一个简单的推论：**一维束缚态波函数总可以取成实函数**．这是因为H是实的，若$\psi(x)$是解，则$\psi^*(x)$也必定是同一能级的解．又由于非简并，要求两态相同

$$\psi^*(x) = c\psi(x)$$

考虑到ψ、ψ^*均是归一的，c只能是个常数相因子$e^{i\delta}$．于是可以明确取定

$$\Psi(x) = \frac{1}{2}\left(e^{-\frac{i}{2}\delta}\psi^*(x) + e^{\frac{i}{2}\delta}\psi\right)$$

作为归一化的实数值波函数．由此可知，以前一维束缚态问题中$\psi(x)$上的复数共轭记号其实是多余的．

（2）由此定理并结合流密度公式可知，**一维束缚定态的流密度为零**．表明这些解都只是概率分布恒定的驻波解．

（3）**显然，定理结论对正能量非束缚态不成立**[①]．例如，自由平面波解对两个动量方向是简并的；再如对周期势，节点两侧波函数的对称或反对称连接将产生状态简并．

4．零点定理

定理4　如将一维问题的分立谱波函数$\psi_n(x)$按本征值递增顺序编号，则属于第$n+1$个能级E_n的本征函数$\psi_n(x)$，在其定义域内有限x值处共有n个零点．其中，基态E_0的$\psi_0(x)$无零点．

证明参见文献[②]，因为一维Schrödinger方程即该处所研究的Sturm-Liouville型方程的特例．

讨论：

（1）应当指出，在二维、三维甚至**任意维情况下，分立谱（$E<0$）基态都无零点**．详见上面文献第346页．

---

① 柯朗，希尔伯特，数学物理方法（Ⅰ），北京：科学出版社，1958年，第227页．

② 同脚注①第348页．

（2）从上条任意维分立谱基态无零点结论出发，可以证明：**任意维问题分立谱基态都是不简并的**．因为，如果简并，便至少有两个不相关的本征函数$\psi_0^{(1)}(q)$、$\psi_0^{(2)}(q)$对应同一个基态能级E_0，它们任意线性组合$c_1\psi_0^{(1)}+c_2\psi_0^{(2)}$也属于这个能级．但选择组合系数$c_1$、$c_2$，总可以使任一给定点$q_0$成为零点．这和出发点结论矛盾．

§3.3　一维 Gauss 波包自由演化

本节以 Gauss 波包的自由运动为例，说明时间演化计算．设初始时刻波包的归一化波函数为 Gauss 分布

$$\psi(x,0)=(2\pi)^{-\frac{1}{4}}\sigma^{-\frac{1}{2}}\exp\left\{-\frac{(x-x_0)^2}{4\sigma^2}\right\} \tag{3.44}$$

研究它在自由运动中随时间的演化．注意此孤立系的 Hamilton 量$H=\dfrac{p^2}{2m}$并不含时，成为含时问题纯粹由于初条件是不同能量的叠加．注意如$\psi(x,t)$是解，则$\psi^*(x,-t)$也是解．

按第二章叙述，第一步，将此$\psi(x,0)$展开为 de Broglie 平面波的叠加

$$\psi(x,0)=\frac{1}{\sqrt{2\pi\hbar}}\int_p\psi(p)\mathrm{e}^{\mathrm{i}px/\hbar}\mathrm{d}p$$

其中

$$\psi(p)=\frac{1}{\sqrt{2\pi\hbar}}\int_{x'}\psi(x',0)\mathrm{e}^{-\mathrm{i}px'/\hbar}\mathrm{d}x'$$

第二步，对上面展开式的每个平面波组分（它们都是自由粒子 Schrödinger 方程的定态解）添加时间因子$\exp\left(-\mathrm{i}\dfrac{p^2t}{2m\hbar}\right)$，最后即得$\psi(x,t)$．就是说

$$\begin{aligned}\psi(x,t)&=\frac{1}{\sqrt{2\pi\hbar}}\int_p\psi(p)\exp\left\{\mathrm{i}\frac{px}{\hbar}-\mathrm{i}\frac{p^2t}{2m\hbar}\right\}\mathrm{d}p_x\\&=\frac{1}{2\pi\hbar}\int_{x'}\int_p\psi(x',0)\exp\left\{\mathrm{i}\frac{p(x-x')}{\hbar}-\mathrm{i}\frac{p^2t}{2m\hbar}\right\}\mathrm{d}p\mathrm{d}x'\end{aligned} \tag{3.45}$$

将$\psi(x',0)$表达式代入，利用广义 Gauss 积分（也称广义 Fresnel 积分）

$$\int_{-\infty}^{\infty}\mathrm{d}x\mathrm{e}^{\mathrm{i}\alpha x^2}=\sqrt{\frac{\mathrm{i}\pi}{\alpha}}\quad(\mathrm{Im}(\alpha)\geqslant 0)$$

这里α为（虚部不小于零的）任意复数（$\mathrm{Im}\alpha=0$即为 Fresnel 积分；$\mathrm{Re}\alpha=0$即为 Gauss 积分）．完成对p的积分，可得

$$\psi(x,t)=\left(\frac{m}{\mathrm{i}2\pi\hbar t}\right)^{1/2}\int_{x'}\mathrm{d}x'\cdot\psi(x',0)\exp\left\{\frac{\mathrm{i}m}{2\hbar t}(x'-x)^2\right\}\tag{3.46}$$

接着再利用该公式完成对 x' 积分，最后得到

$$\begin{aligned}\psi(x,t)&=\sqrt[4]{\frac{1}{2\pi}}\sqrt{1\bigg/\left[\sigma\left(1+\frac{\mathrm{i}\hbar t}{2m\sigma^2}\right)\right]}\exp\left\{\frac{\mathrm{i}m(x-x_0)^2}{2(\hbar t-\mathrm{i}2m\sigma^2)}\right\}\\&=(2\pi)^{-1/4}\sigma(t)^{-1/2}\exp\left\{-\frac{(x-x_0)^2}{4\sigma(t)^2}+\mathrm{i}\frac{\hbar t(x-x_0)^2}{8m\sigma^2\sigma(t)^2}-\frac{\mathrm{i}}{2}\arctan\left(\frac{\hbar t}{2m\sigma^2}\right)\right\}\end{aligned}\tag{3.47}$$

这里 $\sigma(t)\equiv\sigma\left(1+\frac{\hbar^2t^2}{4m^2\sigma^4}\right)^{1/2}\geqslant\sigma$.

（3.47）式与（3.44）式相比较可得：**$t=0$ 时刻峰高 $(2\pi\sigma^2)^{-1/4}$ 峰宽 σ 的 Gauss 波包，自由演化到 t 时刻变成峰高 $[2\pi\sigma(t)^2]^{-1/4}$ 峰宽 $\sigma(t)$ 的 Gauss 波包**，即

$$\text{波包弥散：}\left\{\sigma,[2\pi\sigma^2]^{-1/4}\right\}\xrightarrow{\sigma\leqslant\sigma(t)}\left\{\sigma(t),[2\pi\sigma(t)^2]^{-1/4}\right\}$$

说明自由演化中 Gauss 波包宽度连续加大，高度逐渐变矮，呈现"波包弥散"现象．现象的物理根源是 de Broglie 波固有的色散性质：即便在真空中自由传播，de Broglie 波传播速度也与频率有关！这和光波在真空中传播时并无色散呈鲜明对照．

由于自由传播中 de Broglie 波存在色散，因此否定了把粒子纯粹看成某种波包的偏颇观念．因为人们从未看见一个稳定的微观粒子逐渐变"胖"的现象．即便探测从宇宙深处经历长期飞行的粒子也未发现此种现象．说明了不能用波动学说片面地取代波粒二象性；正如同不能按经典观念用粒子学说片面取代波粒二象性一样．

粒子处于（3.47）式状态时，位置和动量均方根的乘积随时间是增加的，

$$\Delta x(0)\Delta p(0)=\frac{\hbar}{2}\Rightarrow\Delta x(t)\Delta p(t)=\frac{\hbar}{2}\sqrt{1+\frac{\hbar^2t^2}{4m^2\sigma^4}}\geqslant\frac{\hbar}{2}\tag{3.48}$$

首先，这种不确定性是连续增加的．由于伴随自由演化的色散，$\Delta x(t)$ 不断增加，但动量此时是守恒量，其概率分布保持为初始分布不变（习题 21）（这和谐振子情况不同，见（5.82）式讨论）．**其次，注意这种增加是不可逆的！**由于 $\sigma(t)$ 中所含时间 t 为平方 t^2 形式，**即便经受时间反演，不确定性仍然是增加的，不存在时间反演后将会出现 Gauss 波包宽度收缩的物理过程！**①

最后强调几点：

第一，"波包弥散"的物理根源是 de Broglie 波的内禀色散性质．这种物理过程

① 有的量子力学书将此不存在的 Gauss 波包收缩过程与上述弥散过程合并为正负时间轴一并画出,成为收缩→初始→弥散的图像．这是误解．其实，负半轴的图是解 $\psi^*(x,-t)$ 的．只要计算流密度判断传播方向即知仍然是弥散过程．这和地球公转两根相同轨道并不是互为因果颠倒（注意 $(\boldsymbol{r}(t),\boldsymbol{p}(t))$ 和 $(\boldsymbol{r}(-t),-\boldsymbol{p}(-t))$ ）情况类似．详见《量子菜根谭》第 14 讲．

是不可逆的！就是说，物理上不存在逆向演化“波包收缩”过程．即自由演化

$$t \geqslant t_0: \quad U(t,t_0)\psi(x,t_0)=\exp\left\{\frac{-\mathrm{i}}{\hbar}\frac{p^2}{2m}(t-t_0)\right\}\psi(x,t_0)=\psi(x,t)$$

是物理演化过程．但是，如果存在随时间增加波包收缩过程（宽波包$\psi(x,t)$变窄波包$\psi(x,t_0)$）

$$t_0 \geqslant t: \quad U^{-1}(t_0,t)\psi(x,t)=\exp\left\{\frac{-\mathrm{i}}{\hbar}\left(\frac{-p^2}{2m}\right)(t_0-t)\right\}\psi(x,t)=\psi(x,t_0)$$

这不是物理演化过程！算符$U^{-1}(t_2,t_1)(t_2 \geqslant t_1)$只是一个普通数学映射算符，不是描述状态演化的时间演化算符！因为其生成元$-H=-p^2/(2m)$无下界，不能作为 **Hamilton** 量！注意，波包收缩过程的方程为

$$\mathrm{i}\hbar\frac{\partial\psi}{\partial t}=-\frac{p^2}{2m}\psi$$

显然不是 **Schrödinger** 方程！于是，这个时间反演可逆体系依旧严格遵守着时间流逝对过去–未来划分的绝对性！

第二，可是，这个波包弥散的不可逆时间演化过程的确是时间反演可逆体系的一个纯态幺正演化、**von Neumann** 熵保持为零的过程！换句话说，波包自由演化中的“波包弥散”，和常见的宏观经典力学的“不可逆过程总是非幺正的、非纯态的、熵增加的、体系不具有时间反演不变性”论断呈鲜明对照①！

习　题

1．一个质量为m的粒子被限制在一维区域$0\leqslant x\leqslant a, t=0$时刻的初态波函数为

$$\psi(x,0)=\sqrt{\frac{8}{5a}}\left(1+\cos\frac{\pi x}{a}\right)\sin\frac{\pi x}{a}$$

问：（1）在后来某一时刻t_0的波函数是什么？

（2）体系在$t=0$和$t=t_0$时的平均能量是多少？

（3）在$t=t_0$时，在势箱左半部$\left(0\leqslant x\leqslant\frac{a}{2}\right)$发现粒子的概率是多少？

答　（1）此处一般解为$\psi(x,t)=\sum_n A_n(t)\psi_n(x)$，$\psi_n(x)=\sqrt{\frac{2}{a}}\sin\left(\frac{n\pi x}{a}\right)$，$A_n(t)=A_n(0)\mathrm{e}^{-\mathrm{i}E_n t/\hbar}$，$E_n=\frac{\hbar^2\pi^2 n^2}{2ma^2}$；

---

① 详见张永德，量子菜根谭（第III版），北京：清华大学出版社，2016，第 14 讲．注意，如果初始分布不是 Gauss 型，上面分析叙述会有部分推广修改．

（2）$\langle E\rangle=\dfrac{4\hbar^2\pi^2}{5ma^2}$；

（3）$p=\dfrac{1}{2}+\dfrac{16}{15\pi}\cos\left(\dfrac{3\pi^2\hbar t_0}{2ma^2}\right)$．

2．自由转子——一种量子“刚体”，其 Hamilton 量为 $H=\dfrac{J_z^2}{2I_z}$，具有惯性矩 I_z，绕 z 轴在 xy 面内自由转动，φ 为转角．

（1）找出其能量本征值 E_n 和本征波函数 $\psi_n(\varphi)$；

（2）在 $t=0$ 时转子由波包 $\psi(0)=A\sin^2\varphi$ 描述，求在 $t>0$ 时的 $\psi(t)$．

答　（1）$E_m=\dfrac{m^2\hbar^2}{2I_z},\ \psi_m(\varphi)=\dfrac{e^{im\varphi}}{\sqrt{2\pi}}$；

（2）$\psi(t)=\dfrac{A}{2}-\dfrac{A}{4}\left(e^{-2i\left(-\varphi+\frac{\hbar}{I_z}t\right)}+e^{-2i\left(\varphi+\frac{\hbar}{I_z}t\right)}\right)$．

3．一个电子被禁闭在一维盒子中，处于基态上．盒宽 $10^{-10}\,m$，基态能量 38eV．计算：

（1）电子处于第一激发态的能量；

（2）电子处于基态时盒壁所受的平均力．

提示　平均力计算利用 Hellmann-Feynman 定理．

答　（1）$E_2=152\text{eV}$；（2）$F=7.6\times10^9\text{eV/cm}$．

4．质量为 m 的粒子处在一维短程势（接触势）$V(x)=-V_0\delta(x)$ 中，求束缚能．

答　$E=-\dfrac{mV_0^2}{2\hbar^2}$．

5．计算检验 Landau 结果（3.4b）式．并证明 $\dfrac{a}{\hbar}\to\infty$ 时，该式将过渡到（3.4a）式．

提示　证明利用表达式 $\delta(x)=\lim\limits_{\alpha\to\infty}\dfrac{\sin^2\alpha x}{\pi\alpha x^2}$．

6．一个质量为 m 的粒子在势 $V(x)$ 作用下做一维运动，假如处在 $E=\dfrac{\hbar^2k^2}{2m}$ 能量本征态 $\psi(x)=(k^2/\pi)^{1/4}e^{-\frac{k^2x^2}{2}}$ 上．求：（1）粒子平均位置；（2）粒子平均动量；（3）$V(x)$；（4）动量在 $p\to p+dp$ 之间的概率 $P(p)dp$．

答　（1）$\langle x\rangle=0$；（2）$\langle p\rangle=0$；（3）$V(x)=\dfrac{\pi\hbar^2k^4x^2}{2m}$；（4）$P(p)dp=\sqrt{\dfrac{1}{\hbar^2k^2\pi}}e^{-\frac{p^2}{\hbar^2k^2}}dp$．

7．一个质量为 m 的粒子处于频率为 ω 的一维谐振子势阱的基态上，受到一个冲力 $p\delta(t)$．求它仍处于基态的概率．

答　$P_0=e^{-\frac{p^2}{2m\omega\hbar}}$．

8．粒子在深度为 V_0、宽度为 a 的对称方势阱中运动，求：

（1）在阱口附近刚好出现一条束缚能级 $(E\approx V_0)$ 的条件；

（2）束缚态能级总数．

答　（1）$2mV_0a^2/\hbar^2=n^2\pi^2$；（2）$N=1+\left[a\sqrt{2mV_0}/(\pi\hbar)\right]$．

9．一个一维无限深方势阱将一粒子禁闭在区域 $0\leqslant x\leqslant L$ 中．描绘其最低能量本征态波函数．若在阱中心加一个排斥 δ 函数势 $H'=A\delta\left(x-\dfrac{L}{2}\right)$ $(A>0)$，画出新波函数，并叙述能量是增加还是减少．若其最初能量为 E_0，当 $A\to\infty$ 时它变成什么？

10．一个质量 m 的粒子在一维 δ 函数势场 $V(x)=-A[\delta(x-a)+\delta(x+a)]$ 中运动，常数 $A>0$．求基态波函数，并导出联系 A 和能量本征值 E 的方程．

答　$\psi(x)=\begin{cases}B\,\mathrm{e}^{ka-k|x|}\,\mathrm{ch}(ka) & (|x|>a)\\ B\,\mathrm{ch}(kx) & (|x|\leqslant a)\end{cases}$，$B=\left[\dfrac{\mathrm{e}^{2ka}+2ka+1}{2k}\right]^{-1/2}$；

$\dfrac{k\hbar^2}{mA}=1+\mathrm{e}^{-2ka},k=\sqrt{\dfrac{-2mE}{\hbar^2}}$，作图即得 E-A 关系．

11．考虑一谐振子，令 ψ_0 和 ψ_1 分别为它的基态与第一激发态的波函数（均为实的和归一化的）．令 $A\psi_0+B\psi_1$ 是某一瞬时振子的波函数，A 和 B 为实数．证明 x 的平均值一般不为零．A 和 B 取什么值 $\langle x\rangle$ 为最大和最小？

12．若粒子从右边入射，求一维阶梯势的反射系数和透射系数．

答　$|R|^2=\dfrac{V_0^2}{\left(\sqrt{E}+\sqrt{E-V_0}\right)^4}$，$|T|^2=1-|R|^2$．

13．求在一维常数虚势 $-\mathrm{i}V(V\ll E)$ 中运动的粒子的波函数．计算概率流并证明虚势代表粒子的吸收．求相应的吸收系数．

答　吸收系数为 $\mu=\sqrt{\dfrac{2m}{E}}\dfrac{V}{\hbar}$．

14．对重力场中的任何运动，证明其能量依赖于 m,g,h 的形式为 $E=Kmg\left(\dfrac{m^2g}{h^2}\right)^{\alpha}$，确定 α．

答　$\alpha=-\dfrac{1}{3}$．

15．下面是一个关于一维 Schrödinger 方程本征值 $E_n(E_1<E_2<E_3<\cdots)$ 的定理．

定理　如果势 $V_1(x)$ 给出本征值 E_{1n}，$V_2(x)$ 给出本征值 E_{2n}，且有 $V_1(x)\leqslant V_2(x)$ 处处成立，则有 $E_{1n}\leqslant E_{2n}$．

（1）证明这个定理；

（2）考虑势

$$V(x)=\frac{1}{2}k\begin{cases}x^2 & (|x|<a)\\ a^2 & (|x|\geqslant a)\end{cases}$$

求这个势所能具有的束缚态数目．假设这个数目 $N\geqslant 1$，决定 N 的上界（或下界）．

（1）提示　利用 Hellmann-Feynman 定理，考虑一个含实常数 λ 的辅助势 $V(\lambda,x)$：

$$V(\lambda,x)=(1-\lambda)V_1(x)+\lambda V_2(x)$$

（2）选择一个可解的比较势，利用此定理.

16．设 Hermite 算符 $\hat{A}$ 满足二次方程 $\hat{A}^2-3\hat{A}+2=0$，且知这是 $\hat{A}$ 满足的最低阶方程．问：（1）$\hat{A}$ 的本征值为何？（2）$\hat{A}$ 的本征态为何？（3）证明 $\hat{A}$ 是可观测量.

17．一个一维吸引势满足：$V(x)<0$，$\int_{-\infty}^{\infty}\mathrm{d}xV(x)$ 有限，$\int_{-\infty}^{\infty}\mathrm{d}xx^2V(x)$ 有限.

（1）用形如 $\exp(-\beta x^2/2)$ 的尝试函数证明这个势至少有一个束缚态；

（2）假设势相当弱（$\int_{-\infty}^{\infty}V(x)\mathrm{d}x,\int_{-\infty}^{\infty}x^2V(x)\mathrm{d}x$ 都很“小”），对于这类尝试波函数求能量的最佳上界；

（3）用无量纲的叙述明确表明（2）中“小”的含义.

18．质量为 m 的粒子处于谐振子势 $V_1(x)=\dfrac{1}{2}Kx^2(K>0)$ 的基态.

（1）如弹性系数突然增大一倍，即势场突变为 $V_2(x)=Kx^2(K>0)$，立即测量粒子能量，求粒子处于 V_2 势场基态的概率；

（2）势场由 V_1 突变为 V_2 后，不进行测量，经过一段时间 τ 演化，问 τ 取什么值时，粒子状态将周期性地恢复到最初的基态？

答　（1）0.9852；（2）$\tau=l\pi\sqrt{\dfrac{m}{2K}}\quad(l=1,2,3,\cdots)$.

19．由 Kronig-Penney 势的公式（3.37b）导出后面 Dirac 梳波谱公式.

20．推导（3.46）式

$$\psi(x,t)=\left(\frac{m}{\mathrm{i}2\pi\hbar t}\right)^{1/2}\int_{x'}\mathrm{d}x'\cdot\psi(x',0)\exp\left\{\frac{\mathrm{i}m}{2\hbar t}(x'-x)^2\right\}$$

21．计算检验（3.47）式.

22．注意弥散中的 Gauss 波包（3.47）式是平均为静止的情况 $\langle\psi(xt)|\hat{p}|\psi(xt)\rangle=0$.

现在假定让它以平均速度 p_0/m 匀速运动，用计算检验这时情况如何，（3.48）式又如何.

提示　对该式乘以因子 $\mathrm{e}^{\frac{\mathrm{i}p_0x}{\hbar}}$ ——注意这时波函数只是平均动量为 p_0，并非单色波.

23．设粒子处于归一化波函数 $\psi(x)$ 状态，并有某个符算 $\hat{\Omega}$ 的平方算符 $\hat{\Omega}^2$．一般说，有以下三种办法计算 $\hat{\Omega}^2$ 的平均值：① $\int\psi^*(x)\hat{\Omega}^2\psi(x)\mathrm{d}x$；② $\int(\hat{\Omega}\psi(x))^*\hat{\Omega}\psi(x)\mathrm{d}x$；③将给定 $\psi(x)$ 按 $\hat{\Omega}$ 本征函数族 $(\hat{\Omega}\psi_n(x)=\omega_n\psi_n(x),\forall n)$ 展开 $\psi(x)=\sum_{n=1}^{\infty}a_n\psi_n(x)$，再用公式 $\overline{\hat{\Omega}^2}=\sum_n|a_n|^2\omega_n^2$ 计算．三者等价．现在的问题是：设粒子在无限深方势阱内，处于归一化波函数 $\psi(x)=N(x+a)(a-x)$ 状态上，阱宽为 $[-a,a]$．$\hat{T}$ 为动能算符．要求：

（1）验证：令 $\hat{\Omega}=\sqrt{\hat{T}}$ 时三种计算不出矛盾，但令 $\hat{\Omega}=\hat{T}^2$ 时会出现矛盾.

（2）解释：为什么后面情况的三种计算结果表面看起来不同？是否真是量子力学逻辑不自洽或不完整？

提示　此题有边界条件的作用．如果将动能算符 $\hat{T}$ 换成 Hamilton 量算符 $\hat{H}$，就简化了计算中考虑边界条件的分析.

第四章　中心场束缚态问题

§4.1　引　　言

自然界存在着多种性质的相互作用，最常见的是两体相互作用．两体相互作用中最常见的则是电荷间的Coulomb作用和天体间的万有引力作用．一般说来，两体相互作用势可表示为$V(\boldsymbol{r}_1,\boldsymbol{r}_2,t)$．在非相对论量子力学中，粒子运动速度远小于光速，可以略去势的推迟效应，近似认为相互作用的传递是瞬间完成的，于是势中的$\boldsymbol{r}_1$和$\boldsymbol{r}_2$均为t时刻的值．进一步，由于时间和空间的均匀性质，不存在关于时间和空间的绝对标架．所以当两个粒子组成了孤立体系时，两粒子的相互作用势就不应显含时间参量，并且只取决于它们之间的相对位置，势的表达式将简化成为$V(\boldsymbol{r}_1,\boldsymbol{r}_2,t)\to V(\boldsymbol{r}_1-\boldsymbol{r}_2)$．与此同时，孤立体系本来并没有绝对方向（或优先方向），所以在没有外场破坏空间各向同性情况下，相互作用势还可以进一步简化成只与粒子间连线长度有关，即$V(\boldsymbol{r}_1-\boldsymbol{r}_2)\to V(|\boldsymbol{r}_1-\boldsymbol{r}_2|)\equiv V(r)$．有关分析详见§6.2．

一般而言，量子力学中两体相互作用所导致的两体问题由下面Hamilton量决定：

$$\begin{aligned}H&=\frac{\boldsymbol{p}_1^2}{2m_1}+\frac{\boldsymbol{p}_2^2}{2m_2}+V(\boldsymbol{r}_1-\boldsymbol{r}_2)\\&=-\frac{\hbar^2}{2m_1}\Delta^{(1)}-\frac{\hbar^2}{2m_2}\Delta^{(2)}+V(\boldsymbol{r})\end{aligned}\tag{4.1}$$

这里$\Delta^{(i)}=\dfrac{\partial^2}{\partial x_i^{\ 2}}+\dfrac{\partial^2}{\partial y_i^{\ 2}}+\dfrac{\partial^2}{\partial z_i^{\ 2}},i=1,2$．由于两粒子间的相互作用$V$中耦合了两个粒子的坐标，体现了它们运动之间的动力学关联．和经典力学十分相似，量子力学中的两体问题也可以通过引入它们的**质心坐标和相对坐标**[①]，**把它们（作为整个体系）的质心运动和彼此相对运动这两部分运动分离开**．也即令

$$\boldsymbol{R}=\frac{m_1\boldsymbol{r}_1+m_2\boldsymbol{r}_2}{m_1+m_2},\quad \boldsymbol{r}=\boldsymbol{r}_2-\boldsymbol{r}_1\tag{4.2a}$$

① 这是Jacobi坐标在两粒子情况下的特例．一般多粒子体系的Jacobi坐标参见布洛欣采夫，量子力学基础，俄文版，第581页．或见张永德，高等量子力学，北京：科学出版社，2008年，第8章．

简单计算可得

$$\boxed{H=-\frac{\hbar^2}{2M}\Delta^{(R)}-\frac{\hbar^2}{2\mu}\Delta^{(r)}+V(\boldsymbol{r})} \tag{4.2b}$$

这里

$$\boxed{M=m_1+m_2,\quad \mu=\frac{m_1m_2}{m_1+m_2}} \tag{4.2c}$$

M **是总质量**，μ **是折合质量**．注意，经这样代换之后，Hamilton 量 H 被分成相互不关联的两项之和 $H=H_R+H_r$，其中 $H_R=-\frac{\hbar^2}{2M}\Delta^{(R)}$，$H_r=-\frac{\hbar^2}{2\mu}\Delta^{(r)}+V(\boldsymbol{r})$．由分离变量可以得出：如果 H 可以分成互不关联的几部分之和，相应的能量本征值就可以分成互不关联的几部分之和，而波函数就能分解成互不关联的几部分之积．情况能够如此是因为，这时令

$$\Psi(\boldsymbol{r}_1,\boldsymbol{r}_2)=\Psi(\boldsymbol{R},\boldsymbol{r})=\varphi(\boldsymbol{R})\cdot\psi(\boldsymbol{r}) \tag{4.3}$$

于是这个两体问题的定态 Schrödinger 方程成为

$$\begin{aligned}H_R\varphi(\boldsymbol{R})\psi(\boldsymbol{r})+H_r\varphi(\boldsymbol{R})\psi(\boldsymbol{r})&=\psi(\boldsymbol{r})H_R\varphi(\boldsymbol{R})+\varphi(\boldsymbol{R})H_r\psi(\boldsymbol{r})\\&=E\varphi(\boldsymbol{R})\psi(\boldsymbol{r})\end{aligned}$$

等式两边同除以 $\varphi(\boldsymbol{R})\psi(\boldsymbol{r})$，得

$$\frac{1}{\varphi(\boldsymbol{R})}H_R\varphi(\boldsymbol{R})+\frac{1}{\psi(\boldsymbol{r})}H_r\psi(\boldsymbol{r})=E$$

左边两项分别属于独立坐标 $\boldsymbol{R}$ 和 $\boldsymbol{r}$，因此必定各自等于常数 E_R、E_r，它们的和为 E．即得

$$\boxed{\begin{cases}-\dfrac{\hbar^2}{2M}\Delta^{(R)}\varphi(\boldsymbol{R})=E_R\varphi(\boldsymbol{R})\\ -\dfrac{\hbar^2}{2\mu}\Delta^{(r)}\psi(\boldsymbol{r})+V(\boldsymbol{r})\psi(\boldsymbol{r})=E_r\psi(\boldsymbol{r})=(E-E_R)\psi(\boldsymbol{r})\end{cases}} \tag{4.4}$$

第一个方程表明，这两个相互作用着的微观粒子，作为一个整体（用它们质心坐标表示）是自由运动，因为它们作为一个整体并没有受到外界作用．第二个方程表明，两体的相对运动，当相互作用只和它们之间的连接矢量 $\boldsymbol{r}_2-\boldsymbol{r}_1=\boldsymbol{r}$ 有关时，可以转化为单体运动，这时只要将质量替换成折合质量即可．通常把关于质心坐标 $\boldsymbol{R}$ 的运动称为运动学问题，因为它不涉及相互作用；而把关于相对坐标 $\boldsymbol{r}$ 的运动称为动力学问题，因为它依赖于相互作用．通常对不含相互作用的运动学问题不感兴趣，只对包含相互作用的动力学问题感兴趣．后者将转化为以折合质量出现的、在固定力心

$V(\boldsymbol{r})$ 中的单体运动问题．由于采用这种坐标变换以及折合质量的概念，两体问题的描述得到了简化，只要在得出两粒子相对运动之后，再乘以它们的质心运动就能构成两粒子运动的完整描述．

§4.2　轨道角动量及其本征函数

在许多常见情况下，如 Coulomb 势和各向同性谐振子情况，$V(\boldsymbol{r})$ 可以简化成相对于坐标原点为各向同性的中心势 $V(r)$．将前面关于 $\psi(\boldsymbol{r})$ 方程的 $E-E_R$ 改记为 E 并略去 $\Delta^{(r)}$ 的顶标，描述相对运动的 Schrödinger 方程成为

$$H\psi(\boldsymbol{r})=E\psi(\boldsymbol{r})$$

$$H=-\frac{\hbar^2}{2\mu}\Delta+V(r) \tag{4.5}$$

在绕原点转动变换下，正如 $\boldsymbol{r}^2=\boldsymbol{r}\cdot\boldsymbol{r}$ 一样，$\Delta=\nabla\cdot\nabla$ 也表现为一个标量，即不变化，而势 $V(r)$ 也不变化，**H 在绕原点转动变换下保持不变．可以证明这时轨道角动量 $\boldsymbol{L}$ 和 $\boldsymbol{L}^2$ 是守恒量**．比如对 L^2，将 H 和 $\boldsymbol{L}^2$ 采用球坐标表述，即可清楚地看出 $\boldsymbol{L}^2$ 是守恒的．因为

$$\begin{aligned}H&=-\frac{\hbar^2}{2\mu}\left[\frac{1}{r}\frac{\partial^2}{\partial r^2}r+\frac{1}{r^2}\left(\frac{1}{\sin\theta}\frac{\partial}{\partial\theta}\sin\theta\frac{\partial}{\partial\theta}+\frac{1}{\sin^2\theta}\frac{\partial^2}{\partial\varphi^2}\right)\right]+V(r)\\&\equiv-\frac{\hbar^2}{2\mu}\left(\Delta_r+\frac{1}{r^2}\nabla^2_{(\theta,\varphi)}\right)+V(r)\end{aligned}$$

即

$$H=-\frac{\hbar^2}{2\mu}\Delta_r+\frac{\boldsymbol{L}^2}{2\mu r^2}+V(r) \tag{4.6}$$

这里 $\boldsymbol{L}^2$ 为轨道角动量平方算符

$$\boxed{\boldsymbol{L}^2=-\hbar^2\nabla^2_{(\theta,\varphi)}} \tag{4.7}$$

由于它只对角变数作用，它和 H 是对易的，即

$$\boxed{[H,\boldsymbol{L}^2]=0}$$

就是说，**在中心场 $V(r)$ 中运动的粒子，其轨道角动量平方 $\boldsymbol{L}^2$ 是个守恒量．**

由直接计算可得

$$[L_x,L_y]=\mathrm{i}\hbar L_z,\quad [L_y,L_z]=\mathrm{i}\hbar L_x,\quad [L_z,L_x]=\mathrm{i}\hbar L_y \tag{4.8}$$

或用紧凑的形式符号 ε_{ijk}（三阶三维反对称张量——Levi-Civita 张量），写成

$$\boxed{[L_i, L_j] = \mathrm{i}\varepsilon_{ijk}\hbar L_k \Rightarrow \boldsymbol{L}\times\boldsymbol{L} = \mathrm{i}\hbar\boldsymbol{L}} \tag{4.9}$$

由这几个分量的对易规则，以及 $\boldsymbol{L}^2 = L_x^2 + L_y^2 + L_z^2$，可得

$$[\boldsymbol{L}^2, L_x] = [\boldsymbol{L}^2, L_y] = [\boldsymbol{L}^2, L_z] = 0 \tag{4.10}$$

由此，再考虑到球坐标中 L_x，L_y，L_z 同样都只涉及对 θ、φ 求导数，不涉及对径向 r 求导数，所以此时 $\boldsymbol{L}$ 的三个分量也都守恒，即有 $[H, L_i] = 0 (i = x, y, z)$．有时为了方便，也引入如下复合算符 $L_\pm$ 来代替 L_x 和 L_y：

$$\boxed{L_+ = L_x + \mathrm{i}L_y,\quad L_- = L_x - \mathrm{i}L_y} \tag{4.11}$$

这时可得

$$\boxed{\begin{aligned}&[L_+, L_-] = 2\hbar L_z\\&[L_z, L_\pm] = \pm\hbar L_\pm\\&L^2 = L_\pm L_\mp + {L_z}^2 \mp \hbar L_z\\&L_+L_- + L_-L_+ = 2(L^2 - L_z^2)\end{aligned}} \tag{4.12}$$

有关这些算符的进一步运算可见§7.3 公式（7.35a）．

这里讨论一下 $\boldsymbol{L}^2$ 的本征函数和本征值问题．由上面对易关系看出，**$\boldsymbol{L}$ 的任何两个分量彼此都不对易，由测量公设知道，决不能同时测准 $\boldsymbol{L}$ 三个分量中的任何两个．或者说，不存在这种状态波函数，它既是 L_x 的本征态，又是 L_y 的本征态等（例外情况见本章习题 5）．但 $\boldsymbol{L}^2$ 和三个分量都对易，所以 $\boldsymbol{L}^2$ 和 $\boldsymbol{L}$ 中的任一分量可以同时测量．于是可以寻找这样的状态波函数，它是 $\boldsymbol{L}^2$ 和 L_z 的共同本征函数**．假定它为函数 $Y(\theta,\varphi)$，于是有

$$L^2 Y = \alpha Y,\quad L_z Y = \beta Y$$

式中，α、β 是相应的本征值．用球坐标表示即为

$$-\hbar^2\nabla^2_{(\theta,\varphi)}Y = \alpha Y$$

$$-\mathrm{i}\hbar\frac{\partial}{\partial\varphi}Y = \beta Y$$

满足这两个方程的解是球谐函数 $\mathrm{Y}_{lm}(\theta,\varphi)$，

$$\boxed{\mathrm{Y}_{lm}(\theta,\varphi) = \sqrt{\frac{(l-m)!}{(l+m)!}\cdot\frac{2l+1}{4\pi}}\mathrm{P}_l^m(\cos\theta)\mathrm{e}^{\mathrm{i}m\varphi}\quad(|m|\leqslant l)} \tag{4.13}$$

相应的本征值为 $\alpha = l(l+1)\hbar^2$，$\beta = m\hbar$．其中缔合 Legendre 多项式采用 Ferrer 定义

$$P_l^m(x)=\frac{1}{2^l\cdot l!}(1-x^2)^{\frac{m}{2}}\frac{d^{l+m}}{dx^{l+m}}(x^2-1)^l \quad (|m|\leqslant l)\text{①} \tag{4.14}$$

注意球谐函数在球面上是正交归一的

$$\int_0^{2\pi}\int_0^{\pi}Y_{l'm'}^*(\theta,\varphi)Y_{lm}(\theta,\varphi)\sin\theta d\theta d\varphi=\delta_{ll'}\delta_{mm'} \tag{4.15}$$

并且有

$$\boxed{\begin{aligned}&Y_{lm}^*(\theta,\varphi)=(-1)^m Y_{l,-m}(\theta,\varphi)\\&Y_{lm}(\pi-\theta,\pi+\varphi)=(-1)^l Y_{l,m}(\theta,\varphi)\end{aligned}} \tag{4.16}$$

综上所述，最后可得

$$L^2Y_{lm}(\theta,\varphi)=l(l+1)\hbar^2Y_{lm}(\theta,\varphi) \tag{4.17}$$

$$\begin{aligned}&L_zY_{lm}(\theta,\varphi)=m\hbar Y_{lm}(\theta,\varphi)\\&(l=0,1,2,\cdots;m=-l,\cdots,-1,0,1,\cdots,l)\end{aligned} \tag{4.18}$$

前几个 $Y_{lm}(\theta,\varphi)$ 的表达式如下：

$$Y_{00}(\theta,\varphi)=\sqrt{\frac{1}{4\pi}}$$

$$Y_{11}(\theta,\varphi)=-\sqrt{\frac{3}{8\pi}}\sin\theta\, e^{i\varphi},\quad Y_{10}(\theta,\varphi)=\sqrt{\frac{3}{4\pi}}\cos\theta$$

$$Y_{1-1}(\theta,\varphi)=\sqrt{\frac{3}{8\pi}}\sin\theta\, e^{-i\varphi}$$

$$Y_{22}(\theta,\varphi)=\sqrt{\frac{15}{32\pi}}\sin^2\theta\, e^{i2\varphi},\quad Y_{21}(\theta,\varphi)=-\sqrt{\frac{15}{8\pi}}\sin\theta\cos\theta\, e^{i\varphi}$$

$$Y_{20}(\theta,\varphi)=\sqrt{\frac{5}{16\pi}}(3\cos^2\theta-1),\quad Y_{2-1}(\theta,\varphi)=\sqrt{\frac{15}{8\pi}}\sin\theta\cos\theta\, e^{-i\varphi}$$

$$Y_{2-2}(\theta,\varphi)=\sqrt{\frac{15}{32\pi}}\sin^2\theta\, e^{-i2\varphi}$$

其中 l 称为轨道角动量量子数；m 称为磁量子数（物理解释见§4.3）．对一个给定的 l，相应的 m 可以取 $(2l+1)$ 个不同的值，对应于 $(2l+1)$ 个不同的正交归一态．各能级电子云概率密度的角分布如图 4-1 所示．

---

① 郭敦仁，数学物理方法，北京：人民教育出版社，1979 年，第 279、286、287 页．本书 $P_l^m(x)$ 采用 Ferrer 定义，也即 Abramowitz 书 p.332 中的 $P_{lm}(x)$．注意 $P_l^m(x)$ 有另一定义，称为 Hobson 定义，比此处多 $(-)^m$ 因子．还有第三种定义，涉及的 $Y_{lm}(\theta,\varphi)$ 与此处相差一个因子 $(-)^{\frac{|m|-m}{2}}i^l$，见朗道，量子力学，第 112 页．三种定义彼此相差相因子，不可同时混用．否则在量子跃迁计算中将会造成谬误，而且还难于寻找原因．

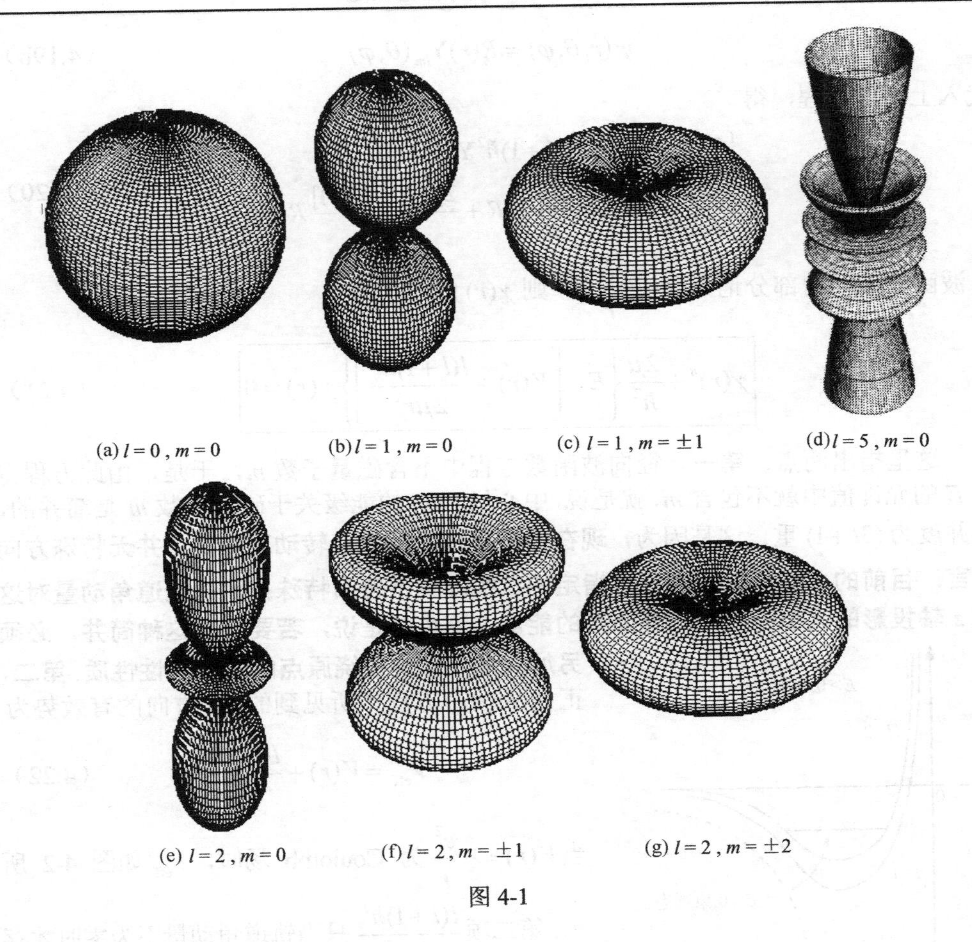

(a) $l=0$, $m=0$　(b) $l=1$, $m=0$　(c) $l=1$, $m=\pm1$　(d) $l=5$, $m=0$

(e) $l=2$, $m=0$　(f) $l=2$, $m=\pm1$　(g) $l=2$, $m=\pm2$

图 4-1

§4.3 几个一般分析

上面论述了中心场$V(r)$情况下，轨道角动量$\boldsymbol{L}$守恒，从而波函数的(θ,φ)部分是球谐函数$\mathrm{Y}_{lm}(\theta,\varphi)$并且$lm$是守恒量子数，可用它们对态进行标记和分类. 在求解一些具体的中心场问题之前，下面再进行一些不依赖于$V(r)$具体形式的一般讨论.

1. *m* 量子数简并和离心势

球坐标下的 Schrödinger 方程为

$$\boxed{\Delta_r\psi-\frac{1}{\hbar^2}\frac{L^2}{r^2}\psi+\frac{2\mu}{\hbar^2}[E-V(r)]\psi=0} \tag{4.19a}$$

可设波函数为变数分离的形式

$$\psi(r,\theta,\varphi)=R(r)\mathrm{Y}_{lm}(\theta,\varphi) \tag{4.19b}$$

代入上面的方程，得

$$\begin{cases}L^2\mathrm{Y}_{lm}(\theta,\varphi)=l(l+1)\hbar^2\mathrm{Y}_{lm}(\theta,\varphi)\\ \dfrac{1}{r}\dfrac{\mathrm{d}^2}{\mathrm{d}r^2}(rR)-\dfrac{l(l+1)}{r^2}R+\dfrac{2\mu[E-V(r)]}{\hbar^2}R=0\end{cases} \tag{4.20}$$

将波函数的径向部分记为 $R=\dfrac{\chi(r)}{r}$，则 $\chi(r)$ 的方程为

$$\boxed{\chi(r)''+\frac{2\mu}{\hbar^2}\left\{E-\left[V(r)+\frac{l(l+1)\hbar^2}{2\mu r^2}\right]\right\}\chi(r)=0} \tag{4.21}$$

这里指出两点．第一，径向波函数方程中不含磁量子数 m，于是，由此方程得出 E 的允许值中就不包含 m. 就是说，中心场 $V(r)$ 的能级关于磁量子数 m 是简并的，简并度为 $(2l+1)$ 重．这是因为，**现在问题是绕坐标原点转动对称的，并无特殊方向可言．目前的 z 轴只是预先任意指定的，实际也不应当特殊；因此轨道角动量对这个 z 轴投影的大小不应当影响体系的能量．这也就是说，若要解除这种简并，必须另加外场破坏现在绕原点的各向同性性质**. 第二，正如从 $\chi(r)$ 方程中所见到的，r 方向的有效势为

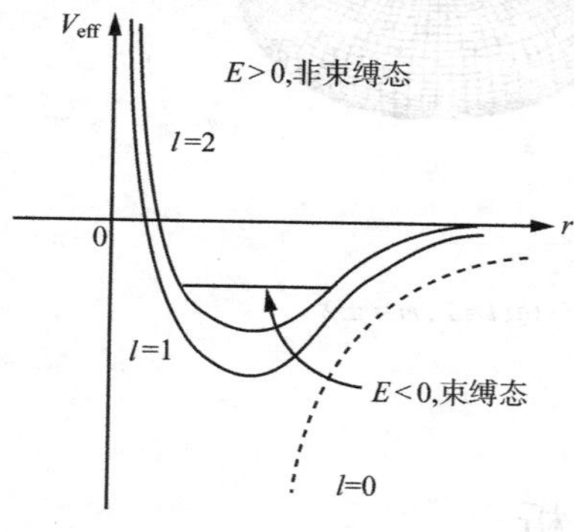

图 4-2

$$V_{\text{eff}}=V(r)+\frac{l(l+1)\hbar^2}{2\mu r^2} \tag{4.22}$$

当 $V(r)=-\dfrac{e^2}{r}$ 为 Coulomb 场时，V_{eff} 如图 4-2 所示. 第二项 $\dfrac{l(l+1)\hbar^2}{2\mu r^2}$ 只当轨道角动量不为零时才存在，**常称为离心势．这样称呼的理由是：它在 $r=0$ 附近构筑了很高的势垒，产生自中心向外的斥力，使粒子在 $r=0$ 附近出现的概率明显下降**[①]，**而且 l 越大这种现象越突出**．这和经典图像相符合，经典力学有心力场的有效势形式也是如此[②].

2．径向波函数在 $r\to 0$ 处自然边界条件[③]

这个自然边条件共有三种，即

① 后面几节的径向解表明，当 $r\to 0$ 时，$R(r)\propto r^l\to 0$.

② 例如，参见 V. 巴杰，M. 奥尔森，经典力学新编，北京：科学出版社，1981 年，第 114 页.

③ 详见：张永德，大学物理，1989 年第 9 期第 1 页．由下面叙述可知，此自然边界条件对于量子力学中心场求解的数学自洽性是必需的.

（1）$\int_{[O]}|\psi|^2 r^2 \mathrm{d}r\mathrm{d}\Omega =$有限，或$\int_{[O]}|\chi(r)|^2 \,\mathrm{d}r$平方可积.

（2）$r\psi \xrightarrow{r\to 0} 0$，或$\chi(r) \xrightarrow{r\to 0} 0$.

（3）$\psi(0)$或$R(0)$有限，或$\chi(r) \xrightarrow{r\to 0} 0$不慢于$r \to 0$.

这三个条件彼此不同，一个比一个苛刻．到底应当用哪一种？物理的和数学的根据如何？从 Schrödinger 方程在直角坐标和球坐标中解集合的等价性出发加以探讨，就可以解决这个不确定性.

众所周知，球坐标中 Laplace 算符在$r=0$点是不确定的．从直角坐标转入球坐标时，Laplace 算符经过了乘、除以r(注意它的定义域为$[0,+\infty)$)的带有奇性的运算．于是可以怀疑，同一个 Schrödinger 方程，它在球坐标下的任一个解是不是也是直角坐标下的解呢？事实并非如此．以自由粒子定态 Schrödinger 方程为例，下面表达式：

$$\psi(r)=\frac{1}{r}\mathrm{e}^{\pm\mathrm{i}\alpha r},\quad \alpha=\sqrt{\frac{2\mu E}{\hbar^2}}$$

满足球坐标下能量为E的自由粒子 Schrödinger 方程

$$-\frac{\hbar^2}{2\mu}\frac{\mathrm{d}^2}{\mathrm{d}r^2}(r\psi)=E(r\psi)$$

但这个$\psi(r)$并不是直角坐标下能量为E的自由粒子 Schrödinger 方程解．因为（附带指出，下面等式当$E=0$时即为 Poisson 方程）

$$-\frac{\hbar^2}{2\mu}\Delta\left(\frac{\mathrm{e}^{\mathrm{i}\alpha r}}{r}\right)=E\left(\frac{\mathrm{e}^{\mathrm{i}\alpha r}}{r}\right)+\frac{2\pi\hbar^2}{\mu}\delta(r)$$

通常，验算这个解时，容易遗漏此方程右边含δ函数的第二项(计算详见附录四)．由于此项不含波函数，此方程并不是 Schrödinger 方程.

显然，一个真正物理的解应当在任何坐标系中都满足运动方程，而不应受坐标系选取的影响．函数$\frac{1}{r}\mathrm{e}^{\pm\mathrm{i}\alpha r}$在$r=0$附近不满足直角坐标下自由粒子定态 Schrödinger 方程，所以它不是定态球面波解．自由粒子定态 Schrödinger 方程的球面波解另有表达式，见上页脚注③或见后面§4.4 第 3 小节叙述.

鉴于这个自由粒子例子的分析具有普遍意义，需要拟定在$r=0$处的自然边条件，以便将这一类由于球坐标 Laplace 算符奇性所引入的额外解排除掉．这就是$r\to 0$自然边界条件

$$\boxed{r\psi \xrightarrow{r\to 0} 0 \text{ 或 } \chi(r) \xrightarrow{r\to 0} 0} \tag{4.23}$$

的由来．本来，按物理的要求只需条件(1)即可，进一步更严格的要求是非物理的．现在根据直角坐标和球坐标下两个解的集合必须等价这一数学要求，选取了比条件(1)

更为严格的条件（2），这已经足够了. 选取比条件（1）和（2）都要严格的条件（3）不但缺乏物理根据，也缺乏数学根据①.

应当附加指出，$\frac{1}{r}\mathrm{e}^{\pm\mathrm{i}\alpha r}$ 虽然不是全空间的自由粒子球面波解，但还是可以把它视作渐近解用于 r 值较大的渐近区域．实际上，在散射问题中，它表示坐标原点有波的正负源头的球面行波解，可以看作由散射中心发出的散射波. 正如后面散射理论中所做的那样.

3．粒子回转角动量及 Bohr 磁子

现在利用 ψ 态中流密度平均值的表达式

$$\boldsymbol{j}=\frac{\hbar}{2\mu\mathrm{i}}[\psi^*\nabla\psi-\psi\nabla\psi^*]$$

计算在中心场 $V(r)$ 中运动粒子的流密度，并进而讨论有关的问题.

将梯度算符写入球坐标中

$$\nabla=\boldsymbol{e}_r\frac{\partial}{\partial r}+\boldsymbol{e}_\theta\frac{1}{r}\frac{\partial}{\partial\theta}+\boldsymbol{e}_\varphi\frac{1}{r\sin\theta}\frac{\partial}{\partial\varphi}$$

由于波函数 $\psi=R\mathrm{Y}_{lm}$ 中与 r 及 θ 有关的部分均为实函数，从而 $j_r=j_\theta=0$．就是说，中心场 $V(r)$ 里的粒子，就态平均而言，概率流只绕（事先任选的）z 轴回转. 这时

$$\begin{aligned}j_\varphi&=\frac{\hbar}{2\mu\mathrm{i}}\left\{R\mathrm{Y}_{lm}^*\frac{1}{r\sin\theta}\frac{\partial}{\partial\varphi}(R\mathrm{Y}_{lm})-R\mathrm{Y}_{lm}\frac{1}{r\sin\theta}\frac{\partial}{\partial\varphi}(R\mathrm{Y}_{lm}^*)\right\}\\&=\frac{m\hbar}{\mu r\sin\theta}R^2|\mathrm{Y}_{lm}|^2\end{aligned}$$

也即

$$\boxed{\boldsymbol{j}_\varphi=\frac{|\psi|^2}{\mu r\sin\theta}m\hbar\boldsymbol{e}_\varphi}\tag{4.24}$$

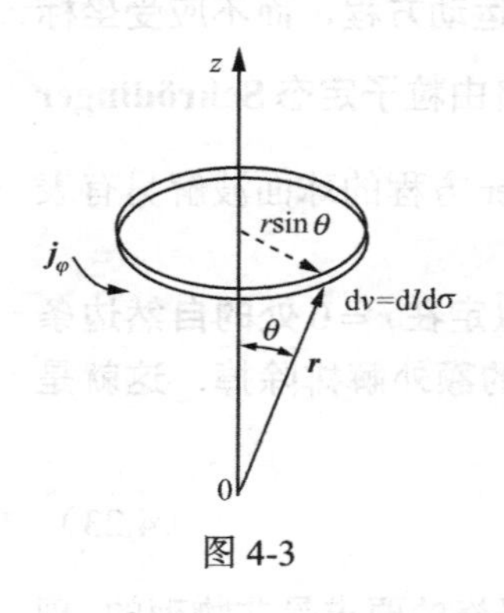

图 4-3

下面根据这个 j_φ 表达式先来计算角动量的 z 分量. 由于 j_φ 是概率流密度，乘以粒子的质量 μ 即为粒子的质量流密度（或称动量密度），再乘以体积元 $\mathrm{d}v=\mathrm{d}l\mathrm{d}\sigma$，即成为 $\mathrm{d}v$ 内粒子的动量，故 z 方向的角动量密度为（图 4-3）

$$\begin{aligned}\mathrm{d}L_z&=\boldsymbol{e}_z\cdot\mathrm{d}\boldsymbol{L}=\boldsymbol{e}_z\cdot(\boldsymbol{r}\times\mu\boldsymbol{j}\mathrm{d}v)\\&=(\boldsymbol{e}_z\times\boldsymbol{r})\cdot\mu\boldsymbol{j}\mathrm{d}v=\mu j_\varphi r\sin\theta\mathrm{d}v\end{aligned}$$

① 有些量子力学书完全忽略这个自然边条件，逻辑上是不完整、不严密的.

这里$e_z \times r = r\sin\theta\, e_\varphi$．对全空间积分并考虑到$\psi$是归一的，从而得到

$$\boxed{L_z = m\hbar} \tag{4.25}$$

此处之所以能用经典观念得出正确的量子结果，是因为这里涉及的是概率流密度算符（在ψ态中）的平均值．以前说过，量子力学中在平均量基础上的运算常带有经典的性质（并不总是如此．见前面平均值经典过渡的叙述或 Ehrenfest 定理）．另外显然还有，角动量的x分量和y分量都为零．现在角动量三个分量均有确定值，因为它们都是态中的平均值．

如将j_φ乘以负电荷$-e(e>0)$，即$-ej_\varphi$，就描述了中心场$V(r)$里（如氢原子中）"电子云"回转所形成的平均电流密度，再乘以与e_φ垂直的面积元$\mathrm{d}\sigma$，就是绕z轴环形流动的电流元$\mathrm{d}I$

$$\mathrm{d}I = -ej_\varphi \mathrm{d}\sigma$$

此环形电流元乘以它包围的圆面积$S = \pi(r\sin\theta)^2$，便是指向z轴的磁矩元

$$\mathrm{d}M_z = \frac{S}{c}\mathrm{d}I$$

于是指向z轴的总磁矩为

$$\begin{aligned} M_z &= \frac{1}{c}\int S\mathrm{d}I = \frac{\pi}{c}\int r^2\sin^2\theta\cdot(-e)\frac{|\psi|^2}{\mu r\sin\theta}m\hbar\mathrm{d}\sigma \\ &= -\frac{e\hbar}{2\mu c}m\iint|\psi|^2\, 2\pi r\sin\theta\mathrm{d}\sigma \end{aligned}$$

这里$2\pi r\sin\theta\mathrm{d}\sigma$是截面为$\mathrm{d}\sigma$、半径为$r\sin\theta$的"轮胎"细环体积元，转为全空间积分，利用$\psi$归一化条件．最后得到

$$\boxed{M_z = -m\mu_\mathrm{B},\quad \mu_\mathrm{B} = \frac{e\hbar}{2\mu c} = 9.273\times10^{-21}\,\mathrm{erg/G}} \tag{4.26}$$

μ_B称为 Bohr 磁子．按（4.25）式，轨道角动量L_z的数值是量子化的，于是**磁矩M_z也是量子化的并决定于量子数m．这就是m被称为磁量子数的由来．注意，M_z和L_z之比是个常数，**

$$\boxed{\frac{M_z}{L_z} = -\frac{e}{2\mu c}} \tag{4.27}$$

称为电子的轨道回磁比．这里附带指出，（按相对论量子力学结果）电子的自旋回磁比（电子内禀磁矩和自旋角动量之比）是$-\dfrac{e}{\mu c}$．因此电子自旋和轨道这两个回磁比的比值等于 2．由于这是个比值，采用适当的相对测量方案，可以将它测得很准．实

测值与2微有偏离．因此，这个比值的测量就成为检验量子力学、指明它作为单粒子力学理论的不足，进而建立量子场论的重要支撑点之一[①]．

4．讨论——中心场解转动对称性缺失与波函数真实物理含义

（4.5）和（4.19a）式表明，中心场Hamilton量本身具有转动对称性，但得出的解表面看似乎不具有空间转动不变性，甚至还可能绕所选 z 轴回转运动着（式（4.24））．这种现象称作对称性缺失．究其原因，并不属于地球在太阳系中运动的情况，是初条件选择导致了对称性缺失．**因为现在是定态求解问题，既没有初条件选择，也没有边条件影响；何况，无外场时，这个 z 轴只是事先任意指定的，实际并无特殊性．应当如何理解这种对称性缺失现象？认真思索可以发现，这正揭示了电子状态波函数的真实物理涵义：当实验观测尚未实行，外场还没加上，也即 z 轴尚未真正确定时，描述电子状态的波函数只表示电子处于这种状态下所"具有的能力"；一旦实行观测，z 轴被赋予真实含义，波函数就表示了电子在测量中的"统计性表现"．这正是量子数 m（及 $L_z=m\hbar$）所揭示的波函数的真实物理含义！也说明，在物理地选定 z 轴从而破坏空间各向同性之前，这种转动对称性缺失只是表观上的，实际并没有缺失[②]！**

通常，经典力学对粒子状态用（$\boldsymbol{r},\boldsymbol{p}$）（即"具有数值"）描述．但量子力学考虑到对同一量子状态进行不同类型测量会得到不同类型的量子状态，将描述方式深化推广为"具有能力"的描述．一般而言，**微观粒子状态波函数以复值函数的相干性方式，统一完备地描述了微观粒子处于该力学状态时所"具有的能力"和"统计性表现"两个方面：在实验观测前，描述微观粒子处于该力学状态时所"具有的能力"；而在实验观测中，描述它的"统计性表现"（表现为占有力学量的数值及相应概率）．**类似于用一些函数曲线描述某个人的科学、文化、性格、体能特征的情况．比如在图书馆里说他弹跳能力很强，只是指他所"具有的能力"！这就是人们常说的：现象只当观察时才有确切意义——处于各向同性宇宙深空中的一个氢原子，未施加沿某个方向磁场来观察磁量子数 m 时，m 是尚未赋予具体确切含义的．这相似于人们解释"自发破缺"时常比喻的：人们生而具有的"人人机会均等"的对称性被后来的境遇和选择破坏了．

§4.4 球方势阱问题

讨论有限球形势阱（如图4-4所示）

---

① 电子磁矩高阶修正的综述见 B.Lautrup, et al., Physics Reports, 3c(1972), p.193；精确实验值见 R. S. van Dyck, et.al., Phys.Rev.Letters, **38**(1977), 310.

② 参见 L.斯莫林，物理学的困惑，李泳泽，湖南科学出版社，2009年，第57页．

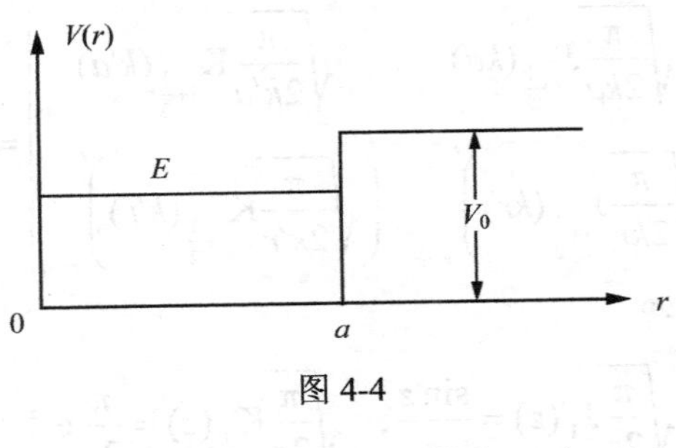

图 4-4

$$V(r)=0,\ (r<a);\quad V_0(r>a)$$

1．束缚态（$E<V_0$）

$$\begin{cases}R''+\dfrac{2}{r}R'+\left[k^2-\dfrac{l(l+1)}{r^2}\right]R=0 \quad (r<a),\quad k=\dfrac{1}{\hbar}\sqrt{2\mu E}\\ R''+\dfrac{2}{r}R'+\left[(ik')^2-\dfrac{l(l+1)}{r^2}\right]R=0 \quad (r>a),\quad k'=\dfrac{1}{\hbar}\sqrt{2\mu(V_0-E)}\end{cases} \tag{4.28}$$

第一个方程是球 Bessel 方程，第二个方程是修正的球 Bessel 方程（modified spherical Bessel equation）或虚宗量 Bessel 方程，它们的解如下：

$$R(r)=A_{kl}\mathrm{j}_l(kr)+A'_{kl}\mathrm{y}_l(kr)=A_{kl}\sqrt{\frac{\pi}{2kr}}\mathrm{J}_{l+\frac{1}{2}}(kr)\quad (r<a) \tag{4.29a}$$

$$\begin{aligned}R(r)&=B_{k'l}\sqrt{\frac{\pi}{2k'r}}\mathrm{K}_{l+\frac{1}{2}}(k'r)+B'_{k'l}\sqrt{\frac{\pi}{2k'r}}\mathrm{I}_{l+\frac{1}{2}}(k'r)\\ &=B_{k'l}\sqrt{\frac{\pi}{2k'r}}\mathrm{K}_{l+\frac{1}{2}}(k'r)\quad (r>a)\end{aligned} \tag{4.29b}$$

这里，$r<a$ 的解中已略去第二类球 Bessel 函数 $\mathrm{y}_l(kr)=\sqrt{\dfrac{\pi}{2kr}}\mathrm{Y}_{l+\frac{1}{2}}(kr)$ $\left(\mathrm{y}_l(\rho)\xrightarrow{\rho\to 0}-\dfrac{(2l-1)!!}{\rho^{l+1}}\{1+O(\rho)\}\right)$，$r>a$ 的解中已略去 $\sqrt{\dfrac{\pi}{2k'r}}\mathrm{I}_{l+\frac{1}{2}}(k'r)$，因为它们分别在 $r=0$ 和 $r=\infty$ 处发散，不满足波函数的物理条件．

利用 $r=a$ 处波函数及其微商连续，得到决定本征值 E 的超越方程

$$\begin{vmatrix} \sqrt{\frac{\pi}{2ka}}\mathrm{J}_{l+\frac{1}{2}}(ka) & \sqrt{\frac{\pi}{2k'a}}\mathrm{K}_{l+\frac{1}{2}}(k'a) \\ \left(\sqrt{\frac{\pi}{2kr}}\mathrm{J}_{l+\frac{1}{2}}(kr)\right)'_{r=a} & \left(\sqrt{\frac{\pi}{2k'r}}\mathrm{K}_{l+\frac{1}{2}}(k'r)\right)'_{r=a} \end{vmatrix} = 0 \tag{4.30}$$

对 $l=0$ 这一特例，由于①

$$\sqrt{\frac{\pi}{2z}}\mathrm{J}_{\frac{1}{2}}(z) = \frac{\sin z}{z}, \quad \sqrt{\frac{\pi}{2z}}\mathrm{K}_{\frac{1}{2}}(z) = \frac{\pi}{2z}\mathrm{e}^{-z}$$

（4.30）式简化为

$$\frac{\sin(ka)}{ka}\cdot k'\left(\frac{\pi}{2Z}\mathrm{e}^{-Z}\right)'_{Z=k'a} - \frac{\pi}{2k'a}\mathrm{e}^{-k'a}\cdot k\left(\frac{\sin Z}{Z}\right)'_{Z=ka} = 0$$

整理即得

$$\tan(ka) = -\frac{k}{k'} \quad (l=0) \tag{4.31}$$

这一结果和一维半壁无限高方阱结果完全相同. 这是因为，此时 $\chi(r)$ 方程和一维半壁无限高方阱的方程完全相同，并且边界条件也相同（由于 $l=0$，在 $r=0$ 处 $\chi(0)=rR(r)|_{r=0}=A_{k0}\frac{1}{k}\sin(kr)|_{r=0}=0$，与坐标零点有一无限高势垒效果相同). 于是那里关于能谱和波函数的结果可以全部移至此处能谱和 $\chi(r)$ 上. 例如，至少有一个束缚态存在的条件是

$$V_0 a^2 \geqslant \frac{\pi^2\hbar^2}{8\mu} \tag{4.32}$$

2. 无限深球方势阱

这是上面有限深球方势阱的极端情况，即 $V_0\to\infty$，也即 $k'\to\infty$. 所以 $\mathrm{K}_{l+\frac{1}{2}}(k'r)\to 0$. 于是在 $r=a$ 边界上，有

$$\mathrm{j}_l(ka) = 0 \tag{4.33}$$

假定 j_l 的第 n 个根为 $\alpha_n^{(l)}\equiv \mathrm{k}_n^{(l)}a\,(n=1,2,3,\cdots)$，即 $\mathrm{j}_l(\alpha_n^{(l)})=0$，则能量的本征值为

$$E_{nl} = \frac{\hbar^2(\mathrm{k}_n^{(l)})^2}{2\mu} = \frac{\hbar^2(\alpha_n^{(l)})^2}{2\mu a^2} \quad (n=1,2,\cdots) \tag{4.34a}$$

---

① 参见 M.Abramowitz，et al.，Handbook of Mathematical Functions，第 438、444 页.

相应的径向波函数为

$$R_{nl}(r)=N_{nl}\mathrm{j}_l(k_n^{(l)}r) \tag{4.34b}$$

归一化系数可如下求出：

$$\begin{aligned}1&=\int_0^\infty R_{nl}^2(r)r^2\mathrm{d}r=N_{nl}^2\int_0^a \mathrm{j}_l^2(\mathrm{k}_n^{(l)}r)r^2\mathrm{d}r\\&=N_{nl}^2\frac{a^3}{2}[-\mathrm{j}_{l-1}(\alpha_n^{(l)})\mathrm{j}_{l+1}(\alpha_n^{(l)})]=N_{nl}^2\frac{a^3}{2}[\mathrm{j}_{l+1}(\alpha_n^{(l)})]^2\end{aligned}$$

于是

$$N_{nl}=\sqrt{\frac{2}{a^3\mathrm{j}_{l+1}^2(\alpha_n^{(l)})}} \tag{4.34c}$$

这里利用了数学公式①

$$\begin{cases}\int_0^x \mathrm{j}_l^2(x')(x')^2\mathrm{d}x'=\dfrac{1}{2}x^3[\mathrm{j}_l^2(x)-\mathrm{j}_{l-1}(x)\mathrm{j}_{l+1}(x)] & (l>-\dfrac{3}{2})\\ \mathrm{J}_{\nu-1}(\alpha_n^{(\nu)})=-\mathrm{J}_{\nu+1}(\alpha_n^{(\nu)}) & (\mathrm{J}_\nu(\alpha_n^{(\nu)})=0)\end{cases}$$

※3. 自由粒子球面波解

这时球阱边界 $a\to\infty$．由于 $\mathrm{j}_l(k\cdot\infty)=0$ 方程对任何正的 k 值均成立，因此对 k 的约束（即能量的本征值方程）消失，过渡到连续谱．这时波函数为

$$\psi(r,\theta,\varphi)=A_{kl}\mathrm{j}_l(kr)\mathrm{Y}_{lm}(\theta,\varphi)$$

利用连续参量下的球 Bessel 函数归一化公式②

$$\int_0^\infty \mathrm{j}_l(kr)\mathrm{j}_l(k'r)r^2\mathrm{d}r=\frac{\pi}{2k^2}\delta(k-k')=\frac{\pi\hbar^3}{2\mu p}\delta(E-E') \tag{4.35a}$$

可得归一化波函数为 (已归一化到 $\delta(E-E')$)

$$\boxed{\psi_{klm}(r,\theta,\varphi)=\mathrm{i}^l\sqrt{\frac{2\mu p}{\pi\hbar^3}}\mathrm{j}_l(kr)\mathrm{Y}_{lm}(\theta,\varphi)} \tag{4.35b}$$

这里添加的相因子 i^l 是为了以后考虑时间反演运算的方便．于是，**量子力学中至少有两组常用的自由粒子解：一组是平面波解，另一组便是这组波函数③．与平面波**

① 参见王竹溪，郭敦仁，特殊函数概论，北京：科学出版社，第 469、471 页．

② 见 J.R.Taylor，Scattering Theory: The Quantum Theory on Non-relativistic Collisions，John Wiley & Sons，Inc., 1972，p.183．或直接利用球 Bessel 函数方程，乘积后积分，采用球 Bessel 函数的边条件，即能算得．

③ 原则上可以在各种坐标系下写出自由粒子 Schrödinger 方程．只要在全空间满足相应方程便是真正的自由粒子解．所以应当有无穷多组自由粒子波函数族．见本章习题 27．

具有确定的三个动量分量不同，这组定态具有确定的能量、轨道角动量及其第三分量．由于[①]

$$\mathrm{j}_l(kr)\xrightarrow{r\to 0}\frac{(kr)^l}{(2l+1)!!}(1+O(kr))$$

所以不论 l 是否为零，总满足 $r\psi\xrightarrow{r\to 0}0$ 的自然边条件．于是这一组解确实可称为自由粒子球面波解．如同平面波集合一样，这组解的集合也是完备的．两组解之间可互相展开．详见有关文献[②]．

最后指出，将此处（4.35b）式代入流密度公式可知，径向分量为零（但 φ 方向分量不为零）．前面已叙述过，这是中心场定态问题的普遍特征之一．

※4．非束缚态问题

这时 $E>V_0$，粒子能量处处超过势垒．方程的解为

$$\begin{cases}R(r)=A\mathrm{j}_l(kr) & (r<a)\\ R(r)=B\mathrm{j}_l(k'r)+C\mathrm{y}_l(k'r) & (r>a)\end{cases}\tag{4.36}$$

式中，$k'=\sqrt{\dfrac{2\mu(E-V_0)}{\hbar^2}}$． $r=a$ 处的边条件为

$$\begin{cases}A\mathrm{j}_l(ka)=B\mathrm{j}_l(k'a)+C\mathrm{y}_l(k'a)\\ A\mathrm{j}_l'(ka)=B\mathrm{j}_l'(k'a)+C\mathrm{y}_l'(k'a)\end{cases}\tag{4.37}$$

这里第二个方程中微商对 r 进行．这里只有两个方程，但有三个待定系数 A、B、C．因此，若不添加在无穷远处条件，将不存在决定参数 E 的本征值方程，所以是连续谱．至于和散射边界条件相应的散射解参见第十章．

§4.5　Coulomb 场——氢原子问题

1．Schrödinger 方程及解

这时，$V(r)=-\dfrac{e^2}{r}$，$\psi(r,\theta,\varphi)=NR(r)\mathrm{Y}_{lm}(\theta,\varphi)$；径向方程为

$$\boxed{\frac{\mathrm{d}^2}{\mathrm{d}r^2}(rR)+\left[\frac{2\mu}{\hbar^2}\left(E+\frac{e^2}{r}\right)-\frac{l(l+1)}{r^2}\right](rR)=0}\tag{4.38a}$$

① M.Abramowitz，et.al., Handbook of Mathematical Functions．

② J.R.Taylor，Scattering Theory: The Quantum Theory on Non-relativistic Collisions，p.183；或，张永德，大学物理，1989 年第 9 期．

并附带下面这两个边条件：

$$\boxed{R(r)\xrightarrow{r\to\infty}0,\quad rR(r)\xrightarrow{r\to 0}0} \tag{4.38b}$$

求解这个方程之前，先将其无量纲化．为此，将（4.38a）式乘以 Bohr 半径的平方 $\rho_{\rm B}^2$（$\rho_{\rm B}=\dfrac{\hbar^2}{\mu {\rm e}^2}=0.529\times10^{-8}\,{\rm cm}$），记无量纲变量 ρ 和参量 ε 为

$$\rho=\frac{r}{\rho_{\rm B}},\quad \varepsilon=\frac{E}{2A}$$

式中，$A=\dfrac{\hbar^2}{2\mu\rho_{\rm B}^2}=\dfrac{e^2}{2\rho_{\rm B}}=13.605{\rm eV}$，下面表明它是氢原子基态的电离能．记 $\chi(\rho)=rR(r)$，于是方程成为

$$\boxed{\frac{{\rm d}^2\chi(\rho)}{{\rm d}\rho^2}+\left[2\varepsilon+\frac{2}{\rho}-\frac{l(l+1)}{\rho^2}\right]\chi(\rho)=0} \tag{4.39}$$

为消去方括号内 ρ^{-2} 项，作函数变换

$$\chi(\rho)=\rho^{\delta}v(\rho)$$

这时未知函数由 $\chi(\rho)$ 转为 $v(\rho)$，其中，δ 由下面指标方程[①]**决定：**

$$\boxed{\delta(\delta-1)-l(l+1)=0}$$

δ 的解为 $\delta_1=l+1$，$\delta_2=-l$，于是取变换 $\chi(\rho)=\rho^{l+1}v(\rho)$．接着，为消去 $v(\rho)$ 前的 2ε 系数项，再作函数变换 $v(\rho)={\rm e}^{-\beta\rho}u(\rho)$，这里选 $\beta=\sqrt{-2\varepsilon}$．总起来作函数变换 $\chi(\rho)\to u(\rho)$，即

$$\boxed{\chi(\rho)=\rho^{l+1}{\rm e}^{-\beta\rho}u(\rho)\quad(\beta=\sqrt{-2\varepsilon})}$$

代入 $\chi(\rho)$ 微分方程．这时

---

① 一般说，如二阶齐次微分方程在 $z=0$ 处（若不在 $z=0$ 处可作自变数平移变换）有正则奇点，即在 $z=0$ 处 $P(z)$ 有不超过一阶的极点，$Q(z)$ 有不超过二阶的极点

$$W''(z)+P(z)W'(z)+Q(z)W(z)=0$$

$$P(z)=\frac{p_{-1}}{z}+p_0+p_1z+\cdots,\quad Q(z)=\frac{q_{-2}}{z^2}+\frac{q_{-1}}{z}+q_0+q_1z+\cdots$$

便可以选用表达能力更强的广义幂级数待定解 $W(z)=z^{\delta}\sum\limits_{n=0}^{\infty}C_nz^n$ 代入微分方程，令幂次最低的项系数之和为零，即得这个指标方程．这时最低幂次为 $(\delta-2)$，共有三项，于是指标方程为

$$\delta(\delta-1)+p_{-1}\delta+q_{-2}=0$$

其中，系数可用如下办法简单地取极限求得（按照正则奇点设定，这两个极限一定存在）：

$$\lim_{z\to0}zP(z)=p_{-1},\quad \lim_{z\to0}z^2Q(z)=q_{-2}$$

$$\chi' = \left(\frac{l+1}{\rho} - \beta\right)\chi + \frac{u'}{u}\chi$$

$$\chi'' = -(l+1)\frac{1}{\rho^2}\chi + \left(\frac{l+1}{\rho} - \beta\right)^2\chi + 2\left(\frac{l+1}{\rho} - \beta\right)\chi\frac{u'}{u} + \chi\frac{u''}{u}$$

于是得到

$$u'' + \left[\frac{2(l+1)}{\rho} - 2\beta\right]u' - \frac{2\beta(l+1)-2}{\rho}u = 0$$

除以$(2\beta)^2$，并令$2\beta\rho = \xi$，$u(\rho) = u(\xi)$，得

$$\frac{d^2u}{d\xi^2} + \left[\frac{2(l+1)}{\xi} - 1\right]\frac{du}{d\xi} - \frac{(l+1) - \frac{1}{\beta}}{\xi}u = 0 \tag{4.40}$$

这正是下面合流超几何方程的特例（对应$b = 2(l+1)$，$a = l+1-\frac{1}{\beta}$）.

$$\boxed{W''(z) + \left(\frac{b}{z} - 1\right)W'(z) - \frac{a}{z}W(z) = 0} \tag{4.41}$$

它的指标方程为$\delta(\delta-1) + b\delta = 0$. 所以，$\delta_1 = 0$，$\delta_2 = 1 - b = -(2l+1)$. 按合流超几何方程通解理论，只有当$b \neq$整数时，可得如下两个线性无关独立解[①]：

$$W_1(z) = \mathrm{F}(a,b,z),\quad W_2(z) = z^{1-b}\mathrm{F}(a-b+1, 2-b, z) \tag{4.42}$$

这里$\mathrm{F}(a,b,z)$是合流超几何函数，定义为

$$\boxed{\begin{aligned}\mathrm{F}(a,b,z) &= \sum_{k=0}^{\infty}\frac{(a)_k}{k!(b)_k}z^k = \frac{\Gamma(b)}{\Gamma(a)}\sum_{k=0}^{\infty}\frac{\Gamma(a+k)}{k!\Gamma(b+k)}z^k \\ &= 1 + \frac{1}{1!}\frac{a}{b}z + \frac{1}{2!}\frac{a(a+1)}{b(b+1)}z^2 + \cdots\end{aligned}}$$

但现在$b = 2l+2 =$正整数，在$z = 0$的邻域只能得到一个独立的广义幂级数形式的解．这时，另一个线性无关解利用 Wronski 行列式可得

$$W_2(z) = A\ln z \cdot W_1(z) + z^{-(2l+1)}\sum_{m=0}^{\infty}C_m z^m$$

① 按广义幂级数求解二阶线性微分方程的通解理论，如$\delta_1 - \delta_2 \neq$整数，可得两个线性无关解；若$\delta_1 - \delta_2 =$整数，只能得到一个独立的广义幂级数形式的解，另一个需另外求得．

式中，$C_0 \neq 0$[①]，第二项中 z 的最低幂次为 $-(2l+1)$．这个解应当放弃，因为不论 l 是否为零，都不满足前面 $x(r) \to 0(r \to 0)$ 的自然边条件．所以最后只存在一个解

$$R(r) = \frac{1}{r}\chi(r) = \frac{1}{r}\left(\frac{r}{\rho_B}\right)^{l+1} e^{-\frac{\beta r}{\rho_B}} F\left(a, b, 2\beta\frac{r}{\rho_B}\right) \tag{4.43}$$

但是，这个解也有问题．因为当 k 足够大时，$F\left(a, b, \frac{2\beta r}{\rho_B}\right)$ 中相邻两项的比值为

$$\frac{1}{k} \cdot \frac{\Gamma(a+k+1)}{\Gamma(a+k)} \cdot \frac{\Gamma(b+k)}{\Gamma(b+k+1)}\left(\frac{2\beta r}{\rho_B}\right) = \frac{1}{k}\frac{a+k}{b+k}\left(\frac{2\beta r}{\rho_B}\right)$$

$$\xrightarrow{k \gg 1} \frac{1}{k}\left(\frac{2\beta r}{\rho_B}\right)$$

这说明，当 $r \to \infty$ 时，如果 $a \neq$ 负整数，将有

$$F(a,b,z)\text{ 级数余项的发散行为} \to e^{\frac{2\beta r}{\rho_B}}\text{ 余项的发散行为}$$

对应的 $R(r)$ 不能平方可积．因此应当令 $a = -n_r (n_r = 0,1,2,\cdots)$，使无穷级数 $F(a,b,z)$ 截断成 n_r 阶多项式，n_r 称为径向量子数．于是 $\left(a = l+1-\frac{1}{\beta}\right)$

$$\beta = \frac{1}{n}, \quad n = n_r + l + 1 \quad (n = 1,2,\cdots)$$

n 为主量子数．最后得到能量本征值和本征函数为

$$\boxed{\begin{cases} E_n = -A\beta^2 = -\dfrac{e^2}{2\rho_B}\dfrac{1}{n^2} = -\dfrac{\mu e^4}{2\hbar^2}\dfrac{1}{n^2} \\ \psi_{nlm}(r,\theta,\varphi) = N_{nl} r^l e^{-\frac{1}{n}\frac{r}{\rho_B}} F\left(-n+l+1, 2l+2, \dfrac{2}{n}\dfrac{r}{\rho_B}\right) Y_{lm}(\theta,\varphi) \end{cases}} \tag{4.44}$$

结果表明，$\psi_{nlm}(r,\theta,\varphi)$ 的径向部分（除负指数外）是个关于 r 的 $n_r + l = (n-1)$ 阶多项式，即阶数只与主量子数 n 有关．前 5 个能级的波函数如下：

$$\psi_{100}(r,\theta,\varphi) = \frac{1}{\sqrt{\pi\rho_B^3}} e^{-r/\rho_B}$$

---

① 这可用 Wronski 行列式配合幂级数展式积分予以证明．详见梁昆淼，数学物理方法，北京：人民教育出版社，1960 年，第 259 页．也可参见吴大猷，理论物理第六册，量子力学（甲部），北京：科学出版社，1984 年，第 103 页．同时，吴先生首先指出，需要找到 $W_2(z)$，再经论证予以删去．如此才符合二阶微分方程的求解程式．

$$\psi_{200}(r,\theta,\varphi)=\frac{1}{\sqrt{8\pi\rho_{\mathrm{B}}^{3}}}\left(1-\frac{r}{2\rho_{\mathrm{B}}}\right)\mathrm{e}^{-r/(2\rho_{\mathrm{B}})}$$

$$\psi_{211}(r,\theta,\varphi)=-\frac{1}{8\sqrt{\pi\rho_{\mathrm{B}}^{3}}}\frac{r}{\rho_{\mathrm{B}}}\mathrm{e}^{-r/(2\rho_{\mathrm{B}})}\sin\theta\mathrm{e}^{\mathrm{i}\varphi}$$

$$\psi_{210}(r,\theta,\varphi)=\frac{1}{4\sqrt{2\pi\rho_{\mathrm{B}}^{3}}}\frac{r}{\rho_{\mathrm{B}}}\mathrm{e}^{-r/(2\rho_{\mathrm{B}})}\cos\theta$$

$$\psi_{21-1}(r,\theta,\varphi)=\frac{1}{8\sqrt{\pi\rho_{\mathrm{B}}^{3}}}\frac{r}{\rho_{\mathrm{B}}}\mathrm{e}^{-r/(2\rho_{\mathrm{B}})}\sin\theta\mathrm{e}^{-\mathrm{i}\varphi}$$

2. 讨论

i.（4.44）式归一化系数 N_{nl} 的计算

上面的合流超几何函数 $\mathrm{F}(-n_r,2l+2,z)$ 可化为广义 Laguerre 多项式[①]

$$\mathrm{L}_m^{\nu}(z)=\frac{\Gamma(\nu+1+m)}{m!\Gamma(\nu+1)}\mathrm{F}(-m,1+\nu,z)$$

它有如下积分公式：

$$\int_0^{\infty}z^{2l+2}\mathrm{e}^{-z}[\mathrm{L}_{n-l-1}^{2l+1}(z)]^2\mathrm{d}z=\frac{2n(n+l)!}{(n-l-1)!}$$

代入归一化公式，即得归一化系数

$$\int_0^{\infty}N_{nl}^2r^{2l+2}\mathrm{e}^{-\frac{2r}{n\rho_{\mathrm{B}}}}\left[\mathrm{F}\left(-n+l+1,2l+2,\frac{2r}{n\rho_{\mathrm{B}}}\right)\right]^2\mathrm{d}r=1$$

$$\boxed{N_{nl}=\left(\frac{2}{n\rho_{\mathrm{B}}}\right)^l\frac{2}{n^2\rho_{\mathrm{B}}^{3/2}}\frac{1}{(2l+1)!}\sqrt{\frac{(l+n)!}{(n-l-1)!}}}\tag{4.45}$$

ii. 简并度计算

注意，Coulomb 场的能谱公式中只含主量子数 n（$n=n_r+l+1$），不含 m 也未显含 l. 于是对某个能级 n，总共的简并度 f_n 为

$$f_n=\sum_{l=0}^{n-1}(2l+1)=n^2\tag{4.46}$$

① 王竹溪，郭敦仁，特殊函数概论，北京：科学出版社，第 362 页. 注意，$\mathrm{L}_m^{\nu}(z)$ 有两种定义，导致这里表达式有所差异. 例如，见 L.I.席夫，量子力学，北京：人民教育出版社，1982，第 106 页.

这里，m 简并对所有中心场都存在；但对 l 简并只对 $\frac{1}{r}$ 形式中心场存在．所以后者称为 Coulomb 简并．

iii. 关于氢原子波函数的曲线

图 4-5 纵坐标表示径向概率密度 $\rho_B P_{nl}(r)$

$$P_{nl}(r)dr=[N_{nl}R_{nl}(r)]^2r^2dr$$

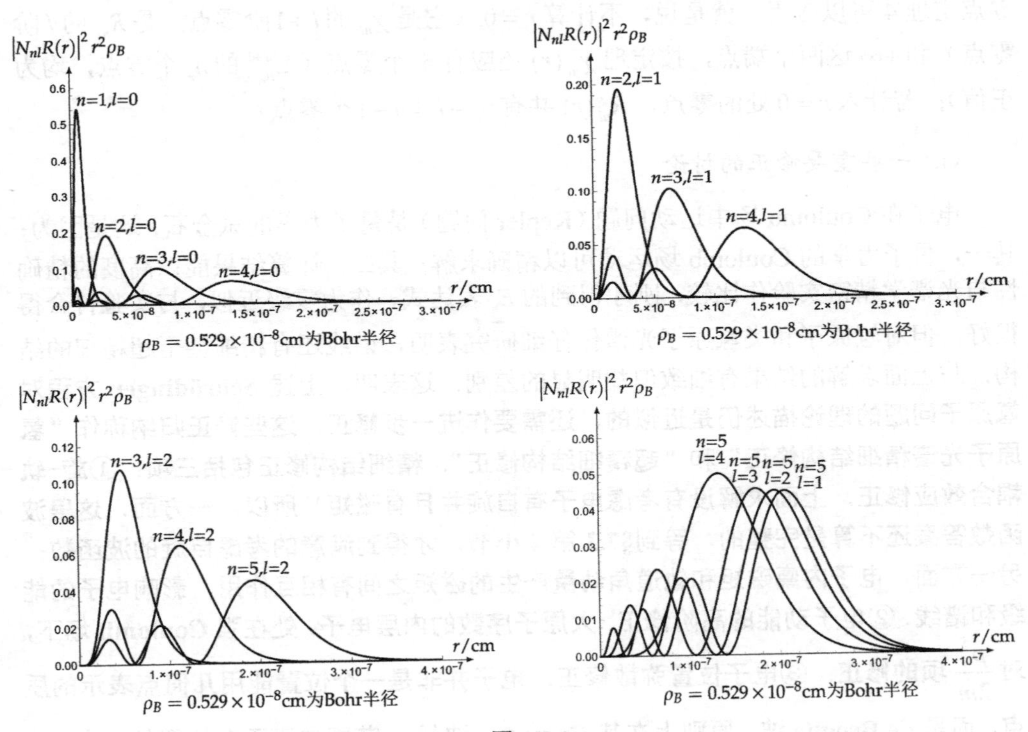

图 4-5

iv. 经典电动力学观点

经典电动力学认为，上述有核氢原子模型是不稳定的．因为圆周运动的电子将不断辐射能量，最后应当坠落到质子上，发生氢原子的坍缩；但实际上氢原子很稳定．量子力学定态的观点解决了这一困难，说明了氢原子的稳定性．但由此却产生了一个新问题：也是按量子力学定态这个同一观点，当电子处在激发态时，如无外界的扰动，应当继续保持下去，不应有自发的向低能级跃迁．这一新困难在将量子逻辑向前推进到场的量子化，发现真空涨落这种时时处处存在的固有扰动之后，获得了出色的解决．但 Einstein 用唯象理论的方式，结合能量子概念，初等简明地处理了这一问题（详见§11.5 第 4 小节自发辐射）．

v. 关于径向波函数 $R_{nl}(r)$ 的零点

当 $l=0$ 时，$r=0$ 处波函数不为零．而当 $l\neq 0$ 时，$r=0$ 是 $R_{nl}(r)$ 的 l 阶零点，即 $r\to 0$ 时，$R_{nl}\propto r^l$．说明离心势影响核外电子运动，使电子分布偏离中心点．

形式上，$\chi(r)$ 方程是个一维 Schrödinger 方程（相当于正半个 x 轴），第三章的零点定理 4 可以应用．就是说，不计算 $r=0$（它是 χ_{nl} 的 $l+1$ 阶零点，是 R_{nl} 的 l 阶零点）和 $+\infty$ 这两个端点，按定理 $\chi_{nl}(r)$ 还应有 n_r 个零点（$\mathrm{L}_{n_r}^{2l+1}$ 的 n_r 个零点，均为正值）；若计入 $r=0$ 处的零点，$R_{nl}(r)$ 共有 $n_r+l=n-1$ 个零点．

vi. 一些重要修正的讨论

电子在 Coulomb 场中运动问题（Kepler 问题）是量子力学的试金石．这是因为：其一，量子力学的 Coulomb 场运动可以精确求解；其二，计算结果能以高度的精确性与光谱学精密实验作比较．刚才得到的 E_n 表达式，作为零级近似，与实验符合得很好．但对氢原子和类氢原子光谱作仔细研究表明，谱线还有精细甚至超精细的结构．与上面求解的结果有细致但却明显的差别．这表明，**上述 Schrödinger 方程对氢原子问题的理论描述仍是近似的，还需要作进一步修正．这些修正归纳称作“氢原子光谱精细结构修正”和“超精细结构修正”．精细结构修正包括三项：①旋-轨耦合效应修正．上面求解没有考虑电子有自旋并且有磁矩！所以，一方面，这里波函数答案还不算是完整的，等到§7.3 第 4 小节，才得到满意的考虑自旋的波函数；另一方面，电子内禀磁矩和轨道角动量产生的磁矩之间有相互作用，影响电子的能级和谱线．②电子动能的高阶修正．大原子序数的内层电子，处在强 Coulomb 场下，对 $\frac{p^2}{2m}$ 项的修正．③电子位置弥散修正．电子并非是一个位置能用几何点表示的质点，而是 de Broglie 波，原则上在其 Compton 波长 λ_e 范围内不再有位置的概念．这导致 Coulomb 场对它的作用有弥散效应．就是说，加在电子上的 Coulomb 场并非 $V(\boldsymbol{r})$（其中 $\boldsymbol{r}$ 是电子作为几何点的矢径），而是 $\boldsymbol{r}$ 附近 λ_e 范围内的场．这项修正称为 Darwin 振颤项．而超精细结构修正是指和原子核有关的修正，也包括三项：原子核电荷分布有限体积修正、原子核磁矩和电子自旋磁矩以及和电子轨道磁矩相互作用修正．此外，对多电子原子，电子之间的电磁相互作用修正更是十分明显．**以上这些修正有的只会使能级移动，有的还会使能级劈裂．详见第八、九两章，也见文献[①]．**总之，修正后的量子力学计算结果和精密光谱实验数据高度符合．**

① Claude Cohen-Tannoudji, et.al., Quantum Mechanics, Vol. II, Chapter XII, John Wiley & Sons, 1977.

§4.6 三维各向同性谐振子问题

1. Schrödinger 方程和解

这时势场为

$$V(r)=\frac{1}{2}\mu\omega^2r^2 \tag{4.47a}$$

径向 Schrödinger 方程为

$$\boxed{R''+\frac{2}{r}R'+\left[\frac{2\mu}{\hbar^2}\left(E-\frac{1}{2}\mu\omega^2r^2\right)-\frac{l(l+1)}{r^2}\right]R=0} \tag{4.47b}$$

边条件和 Coulomb 场相同．令

$$k=\sqrt{\frac{2\mu E}{\hbar^2}},\quad \alpha=\sqrt{\frac{\mu\omega}{\hbar}}$$

径向方程变为

$$\boxed{R''+\frac{2}{r}R'+\left[k^2-\alpha^4r^2-\frac{l(l+1)}{r^2}\right]R(r)=0} \tag{4.48}$$

为消去 $R(r)$ 项系数中的 r^{-2} 项，作函数变换 $R(r)\to v(r)$： $R(r)=r^{\delta}v(r)$，并且选 δ 满足

$$\delta(\delta-1)+2\delta-l(l+1)=0$$

此指标方程有两个根 $\delta_1=l$， $\delta_2=-(l+1)$，为防止发散取第一个根．于是求得函数变换为

$$R(r)=r^l v(r)$$

接着，为消去未知函数 $v(r)$ 方程中含 r^2 的项，作第二步函数变换

$$v(r)=\mathrm{e}^{-cr^2}u(r)$$

这只要选择待定参数 c 满足

$$-\alpha^4+4c^2=0$$

也即，选 $c=\frac{1}{2}\alpha^2$ 就能达到目的．于是，总合起来应作如下函数变换 $R(r)\to u(r)$：

$$\boxed{R(r)=r^l\mathrm{e}^{-\frac{1}{2}\alpha^2r^2}u(r)} \tag{4.49}$$

将此变换代入（4.48）式，经计算可得 $u(r)$ 的方程为

$$u'' + \frac{2}{r}(l+1-\alpha^2 r^2)u' + \left[k^2 - 2\alpha^2\left(l+\frac{3}{2}\right)\right]u = 0 \tag{4.50}$$

引入无量纲参量并作自变数的平方变换（为消去u'前系数中关于r为正一次幂项）

$$s = \frac{k^2}{2\alpha^2} = \frac{E}{\hbar\omega}, \quad \rho = \alpha^2 r^2 \tag{4.51}$$

为节省记号，现在仍记$u(\rho)=u(r)$，得$u(\rho)$方程如下：

$$\frac{\mathrm{d}^2 u}{\mathrm{d}\rho^2} + \left[\frac{l+\frac{3}{2}}{\rho} - 1\right]\frac{\mathrm{d}u}{\mathrm{d}\rho} + \left[\frac{s}{2} - \frac{l+\frac{3}{2}}{2}\right]\frac{1}{\rho}u(\rho) = 0 \tag{4.52}$$

这又是合流超几何方程，其中参数相应于

$$a = \frac{1}{2}\left(l+\frac{3}{2}-s\right), \quad b = l+\frac{3}{2}$$

此时$b\neq$整数，因而可得两个线性无关的广义幂级数解

$$\mathrm{F}(a,b,\rho) = \mathrm{F}\left(\frac{1}{2}(l+\frac{3}{2}-s), l+\frac{3}{2}, \rho\right) \tag{4.53a}$$

$$\rho^{1-b}\mathrm{F}(a-b+1, 2-b, \rho) = \rho^{-\left(l+\frac{1}{2}\right)}\mathrm{F}\left(\frac{1}{4}-\frac{l+s}{2}, \frac{1}{2}-l, \rho\right) \tag{4.53b}$$

但第二个解不满足$r\to 0$时的边条件$r\psi\to 0$（$r\to 0$时，它有乘子$r^l\rho^{-\left(l+\frac{1}{2}\right)}\propto r^{-(l+1)}$），所以应当略去．而对保留下来的第一个解，由于其指数发散，必须予以截断（类似Coulomb场情况）．为此令

$$\frac{1}{2}\left(l+\frac{3}{2}-s\right) = -n_r \quad (n_r = 0,1,2,\cdots)$$

n_r为径向量子数．这时合流超几何级数被截断成为n_r阶广义 **Laguerre** 多项式．由此得到能量的本征值和本征函数为

$$\boxed{E_N = \left(2n_r + l + \frac{3}{2}\right)\hbar\omega \equiv \left(N+\frac{3}{2}\right)\hbar\omega \quad (N=0,1,2,\cdots)} \tag{4.54a}$$

$$\begin{aligned}\psi_{n_r lm}(r,\theta,\varphi) &= N_{n_r l}(\alpha r)^l \mathrm{e}^{-\frac{1}{2}\alpha^2 r^2}\mathrm{F}\left(-n_r, l+\frac{3}{2}, \alpha^2 r^2\right)\mathrm{Y}_{lm}(\theta,\varphi) \\ &= N_{n_r l}\frac{n_r!\,\Gamma\left(l+\frac{3}{2}\right)}{\Gamma\left(n_r+l+\frac{3}{2}\right)}(\alpha r)^l \mathrm{e}^{-\frac{1}{2}\alpha^2 r^2}\mathrm{L}_{n_r}^{l+\frac{1}{2}}(\alpha^2 r^2)\mathrm{Y}_{lm}(\theta,\varphi)\end{aligned} \tag{4.54b}$$

2．讨论

i. 求归一化系数 $N_{n_r l}$ 的表达式

利用数学公式

$$\int_0^\infty z^{l+\frac{1}{2}}\mathrm{e}^{-z}\left[\mathrm{L}_{n_r}^{l+\frac{1}{2}}(z)\right]^2\mathrm{d}z=\frac{\Gamma\left(n_r+l+\frac{3}{2}\right)}{n_r!}$$

$$\Gamma\left(m+\frac{1}{2}\right)=\frac{(2m-1)!!}{2^m}\sqrt{\pi}\quad(m=1,2,\cdots)$$

得

$$\boxed{N_{n_r l}=\frac{\alpha^{\frac{3}{2}}}{(2l+1)!!}\left[\frac{2^{l+2-n_r}(2n_r+2l+1)!!}{\sqrt{\pi}(n_r!)}\right]^{\frac{1}{2}}}\tag{4.55}$$

ii. 能级和简并度计算

注意此时能级仅与 N 有关，而 $N=2n_r+l$，所以 N 与 l 的奇偶性相同．和一维谐振子一样，三维各向同性谐振子仍然表现出一维谐振子能级的等间距的特征．

注意同一个 N 值里有不同 l,而每个 l 内又有不同的 m. 所以简并度可计算如下：

$$f_N=\sum_{l=0,2,4,\cdots}^{N}(2l+1)=\frac{1}{2}(N+1)(N+2)$$

$$f_N=\sum_{l=1,3,5,\cdots}^{N}(2l+1)=\frac{1}{2}(N+1)(N+2)$$

简并度与 N 奇偶无关，而且和 l 也无关．于是三维各向同性谐振子能级的简并度为

$$\boxed{f_N=\frac{1}{2}(N+1)(N+2)}\tag{4.56}$$

iii. 三维各向同性谐振子在直角坐标中的解法

Hamilton 量为

$$H=-\frac{\hbar^2}{2\mu}\varDelta+\frac{1}{2}\mu\omega^2r^2=H_x+H_y+H_z\tag{4.57}$$

这里 $H_x=-\frac{\hbar^2}{2\mu}\partial_{xx}^2+\frac{1}{2}\mu\omega^2x^2$ 等．能量本征值和本征函数分别为

$$\begin{cases} E_{n_x n_y n_z} = \left(n_x + n_y + n_z + \dfrac{3}{2}\right)\hbar\omega = \left(N + \dfrac{3}{2}\right)\hbar\omega \quad (N = n_x + n_y + n_z) \\ \psi_{n_x n_y n_z}(x,y,z) = \psi_{n_x}(x)\cdot\psi_{n_y}(y)\cdot\psi_{n_z}(z) \end{cases} \tag{4.58}$$

这里$\psi_{n_x}(x)$是一维谐振子的对应本征值为n_x的波函数.

为了和上面球坐标的计算相对照，也计算此时N为某一固定值的简并度f_N．如果假设$n_y + n_z = n$，n为某个定值，此时将有$n+1$重简并．所以，若给定一个n_x，这时$N - n_x = n_y + n_z$，就n_y及n_z而言，将有$(N - n_x + 1)$重简并．由此，总简并度即为

$$f_N = \sum_{n_x=0}^{N}(N - n_x + 1) = \frac{1}{2}(N+1)(N+2)$$

果然和前一种解法结果一致. 这说明，对同一能级，也即在同一个$\frac{1}{2}(N+1)(N+2)$维子空间中，两套正交归一基矢都是完备的，可以相互展开.

习　　题

1．求证：在$\hat{L}_z$的本征态下，$\overline{\hat{L}_x} = \overline{\hat{L}_y} = 0$．

2．设体系处于态$\psi = c_1 Y_{11} + c_2 Y_{22}$，求：

（1）L_z的可能测量值及平均值；

（2）$\boldsymbol{L}^2$的可能测量值及相应的概率；

（3）L_x及L_y的可能测量值.

提示　可能测量值即单次测量值，用测量坍缩理论；平均值用算符平均公式. 注意此叠加态中Y_{11}和Y_{22}相互正交.

3．求证：在L_z本征态下，角动量沿与z轴成θ角的方向上的分量的平均值为$m\hbar\cos\theta$．

4．用直接计算办法验证下面矩阵元等式：

$$\int Y_{21}^*(\theta,\varphi)L_x Y_{22}(\theta,\varphi)\sin\theta\mathrm{d}\theta\mathrm{d}\varphi = \hbar, \quad \int Y_{21}^*(\theta,\varphi)L_y Y_{22}(\theta,\varphi)\sin\theta\mathrm{d}\theta\mathrm{d}\varphi = \mathrm{i}\hbar$$

5．研究广义不确定性关系（见附录一）的一个不算例外的例外：氢原子基态ψ_{100}是角动量L_x、L_y和L_z的一个本征值全为零的共同本征态. 说明这个态其实并不违背广义不确定性关系.

6．一个电子被束缚在半径为R的匣子中，求处于基态的电子对匣壁的压力.

答　$F = \dfrac{\pi^2\hbar^2}{\mu R^3}$．

7．一个质量为m的粒子被限制在半径为$r = a$和$r = b$的两个不可透穿的同心球面之间运动，不存在其他势. 求粒子的基态能量和归一化波函数.

答　$\psi(r) = \dfrac{1}{\sqrt{4\pi}}\sqrt{\dfrac{2}{b-a}}\dfrac{1}{r}\sin\dfrac{\pi(r-a)}{b-a} \quad (a \leqslant r \leqslant b)$．

8．质量为 m 的粒子在势场 $V(r)=-\lambda/r^{3/2}(\lambda>0)$ 中运动，用不确定性关系估算其基态能量．

9．一质量为 m 的粒子在对数势 $V(r)=c\ln(r/r_0)$ 中运动．证明：

（1）所有的能量本征态都有相同的均方速度，并求之；

（2）任何两个能量本征态的能量间隔与质量 m 无关．

10．质量为 μ 的粒子在中心力场 $V(r)=-\dfrac{\alpha}{r^s}(\alpha>0)$ 中运动．证明：存在束缚态的条件为 $0<s<2$；进一步证明在 $E\sim 0^-$ 附近存在无限多束缚态能级．

提示　用 Virial 定理．但更精确全面的计算见文献①．

11．质量 μ 粒子在球势阱 $V(r)=-\gamma\delta(r-a)(\gamma,a>0)$ 中运动，求存在束缚态的条件．

答　$\gamma a\geqslant\hbar^2/(2\mu)$．

12．设粒子在无限长的圆筒中运动，筒半径为 a，求粒子能量．

13．设 $V(r)=-\dfrac{a}{r}+\dfrac{A}{r^2}\quad(a,A>0)$．求粒子能量本征值．

14．有一无自旋粒子，其波函数为 $\psi=N(x+y+2z)\exp(-\alpha r)$，$r=\sqrt{x^2+y^2+z^2}$，$N,\alpha$ 是实常数．问：

（1）粒子总角动量是多少？

（2）角动量的 z 分量的期望值是多少？

（3）若测量 L_z，测得 $L_z=+\hbar$ 的概率是多少？

（4）发现粒子在 θ,φ 方向 $\mathrm{d}\Omega$ 立体角内的概率是多少？其中 θ,φ 是球坐标的角度．

答　（1）$\sqrt{\langle L^2\rangle}=\sqrt{2}\hbar$；（2）$\langle L_z\rangle=0$；（3）$P=\dfrac{1}{6}$；

（4）$P=\dfrac{1}{8\pi}[\sin\theta(\sin\varphi+\cos\varphi)+2\cos\theta]^2\mathrm{d}\Omega$．

15．（1）确定由各向同性势 $V(r)=\dfrac{1}{2}kr^2$ 束缚的单粒子能级，其中 k 是正的常数；

（2）导出第 N 激发态的简并度公式；

（3）确定第 N 级激发态的角动量及宇称．

答　（1）$E=\left(N+\dfrac{3}{2}\right)\hbar\bar{\omega}_0$；（2）$\bar{\omega}_0=\sqrt{\dfrac{k}{m}}$；（3）$f=\dfrac{1}{2}(N+1)(N+2)$．

16．一个电子被禁闭在三维立方体的无限深势阱中，边长为 L．

（1）写出 Schrödinger 方程；

（2）写出相应于最低可能的能量态的时间无关波函数；

（3）给出具有能量小于某给定值 E 的态数目 N 的表达式，假定 $N\gg 1$．

---

① 用 Virial 定理推导只能给出对 s 的限制，其实还存在对 α 的限制．全面分析见，朗道与栗弗利茨，非相对论量子力学（上），§35．但更简洁的全面论证见，张永德，量子菜根谭（第Ⅲ版），北京：清华大学出版社，2015 年，第 15 讲第 4 节（或第Ⅱ版，2013 年，第 18 讲第 4 节）．

答　（2）$\psi_{111}(x,y,z)=\left(\frac{2}{L}\right)^{3/2}\sin\left(\frac{\pi x}{L}\right)\sin\left(\frac{\pi y}{L}\right)\sin\left(\frac{\pi z}{L}\right)$；（3）$N=\frac{4\pi}{3}\left(\frac{mL^2}{2\hbar^2\pi^2}E\right)^{3/2}$.

17. 氯化钠晶体内有些负离子空穴，每个空穴束缚一个电子．可将这些电子看成束缚在箱中，箱的长度具有晶格常数的量级．晶体处于室温，粗略估计被这些电子强烈吸收的电磁波的最长波长．

18.（1）一个质量为 m 的非相对论粒子在一势场中运动，势为

$$V(x,y,z)=A(x^2+y^2+2\lambda xy)+B(z^2+2\mu z)$$

其中，$A>0,B>0,|\lambda|<1,\mu$ 是任意的．求能量的本征值．

（2）现在使势变成 V_{new}．对于 $z>-\mu$，及任何 x,y，有 $V_{\text{new}}=V$，V 与（1）相同．对于 $z<-\mu$，及任何 $x,y,V_{\text{new}}=+\infty$．求基态能量．

答

$$E=\left(n_1+\frac{1}{2}\right)\hbar\omega_1+\left(n_2+\frac{1}{2}\right)\hbar\omega_2+\left(n_3+\frac{1}{2}\right)\hbar\omega_3-B\mu^2$$

$$E=\frac{1}{2}\hbar(\omega_1+\omega_2)+\frac{3}{2}\hbar\omega_3-B\mu^2$$

其中，$\omega_1=\sqrt{\frac{2A}{m}(1+\lambda)};\omega_2=\sqrt{\frac{2A}{m}(1-\lambda)};\omega_3=\sqrt{\frac{2B}{m}}$.

19. 在 $t=0$ 时，氢原子的波函数为

$$\psi(\boldsymbol{r},0)=\frac{1}{\sqrt{10}}[2\psi_{100}+\psi_{210}+\sqrt{2}\psi_{211}+\sqrt{3}\psi_{21,-1}]$$

脚标是量子数 n,l,m 的值．忽略自旋和辐射跃迁．

（1）该体系能量的期望值是多少？

（2）到 t 时刻体系处于 $l=1,m=+1$ 态的概率？

（3）电子在质子 10^{-10}cm 之内的概率？（$t=0$ 时）（这里可采用近似结果）

（4）波函数怎样随时间变化？即求 $\psi(\boldsymbol{r},t)$．

（5）假设一次测量发现 $L=1,L_z=1$，用上面的 ψ_{nlm} 描述这一测量后瞬间的波函数．

附注：第（5）小题 L_z 若改为 L_x，可利用升降算符 $L_\pm$（参见（7.35a））.

20. 仿照自然单位制（$\hbar=c=1$），引入原子单位制：进入 Coulomb 场 Schrödinger 方程的物理常数总共三个：$\hbar$、e、μ_e．为简化表述，可在计算中，形式上略去这三个常数，即相当于令它们为 1；在最后结果中，再加上它们适当幂次的组合，凑得量纲正确即可．

答　如计算质量，在最后结果上乘以电子质量 μ_e．

如计算长度，在最后结果上乘以 $\rho_B=\hbar^2/(\mu_e e^2)$．

如计算时间，在最后结果上乘以 $\hbar^3/(\mu_e e^4)$．

如计算速度，在最后结果上乘以 $e^2/\hbar$．

如计算动量，在最后结果上乘以 $\mu_e e^2/\hbar$．

如计算能量，在最后结果上乘以 $\mu_e e^4/\hbar^2 = e^2/\rho_B$.

21．假设质子和中子通过交换 $\pi^\pm$ 介子产生下面的近似势[①]：

$$V(r) = -\frac{g^2}{\lambda_C}\exp(-r/\lambda_C)$$

彼此互相吸引．其中 $\lambda_C = \hbar/(mc)$ ，m 为 $\pi^\pm$ 介子质量 $mc^2 = 140\text{MeV}$ ，质子和中子的质量近似为 $Mc^2 = 940\text{MeV}$.

（1）证明：通过变量代换 $x = \alpha\exp(-\beta r)$ ，适当选取参数 α 和 β ，可以将该体系 $l=0$ 的径向 Schrödinger 方程化成 Bessel 方程

$$\frac{\mathrm{d}^2 \mathrm{J}_\rho(x)}{\mathrm{d}x^2} + \frac{1}{x}\frac{\mathrm{dJ}_\rho(x)}{\mathrm{d}x} + \left(1 - \frac{\rho^2}{x^2}\right)\mathrm{J}_\rho(x) = 0$$

（2）假设已知该体系只有一个束缚态，结合能为 2.2MeV；计算 $g^2/(\hbar c)$ 的数值并指出其单位.

（3）为使该体系具有两个 $l=0$ 的束缚态， $g^2/(\hbar c)$ 最小值应等于多少？

22．证明在非相对论量子力学中，对于中心势场 $V(r)$ 中的任何束缚定态有下列关系式成立：

$$|\psi(0)|^2 = \frac{m}{2\pi}\left\langle \frac{\mathrm{d}V(r)}{\mathrm{d}r} \right\rangle - \frac{1}{2\pi}\left\langle \frac{L^2}{r^3} \right\rangle$$

其中，$\psi(0)$ 为原点波函数；$V(r)$ 为势能；m 为粒子质量；L^2 为角动量平方（令 $\hbar=1$ ）. 在角动量不为零的情形下给出方程的经典解释.

23．一个质量为 m 的无自旋粒子，约束在一半径为 r_0 的球方势阱内.

（1）为了获得两个零角动量的束缚态，势阱的最小深度为多少？

（2）在这个势阱深度下，属于零角动量的 Hamilton 量本征值为多少？

（3）如果粒子处于基态，在坐标基下画出波函数和与之相应的概率分布，详细解释后者的物理意义.

（4）用这一波函数预言对粒子动能的单次测量的结果，可以将其表成一维定积分的形式.

（5）在不确定性关系基础上，给出（3）和（4）联系的定性分析.

24．（1）一个质量为 m 的粒子在三维球方势阱中运动. 证明：对于一个半径为 R 的方阱，只有当阱深大于某一极小值时，才可能有束缚态存在. 计算此极小值.

（2）在一维问题中有一类似的结果，那个结果是什么？

（3）你能证明（1），（2）结果中的一般性质对任意形状的势阱均成立吗？例如，在一维情况（2）中，当

$$V(x) = \lambda f(x) < 0 \quad (a \leqslant x \leqslant b)$$
$$V(x) = 0 \quad (x < a \text{ 或 } x > b)$$

时，保持 $f(x)$ 不变，讨论不同的 λ 值.

25．多数介子可由夸克–反夸克对的非相对论性束缚态 $(q\bar{q})$ 构成. 设 m_q 是夸克质量. 假定构成 $q,\bar{q}$

---

① 这是 Yukawa 势的化简，见第八章 § 8.1.

束缚态的禁闭势可写成 $V=\dfrac{A}{r}+Br$，$A<0,B>0$．请用 $A,B,m_{\mathrm{q}},\hbar$ 对这个体系的基态能量给出一个合理的近似．遗憾的是对于一类适合于该题解的尝试函数，需要解一个三次方程．如果遇上了这种情况，可以只对 $A=0$ 的情况完成求解．请把最后的答案写成一个数值常数乘上 $B,m_{\mathrm{q}},\hbar$ 的一个函数．

26．将相对论质能公式对 $\boldsymbol{p}^2$ 展开，求出对于最低阶动能项 $\dfrac{\boldsymbol{p}^2}{2m}$ 的高一阶修正 $-\dfrac{-\boldsymbol{p}^4}{8m^3c^2}$．

27．讨论量子力学中自由粒子运动问题．

提示　有两种定义：狭义定义为动量算符的本征态；广义定义为 Hamilton 量不含外势，各种坐标下的自由运动或自由转动的含时 Schrödinger 方程解．经典对应则简化压缩成匀速直线运动和自由转动与进动．

第五章　量子力学的表象与表示

§5.1　幺正变换和反幺正变换

1. 幺正算符定义

对任意两个波函数$\varphi(\boldsymbol{r})$、$\psi(\boldsymbol{r})$，定义它们的标积

$$(\varphi,\psi)=\int\varphi^*(\boldsymbol{r})\psi(\boldsymbol{r})\mathrm{d}v \tag{5.1}$$

按第一章所说，此式的物理含义是：当微观粒子处在状态$\psi(\boldsymbol{r})$时，找到粒子处在状态$\varphi(\boldsymbol{r})$的概率幅．依据此处标积概念，可以定义幺正算符．

幺正算符定义1　对于任意两个波函数φ和ψ，如算符$\hat{U}$满足下面两个条件：

$$\boxed{\begin{cases}(\hat{U}\varphi,\hat{U}\psi)=(\varphi,\psi)\\ \hat{U}^{-1}\hat{U}=\hat{U}\hat{U}^{-1}=I\end{cases}} \tag{5.2}$$

称算符$\hat{U}$为幺正算符．第一个方程是说$\hat{U}$能够保持φ、ψ内积不变，第二个方程是说$\hat{U}$有逆算符$\hat{U}^{-1}$存在[①]．注意，对于无穷维空间，保持内积不变的算符称等距算符（**isometric operator**），不一定有逆算符存在．仅有逆存在的等距算符才是幺正算符（习题32）．这不同于有限维空间的情况．

按§2.1，任一算符$\hat{\Omega}$的Hermite算符$\hat{\Omega}^+$定义：其Hermite算符$\hat{\Omega}^+$在任意波函数φ、ψ中的矩阵元恒按下式右边由算符$\hat{\Omega}$的矩阵元决定：

$$(\psi,\hat{\Omega}^+\varphi)=(\hat{\Omega}\psi,\varphi) \tag{5.3}$$

依据Hermite算符概念，可得幺正算符$\hat{U}$的另一个等价定义．

幺正算符定义2　如果算符$\hat{U}$满足下面条件[②]：

$$\boxed{\hat{U}\hat{U}^+=I,\quad \hat{U}^+\hat{U}=I} \tag{5.4a}$$

---

① 注意，关于逆算符问题，无限维空间情况比有限维空间情况复杂得多．无限维空间的任一算符$\hat{U}$，其逆算符有四种情况：(1) 不存在左逆算符但有无穷多右逆算符；(2) 不存在右逆算符但有无穷多左逆算符；(3) 既无左逆算符也无右逆算符；(4) 有一个左逆算符和一个右逆算符，并且相等，惟有此时可以简单地写为$\hat{U}^{-1}$．这里正是强调$\hat{U}^{-1}$既是对$\hat{U}$右乘的逆又是对$\hat{U}$左乘的逆．详见B.И.斯米尔诺夫，高等数学教程，第5卷，北京：人民教育出版社，1959年，第432页．有量子力学书对此疏于解释，数学上是不严格的．

② 这里暂不考虑下面即将讨论的反线性的幺正算符．

称算符 $\hat{U}$ 是幺正的．由脚注知，（5.4a）式也可以等价地写作

$$\boxed{\hat{U}^{+}=\hat{U}^{-1}} \tag{5.4b}$$

容易证明，两个定义（5.2）式和（5.4）式彼此等价．

证明　从定义 1 出发，若 $(\hat{U}\varphi,\hat{U}\psi)=(\varphi,\psi)$ 成立，则按 $\hat{U}^{+}$ 定义，有

$$(\varphi,\psi)=(\hat{U}\varphi,\hat{U}\psi)=(\hat{U}^{+}\hat{U}\varphi,\psi)$$

由于 φ、ψ 任意，所以

$$\hat{U}^{+}\hat{U}=I$$

鉴于 $\hat{U}$ 有逆算符 $\hat{U}^{-1}$ 存在，由此必有 $\hat{U}\hat{U}^{+}=I$．也可证作取 $\varphi'=\hat{U}^{-1}\varphi,\psi'=\hat{U}^{-1}\psi$，有

$$(\varphi,\psi)=(\hat{U}\varphi',\hat{U}\psi')=(\varphi',\psi')=(\hat{U}^{-1}\varphi,\hat{U}^{-1}\psi)=((\hat{U}^{-1})^{+}\hat{U}^{-1}\varphi,\psi)$$

所以

$$(\hat{U}^{-1})^{+}\hat{U}^{-1}=I\rightarrow\hat{U}\hat{U}^{+}=I$$

箭头表示的运算是两边取逆并注意 $(\hat{U}^{-1})^{+}=(\hat{U}^{+})^{-1}$．这就从定义 1 导出了定义 2．

类似，也能从第二种定义导出定义．从而两种定义是等价的．

2．幺正算符的性质

幺正算符有以下几条性质：

（1）**幺正算符的逆算符是幺正算符．**

证明　设 $U^{+}=U^{-1}$，则 $(U^{-1})^{+}=(U^{+})^{+}=U=(U^{-1})^{-1}$，所以 U^{-1} 也是幺正算符．

（2）**两个幺正算符的乘积算符仍是幺正算符．**

证明　设 $\hat{U}$、$\hat{V}$ 是两个幺正算符，则

$$(\hat{U}\hat{V})^{+}=\hat{V}^{+}\hat{U}^{+}=\hat{V}^{-1}\hat{U}^{-1}=(UV)^{-1}$$

所以 $\hat{U}\hat{V}$ 也是个幺正算符．

（3）**算符 $\hat{U}$ 的生成元．**一个算符 $\hat{U}$，如果它和单位算符 I 相差一无穷小，就称为无穷小算符．这时可以引入无穷小参数 ε，将 $\hat{U}$ 记为

$$\hat{U}=1-\mathrm{i}\varepsilon\hat{F} \tag{5.5a}$$

算符 $\hat{F}$ 称为算符 $\hat{U}$ 的生成元．而 $\hat{U}$ 的 Hermite 共轭算符则为

$$\hat{U}^{+}=1+\mathrm{i}\varepsilon\hat{F}^{+} \tag{5.5b}$$

注意，由于 ε 为无穷小，所以展开式只需要考虑到一阶．如果 $\hat{U}$ 是幺正的，则有

$$1=\hat{U}^{+}\hat{U}=(1+\mathrm{i}\varepsilon\hat{F}^{+})(1-\mathrm{i}\varepsilon\hat{F})=1+\mathrm{i}\varepsilon(\hat{F}^{+}-\hat{F})$$

由此得到等式

$$\hat{F}^{+}=\hat{F} \tag{5.6}$$

就是说，无穷小幺正算符 $\hat{U}$ 的生成元 $\hat{F}$ 为 Hermite 算符．以后经常按以下方式用 Hermite 算符 $\hat{\Omega}$ 结合任意实数 α 构造出一个并非无穷小的幺正算符 $\hat{U}$，

$$\hat{U} = \sum_{n=0}^{\infty} \frac{1}{n!} (\mathrm{i}\alpha)^n \hat{\Omega}^n \equiv \mathrm{e}^{\mathrm{i}\alpha\hat{\Omega}} \tag{5.7}$$

3．幺正变换

幺正算符对量子体系的变换称为幺正变换．具体说，一个幺正算符对量子体系的幺正变换包括两个方面的内容——对态的幺正变换和对算符的幺正变换．

对波函数：	$\hat{U}\psi \equiv \psi^{(U)}$
对力学量算符：	$\hat{U}\hat{\Omega}\hat{U}^{-1} \equiv \hat{\Omega}^{(U)}$

（5.8）

这两方面变换的配合使用，保证了任意概率幅在变换前后不变，即

$$(\varphi, \hat{\Omega}\psi) = (\varphi^{(U)}, \Omega^{(U)}\psi^{(U)}) \tag{5.9}$$

这可以检验

$$\text{右边} = (\hat{U}\varphi, \hat{U}\hat{\Omega}\hat{U}^{-1} \cdot \hat{U}\psi) = (\hat{U}\varphi, \hat{U}\hat{\Omega}\psi) = (\hat{U}^{+}\hat{U}\varphi, \hat{\Omega}\psi) = (\varphi, \hat{\Omega}\psi)$$

举例　对一个量子体系施以三维 Fourier 积分变换：波函数 $\psi(\boldsymbol{r}) \to \psi(\boldsymbol{p})$ 和算符 $\hat{\Omega}(\boldsymbol{r}) \to \hat{\Omega}(\boldsymbol{p})$，这种幺正变换正是§5.2 中说的由坐标表象向动量表象的表象变换．这时

$$\hat{U} = \frac{1}{(2\pi\hbar)^{3/2}} \int \mathrm{d}\boldsymbol{r} \mathrm{e}^{-\frac{\mathrm{i}}{\hbar}\boldsymbol{p}\cdot\boldsymbol{r}} \tag{5.10a}$$

$$\hat{U}^{-1} = \frac{1}{(2\pi\hbar)^{3/2}} \int \mathrm{d}\boldsymbol{p} \mathrm{e}^{\frac{\mathrm{i}}{\hbar}\boldsymbol{p}\cdot\boldsymbol{r}} \tag{5.10b}$$

注意，这时算符 $\hat{U}$ 是一类积分变换，它对后面算符或坐标函数作变换，即乘积运算时，$\boldsymbol{r}$ 必须和后面（算符或坐标函数）的自变量取成相同并对其求积分，$\boldsymbol{p}$ 作为参量保持不变．就是说，$\hat{U}$ 中积分变数 $\boldsymbol{r}$ 类似于矩阵乘积中的列标——与后面取成一致并求和；参量 $\boldsymbol{p}$ 则类似于矩阵乘积中的行标——乘积求和中保持固定．而 $\hat{U}^{-1}$ 的作用相反：$\boldsymbol{p}$ 为积分变数（类似于矩阵乘积中的列标），$\boldsymbol{r}$ 为参量（类似于矩阵乘积中的行标）．当多个算符连乘运算时，多重中间积分的变数符号要注意彼此区分，以免混乱．如

$$\hat{U}\psi(\boldsymbol{r}) = \frac{1}{(2\pi\hbar)^{3/2}} \int \mathrm{d}\boldsymbol{r} \mathrm{e}^{-\frac{\mathrm{i}}{\hbar}\boldsymbol{p}\cdot\boldsymbol{r}} \psi(\boldsymbol{r}) = \psi(\boldsymbol{p}) \tag{5.11a}$$

$$\hat{U}^{-1}\psi(\boldsymbol{p})=\frac{1}{(2\pi\hbar)^{3/2}}\int \mathrm{d}\boldsymbol{p}\mathrm{e}^{\frac{\mathrm{i}}{\hbar}\boldsymbol{p}\cdot\boldsymbol{r}}\psi(\boldsymbol{p})=\psi(\boldsymbol{r}) \tag{5.11b}$$

$$\begin{aligned}\hat{U}\hat{U}^{-1}&=\frac{1}{(2\pi\hbar)^{3/2}}\int \mathrm{d}\boldsymbol{r}\mathrm{e}^{-\frac{\mathrm{i}}{\hbar}\boldsymbol{p}\cdot\boldsymbol{r}}\cdot\frac{1}{(2\pi\hbar)^{3/2}}\int \mathrm{d}\boldsymbol{p}'\mathrm{e}^{\frac{\mathrm{i}}{\hbar}\boldsymbol{p}'\cdot\boldsymbol{r}}\\&=\int \mathrm{d}\boldsymbol{p}'\cdot\frac{1}{(2\pi\hbar)^{3}}\int \mathrm{e}^{-\frac{\mathrm{i}}{\hbar}(\boldsymbol{p}-\boldsymbol{p}')\cdot\boldsymbol{r}}\mathrm{d}\boldsymbol{r}\\&=\int \mathrm{d}\boldsymbol{p}'\cdot\delta(\boldsymbol{p}-\boldsymbol{p}')\end{aligned} \tag{5.12}$$

这里UU^{-1}结果说明，将任意动量函数$\psi(\boldsymbol{p}')$变为同一函数$\psi(\boldsymbol{p})$是恒等变换．还有

$$\hat{U}\frac{\hat{\boldsymbol{p}}^2}{2m}\hat{U}^{-1}=\frac{\boldsymbol{p}^2}{2m} \tag{5.13}$$

$$\hat{U}\hat{\boldsymbol{r}}\hat{U}^{-1}=\mathrm{i}\hbar\nabla_{\mathrm{p}} \tag{5.14}$$

由（5.13）式和（5.14）式，可得

$$\hat{U}\cdot\frac{\hat{\boldsymbol{p}}^2}{2m}\psi(\boldsymbol{r})=\hat{U}\frac{\hat{\boldsymbol{p}}^2}{2m}\hat{U}^{-1}\cdot\hat{U}\psi(\boldsymbol{r})=\frac{\boldsymbol{p}^2}{2m}\psi(\boldsymbol{p}) \tag{5.15}$$

（5.15）式也可以换一种算法——直接按变换计算来得到，即

$$\hat{U}\cdot\frac{\hat{\boldsymbol{p}}^2}{2m}\psi(\boldsymbol{r})=\frac{1}{(2\pi\hbar)^{3/2}}\int \mathrm{d}\boldsymbol{r}\mathrm{e}^{-\frac{\mathrm{i}}{\hbar}\boldsymbol{p}\cdot\boldsymbol{r}}\cdot\frac{-\hbar^2}{2m}\Delta\psi(\boldsymbol{r})$$

对右边进行两次分部积分，将作用在$\psi(\boldsymbol{r})$上的$\Delta=\nabla\cdot\nabla$转移到作用于$\mathrm{e}^{-\frac{\mathrm{i}}{\hbar}\boldsymbol{p}\cdot\boldsymbol{r}}$上，并根据边条件假设，扔掉分部积分出来的两项，即得

$$\frac{1}{(2\pi\hbar)^{3/2}}\int \mathrm{d}\boldsymbol{r}\mathrm{e}^{-\frac{\mathrm{i}}{\hbar}\boldsymbol{p}\cdot\boldsymbol{r}}\cdot\frac{-\hbar^2}{2m}\Delta\psi(\boldsymbol{r})=\frac{\boldsymbol{p}^2}{2m}\psi(\boldsymbol{p})$$

由（5.13）式和（5.14）式可知，在$\hat{U}$的变换下，Hamilton 量$\hat{H}=\frac{\hat{\boldsymbol{p}}^2}{2m}+V(\boldsymbol{r})$改变成为$\hat{H}=\frac{\boldsymbol{p}^2}{2m}+V(\mathrm{i}\hbar\nabla_{\mathrm{p}})$．这里利用了无穷远处粒子的密度为零的边条件，确切说，利用了动量算符的 Hermite 性条件（参见§2.1）．

应当强调指出，**量子体系在任一幺正变换下不改变它的全部物理内容，包括：基本对易规则、运动方程、全部力学量测量值、全部概率幅**．比如，容易检验：在$\hat{U}$变换下，基本对易规则确实保持不变，

$$\hat{x}\hat{p}-\hat{p}\hat{x}=\hat{x}^{(U)}\cdot\hat{p}^{(U)}-\hat{p}^{(U)}\cdot\hat{x}^{(U)}=\mathrm{i}\hbar \tag{5.16}$$

关于全部概率幅不变，是说应当有

$$f_{\varphi\psi}^{(r)} = f_{\varphi\psi}^{(p)} \tag{5.17}$$

这里，当粒子处在$\psi(\boldsymbol{r})$态时，找到它处于$\varphi(\boldsymbol{r})$态的概率幅为

$$f_{\varphi\psi}^{(r)} = \int \varphi^*(\boldsymbol{r})\psi(\boldsymbol{r})\mathrm{d}\boldsymbol{r}$$

f上标$(\boldsymbol{r})$表示它由变换前的坐标波函数算出．体系经受幺正变换$\hat{U}$：$\varphi(\boldsymbol{r}) \to \varphi(\boldsymbol{p})$，$\psi(\boldsymbol{r}) \to \psi(\boldsymbol{p})$，自变数成为$\boldsymbol{p}$．于是变换后，这个概率幅应当表示为

$$f_{\varphi\psi}^{(p)} = \int \varphi^*(\boldsymbol{p})\psi(\boldsymbol{p})\mathrm{d}\boldsymbol{p}$$

现在证明（5.17）式，实际上

$$\begin{aligned}
\int \varphi^*(\boldsymbol{p})\psi(\boldsymbol{p})\mathrm{d}\boldsymbol{p} &= \frac{1}{[(2\pi\hbar)^{3/2}]^2}\int \mathrm{d}\boldsymbol{p}\mathrm{d}\boldsymbol{r}\mathrm{d}\boldsymbol{r}'\varphi^*(\boldsymbol{r}')\psi(\boldsymbol{r})\mathrm{e}^{\frac{\mathrm{i}}{\hbar}\boldsymbol{p}\cdot\boldsymbol{r}'-\frac{\mathrm{i}}{\hbar}\boldsymbol{p}\cdot\boldsymbol{r}} \\
&= \int \mathrm{d}\boldsymbol{r}\mathrm{d}\boldsymbol{r}'\varphi^*(\boldsymbol{r}')\psi(\boldsymbol{r})\delta(\boldsymbol{r}-\boldsymbol{r}') \\
&= \int \mathrm{d}\boldsymbol{r}\varphi^*(\boldsymbol{r})\psi(\boldsymbol{r}) = f_{\varphi\psi}^{(r)}
\end{aligned}$$

这表明概率幅的确没变．反过来也可以说，**两个量子体系，如能用某个幺正变换联系起来，它们在物理上就是等价的．这里，“物理上等价”的含义是从实验观测角度说的：如果全部可观测力学量在两个体系中的观测值以及得到这些值的概率都对应相等，从实验观测角度看它们之间无法区别，就说这两个体系在物理上是等价的，可以认为它们在物理上是相同的．**

※4．反幺正变换

反幺正变换的全名是反线性的幺正变换．为阐述其内容，先定义反线性算符．一个反线性算符$\hat{A}$满足

$$\hat{A}(\alpha\varphi + \beta\psi) = \alpha^*\hat{A}\varphi + \beta^*\hat{A}\psi \tag{5.18}$$

α、β为两个任意复常数；φ、ψ为任意波函数．就是说，如将某一常数抽出算符作用之外，需要对它取复数共轭．这是与线性算符惟一的然而是极本质的差别．

反线性算符$\hat{A}$的 Hermite 共轭算符$\hat{A}^+$的定义是

$$(\varphi, \hat{A}\psi) = (\hat{A}^+\varphi, \psi)^* = (\psi, \hat{A}^+\varphi) \tag{5.19}$$

这里，为了使定义在逻辑上自洽，中间这个标积必须要有复数共轭．设想从标积的φ或ψ中抽出一个复数常系数，即知这个复数共轭是必需的．

反幺正算符$\hat{A}$的定义为

$$(\varphi, \hat{A}\psi) = (\hat{A}^{-1}\varphi, \psi)^* = (\psi, \hat{A}^{-1}\varphi) \tag{5.20}$$

根据这个定义，立即知道，对反幺正算符也有

$$\boxed{\hat{A}^{+}=\hat{A}^{-1}} \tag{5.21}$$

这导致 $\hat{A}\hat{A}^{+}=\hat{A}^{+}\hat{A}=I$，和幺正算符相同.

反线性算符的进一步叙述见附录六.

§5.2　量子力学的 Dirac 符号表示

1．波函数的标记和分类

三维空间 de Broglie 平面波需用三个本征值（p_x、p_y、p_z）来标记分类，缺少一个波函数标记就不完全，出现对该本征值（量子数）的简并. 显然，标记分类的办法不是惟一的. 换一个角度，可以用另外三个本征值来分类和标记这个解集合的元素. 比如在球坐标下，这个解集合由全体自由粒子球面波（球坐标中三维自由 Schrödinger 方程解的集合，见§4.4）所组成，这时用量子数（E、l、m）来标记和分类. 再比如，既可以用量子数（n_x、n_y、n_z）来标记三维各向同性谐振子的全部状态，也可以用量子数（n、l、m）做到.

由于设定用来分类标记的这组量子数都有确定值，这组量子数所对应的力学量组有共同的本征态，可以同时测量，必定相互对易. 如果这组算符数目选少了就出现态的分类不彻底、波函数标记不明确的现象，出现量子态对（未被选入的）某个力学量本征值的简并. **能够对一个量子体系全部状态进行彻底（不出现简并）分类标记的最少数目力学量算符集合，称为这个量子体系的“完备力学量组”. 注意，这和“基本力学量组”概念不同. 前者全体都是彼此对易的；后者全体肯定多于前者，是指能够组成量子体系全部力学量算符的最少独立力学量算符集合，这个集合中必定有些是相互不对易的**. 为了叙述简明和计算方便，通常选用该体系的守恒力学量作为完备力学量组中各力学量，就是说，只要可能，最方便的是用好量子数对态进行分类.

应当指出，由于力学量的本征值有的连续变化，有的分立变化，因而不同的量子体系，状态分类和标记有时是连续的，有时是分立的，有时还两者兼有. 甚至同一量子体系，若从不同的观点对其状态进行分类，也可以有时是分立的有时则是连续的. 这要看分类时所选用的算符完备组的性质而定. 如氢原子问题，在束缚态问题，也即分立谱的范围内，可以选能量、轨道角动量及其第 3 分量这三个力学量作完备力学量组，对应的好量子数完备集为$\{nlm\}$，本征函数族为$\{\psi_{nlm}(\boldsymbol{r}),\forall nlm\}$. 进一步，考虑电离和散射等非束缚态，还应当包括正能区的连续谱. 这时可以引入动量数值$\{p_x p_y p_z\}$来分类，也可以仍然采用上述分类$\{nlm\}$——将平面波按球面波展开. 此外，如果问题采用力学量 $\boldsymbol{r}$ 的本征值来分类（通常它不是好量子数），则量子

态便被标记为关于 $\boldsymbol{r}$ 的一系列（平方可积的）连续函数及其线性叠加．这等于直接用波函数来标记量子状态．

注意，这里只是量子态分类标记，不等于下面取定表象——选定基矢作展开．

2．Dirac 符号

由态叠加原理可知，一个量子体系的全部状态集合构成一个线性 Hilbert 空间．体系的每一个状态对应 Hilbert 空间中的一个矢量，称为状态矢量，简称态矢．所以 Hilbert 空间又常称为态矢空间（简称态空间）．

通常，量子体系的 Hilbert 状态空间由全体状态右矢 $|A\rangle$ 构成．这里记号 A 是对此态矢的任何标识．按上面说法，只要此分类标记办法确切简便即可．例如，既可以用态矢的波函数 $|\psi_{nlm}\rangle$ 作标记，也可以直接用好量子数组作标记 $|nlm\rangle$；如果强调态矢随时间变化，也可以记为 $|\psi_{nlm}(t)\rangle$；另外还有 $|\boldsymbol{r}'\rangle$，$|\boldsymbol{p}'\rangle$ 等分别是坐标和动量算符的对应本征值为 $\boldsymbol{r}'$ 和 $\boldsymbol{p}'$ 的本征态，本征方程为 $\hat{\boldsymbol{r}}|\boldsymbol{r}'\rangle=\boldsymbol{r}'|\boldsymbol{r}'\rangle$ 和 $\hat{\boldsymbol{p}}|\boldsymbol{p}'\rangle=\boldsymbol{p}'|\boldsymbol{p}'\rangle$ 等．

对应每一个右矢 $|A\rangle$ 还有一个左矢 $\langle A|$[①]，它与该右矢互为 Hermite 共轭，即

$$\langle A|=(|A\rangle)^{+} \text{ 和 } (\langle A|)^{+}=|A\rangle \tag{5.22}$$

于是，分别由全体左矢和全体右矢组成两个 Hilbert 空间，两者互为对偶．$|A\rangle$ 的特殊简化便是有限维列矢量，$\langle A|$ 便是其厄米共轭行矢量．有了左矢和右矢概念，便可以引入 **Hilbert 空间范数，即状态之间的标积（投影）** $N\equiv(A,B)\equiv\langle A|B\rangle$．

定义　右矢 $|A\rangle$ 向右矢 $|B\rangle$ 的投影是右矢 $|A\rangle$ 与左矢 $\langle B|$ 的标积，即

$$\boxed{\langle B|A\rangle=\text{态矢}|A\rangle\text{中含有态矢}|B\rangle\text{的概率幅}} \tag{5.23a}$$

按量子力学基本假设，此式含义若用波函数来表示便是

$$\langle B|A\rangle=\int\varphi_B^{*}(\boldsymbol{r})\psi_A(\boldsymbol{r})\mathrm{d}\boldsymbol{r} \tag{5.23b}$$

这个标积关于 $|A\rangle$ 是线性的，关于 $\langle B|$ 是反线性的．这可以设想从它们中各自抽出一个相因子，看是否经受复数共轭便可以知道．由标积定义可知

$$\langle B|A\rangle=\langle A|B\rangle^{*} \tag{5.23c}$$

显然，标积 $\langle A|A\rangle$ 是个正数．

为了在态矢空间中进行具体计算，需要选定一组特定的态矢，作为基矢来展开任意态矢．能够作为基矢的态矢组应当满足两点要求：第一，若要能够展开任意态矢，选作基矢的一组态矢集合必须是“完备的”，即满足完备性条件

---

① 左矢常称为 bra，右矢常称为 ket，这是 bracket 一字的左三个字母和右三个字母．

对离散编号情况：$\sum_i |\xi_i\rangle\langle\xi_i| = I$ (5.24a)

对连续编号情况：$\int |\xi\rangle \mathrm{d}\xi \langle\xi| = I$ (5.24b)

普遍形式：$\sum_i |\xi_i\rangle\langle\xi_i| + \int |\xi'\rangle \mathrm{d}\xi' \langle\xi'| = I$ (5.24c)

第二，为计算方便，每个基矢最好是各自归一，彼此正交的. 就是说，规定基矢组$\{|\xi\rangle\}$和$\{\langle\xi|\}$有如下正交归一性质：

分立编号情况：正交归一条件为$\langle\xi_i|\xi_j\rangle = \delta_{ij}$ (5.25a)

连续编号情况：正交归一条件为$\langle\xi'|\xi''\rangle = \delta(\xi' - \xi'')$ (5.25b)

分立编号情况的正交归一条件比如，$\langle nlm|n'l'm'\rangle = \delta_{nn'}\delta_{ll'}\delta_{mm'}$；连续编号情况的正交归一条件比如，$\langle \boldsymbol{r}'|\boldsymbol{r}''\rangle = \delta(\boldsymbol{r}' - \boldsymbol{r}'')$，$\langle \boldsymbol{p}'|\boldsymbol{p}''\rangle = \delta(\boldsymbol{p}' - \boldsymbol{p}'')$ 等[①].

现在导出（5.24c）式：假定所选基矢是完备的，它应当能够展开任一态矢$|A\rangle$，有

$$|A\rangle = \sum_i a_i |\xi_i\rangle + \int a(\xi)|\xi\rangle \mathrm{d}\xi \tag{5.26a}$$

用分立编号的左基矢$\langle\xi_j|$乘（5.26a）式，注意基矢的正交归一性，展开式右边就简化为

$$\langle\xi_j|A\rangle = \sum_i a_i \langle\xi_j|\xi_i\rangle = \sum_i a_i\delta_{ij} = a_j \tag{5.26b}$$

若用连续编号的左基矢$\langle\xi'|$乘（5.26a）式，类似可得

$$\langle\xi'|A\rangle = \langle\xi'|\left\{\int a(\xi'')|\xi''\rangle \mathrm{d}\xi''\right\} = \int a(\xi'')\delta(\xi' - \xi'')\mathrm{d}\xi'' = a(\xi') \tag{5.26c}$$

将（5.26b）式和（5.26c）式代入（5.26a）式即得

$$|A\rangle = \sum_i \langle\xi_i|A\rangle|\xi_i\rangle + \int\langle\xi|A\rangle|\xi\rangle \mathrm{d}\xi = \left\{\sum_i |\xi_i\rangle\langle\xi_i| + \int|\xi\rangle \mathrm{d}\xi\langle\xi|\right\}|A\rangle$$

由于$|A\rangle$的任意性，就得到普遍的完备性条件（5.24c）式.

两个态矢$|A\rangle$和$|B\rangle$之间的标积也可以具体地写出来. 这时有

$$|A\rangle = \sum_i a_i|\xi_i\rangle + \int a(\xi)|\xi\rangle \mathrm{d}\xi,\quad \langle B| = \sum_i b_i^*\langle\xi_i| + \int b^*(\xi')\langle\xi'|\mathrm{d}\xi'$$

它们的标积为

① 后两者为连续表象. 在这类表象中正交归一化为δ函数. 这使量子力学的 Hilbert 空间大于数学中由平方可积函数组成的传统的 Hilbert 空间. 详细参见下面叙述.

$$\begin{aligned}\langle B|A\rangle &= \sum_{ij} b_i^* a_j \delta_{ij} + \int b^*(\xi')a(\xi)\delta(\xi'-\xi)\mathrm{d}\xi'\mathrm{d}\xi \\ &= \sum_i b_i^* a_i + \int b^*(\xi)a(\xi)\mathrm{d}\xi\end{aligned}$$

这正是三维空间中（取定某个 Cartesian 坐标系之后）两个矢量之间标量积的推广．

根据标积定义的物理解释，$\langle B|A\rangle$ 为 $|A\rangle$ 中含有 $|B\rangle$ 的概率幅，所以应有

$$\boxed{\langle \boldsymbol{r}|A\rangle = \psi_A(\boldsymbol{r})} \tag{5.27}$$

这是因为，等式左边的含义是在 A 态中找到粒子位于 $\boldsymbol{r}$ 处的概率幅，而这正是等式右边 $\psi_A(\boldsymbol{r})$ 的含义．同样，从标积的解释还可以得到

$$\boxed{\langle \boldsymbol{r}|\boldsymbol{p}\rangle = \frac{1}{(2\pi\hbar)^{3/2}}\mathrm{e}^{\mathrm{i}\boldsymbol{p}\cdot\boldsymbol{r}/\hbar}} \tag{5.28a}$$

$$\boxed{\langle \boldsymbol{p}|\boldsymbol{r}\rangle = \langle \boldsymbol{r}|\boldsymbol{p}\rangle^* = \frac{1}{(2\pi\hbar)^{3/2}}\mathrm{e}^{-\mathrm{i}\boldsymbol{p}\cdot\boldsymbol{r}/\hbar}} \tag{5.28b}$$

它们与 U 及 U^{-1} 的关系见后面（5.45）式．指数前面的分数是为了保证此类连续态能够归一化到 δ 函数．例如

$$\langle \boldsymbol{r}|\boldsymbol{r}'\rangle = \int \langle \boldsymbol{r}|\boldsymbol{p}\rangle \mathrm{d}\boldsymbol{p}\langle \boldsymbol{p}|\boldsymbol{r}'\rangle = \frac{1}{(2\pi\hbar)^3}\int \mathrm{e}^{\mathrm{i}(\boldsymbol{p}\cdot\boldsymbol{r}-\boldsymbol{p}\cdot\boldsymbol{r}')/\hbar}\mathrm{d}\boldsymbol{p} = \delta(\boldsymbol{r}-\boldsymbol{r}')$$

这里应当指出，算符

$$\pi_A = |A\rangle\langle A| \tag{5.29}$$

是向态矢 $|A\rangle$ 的“投影算符”：**它作用在后面态矢 $|B\rangle$ 上将其向 $|A\rangle$ 态投影，**

$$\pi_A|B\rangle = \langle A|B\rangle|A\rangle$$

同时给出在 $|B\rangle$ 中含有 $|A\rangle$ 的概率幅．它的平均值则是在 $|B\rangle$ 态中找到 $|A\rangle$ 态的概率

$$\langle B|\pi_A|B\rangle = |\langle B|A\rangle|^2$$

反之亦是．于是不难理解前面所用的各类基矢的完备性条件：**如果基矢是完备的，则向所有基矢投影的投影算符总和应当是一个单位算符**．因为，这只不过是重申任一归一化态矢的归一化条件而已，

$$1 = \langle B|B\rangle = \langle B|\left(\sum_i |\xi_i\rangle\langle\xi_i|\right)|B\rangle = \sum_i |\langle\xi_i|B\rangle|^2 = \sum_i |b_i|^2$$

以后，经常将这些完备性条件（5.24）式作为单位算符，插入运算式中适当地方，转入相应的基矢展式，以便进行具体的运算．这在下面和以后计算中会经常看到．

以上是关于量子力学第一公设，即波函数公设的另一种表述——将体系状态空间中的状态用 Hilbert 空间中 Dirac 符号态矢表示．这种将量子状态表示作态矢的方法是一种抽象的普适的描述方法．

3．Dirac 符号的一些应用

Dirac 符号表示的重点在于量子状态．至于量子力学的第二公设——算符公设的表述形式，可以只抽象地设定各个算符的符号，而不进一步设定算符的表示形式（例如，动量算符就只写成为 $\hat{\boldsymbol{p}}$、坐标算符就为 $\hat{\boldsymbol{r}}$ 等）．

关于量子力学的第三公设——测量公设，对状态 $|A\rangle$ 进行力学量 Ω 的多次测量后所得平均值，现在用 Dirac 符号表示即为

$$\boxed{\bar{\Omega} \equiv \langle \hat{\Omega} \rangle_A = \langle A|\hat{\Omega}|A\rangle, \quad \langle A|A\rangle = 1} \tag{5.30}$$

注意，（5.30）式只说明它是算符 $\hat{\Omega}$ 在态矢 $|A\rangle$ 中的平均值，并未规定采用什么样的基矢来展开，并未说明怎样去作相应的具体计算．

关于量子力学的第四公设——Schrödinger 方程，用 Dirac 符号表示就是

$$\boxed{\mathrm{i}\hbar\frac{\mathrm{d}|\psi(t)\rangle}{\mathrm{d}t} = \left\{\frac{\hat{\boldsymbol{p}}^2}{2m} + V(\hat{\boldsymbol{r}})\right\}|\psi(t)\rangle, \quad |\psi(t)\rangle_{t=0} = |\psi(0)\rangle} \tag{5.31}$$

（5.31）式和以前波函数表述（1.38）式的等价性推导见§5.3．

在后面用 Dirac 符号作大量具体计算之前，先证明两个广泛使用的态矢等式

$$\boxed{\langle \boldsymbol{r}'|\hat{\boldsymbol{p}} = -\mathrm{i}\hbar\frac{\partial}{\partial \boldsymbol{r}'}\langle \boldsymbol{r}'|, \quad \hat{\boldsymbol{p}}|\boldsymbol{r}'\rangle = \mathrm{i}\hbar\frac{\partial}{\partial \boldsymbol{r}'}|\boldsymbol{r}'\rangle} \tag{5.32a}$$

这里 $\frac{\partial}{\partial \boldsymbol{r}'} \equiv \nabla_{r'}$ 是 $\boldsymbol{r}'$ 坐标系中梯度算符，只负责对其后变数 $\boldsymbol{r}'$ 的函数进行普通的求导，不参加左右态矢的内积运算．这两个态矢等式的含义是：将第一（第二）个等式作用到任意的右矢（左矢）上，等号恒成立．具体含义参考下面证明过程．

证明　用任一态矢 $|A\rangle$ 右乘第一个等式左边得 $\langle \boldsymbol{r}'|\hat{\boldsymbol{p}}|A\rangle$．接着，在态矢 $|A\rangle$ 前面插入动量表象基矢的完备性条件，利用 $\langle \boldsymbol{r}'|\hat{\boldsymbol{p}}|\boldsymbol{p}'\rangle = \boldsymbol{p}'\langle \boldsymbol{r}|\boldsymbol{p}'\rangle = \boldsymbol{p}'\mathrm{e}^{\frac{\mathrm{i}\boldsymbol{p}'\cdot\boldsymbol{r}'}{\hbar}}\Big/(2\pi\hbar)^{3/2}$，得

$$\begin{aligned}
\langle \boldsymbol{r}'|\hat{\boldsymbol{p}}|A\rangle &= \int \langle \boldsymbol{r}'|\hat{\boldsymbol{p}}|\boldsymbol{p}'\rangle\langle \boldsymbol{p}'|A\rangle\,\mathrm{d}\boldsymbol{p}' \\
&= \int \boldsymbol{p}'\mathrm{e}^{\mathrm{i}\boldsymbol{p}'\cdot\boldsymbol{r}'/\hbar}\psi_A(\boldsymbol{p}')\frac{\mathrm{d}\boldsymbol{p}'}{(2\pi\hbar)^{3/2}} \\
&= -\mathrm{i}\hbar\frac{\partial}{\partial \boldsymbol{r}'}\int \mathrm{e}^{\mathrm{i}\boldsymbol{p}'\cdot\boldsymbol{r}'/\hbar}\psi_A(\boldsymbol{p}')\frac{\mathrm{d}\boldsymbol{p}'}{(2\pi\hbar)^{3/2}} \\
&= -\mathrm{i}\hbar\frac{\partial}{\partial \boldsymbol{r}'}\psi_A(\boldsymbol{r}') = -\mathrm{i}\hbar\frac{\partial}{\partial \boldsymbol{r}'}\langle \boldsymbol{r}'|A\rangle
\end{aligned}$$

由于$|A\rangle$是任意的并且不依赖于变数$\boldsymbol{r}'$，可从等式两边除去它．这表明存在如下左矢等式：

$$\langle \boldsymbol{r}'|\hat{\boldsymbol{p}} = -\mathrm{i}\hbar\frac{\partial}{\partial \boldsymbol{r}'}\langle \boldsymbol{r}'|$$

证毕．第二个等式其实是第一个等式的 Hermite 共轭，也可作类似的证明（习题10）．值得注意的是，这里等式左边的$\hat{\boldsymbol{p}}$是量子力学的动量算符，而等式右边的$\dfrac{\partial}{\partial \boldsymbol{r}'}$只是对后面变数$\boldsymbol{r}'$的求导运算，不参与左右态矢内积运算．这从上面证明过程可以清楚地看出．类似地，还有另外两个态矢等式

$$\boxed{\hat{\boldsymbol{r}}|\boldsymbol{p}'\rangle = -\mathrm{i}\hbar\frac{\partial}{\partial \boldsymbol{p}'}|\boldsymbol{p}'\rangle,\quad \langle \boldsymbol{p}'|\hat{\boldsymbol{r}} = \mathrm{i}\hbar\frac{\partial}{\partial \boldsymbol{p}'}\langle \boldsymbol{p}'|} \tag{5.32b}$$

可以插入坐标表象的完备条件进行类似证明（习题 11）．

※4．Dirac 符号的局限性

用 Dirac 符号表示的矩阵元$\langle A|\hat{\Omega}|B\rangle$可以有两种不同的理解：

$$\langle A|\hat{\Omega}|B\rangle = \langle A|\{\hat{\Omega}|B\rangle\} \text{ 或 } \{\langle A|\hat{\Omega}\}|B\rangle$$

如前面所说，这里的左矢$\{\langle A|\hat{\Omega}\}$应理解为右矢$\{\hat{\Omega}^+|A\rangle\}$的 Hermite 共轭．若$\hat{\Omega}$是 Hermite 和幺正这两类算符（更一般地，只要$\hat{\Omega}$是线性算符），两种理解结果相同，于是这种含混不会引起问题．因为，不论$\hat{\Omega}$是 Hermite 还是幺正，都有

$$\begin{aligned}\langle A|\cdot\{\hat{\Omega}|B\rangle\} &= \langle A|\hat{\Omega}B\rangle = \langle\hat{\Omega}^+A|B\rangle = \{\langle B|\hat{\Omega}^+A\rangle\}^+ \\ &= \{\langle B|(\hat{\Omega}^+|A\rangle)\}^+ = \{\langle A|\hat{\Omega}\}\cdot|B\rangle\end{aligned}$$

从标积两种表示相等（$(A,\hat{\Omega}B)=(\hat{\Omega}^+A,B)$）①也可以看出这一点．但是，当$\hat{\Omega}$为反线性算符（如时间反演算符$\hat{T}$）时，这两种理解将导致不同的结果．这是因为，反线性算符$\hat{\pi}$不存在通常意义下的 Hermite 共轭算符$\hat{\pi}^+$（参见前面反线性算符的 Hermite 共轭算符定义（5.19）式）

$$(A,\hat{\pi}B)\neq(\hat{\pi}^+A,B)$$

此式左边关于A、B都是反线性的，而右边（不论$\hat{\pi}^+$取何形式）关于A、B都是线性的，所以不论算符$\hat{\pi}^+$取何形式都无法使这个等式成立．也就是说，有

① 第二种理解$\{\langle A|\Omega\}|B\rangle$相应于$(\hat{\Omega}^+A,B)$．因为$\langle A|\hat{\Omega} = (\hat{\Omega}^+|A\rangle)^+ = (|\hat{\Omega}^+A\rangle)^+ = \langle\hat{\Omega}^+A|$．

$$\langle A|\{\hat{\pi}|B\rangle\} \neq \{\langle A|\hat{\pi}\}|B\rangle$$

因为左边的标积关于 A、B 均为反线性的，而右边的标积关于 A、B 均为线性的．由此分析可知，必须分辨下面两种情况：

$$\langle A|\{\hat{\pi}|B\rangle\} \text{和} \{\langle A|\hat{\pi}\}|B\rangle$$

或者返回到更精密的记号

$$\langle A,\hat{\pi}B\rangle \equiv \langle A|\hat{\pi}B\rangle \text{或} \langle \hat{\pi}A,B\rangle \equiv \langle \hat{\pi}A|B\rangle \tag{5.33}$$

§5.3　表 象 概 念

1．量子力学的表象概念

众所周知，三维空间中表示任一矢量的方法是：在此空间中事先选定三个彼此正交的矢量作为一个坐标系，称作 Cartesian 坐标基矢 $\boldsymbol{e}_i\left(\boldsymbol{e}_i\cdot\boldsymbol{e}_j=\delta_{ij},\sum\limits_{i=1}^{3}\boldsymbol{e}_i\boldsymbol{e}_i=\hat{I}\right)$，由此，任一矢量 $\boldsymbol{A}$ 便可以展开表示为

$$\boldsymbol{A}=\hat{I}\boldsymbol{A}=\left(\sum_{i=1}^{3}\boldsymbol{e}_i\boldsymbol{e}_i\right)\boldsymbol{A}=\sum_{i=1}^{3}(\boldsymbol{A}\cdot\boldsymbol{e}_i)\boldsymbol{e}_i\equiv\sum_{i=1}^{3}A_i\boldsymbol{e}_i\equiv(A_1,A_2,A_3)$$

这里三个数 A_i 是 $\boldsymbol{A}$ 与基矢量 $\boldsymbol{e}_i$ 的标积，是矢量 $\boldsymbol{A}$ 在此坐标系中的坐标．接下来的标积、矢积、微分等各种运算便转化为对相应坐标进行数值运算．就三维空间而言，**这三个基矢构成正交、归一、完备基．三个要求的前两条是为了使用方便．后一条决定它们是否有资格作为一个坐标系的基矢**．显然，这种表示方法依赖于坐标系（也即基矢）的选取．通常，**选定了基矢也就是选定了坐标系，向某组基矢投影便进入了该坐标系**．坐标系有无穷多种取法．于是，三维空间中，同一矢量的表示方法会有无穷多种．同一矢量各种表示之间可以相互转换，称为该矢量的坐标变换．不同坐标之间的变换取决于不同基矢组之间的转换．

当然，也可以不选取任何基矢，仍然将这些矢量抽象地写作 $\boldsymbol{A}$，$\boldsymbol{B}$，…，并利用标积 $\boldsymbol{A}\cdot\boldsymbol{B}$、矢积 $\boldsymbol{A}\times\boldsymbol{B}$ 求导 $\dfrac{\mathrm{d}\boldsymbol{A}}{\mathrm{d}t}$ 等，形式地表示对它们的代数运算或微积分运算．这是一种不依赖于基矢（即 Cartesian 坐标系）选取的抽象普适的表示方法．

总体来说，量子体系的情况和三维空间上面描述很类似，但量子体系的态矢空间——Hilbert 空间常常是无穷维的，所以基矢常常有无穷多个：有时是可数的无穷，有时是连续变化的无穷，视基矢所属力学量算符的本征值分布情况而定．例如，对于可数的情况，**选定一组正交归一完备的态矢组** $\{|\varphi_n\rangle, n=0,1,2,\cdots\}$ **作为基矢，态矢**

空间中任一态矢$|A\rangle$即按这组基矢进行展开，展开系数a_n是$|A\rangle$向基矢$|\varphi_n\rangle$的投影（标积）

$$|A\rangle=\sum_{n=0}^{\infty}a_n|\varphi_n\rangle=\sum_{n=0}^{\infty}\langle\varphi_n|A\rangle|\varphi_n\rangle$$

注意标积系数a_n可能是复数，这是另一条和三维空间情况不同之处．由此，态矢$|A\rangle$便可以用这组复系数$\{a_n\}$来表示，有时就称它们为该态矢（在这组基矢中）的波函数．而作用于态矢$|A\rangle$并使它变化的各种力学量算符，便成了无穷维 Hermite 矩阵，决定着态矢之间的映射．对于基矢为连续的、不可数无穷的情况，投影、内积、归一化等计算将涉及δ函数，而算符便成了微分或积分的形式，依然决定着态矢之间的映射．

每选择一组展开基矢，就是选取了一种表象，作为“潜在能力描述”的量子状态空间便有了一种描述方式．同时，将一个矢量方程向某组基矢投影，便意味着进入了相应的（由该组基矢所代表的）表象．也即下面（5.35a，b）式和（5.39a，b）式所表述的．**表象改变意味着状态空间中基矢改变．表象变换是一种幺正变换，选用不同基矢去描述同一体系，得到的全部物理结论都应当相同．**一个例子便是前面坐标表象到动量表象的幺正变换．这也是§5.4 Wigner 定理普遍结论：**“不改变体系任何物理结论的变换$\Leftrightarrow$幺正变换或反幺正变换”**的一个特例．

2．几种常用表象

几种常用的表象是坐标表象、动量表象和能量表象，它们分别相应于在状态空间中基矢的不同选取．

坐标表象．此表象选取了坐标算符本征态集合$\{|\boldsymbol{r}'\rangle,\forall\boldsymbol{r}'\}$作为态矢空间的展开基矢．于是，如前面所说，取定这组基矢便是取定了坐标表象，任一矢量或矢量方程向这组基矢投影便是进入了这个表象（对于多因子乘积的、复杂一些的方程，在转入坐标表象时，需要在方程所有乘积中间各自独立地插入坐标表象完备性条件）．显然，这组基矢是完备的，因为用它们足以展开任何态矢．由于坐标算符本征值$\boldsymbol{r}'$连续变化，也即这组基矢的编号是连续的，所以坐标表象的完备性条件是

$$\boxed{\int|\boldsymbol{r}'\rangle\mathrm{d}\boldsymbol{r}'\langle\boldsymbol{r}'|=I}\tag{5.34}$$

与此相应，任一态矢$|A\rangle$的展开式就成为如下积分展开的形式：

$$|A\rangle=\int\mathrm{d}\boldsymbol{r}'|\boldsymbol{r}'\rangle\langle\boldsymbol{r}'|\cdot|A\rangle=\int\varphi_A(\boldsymbol{r}')|\boldsymbol{r}'\rangle\mathrm{d}\boldsymbol{r}'\tag{5.35a}$$

此处展开系数集合构成了$\boldsymbol{r}'$的一个连续函数$\langle\boldsymbol{r}'|A\rangle=\varphi_A(\boldsymbol{r}')$．函数$\varphi_A(\boldsymbol{r}')$就是态矢$|A\rangle$的波函数，是态矢$|A\rangle$在坐标表象中的坐标．当然，也可以不借助态矢的语言，

完全在坐标表象中对应写出（5.35a）式．办法是将该式向坐标表象基矢$|\boldsymbol{r}\rangle$投影，成为

$$\varphi_A(\boldsymbol{r})=\int\varphi_A(\boldsymbol{r}')\langle\boldsymbol{r}|\boldsymbol{r}'\rangle\mathrm{d}\boldsymbol{r}'=\int\varphi_A(\boldsymbol{r}')\delta(\boldsymbol{r}-\boldsymbol{r}')\mathrm{d}\boldsymbol{r}' \tag{5.35b}$$

此式完全使用坐标表象的波函数语言解释了展开式（5.35a）．于是，第一章中说，$\varphi_A(\boldsymbol{r}')$是体系处在这样一个状态上，粒子坐标取$\boldsymbol{r}'$的概率幅为$\varphi_A(\boldsymbol{r}')$；现在可以等价地说成$\varphi_A(\boldsymbol{r}')$是态矢$|A\rangle$向坐标表象基矢$|\boldsymbol{r}'\rangle$的投影（即与左矢$\langle\boldsymbol{r}'|$标积，见标积定义（5.23）式），是态矢$|A\rangle$在坐标表象中的坐标．

可以将态矢形式Schrödinger方程（5.31）式向坐标表象投影．为此注意，坐标表象的基矢不随时间变化，以及（5.32）式，于是

$$\begin{cases}\langle\boldsymbol{r}|\mathrm{i}\hbar\dfrac{\partial|\psi(t)\rangle}{\partial t}=\mathrm{i}\hbar\dfrac{\partial}{\partial t}\langle\boldsymbol{r}|\psi(t)\rangle=\mathrm{i}\hbar\dfrac{\partial\psi(\boldsymbol{r},t)}{\partial t}\\ \langle\boldsymbol{r}|\left(\dfrac{\hat{\boldsymbol{p}}^2}{2m}+V(\hat{\boldsymbol{r}})\right)|\psi(t)\rangle=\left[\dfrac{1}{2m}\left(-\mathrm{i}\hbar\dfrac{\partial}{\partial\boldsymbol{r}}\right)^2+V(\boldsymbol{r})\right]\cdot\langle\boldsymbol{r}|\psi(t)\rangle\\ \qquad\qquad=\left[\dfrac{1}{2m}\left(-\mathrm{i}\hbar\dfrac{\partial}{\partial\boldsymbol{r}}\right)^2+V(\boldsymbol{r})\right]\psi(\boldsymbol{r},t)\end{cases}$$

就得到以前的Schrödinger方程——在坐标表象中的Schrödinger波动方程．

另外，在坐标表象中也可对任意矩阵元进行计算．例如，对动能算符在坐标表象中的矩阵元，利用（5.32）式，有

$$\langle\boldsymbol{r}'|\frac{\hat{\boldsymbol{p}}^2}{2m}|\boldsymbol{r}''\rangle=\left\{-\mathrm{i}\hbar\frac{\partial}{\partial\boldsymbol{r}'}\right\}^2\langle\boldsymbol{r}'|\boldsymbol{r}''\rangle=-\frac{\hbar^2}{2m}\Delta'\delta(\boldsymbol{r}'-\boldsymbol{r}'') \tag{5.36}$$

再例如，动能算符在两个任意态矢之间的矩阵元，在坐标表象中的计算办法是：在适当地方插入坐标表象的完备性条件——这样做的实质即将各个量均向坐标表象投影．如下：

$$\begin{aligned}\langle A|\frac{\hat{\boldsymbol{p}}^2}{2m}|B\rangle&=\iint\langle A|\boldsymbol{r}'\rangle\langle\boldsymbol{r}'|\frac{\hat{\boldsymbol{p}}^2}{2m}|\boldsymbol{r}''\rangle\langle\boldsymbol{r}''|B\rangle\mathrm{d}\boldsymbol{r}'\mathrm{d}\boldsymbol{r}''\\&=\iint\psi_A^*(\boldsymbol{r}')\left[-\frac{\hbar^2}{2m}\Delta''\delta(\boldsymbol{r}'-\boldsymbol{r}'')\right]\psi_B(\boldsymbol{r}'')\mathrm{d}\boldsymbol{r}'\mathrm{d}\boldsymbol{r}''\\&=\iint\psi_A^*(\boldsymbol{r}')\delta(\boldsymbol{r}'-\boldsymbol{r}'')\left[-\frac{\hbar^2}{2m}\Delta''\psi_B(\boldsymbol{r}'')\right]\mathrm{d}\boldsymbol{r}'\mathrm{d}\boldsymbol{r}''\\&=\int\psi_A^*(\boldsymbol{r}')\left(-\frac{\hbar^2}{2m}\Delta'\right)\psi_B(\boldsymbol{r}')\mathrm{d}\boldsymbol{r}'\end{aligned} \tag{5.37}$$

这就是在坐标表象里对$\langle A|\dfrac{\hat{\boldsymbol{p}}^2}{2m}|B\rangle$的具体解释．推导中第三步等号利用了两次分部积分和$\psi_A$（或$\psi_B$）的束缚态边条件．

坐标表象最先由 Schrödinger 提出，所以这一表象也常称作 Schrödinger 表象．在这种表述下的量子力学有时称为**波动力学**．

动量表象．此表象选取了动量算符本征态集合$\{|\boldsymbol{p}'\rangle,\forall\boldsymbol{p}'\}$作为态矢空间的展开基矢．任意矢量或矢量方程向这组基矢投影（若多因子乘积情况还须插入动量表象完备性条件，如同坐标表象中那样），便进入了动量表象．同样，这组基矢也是完备的．由于动量算符本征值$\boldsymbol{p}'$也是连续变化的，动量基矢的编号也就是连续的，于是完备性条件应当是

$$\boxed{\int|\boldsymbol{p}'\rangle\mathrm{d}\boldsymbol{p}'\langle\boldsymbol{p}'|=I} \tag{5.38}$$

而任一态矢$|A\rangle$在动量表象的展开式为

$$|A\rangle=\int\mathrm{d}\boldsymbol{p}'|\boldsymbol{p}'\rangle\langle\boldsymbol{p}'|\cdot|A\rangle=\int\varphi_A(\boldsymbol{p}')|\boldsymbol{p}'\rangle\mathrm{d}\boldsymbol{p}' \tag{5.39a}$$

由于动量表象基矢的编号也是连续的，所以展开系数的集合构成变数$\boldsymbol{p}'$的一个连续函数$\langle\boldsymbol{p}'|A\rangle=\varphi_A(\boldsymbol{p}')$．在这个表象中，态矢$|A\rangle$便可以用它的坐标集合，即函数$\varphi_A(\boldsymbol{p}')$来表示（有时称为动量波函数）．同样地，也可以放弃态矢展开语言，完全在坐标表象中将此展开式对应地写出来．办法是将这个矢量表达式向坐标表象基矢$|\boldsymbol{r}\rangle$投影，写成

$$\varphi_A(\boldsymbol{r})=\int\varphi_A(\boldsymbol{p}')\frac{\mathrm{e}^{\mathrm{i}\boldsymbol{p}'\cdot\boldsymbol{r}/\hbar}}{(2\pi\hbar)^{3/2}}\mathrm{d}\boldsymbol{p}' \tag{5.39b}$$

此式只使用坐标表象的波函数语言解释了（5.39a）式：将任意态的波函数用动量本征态的波函数展开，得到的系数集合便是该态的动量波函数．也可以将（5.39a）式在动量表象中写出来．办法还是：将该式向动量表象基矢$|\boldsymbol{p}\rangle$投影．可得

$$\varphi_A(\boldsymbol{p})=\int\varphi_A(\boldsymbol{p}')\delta(\boldsymbol{p}-\boldsymbol{p}')\mathrm{d}\boldsymbol{p}' \tag{5.39c}$$

此式使用动量表象的语言表述了（5.39a）式．

也可以写出动量表象中的（5.31）式，办法是将它向动量表象基矢投影．为此注意，动量表象基矢不随时间变化，以及（5.32）式，于是可得

$$\begin{cases}\langle\boldsymbol{p}|\mathrm{i}\hbar\dfrac{\partial|\psi(t)\rangle}{\partial t}=\mathrm{i}\hbar\dfrac{\partial\langle\boldsymbol{p}|\psi(t)\rangle}{\partial t}=\mathrm{i}\hbar\dfrac{\partial\psi(\boldsymbol{p},t)}{\partial t}\\ \langle\boldsymbol{p}|\left\{\dfrac{\hat{\boldsymbol{p}}^2}{2m}+V(\hat{\boldsymbol{r}})\right\}|\psi(t)\rangle=\left\{\dfrac{\boldsymbol{p}^2}{2m}+V\left(\mathrm{i}\hbar\dfrac{\partial}{\partial\boldsymbol{p}}\right)\right\}\langle\boldsymbol{p}|\psi(t)\rangle\\ \qquad=\left\{\dfrac{\boldsymbol{p}^2}{2m}+V\left(\mathrm{i}\hbar\dfrac{\partial}{\partial\boldsymbol{p}}\right)\right\}\psi(\boldsymbol{p},t)\end{cases}$$

即

$$\boxed{i\hbar\frac{\partial\psi(\boldsymbol{p},t)}{\partial t}=\left\{\frac{\boldsymbol{p}^2}{2m}+V\left(i\hbar\frac{\partial}{\partial\boldsymbol{p}}\right)\right\}\psi(\boldsymbol{p},t)}\tag{5.40}$$

这就是动量表象中的 Schrödinger 方程，方程的自变数为$(\boldsymbol{p},t)$．另外，在动量表象中也可对任意矩阵元进行计算．例如，对动能算符在动量表象中的矩阵元，有

$$\left\langle\boldsymbol{p}'\left|\frac{\hat{\boldsymbol{p}}^2}{2m}\right|\boldsymbol{p}''\right\rangle=\frac{\boldsymbol{p}''^2}{2m}\langle\boldsymbol{p}'|\boldsymbol{p}''\rangle=\frac{\boldsymbol{p}''^2}{2m}\delta(\boldsymbol{p}'-\boldsymbol{p}'')\tag{5.41}$$

可知，动量算符在自己的表象中是对角的．当然，（5.41）式的计算也可以通过插入坐标表象完备条件，转入坐标表象进行．结果是一样的．对（5.37）式一般矩阵元，也可以类似于坐标表象中的做法，通过插入动量表象完备条件，转入动量表象来表述．这里省略．

由于势能 V 的函数形式（通常比动能 T）复杂，算符$V\left(i\hbar\dfrac{\partial}{\partial\boldsymbol{p}}\right)$通常很复杂，除概念分析外，实际计算中动量表象远没有坐标表象有用．

能量表象．此表象通常取相互对易的三个算符（H、L^2和L_z）的共同本征态$\{|nlm\rangle,\forall nlm\}$作为展开基矢．由于此时基矢编号（$nlm$）通常是离散的，所以完备性条件为

$$\boxed{\sum_{nlm}|nlm\rangle\langle nlm|=I}\tag{5.42}$$

任意矢量或矢量方程向这组基矢投影（若多因子乘积情况还须插入能量表象基矢完备性条件），便进入了能量表象．任一态矢$|A\rangle$向此表象基矢投影的坐标集合是如下展式中一组系数$\{a_{nlm}=\langle nlm|A\rangle\}$：

$$|A\rangle=\sum_{nlm}a_{nlm}|nlm\rangle\tag{5.43a}$$

这组系数$\{a_{nlm}\}$就是态矢$|A\rangle$在能量表象中的表示，是态矢$|A\rangle$在能量表象中的“波函数”．可以在坐标表象中将（5.43a）式重写出来，即将（5.43a）式向坐标表象投影，得

$$\varphi_A(\boldsymbol{r})=\sum_{nlm}a_{nlm}\psi_{nlm}(\boldsymbol{r})\tag{5.43b}$$

与此相应，展开系数用坐标波函数表述出来便是

$$\begin{aligned}a_{nlm}&=\langle nlm|A\rangle=\int\mathrm{d}\boldsymbol{r}\langle nlm|\boldsymbol{r}\rangle\langle\boldsymbol{r}|A\rangle\\&=\int\psi^*_{nlm}(\boldsymbol{r})\varphi_A(\boldsymbol{r})\mathrm{d}\boldsymbol{r}=(\psi_{nlm},\varphi_A)\end{aligned}\tag{5.43c}$$

当然，也可以用向动量基矢投影办法，在动量表象中写出（5.43a）式和（5.43b）式．从略．

注意，由于能量表象基矢编号（nlm）通常是离散的．于是，能量表象形式的特点是：代表态矢的展开系数$\{A_{nlm}\}$是断续的．与此相应，作用于态矢并使态矢改变的各种力学量算符便具有了可数的无穷维 Hermite 矩阵的形式．比如，态矢$|A\rangle$在某个算符$\hat{\Omega}$作用下变换为态矢$|B\rangle$，

$$\hat{\Omega}|A\rangle = |B\rangle \tag{5.44a}$$

这个态矢方程用能量表象来表述就是，将此矢量方程向能量表象的基矢$|nlm\rangle$投影．设其中态矢$|A\rangle$和$|B\rangle$在能量表象的基矢中展开式为

$$|A\rangle = \sum_{n'l'm'} a_{n'l'm'} |n'l'm'\rangle, \quad |B\rangle = \sum_{n'l'm'} b_{n'l'm'} |n'l'm'\rangle$$

于是（5.44a）式成为

$$\langle nlm| \sum_{n'l'm'} a_{n'l'm'} \hat{\Omega} |n'l'm'\rangle = \langle nlm| \sum_{n'l'm'} b_{n'l'm'} |n'l'm'\rangle$$

也即

$$\sum_{n'l'm'} \langle nlm|\hat{\Omega}|n'l'm'\rangle a_{n'l'm'} = b_{nlm}$$

为书写简明，脚标的一组量子数（nlm）用一个符号 i 表示，记$\hat{\Omega}$矩阵元为ω_{ij}，得

$$\sum_j \omega_{ij} a_j = b_i \text{，这里 } \omega_{ij} = \langle i|\hat{\Omega}|j\rangle$$

于是（5.44a）式便成了如下矩阵形式：

$$\begin{pmatrix} \omega_{11} & \omega_{12} & \cdots \\ \omega_{21} & \omega_{22} & \cdots \\ \vdots & \vdots & \end{pmatrix} \begin{pmatrix} a_1 \\ a_2 \\ \vdots \end{pmatrix} = \begin{pmatrix} b_1 \\ b_2 \\ \vdots \end{pmatrix} \tag{5.44b}$$

这里矩阵(ω_{ij})、矢量$\begin{pmatrix} a_1 \\ a_2 \\ \vdots \end{pmatrix}$和$\begin{pmatrix} b_1 \\ b_2 \\ \vdots \end{pmatrix}$分别表示能量表象中的算符$\hat{\Omega}$、态矢$|A\rangle$和$|B\rangle$．当然，也可以将（5.44a）式向坐标表象或动量表象投影，得出相应的表达式．

注意，在含时框架下，能量表象的基矢均有一个含时相因子$e^{-iEt/\hbar}$，如果物理图像是算符$\hat{\Omega}$扰动使原子能级由$j \to i$跃迁，所以矩阵元ω_{ij}将正比于$\exp\{-i(E_j - E_i)t/\hbar\}$，时间因子中的频率$(E_j - E_i)/\hbar = \omega_j - \omega_i$体现了光谱学中的 Ritz 组合定则．实际上，这正是矩阵力学创始人 Heisenberg 思考的出发点之一．

上面讨论表明，如果取坐标表象描述一个量子体系，由于坐标算符本征值是连续变化，状态便用坐标的连续函数——波函数表示，而（作用在波函数上并改变它们的）力学量算符便一般地表现为微分算符——除了只含坐标的力学量，由于是在自身的表象中，所以表现为普通坐标函数．坐标表象最先由 Schrödinger 提出，所以这一表象也常称为 Schrödinger 表象．在这种表述下的量子力学常被称为波动力学．另一方面，如果取能量表象来描述这个量子体系，由于基矢通常是离散的，状态便用一组可数的复常数作成列矢量来描述，而力学量算符便相应地变成 Hermite 矩阵．一般地说，这些矩阵是无限维的．如果问题只涉及某个给定能量数值下状态的子空间（即部分状态），设此时独立状态总数为 n 个，则任一状态便可表示为一个 n 分量的列矢量，而（作用在这些列矢量上并改变它们的）任一力学量算符也就成了 n 阶 Hermite 矩阵．

能量表象最先由 Heisenberg 提出，所以这一表象也常称为 Heisenberg 表象．在这种表述下的量子力学有时称为**矩阵力学**．

具体计算一个物理量时，可以选取任何表象进行．举例说明，如计算 $\hat{\boldsymbol{p}}$ 在归一态 $|A\rangle$ 中的平均值．如果取坐标表象来表述这个平均值，办法如同上面做的那样，在适当地方插入坐标基矢的完备条件，即

$$\begin{aligned}\bar{\hat{\boldsymbol{p}}} &= \langle A|\hat{\boldsymbol{p}}|A\rangle = \iint\langle A|\boldsymbol{r}'\rangle\langle\boldsymbol{r}'|\hat{\boldsymbol{p}}|\boldsymbol{r}''\rangle\langle\boldsymbol{r}''|A\rangle\,\mathrm{d}\boldsymbol{r}'\mathrm{d}\boldsymbol{r}'' \\ &= \iint\psi_A^*(\boldsymbol{r}')\cdot\left[\mathrm{i}\hbar\frac{\partial}{\partial\boldsymbol{r}''}\langle\boldsymbol{r}'|\boldsymbol{r}''\rangle\right]\cdot\psi_A(\boldsymbol{r}'')\mathrm{d}\boldsymbol{r}'\mathrm{d}\boldsymbol{r}''\end{aligned}$$

这里使用了（5.32）式．接着

$$\begin{aligned}\bar{\hat{\boldsymbol{p}}} &= \iint\psi_A^*(\boldsymbol{r}')\psi_A(\boldsymbol{r}'')\left[\mathrm{i}\hbar\frac{\partial}{\partial\boldsymbol{r}''}\delta(\boldsymbol{r}'-\boldsymbol{r}'')\right]\mathrm{d}\boldsymbol{r}'\mathrm{d}\boldsymbol{r}'' \\ &= \iint\psi_A^*(\boldsymbol{r}')\delta(\boldsymbol{r}'-\boldsymbol{r}'')\left[-\mathrm{i}\hbar\frac{\partial}{\partial\boldsymbol{r}''}\psi_A(\boldsymbol{r}'')\right]\mathrm{d}\boldsymbol{r}'\mathrm{d}\boldsymbol{r}''\end{aligned}$$

这里作了分部积分，为了将分部积分积出的边界项弃去，用了态 ψ_A 为束缚态或周期解的边条件．于是得到

$$\bar{\hat{\boldsymbol{p}}} = \int\psi_A^*(\boldsymbol{r}')\left[-\mathrm{i}\hbar\frac{\partial}{\partial\boldsymbol{r}'}\psi_A(\boldsymbol{r}')\right]\mathrm{d}\boldsymbol{r}'$$

这就是在坐标表象里动量算符平均值的表示式，正是以前的结果．也可以采用动量表象进行计算，这就要插入动量基矢的完备条件转入动量表象来表述．于是有

$$\begin{aligned}\bar{\hat{\boldsymbol{p}}} &= \int\langle A|\hat{\boldsymbol{p}}|\boldsymbol{p}'\rangle\langle\boldsymbol{p}'|A\rangle\,\mathrm{d}\boldsymbol{p}' \\ &= \int\boldsymbol{p}'|\psi_A(\boldsymbol{p}')|^2\,\mathrm{d}\boldsymbol{p}'\end{aligned}$$

显然，此权重平均表达式正是动量表象中这个平均值的含义．总括起来，对于 $\hat{\boldsymbol{p}}$ 在态 $|A\rangle$ 中的平均值可以有许多种表达方式，这里给出三种，以作对照比较，即

坐标表象：$\bar{\hat{\boldsymbol{p}}}=\int\psi_A^*(\boldsymbol{r})(-\mathrm{i}\hbar\nabla)\psi_A(\boldsymbol{r})\mathrm{d}\boldsymbol{r}$

动量表象：$\bar{\hat{\boldsymbol{p}}}=\int\psi_A^*(\boldsymbol{p})\boldsymbol{p}\psi_A(\boldsymbol{p})\mathrm{d}\boldsymbol{p}$

无表象——抽象的 Dirac 符号表示：$\bar{\hat{\boldsymbol{p}}}=\langle A|\hat{\boldsymbol{p}}|A\rangle$

对于其他力学量算符平均值、各种标积和矢量方程都不难参照（5.37）式和此处进行．

3．Dirac 符号下的表象变换

比如，第 1 小节中从坐标表象向动量表象的变换——Fourier 积分变换（5.10a）式和（5.10b）式，现在就可以表示为

$$U=\int\mathrm{d}\boldsymbol{r}\langle\boldsymbol{p}|\boldsymbol{r}\rangle \tag{5.45a}$$

$$U^{-1}=\int\mathrm{d}\boldsymbol{p}\langle\boldsymbol{r}|\boldsymbol{p}\rangle \tag{5.45b}$$

注意变换矩阵 U 的行标 $\boldsymbol{p}$ 和列标 $\boldsymbol{r}$ 均为连续变化，U^{-1} 也类似．于是，波函数变换 $\psi_A(\boldsymbol{r})\rightarrow\psi_A(\boldsymbol{p})$ 及其逆变换就可以分别表示为

$$\psi_A(\boldsymbol{p})=\langle\boldsymbol{p}|A\rangle=\int\mathrm{d}\boldsymbol{r}\langle\boldsymbol{p}|\boldsymbol{r}\rangle\langle\boldsymbol{r}|A\rangle=U\psi_A(\boldsymbol{r})$$

$$\psi_A(\boldsymbol{r})=\langle\boldsymbol{r}|A\rangle=\int\mathrm{d}\boldsymbol{p}\langle\boldsymbol{r}|\boldsymbol{p}\rangle\langle\boldsymbol{p}|A\rangle=U^{-1}\psi_A(\boldsymbol{p})$$

简单计算可以验证，U^{-1} 和 U 相乘是个恒等变换：得到（5.12）式或用坐标表示的类似形式．

举个表象变换的例子．利用 Dirac 符号，容易将（5.41）式（动能算符在动量表象中的矩阵元）转换到（5.36）式（动能算符在坐标表象中的矩阵元）．用（5.45b）式及其 Hermite 共轭式对（5.41）式的左方作夹积，向坐标表象转换

$$\langle\boldsymbol{p}'|\frac{\hat{\boldsymbol{p}}^2}{2m}|\boldsymbol{p}''\rangle\rightarrow U^{-1}\left(\frac{\hat{\boldsymbol{p}}^2}{2m}\text{在动量表象矩阵元}\right)U$$

$$\rightarrow\iint\langle\boldsymbol{r}'|\boldsymbol{p}'\rangle\mathrm{d}\boldsymbol{p}'\cdot\langle\boldsymbol{p}'|\frac{\hat{\boldsymbol{p}}^2}{2m}|\boldsymbol{p}''\rangle\cdot\mathrm{d}\boldsymbol{p}''\langle\boldsymbol{p}''|\boldsymbol{r}''\rangle=\langle\boldsymbol{r}'|\frac{\hat{\boldsymbol{p}}^2}{2m}|\boldsymbol{r}''\rangle$$

$\boldsymbol{r}'$ 和 $\boldsymbol{r}''$ 等号用了动量表象基矢完备性条件．注意由于结果为坐标表象的矩阵元是指定值，所以将 U 的（5.45a）式代入时略去了对 $\boldsymbol{r}''$ 的积分号．由此看出，采用 Dirac 符号能十分简明地实现表象变换．（5.41）式右边相应变为（5.36）式右边

$$\frac{\boldsymbol{p}''^2}{2m}\delta(\boldsymbol{p}'-\boldsymbol{p}'') \to \iint\langle \boldsymbol{r}'|\boldsymbol{p}'\rangle \mathrm{d}\boldsymbol{p}' \cdot \frac{\boldsymbol{p}''^2}{2m}\delta(\boldsymbol{p}'-\boldsymbol{p}'')\cdot \mathrm{d}\boldsymbol{p}''\langle \boldsymbol{p}''|\boldsymbol{r}''\rangle$$

$$= \frac{1}{(2\pi\hbar)^3}\int \mathrm{e}^{\mathrm{i}\boldsymbol{p}'\cdot\boldsymbol{r}'/\hbar}\frac{\boldsymbol{p}'^2}{2m}\mathrm{e}^{-\mathrm{i}\boldsymbol{p}\cdot\boldsymbol{r}''/\hbar}\mathrm{d}\boldsymbol{p}'$$

$$= -\frac{\hbar^2}{2m}\Delta'\cdot\frac{1}{(2\pi\hbar)^3}\int \mathrm{e}^{\mathrm{i}\boldsymbol{p}'\cdot(\boldsymbol{r}'-\boldsymbol{r}'')/\hbar}\mathrm{d}\boldsymbol{p}'$$

$$= -\frac{\hbar^2}{2m}\Delta'\delta(\boldsymbol{r}'-\boldsymbol{r}'')$$

※§5.4 Wigner 定理[①]

1. Wigner 定理

“如果一个使体系在物理上保持不变的变换将体系的每个态矢 $|\psi\rangle$ 变为 $|\psi'\rangle$，则总可以调节相位，使得对所有 $|\psi\rangle$，

$$\text{不是}|\psi'\rangle = U|\psi\rangle\text{，就是}|\psi'\rangle = \pi|\psi\rangle$$

其中，U、π 分别是某个幺正或反幺正算符.”

证明 设有一变换使正交归一基 $\{|\alpha_n\rangle\}\to\{|\alpha_n'\rangle\}$，并保证对任意两个态矢均有

$$|\langle a|b\rangle| = |\langle a'|b'\rangle|$$

于是取 $|\varphi\rangle$ 和 $|\psi\rangle$ 如下：

$$|\varphi\rangle = |\alpha_1\rangle + |\alpha_m\rangle,\quad |\psi\rangle = \sum_n c_n|\alpha_n\rangle$$

变换后成为

$$|\varphi'\rangle = |\alpha_1'\rangle + |\alpha_m'\rangle,\quad |\psi'\rangle = \sum_n c_n'|\alpha_n'\rangle$$

按规定应有

$$|\langle\varphi|\psi\rangle| = |\langle\varphi'|\psi'\rangle|$$

这导致

$$|c_1 + c_m| = |c_1' + c_m'|$$

在不影响物理内容情况下，可以选 $|\psi'\rangle$ 的相位，使得 $c_1' = c_1$. 接着，展开这个绝对值等式，可得

$$c_1c_m^* + c_1^*c_m = c_1c_m'^* + c_1^*c_m'$$

① 详细参见 Encyclopedia of Math. & its Appli., **9**, p.160.

乘以c_m'，并注意$|c_m'|^2=|c_m|^2$，得

$$c_1^* c_m'^2 - c_m'(c_1 c_m^* + c_1^* c_m) + c_1 |c_m|^2 = 0$$

解此二次方程，得

$$c_m' = \begin{cases} c_m \\ \dfrac{c_1}{c_1^*} c_m^* \end{cases}$$

不影响物理内容，还可以进一步选定$|\psi\rangle$的相位，使c_1为实数，于是得到

$$c_m' = \begin{cases} c_m \\ c_m^* \end{cases}$$

若为前者，变换是幺正的；若为后者，

$$|\psi'\rangle = \sum_n c_n^* |\alpha_n'\rangle$$

变换是反幺正的.

利用反证法，容易证明，任一线性变换只能是二者之一．不再赘述.

2．讨论

（1）“使体系在物理上保持不变”的变换总称为体系的对称变换．其含义是下述各类变换：变换前后体系全部可观测概率、全部力学量期望值保持不变．一句话，凡有物理意义的、可在实验上观测到的量都不变.

（2）Wigner 定理也可以换一种说法：

“微观力学体系之间如果是物理上完全等价的，充要条件是在它们之间以一个幺正（反幺正）变换相联系.”

（3）要补充指出，在幺正变换下，原先表象的任何代数关系形式都不变；而在反幺正变换下，原先表象的任何代数关系中的常数均应代以相应复数共轭数．特别地，基本对易规则中的$i\hbar$应代以$-i\hbar$.

（4）证明中用到$c_1 \neq 0$似乎对$|\psi\rangle$的任意性有限制，成为证明的一个漏洞．其实不然，因为基矢的编号是可变的，可以选定$|\psi\rangle$展开式中任何非零项为$c_1|\alpha_1\rangle$，再“配选”以相应的$|\varphi\rangle$（其中$|\alpha_m\rangle$视$|\psi\rangle$展开情况而定）即可.

※§5.5 量子力学的路径积分表示

1．传播子与 Feynman 公设

先引入态矢的时间演化算符$U(t;t_0)$

$$|\psi(t)\rangle = U(t;t_0)|\psi(t_0)\rangle \tag{5.46}$$

$U(t;t_0)$ 的物理意义是把体系的 t_0 时刻的态矢演化为 t 时刻的态矢. 这种演化当然由体系 Hamilton 量所决定，是一种动力学演化. 如果体系 Hamilton 量 H 不显含 t，则从 Schrödinger 方程可得

$$|\psi(t)\rangle = e^{-\frac{i(t-t_0)H}{\hbar}}|\psi(t_0)\rangle$$

就是说

$$U(t;t_0) = e^{-i(t-t_0)H/\hbar}$$

在坐标表象中，上面态矢的时间演化可具体表述为

$$\langle \boldsymbol{r}|\psi(t)\rangle = \int\langle \boldsymbol{r}|U(t;t_0)|\boldsymbol{r}'\rangle\langle \boldsymbol{r}'|\psi(t_0)\rangle \mathrm{d}\boldsymbol{r}'$$

或为

$$\boxed{\psi(\boldsymbol{r},t) = \int U(\boldsymbol{r},t;\boldsymbol{r}',t_0)\psi(\boldsymbol{r}',t_0)\mathrm{d}\boldsymbol{r}'} \tag{5.47}$$

这里的积分核

$$\boxed{U(\boldsymbol{r},t;\boldsymbol{r}',t_0) = \langle \boldsymbol{r}|U(t;t_0)|\boldsymbol{r}'\rangle} \tag{5.48}$$

被称为“**传播子**”. 它的意思十分清楚地表现在 $\psi(\boldsymbol{r},t)$ 的积分表示（5.47）式里，说明 $\psi(\boldsymbol{r},t)$ 从何处传播来以及怎样传播来. 若取 $\psi(\boldsymbol{r}',t_0)=\delta(\boldsymbol{r}'-\boldsymbol{r}_0)$，这时

$$\psi(\boldsymbol{r},t) = U(\boldsymbol{r},t;\boldsymbol{r}_0,t_0)$$

这是说，**传播子 $U(\boldsymbol{r},t;\boldsymbol{r}_0,t_0)$ 是这样一种概率幅：粒子在 t_0 时刻位于 $\boldsymbol{r}_0$ 处，演化到 t 时刻位于 $\boldsymbol{r}$ 处的概率幅. 于是，对任意的初始波函数分布 $\psi(\boldsymbol{r}_0,t_0)$，在后来的 t 时刻 $\boldsymbol{r}$ 处该粒子的概率幅便可以乘以 $\psi(\boldsymbol{r}_0,t_0)$ 并对全部 $\boldsymbol{r}_0$ 积分得到**. 这里应当强调指出，**上面这个传播子 $U(\boldsymbol{r},t;\boldsymbol{r}_0,t_0)$ 按其物理含义可知，只当 $t>t_0$ 适用**. 为了这个物理的理由以及数学的理由（见下面第 3 小节），方便的是将其乘以单位阶跃函数 $\theta(t-t_0)$，就是说，当 $t<t_0$ 时为零. 这便是体系的**推迟 Green 函数或称推迟传播子**（见 § 10.3）. 所以严格说应有

$$\boxed{U(\boldsymbol{r},t;\boldsymbol{r}_0,t_0) = \langle \boldsymbol{r}|e^{-\frac{i}{\hbar}(t-t_0)\hat{H}}|\boldsymbol{r}_0\rangle\theta(t-t_0)} \tag{5.49}$$

下面在不产生误会的情况下常略写 $\theta(t-t_0)$ 因子.

在现在路径积分框架里，对有相互作用的一般量子体系，它的传播子 $U(\boldsymbol{r},t;\boldsymbol{r}_0,t_0)$ 是根据下面 Feynman 公设①给出的：

（1）**画出连接 $(\boldsymbol{r}_0,t_0)$ 和 $(\boldsymbol{r},t)$ 的全部路径**（$t>t_0$）；

① R.P. 费曼，A.R. 希布斯，量子力学与路径积分，北京：科学出版社，1986.

（2）**对每条路径 $\boldsymbol{r}(\tau)$，算出作用量** $S=\int_{t_0}^{t}L(\boldsymbol{r}(\tau))\mathrm{d}\tau$；

（3）$U(\boldsymbol{r},t;\boldsymbol{r}_0,t_0)$ **即为相因子 $\mathrm{e}^{\mathrm{i}S/\hbar}$ 对全部路径求和**

$$U(\boldsymbol{r},t;\boldsymbol{r}_0,t_0)=N\sum_{\text{all of path}}\mathrm{e}^{\mathrm{i}S/\hbar} \tag{5.50}$$

这里 N 是归一化因子.

这里需要对这个公设本身和“全部路径”的含义作一些解释：设粒子在 t_0 时刻处于 $\boldsymbol{r}_0$ 的概率幅为 $\psi(\boldsymbol{r}_0,t_0)$，经过演化，到 t 时刻位于 $\boldsymbol{r}$ 处的概率幅为 $\psi(\boldsymbol{r},t)$，**Feynman 公设主张 $\psi(\boldsymbol{r},t)$ 按下式决定：**

$$\psi(\boldsymbol{r},t)=\int U(\boldsymbol{r},t;\boldsymbol{r}_0,t_0)\psi(\boldsymbol{r}_0,t_0)\mathrm{d}\boldsymbol{r}_0 \tag{5.51}$$

其中，$U(\boldsymbol{r},t;\boldsymbol{r}_0,t_0)$ 由（5.50）式计算．至于“全部路径”的含义可参见图 5-1．将 t_0-t 时间分为 n 个等间隔 $\varepsilon=\tau_{i+1}-\tau_i$，对每一时刻 τ_i（任意）指定一个位置 $\boldsymbol{r}_i$，这些指定的 $\boldsymbol{r}_i(i=1,2,\cdots,n-1)$ 的集合（加上两个固定的端点 $\boldsymbol{r}_0|_{i=0}$，$\boldsymbol{r}|_{i=n}$）便构成一条路径．重新指定一个、数个或全体 $\boldsymbol{r}_i$ 便又构成了另一条路径．全部路径的含义是：每一时刻 t_i 所对应的 $\boldsymbol{r}_i$ 均可独立任意取值．形象地说，粒子在 (t_0-t) 内将以一切可能画出的路径从 $\boldsymbol{r}_0$ 点到达 $\boldsymbol{r}$ 点．**Feynman 公设认为，每条路径对最终概率幅都只贡献一个相因子 $\mathrm{e}^{\mathrm{i}S/\hbar}$．严格说来，由于这里的划分是有限区间的划分，仍然不能算是穷尽了全部路径．只当令 $\varepsilon\to 0$，$n\to\infty$，取极限，才算是考虑了全部可能的路径**．于是将传播子 $U(\boldsymbol{r},t;\boldsymbol{r}_0,t_0)$ 写出来便成为

$$\boxed{\begin{aligned}U(\boldsymbol{r},t;\boldsymbol{r}_0,t_0)&=\lim_{\substack{\varepsilon\to 0\\ n\to\infty}}\frac{1}{A^3}\int\cdots\int\exp\left\{\frac{\mathrm{i}\varepsilon}{\hbar}\sum_{i=0}^{n-1}L\left(\frac{\boldsymbol{r}_{i+1}-\boldsymbol{r}_i}{\varepsilon},\frac{\boldsymbol{r}_{i+1}+\boldsymbol{r}_i}{2},\frac{\tau_{i+1}+\tau_i}{2}\right)\right\}\frac{\mathrm{d}\boldsymbol{r}_1}{A^3}\cdots\frac{\mathrm{d}\boldsymbol{r}_{n-1}}{A^3}\\&\equiv\int\exp\left\{\frac{\mathrm{i}}{\hbar}\int_{t_0}^{t}L[\dot{\boldsymbol{r}}(\tau),\boldsymbol{r}(\tau),\tau]\mathrm{d}\tau\right\}D\boldsymbol{r}(\tau)\end{aligned}} \tag{5.52}$$

这里 $\tau_n=t$，$\boldsymbol{r}_n=\boldsymbol{r}$，对取极限的无穷多重数的重积分采用了特别的标记 $D\boldsymbol{r}(\tau)$，并定义成为（5.52）式的路径积分形式，实际上，它是关于路径函数的泛函积分．A^3 是每重 $\mathrm{d}\boldsymbol{r}_i$ 积分的归一化系数，它由体系 Lagrangian L 的具体形式决定．当 $L=\dfrac{m}{2}\dot{\boldsymbol{r}}^2-V(\boldsymbol{r},\tau)$ 时，A 的表达式在下节中给出．U 中多出的一个 $\dfrac{1}{A^3}$ 是考虑到（5.51）表示式里对 $\mathrm{d}\boldsymbol{r}_0$ 积分归一化的需要．

下面首先来证明，在 $\hat{H}$ 不显含时间的情况下，前面的 $U(\boldsymbol{r},t;\boldsymbol{r}_0,t_0)=\langle\boldsymbol{r}|\mathrm{e}^{-\frac{\mathrm{i}}{\hbar}(t-t_0)\hat{H}}|\boldsymbol{r}_0\rangle$ 表示式和现在用作用量相因子路径积分的表示式是一致的．为此考虑 $\tau_i\to\tau_{i+1}$ 这个

小区间. 注意，在此小区间中路径仍为任意可能的，因此即便$\tau_{i+1}-\tau_i=\varepsilon$很小，$\boldsymbol{r}_i$也不一定和$\boldsymbol{r}_{i+1}$很接近. 这时

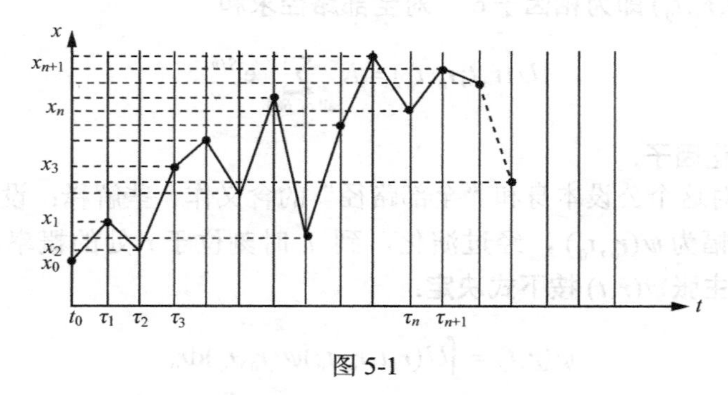

图 5-1

$$\begin{aligned}\psi(\boldsymbol{r}_{i+1},\tau_{i+1}) &= \int \mathrm{d}\boldsymbol{r}_i \left\langle \boldsymbol{r}_{i+1}\right| \mathrm{e}^{-\frac{\mathrm{i}}{\hbar}\varepsilon\hat{H}} \left|\boldsymbol{r}_i\right\rangle \psi(\boldsymbol{r}_i,\tau_i) \\ &= \iiint \mathrm{d}(\boldsymbol{r}_i\boldsymbol{p}_i\boldsymbol{p}_{i+1}) \left\langle \boldsymbol{r}_{i+1}\middle|\boldsymbol{p}_{i+1}\right\rangle \left\langle \boldsymbol{p}_{i+1}\right| \mathrm{e}^{-\frac{\mathrm{i}}{\hbar}\varepsilon\hat{H}} \left|\boldsymbol{p}_i\right\rangle \left\langle \boldsymbol{p}_i\middle|\boldsymbol{r}_i\right\rangle \psi(\boldsymbol{r}_i,\tau_i) \\ &= \iiint \frac{\mathrm{d}(\boldsymbol{r}_i\boldsymbol{p}_i\boldsymbol{p}_{i+1})}{(2\pi\hbar)^3} \mathrm{e}^{\frac{\mathrm{i}}{\hbar}(\boldsymbol{p}_{i+1}\cdot\boldsymbol{r}_{i+1}-\boldsymbol{p}_i\cdot\boldsymbol{r}_i)} \mathrm{e}^{-\frac{\mathrm{i}}{\hbar}\varepsilon H\left(\boldsymbol{p}_i,\frac{\boldsymbol{r}_{i+1}+\boldsymbol{r}_i}{2}\right)} \delta(\boldsymbol{p}_{i+1}-\boldsymbol{p}_i)\psi(\boldsymbol{r}_i,\tau_i) \\ &= \iint \frac{\mathrm{d}(\boldsymbol{r}_i\boldsymbol{p}_i)}{(2\pi\hbar)^3} \mathrm{e}^{\frac{\mathrm{i}}{\hbar}\boldsymbol{p}_i\cdot(\boldsymbol{r}_{i+1}-\boldsymbol{r}_i)-\frac{\mathrm{i}}{\hbar}\varepsilon H\left(\boldsymbol{p}_i,\frac{\boldsymbol{r}_{i+1}+\boldsymbol{r}_i}{2}\right)} \psi(\boldsymbol{r}_i,\tau_i) \\ &= \int \mathrm{d}\boldsymbol{r}_i \mathrm{e}^{-\frac{\mathrm{i}}{\hbar}\varepsilon V\left(\frac{\boldsymbol{r}_{i+1}+\boldsymbol{r}_i}{2}\right)} \psi(\boldsymbol{r}_i,\tau_i) \int \frac{\mathrm{d}\boldsymbol{p}_i}{(2\pi\hbar)^3} \mathrm{e}^{\frac{\mathrm{i}}{\hbar}\boldsymbol{p}_i\cdot(\boldsymbol{r}_{i+1}-\boldsymbol{r}_i)-\frac{\mathrm{i}}{\hbar}\varepsilon\frac{\boldsymbol{p}_i^2}{2m}}\end{aligned}$$

其实，由于V前面乘有ε，其中位置变数$\dfrac{\boldsymbol{r}_{i+1}+\boldsymbol{r}_i}{2}$可以直接取作$\boldsymbol{r}_i$，参见下节. 最后关于$\boldsymbol{p}_i$的积分

$$\begin{aligned}&\int \frac{\mathrm{d}\boldsymbol{p}_i}{(2\pi\hbar)^3} \mathrm{e}^{\frac{\mathrm{i}}{\hbar}\boldsymbol{p}_i\cdot(\boldsymbol{r}_{i+1}-\boldsymbol{r}_i)-\frac{i}{\hbar}\varepsilon\frac{\boldsymbol{p}_i^2}{2m}} \\ &= \int \frac{\mathrm{d}\boldsymbol{p}_i}{(2\pi\hbar)^3} \exp\left\{-\frac{\mathrm{i}m}{2\hbar\varepsilon}\left[\frac{\varepsilon^2\boldsymbol{p}_i^2}{m^2} - 2\cdot\frac{\varepsilon\boldsymbol{p}_i}{m}\cdot(\boldsymbol{r}_{i+1}-\boldsymbol{r}_i) + (\boldsymbol{r}_{i+1}-\boldsymbol{r}_i)^2\right] + \frac{\mathrm{i}m}{2\hbar\varepsilon}(\boldsymbol{r}_{i+1}-\boldsymbol{r}_i)^2\right\} \\ &= \frac{1}{(2\pi\hbar)^3}\int \mathrm{d}^3\eta \exp\left\{-\frac{\mathrm{i}m}{2\hbar\varepsilon}\eta^2\right\} \exp\left\{\frac{\mathrm{i}\varepsilon}{\hbar}\frac{m}{2}\left(\frac{\boldsymbol{r}_{i+1}-\boldsymbol{r}_i}{\varepsilon}\right)^2\right\} \\ &= \frac{1}{(2\pi\hbar)^3}\left(\frac{2\pi\hbar\varepsilon}{\mathrm{i}m}\right)^{3/2} \frac{m^3}{\varepsilon^3} \exp\left\{\frac{\mathrm{i}\varepsilon}{\hbar}\frac{m}{2}\left(\frac{\boldsymbol{r}_{i+1}-\boldsymbol{r}_i}{\varepsilon}\right)^2\right\}\end{aligned} \tag{5.53}$$

故整个积分

$$\psi(\boldsymbol{r}_{i+1},\tau_{i+1})=\left(\frac{m}{2\pi\hbar\mathrm{i}\varepsilon}\right)^{3/2}\int\mathrm{d}\boldsymbol{r}_i\mathrm{e}^{\frac{\mathrm{i}}{\hbar}\varepsilon\left[\frac{1}{2}m\left(\frac{\boldsymbol{r}_{i+1}-\boldsymbol{r}_i}{\varepsilon}\right)^2-V\left(\frac{\boldsymbol{r}_{i+1}+\boldsymbol{r}_i}{2}\right)\right]}\psi(\boldsymbol{r}_i,\tau_i)$$

即

$$\boxed{\psi(\boldsymbol{r}_{i+1},\tau_{i+1})=\int\frac{\mathrm{d}\boldsymbol{r}_i}{A^3}\mathrm{e}^{\frac{\mathrm{i}}{\hbar}\varepsilon L\left(\frac{\boldsymbol{r}_{i+1}-\boldsymbol{r}_i}{\varepsilon},\frac{\boldsymbol{r}_{i+1}+\boldsymbol{r}_i}{2}\right)}\psi(\boldsymbol{r}_i,\tau_i),\quad\left(A=\sqrt{\frac{\mathrm{i}2\pi\hbar\varepsilon}{m}}\right)}$$

由此结果出发，反推向过去至$(\boldsymbol{r}_0t_0)$、推向将来至$(\boldsymbol{r}t)$，并取极限，即得

$$\psi(\boldsymbol{r},t)=\lim_{\substack{\varepsilon\to0\\ n\to\infty}}\int\cdots\int\frac{\mathrm{d}\boldsymbol{r}_{n-1}}{A^3}\cdots\frac{\mathrm{d}\boldsymbol{r}_1}{A^3}\frac{\mathrm{d}\boldsymbol{r}_0}{A^3}\exp\left\{\frac{\mathrm{i}\varepsilon}{\hbar}\sum_{i=0}^{n-1}L\left(\frac{\boldsymbol{r}_{i+1}-\boldsymbol{r}_i}{\varepsilon},\frac{\boldsymbol{r}_{i+1}+\boldsymbol{r}_i}{2}\right)\right\}\psi(\boldsymbol{r}_0,t_0)$$

与前面$\psi(\boldsymbol{r},t)=\int U(\boldsymbol{r},t;\boldsymbol{r}_0,t_0)\psi(\boldsymbol{r}_0,t_0)\mathrm{d}\boldsymbol{r}_0$相比较即得

$$\boxed{\begin{aligned}U(\boldsymbol{r},t;\boldsymbol{r}_0,t_0)&=\lim_{\substack{\varepsilon\to0\\ n\to\infty}}\frac{1}{A^3}\int\cdots\int\frac{\mathrm{d}\boldsymbol{r}_{n-1}}{A^3}\cdots\frac{\mathrm{d}\boldsymbol{r}_1}{A^3}\mathrm{e}^{\frac{\mathrm{i}\varepsilon}{\hbar}\sum_{i=0}^{n-1}L}\\&=\int\exp\left\{\frac{\mathrm{i}}{\hbar}\int_{t_0}^{t}L(\boldsymbol{r}(\tau))\mathrm{d}\tau\right\}D\boldsymbol{r}(\tau)=\left\langle\boldsymbol{r}\right|\mathrm{e}^{-\frac{\mathrm{i}}{\hbar}(t-t_0)\hat{H}}\left|\boldsymbol{r}_0\right\rangle\end{aligned}}\tag{5.54}$$

应当指出，传播子的$\mathrm{e}^{\mathrm{i}S/\hbar}$路径积分表示式比$\mathrm{e}^{-\frac{\mathrm{i}}{\hbar}(t-t_0)\hat{H}}$坐标表象矩阵元表示式更为普遍，因为前者对 Hamilton 量$\hat{H}(t)$含时情况仍适用.

2．和 Schrödinger 方程的等价性

可以证明，上述表示的$\psi(\boldsymbol{r},t)$满足 Schrödinger 方程. 为阐述得更为清楚，这里用两种办法来证明.

[第一种办法]从路径积分表示式出发，

$$\psi(\boldsymbol{r},t')=\int\mathrm{d}\boldsymbol{r}'U(\boldsymbol{r},t';\boldsymbol{r}',t)\psi(\boldsymbol{r}',t)$$

这里U用路径积分表示式. 假设$t'=t+\varepsilon$，$\varepsilon\to0$，$\boldsymbol{r}'=\boldsymbol{r}+\boldsymbol{\eta}$（注意$\boldsymbol{\eta}$不一定很小，如前所说），这时可取一重积分，即有

$$\begin{aligned}\psi(\boldsymbol{r},t+\varepsilon)&=\int\frac{\mathrm{d}\boldsymbol{r}'}{A^3}\exp\left\{\frac{\mathrm{i}\varepsilon}{\hbar}\left[\frac{m}{2}\left(\frac{\boldsymbol{r}-\boldsymbol{r}'}{\varepsilon}\right)^2-V\left(\frac{\boldsymbol{r}+\boldsymbol{r}'}{2},\frac{t+t'}{2}\right)\right]\right\}\psi(\boldsymbol{r}',t)\\&=\int\frac{\mathrm{d}\boldsymbol{\eta}}{A^3}\exp\left\{\frac{\mathrm{i}\varepsilon}{\hbar}\left[\frac{m}{2}\frac{\boldsymbol{\eta}^2}{\varepsilon^2}-V\left(\boldsymbol{r}+\frac{\boldsymbol{\eta}}{2},t+\frac{\varepsilon}{2}\right)\right]\right\}\psi(\boldsymbol{r}+\boldsymbol{\eta},t)\end{aligned}$$

由于第一个指数中包含$\dfrac{\boldsymbol{\eta}^2}{\varepsilon}$，当$\boldsymbol{\eta}^2$不是很小时，这项指数将快速振荡，从而对$\boldsymbol{\eta}$积分贡献非常小；所以仅当$\boldsymbol{\eta}^2$是$\dfrac{\varepsilon\hbar}{m}$量级的小量时，第一个指数相位改变不大于 1 个

弧度范围，积分贡献主要来源于这个范围的$\boldsymbol{\eta}^2$值．于是，当整个等式展开保留到ε量级的项，ψ展开只需保留到ε量级的项，而对$\boldsymbol{\eta}$展开要保留到$\boldsymbol{\eta}^2$量级的项

$$\psi(\boldsymbol{r},t)+\varepsilon\frac{\partial\psi(\boldsymbol{r},t)}{\partial t}=\int\frac{\mathrm{d}\boldsymbol{\eta}}{A^3}\mathrm{e}^{\frac{im\eta^2}{2\hbar\varepsilon}}\left(1-\frac{\mathrm{i}\varepsilon}{\hbar}V(\boldsymbol{r},t)\right)\left[\psi(\boldsymbol{r},t)+\boldsymbol{\eta}\cdot\nabla\psi(\boldsymbol{r},t)\right.$$
$$\left.+\frac{1}{2}\left(\eta_x^2\frac{\partial^2\psi}{\partial x^2}+\eta_y^2\frac{\partial^2\psi}{\partial y^2}+\eta_z^2\frac{\partial^2\psi}{\partial z^2}\right)\right]$$

这里，鉴于V前乘有ε因子，V中参量可取零阶近似（见前节）．利用公式（以η_x为例）

$$\int_{-\infty}^{+\infty}\mathrm{d}\eta_x\mathrm{e}^{\frac{im\eta_x^2}{2\hbar\varepsilon}}=\left(\frac{\mathrm{i}2\pi\hbar\varepsilon}{m}\right)^{1/2}\equiv A,\quad\int_{-\infty}^{+\infty}\frac{\mathrm{d}\eta_x}{A}\eta_x\mathrm{e}^{\frac{im\eta_x^2}{2\hbar\varepsilon}}=0$$

再对第一个积分等式两边ε微分，又得第三个等式

$$\int_{-\infty}^{+\infty}\frac{\mathrm{d}\eta_x}{A}\eta_x^2\mathrm{e}^{\frac{im\eta_x^2}{2\hbar\varepsilon}}=\frac{\mathrm{i}\hbar\varepsilon}{m}$$

利用这三个等式，得

$$\psi+\varepsilon\frac{\partial\psi}{\partial t}=\psi-\frac{\mathrm{i}\varepsilon}{\hbar}V\psi+\frac{\mathrm{i}\hbar\varepsilon}{2m}\Delta\psi$$

$$\mathrm{i}\hbar\frac{\partial\psi}{\partial t}=\left(-\frac{\hbar^2}{2m}\Delta+V\right)\psi$$

[第二种办法]从下面表达式出发

$$\psi(\boldsymbol{r},t')=\int\langle\boldsymbol{r}|\mathrm{e}^{-\mathrm{i}(t'-t)\hat{H}/\hbar}|\boldsymbol{r}_0\rangle\psi(\boldsymbol{r}_0,t)\mathrm{d}\boldsymbol{r}_0$$

现假定$t'=t+\varepsilon$，上式成为

$$\psi(\boldsymbol{r},t+\varepsilon)=\int\langle\boldsymbol{r}|\mathrm{e}^{-\mathrm{i}\frac{\varepsilon}{\hbar}\hat{H}}|\boldsymbol{r}_0\rangle\psi(\boldsymbol{r}_0,t)\mathrm{d}\boldsymbol{r}_0=\int\langle\boldsymbol{r}|\left(1-\mathrm{i}\frac{\varepsilon}{\hbar}\hat{H}\right)|\boldsymbol{r}_0\rangle\psi(\boldsymbol{r}_0,t)\mathrm{d}\boldsymbol{r}_0$$

利用（5.32a）中第一式，有

$$\int\mathrm{d}\boldsymbol{r}_0\langle\boldsymbol{r}|\hat{\boldsymbol{p}}|\boldsymbol{r}_0\rangle\psi(\boldsymbol{r}_0,t)=\int\mathrm{d}\boldsymbol{r}_0\left(-\mathrm{i}\hbar\frac{\partial}{\partial\boldsymbol{r}}\langle\boldsymbol{r}|\boldsymbol{r}_0\rangle\right)\psi(\boldsymbol{r}_0,t)$$
$$=-\mathrm{i}\hbar\frac{\partial}{\partial\boldsymbol{r}}\int\mathrm{d}\boldsymbol{r}_0\delta(\boldsymbol{r}-\boldsymbol{r}_0)\psi(\boldsymbol{r}_0,t)=-\mathrm{i}\hbar\frac{\partial}{\partial\boldsymbol{r}}\psi(\boldsymbol{r},t)$$

代入上式即得

$$\psi(\boldsymbol{r},t+\varepsilon)=\psi(\boldsymbol{r},t)-\frac{\mathrm{i}\varepsilon}{\hbar}\hat{H}\left(-\mathrm{i}\hbar\frac{\partial}{\partial\boldsymbol{r}},\boldsymbol{r}\right)\psi(\boldsymbol{r},t)$$

也即

$$\mathrm{i}\hbar\frac{\partial\psi}{\partial t}=\hat{H}\psi$$

注意，路径积分方法既给出运动方程，也给出动量算符在坐标表象的表达式，也即同时又给出基本对易规则．这不但显示方法更为深刻，这种能力也很有用．

3．传播子$\boldsymbol{U(r,t;r_0,t_0)}$再研究

其实，上述传播子即为Schrödinger方程的Green函数．下面导出它所满足的微分方程给以证实．

$$\begin{aligned}&\frac{\partial}{\partial t_2}\left\{\langle \boldsymbol{r}_2|\mathrm{e}^{-\mathrm{i}(t_2-t_1)\hat{H}/\hbar}|\boldsymbol{r}_1\rangle\theta(t_2-t_1)\right\}\\&=-\frac{\mathrm{i}}{\hbar}\langle \boldsymbol{r}_2|\hat{H}\mathrm{e}^{-\frac{\mathrm{i}}{\hbar}(t_2-t_1)\hat{H}/\hbar}|\boldsymbol{r}_1\rangle\cdot\theta(t_2-t_1)+\langle \boldsymbol{r}_2|\mathrm{e}^{-\mathrm{i}(t_2-t_1)\hat{H}/\hbar}|\boldsymbol{r}_1\rangle\delta(t_2-t_1)\\&=-\frac{\mathrm{i}}{\hbar}\hat{H}_2\langle \boldsymbol{r}_2|\mathrm{e}^{-\frac{\mathrm{i}}{\hbar}(t_2-t_1)\hat{H}}|\boldsymbol{r}_1\rangle\theta(t_2-t_1)+\langle \boldsymbol{r}_2|\mathrm{e}^{-\frac{\mathrm{i}}{\hbar}(t_2-t_1)\hat{H}}|\boldsymbol{r}_1\rangle\delta(t_2-t_1)\end{aligned}$$

这里用了$\langle \boldsymbol{r}_2|\hat{\boldsymbol{p}}=-\mathrm{i}\hbar\nabla_2\langle \boldsymbol{r}_2|$、$\hat{H}_2(\hat{\boldsymbol{p}},\hat{\boldsymbol{r}})=\hat{H}(-\mathrm{i}\hbar\nabla_2,\boldsymbol{r}_2)$，将算符$\hat{\boldsymbol{p}}$转化为对$\boldsymbol{r}_2$的作用．同时，由于第二项含有$\delta(t_2-t_1)$因子，可令该项矩阵元内指数上$t_2=t_1$，于是可得

$$\mathrm{i}\hbar\frac{\partial U(2;1)}{\partial t_2}-\hat{H}U(2;1)=\mathrm{i}\hbar\delta(\boldsymbol{r}_2-\boldsymbol{r}_1)\delta(t_2-t_1)\tag{5.55}$$

这里已简记$U(\boldsymbol{r}_2,t_2;\boldsymbol{r}_1,t_1)=U(2;1)$．这就是$U(2;1)$作为量子体系推迟Green函数所满足的微分方程．严格地说，此方程再加辅助条件

$$U(\boldsymbol{r}_2,t_2;\boldsymbol{r}_1,t_1)=0\quad(t_2<t_1)$$

才可以完全决定所要的推迟Green函数．

同样，若H不显含时间，将有定态解完备集合

$$\begin{cases}H|\varphi_n\rangle=E_n|\varphi_n\rangle\\\sum\limits_n|\varphi_n\rangle\langle\varphi_n|=1\end{cases}$$

于是这时传播子可明显地写为

$$\begin{aligned}U(2;1)&=\langle \boldsymbol{r}_2|\mathrm{e}^{-\frac{\mathrm{i}}{\hbar}(t_2-t_1)\hat{H}}|\boldsymbol{r}_1\rangle\theta(t_2-t_1)\\&=\sum_{mn}\langle \boldsymbol{r}_2|\varphi_m\rangle\langle\varphi_m|\mathrm{e}^{-\frac{\mathrm{i}}{\hbar}(t_2-t_1)\hat{H}}|\varphi_n\rangle\langle\varphi_n|\boldsymbol{r}_1\rangle\theta(t_2-t_1)\\&=\sum_n\varphi_n^*(\boldsymbol{r}_1)\varphi_n(\boldsymbol{r}_2)\mathrm{e}^{-\frac{\mathrm{i}}{\hbar}(t_2-t_1)E_n}\theta(t_2-t_1)\end{aligned}\tag{5.56}$$

此式例算见下面第 5 小节.

另外，由于时间上相继发生的事件，其概率幅将相乘，于是将所有的路径进行两次或多次分割是完全可能的. 比如，这时将有

$$U(3;1)=\int U(3;2)U(2;1)\mathrm{d}\boldsymbol{r}_2 \tag{5.57}$$

这从路径积分思想或直接在表达式中插入坐标表象基矢完备性条件均可看出.

最后，应当指出，还有另一种很常用的求积路径积分的办法，这就是将端点在 (x_0,t_0) 和 (x,t) 的任意路径分解为经典路径及量子涨落两部分

$$x(t)=x_{\mathrm{C}}(t)+y(t)$$

相应地，作用量也被区分开来. 设 S_{C} 是 Lagrangian L 沿着经典允许轨道从 (x_0,t_0) 到 (x,t) 的时间积分. 可以证明有

$$\boxed{U(x,t;x_0,t_0)=\exp\left\{\frac{\mathrm{i}}{\hbar}S_{\mathrm{C}}(x,t;x_0,t_0)\right\}F(t;t_0)} \tag{5.58}$$

涨落因子 F 由对 $y(t)$ 的路径积分而得，只依赖于两端点时间，与空间变数无关①.

4. 路径积分计算举例（1）——自由粒子情况

下面用两种方法计算自由粒子的传播子.

第一，直接积分计算. 这时 $H=\dfrac{p^2}{2m}$，演化算符为

$$U(t,t_0)=\int \mathrm{e}^{-\mathrm{i}(t-t_0)\frac{p^2}{2m\hbar}}|\boldsymbol{p}\rangle\langle\boldsymbol{p}|\mathrm{d}\boldsymbol{p}$$

传播子为（注意添加了因子 $\theta(t-t_0)$）

$$\begin{aligned}U(\boldsymbol{r},t;\boldsymbol{r}_0,t_0)&=\langle\boldsymbol{r}|U(t,t_0)|\boldsymbol{r}_0\rangle=\int \mathrm{e}^{-\mathrm{i}\frac{(t-t_0)p^2}{2m\hbar}}\langle\boldsymbol{r}|\boldsymbol{p}\rangle\langle\boldsymbol{p}|\boldsymbol{r}_0\rangle\mathrm{d}\boldsymbol{p}\\&=\frac{1}{(2\pi\hbar)^3}\int \mathrm{e}^{-\mathrm{i}\frac{(t-t_0)p^2}{2m\hbar}+\mathrm{i}\frac{\boldsymbol{p}\cdot(\boldsymbol{r}-\boldsymbol{r}_0)}{\hbar}}\mathrm{d}\boldsymbol{p}\\&=\left(\frac{m}{\mathrm{i}2\pi\hbar(t-t_0)}\right)^{3/2}\exp\left(\frac{\mathrm{i}m}{2\hbar(t-t_0)}(\boldsymbol{r}-\boldsymbol{r}_0)^2\right)\theta(t-t_0)\end{aligned} \tag{5.59}$$

可以直接检验，这个传播子满足有源（5.55）式，并可配合（初条件为单色波的）（3.46）式相印证.

第二，用标准的路径积分方法，即逐重积分递进计算. 这时 $L=\dfrac{m}{2}\dot{\boldsymbol{r}}^2$，

① 详见 R. 费曼，量子力学与路径积分，北京：科学出版社，1986; H. Kleinert, Path Integrals in Quantum Mechanics, Statistics, and Polymer Physics, World Scientific, 1990.

$$U(\boldsymbol{r},t;\boldsymbol{r}_0,t_0)=\lim_{\substack{n\to\infty\\ \varepsilon\to 0}}\left(\frac{2\pi\mathrm{i}\hbar\varepsilon}{m}\right)^{-\frac{3}{2}}\int\cdots\int\frac{\mathrm{d}\boldsymbol{r}_{n-1}}{\left(\frac{2\pi\mathrm{i}\hbar\varepsilon}{m}\right)^{3/2}}\cdots\frac{\mathrm{d}\boldsymbol{r}_1}{\left(\frac{2\pi\mathrm{i}\hbar\varepsilon}{m}\right)^{3/2}}\exp\left\{\frac{\mathrm{i}m}{2\hbar\varepsilon}\sum_{i=0}^{n-1}(\boldsymbol{r}_{i+1}-\boldsymbol{r}_i)^2\right\}$$

这里$\boldsymbol{r}_n=\boldsymbol{r}$，$n\varepsilon=t-t_0$．由于这时 x、y、z 三个自由度彼此独立，计算完全相同，为书写简单只对 x 自由度进行这个多重积分计算．先从对 x_1 的积分开始，将这个积分乘以$\left(\frac{2\pi\mathrm{i}\hbar\varepsilon}{m}\right)^{-\frac{1}{2}}$（此因子原在重积分号之外），即得

$$\begin{aligned}&\left(\frac{2\pi\mathrm{i}\hbar\varepsilon}{m}\right)^{-1}\int_{-\infty}^{+\infty}\mathrm{d}x_1\exp\left\{\frac{\mathrm{i}m}{2\hbar\varepsilon}\left[(x_2-x_1)^2+(x_1-x_0)^2\right]\right\}\\=&\left(\frac{2\pi\mathrm{i}\hbar\varepsilon}{m}\right)^{-1}\int_{-\infty}^{+\infty}\mathrm{d}x_1\exp\left\{\frac{\mathrm{i}m}{\hbar\varepsilon}\left[\left(x_1-\frac{x_2+x_0}{2}\right)^2+\frac{(x_2-x_0)^2}{4}\right]\right\}\end{aligned}$$

利用§3.3 广义 Gauss 积分公式，上式即为

$$\left(\frac{\pi\mathrm{i}\cdot 2\hbar\cdot 2\varepsilon}{m}\right)^{-\frac{1}{2}}\exp\left\{\frac{\mathrm{i}m}{2\hbar\cdot 2\varepsilon}(x_2-x_0)^2\right\}$$

接着将此结果乘以

$$\left(\frac{2\pi\mathrm{i}\hbar\varepsilon}{m}\right)^{-\frac{1}{2}}\exp\left\{\frac{\mathrm{i}m}{2\hbar\varepsilon}(x_3-x_2)^2\right\}$$

再进行 x_2 积分

$$\begin{aligned}&\frac{m}{\pi\mathrm{i}\sqrt{2\hbar\cdot 2\varepsilon}}\int_{-\infty}^{+\infty}\mathrm{d}x_2\exp\left\{\frac{\mathrm{i}m}{4\hbar\varepsilon}(x_2-x_0)^2+\frac{\mathrm{i}m}{2\hbar\varepsilon}(x_3-x_2)^2\right\}\\=&\frac{m}{\pi\mathrm{i}\sqrt{2\hbar\cdot 2\varepsilon}}\int_{-\infty}^{+\infty}\mathrm{d}x_2\exp\left\{\frac{\mathrm{i}m}{4\hbar\varepsilon}\left[\left(\sqrt{3}x_2-\frac{1}{\sqrt{3}}(2x_3+x_0)\right)^2+\frac{2}{3}(x_3-x_0)^2\right]\right\}\\=&\left(\frac{\pi\mathrm{i}\cdot 2\hbar\cdot 3\varepsilon}{m}\right)^{-\frac{1}{2}}\exp\left\{\frac{\mathrm{i}m}{2\hbar\cdot 3\varepsilon}(x_3-x_0)^2\right\}\end{aligned}$$

由此重复并递推下去，直至完成对 x_{n-1} 的积分，将得到

$$\left(\frac{\pi\mathrm{i}\cdot 2\hbar\cdot n\varepsilon}{m}\right)^{-\frac{1}{2}}\exp\left\{\frac{\mathrm{i}m}{2\hbar\cdot n\varepsilon}(x-x_0)^2\right\}$$

注意 $n\varepsilon=t-t_0$，于是得到$U(\boldsymbol{r},t;\boldsymbol{r}_0,t_0)$的 x 方向部分．y、z 计算及结果类似．证毕．

5．路径积分计算举例（2）——谐振子情况

由于已经知道谐振子的本征值和本征函数，采用前面（5.56）式可以更简捷地计算出谐振子的传播子．由前面叙述可知

$$U(xt;x_0t_0)=\sum_n \varphi_n(x)\varphi_n^*(x_0)\mathrm{e}^{-\frac{\mathrm{i}}{\hbar}(t-t_0)E_n}\qquad (t>t_0)$$

这时 $E_n=\left(n+\dfrac{1}{2}\right)\hbar\omega$，并且

$$\varphi_n(x)=(2^n n!)^{-1/2}\left(\frac{m\omega}{\pi\hbar}\right)^{1/4}\mathrm{H}_n\left(x\sqrt{\frac{m\omega}{\hbar}}\right)\mathrm{e}^{-\frac{m\omega}{2\hbar}x^2}$$

于是

$$U(xt;x_0t_0)=\sqrt{\frac{m\omega}{\pi\hbar}}\mathrm{e}^{-\frac{m\omega}{2\hbar}(x^2+x_0^2)-\frac{\mathrm{i}}{2}\omega(t-t_0)}\sum_{n=0}^{\infty}(2^n n!)^{-1}\mathrm{H}_n\left(x\sqrt{\frac{m\omega}{\hbar}}\right)\mathrm{H}_n\left(x_0\sqrt{\frac{m\omega}{\hbar}}\right)\mathrm{e}^{-\mathrm{i}n\omega(t-t_0)}\tag{5.60}$$

利用厄米多项式的积分表示

$$\mathrm{H}_n(\xi)=\frac{1}{\sqrt{\pi}}\mathrm{e}^{\xi^2}\int_{-\infty}^{+\infty}\left(\frac{2}{\mathrm{i}}\right)^n\mathrm{e}^{-\tau^2+2\xi\mathrm{i}\tau}\tau^n\mathrm{d}\tau$$

得

$$\begin{aligned}U(xt;x_0t_0)=&\sqrt{\frac{m\omega}{\pi^3\hbar}}\mathrm{e}^{\frac{m\omega}{2\hbar}\left(x^2+x_0^2\right)-\frac{\mathrm{i}}{2}\omega(t-t_0)}\iint_{-\infty}^{+\infty}\mathrm{d}\tau\mathrm{d}\tau'\\&\cdot\exp\left\{-\tau^2-\tau'^2+2x\sqrt{\frac{m\omega}{\hbar}}\mathrm{i}\tau+2x_0\sqrt{\frac{m\omega}{\hbar}}\mathrm{i}\tau'\right\}\sum_{n=0}^{\infty}\frac{(-1)^n}{n!}(2\tau\tau')^n\mathrm{e}^{-\mathrm{i}n\omega(t-t_0)}\\=&\sqrt{\frac{m\omega}{\pi^3\hbar}}\mathrm{e}^{\frac{m\omega}{2\hbar}\left(x^2+x_0^2\right)-\frac{\mathrm{i}}{2}\omega(t-t_0)}\int_{-\infty}^{+\infty}\mathrm{d}\tau\mathrm{e}^{-\tau^2+2x\sqrt{\frac{m\omega}{\hbar}}\mathrm{i}\tau}\int_{-\infty}^{+\infty}\mathrm{d}\tau'\\&\cdot\exp\left\{-\tau'^2+2x_0\sqrt{\frac{m\omega}{\hbar}}\mathrm{i}\tau'-2\tau\tau'\mathrm{e}^{-\mathrm{i}\omega(t-t_0)}\right\}\end{aligned}$$

对 τ' 和 τ 的积分均可归结为如下积分：

$$\int_{-\infty}^{+\infty}\mathrm{e}^{-y^2}\mathrm{d}y=\sqrt{\pi}$$

完成积分之后得

$$U(xt;x_0t_0)=\sqrt{\frac{m\omega}{\pi\hbar}}\mathrm{e}^{\frac{m\omega}{2\hbar}(x^2-x_0^2)-\frac{\mathrm{i}}{2}\omega(t-t_0)}(1-\mathrm{e}^{-2\mathrm{i}\omega(t-t_0)})^{-\frac{1}{2}}$$

$$\cdot\exp\left\{-\frac{m\omega}{\hbar}\left[\frac{x^2-2xx_0\mathrm{e}^{-\mathrm{i}\omega(t-t_0)}+x_0^2\mathrm{e}^{-2\mathrm{i}\omega(t-t_0)}}{1-\mathrm{e}^{-2\mathrm{i}\omega(t-t_0)}}\right]\right\} \tag{5.61}$$

$$=\left(\frac{m\omega}{2\pi\mathrm{i}\hbar\sin\omega(t-t_0)}\right)^{1/2}\exp\left\{\frac{\mathrm{i}m\omega}{2\hbar\sin\omega(t-t_0)}[(x^2+x_0^2)\cos\omega(t-t_0)-2x_0x]\right\}$$

如果用路径积分方法直接得到此结果，接着再继以此处计算的逆过程，便成为在路径积分框架下求解简谐振子本征值和本征函数过程，正如 Feynman 所做的.

※§5.6 Fock 空间与相干态及相干态表象

1. 谐振子的 Fock 空间表示

对坐标算符 x 和动量算符 p 实行算符变换，引入两个新的无量纲算符 a 和 a^+：

$$\begin{cases} a=\dfrac{1}{\sqrt{2m\hbar\omega}}(m\omega x+\mathrm{i}p) \\ a^+=\dfrac{1}{\sqrt{2m\hbar\omega}}(m\omega x-\mathrm{i}p) \end{cases} \tag{5.62}$$

由此反解出 x 和 p

$$x=\sqrt{\frac{\hbar}{2m\omega}}(a^++a),\quad p=\mathrm{i}\sqrt{\frac{m\hbar\omega}{2}}(a^+-a) \tag{5.63}$$

由于 x 和 p 是 Hermite 的，a 和 a^+ 互为 Hermite 共轭，即 $(a)^+=a^+$ 和 $(a^+)^+=a$．根据 a 和 a^+ 的上述定义，容易算出它们之间的对易子为

$$[a,a^+]=1 \tag{5.64}$$

这是 Bose 子对易关系，这说明 (a,a^+) 是一对 Bose 子算符.

利用这一对新算符，可以把量子谐振子问题表述得简洁而富于粒子形象，

$$H=\frac{p^2}{2m}+\frac{1}{2}m\omega^2x^2=\left(a^+a+\frac{1}{2}\right)\hbar\omega \tag{5.65}$$

$a^+a\equiv N$ 称为粒子数算符，于是谐振子的定态 Schrödinger 方程成为

$$H\psi_n(x)=\left(n+\frac{1}{2}\right)\hbar\omega\psi_n(x)\Rightarrow a^+a\psi_n(x)=n\psi_n(x) \tag{5.66}$$

利用 Hermite 多项式 $\mathrm{H}_n(\xi)$ 的性质，注意 $\xi=\sqrt{\dfrac{m\omega}{\hbar}}x$，转入坐标表象，可得

$$\begin{aligned}a^{+}\psi_n(x)&=\frac{1}{\sqrt{2}}\left(\xi-\frac{\mathrm{d}}{\mathrm{d}\xi}\right)N_n\mathrm{e}^{-\frac{\xi^2}{2}}\mathrm{H}_n(\xi)\\&=\frac{N_n}{\sqrt{2}}(2\xi\mathrm{H}_n(\xi)-2n\mathrm{H}_{n-1}(\xi))\mathrm{e}^{-\frac{\xi^2}{2}}\\&=\sqrt{n+1}\psi_{n+1}(x)\end{aligned}\tag{5.67}$$

$$a\psi_n(x)=\sqrt{n}\,\psi_{n-1}(x)\quad(\text{当}\,n=0\,\text{时，}a\psi_0(x)=0)\tag{5.68}$$

采用 Dirac 符号，将谐振子第 n 能级的态矢记为 $|n\rangle$，即有

$$\boxed{\langle x|n\rangle=\psi_n(x)}$$

可以将上面这些结果重新写为更简明的形式

$$\boxed{a^{+}a|n\rangle=n|n\rangle\quad(n=0,1,2,\cdots)}\tag{5.69}$$

$$\boxed{a^{+}|n\rangle=\sqrt{n+1}|n+1\rangle}\tag{5.70}$$

$$\boxed{a|n\rangle=\sqrt{n}|n-1\rangle\quad(\text{注意},a|0\rangle=0)}\tag{5.71}$$

另外，由 Bose 子对易关系可得

$$\boxed{[a,N]=a,\ \ [a^{+},N]=-a^{+}}\tag{5.72}$$

综上所述，如果将量子谐振子的 $\hbar\omega$ 看成一个“准粒子”（推广来看，是一种基本振动模式），可以认为 a 是这个“准粒子”的湮没算符（注意，它将湮没真空态——量子谐振子的基态），a^{+} 是其产生算符，而 $a^{+}a$ 则是此“准粒子”的数算符. **这三个算符经常被推广用于准粒子或物质粒子有产生或湮没的粒子数不守恒情况. 但在非相对论量子力学中，只考虑粒子数守恒情况，所以在任何 Hamilton 量的任何项中，前两者将以乘积的形式出现，表达种种状态跃迁过程，而非具有粒子吸收或产生的粒子数不守恒过程（所以虽是“量子”的，但却是粒子数守恒的“力学”过程，而不是研究粒子产生湮灭的粒子数不守恒的“量子场论”过程）.**

根据以上性质，用递推方法可以给出

$$|n\rangle=\frac{(a^{+})^n}{\sqrt{n!}}|0\rangle\quad(n=0,1,2,\cdots)\tag{5.73}$$

可以检验（习题 26），这组态矢 $\{|n\rangle\}$ 是正交归一的. 它们也是完备的，因为按第三

章中的完备性定理，谐振子全部本征态集合 $\{|n\rangle\}$ 应当是完备的，即有

$$\sum_{n=0}^{\infty}|n\rangle\langle n|=I \tag{5.74}$$

这种用 $\{a,a^{+},N=a^{+}a;|n\rangle,\forall n\}$ 的表示，或者更准确说由这组正交、归一、完备基 $\{|n\rangle,\forall n\}$ 撑开的表示，称作粒子数表象[①]**．由这些基矢撑开的状态空间称作“Fock 空间”．在 Fock 空间中计算简洁、富于粒子图像．**后继量子课程中经常使用．

可以证明，借助 (a^{+},a) 的语言，可将坐标和动量算符的本征态分别表示为[②]

$$\boxed{\begin{aligned}|x\rangle&=\left(\frac{m\omega}{\pi\hbar}\right)^{1/4}\exp\left\{-\frac{m\omega}{2\hbar}x^{2}+\sqrt{\frac{2m\omega}{\hbar}}xa^{+}-\frac{1}{2}\left(a^{+}\right)^{2}\right\}|0\rangle\\|p\rangle&=\left(\frac{1}{\pi m\hbar\omega}\right)^{1/4}\exp\left\{-\frac{p^{2}}{2m\hbar\omega}+\mathrm{i}\sqrt{\frac{2}{m\hbar\omega}}pa^{+}+\frac{1}{2}\left(a^{+}\right)^{2}\right\}|0\rangle\end{aligned}} \tag{5.75}$$

这里 x 和 p 分别是两个态的本征值．若 $f(a^{+})$ 是 a^{+} 的一个幂级数，则有（习题 22）

$$af(a^{+})=f(a^{+})a+\frac{\partial f(a^{+})}{\partial a^{+}} \tag{5.76}$$

利用（5.76）式容易验证（5.75）两个公式分别是位置和动量算符的本征态．比如，

$$\hat{x}|x\rangle=\sqrt{\frac{\hbar}{2m\omega}}(a^{+}+a)|x\rangle=\sqrt{\frac{\hbar}{2m\omega}}\left(\frac{m\omega}{\pi\hbar}\right)^{1/4}\exp\left\{-\frac{m\omega}{2\hbar}x^{2}+\sqrt{\frac{2m\omega}{\hbar}}xa^{+}-\frac{1}{2}(a^{+})^{2}\right\}$$

$$\left\{a^{+}+a+\sqrt{\frac{2m\omega}{\hbar}}x-a^{+}\right\}|0\rangle=x|x\rangle$$

作为练习，下面用态矢 $|x\rangle$ 的表达式去计算态矢 $|n\rangle$ 的波函数，

$$\begin{aligned}\psi_{n}(x)=\langle x|n\rangle&=\left(\frac{m\omega}{\pi\hbar}\right)^{1/4}\langle 0|\exp\left\{-\frac{m\omega}{2\hbar}x^{2}+\sqrt{\frac{2m\omega}{\hbar}}xa-\frac{1}{2}a^{2}\right\}|n\rangle\\&=\left(\frac{m\omega}{\pi\hbar}\right)^{1/4}\mathrm{e}^{-\frac{m\omega}{2\hbar}x^{2}}\langle 0|\exp\left\{\sqrt{\frac{2m\omega}{\hbar}}xa-\frac{1}{2}a^{2}\right\}|n\rangle\end{aligned}$$

利用 Hermite 多项式母函数展开式 $\exp\{2qt-t^{2}\}=\sum\limits_{k=0}^{\infty}\frac{\mathrm{H}_{k}(q)}{k!}t^{k}$，得

---

① 有时称为“二次量子化表象”．这并不确切，因为现在还没有二次量子化就已经使用了这个表象．

② 为初学者方便，本节公式量纲均不予略去．注意，指数无量纲．

$$\langle x|n\rangle=\left(\frac{m\omega}{\pi\hbar}\right)^{1/4}\mathrm{e}^{-\frac{m\omega}{2\hbar}x^2}\sum_{k=0}^{\infty}\frac{\mathrm{H}_k\left(\sqrt{\frac{m\omega}{\hbar}}x\right)}{k!}\left(\frac{1}{\sqrt{2}}\right)^k\langle 0|a^k|n\rangle$$

由于$\langle 0|a^k|n\rangle=\sqrt{k!}\langle k|n\rangle=\sqrt{k!}\delta_{kn}$，于是最后得到

$$\boxed{\langle x|n\rangle=\left(\frac{m\omega}{\pi\hbar}\right)^{1/4}\mathrm{e}^{-\frac{m\omega}{2\hbar}x^2}(2^n n!)^{-1/2}\mathrm{H}_n\left(\sqrt{\frac{m\omega}{\hbar}}x\right)}$$

这正是谐振子第 n 个能级的定态波函数$\psi_n(x)$.

2．相干态

相干态最初于 1926 年由 Schrödinger 引入，原意是寻找这种量子态，使得坐标算符和 Hamilton 量算符在态平均意义上完全等同于对应的经典运动．从§2.3 中 Ehrenfest 定理和平均值过渡叙述（部分见§3.1 谐振子讨论）知道：严格说，定理平均值过渡要求$\langle \boldsymbol{F}(\boldsymbol{r})\rangle=\boldsymbol{F}(\langle\boldsymbol{r}\rangle)$成立．**这对势函数具有不超过坐标二次幂形式可以有解**，只当 $\boldsymbol{F}$ 是常数、线性或谐振子情况才成立．否则就必须要求波函数局限在一个很小的空间里，使 $\boldsymbol{F}$ 在此小空间里可以看做常矢量，提法才成立．从宏观尺度看，有时微观粒子局域波包尺寸会远小于宏观力场变化的尺度，这时平均值过渡提法近似成立．由此可以理解：**为什么只在谐振子某些叠加态（相干态）里可以找到这种类型的量子运动，经态平均之后完全等同于对应势中的经典运动**．请回顾前面叙述并参见下面（5.80）式～（5.82）式．

在 Fock 空间中，可以写出这种相干态为

$$\boxed{|z\rangle=\mathrm{e}^{za^+-z^*a}|0\rangle=\mathrm{e}^{-\frac{1}{2}|z|^2}\mathrm{e}^{za^+}|0\rangle}\tag{5.77a}$$

这里$z=\alpha+\mathrm{i}\beta$为任意复常数．$|z\rangle$随时间的演化为

$$\boxed{|z(t)\rangle=\mathrm{e}^{-\mathrm{i}Ht/\hbar}|z\rangle}$$

这里H是（5.65）式．由（5.76）式得$a\mathrm{e}^{za^+}=\mathrm{e}^{za^+}a+\frac{\partial \mathrm{e}^{za^+}}{\partial a^+}=\mathrm{e}^{za^+}(a+z)$，用到（5.77a）式

$$a|z\rangle=a\mathrm{e}^{-\frac{1}{2}|z|^2}\mathrm{e}^{za^+}|0\rangle=\mathrm{e}^{-\frac{1}{2}|z|^2}\mathrm{e}^{za^+}(a+z)|0\rangle=z|z\rangle\tag{5.78}$$

表明**相干态$|z\rangle$是湮没算符 a 的本征态**．由于 a 不是 Hermite 的，其本征值不能总是实数．可以用前面（5.73）式的粒子数本征态$|n\rangle$表示相干态$|z\rangle$．办法是将（5.77a）式中e^{za^+}还原为级数展开式，接着用（5.73）式，得

$$
\boxed{|z\rangle = \mathrm{e}^{-\frac{1}{2}|z|^2}\sum_n \frac{z^n}{\sqrt{n!}}|n\rangle} \tag{5.77b}
$$

这说明，**相干态是各种粒子数本征态的一种相干叠加．叠加系数的模平方是平均值为 $|z|^2$ 的 Poisson 分布** $P(n;\ |z|^2) = \mathrm{e}^{-|z|^2}|z|^{2n}/n!$．利用对易子（习题 23）

$$
\boxed{\begin{cases} \mathrm{e}^{\mathrm{i}\gamma a^+ a} a^+ \mathrm{e}^{-\mathrm{i}\gamma a^+ a} = \mathrm{e}^{\mathrm{i}\gamma} a^+ \\ \mathrm{e}^{\mathrm{i}\gamma a^+ a} a \mathrm{e}^{-\mathrm{i}\gamma a^+ a} = \mathrm{e}^{-\mathrm{i}\gamma} a \end{cases}} \tag{5.79}
$$

及（5.78）式，可以求得坐标算符在时间演化相干态中的期望值，为

$$
\begin{aligned}
\langle z(t)|\hat{x}|z(t)\rangle &= \sqrt{\frac{\hbar}{2m\omega}}\langle z|\mathrm{e}^{\mathrm{i}\left(a^+a+\frac{1}{2}\right)\omega t}(a^+ + a)\mathrm{e}^{-\mathrm{i}\left(a^+a+\frac{1}{2}\right)\omega t}|z\rangle \\
&= \sqrt{\frac{\hbar}{2m\omega}}\left\{\langle z|a^+|z\rangle \mathrm{e}^{\mathrm{i}\omega t} + \langle z|a|z\rangle \mathrm{e}^{-\mathrm{i}\omega t}\right\} \\
&= \sqrt{\frac{\hbar}{2m\omega}}(z^* \mathrm{e}^{\mathrm{i}\omega t} + z\mathrm{e}^{-\mathrm{i}\omega t})\langle z|z\rangle
\end{aligned}
$$

由于 $\langle z|z\rangle = 1$（参见下面（5.84）式），最后得

$$
\boxed{\langle z(t)|\hat{x}|z(t)\rangle = \sqrt{\frac{2\hbar}{m\omega}}|z|\cos(\omega t + \varphi)} \tag{5.80}
$$

这里已设 $z = |z|\mathrm{e}^{-\mathrm{i}\varphi}$．这一结果完全符合经典振子位置振动规律（只要令 $\sqrt{\frac{2\hbar}{m\omega}}|z| = x_0$）：$x_{\mathrm{C}}(t) = x_0\cos(\omega t + \varphi)$．另外，还可以求出在此态中能量的期望值

$$
\boxed{\langle z(t)|H|z(t)\rangle = \hbar\omega\langle z|\left(a^+ a + \frac{1}{2}\right)|z\rangle = \frac{1}{2}m\omega^2 x_0^2 + \frac{1}{2}\hbar\omega} \tag{5.81}
$$

此时经典振子能量为 $E_{\mathrm{C}} = \frac{1}{2}m\omega^2 x_0^2$．可知除零点能（及相应的零点振动）之外，两者相同．还可以证明，这类相干态具有最小的不确定性，即在此类态中位置和动量的均方偏差 Δx 和 Δp 满足

$$
\boxed{\Delta x \cdot \Delta p = \frac{\hbar}{2}} \tag{5.82}
$$

证明 容易计算以下期望值：

$$
\langle z|\hat{x}|z\rangle = \sqrt{\frac{\hbar}{2m\omega}}\langle z|(a^+ + a)|z\rangle = \sqrt{\frac{\hbar}{2m\omega}}(z^* + z)
$$

$$
\langle z|\hat{p}|z\rangle = \mathrm{i}\sqrt{\frac{m\hbar\omega}{2}}\langle z|(a^+ - a)|z\rangle = \mathrm{i}\sqrt{\frac{m\hbar\omega}{2}}(z^* - z)
$$

$$\langle z|\hat{x}^2|z\rangle = \frac{\hbar}{2m\omega}\langle z|\left(a^{+2}+a^+a+aa^++a^2\right)|z\rangle = \frac{\hbar}{2m\omega}\left(z^{*2}+2|z|^2+z^2+1\right)$$

$$\langle z|\hat{p}^2|z\rangle = -\frac{m\hbar\omega}{2}\langle z|\left(a^{+2}-a^+a-aa^++a^2\right)|z\rangle = -\frac{m\hbar\omega}{2}\left(z^{*2}-2|z|^2+z^2-1\right)$$

于是

$$\begin{cases}\Delta x = \sqrt{\langle\hat{x}^2\rangle - \langle\hat{x}\rangle^2} = \sqrt{\dfrac{\hbar}{2m\omega}}\\ \Delta p = \sqrt{\langle\hat{p}^2\rangle - \langle\hat{p}\rangle^2} = \sqrt{\dfrac{m\hbar\omega}{2}}\end{cases}$$

最后即得（5.82）式.　　证毕.

注意，此处与 Gauss 波包自由演化的（3.48）式不同，现在的初始 Gauss 波包是在振子势中演化，弹性势的约束使等号始终成立．由计算过程附带可知

$$z = \frac{1}{\sqrt{2m\hbar\omega}}\left(m\omega\langle\hat{x}\rangle + \mathrm{i}\langle\hat{p}\rangle\right)$$

其实，这个表示式显然可以由 a 的定义以及（5.78）式直接得到.

另外，可以证明，相干态的波函数为

$$\boxed{\langle x|z\rangle = N\mathrm{e}^{-\frac{m\omega}{2\hbar}x^2+\sqrt{\frac{2m\omega}{\hbar}}zx}} \tag{5.83}$$

这里 $N = \left(\dfrac{m\omega}{\pi\hbar}\right)^{1/4}\mathrm{e}^{-\frac{1}{2}\left(z^2+|z|^2\right)}$ 是归一化系数.

证明　将（5.78）式向坐标表象投影，有

$$\langle x|\frac{1}{\sqrt{2m\hbar\omega}}(m\omega\hat{x}+\mathrm{i}\hat{p})|z\rangle = z\langle x|z\rangle$$

利用（5.31）式将动量算符从标积号中搬出，上式便改写为

$$\frac{1}{\sqrt{2m\hbar\omega}}\left(m\omega x + \hbar\frac{\mathrm{d}}{\mathrm{d}x}\right)\langle x|z\rangle = z\langle x|z\rangle$$

也即

$$\frac{1}{\langle x|z\rangle}\frac{\mathrm{d}\langle x|z\rangle}{\mathrm{d}x} = \sqrt{\frac{2m\omega}{\hbar}}z - \frac{m\omega}{\hbar}x$$

求积分后可得

$$\langle x|z\rangle = N\mathrm{e}^{-\frac{m\omega}{2\hbar}x^2+\sqrt{\frac{2m\omega}{\hbar}}zx}$$

显然 $N = \langle x=0|z\rangle$，是相干态波函数的归一化系数.（注意，此处态矢 $\langle x=0|$ 是位置算符的本征值为 $x=0$ 的本征态，不要将它和 Fock 空间的真空态 $\langle 0|$ 相混淆．按

(5.75a) 式，$\langle x=0|=\langle 0|\left(\dfrac{m\omega}{\pi\hbar}\right)^{1/4}\mathrm{e}^{-\frac{1}{2}a^2}$.）系数 N 可由其表示式直接算出（有关的对易子计算可用习题 24 结果）. 结果为

$$N=\langle 0|z\rangle=\left(\frac{m\omega}{\pi\hbar}\right)^{1/4}\mathrm{e}^{-\frac{1}{2}\left(z^2+|z|^2\right)}$$

最后，再给出不同相干态之间的标积关系

$$\boxed{\langle z_1|z_2\rangle=\mathrm{e}^{-\frac{1}{2}\left(|z_1|^2+|z_2|^2-2z_1^*z_2\right)}} \tag{5.84}$$

证明 利用（5.77b）式即可简明地证得. 下面直接计算

$$\begin{aligned}\langle z_1|z_2\rangle&=\mathrm{e}^{-\frac{1}{2}(|z_1|^2+|z_2|^2)}\langle 0|\mathrm{e}^{z_1^*a}\cdot\mathrm{e}^{z_2a^+}|0\rangle\\&=\mathrm{e}^{-\frac{1}{2}(|z_1|^2+|z_2|^2)}\sum_{n=0}^{\infty}\frac{(z_2)^n}{n!}\langle 0|\mathrm{e}^{z_1^*a}(a^+)^n\mathrm{e}^{-z_1^*a}\mathrm{e}^{z_1^*a}|0\rangle\\&=\mathrm{e}^{-\frac{1}{2}(|z_1|^2+|z_2|^2)}\sum_{n=0}^{\infty}\frac{(z_2)^n}{n!}\langle 0|\mathrm{e}^{z_1^*a}(a^+)^n\mathrm{e}^{-z_1^*a}|0\rangle\end{aligned}$$

利用公式 $\mathrm{e}^{\gamma a}a^+\mathrm{e}^{-\gamma a}=a^++\gamma$（习题 23），得

$$\begin{aligned}\langle z_1|z_2\rangle&=\mathrm{e}^{-\frac{1}{2}(|z_1|^2+|z_2|^2)}\sum_{n=0}^{\infty}\frac{(z_2)^n}{n!}\langle 0|\left\{\mathrm{e}^{z_1^*a}a^+\mathrm{e}^{-z_1^*a}\right\}^n|0\rangle\\&=\mathrm{e}^{-\frac{1}{2}(|z_1|^2+|z_2|^2)}\sum_{n=0}^{\infty}\frac{(z_2)^n}{n!}\langle 0|\left\{a^++z_1^*\right\}^n|0\rangle\\&=\mathrm{e}^{-\frac{1}{2}(|z_1|^2+|z_2|^2-2z_1^*z_2)}\end{aligned}$$

3. 相干态表象

相干态 $|z\rangle$ 中复参数 z 的变化区域是 z 的全平面. 可以证明：**全部 z 值对应的相干态全体是完备的，即完备性条件成立，**

$$\boxed{\int\frac{\mathrm{d}^2z}{\pi}|z\rangle\langle z|=I} \tag{5.85}$$

式中，$z=\alpha+\mathrm{i}\beta$，$\mathrm{d}^2z=\mathrm{d}\alpha\mathrm{d}\beta$，积分对整个复 z 平面进行.

证明 利用（5.77b）式，得

$$\begin{aligned}\int\frac{\mathrm{d}^2z}{\pi}|z\rangle\langle z|&=\int\frac{\mathrm{d}^2z}{\pi}\mathrm{e}^{-|z|^2}\sum_{m,n=0}^{\infty}\frac{z^n(z^*)^m}{n!m!}\sqrt{n!}|n\rangle\langle m|\sqrt{m!}\\&=\frac{1}{\pi}\sum_{m,n=0}^{\infty}\frac{|n\rangle\langle m|}{\sqrt{n!m!}}\int\mathrm{e}^{-|z|^2}z^n(z^*)^m\,\mathrm{d}^2z\end{aligned}$$

$$=\frac{1}{\pi}\sum_{m,n=0}^{\infty}\frac{|n\rangle\langle m|}{\sqrt{n!m!}}\int_0^{\infty}\rho^{n+m+1}e^{-\rho^2}d\rho\int_0^{2\pi}e^{i(n-m)\theta}d\theta$$

$$=\frac{1}{\pi}\sum_{n=0}^{\infty}\frac{1}{n!}|n\rangle\langle n|\cdot\int_0^{\infty}\rho^{2n+1}e^{-\rho^2}d\rho\cdot 2\pi=I$$

这里，由平面直角坐标向极坐标转换时用了 $d\alpha d\beta=\rho d\rho d\theta$ 和 $z=\rho e^{i\theta}$ 以及积分公式 $\int_0^{\infty}\rho^{2n+1}e^{-\rho^2}d\rho=\frac{n!}{2}$ 和完备性条件 $\sum_{n=0}^{\infty}|n\rangle\langle n|=I$．（5.85）**式表明，任何物理态均可以用相干态的全体来展开．这使得相干态的全体集合构成了一个新的表象——相干态表象**．这个表象有许多用途．举个例子，下面来检验前面引入的坐标本征态表达式的正交归一性．采取插入相干态完备性条件（5.85）式的常用办法，得到

$$\langle x'|x\rangle=\int\frac{d^2z}{\pi}\langle x'|z\rangle\langle z|x\rangle=\left(\frac{m\omega}{\pi\hbar}\right)^{1/2}\exp\left\{-\frac{m\omega}{2\hbar}(x'^2+x^2)\right\}\int\frac{d^2z}{\pi}$$

$$\cdot\exp\left\{-|z|^2+\sqrt{\frac{2m\omega}{\hbar}}(xz^*+x'z)-\frac{1}{2}(z^2+z^{*2})\right\}$$

$$=\left(\frac{m\omega}{\pi\hbar}\right)^{1/2}e^{-\frac{m\omega}{2\hbar}(x'^2+x^2)}\frac{1}{\pi}\int_{-\infty}^{+\infty}d\alpha e^{-2\alpha^2+\sqrt{\frac{2m\omega}{\hbar}}(x'+x)\alpha}\int_{-\infty}^{+\infty}d\beta e^{i\sqrt{\frac{2m\omega}{\hbar}}(x'-x)\beta}$$

$$=\left(\frac{m\omega}{\pi\hbar}\right)^{1/2}e^{-\frac{m\omega}{2\hbar}(x'^2+x^2)}\frac{1}{\pi}\sqrt{\frac{\hbar}{2m\omega}}2\pi\delta(x-x')\int_{-\infty}^{+\infty}d\alpha e^{-2\alpha^2+\sqrt{\frac{2m\omega}{\hbar}}(x'+x)\alpha}$$

$$=\sqrt{\frac{2}{\pi}}e^{-\frac{m\omega}{2\hbar}(x'^2+x^2)}\delta(x-x')\int_{-\infty}^{+\infty}d\alpha e^{-\left[\sqrt{2}\alpha-\frac{1}{2}\sqrt{\frac{m\omega}{\hbar}}(x'+x)\right]^2}e^{\frac{m\omega}{4\hbar}(x'+x)^2}=\delta(x-x')$$

应当指出，**作为相干态表象的基矢——相干态，各自虽然都归一，但彼此并不正交．这种总体完备但彼此不正交的态矢集合常称为超完备的**．意思是集合的完备性“过了头”，仿佛在三维空间中取了四个不在同一平面上的彼此不相互正交的单位矢量作为基矢（不同的是，相干态情况还不容易除去哪一个或哪一些）．

相干态的思想自 20 世纪 60 年代以来有明显的进展．目前，相干态的概念已远超过原先的与经典类比的思考范围，出现众多的种类．鉴于这种情况，这里指出，**现在关于相干态表象的两条基本要求是：①它是这样一些态矢 $|l\rangle$ 的集合 $\{|l\rangle,\forall l\}$，这些态矢 $|l\rangle$ 关于标号参量 l 是强连续函数；②存在正测度 δl 使得下面完备性关系成立，**

$$\boxed{\int|l\rangle\langle l|\delta l=I}\tag{5.86}$$

注意，作为坐标表象基矢 $\{|x\rangle,\forall x\}$ 的标号参量 x（坐标算符的本征值）本身虽然是

强连续的，但基矢$|x\rangle$只能归一化到δ函数，不能说基矢$|x\rangle$关于标号参量x是强连续的．所以坐标表象不能算是相干态表象．详见文献①，不再进一步讨论．

习　　题

1．Hermite 算符A与B满足$A^2=B^2=1$，$AB+BA=0$，求：

（1）在A表象中A与B的矩阵表示式，并求B的本征函数表示式；

（2）在B表象中A与B的矩阵表示式，并求A的本征函数表示式；

（3）A表象到B表象的幺正变换矩阵S．

2．证明：

$$\det(AB)=\det A\cdot\det B$$
$$\det(S^{-1}AS)=\det A$$
$$\mathrm{tr}(AB)=\mathrm{tr}(BA)$$
$$\mathrm{tr}(ABC)=\mathrm{tr}(CAB)=\mathrm{tr}(BCA)$$
$$\mathrm{tr}(S^{-1}AS)=\mathrm{tr}A$$

3．设A为任意矩阵，证明：

$$\det A=\exp[\mathrm{tr}(\ln A)]\quad\text{或}\quad\det\exp(A)=\exp(\mathrm{tr}A)$$

提示　注意是任意矩阵．利用 Schur 定理，用幺正变换将A化为上（下）三角阵．

4．写出动量表象中的定态 Schrödinger 方程．

答　$\dfrac{\boldsymbol{p}^2}{2m}\varphi(\boldsymbol{p})+V\left(\mathrm{i}\hbar\dfrac{\partial}{\partial\boldsymbol{p}}\right)\varphi(\boldsymbol{p})=E\varphi(\boldsymbol{p})$．

5．一个质量为m的粒子受力$\boldsymbol{F}(\boldsymbol{r})=-\nabla V(\boldsymbol{r})$作用，使其波函数满足动量空间的 Schrödinger 方程：

$$\left\{\frac{\boldsymbol{p}^2}{2m}-a\nabla_{\mathrm{p}}^2\right\}\varphi(\boldsymbol{p},t)=\mathrm{i}\hbar\frac{\partial}{\partial t}\varphi(\boldsymbol{p},t)$$

求力$\boldsymbol{F}(\boldsymbol{r})$．

答　$\boldsymbol{F}(\boldsymbol{r})=-2a\boldsymbol{r}/\hbar^2$．

6．$\psi(x,t)$是质量为m的自由粒子的一维 Schrödinger 方程的解，$\psi(x,0)=A\mathrm{e}^{-x^2/a^2}$．

（1）求出$t=0$时，动量空间的概率振幅；

（2）求出$\psi(x,t)$．

答　（1）$\psi(p,0)=\dfrac{Aa}{\sqrt{2\hbar}}\mathrm{e}^{-\frac{a^2p^2}{4\hbar^2}}$；

（2）$\psi(x,t)=\dfrac{Aa}{\sqrt{a^2+(2\mathrm{i}\hbar t/m)}}\cdot\exp\left\{-\dfrac{x^2}{a^2+(2\mathrm{i}\hbar t/m)}\right\}$．

---

① J.R. Klauder, et al., Coherent States: Applications in Physics and Mathematical Physics, World Scientific Publishing, Singapore, 1985.

7. 已知一量子体系，除了能量之外，还包括另外三个可观测量，称为 p,Q,R . 设该体系只有两个（归一化的）能量本征态$|1\rangle,|2\rangle$，它们未必是 p,Q,R 的本征态. 基于下列各组“实验数据”，尽可能多地定出 p,Q,R 的本征值（注意：有一组数据是非物理的，下面设 $\hbar=1$ ）：

（1） $\langle 1|p|1\rangle=1/2,\langle 1|p^2|1\rangle=1/4$;

（2） $\langle 1|Q|1\rangle=1/2,\langle 1|Q^2|1\rangle=1/6$;

（3） $\langle 1|R|1\rangle=1,\langle 1|R^2|1\rangle=5/4,\langle 1|R^3|1\rangle=7/4$.

8. 利用坐标动量对易关系证明：

$$\sum_n (E_n-E_0)|\langle n|x|0\rangle|^2=\text{const}$$

其中，E_n 是本征态$|n\rangle$的能量. 再求出该常数的值. Hamilton 量为 $H=\dfrac{p^2}{2m}+V(x)$.

9. （1）给定一个本征值为 a_n ，本征函数为 $u_n(x)$ $(n=1,2,3,\cdots,N;\quad 0\leqslant x\leqslant L)$ 的 Hermite 算符 A，说明算符 $\exp\{\mathrm{i}A\}$ 是幺正算符；(2)反之，给定一幺正算符的矩阵 U_{mn} ，用 U_{mn} 构造出一 Hermite 算符的矩阵；（3）给定另一 Hermite 算符 B 其本征值为 b_m ，本征函数为 $v_m(x)$，构造出一幺正算符 V 的表示，使它把 B 的本征矢量转换成 A 的本征矢量.

10. 证明（5.32a）式中的第二个公式.

11. 证明（5.32b）式.

12. （1）设 $U(t)$ 为幺正算符，对 t 可微，证明 $\mathrm{i}\hbar\dfrac{\mathrm{d}U}{\mathrm{d}t}$ 可以表示成

$$\mathrm{i}\hbar\frac{\mathrm{d}U}{\mathrm{d}t}=HU$$

其中，H 为 Hermite 算符.

（2）设 $\mathrm{i}\hbar\dfrac{\mathrm{d}U}{\mathrm{d}t}=HU$ 成立，H 为 Hermite 算符，证明 UU^+ 满足方程

$$\mathrm{i}\hbar\frac{\mathrm{d}(UU^+)}{\mathrm{d}t}=[H,UU^+]$$

进而再证明，如 $t=t_0$ 时 $U(t_0)$ 为幺正算符，则 $U(t)$ 总是幺正算符.

13. 验证积分方程

$$\hat{B}(t)=\hat{B}_0+\mathrm{i}\left[\hat{A},\int_0^t\hat{B}(\tau)\mathrm{d}\tau\right]$$

有下列解：

$$\hat{B}(t)=\exp(\mathrm{i}\hat{A}t)B(0)\exp(-\mathrm{i}\hat{A}t)$$

其中，$\hat{A}$ 与时间无关.

14. 设体系能量本征态记为$|n\rangle,H|n\rangle=E_n|n\rangle$，力学量 A 在能量表象中矩阵元记为 $A_{kn}=\langle k|A|n\rangle$ ，证明：

$$\left(\frac{\mathrm{d}A}{\mathrm{d}t}\right)_{kn} = \mathrm{i}\omega_{kn} A_{kn}$$

其中

$$\omega_{kn} = (E_k - E_n) / \hbar$$

15．计算坐标表象、动量表象和能量表象的 Hamilton 量 $H = T + V$ 矩阵元：

$$\langle \boldsymbol{r}' | H | \boldsymbol{r}'' \rangle，\quad \langle \boldsymbol{p}' | H | \boldsymbol{p}'' \rangle，\quad \langle nlm | H | nlm \rangle$$

提示　前两个表象可用（5.31）式和（5.32）式．

16．设 $H = \boldsymbol{p}^2 / (2\mu) + V(\boldsymbol{r})$，试用纯矩阵的运算，证明下列求和规则：

$$\sum_n (E_n - E_m) |x_{nm}|^2 = \hbar^2 / (2\mu)$$

其中，x 是 $\boldsymbol{r}$ 的一个直角坐标分量，求和对一切可能态进行，E_n 是 $|n\rangle$ 态的能量．

提示　求 $[H,x],[[H,x],x]$，然后求矩阵元 $\langle n | [[H,x],x] | m \rangle$．

17．设 $F(\boldsymbol{r},\boldsymbol{p})$ 为 Hermite 算符，证明在能量表象中的求和规则：

$$\sum_n (E_n - E_k) |F_{nk}|^2 = \frac{1}{2} \langle k | [F,[H,F]] | k \rangle$$

18．对于一维粒子，$H = p^2 / (2\mu) + V(x)$，证明求和规则：

$$\sum_n (E_n - E_k)^2 |x_{nk}|^2 = -2\hbar^2 \frac{\partial E_k}{\partial \mu}$$

19．对于一维谐振子，试利用能级公式、Virial 定理及求和规则，计算矩阵元 x_{nk}．

答　$x_{nk} = \sqrt{\dfrac{\hbar}{\mu\omega}} \left(\dfrac{n+1}{2} \delta_{k,n+1} + \dfrac{n}{2} \delta_{k,n-1} \right)$．

20．利用（3.44）式，在 Gauss 波包面积归一条件下，令 $\sigma \to 0$，按附录 1 中第一种 δ 函数表达式，由（3.46）式求得自由粒子传播子（5.59）式．

21．证明：$[a, a^+] = 1$．

22．对于 a^+ 的任意幂级数函数 $f(a^+)$，证明

$$a f(a^+) = f(a^+) a + \frac{\partial f(a^+)}{\partial a^+}$$

（注意，将此式 Hermite 共轭，可得到另一个等式．）

23．证明：

$$\begin{cases} \exp(\alpha a) a^+ \exp(-\alpha a) = a^+ + \alpha \\ \exp(\alpha a^+) a \exp(-\alpha a^+) = a - \alpha \end{cases}$$

24．用 Baker-Hausdorff 公式证明：

$$\begin{cases} \exp(\alpha a^+ a) a^+ \exp(-\alpha a^+ a) = \exp(\alpha) a^+ \\ \exp(\beta a^+ a) a \exp(-\beta a^+ a) = \exp(-\beta) a \end{cases}$$

25．用习题 22 中公式证明：

$$\begin{cases}\exp(\alpha a^2)a^+\exp(-\alpha a^2)=a^+ + 2\alpha a\\ \exp(\beta(a^+)^2)a\exp(-\beta(a^+)^2)=a-2\beta a^+\end{cases}$$

（或用 Baker-Hausdorff 公式证明．注意此处第一式可由对第二式 Hermite 共轭得到．）

26．证明：Fock 空间基矢$|n\rangle=\dfrac{(a^+)^n}{\sqrt{n!}}|0\rangle$是正交归一的．

提示　用归纳法．

27．证明：真空态投影算符$|0\rangle\langle 0|$可以表示成如下正规乘积形式

$$|0\rangle\langle 0|=:\exp\{-a^+a\}:$$

此处记号 :⋯: 是正规乘积符号，其含义是将符号内算符集团中的a^+和a重新排序：所有a^+均在所有a的左方．并且在重新排序过程中，忽略任何对易子．例如，

$$:m\text{ 个 }a^+,\ n\text{ 个 }a\text{ 的任意顺序连乘}:=(a^+)^m(a)^n$$

提示　用任意 Fock 态$|n\rangle$检验此等式．检验时将右边指数展开，注意$\delta_{no}=(1-1)^n$的二项式展开．

28．令$z=x+\mathrm{i}y$，用$\mathrm{d}^2z=\mathrm{d}x\mathrm{d}y$，可以直接检验下面积分公式：

$$\int\frac{\mathrm{d}^2z}{\pi}\exp\left\{\alpha|z|^2+\beta z+\gamma z^*\right\}=-\frac{1}{\alpha}\exp\left(-\frac{\beta\gamma}{\alpha}\right)\quad(\mathrm{Re}\,\alpha<0)$$

利用这个数学公式，以及在正规乘积号下算符a和a^+是对易的，求证：

$$\int\frac{\mathrm{d}^2z}{\pi}:\exp\left\{-|z|^2+za^++z^*a-aa^+\right\}:=1$$

29．设$N=a^+a$，其中(a,a^+)是 Boson 算符，求证：

$$:N^k:=N(N-1)\cdots(N-k+1)$$

提示　用归纳法．

进一步问：如果$N=a^+a+b^+b$，其中(a,a^+)和(b,b^+)均是 Boson 算符，分别属于不同自由度，则结果又将如何？

30．证明等式$:\mathrm{e}^{xN}:=(1+x)^N$，其中$N=a^+a+b^+b$，$x$为常数．

提示　用习题 29 结果．

31．证明　$:\mathrm{e}^{(A-1)N}:=\mathrm{e}^{(\ln A)N}$，其中$A$为常数．

提示　用习题 30 结果，令$x=\mathrm{e}^{\lambda}-1$．

32．证明　Fock 空间中的算符$\hat{\Omega}$，即$|n\rangle\to|n+1\rangle(n=0,1,2,\cdots)$是一个等距算符．就是说它满足$\Omega^+\Omega=I$，但$\Omega\Omega^+\neq I$．求出第二个表达式等于什么．

提示　利用算符$\hat{\Omega}$的谱表示——并矢表示式．

第六章　对称性分析和应用

§6.1　一 般 叙 述

1. 对称性的含义

对称性的含义有广义和狭义两种：**从广义来说，对称性意味着和谐、规律、秩序和必然．它与杂乱无章及不可预测相对立．**用 Einstein 的话来说，“**自然界最不可理解的就是它竟然是可以理解的！**”事实上，**追求和理解自然界最深层次的对称性一直是物理学发展的主旋律之一．常常是对某种基本对称性的信念，激励人们去发展物理学．**Weyl 说：“**对称性是这样一种理念，人们长年累月地试图以它去理解并创造秩序、美和完善．**”**就狭义来说，给定体系的某种对称性是指某种不可分辨性，是对某种属性的不可观测．就是说，在某种操作或变换下体系依然保持不变，表现为体系 Hamilton 量在这些变换下保持不变．**比如，任何孤立体系的绝对空间坐标位置是不能观测的，这种不能观测性表现为孤立体系 Hamilton 量在空间平移操作（平移变换）下不改变；立方晶体在绕一个顶点作几个特殊转动的前后不可分辨，**这些不可分辨性将体现为体系 Hamilton 量在这些变换下的不变性等．**

一般而言，不同体系具有的对称性并不相同．**对任何体系，使它保持不变的全体对称变换集合必定构成一个群——体系的对称群．**因为，接连施加两种对称变换，总效果依然使体系保持不变，就是说，仍然是一个对称变换；对称变换的逆变换仍是对称变换；存在恒等变换——“不进行操作”也是一种特殊的对称操作．这三点性质正是全体对称变换构成体系的对称群的充要条件．

研究对称性的意义在于：**第一，**构造和发展理论．按 Heisenberg 的观点，“必须寻找的是基本对称性”．**第二，**增强物理直觉．有利于迅速抓住问题的要点，简化问题的提法．**第三，**简化计算．不经过求解 Schrödinger 方程而可以得到态及本征值的某些知识．这包括分析能级特征、简化矩阵元计算、给出禁戒规则等．

2. 量子力学中的对称性

无论就对称性的种类和程度来说，量子力学中的对称性都高于经典力学中的对称性．经典力学中存在的对称性量子力学中也都对应存在，而量子力学中还存在一些经典力学中所没有的对称性．前者如时空均匀、各向同性的对称性，后者如全同性原理、同位旋对称性．然而，个别对称性除外，弱等效原理（在引力场中运动的物体，其质量不进入问题，以致对运动轨迹的研究成为一个纯几何问题）这种对称性在经典力学中存在，但在量子力学中被破坏，只当向经典过渡时才又逐渐显现出来．这是说，弱等效原理被量子涨落所破坏．

量子力学中常见的对称性有一些是普遍存在的基本对称性，有一些则是特殊体系才具有的特殊对称性．从另一角度来说，有一些是严格成立的对称性，有一些则是近似成立的对称性．**量子力学中的时间均匀性、空间均匀性、空间各向同性、同类粒子的全同性原理（或交换对称性）是普适的、严格成立的基本对称性；而空间反射不变性、时间反演不变性对大部分情况都严格成立，可算是基本对称性，但毕竟不是普适的．同位旋对称性，这是一个适用范围很广的近似对称性．此外，还有各种特殊体系的各种特殊转动、反射对称性，它们属于这些体系的特殊对称性．**比如中心场问题的空间旋转对称性、谐振子的空间反演不变性、各类晶体的各种特殊空间转动和反射对称性等，这些都属于这些特殊体系的特殊对称性．

按通常说法，上面这些对称性及其相应的变换划分为两类：第一，根据相应变换是连续还是离散的来分类．比如，空间反射变换、时间反演变换、全同粒子置换、晶体对称变换等均属于离散变换，其余属于连续变换．第二，按照对称性涉及的是体系内禀属性还是外在属性分类．空间平移、时间平移、空间旋转这三个对称性是体系所处时空性质对体系运动行为的要求（时空特性对孤立体系 Hamilton 量的要求）．严格说，由此得出的对称性并不是体系内禀属性，而是时空固有属性在体系运动行为上的体现（参见下节叙述）．与此相反，全同粒子置换对称性和同位旋空间旋转对称性等，是体系内禀对称性，反映体系组成粒子的内禀属性或体系内部动力学性质．而空间反射、时间反演对称性，根源于体系内部相互作用性质，反映了体系内部动力学属性．

3．对称性与守恒律及守恒量

上面已经触及了对称性和守恒律的关系，现在对它作一简要研究．一个体系的对称变换 U 既然能使体系物理性质保持不变，就应当使体系的 Hamilton 量保持不变，

$$\boxed{UHU^{-1}=H} \tag{6.1a}$$

由 Wigner 定理可以断定，U 一定是个幺正或反幺正的变换[①].

① 但反过来不能说：一个幺正变换一定是体系的对称变换．因为许多幺正变换会改变体系的 Hamilton 量的形式．例如，虽然空间转动总是幺正变换，但却只有几种特殊的转动，才使离子立方晶体 NaCl 的 Hamilton 量保持不变，这少数几种特殊转动才是属于 NaCl 晶体的对称变换．

首先，假定对称变换 U 是连续的．由于不存在连续的反幺正变换，只需研究幺正情况．以前说过，一个连续变化的幺正变换 U 总可以表示为[①]

$$U = \mathrm{e}^{-\mathrm{i}\alpha\Omega} \tag{6.2}$$

这里 Ω 为 Hermite 算符；α 为连续变化的实参数．由（6.1）式得

$$[H,U]=0$$

或写为

$$\sum_{n=0}^{\infty}\frac{(-\mathrm{i}\alpha)^n}{n!}[H,\Omega^n]=0$$

由于 α 可取连续值，若取 α 足够小即得

$$\boxed{[H,\Omega]=0} \tag{6.3}$$

于是得到 **Noether 第一定理（1918）：如果连续变换 U 是体系的对称变换，则 U 的生成元 Hermite 算符 Ω 是个守恒量．或者说，当体系存在一种（连续变化）对称性，就相应地存在一个守恒律和守恒量．**

其次，假定对称变换 U 是分立的．这时幺正和反幺正的情况都存在，它们都应当和体系 Hamilton 量对易，即存在

$$[H,U]=0 \tag{6.1b}$$

在量子力学范围内，这包括幺正的空间反射变换和反幺正的时间反演变换两种．其中，空间反射变换 U 又是 Hermite 的，于是它直接就是守恒的力学量——宇称．但对于时间反演变换，由于它的反线性性质而不存在相应的守恒量（参见附录六）．

总之，一般说来，当体系存在一种对称性时，体系必定相应具有某种有规律、有秩序的东西，但并非总是一个守恒的力学量．

§6.2 时空对称性及其结论

1. 时间均匀和能量守恒定律

时间流逝是内禀地均匀的，不存在与众不同的绝对的时间标架．因此，和经典力学情况相似，一个孤立的没有任何外界参照物的量子体系 Hamilton 量中不能显含时间参量——否则就可以观测体系的绝对的时间坐标，这违背时间轴的均匀性质．因此设想沿着时间轴平移这个体系，将不会造成任何物理上可察觉的变化．也就是说，对孤立量子体系，时间原点的不同选取在物理上是完全等价的．这显然也

① 下面只讨论幺正变换．反幺正变换参见附录六．

意味着，孤立量子体系在演化中的绝对相因子（常称为整体相因子或外部相因子）是不可以观测的.

先给出时间平移算符. 时间平移算符$U(\tau)$是这样一种关于体系演化时间的变换算符，它是在设想中将体系的描述沿时间轴向未来方向平移τ的操作，即把体系在任一时刻$t=t_0$发生的事件于设想中推迟到$t=t_0+\tau$时刻发生. 于是

$$U(\tau):\ \ \psi(t)\to\psi(t-\tau),\ \ U(\tau)\left|\Psi(t)\right\rangle=\left|\Psi(t-\tau)\right\rangle \tag{6.4}$$

这里$t-\tau$是因为，在变换前的t时刻体系处于$\left|\Psi(t)\right\rangle$；在变换后到$t'=t+\tau$时刻体系才处于$\left|\Psi(t)\right\rangle$. 如果 H 不显含 t，可以求得$U(\tau)$的简洁的表示式. 按 Schrödinger 方程

$$\frac{\mathrm{d}}{\mathrm{d}t}\left|\Psi(t)\right\rangle=\frac{H}{\mathrm{i}\hbar}\left|\Psi(t)\right\rangle$$

于是一般地有

$$\left(\frac{\mathrm{d}}{\mathrm{d}t}\right)^n\left|\Psi(t)\right\rangle=\left(\frac{H}{\mathrm{i}\hbar}\right)^n\left|\Psi(t)\right\rangle$$

所以

$$\mathrm{e}^{+\mathrm{i}\frac{\tau H}{\hbar}}\left|\psi(t)\right\rangle=\sum_{n=0}^{\infty}\frac{1}{n!}\left(\frac{\mathrm{i}\tau}{\hbar}H\right)^n\left|\psi(t)\right\rangle=\sum_{n=0}^{\infty}\frac{(-\tau)^n}{n!}\left(\frac{\mathrm{d}}{\mathrm{d}t}\right)^n\left|\psi(t)\right\rangle=\left|\psi(t-\tau)\right\rangle$$

即

$$\boxed{\left|\psi(t-\tau)\right\rangle=\mathrm{e}^{\mathrm{i}\frac{H\tau}{\hbar}}\left|\psi(t)\right\rangle} \tag{6.5}$$

由此，这种保持时间标架不变而将体系沿时间轴平移τ的算符或幺正变换（这称为主动方式，而不是被动方式——体系不动而将时间轴反方向平移）的表达式为

$$\boxed{U(\tau)=\mathrm{e}^{\mathrm{i}\frac{H\tau}{\hbar}}} \tag{6.6}$$

按$U(\tau)$的定义，它推迟时间演化，因而和时间演化算符是反方向的. 显然$U(\tau)$也是一个幺正变换，不改变体系的一切可观察物理效应. 在这个变换下，态和算符的变化分别为

$$\text{态的变化：}\ \boxed{\left|\psi(t)\right\rangle\to\left|\psi^{(\tau)}(t)\right\rangle=U(\tau)\left|\psi(t)\right\rangle=\left|\psi(t-\tau)\right\rangle} \tag{6.7}$$

$$\text{算符的变化：}\ \boxed{\Omega\to\Omega^{(\tau)}=U(\tau)\Omega U(\tau)^{-1}} \tag{6.8}$$

于是，对任给的两个态矢$\left|\varphi(t)\right\rangle$、$\left|\psi(t)\right\rangle$和任一力学量算符$\Omega$，总有

$$
\begin{aligned}
\left\langle \varphi^{(\tau)}(t) \middle| \psi^{(\tau)}(t) \right\rangle &\equiv \left\langle \varphi(t-\tau) \middle| \psi(t-\tau) \right\rangle \\
&= \left\langle \varphi(t) \middle| U(\tau)^{-1} \cdot U(\tau) \middle| \psi(t) \right\rangle \\
&= \left\langle \varphi(t) \middle| \psi(t) \right\rangle
\end{aligned}
\tag{6.9a}
$$

$$
\begin{aligned}
\left\langle \varphi^{(\tau)}(t) \middle| \Omega^{(\tau)} \middle| \psi^{(\tau)}(t) \right\rangle &= \left\langle \varphi(t-\tau) \middle| U(\tau)\Omega U(\tau)^{-1} \middle| \psi(t-\tau) \right\rangle \\
&= \left\langle \varphi(t) \middle| U^{-1}U\Omega U^{-1}U \middle| \psi(t) \right\rangle \\
&= \left\langle \varphi(t) \middle| \Omega \middle| \psi(t) \right\rangle
\end{aligned}
\tag{6.9b}
$$

即在$U(\tau)$变换前后，孤立系所有概率幅和矩阵元都应当不变，就是说，**时间平移算符$U(\tau)$是孤立系的对称变换．按 Noether 第一定理，其生成元H是个守恒量．即**

$$
\boxed{\frac{\mathrm{d}H}{\mathrm{d}t}=0}
\tag{6.10}
$$

这就导致孤立系的能量守恒定律．说明在孤立系所处的任何态$\left|\psi(\boldsymbol{r},t)\right\rangle$中，第一，$H$的平均值不随时间变化；第二，$H$取各个本征值的概率只决定于事先给定的初态中的分布，不再随时间变化．特殊情况下，如果初态为体系某个能量本征态，以后将一直保持不变．

注意，**孤立体系 Hamilton 量H守恒的这两点含义并未要求体系必须处于H的本征态上．一般说，即便一个孤立的量子体系，也可能处在一些能量本征态的叠加态上——由体系初条件所造成的含时态！**比如 Gauss 波包的自由演化，以及被入射电子碰撞后处于基态与第一激发态相干叠加态的氢原子，就是两个最简单的例子．于是，**量子力学主张，即使观测一个孤立体系的能量（对纯态系综的重复测量——见第一章测量公设），仍有可能出现涨落，只能得到确定的平均值和确定的涨落分布．量子力学的这个观点和 Einstein 所持的“定域物理实在论”观点（常称为“EPR 佯谬”：可以认作孤立系的可观测的物理量应当具有确定的数值）明显不同．**

2．空间均匀性和动量守恒定律

用类似方式，考虑空间坐标系不动，将体系平移一段有限距离$\boldsymbol{a}$，求得空间平移幺正算符$U(\boldsymbol{a})$．按$U(\boldsymbol{a})$定义，对任意态矢均应有

$$
\left|\psi^{(a)}(\boldsymbol{r},t)\right\rangle \equiv U(\boldsymbol{a})\left|\psi(\boldsymbol{r},t)\right\rangle \equiv \left|\psi(\boldsymbol{r}-\boldsymbol{a},t)\right\rangle
\tag{6.11}
$$

右边态矢里$\boldsymbol{r}-\boldsymbol{a}$中的负号可以这样理解：设体系为一团概率幅云，（6.11）式左方为变换之后的云团在$\boldsymbol{r}$处的值$\left|\psi^{(a)}(\boldsymbol{r},t)\right\rangle$，它是变换之前的云团在$\boldsymbol{r}-\boldsymbol{a}$处的值$\left|\psi(\boldsymbol{r}-\boldsymbol{a},t)\right\rangle$，这说明这一团概率云移动了$\boldsymbol{a}$距离．于是

$$\left|\psi^{(a)}(\boldsymbol{r},t)\right\rangle = U(\boldsymbol{a})\left|\psi(\boldsymbol{r},t)\right\rangle = \left|\psi(\boldsymbol{r}-\boldsymbol{a},t)\right\rangle = \sum_{n=0}^{\infty}\frac{1}{n!}\left(\sum_{i=1}^{3}-a_i\frac{\partial}{\partial x_i}\right)^n\left|\psi(\boldsymbol{r},t)\right\rangle$$

$$= \exp(-\boldsymbol{a}\cdot\nabla)\left|\psi(\boldsymbol{r},t)\right\rangle = \exp\left(-\frac{\mathrm{i}}{\hbar}\boldsymbol{a}\cdot\boldsymbol{p}\right)\left|\psi(\boldsymbol{r},t)\right\rangle$$

所以，使体系空间平移 $\boldsymbol{a}$ 的算符为

$$\boxed{U(\boldsymbol{a}) = \exp\left(-\frac{\mathrm{i}}{\hbar}\boldsymbol{a}\cdot\boldsymbol{p}\right)} \tag{6.12a}$$

按上面所说，如果体系具有空间平移不变性（孤立系必定如此），这个幺正变换将是体系的对称变换，它的生成元——动量算符 $\boldsymbol{p}$ 就是个守恒量，即体系的动量守恒. 对于多粒子体系，将 $\boldsymbol{r}$ 替换为 $\boldsymbol{r}_i$ $(i=1,2,\cdots,n)$，简单推广这里的推导，可得将体系作空间平移 $\boldsymbol{a}$ 的算符为

$$\boxed{U(\boldsymbol{a}) = \exp\left(-\frac{\mathrm{i}}{\hbar}\boldsymbol{a}\cdot\sum_{i=1}^{n}\boldsymbol{p}_i\right)} \tag{6.12b}$$

如果这个多粒子体系具有空间平移不变性，其总动量 $\boldsymbol{P}=\sum_{i=1}^{n}\boldsymbol{p}_i$ 将是个守恒量.

举一个经典力学的例子，由它可以引出 Newton 第三定律，同时表明经典的和量子的分析来自同一时空特性. 设有两个宏观粒子组成一个孤立体系，它们之间存在相互作用. 由于它们所处空间有着内禀的均匀性，它们在空间中的绝对坐标是不可观测的，所以它们之间的相互作用就只能依赖于它们的相对坐标，成为 $V(\boldsymbol{r}_1-\boldsymbol{r}_2)$ 形式. 根据力的表达式，作用在第 i 个粒子上的作用力为 $\boldsymbol{F}_i=-\nabla_i V$. 按照 V 的这种形式，就得到

$$\boldsymbol{F}_1 = -\boldsymbol{F}_2$$

这就是 Newton 第三定律. 由于 $\boldsymbol{F}_i=\dfrac{\mathrm{d}\boldsymbol{p}_i}{\mathrm{d}t}$，**第三定律其实就是两个宏观粒子孤立体系总动量守恒（ $\boldsymbol{p}_1+\boldsymbol{p}_2=$ 由初条件决定的常矢量）的等价说法. 这说明，与这里量子力学分析一样，第一定律和第三定律也是根源于宏观粒子所处时空的均匀性，而经典分析所导致的总动量守恒的结论和量子力学的结论也一般无二. 量子力学所不兼容的只是 Newton 第二定律、质点概念（以及相应的轨道概念）**. 不过为了描述普适和方便，量子力学和后继课程更常用的是势的概念，而不是力的概念.

和前面能量守恒情况类似，说动量守恒，并不表明体系一定得处在动量本征态上，这要看初条件如何而定. 例如，自由运动波包的动量是个守恒量，波包的初条件是一系列动量本征态的某种叠加，其后动量的平均值和分布都将一直不变，尽管

波包在位形空间中弥散着、变形着．至于边界条件，它的存在必将导致粒子和边界物体的动量交换而使粒子动量不守恒，妨碍具有非定域性质的动量本征态解的存在．

3．空间各向同性和角动量守恒

设将量子体系绕 $\boldsymbol{e}_n$ 轴转过一个很小角度 $\Delta\alpha$，相应的转动算符 $U(\Delta\alpha\boldsymbol{e}_n)$ 为

$$\left|\psi^{(\Delta\rho)}(\boldsymbol{r},t)\right\rangle \equiv U(\Delta\alpha\boldsymbol{e}_n)\left|\psi(\boldsymbol{r},t)\right\rangle \equiv \left|\psi(\boldsymbol{r}-\Delta\boldsymbol{\rho},t)\right\rangle$$

这里 $\Delta\boldsymbol{\rho}=(\boldsymbol{e}_n\times\boldsymbol{r})\Delta\alpha$．于是（图 6-1）

$$\begin{aligned}
\left|\psi(\boldsymbol{r}-\Delta\boldsymbol{\rho},t)\right\rangle &= \sum_{n=0}^{\infty}\frac{1}{n!}(-\Delta\boldsymbol{\rho}\cdot\nabla)^n\left|\psi(\boldsymbol{r},t)\right\rangle \\
&= \sum_{n}\frac{1}{n!}(-\Delta\alpha)^n[(\boldsymbol{e}_n\times\boldsymbol{r})\cdot\nabla]^n\left|\psi(\boldsymbol{r},t)\right\rangle \\
&= \sum_{n=0}^{\infty}\frac{1}{n!}(-\Delta\alpha)^n\left[\boldsymbol{e}_n\cdot(\boldsymbol{r}\times\nabla)\right]^n\left|\psi(\boldsymbol{r},t)\right\rangle \\
&= \exp\left(\frac{-\mathrm{i}}{\hbar}\Delta\alpha\boldsymbol{e}_n\cdot\hat{\boldsymbol{L}}\right)\left|\psi(\boldsymbol{r},t)\right\rangle
\end{aligned} \tag{6.13}$$

显然，体系绕同一根 $\boldsymbol{e}_n$ 轴作有限角度 α 的转动等于绕该轴一系列小转动的连乘积．这些小转动都是绕同一根轴进行，它们之间可以对易．于是这些指数算符的连乘能够紧凑地写为这些算符指数上转角相加．于是有

$$\boxed{U(\alpha\boldsymbol{e}_n)=\exp\left(-\frac{\mathrm{i}}{\hbar}\alpha\boldsymbol{e}_n\cdot\hat{\boldsymbol{L}}\right)} \tag{6.14}$$

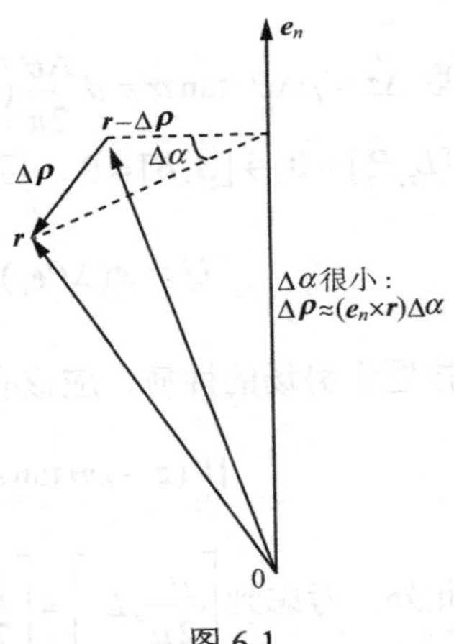

图 6-1

量子体系所处空间，其内禀性质是各向同性的．若不存在有向外场（如重力场）破坏，并无特殊方向可言．假如将一个孤立体系绕任何轴旋转一个任意角度，这类操作不应当影响体系的任何物理性质，不可能有任何实验观察效应（因此，原子物理学中有时说“空间量子化”并不准确——其实是“状态量子化”．见后面§7.1.2）．或者换种说法，**如果体系中相互作用势是空间各向同性的**（如中心场那样），**于是所有这些 $U(\alpha\boldsymbol{e}_n)$ 转动变换都是使此体系保持不变的对称变换，这导致它们的生成元——角动量矢量 $\hat{\boldsymbol{L}}$ 守恒．但这时要注意，虽然 $\hat{\boldsymbol{L}}$ 的三个分量都是守恒量，但它们彼此不对易，不能同时有各自确定的本征值**（特殊情况球对称基态除外）．例如，当 L_x 取某个本征值 $m'\hbar$（相应地，态是 L_x 的本征态）时，L_y 和 L_z 将以一定的概率分布取可能的（共 $2l+1$ 个）$m\hbar$ 值．于是对 L_y 或 L_z 作单次测量时，结果都将呈现不确定性．尽管如此，L_y 和 L_z

取值的概率分布不随时间变化.

注意，孤立系的总角动量守恒律是空间各向同性本性的实验体现. 所以不可以说“空间量子化”. 后者其实是指粒子所处状态的量子性质导致其中平均自旋（极化矢量）空间指向量子化.

举例　势场的等势线为无限圆柱形螺旋线（等势线为 $z-\rho\theta\tan\alpha=c$），求粒子运动时除能量之外的守恒量.

解　选取柱坐标 (ρ,θ,z)，势场的形式为

$$V=V(z-\rho\theta\tan\alpha)$$

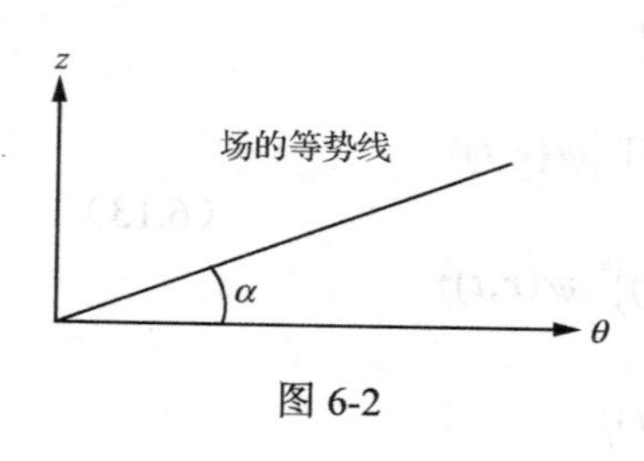

图 6-2

式中，ρ,α 是势场的两个实特征参数，如图 6-2 所示. 由前面叙述可知，绕 z 轴转 $\Delta\theta$ 的转动算符和沿 z 轴移动 Δz 的平移算符分别为

$$\begin{cases} A(\Delta\theta\boldsymbol{e}_z)=\exp\left(-\dfrac{\mathrm{i}}{\hbar}\Delta\theta L_z\right) \\ B(\Delta z)=\exp\left(-\dfrac{\mathrm{i}}{\hbar}\Delta z\cdot p_z\right) \end{cases}$$

取 $\Delta z=\rho\Delta\theta\cdot\tan\alpha\equiv d\dfrac{\Delta\theta}{2\pi}(d=2\pi\rho\tan\alpha)$ 为势场的等势线——螺旋线的螺距. 注意 $[L_{z,}P_z]=0\to[A,B]=0$. 可以将算符 A 和 B 乘积合并成为一个新算符 U，即

$$U\equiv A(\Delta\theta\boldsymbol{e}_z)\cdot B(\rho\tan\alpha\cdot\Delta\theta)=\exp\left(-\frac{\mathrm{i}}{\hbar}\Delta\theta\left(L_z+\frac{d}{2\pi}p_z\right)\right) \tag{6.15}$$

按题设势场的性质，应该有

$$[V(z-\rho\theta\tan\alpha),U]=0\to\left[V(z-\rho\theta\tan\alpha),L_z+\frac{d}{2\pi}p_z\right]=0$$

此外，考虑到 $\left[\dfrac{p^2}{2\mu},L_z\right]=\left[\dfrac{p^2}{2\mu},p_z\right]=0$，所以最后有

$$[U,H]=[U,V]=0$$

于是，在这个等势线为螺旋线的势场中，连续对称变换 U 的生成元，即如下算符:

$$\frac{d}{2\pi}p_z+L_z \tag{6.16}$$

对应的力学量是守恒量. 其实，这里思路具有一般性.

分析与小结　以上三小节讨论的是关于时空连续对称变换. 由于时间和空间内禀地具有均匀各向同性性质，只要不遭受外来破坏，这些属性就会自然地体现在体系运动行为之中，成为体系能量、动量、角动量三个普适守恒定律的物理根源. 显

然，对孤立系，不论其中发生什么过程，均会因为体系所在时空的这些固有属性而必定遵守这三个定律．所以，与其说这三个守恒定律是体系本身的内禀性质，不如更确切地说，是时空这些属性在体系运动行为上的体现．这就是为什么从经典力学过渡到量子力学时，虽然研究对象行为迥然不同，概念和结论也发生了巨大的变化，但这三个守恒律却能安然无恙地贯穿下来的缘故．因为，从经典观点来看量子体系的行为虽然“古怪”，但毕竟也是存在于、运动于和经典体系同一时空之中．从而，这些时空属性也必定“烙印”（或“体现”）在量子体系运动行为上，使量子体系表现出（如同经典体系已经表现出的那样）三个守恒定律的存在．三个守恒定律的物理基础正是时空均匀各向同性性质．反过来也可以说，一旦这些性质因为某种原因遭到破坏，这些守恒定律是否成立就值得考察了．

4．空间反射对称性和宇称守恒

在非相对论量子力学范围内，有关时空的变换，除上述三个连续变换之外，还有两个分立变换，这就是空间反射变换和时间反演变换．时间反演变换在附录六中叙述，这里叙述空间反射变换．

在经典力学中，空间反射变换的定义是

$$\boldsymbol{r}\to-\boldsymbol{r},\quad \boldsymbol{p}\to-\boldsymbol{p}$$

类比经典情况，在量子力学中引入宇称算符 $\hat{P}$，它的定义是

$$\boxed{\hat{P}:\quad \hat{P}\boldsymbol{r}\hat{P}^{-1}=-\boldsymbol{r},\quad \hat{P}\boldsymbol{p}\hat{P}^{-1}=-\boldsymbol{p}}\tag{6.17a}$$

显然可证它们等价于

$$\boxed{\hat{P}|\boldsymbol{r}\rangle=|-\boldsymbol{r}\rangle,\quad \hat{P}|\boldsymbol{p}\rangle=|-\boldsymbol{p}\rangle\quad(\forall\boldsymbol{r},\boldsymbol{p})}\tag{6.17b}$$

由此可以得到宇称算符的并矢表示式．例如，取坐标表象，这时基矢为 $\{|\boldsymbol{r}\rangle,\forall\boldsymbol{r}\}$．由 $\hat{P}$ 的定义（6.17）式，考虑基矢完备性条件，即得

$$\hat{P}=\int_{-\infty}^{+\infty}|-\boldsymbol{r}\rangle\langle\boldsymbol{r}|\mathrm{d}\boldsymbol{r}=\int_{-\infty}^{+\infty}|\boldsymbol{r}\rangle\langle-\boldsymbol{r}|\mathrm{d}\boldsymbol{r}\tag{6.18a}$$

同理，$\hat{P}$ 用动量表象基矢的并矢表示式为

$$\hat{P}=\int_{-\infty}^{+\infty}|-\boldsymbol{p}\rangle\langle\boldsymbol{p}|\mathrm{d}\boldsymbol{p}=\int_{-\infty}^{+\infty}|\boldsymbol{p}\rangle\langle-\boldsymbol{p}|\mathrm{d}\boldsymbol{p}\tag{6.18b}$$

$\hat{P}$ 在坐标表象中的矩阵元为

$$\langle\boldsymbol{r}'|\hat{P}|\boldsymbol{r}''\rangle=\int_{-\infty}^{+\infty}\langle\boldsymbol{r}'|-\boldsymbol{r}\rangle\langle\boldsymbol{r}|\boldsymbol{r}''\rangle\mathrm{d}\boldsymbol{r}=\int_{-\infty}^{+\infty}\delta(\boldsymbol{r}'+\boldsymbol{r})\delta(\boldsymbol{r}''+\boldsymbol{r})\mathrm{d}\boldsymbol{r}=\delta(\boldsymbol{r}'+\boldsymbol{r}'')$$

根据 $\hat{P}$ 的定义，可得 $\hat{P}$ 对任意态作用后的波函数为

$$\langle\boldsymbol{r}|\hat{P}|\psi\rangle=\int_{-\infty}^{+\infty}\langle\boldsymbol{r}|-\boldsymbol{r}'\rangle\langle\boldsymbol{r}'|\psi\rangle\mathrm{d}\boldsymbol{r}'=\psi(-\boldsymbol{r})\tag{6.19a}$$

说明变换后的波函数 $\psi(-\boldsymbol{r})$ 是原先 $\psi(\boldsymbol{r})$ 的镜像反射．若以波函数作态矢的标记，就有

$$\hat{P}|\psi(\boldsymbol{r})\rangle = |\psi(-\boldsymbol{r})\rangle \tag{6.19b}$$

容易证明：**宇称算符 $\hat{P}$ 是 Hermite 的、幺正的和自逆的，**

$$\boxed{\hat{P} = \hat{P}^{+} = \hat{P}^{-1}} \tag{6.20}$$

Hermite 结论由（6.18）式即知．现证明它也是幺正的：按标积定义，对两个任意态矢总有

$$\langle\varphi(-\boldsymbol{r})|\psi(-\boldsymbol{r})\rangle = \langle\varphi(\boldsymbol{r})|\psi(\boldsymbol{r})\rangle$$

于是有

$$\langle\varphi(\boldsymbol{r})|\hat{P}^{+}\hat{P}|\psi(\boldsymbol{r})\rangle = \langle\varphi(\boldsymbol{r})|\psi(\boldsymbol{r})\rangle$$

鉴于 $|\varphi(\boldsymbol{r})\rangle, |\psi(\boldsymbol{r})\rangle$ 的任意性，从而有

$$\hat{P}^{+}\hat{P} = I \tag{6.21a}$$

说明宇称算符是幺正的．还有，两次相继的空间反射变换乘积是一个恒等变换，即

$$\hat{P}^2 = I \rightarrow \hat{P} = \hat{P}^{-1} \tag{6.21b}$$

说明宇称算符是自逆的，而且只有两个本征值：±1．**按第一章算符公设附注中所说，这两个本征态矢构成完备集，可用于展开任意态矢**．比如，在坐标表象里将这个结论叙述出来就成为：任意波函数总可以分解为两部分之和——空间反射对称的和空间反射反对称的，即

$$\psi(\boldsymbol{r}) = \frac{1}{2}(\psi(\boldsymbol{r}) + \psi(-\boldsymbol{r})) + \frac{1}{2}(\psi(\boldsymbol{r}) - \psi(-\boldsymbol{r})) \equiv \psi_{\mathrm{S}}(\boldsymbol{r}) + \psi_{\mathrm{A}}(\boldsymbol{r}) \tag{6.22}$$

可以证明，**宇称算符是个纯量子力学算符，不可能用经典形式表示出来**．就是说，**$\hat{P}$ 不能用 $\hat{\boldsymbol{r}}, \hat{\boldsymbol{p}}$ 等有经典对应力学量的算符的任意函数表示**[①]．证明如下．

反证法： 假定可以用 $\hat{\boldsymbol{r}}, \hat{\boldsymbol{p}}$ 某个函数 $f(\hat{\boldsymbol{r}}, \hat{\boldsymbol{p}})$ 把宇称算符 $\hat{P}$ 表示出来，即 $\hat{P} = f(\hat{\boldsymbol{r}}, \hat{\boldsymbol{p}})$，于是令 $\hbar \to 0$ 向经典过渡时，$f(\hat{\boldsymbol{r}}, \hat{\boldsymbol{p}}) \equiv \hat{f}$ 将趋于它的经典对应物 $f(\boldsymbol{r}, \boldsymbol{p}) \equiv f$．这时即 $\hat{f}$ 的经典对应物 f 与经典力学量 p_i 是对易的，

$$fp_i = p_i f \rightarrow \lim_{\hbar\to 0}[\hat{f}, \hat{p}_i] = \lim_{\hbar\to 0} \mathrm{i}\hbar \frac{\partial \hat{f}}{\partial \hat{p}_i} = 0$$

① 这并不是说经典力学中无相应的变换，而是说不存在对应的力学量．一个经典体系即使具有这种反射对称性，也不能说明存在相应的守恒的力学量．

但另一方面，$\hat{f}$ 是宇称算符，按其定义应当有

$$\hat{f}\,\hat{p}_i\,\hat{f}^{-1}=-\hat{p}_i\text{，即}\hat{f}\,\hat{p}_i=-\hat{p}_i\hat{f}\quad(i=x,y,z)$$

显然此式也可以作经典趋近，并得出反对易的结果．经典情况下的两种不同结果表明，只能有 $f=0$．这说明宇称算符不能被表达成 $\hat{\boldsymbol{r}}$ 和 $\hat{\boldsymbol{p}}$ 的任何函数 $\hat{f}$，否则其经典对应物 f 必为零，反推回去宇称算符 $\hat{f}$ 本身为零（由于 $\hat{f}^2=I$，正比于 $\hbar$ 的正幂次也是不可能的）．

注意，**宇称算符的本征值是相乘的**．这是因为，同一粒子的几部分波函数（或多粒子的波函数）总是相乘的，经宇称算符的作用，所得各部分的宇称本征值也就是相乘的．与此同时，连续变换所对应的（力学量的）本征值是相加的．因为连续变换所对应的守恒量均在指数上，指数算符相乘时指数上的量相加．故其各部分波函数所具有的本征值就是相加的．例如，核和粒子物理反应

$$a+b\rightarrow c+d \tag{6.23}$$

输入态为 $|\text{input}\rangle=|a\rangle|b\rangle|ab,\text{rel.}\rangle$，$|a\rangle$ 和 $|b\rangle$ 分别为 a 和 b 粒子的内部状态，$|ab,\text{rel.}\rangle$ 表示 a,b 两粒子间的相对运动状态．空间反射变换作用于所有各部分，假设 $|a\rangle$ 内禀宇称为 P_a，$|b\rangle$ 内禀宇称为 P_b，相对运动的宇称为 P_{ab}，即设

$$\hat{P}_a|a\rangle=P_a|a\rangle\text{，}\hat{P}_b|b\rangle=P_b|b\rangle\text{，}\hat{P}_{ab}|ab,\text{rel.}\rangle=P_{ab}|ab,\text{rel.}\rangle$$

初态的总宇称量子数就成为

$$\hat{P}|\text{input}\rangle=\hat{P}_a|a\rangle\cdot\hat{P}_b|b\rangle\cdot\hat{P}_{ab}|ab,\text{rel.}\rangle\rightarrow P_{\text{in}}=P_aP_bP_{ab} \tag{6.24a}$$

对于末态情况类似，

$$\hat{P}|\text{output}\rangle=\hat{P}_c|c\rangle\cdot\hat{P}_d|d\rangle\cdot\hat{P}_{cd}|cd,\text{rel.}\rangle\rightarrow P_{\text{out}}=P_cP_dP_{cd} \tag{6.24b}$$

注意 $P_{ab}=(-1)^{l_{ab}}$，l_{ab} 是 a,b 两粒子相对运动的轨道角动量量子数．这是因为，空间反射只与方位角有关，略去相对运动波函数的径向部分，只需考虑方位角部分 $\mathrm{Y}_{lm}(\theta,\varphi)$．由于空间反演下 $(r,\theta,\varphi)\xrightarrow{r\to-r}(r,\pi-\theta,\pi+\varphi)$，所以两粒子相对运动波函数经受

$$\hat{P}\text{：}\mathrm{Y}_{lm}(\theta,\varphi)\rightarrow\mathrm{Y}_{lm}(\pi-\theta,\pi+\varphi)=(-)^l\,\mathrm{Y}_{lm}(\theta,\varphi) \tag{6.25}$$

说明 $\mathrm{Y}_{lm}(\theta,\varphi)$ 是宇称算符本征值为 $(-1)^l$ 的本征态，故 $(-1)^l$ 又称为**轨道宇称**．末态情况类似．**如果（6.23）式反应过程遵守宇称守恒定律，则反应前后总宇称量子数应当相等．用 l_{ab},l_{cd} 分别表示 (a,b) 之间和 (c,d) 之间相对运动轨道角动量量子数，有等式**

$$\boxed{(-1)^{l_{ab}} P_a P_b = (-1)^{l_{cd}} P_c P_d} \tag{6.26}$$

如果反应过程中存在弱作用，反应前后的总宇称量子数将不相等.

※5. 时间反演对称性

参见附录六.

※§6.3　内禀对称性

1. 同位旋空间旋转对称性和同位旋守恒

原子核物理所涉及的核力是一种强相互作用，它大体与电荷（是质子还是中子）无关，这是一个虽然并不十分精确但却是普遍成立的实验事实. 据此，核理论中从强作用观点出发，不计电磁和弱作用，常将质子和中子考虑成同一个粒子（称为核子）的两个不同状态. 于是，一个核子的波函数可以近似统一地记成

$$\varphi(\boldsymbol{r}) = \begin{pmatrix} \varphi_1(\boldsymbol{r}) \\ \varphi_2(\boldsymbol{r}) \end{pmatrix} \tag{6.27}$$

这样，质子和中子的波函数便分别成为

$$\varphi_{\mathrm{p}}(\boldsymbol{r}) = \begin{pmatrix} \varphi_1(\boldsymbol{r}) \\ 0 \end{pmatrix}, \quad \varphi_{\mathrm{n}}(\boldsymbol{r}) = \begin{pmatrix} 0 \\ \varphi_2(\boldsymbol{r}) \end{pmatrix}$$

取如下三个 2×2 矩阵 τ_i 作为同位旋算符：

$$\tau_1 = \begin{pmatrix} 0 & 1 \\ 1 & 0 \end{pmatrix}, \quad \tau_2 = \begin{pmatrix} 0 & -\mathrm{i} \\ \mathrm{i} & 0 \end{pmatrix}, \quad \tau_3 = \begin{pmatrix} 1 & 0 \\ 0 & -1 \end{pmatrix}$$

于是，在这些算符作用下，产生如下变换：

$$\begin{cases} \tau_1\varphi_{\mathrm{p}} = \varphi_{\mathrm{n}} \\ \tau_1\varphi_{\mathrm{n}} = \varphi_{\mathrm{p}} \end{cases}, \quad \begin{cases} \tau_2\varphi_{\mathrm{p}} = \mathrm{i}\varphi_{\mathrm{p}} \\ \tau_2\varphi_{\mathrm{n}} = -\mathrm{i}\varphi_{\mathrm{p}} \end{cases}, \quad \begin{cases} \tau_3\varphi_{\mathrm{p}} = \varphi_{\mathrm{p}} \\ \tau_3\varphi_{\mathrm{n}} = -\varphi_{\mathrm{n}} \end{cases} \tag{6.28}$$

由于不考虑核子间电弱相互作用，只考虑核子间的强相互作用，根据核力与电荷无关，在上述这些变换下核子体系的能级将相同，构成了能级的简并. 这时，由同位旋算符 τ_i 组成的矢量算符

$$\boxed{\boldsymbol{\Theta} = \frac{1}{2}\boldsymbol{\tau}} \tag{6.29}$$

是守恒量，称为核子的同位旋. 而质子和中子只是核子的（同位旋第三分量不同的）两个状态. 就是说，出现了同位旋两重态的简并. 附带指出，由同位旋第三分量 Θ_3

可以组成所谓“电荷算符”Q：

$$Q = e\left(\Theta_3 + \frac{1}{2}\right) = \frac{e}{2}(\tau_3 + 1) = e\begin{pmatrix} 1 & 0 \\ 0 & 0 \end{pmatrix} \tag{6.30}$$

显然

$$Q\varphi_{\mathrm{p}} = \varphi_{\mathrm{p}}, \quad Q\varphi_{\mathrm{n}} = 0$$

2. 全同粒子置换对称性与全同性原理

由于微观粒子具有波动性，两个或多个全同的微观粒子存在置换对称性，实验中表现出特有的交换效应．这种置换对称性陈述为微观粒子全同性原理．此原理不仅是非相对论量子力学的第五公设，实际上贯穿并适用于全部量子理论．

第一，全同性原理及其内涵．

如果两个微观粒子的全部内禀属性（质量、电荷、自旋、同位旋、内部结构及其他内禀性质）都相同，就称它们为两个全同粒子．例如，所有的电子是全同粒子，所有的正电子也是全同粒子，但电子和正电子就不是．对于内部结构相同而仅内部激发状态不同的复合粒子（比如，处于基态和激发态的氢原子），有些情况下不应看作是全同粒子，详细叙述见后．显然，两个全同粒子可以处在不同的量子态上：可以有不同的空间波函数、不同的能级、不同的自旋取向等．**全部量子力学实验表明：如果让两个全同粒子处于相同的物理条件下，它们将有完全相同的实验表现，从原理上看将无法区分它们谁是谁．简单地说，微观粒子全同性原理便是全同粒子的无法分辨性．详细些说，原理主张：**

体系中的全同粒子因实验表现相同而在物理上无法分辨．就是说，如果设想交换体系中任意两个全同粒子所处的状态和地位，将不会表现出任何可以观察的物理效应．

原理涉及两个密切相关但并不相同的概念：**全同性——就粒子本身而论，分辨性——就对它们实验观测而论．**这里强调“原理上”，意思是说永远的、非技术性的．下面具体分析并理解原理的4点核心内容：全同粒子不可分辨性有怎样的含义、这种不可分辨性会产生怎样的后果、如何理解这种不可分辨性、如何实现从微观世界原则上不可分辨到宏观世界原则上可分辨的过渡．

全同粒子体系中各粒子的编号都是以外来方式人为强加的，既然按全同性原理各个全同粒子在“原理上”彼此不能分辨，那么它们之间任何编号顺序的改变都不应当导致可观察的物理效应．就是说，任何实验观测结果都必须对编号的置换为对称的！量子体系的可观测量分为两类：力学量的数值以及概率．于是得出结论：**全同粒子体系的力学量算符（包括体系 Hamilton 量），以及体系所有可观察概率，对于任何一对粒子编号置换都必须为对称的．**这正是上面强调的“原理上不可分辨”这一论断的深刻含义和严重结果．也说明全同性原理正是全同粒子置换对称性的物理概括．

现在来考察观测概率的对称性．**所有观测概率都是对称的，这说明体系总波函数的模平方必须是对称函数，所以总波函数对于任何一对粒子编号的置换，只能改变一个相因子**．引入第 j 和第 k 两个粒子的置换算符 $\hat{P}_{jk}$，于是应当有

$$\begin{aligned}\hat{P}_{jk}\psi(\boldsymbol{r}_1,\cdots,\boldsymbol{r}_j,\cdots,\boldsymbol{r}_k,\cdots,\boldsymbol{r}_n) &= \psi(\boldsymbol{r}_1,\cdots,\boldsymbol{r}_k,\cdots,\boldsymbol{r}_j,\cdots,\boldsymbol{r}_n)\\ &= \mathrm{e}^{\mathrm{i}\delta_{jk}}\psi(\boldsymbol{r}_1,\cdots,\boldsymbol{r}_j,\cdots,\boldsymbol{r}_k,\cdots,\boldsymbol{r}_n)\end{aligned} \tag{6.31}$$

接着用 $\hat{P}_{jk}$ 的逆算符 $\hat{P}_{kj}$ 作用，两边的 ψ 将还原，但净多出一个相因子 $\mathrm{e}^{\mathrm{i}\delta_{kj}+\mathrm{i}\delta_{jk}}$．根据全性原理，实际上置换算符 $\hat{P}_{jk}$ 应当与脚标无关，可以简单写为 $\hat{P}$，相应有 $\delta_{jk}=\delta_{kj}=\delta$．由于两次置换已使编号顺序还原，所以

$$\hat{P}^2 = I \tag{6.32}$$

于是 $\exp\{2\mathrm{i}\delta\}=1$，即 $\exp\{\mathrm{i}\delta\}=\pm 1$．这说明，**为保证全部观测概率是对称的，全同粒子体系所有可能状态的总波函数必须相对于任意两粒子置换为全对称的或是全反对称的**，

$$\psi(\boldsymbol{r}_1,\cdots,\boldsymbol{r}_j,\cdots,\boldsymbol{r}_k,\cdots,\boldsymbol{r}_N) = \pm\psi(\boldsymbol{r}_1,\cdots,\boldsymbol{r}_k,\cdots,\boldsymbol{r}_j,\cdots,\boldsymbol{r}_N) \quad (\forall j,k) \tag{6.33}$$

总之，从全同性原理可以得到关于全同粒子体系的如下两条重要结论：

（1）体系任何可观测量的多体算符（包括体系的多体 Hamilton 量）对粒子编号（也即粒子在态中的地位）置换是对称的．

（2）体系所有可能的总波函数对于粒子间置换要么全对称，要么全反对称，不存在其他中间类型的状态．

$$\boxed{\hat{P}\hat{\Omega}\hat{P} = \hat{\Omega}, \quad \hat{P}\Psi = \pm\Psi} \tag{6.34}$$

究竟什么粒子的全同粒子体系用全对称波函数，什么粒子的全同粒子体系用全反对称波函数呢？**Pauli 依据 Lorentz 变换不变性和定域因果性原理证明了 Pauli 定理**[①]**：（光子、π 介子、氘核、α 粒子等）具有整数自旋粒子必须服从对易规则，它们所组成的全同粒子体系的总波函数对于粒子间置换全是对称的，体系遵从 Bose-Einstein 统计，这些粒子统称为 Boson；（电子、中子、质子、氚核等）具有半整数自旋粒子必须服从反对易规则，它们所组成的全同粒子体系的总波函数对于粒**

① 定理表明，若不如此，则会违反相对论性定域因果律——两件彼此间隔为类空间隔（$|\Delta l|>|c\Delta t|$）的事件没有因果关联．于是原理主张，相隔为类空间隔的两个测量可以独立进行，互不干扰；有此间隔的两个物理量算符应当对易．Pauli 定理证明及讨论详见张永德，量子菜根谭（第Ⅲ版），北京：清华大学出版社，2016 年，第 18 讲（第Ⅱ版，2013 年，第 16 讲）．

子间置换全是反对称的，体系遵从 Fermi-Dirac 统计，这些粒子统称为 Fermion.

由此可以导出 **Pauli 不相容原理：组成一个体系的两个全同 Fermion 不能处于相同的状态上.** 因为这样一来，反称化将使体系的总波函数为零（参见下面（6.35）式）.

全同性原理是自然界的普遍规律，但主要应用于微观世界，体现为一种纯量子效应——交换效应．这是一种由于波函数对称化或反称化所造成的可观察的物理效应（见下面例子）. 经典力学中原则上不存在（完全相同的）全同粒子. 并且，由于宏观粒子的 de Broglie 波波长极短，即便存在"全同"的宏观粒子，原理上也可以对它们进行分辨和追踪，交换效应无法显现. 但在量子力学中，两个全同粒子——如两个电子的情况完全不同. **电子具有波粒二象性，特别是它的波动性，导致不确定性关系，使得轨道概念失效，如果这时没有别的守恒量子数可供区别，则波包的重叠将造成原理上无法分辨的测量结果：无法知晓测量坍缩中所得粒子谁是谁．并且重叠区域越大，以后时刻也越不容易分辨和追踪它们.** 设想在某个时刻对两个相邻的全同粒子进行测量定位、鉴别编号，但在无限接近的后来时刻，它们的坐标还是不再具有确定值. 就是说，由于不确定性关系和轨道概念的失效，由于 de Broglie 波波包演化中的重叠，某个时刻的定位对追踪并无帮助. 这些说明，**微观世界里的全同粒子，一旦它们波包重叠而又没有守恒的内禀量子数可供鉴别，波动性和全同性将肯定使它们失去"个性"和"可分辨性"，出现交换效应.**

第二，应用举例.

关于全同性原理应用的例子，除了全同粒子散射（见§10.4）外，下面再举一些.

例 1　两个全同 Fermion 的例子. 两个电子，假设原先电子 1 处于 $\varphi_\alpha(\boldsymbol{x}_1, s_{z1})$ 态，简记作 $\varphi_\alpha(1)$，电子 2 处于 $\varphi_\beta(\boldsymbol{x}_2, s_{z2})$ 态，记作 $\varphi_\beta(2)$. 由于某种物理原因彼此关联起来，组成一个体系. 假如它们之间没有相互作用或是相互作用较弱，作为零级近似，体系总波函数可以取作两阶 Slater 行列式——两个单电子态的反称化的形式

$$\Phi(1;2)=\frac{1}{\sqrt{2}}\begin{vmatrix}\varphi_\alpha(1), & \varphi_\alpha(2)\\ \varphi_\beta(1), & \varphi_\beta(2)\end{vmatrix}=\frac{1}{\sqrt{2}}\left\{\varphi_\alpha(1)\varphi_\beta(2)-\varphi_\beta(1)\varphi_\alpha(2)\right\} \tag{6.35}$$

右边第二项是依据全同性原理，通过反称化得出来的交换项．交换项的存在将会影响力学量平均值和概率的计算. 比如，概率密度分布成为

$$|\Phi(1,2)|^2=\frac{1}{2}\left\{|\varphi_\alpha(1)|^2\cdot|\varphi_\beta(2)|^2+|\varphi_\beta(1)|^2\cdot|\varphi_\alpha(2)|^2-2\mathrm{Re}\left[\varphi_\alpha(1)\varphi_\beta^*(1)\cdot\varphi_\beta(2)\varphi_\alpha^*(2)\right]\right\}$$

可以看出，**当两个波函数的空间分布不重叠，即函数 φ_α 的定义区域 A 和函数 φ_β 的定义区域 B 之间没有交集时，右边取实部的第三项（两个乘积积分）实际上等于零；若交集很小，这项数值也很小．这时有和没有反称化结果是（或基本是）一样的．于是交换效应消失，两个全同电子在原理上便可以（用区域 A 和 B）分辨．然而，即**

便两个波函数空间分布有重叠，但如果两个电子各自自旋 s_z 取值不同并且在演化中守恒，由于波函数自旋部分的正交性，这个实部在概率计算中仍不起作用．说明此时在原理上可以根据它们 $s_{zi}(i=1,2)$ 的取向来分辨它们．推广开来，结合末态测量，如果测量的物理量与 σ_z^i 对易，就是说最后观测方案——也就是测量末态是朝向 σ_z^i 本征态的坍缩，两个电子仍然可以根据 s_{zi} 的取向来分辨．这时是否有反称化实际效果相同．但若末态测量的量与 σ_z^i 不对易，相应分解时有关交换项就不会消失，存在交换效应．换句话说，这时两个电子在这种测量中还是不可分辨．所以普遍地说，**即便过程中两粒子有取值不同并且守恒的量子数作为标记，这时两粒子究竟是否可分辨，最终还要看如何进行测量和坍缩，即选择何种末态（见下面分束器例子）**．

附带指出，（6.35）式并非构造全反对称总波函数的惟一选择．它只是电子之间相互作用比较弱时的零级近似．假如电子间相互作用不很弱，体系总波函数 $\Phi(\boldsymbol{x}_1,\boldsymbol{x}_2;s_{z1},s_{z2})$ 不再能用上面近似，但选取另外的反称化形式并不影响这里分析．对于多个全同 Fermion 体系，零级近似波函数是（6.35）式的推广——n 阶 Slater 行列式．

例 2　全同的复合粒子的例子．考虑两个相同的总角动量为 J 的原子核，各自有 $N_{\rm n}$ 个中子和 $N_{\rm p}$ 个质子，构成一个双原子核体系．体系总波函数（简记作 $\Phi(\boldsymbol{X}_1,\boldsymbol{X}_2;J_{z1},J_{z2})$）关于中子间置换和质子间置换分别都是反对称的．令 $\hat{P}_{\rm n}$ 为置换两个中子的置换算符，$\hat{P}_{\rm p}$ 类似，原子核的质子和中子总和为核子数 $N=N_{\rm n}+N_{\rm p}$．由此可知，将两个原子核互换的置换算符为

$$\boxed{\hat{P}=(\hat{P}_{\rm n})^{N_{\rm n}}(\hat{P}_{\rm p})^{N_{\rm p}}} \tag{6.36}$$

$\hat{P}^2=I$，$\hat{P}$ 的本征值为 ±1．于是有

$$\begin{aligned}\Phi(\boldsymbol{X}_2,\boldsymbol{X}_1;J_{z2},J_{z1})&=(\hat{P}_{\rm n})^{N_{\rm n}}(\hat{P}_{\rm p})^{N_{\rm p}}\Phi(\boldsymbol{X}_1,\boldsymbol{X}_2;J_{z1},J_{z2})\\&=(-1)^N\Phi(\boldsymbol{X}_1,\boldsymbol{X}_2;J_{z1},J_{z2})\end{aligned} \tag{6.37}$$

由此可得结论：**原子核的核子数 N 为偶数时，此原子核作为一个整体是 Boson；当核子数 N 为奇数时，此原子核是 Fermion**．考虑大量相同原子核所组成的全同多粒子体系，将能说明低温下液 He^4 和 He^3 的量子特性为何完全不同：He^4 粒子服从 Bose-Einstein 统计，而 He^3 服从 Fermi-Dirac 统计．He^3 超流体是两个 He^3 粒子自旋平行配对的结果．对的自旋为 1 是三重态，对的轨道部分则处于 p 态．这是因为，两个 He^3 交换时出负号，而这种交换其实等价于两个 He^3 的空间反演，出宇称负号 $(-1)^l=-1$．注意 He^3 的统计性质与磁矩均来自原子核，但却对超流的性质起了决定性的作用．同时，（6.36）式和（6.37）式也可以向含有多种 Fermion 的复合粒子情况推广．**说明（所含 Boson 数目不计）含有奇数个 Fermion 的复合粒子体系与含偶数个 Fermion 的复合粒子体系之间有着根本的差别，任何相互作用都不能使两者相**

互跃迁．这称为超级选择定则（参见附录六）．

例 3　全同 Boson 例子——光子分束器．如图 6-3 所示，有一块半透镜[①]，水平极化光子 1 从左上方 a 入射，透镜将其相干分解，反射向 c，同时透射向 d；垂直极化光子 2 从左下方 b 入射，相干分解后反射向 d，透射向 c．由 a 入射的称为 a 空间模，向 c 出射的称为 c 空间模等．此时两个光子的输入态为

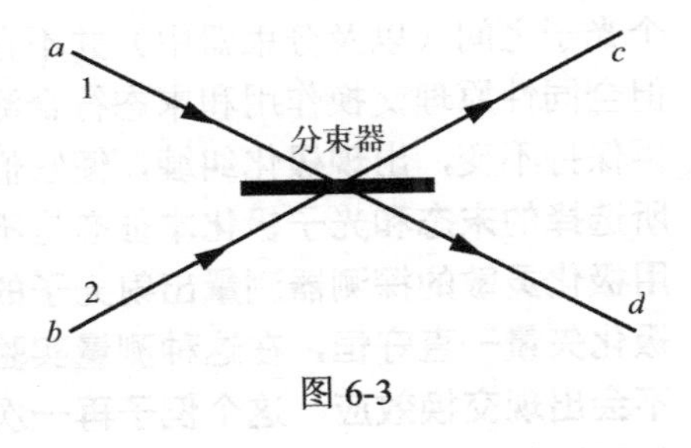

图 6-3

$$\left|\psi_i\right\rangle_{12}=\left|\leftrightarrow\right\rangle_1\otimes\left|a\right\rangle_1\cdot\left|\updownarrow\right\rangle_2\otimes\left|b\right\rangle_2 \tag{6.38}$$

这里水平和垂直箭头分别表示光子的两种极化方向，相应的两种极化状态彼此正交．经过分束器之后，反射束应附加 $\frac{\pi}{2}$ 相位跃变而透射束则无相位跃变[②]；同时，分束器不改变入射光子的极化状态，所以出射态为

$$\left|\psi_f\right\rangle_{12}=\left|\leftrightarrow\right\rangle_1\otimes\frac{1}{\sqrt{2}}\left(\mathrm{i}\left|c\right\rangle_1+\left|d\right\rangle_1\right)\cdot\left|\updownarrow\right\rangle_2\otimes\frac{1}{\sqrt{2}}\left(\left|c\right\rangle_2+\mathrm{i}\left|d\right\rangle_2\right) \tag{6.39}$$

如果两个光子同时到达分束器，在出射态中光子的空间模有重叠，必须考虑两个光子按全同性原理所产生的交换干涉．这时出射态应该是交换对称的，所以正确的出射态应为

$$\begin{aligned}\left|\psi_f\right\rangle&=\frac{1}{\sqrt{2}}\left(\left|\psi_f\right\rangle_{12}+\left|\psi_f\right\rangle_{21}\right)\\&=\frac{1}{2}\left\{\mathrm{i}\left|\psi^+\right\rangle_{12}\left(\left|c\right\rangle_1\left|c\right\rangle_2+\left|d\right\rangle_1\left|d\right\rangle_2\right)+\left|\psi^-\right\rangle_{12}\left(\left|d\right\rangle_1\left|c\right\rangle_2-\left|c\right\rangle_1\left|d\right\rangle_2\right)\right\}\end{aligned} \tag{6.40}$$

此处式中两个极化态 $\left|\psi^\pm\right\rangle$ 是 4 个 Bell 基 $\left\{\left|\psi^\pm\right\rangle,\left|\varphi^\pm\right\rangle\right\}$ 中的两个，

$$\left|\psi^\pm\right\rangle=\frac{1}{\sqrt{2}}\left\{\left|\leftrightarrow\right\rangle_1\left|\updownarrow\right\rangle_2\pm\left|\updownarrow\right\rangle_1\left|\leftrightarrow\right\rangle_2\right\}；\left|\varphi^\pm\right\rangle_{12}=\frac{1}{\sqrt{2}}\left\{\left|\updownarrow\right\rangle_1\left|\updownarrow\right\rangle_2\pm\left|\leftrightarrow\right\rangle_1\left|\leftrightarrow\right\rangle_2\right\} \tag{6.41}$$

注意出射态（6.40）式中第二项的空间状态不同于第一项的空间状态．为探测这个空间模，可在分束器出射方向 c 和 d 两处分别放置两个探测器，对两处的单光子计数作符合计数测量．（6.40）式表明，这种实验安排将有 $\frac{1}{2}$ 概率探测到出射态塌缩为第二项，相应地，也就有 $\frac{1}{2}$ 概率得到双光子极化纠缠态 $\left|\psi^-\right\rangle_{12}$．这样一来，尽管两

① 注意，一路光子输入的半透镜实验，本质上也是一种 Young 双缝实验．详见附录二．

② 此结论来自概率守恒要求变换的幺正性．其实它只是Fresnel公式 π 相位跃变结论在对称分束器情况的应用．详见 A. Zeilinger, Am. J. Phys., **49**, 882 (1981); V. Degiorgie, Am. J. Phys., **48**, 81 (1980).

个光子之间（以及分束器中）并不存在可以令光子极化状态发生改变的相互作用，但全同性原理交换作用和末态符合测量造成相应的坍缩，使两个光子的极化矢量不再保持不变，**出现极化纠缠，使它们的极化状态不可分辨．说明这种符合测量坍缩所选择的末态和光子极化本征态是不兼容的．设想换另外一种对末态测量实验：采用极化灵敏的探测器测量出射光子的极化本征态．则由于分束器过程和测量过程中极化矢量一直守恒，在这种测量实验中两个光子就可以用它们的极化状态来分辨，不会出现交换效应．这个例子再一次说明，出射的两个光子究竟可否分辨，还要看如何测量——对末态如何选择．**

第三，原理内涵的再分析与小结．

原则上对任何全同粒子体系都应当作对称（反对称）化．但常由于各种原因，交换效应不存在或不显著，而不必进行对称（反称）化．于是判断交换效应何时存在何时不存在，对澄清物理概念和简化计算都很重要．特别是当末态测量方案复杂多变时尤需如此．

下面对原理的应用再作一些补充分析．为讨论方便，先暂分为三种情况．**第一，**两个全同粒子的空间波函数在演化中从不重叠，（如无历史因素）这时两个全同粒子原理上可以区分，不存在交换效应，有否对称化（或反称化）结果一样．**第二，不论在重叠区内（分束器情况）或走出重叠区之后（全同粒子散射情况），即便全同粒子原先处于不同的量子态或不同的内能状态，如果在过程中没有守恒且相异量子数可资鉴别，就无法分辨它们谁是谁．如果在过程中有守恒且相异量子数可资鉴别，也要看最后如何观测：**①如果观测过程所测力学量与守恒量子数的力学量对易，测量不干扰这些量子数守恒，最终就可以用这些量子数来鉴别．例如，除上面关于电子自旋的守恒分析之外，内部激发能级不同的复合粒子，若过程的相互作用和最后的观测都不影响复合粒子的内部状态，就可以用它们内能状态的不同来区分它们．再例如，光子分束器中，如果实验观测方案不是符合测量而是观测光子的极化状态，观测中两个光子的极化取值将全不受干扰，就可以用两个光子的极化取值来区分它们．②如果测量过程所测力学量与守恒量子数的力学量不对易，这一类末态测量将破坏这个量子数的守恒（经相干分解后再坍缩），已不能用这个量子数作为鉴别，经测量之后两个粒子已不可区分，表现出应有的交换效应．这在光子分束器的极化（和第十章电子散射的自旋观测）实验中都已说明了．也可以换一种说法，**如果它们内禀量子数都相同，或是其中有些原先不同但经过相互作用已不再守恒（也许总量还守恒），或是在相互作用中虽然守恒但由于最后实验观测的干扰而不守恒，则不论在重叠区内还是走出重叠区之后，都不能区分它们谁是谁．**内能状态不同的复合粒子，如果（散射中或是测量时）有牵连到内能的相互作用，就必须当全同粒子看待，否则不必当全同粒子看待．**第三，演化出了重叠区之后经某种实验安排再次相遇．这时发生干涉的充要条件依然是它们具有不可分辨性，也就是它们经过路径和内部状**

态都不再能够区分.

总而言之，如果不考虑空间波函数从不重叠这个平庸情况，（无论在重叠区内和走出重叠区外）可以分辨两个全同粒子的充要条件是：**全过程中一直存在着某种不变的东西可用于区分和标记，特别是这种不变的东西不被最后的实验观测所干扰. 否则原理上无法分辨它们谁是谁. 由于全同性原理，不可分辨性必定导致交换作用的干涉效应；而一旦具有了可分辨性，交换作用就将消失.** 这里提法从计算角度来看更为简单明确：**全同性原理的干涉效应是否存在，完全决定于作末态分解之后那些交换矩阵元是否为零**

$$交换矩阵元 \propto \langle f|\Omega|i\rangle$$

它们不仅与初态$|i\rangle$有关，与相互作用$\Omega(1,2,\cdots)$有关，还与向之投影的测量末态$|f\rangle$有关. 而$|f\rangle$则与想要观测的内容——测量方案有关. 只当两粒子存在某种取值不同的量子数或特征，这种量子数或特征所相应的力学量能从$|i\rangle$态穿过Ω到$|f\rangle$态的全过程保持守恒情况下，交换矩阵元才为零，交换效应才消失. 与此同时，两个粒子当然也已经可以分辨. 反过来说也如此. 这些论述在上面例子以及第十章全同粒子散射中均可以得到佐证.

即便为了叙述简单而不考虑内禀量子数可供区分的情况，**仅就空间波函数单一角度来说，依照空间波函数完全重叠（或基本重叠）、部分重叠、不重叠等情况，自然法则也包容着从微观粒子“原则上不能区分”，到宏观粒子“原则上能够区分”这两个相互排斥的论断，构成和谐自洽的统一体. 准确说，微观世界的前者法则包容着宏观世界的后者法则作为自己的特例.** 但是，如果将这个简单化的结论绝对化并陈述为“粒子的不可分辨性密切关联于粒子的非定域化”就粗糙了. 因为上面分析已表明：①即便这种非定域化是过去的事，现在粒子之间已经很好地定域化，以致可认为它们是彼此分离的（如全同粒子散射后），未见得就一定可以分辨；②即便两个粒子的波包如此好地重叠，以致可认为是很好非定域化的，但如果从给定的初态一直到（依赖于测量方案的）末态存在守恒量子数，则仍然可以区分.

最后再指出两点：**第一**，不同种类微观粒子之间不存在干涉，因为不同种类微观粒子的波函数是不能相加减的. **第二**，Dirac 的提法：“**每个光子只与它自己发生干涉，从来不会出现两个不同光子之间的干涉**[①]” **并不全面. 全同性原理就主张，两个或多个全同粒子之间也能发生干涉. 原理主张，一旦它们由于直接或间接相互作用而发生量子纠缠，或是空间波包因演化而发生重叠，使总波函数对称化或反称化，加之在包括观测过程在内的全过程中不存在可分辨的某种东西，这种对称化或**

① 参见：P. A. M. 狄拉克，量子力学原理，北京：科学出版社，1965 年，第一章，第 9 页.

反称化就会在这类观测中表现出来，导致交换作用的干涉效应．这就是根源于全同性原理的全同粒子之间的干涉效应．例如，在全同粒子散射中，这一原理便导致这种特有的干涉效应（详见§10.4）．通常情况下，两个自旋指向相同的中子很不容易产生干涉，除了它们之间不确定的相位差之外，是由于它们的 de Broglie 波波长很短，加之中子束的单色性难以做得很好，以致它们空间波包十分狭窄，难于"相遇"重叠．如果将（前进方向相同、横断面内波包有交叠的）两个中子的动量很好地单色化，这就展宽了它们在行进方向上的波包尺度，增加了它们空间相干长度，使波包比较容易发生空间重叠，理论上应当能够让两个中子发生相干叠加．这一思想首先在中子干涉量度学实验中实现．后来又用于光子情况，形成多光子符合技术，完成了著名的 Teleportation 实验和 Swapping 实验[①]．

小结　全同性原理的物理根源是微观粒子的波粒二象性，特别是，它和微观粒子波动性有深刻的内在联系．微观粒子的波动性，反映在单个粒子上就表现为（一对正则共轭量之间的）不确定性关系；反映在全同粒子间的关系上就是全同性原理，就是全同性原理所主张的全对称或全反对称的量子纠缠．

全同性原理的交换效应是否存在，集中表现为交换矩阵元是否为零．这取决于从"制备初态—相互作用—坍缩末态"全过程中是否始终存在守恒量子数（或不变的东西）可用于区分和标记这些粒子．特别是，这种不变的东西不被最后实验观测末态分解所破坏．单纯就空间波函数分布而论，波动性越明显，波函数空间延展越大，来源于量子纠缠的交换效应越显著；粒子性越明显，波函数空间延展越小，这种交换效应越小．

正因为全同性原理深深植根于微观粒子内禀属性，它对全部量子理论都是正确的．也正因为原理和微观粒子内禀属性紧密关联，所以不少人认为它不能算是一个独立的原理，而只是量子力学基本观念的一个推论．

习　题

1．利用 Baker-Hausdorff 公式（第二章习题 11）证明 $\boldsymbol{r} \Rightarrow U(\boldsymbol{a})\boldsymbol{r}U(\boldsymbol{a})^{-1} = \boldsymbol{r} - \boldsymbol{a}$．这里，空间平移算符 $U(\boldsymbol{a})$ 是（6.12a）式．

2．$U(\varphi\boldsymbol{n})$ 为绕 $\boldsymbol{n}$ 方向转 φ 角的空间转动算符，其表达式为（6.14）式．标量算符 S 是由矢量算符 $\boldsymbol{r},\boldsymbol{p}$ 和 $\boldsymbol{L}$ 的标积所组成的标量函数．证明：任意两个矢量算符的点乘积是空间转动不变的，并用 $\boldsymbol{r}\cdot\boldsymbol{p}$ 和 $\boldsymbol{r}\cdot\boldsymbol{L}$ 为两个例子检验之．

提示　利用角动量算符 $\boldsymbol{L}$ 和标量算符的对易子（见第二章习题 11、14）．

---

① D. Bouwmeester, et al., Nature, **390**, 575 (1997); J.W.Pan, et al., PRL, **80**, 3891 (1998); J.W.Pan, et al., Nature, **423**, 417 (2003); Zhi Zhao, et al., Nature, **430**, 54 (2004).

3．矢量算符 $\boldsymbol{V}$ 一般是由矢量算符 $\boldsymbol{r},\boldsymbol{p}$ 和 $\boldsymbol{L}$ 本身或它们的矢积所组成的矢量函数（可能还乘有它们的标量函数）．它的各分量在空间转动下按正交矩阵改变．证明：

（1）$[\boldsymbol{n}\cdot\boldsymbol{L},\boldsymbol{V}]=-\mathrm{i}\hbar\boldsymbol{n}\times\boldsymbol{V}$（也即 $[L_i,V_j]=\mathrm{i}\hbar\varepsilon_{ijk}V_k$）；

（2）利用（1）和 Baker-Hausdorff 公式，求证在 $U(\boldsymbol{n}\varphi)$ 转动下，有

$$\exp\left\{-\frac{\mathrm{i}}{\hbar}\boldsymbol{n}\cdot\boldsymbol{L}\varphi\right\}\boldsymbol{V}\exp\left\{\frac{\mathrm{i}}{\hbar}\boldsymbol{n}\cdot\boldsymbol{L}\varphi\right\}=\boldsymbol{V}-\boldsymbol{n}\times\boldsymbol{V}\varphi+\frac{1}{2}\boldsymbol{n}\times(\boldsymbol{n}\times\boldsymbol{V})(\varphi)^2-\frac{1}{3!}\boldsymbol{n}\times[\boldsymbol{n}\times(\boldsymbol{n}\times\boldsymbol{V})](\varphi)^3+\cdots$$

4．设 $\boldsymbol{e}_n$ 为原点与 (1,1,1) 点连线的方向矢量，求：$U\left(\frac{2\pi}{3}\boldsymbol{e}_n\right)\boldsymbol{L}U^{-1}\left(\frac{2\pi}{3}\boldsymbol{e}_n\right)=?$

5．设 $\Psi_m^{(0)}$ 是 $\hat{l}_z$ 的本征态，相应本征值为 m（取 $\hbar=1$），证明如下态：

$$\Psi_m=\exp(-\mathrm{i}\hat{l}_z\varphi)\cdot\exp(-\mathrm{i}\hat{l}_y\theta)\cdot\Psi_m^{(0)}$$

是 $\hat{l}_n=\hat{l}_x\sin\theta\cos\varphi+\hat{l}_y\sin\theta\sin\varphi+\hat{l}_z\cos\theta$ 的本征态．

6．若动量反演算符 U 具有性质 $U\Psi_a(p)=\Psi_a(-p)$，证明 U 是幺正的．

7．多粒子体系，如不受外力，其 Hamilton 量总可以表示为

$$\hat{H}=\sum_i\frac{\boldsymbol{p}_i^2}{2m_i}+\sum_{i<j}V(\boldsymbol{r}_i-\boldsymbol{r}_j)$$

证明此时体系总动量 $\boldsymbol{P}=\sum_i\boldsymbol{p}_i$ 守恒．

8．多粒子体系，如所受外力矩为 0，则总角动量 $\boldsymbol{L}=\sum_i\boldsymbol{l}_i$ 守恒．

9．证明：对于经典力学体系，若 A,B 为守恒量，则 Poisson 括号 $\{A,B\}$ 也是守恒量（但不一定是新的守恒量）．对于量子力学体系，若 $\hat{A}$，$\hat{B}$ 为守恒量，则 $[\hat{A},\hat{B}]$ 也是守恒量（不一定是新的守恒量）．

提示　利用恒等式 $[A,[B,C]]+[B,[C,A]]+[C,[A,B]]=0$．

10．已知 $D_x(a)=\exp\{-\mathrm{i}ap_x/\hbar\}=\exp\left[-a\frac{\partial}{\partial x}\right]$ 是沿 x 方向的平移算符，设 $f(x)$ 与 $D_x(a)$ 对易，求 $f(x)$ 的一般形式．

答　$f(x)=f(x-a)$，即 $f(x)$ 为 x 的周期为 a 的任意解析函数．

11．证明周期场中的 Bloch 波函数

$$\psi(x)=\exp(\mathrm{i}Kx)\varphi_K(x),\quad \varphi_K(x+a)=\varphi_K(x)$$

是 $D_x(a)$ 的本征态，相应本征值为 $\exp[-\mathrm{i}Ka]$．

12．设 Hamilton 量为

$$H=\frac{l_x^2}{2J_1}+\frac{l_y^2}{2J_2}+\frac{l_z^2}{2J_3}-(a_1x+a_2y+a_3z)$$

写出 $\boldsymbol{r}$ 和角动量 $\boldsymbol{l}$ 的 Heisenberg 方程.

13. 若 $J_1 = J_2$ ，$a_1 = a_2 = 0$ ，列出习题 12 Hamilton 量的主要守恒量.

14. 写出三个分别处于单粒子态 $|\psi_{p1}\rangle, |\psi_{p2}\rangle, |\psi_{p3}\rangle$ 的全同 Boson 构成的体系的归一化波函数.

答　若三个粒子处于同一状态，即 $p1 = p2 = p3$ ，则 $|\Psi\rangle = \left|\psi_{p1}^{(1)}\psi_{p2}^{(2)}\psi_{p3}^{(3)}\right\rangle$ ；

若三个占有态中有两个相同，设 $p1 \neq p2 = p3$ ，则

$$|\Psi\rangle = \sqrt{\frac{2!}{3!}}\left[\left|\psi_{p1}^{(1)}\psi_{p2}^{(2)}\psi_{p3}^{(3)}\right\rangle + \left|\psi_{p2}^{(1)}\psi_{p1}^{(2)}\psi_{p3}^{(3)}\right\rangle + \left|\psi_{p2}^{(1)}\psi_{p3}^{(2)}\psi_{p1}^{(3)}\right\rangle\right]$$

若三个态都不同，即 $p1 \neq p2 \neq p3$ ，则 $|\Psi\rangle = \frac{1}{\sqrt{3!}}\sum_{i\neq j\neq k}^{3}\left|\psi_{pi}^{(1)}\psi_{pj}^{(2)}\psi_{pk}^{(3)}\right\rangle$.

15. 写出三个分别处于不同单粒子态 $|\psi_{p1}\rangle, |\psi_{p2}\rangle, |\psi_{p3}\rangle$ 的全同 Fermi 子构成的体系的归一化波函数.

答　Slater 行列式组成的全反称化的态

$$|\Psi\rangle = \frac{1}{\sqrt{3!}}\begin{vmatrix} |\psi_{p1}\rangle_1, & |\psi_{p2}\rangle_1, & |\psi_{p3}\rangle_1 \\ |\psi_{p1}\rangle_2, & |\psi_{p2}\rangle_2, & |\psi_{p2}\rangle_2 \\ |\psi_{p1}\rangle_3, & |\psi_{p2}\rangle_3, & |\psi_{p3}\rangle_3 \end{vmatrix}$$

16. 考虑由两个全同粒子组成的体系，设可能的单粒子态为 $\varphi_1,\varphi_2,\varphi_3$ ，求体系可能态的数目：

（1）粒子为 Boson；（2）粒子为 Fermion；（3）粒子为经典粒子.

答　（1）9；（2）6；（3）12.

17. 设 ${}_4^8\mathrm{Be}$ 核可以看成由两个 α 粒子组成，证明总角动量量子数 j 必为偶数（取质心坐标系）.

18. 设光子分束器入射光子的极化状态更为一般，即输入态（6.38）式改为

$$|\psi_i\rangle_{12} = (\alpha|\leftrightarrow\rangle_1 + \beta|\updownarrow\rangle_1)\otimes|a\rangle_1\cdot(\gamma|\leftrightarrow\rangle_2 + \delta|\updownarrow\rangle_2)\otimes|b\rangle_2$$

写出相应的（6.39）式和（6.40）式.

答　$|\psi_f\rangle_{12} = (\alpha|\leftrightarrow\rangle_1 + \beta|\updownarrow\rangle_1)\otimes(\mathrm{i}|c\rangle_1 + |d\rangle_1)\cdot(\gamma|\leftrightarrow\rangle_2 + \delta|\updownarrow\rangle_2)\otimes(|c\rangle_2 + \mathrm{i}|d\rangle_2)$

$$\begin{aligned}|\psi_f\rangle = \frac{1}{2}\Big\{&(\alpha\gamma+\beta\delta)\cdot|\varphi^+\rangle_{12}\cdot\mathrm{i}\left(|c\rangle_1|c\rangle_2 + |d\rangle_1|d\rangle_2\right)\\ &+(\alpha\gamma-\beta\delta)\cdot|\varphi^-\rangle_{12}\cdot\mathrm{i}\left(|c\rangle_1|c\rangle_2 + |d\rangle_1|d\rangle_2\right)\\ &+(\alpha\delta+\beta\gamma)\cdot|\psi^+\rangle_{12}\cdot\mathrm{i}\left(|c\rangle_1|c\rangle_2 + |d\rangle_1|d\rangle_2\right)\\ &+(\alpha\delta-\beta\gamma)\cdot|\psi^-\rangle_{12}\cdot\left(|c\rangle_1|d\rangle_2 - |d\rangle_1|c\rangle_2\right)\Big\}\end{aligned}$$

第七章　自旋角动量

实验发现，电子有一种内禀的角动量，称为自旋角动量．它源于电子的内禀性质，是一种非定域的性质，一种量级为相对论性的效应．本来，在 Dirac 相对论性电子方程中，这个内禀角动量很自然地体现作为 Dirac 联立方程组的旋量结构．但由于 Schrödinger 方程是 Dirac 方程最低阶非相对论近似，因此 Schrödinger 方程忽略了这种旋量结构．换句话说，对于非相对论 Schrödinger 方程来说，自旋作用表现出是一种新的、额外的、非定域的自由度，对它的描写只能以外来方式引入，添加在 Schrödinger 方程上①．到目前为止，非相对论量子力学所拟定的关于它的一套计算方法，使人们能够毫无困难地从理论上预测实验结果并计算它在各种场合下的运动和变化．但其实是，整个量子理论对这个内禀角动量（以及伴随的内禀磁矩）的物理本质依然缺乏透彻的了解②．

§7.1　电子自旋角动量

1．电子自旋的实验基础和特点

早期与发现电子自旋有关的实验有：原子光谱的精细结构（比如，氢原子 $2p \to 1s$ 跃迁存在两条彼此很靠近的两条谱线，碱金属原子光谱存在双线结构等）；1912 年反常 Zeeman 效应，特别是氢原子的偶数重磁场谱线分裂．这些谱线的偶数重分裂现象无法用轨道磁矩与外磁场相互作用解释，因为这种解释只能使谱线分裂为奇数 $(2l+1)$ 重；1922 年 Stern-Gerlach 实验，实验使用中性顺磁银原子，经高温蒸发出射后形成银原子束，通过一个十分不均匀的磁场．束中银原子为中性，不受 Lorentz 力作用．并且经蒸发透出后，银原子永久磁矩的指向必定是随机、各向同性的．于是当它们穿过非均匀磁场时，磁矩和磁场方向的夹角是随机的．从而银原子束在通过磁场并接收非均匀磁场力的作用之后，在接收屏上应当相对于平衡位置散

---

① 个别量子力学书（W.Greiner, Quantum Mechanics, An Introduction, Springer-Verlag, 4th. Ed., 2005: 354；有中译本，北京大学出版社，2009 年，第 278 页）认为 Schrödinger 方程自动蕴含有 $\frac{\hbar}{2}$ 自旋．这是不对的．分析详见张永德量子菜根谭（第III版），第 12 讲，量子力学是线性的？清华大学出版社，2016 年．

② 参见：杨振宁讲演集，天津：南开大学出版社，1989 年．

开成一个宽峰，但实验事实是给出了明显对称分开的两个峰，实测分别相应于正负 Bohr 磁子 μ_B！

针对以上难以理解的实验现象，1925 年 Uhlenbeck 和 Goudsmit 提出假设：电子在旋转着，表现出称为自旋的内禀角动量 $\boldsymbol{S}$．为了与实验表现相符，他们认为，这个内禀角动量对任意方向的取值都只有 $\pm\frac{\hbar}{2}$ 两个数值，并且伴随自旋存在一个内禀磁矩 $\boldsymbol{\mu}$，两者关系为

$$\boxed{\boldsymbol{\mu}=-\frac{e}{mc}\boldsymbol{S}} \tag{7.1}$$

这里电子电荷为 $-e$，质量为 m．（7.1）式表明，**电子自旋的回磁比是轨道回磁比的两倍**．由此，**电子便有了 $m,e,\boldsymbol{S},\boldsymbol{\mu}$ 共四个体现内禀性质的物理量**．根据实验事实，以外加的方式引入电子自旋这一内禀自由度之后，不仅原子的磁性性质，而且原子光谱本身的一些精细结构，以及在外场下的多重分裂现象，都得到了很好的解释．

然而，认为电子自旋角动量来源于电子旋转这一经典图像却立即遭到否定．假设电子半径为 r_e，作为定性估算可以合理地假定

$$\frac{e^2}{r_e}\sim mc^2,\quad r_e p\sim\hbar$$

$$v=\frac{p}{m}\approx\frac{\hbar}{mr_e}\approx\left(\frac{\hbar c}{e^2}\right)c=137c$$

这说明，为了在 r_e 半径下旋转得出 $\hbar$ 的角动量，电子必须以一百余倍的光速转动才行．显然，这是一个不能接受的图像，说明电子自旋角动量有着更深刻的内禀原因．

2．电子自旋态的表示

由于电子自旋是一个新自由度，并且相应于这个新自由度的新变数 s_z 只能取两个值 $\pm\frac{\hbar}{2}$，于是电子状态波函数是一个两分量的列旋量（注意不是两分量的列矢量，两者在空间转动下的表现不同．详见§9.3 第 2 小节）①

$$\boxed{\left|\psi(\boldsymbol{r},s_z,t)\right\rangle=\begin{pmatrix}\psi_1(\boldsymbol{r},t)\\ \psi_2(\boldsymbol{r},t)\end{pmatrix}=\psi_1(\boldsymbol{r},t)\left|\alpha\right\rangle+\psi_2(\boldsymbol{r},t)\left|\beta\right\rangle} \tag{7.2}$$

这里 $\left|\alpha\right\rangle=\begin{pmatrix}1\\0\end{pmatrix},\left|\beta\right\rangle=\begin{pmatrix}0\\1\end{pmatrix}$ 表示 s_z 取朝上 $\frac{\hbar}{2}$ 和朝下 $-\frac{\hbar}{2}$ 的状态．右边的二维列矢量称作

① 注意这里涉及运动自由度从三维增加成了四维（尽管新增加的一维自变数只取 2 个值）！于是造成自旋内禀空间运动影响三维位形空间运动的特异现象！参见下页自旋取向量子化叙述．

左边态矢的二维矩阵代数表示．于是

$$\begin{aligned}&\int|\psi_1|^2\mathrm{d}\boldsymbol{r}=\text{自旋朝上的概率},\\&\int|\psi_2|^2\mathrm{d}\boldsymbol{r}=\text{自旋朝下的概率},\end{aligned}\qquad \int\langle\psi|\psi\rangle\mathrm{d}\boldsymbol{r}=\int\mathrm{d}\boldsymbol{r}\left(|\psi_1|^2+|\psi_2|^2\right)=1 \tag{7.3}$$

如果体系 Hamilton 量 H 中不含自旋角动量，或是自旋部分和空间部分可以分开（即 $H=H_0+H_s$），则自旋波函数和空间波函数就可以分离，

$$\boxed{\begin{cases}|\psi(\boldsymbol{r},s_z,t)\rangle=|\varphi(\boldsymbol{r},t)\rangle|\chi(s_z,t)\rangle\\|\chi(s_z,t)\rangle=\begin{pmatrix}\chi_1(t)\\\chi_2(t)\end{pmatrix}=\chi_1(t)|\alpha\rangle+\chi_2(t)|\beta\rangle\end{cases}}$$

考虑电子自旋角动量之后，Schrödinger 方程便由单分量的方程扩充为两分量的方程，后者常称为 **Pauli** 方程．

以上叙述再次阐明，开辟了内禀空间描述的电子自旋波函数，其物理意义是：实验前，自旋波函数描述了电子自旋取值的潜在能力；实验中，自旋波函数预期了由潜在能力转成的实验表现．注意，中性银原子射线束，在进入 S-G 实验装置之前的空间飞行中，各个银原子的自旋指向独立杂乱而各向同性．只当进入装置后，全体各自朝磁场方向各自都只选取了正或反两个方向（附录三 S-G 装置计算）！正是依照这个实验事实，人们认定：不论电子处于什么自旋状态，其自旋朝任何方向的取向都只是正向或逆向两种．因此，自旋波函数的这个奇特性质观念上源自实验事实！这里强调指出，不是我们“三维空间量子化”了（它的均匀各向同性性质已由孤立系动量和角动量守恒定律所表征），而是由于电子内禀自旋状态量子化，结果转化为三维空间中取向量子化．

3．自旋算符与 Pauli 矩阵

自旋既是角动量就应当满足角动量的对易规则，

$$\boxed{[S_i,S_j]=\mathrm{i}\hbar\varepsilon_{ijk}S_k\quad(i=x,y,z)} \tag{7.4}$$

由于自旋波函数是两分量的列旋量，因而自旋角动量的三个分量算符 S_i **自然就是三个 2×2 的 Hermite 矩阵，以便对这些两分量列旋量的自旋态进行映射（或称变换）．**于是引入三个二阶 Hermite 矩阵 σ_i 来表示 S_i，令

$$\boxed{S_i=\frac{\hbar}{2}\sigma_i\quad(i=x,y,z)} \tag{7.5}$$

这里已经抽出 S_i 的绝对数值 $\dfrac{\hbar}{2}$，所以 σ_i 的本征值只能为 ±1，就是说 σ_i 为自逆矩阵．将 σ_i 代入对易规则（7.4）式，就得到决定它们的下列关系：

$$\begin{cases}[\sigma_i,\sigma_j]=2\mathrm{i}\varepsilon_{ijk}\sigma_k\\ \sigma_i^{\ 2}=\sigma_0\end{cases}\tag{7.6a}$$

$\sigma_0=\begin{pmatrix}1&0\\0&1\end{pmatrix}$为二阶单位矩阵．由$\sigma_i$间的这些对易关系也能导出$\sigma_i$间的反对易关系

$$\begin{aligned}0=[\sigma_0,\sigma_j]=[\sigma_i^{\ 2},\sigma_j]&=\sigma_i[\sigma_i,\sigma_j]+[\sigma_i,\sigma_j]\sigma_i\\&=2\mathrm{i}\varepsilon_{ijk}(\sigma_i\sigma_k+\sigma_k\sigma_i)=2\mathrm{i}\varepsilon_{ijk}\{\sigma_i,\sigma_k\}\end{aligned}$$

对任一给定的j，总可以取i,k使$i\neq k\neq j$，于是$\varepsilon_{ijk}\neq 0$，σ_i之间彼此反对易，

$$\{\sigma_i,\sigma_k\}=0\quad(i\neq k)$$

将它们代入（7.6a）式，得到σ_i之间另一组关系

$$\boxed{\begin{cases}\sigma_i\sigma_j=\mathrm{i}\varepsilon_{ijk}\sigma_k\\ \{\sigma_i,\sigma_j\}=2\delta_{ij}\end{cases}}\tag{7.6b}$$

当然，（7.6b）式和（7.6a）式两组关系彼此等价，可以相互推导．**总之，这三个2×2的 Hermite 矩阵σ_i是自逆、反对易、零迹的**．最后一点是由于

$$0=\mathrm{tr}[\sigma_i,\sigma_j]=2\mathrm{i}\varepsilon_{ijk}\mathrm{tr}\sigma_k\to\mathrm{tr}\sigma_k=0\quad(k=x,y,z)$$

物理要求的一般性分析只能到此为止了．但现在仍然不能将这三个 Hermite 矩阵$\{\sigma_i\}$的具体形式完全确定下来，需要进一步附加人为约定．不同附加约定求得的三个$\{\sigma_i\}$将会不同．不过它们都能满足上面全部要求，物理上是等价的，彼此间只差一个2×2的幺正变换．于是就出现了需要选择$\{\sigma_i\}$表象的问题．下面只给出σ_i的一个常用表象——**Pauli 矩阵表象**．这个由 Pauli 引入的表象有两条附加约定：**首先，约定σ_z是对角的**．再考虑到σ_z的本征值为±1，于是就直接写出σ_z为

$$\sigma_z=\begin{pmatrix}1&0\\0&-1\end{pmatrix}$$

进一步，根据σ_x必须是零迹的 Hermite 矩阵，可令$\sigma_x=\begin{pmatrix}a&b\\b^*&-a\end{pmatrix}$，$a,b$为两个待定的复数．根据$\sigma_z\sigma_x=-\sigma_x\sigma_z$，代入$\sigma_z$和$\sigma_x$的表达式后可得$a=0$，考虑到$\sigma_x^{\ 2}=\begin{pmatrix}1&0\\0&1\end{pmatrix}$，又得$b=\mathrm{e}^{\mathrm{i}\alpha}$为任一相因子．至此仍不能完全决定$\sigma_x$．**其次，约定$\sigma_x$中相位$\alpha=0$**．于是有

$$\sigma_x=\begin{pmatrix}0&1\\1&0\end{pmatrix}$$

接着由（7.6b）式，求得σ_y为

$$\sigma_y = -\mathrm{i}\sigma_z\sigma_x = \begin{pmatrix} 0 & -\mathrm{i} \\ \mathrm{i} & 0 \end{pmatrix}$$

Pauli 作了这两条约定之后，得到下面这组 2×2 **的自逆、反对易、零迹的 Hermite 矩阵——Pauli 矩阵**：

$$\boxed{\sigma_x = \begin{pmatrix} 0 & 1 \\ 1 & 0 \end{pmatrix},\quad \sigma_y = \begin{pmatrix} 0 & -\mathrm{i} \\ \mathrm{i} & 0 \end{pmatrix},\quad \sigma_z = \begin{pmatrix} 1 & 0 \\ 0 & -1 \end{pmatrix}} \tag{7.7}$$

现在可以用这组矩阵具体计算自旋角动量的对易规则，以及对两分量自旋态的映射作用.

简单考察即知，**这三个矩阵（加上 σ_0 ）将构成一组完备的矩阵基** $\{\sigma_i,\sigma_0\}$ **，可以用来分解（展开）任何** 2×2 **的复矩阵**．应当指明，**由于** σ_i **本身的自逆性质和** σ_i **之间的反对易性质，类似于通常选用一组正交归一基矢对矢量展开时的归一性质和正交性质**．使用这组矩阵基 $\{\sigma_i,\sigma_0\}$ 对 2×2 复矩阵作展开，并随之而来的乘法运算表明，这些性质使计算十分简便（伴随相乘而来的各个自乘项矩阵为单位矩阵 σ_0，交叉项之和消失）.

4．例算

例 1 证明等式

$$\boxed{(\boldsymbol{A}\cdot\boldsymbol{\sigma})(\boldsymbol{B}\cdot\boldsymbol{\sigma}) = \boldsymbol{A}\cdot\boldsymbol{B} + \mathrm{i}(\boldsymbol{A}\times\boldsymbol{B})\cdot\boldsymbol{\sigma}} \tag{7.8}$$

这里，$\boldsymbol{A},\boldsymbol{B}$ 是两个三维矢量，$\boldsymbol{A}\cdot\boldsymbol{B}$ 项中已略写 σ_0.

证明

$$(\boldsymbol{A}\cdot\boldsymbol{\sigma})(\boldsymbol{B}\cdot\boldsymbol{\sigma}) = \sum_{ij=1}^{3} a_i b_j \sigma_i \sigma_j = \sum_{i=1}^{3} a_i b_i + \sum_{\substack{i,j=1\\(i\neq j)}}^{3} a_i b_j \sigma_i \sigma_j$$

$$= \boldsymbol{A}\cdot\boldsymbol{B} + \mathrm{i}\sum_{\substack{i,j=1\\ i\neq j\neq k}}^{3} \varepsilon_{ijk} a_i b_j \sigma_k = \boldsymbol{A}\cdot\boldsymbol{B} + \mathrm{i}(\boldsymbol{A}\times\boldsymbol{B})\cdot\boldsymbol{\sigma}$$

例 2 求 $\boldsymbol{\sigma}\cdot\boldsymbol{n}$ 的本征态，$\boldsymbol{n} = \{\sin\theta\cos\varphi, \sin\theta\sin\varphi, \cos\theta\}$.

解 由例 1，$(\boldsymbol{\sigma}\cdot\boldsymbol{n})^2 = 1$，Hermite 矩阵 $\boldsymbol{\sigma}\cdot\boldsymbol{n}$ 的本征值为 ±1．设其本征态为 $\chi(\boldsymbol{n}) = \begin{pmatrix} a \\ b \end{pmatrix}$，写出本征方程

$$\boldsymbol{\sigma}\cdot\boldsymbol{n}\begin{pmatrix} a \\ b \end{pmatrix} = \pm\begin{pmatrix} a \\ b \end{pmatrix}$$

也即

$$\begin{pmatrix} \cos\theta & \sin\theta e^{-i\varphi} \\ \sin\theta e^{i\varphi} & -\cos\theta \end{pmatrix}\begin{pmatrix} a \\ b \end{pmatrix} = \pm\begin{pmatrix} a \\ b \end{pmatrix}$$

解出 a 和 b 即得相应于本征值 ±1 的本征态 $\chi^{(\pm)}(\boldsymbol{n})$ 为

$$\left|\chi^{(+)}(\boldsymbol{n})\right\rangle = \begin{pmatrix} e^{-i\varphi/2}\cos\dfrac{\theta}{2} \\ e^{i\varphi/2}\sin\dfrac{\theta}{2} \end{pmatrix}; \quad \left|\chi^{(-)}(\boldsymbol{n})\right\rangle = \begin{pmatrix} -e^{-i\varphi/2}\sin\dfrac{\theta}{2} \\ e^{i\varphi/2}\cos\dfrac{\theta}{2} \end{pmatrix} \tag{7.9}$$

显然在 $\left|\chi^{(\pm)}(\boldsymbol{n})\right\rangle$ 态中自旋平均值为

$$\left\langle \chi^{(\pm)}(\boldsymbol{n}) \middle| \boldsymbol{\sigma} \middle| \chi^{(\pm)}(\boldsymbol{n}) \right\rangle = \pm\boldsymbol{n} \tag{7.10}$$

例 3　证明广义 Euler 公式①

$$e^{i\boldsymbol{\alpha}\cdot\boldsymbol{\sigma}} = \cos\alpha + i(\boldsymbol{e}_\alpha\cdot\boldsymbol{\sigma})\sin\alpha \tag{7.11}$$

式中，$\boldsymbol{e}_\alpha = \dfrac{\boldsymbol{\alpha}}{\alpha}$ 为 $\boldsymbol{\alpha}$ 方向单位矢量，$\alpha = |\boldsymbol{\alpha}|$.

证明　由于

$$e^{i\boldsymbol{\alpha}\cdot\boldsymbol{\sigma}} = \sum_{n=0}^{\infty}\frac{i^{2n}}{(2n)!}(\boldsymbol{\alpha}\cdot\boldsymbol{\sigma})^{2n} + \sum_{n=0}^{\infty}\frac{i^{2n+1}}{(2n+1)!}(\boldsymbol{\alpha}\cdot\boldsymbol{\sigma})^{2n+1}$$

由例 1 得 $(\boldsymbol{\alpha}\cdot\boldsymbol{\sigma})^2 = \alpha^2$，于是

$$e^{i\boldsymbol{\alpha}\cdot\boldsymbol{\sigma}} = \sum_{n=0}^{\infty}\frac{(-1)^n}{(2n)!}\alpha^{2n} + i(\boldsymbol{\alpha}\cdot\boldsymbol{\sigma})\sum_{n=0}^{\infty}\frac{(-1)^n}{(2n+1)!}\alpha^{2n}$$

最后即得（7.11）式．此式以及它的特殊情况（$\boldsymbol{\alpha}$ 只有某一个或两个分量）很常用．

例 4　证明

$$\begin{cases} e^{-i\frac{\alpha}{2}\sigma_x}\sigma_y e^{i\frac{\alpha}{2}\sigma_x} = \sigma_y\cos\alpha + \sigma_z\sin\alpha \\ e^{-i\frac{\alpha}{2}\sigma_x}\sigma_z e^{i\frac{\alpha}{2}\sigma_x} = \sigma_z\cos\alpha - \sigma_y\sin\alpha \end{cases} \tag{7.12}$$

证明　利用例 3 结果，可得

---

① 仔细研究此处证明，不难看出针对以下三种情况有三种结果：

若 T 为任意矩阵，则有 $e^{i\alpha T} = \cos(\alpha T) + i\sin(\alpha T)$；

若 T 为自逆矩阵，则有 $e^{i\alpha T} = I\cos\alpha + iT\sin\alpha$；

若 $\boldsymbol{T}$ 为三个自逆反对易矩阵，则有 $e^{i\alpha\boldsymbol{T}} = I\cos\alpha + i(\boldsymbol{e}_\alpha\cdot\boldsymbol{T})\sin\alpha$．

$$
\begin{aligned}
\mathrm{e}^{-\mathrm{i}\frac{\alpha}{2}\sigma_x}\sigma_y\mathrm{e}^{\mathrm{i}\frac{\alpha}{2}\sigma_x} &= \left(\cos\frac{\alpha}{2}-\mathrm{i}\sigma_x\sin\frac{\alpha}{2}\right)\sigma_y\left(\cos\frac{\alpha}{2}+\mathrm{i}\sigma_x\sin\frac{\alpha}{2}\right)\\
&=\sigma_y\cos^2\frac{\alpha}{2}-\mathrm{i}\sin\frac{\alpha}{2}\cos\frac{\alpha}{2}[\sigma_x,\sigma_y]+\sigma_x\sigma_y\sigma_x\sin^2\frac{\alpha}{2}\\
&=\sigma_y\cos\alpha+\sigma_z\sin\alpha
\end{aligned}
$$

由$x\to y\to z\to x$循环置换，可以得到其余四个公式．顺便指出，**作用在二维旋量空间中（对二维旋量波函数进行变换）的矩阵**$\exp\left(-\mathrm{i}\frac{\alpha}{2}\sigma_x\right)$，**它的另一作用就是对三个矩阵**$(\sigma_x,\sigma_y,\sigma_z)$**进行绕**$x$**轴转**$\alpha$**角的转动变换**．如此等等（普遍证明见§9.3 第 2 小节的（9.21）式）．**按照这个图像，很容易理解并记住这六个公式**．

例 5 计算$(2\sigma_0+\sigma_x)^{-1}$．可将所求的逆矩阵按$\{\sigma_0,\sigma_x,\sigma_y,\sigma_z\}$展开，即假定

$$(2\sigma_0+\sigma_x)^{-1}=\alpha\sigma_x+\beta\sigma_y+\gamma\sigma_z+\delta\alpha_0$$

式中，$\alpha,\beta,\gamma,\delta$为待定系数．（于是）

$$
\begin{aligned}
\sigma_0&=(\alpha\sigma_x+\beta\sigma_y+\gamma\sigma_z+\delta\sigma_0)(2\sigma_0+\sigma_x)\\
&=(2\alpha+\delta)\sigma_x+(2\beta+i\gamma)\sigma_y+(2\gamma-i\beta)\sigma_z+(2\delta+\alpha)\sigma_0
\end{aligned}
$$

σ_x,σ_y和σ_z前系数必须都为零，而$2\delta+\alpha=1$，得$\alpha=-\frac{1}{3},\beta=\gamma=0$，$\delta=\frac{2}{3}$．于是

$$(2\sigma_0+\sigma_x)^{-1}=\frac{2}{3}\sigma_0-\frac{1}{3}\sigma_x$$

5. $\frac{1}{2}$自旋态的极化矢量与投影算符

定义 电子自旋态$|\delta\rangle$的极化矢量$\boldsymbol{p}_\delta$定义为

$$\boxed{\boldsymbol{p}_\delta=\langle\delta|\boldsymbol{\sigma}|\delta\rangle} \tag{7.13}$$

矢量$\boldsymbol{p}_\delta$的模长为 1．这只要将任意态$|\delta\rangle$表示为$\begin{pmatrix}\sin\theta\\ \cos\theta\,\mathrm{e}^{\mathrm{i}\varphi}\end{pmatrix}$并直接计算即知．注意，由于矢量$\boldsymbol{p}_\delta$经过态的平均，具有经典矢量性质，可以按普通矢量作几何分解与合成．

定义 向电子自旋态$|\lambda\rangle$投影的投影算符π_λ定义为

$$\boxed{\pi_\lambda=|\lambda\rangle\langle\lambda|} \tag{7.14a}$$

于是，在自旋态$|\delta\rangle$中找到自旋态$|\lambda\rangle$的概率为

$$p_{\lambda\delta}=\langle\delta|\pi_\lambda|\delta\rangle=|\langle\delta|\lambda\rangle|^2 \tag{7.15}$$

注意$p_{\lambda\delta}=p_{\delta\lambda}$．

定理　电子任一自旋态 $|\lambda\rangle$ 的投影算符 π_λ 和极化矢量 $\boldsymbol{p}_\lambda$ 之间有如下关系式：

$$\boxed{\pi_\lambda = \frac{1}{2}(1 + \boldsymbol{p}_\lambda \cdot \boldsymbol{\sigma})} \tag{7.14b}$$

证明　如此定义的算符 π_λ 是个投影算符，因为

$$\begin{aligned}\pi_\lambda^2 &= \frac{1}{4}[1 + 2\boldsymbol{p}_\lambda \cdot \boldsymbol{\sigma} + (\boldsymbol{p}_\lambda \cdot \boldsymbol{\sigma})(\boldsymbol{p}_\lambda \cdot \boldsymbol{\sigma})] = \frac{1}{4}[1 + 2\boldsymbol{p}_\lambda \cdot \boldsymbol{\sigma} + \boldsymbol{p}_\lambda^2 + \mathrm{i}(\boldsymbol{p}_\lambda \times \boldsymbol{p}_\lambda) \cdot \boldsymbol{\sigma}] \\ &= \frac{1}{2}(1 + \boldsymbol{p}_\lambda \cdot \boldsymbol{\sigma}) = \pi_\lambda\end{aligned}$$

实际上可以直接验算（7.14b）式．这只要令任意自旋态为 $|\lambda\rangle = \begin{pmatrix} \mathrm{e}^{-\mathrm{i}\varphi/2}\cos\dfrac{\theta}{2} \\ \mathrm{e}^{\mathrm{i}\varphi/2}\sin\dfrac{\theta}{2} \end{pmatrix}$，于是

$$\pi_\lambda = |\lambda\rangle\langle\lambda| = \begin{pmatrix} \cos^2\dfrac{\theta}{2} & \mathrm{e}^{-\mathrm{i}\varphi}\cos\dfrac{\theta}{2}\sin\dfrac{\theta}{2} \\ \mathrm{e}^{-\mathrm{i}\varphi}\cos\dfrac{\theta}{2}\sin\dfrac{\theta}{2} & \sin^2\dfrac{\theta}{2} \end{pmatrix} = \frac{1}{2}(1 + \boldsymbol{n} \cdot \boldsymbol{\sigma})$$

式中，$\boldsymbol{n} = \{\sin\theta\cos\varphi, \sin\theta\sin\varphi, \cos\theta\}$，由前面例 2 的结果可知，它正是这个态的极化矢量 $\boldsymbol{p}_\lambda$．

证毕．

利用（7.14b）式可以很方便地对自旋态和极化矢量进行概率分解计算．

例 1　在 $|\alpha\rangle = \begin{pmatrix} 1 \\ 0 \end{pmatrix}$ 态中，测得自旋在 $\boldsymbol{n}(\theta, \varphi)$ 方向（即极化矢量在 $\boldsymbol{n}$ 方向的态）的概率为

$$p_{n\alpha} = \langle\alpha|\pi_n|\alpha\rangle = \langle\alpha|\frac{1}{2}(1 + \boldsymbol{n} \cdot \boldsymbol{\sigma})|\alpha\rangle = \frac{1}{2}(1 + n_z) = \cos^2\frac{\theta}{2} \tag{7.16}$$

类似地，在 $|\beta\rangle = \begin{pmatrix} 0 \\ 1 \end{pmatrix}$ 态中测得自旋在 $\boldsymbol{n}$ 方向的概率为 $\sin^2\dfrac{\theta}{2}$．

例 2　在 $|\lambda\rangle$ 态中测得沿 $\boldsymbol{n}$ 方向的自旋平均值为

$$\begin{aligned}\overline{S}_{n,\lambda} &= \frac{\hbar}{2}\boldsymbol{n} \cdot \boldsymbol{p}_\lambda = \langle\lambda|\boldsymbol{n} \cdot \boldsymbol{S}|\lambda\rangle = \frac{\hbar}{2}\langle\lambda|\boldsymbol{n} \cdot \boldsymbol{\sigma}|\lambda\rangle \\ &= \frac{\hbar}{2}\langle\lambda|\frac{1}{2}(1 + \boldsymbol{n} \cdot \boldsymbol{\sigma})|\lambda\rangle + \left(-\frac{\hbar}{2}\right)\langle\lambda|\frac{1}{2}(1 - \boldsymbol{n} \cdot \boldsymbol{\sigma})|\lambda\rangle \\ &= \frac{\hbar}{2}\langle\lambda|\pi_{\boldsymbol{n}}|\lambda\rangle - \frac{\hbar}{2}\langle\lambda|\pi_{-\boldsymbol{n}}|\lambda\rangle\end{aligned}$$

注意，这不同于上例测得自旋指向正 $\boldsymbol{n}$ 方向的情况，现在是沿 $\pm\boldsymbol{n}$ 两个方向平均值之

差．于是，若沿$\boldsymbol{n}$方向测量$|\alpha\rangle$态的自旋，得到平均值为

$$\bar{S}_{n,\alpha}=\frac{\hbar}{2}\left(\cos^2\frac{\theta}{2}-\sin^2\frac{\theta}{2}\right)=\frac{\hbar}{2}\cos\theta \tag{7.17}$$

而在$|\beta\rangle$态中此值为$-\frac{\hbar}{2}\cos\theta$．由于$\boldsymbol{p}$为态平均值，这两个结果均符合经典的几何图像．

6．空间转动的对应关系$SU_2(\theta\boldsymbol{n})\leftrightarrow R_3(\theta\boldsymbol{n})$

可证：在任意SU_2元素$U(\theta\boldsymbol{n})=\exp(-\mathrm{i}\theta\boldsymbol{n}\cdot\boldsymbol{\sigma}/2)$和对应空间转动$R_3(\theta\boldsymbol{n})$之间，存在如下很有用的关系①：

$$\boxed{U(\theta\boldsymbol{n})(\boldsymbol{\sigma}\cdot\boldsymbol{r})U^{-1}(\theta\boldsymbol{n})=\boldsymbol{\sigma}\cdot R_3(\theta\boldsymbol{n})\boldsymbol{r}} \tag{7.18}$$

这里，$\boldsymbol{r}$是三维空间任意矢量，与$\boldsymbol{n}(\theta\varphi)$无关．证明之前先解释一下（7.18）式：左边$U,U^{-1},\boldsymbol{\sigma}$都是$2\times2$矩阵，经过运算最终还是一个$2\times2$的矩阵；右边$R_3$是一个$3\times3$矩阵，先向右作用到后面三维矢量$\boldsymbol{r}$上，将其映射成另一个三维矢量之后，再与$\boldsymbol{\sigma}$点乘，最后也是一个（相等的）$2\times2$矩阵．

证明 考虑绕$\boldsymbol{n}$轴转无穷小角$\delta\theta$转动．左边为（乘开时合法地保留$\delta\theta$到一阶）

$$\begin{aligned}U(\delta\theta\boldsymbol{n})(\boldsymbol{r}\cdot\boldsymbol{\sigma})U^{-1}(\delta\theta\boldsymbol{n})&=[I-\mathrm{i}\delta\theta(\boldsymbol{n}\cdot\boldsymbol{\sigma})/2](\boldsymbol{r}\cdot\boldsymbol{\sigma})[I+\mathrm{i}\delta\theta(\boldsymbol{n}\cdot\boldsymbol{\sigma})/2]\\&=(\boldsymbol{r}\cdot\boldsymbol{\sigma})+\mathrm{i}(\delta\theta/2)[(\boldsymbol{r}\cdot\boldsymbol{\sigma}),(\boldsymbol{n}\cdot\boldsymbol{\sigma})]\\&=(\boldsymbol{r}\cdot\boldsymbol{\sigma})+\mathrm{i}(\delta\theta/2)\{2\mathrm{i}(\boldsymbol{r}\times\boldsymbol{n})\cdot\boldsymbol{\sigma}\}\\&=[\boldsymbol{r}+\delta\theta(\boldsymbol{n}\times\boldsymbol{r})]\cdot\boldsymbol{\sigma}=[R_3(\delta\theta\boldsymbol{n})\boldsymbol{r}]\cdot\boldsymbol{\sigma}\end{aligned}$$

接着，绕同一转轴$\boldsymbol{n}$相继实行无穷多次无穷小转动，它们相乘，指数相加，即得有限转动（7.18）式． 证毕．

于是，若将$(\sigma_x,\sigma_y,\sigma_z)$看成三个直角坐标基矢，$U(\theta\boldsymbol{n})=\exp(-\mathrm{i}\theta\boldsymbol{n}\cdot\boldsymbol{\sigma}/2)$对它们的变换就像是绕$\boldsymbol{n}$轴转$\theta$角的转动．这正是前面（7.12）式的结论．

§7.2 两个$\frac{\hbar}{2}$自旋角动量耦合

1．自旋单态和自旋三重态

和上面自旋-轨道耦合相似，由于$\boldsymbol{S}_1$和$\boldsymbol{S}_2$是两个不同的自由度，所以

$$[S_{1i},S_{2j}]=0\quad(i,j=x,y,z) \tag{7.19}$$

由此它们耦合成的总自旋角动量

$$\boxed{\boldsymbol{S}=\boldsymbol{S}_1+\boldsymbol{S}_2} \tag{7.20}$$

① 有关此式的详细叙述以及另一更简洁证明见，张永德，高等量子力学（第Ⅲ版，上册），§2.1，北京：科学出版社，2015年．

其对易规则如同以前，

$$\boxed{\begin{aligned}&\boldsymbol{S}\times\boldsymbol{S}=\mathrm{i}\hbar\boldsymbol{S}\\&[S^2,S_i]=0\quad(i=x,y,z)\end{aligned}}\tag{7.21}$$

式中 $S_i=S_{1i}+S_{2i}$．注意，根据（7.19）式，属于不同粒子的 Pauli 矩阵互不关联，彼此对易．矩阵的乘积运算只在同一粒子 Pauli 矩阵之间进行．

$$\begin{aligned}&\text{平行耦合结果：}S=\frac{1}{2}+\frac{1}{2}=1,\quad m_s=-1,0,1,\quad\text{构成自旋三重态}\\&\text{反平行耦合结果：}S=0,m_s=0,\quad\text{构成自旋单态}\end{aligned}\tag{7.22}$$

2．两套基矢——耦合基和无耦合基

无耦合基 $|m_{s1}m_{s2}\rangle$　　　　**耦合基** $|sm_s\rangle$（及其用无耦合基展开）

$$\begin{cases}\left|\frac{1}{2},\frac{1}{2}\right\rangle\\\left|\frac{1}{2},-\frac{1}{2}\right\rangle\\\left|-\frac{1}{2},\frac{1}{2}\right\rangle\\\left|-\frac{1}{2},-\frac{1}{2}\right\rangle\end{cases}\tag{7.23}$$

$$\begin{cases}|1,-1\rangle=\left|-\frac{1}{2},-\frac{1}{2}\right\rangle\\|1,0\rangle=\frac{1}{\sqrt{2}}\left(\left|\frac{1}{2},-\frac{1}{2}\right\rangle+\left|-\frac{1}{2},\frac{1}{2}\right\rangle\right)\\|1,1\rangle=\left|\frac{1}{2},\frac{1}{2}\right\rangle\\|0,0\rangle=\frac{1}{\sqrt{2}}\left(\left|\frac{1}{2},-\frac{1}{2}\right\rangle-\left|-\frac{1}{2},\frac{1}{2}\right\rangle\right)\end{cases}\tag{7.24}$$

注意，**在耦合基矢中，平行耦合的三重态关于两粒子自旋交换均为对称的；反平行耦合的单态关于两粒子自旋交换为反对称的**．耦合基的四个态中，两个是分离态，两个是纠缠态．

3．例算

例 1　计算验证（7.24）展开式的物理含义．可以直接用 Pauli 矩阵（7.7）式验证这些展开式．设 $\hbar=1$，注意 $\boldsymbol{S}_1\cdot\boldsymbol{S}_2=\frac{1}{4}\boldsymbol{\sigma}_1\cdot\boldsymbol{\sigma}_2$，下标为粒子编号．验算时注意 $\left|\frac{1}{2}\right\rangle_k=\begin{pmatrix}1\\0\end{pmatrix}_k$，$\left|-\frac{1}{2}\right\rangle_k=\begin{pmatrix}0\\1\end{pmatrix}_k$，以及对两粒子中任一个粒子都有

$$\sigma_{xk}\left|\pm\frac{1}{2}\right\rangle_k=\left|\mp\frac{1}{2}\right\rangle_k,\quad\sigma_{yk}\left|\pm\frac{1}{2}\right\rangle_k=\pm\mathrm{i}\left|\mp\frac{1}{2}\right\rangle_k,\quad\sigma_{zk}\left|\pm\frac{1}{2}\right\rangle_k=\pm\left|\pm\frac{1}{2}\right\rangle_k$$

于是

$$S^2|1,0\rangle=(S_1^2+S_2^2+2\boldsymbol{S}_1\cdot\boldsymbol{S}_2)\frac{1}{\sqrt{2}}\left(\left|\frac{1}{2},-\frac{1}{2}\right\rangle+\left|-\frac{1}{2},\frac{1}{2}\right\rangle\right)$$

$$=\left(\frac{3}{4}+\frac{3}{4}\right)\frac{1}{\sqrt{2}}\left(\left|\frac{1}{2},-\frac{1}{2}\right\rangle+\left|-\frac{1}{2},\frac{1}{2}\right\rangle\right)+\frac{1}{2}\frac{1}{\sqrt{2}}\left\{\left(\left|-\frac{1}{2},\frac{1}{2}\right\rangle+\left|\frac{1}{2},-\frac{1}{2}\right\rangle\right)\right.$$

$$\left.+\left(\mathrm{i}\cdot(-\mathrm{i})\left|-\frac{1}{2},\frac{1}{2}\right\rangle+(-\mathrm{i})\cdot\mathrm{i}\left|\frac{1}{2},-\frac{1}{2}\right\rangle\right)-\left(\left|\frac{1}{2},-\frac{1}{2}\right\rangle+\left|-\frac{1}{2},\frac{1}{2}\right\rangle\right)\right\}$$

$$=2\cdot\frac{1}{\sqrt{2}}\left(\left|\frac{1}{2},-\frac{1}{2}\right\rangle+\left|-\frac{1}{2},\frac{1}{2}\right\rangle\right)=2|1,0\rangle$$

例 2 反解(7.24)式，用耦合基表示无耦合基. 显然，只需求耦合基中两个$m_s=0$：$\{|10\rangle,|00\rangle\}$. 结果是

$$\left\{\left|\frac{1}{2},\frac{-1}{2}\right\rangle=\frac{1}{\sqrt{2}}(|10\rangle+|00\rangle),\quad\left|\frac{-1}{2},\frac{1}{2}\right\rangle=\frac{1}{\sqrt{2}}(|10\rangle-|00\rangle)\right\}$$

直积态无所谓具有交换对称或反对称（态矢整体−1 相位可略去）. 常约定为对称的.

例 3 单自旋算符的作用

$$S_{z,1}|1,0\rangle=\frac{1}{2}|0,0\rangle,\quad S_{z,1}|1,1\rangle=\frac{1}{2}|1,1\rangle$$

$$S_{z,1}|0,0\rangle=\frac{1}{2}|1,0\rangle,\quad S_{z,1}|1,-1\rangle=-\frac{1}{2}|1,-1\rangle$$

以第一式为例，直接验算如下：

$$S_{z,1}|1,0\rangle=S_{z,1}\frac{1}{\sqrt{2}}\left(\left|\frac{1}{2},-\frac{1}{2}\right\rangle+\left|-\frac{1}{2},\frac{1}{2}\right\rangle\right)$$

$$=\frac{1}{2}\frac{1}{\sqrt{2}}\left(\left|\frac{1}{2},-\frac{1}{2}\right\rangle-\left|-\frac{1}{2},\frac{1}{2}\right\rangle\right)=\frac{1}{2}|0,0\rangle$$

例 4 合自旋算符的作用

$$S_x|0,0\rangle=0,\quad S_x|1,0\rangle=\frac{1}{\sqrt{2}}(|1,1\rangle+|1,-1\rangle)$$

$$S_x|1,-1\rangle=\frac{1}{\sqrt{2}}|1,0\rangle,\quad S_x|1,1\rangle=\frac{1}{\sqrt{2}}|1,0\rangle$$

验证第二式如下：

$$S_x|1,0\rangle=(S_{x,1}+S_{x,2})\frac{1}{\sqrt{2}}\left(\left|\frac{1}{2},-\frac{1}{2}\right\rangle+\left|-\frac{1}{2},\frac{1}{2}\right\rangle\right)$$

$$=\frac{1}{2}\frac{1}{\sqrt{2}}\left(\left|-\frac{1}{2},-\frac{1}{2}\right\rangle+\left|\frac{1}{2},\frac{1}{2}\right\rangle\right)+\frac{1}{\sqrt{2}}\frac{1}{2}\left(\left|\frac{1}{2},\frac{1}{2}\right\rangle+\left|-\frac{1}{2},-\frac{1}{2}\right\rangle\right)$$

$$=\frac{1}{\sqrt{2}}(|1,1\rangle+|1,-1\rangle)$$

例 5　设 $\boldsymbol{n}=(\sin\theta\cos\varphi,\sin\theta\sin\varphi,\cos\theta)$，计算 $\boldsymbol{n}\cdot\boldsymbol{\sigma}_1|0,0\rangle$.

$$\boldsymbol{n}\cdot\boldsymbol{\sigma}_1=\begin{pmatrix}\cos\theta & \sin\theta\cdot e^{-i\varphi}\\ \sin\theta\cdot e^{i\varphi} & -\cos\theta\end{pmatrix}_1$$

于是

$$\begin{aligned}\boldsymbol{n}\cdot\boldsymbol{\sigma}_1|0,0\rangle&=\begin{pmatrix}\cos\theta & \sin\theta\cdot e^{-i\varphi}\\ \sin\theta\cdot e^{i\varphi} & -\cos\theta\end{pmatrix}_1\frac{1}{\sqrt{2}}\left\{\begin{pmatrix}1\\0\end{pmatrix}_1\left|-\frac{1}{2}\right\rangle_2-\begin{pmatrix}0\\1\end{pmatrix}_1\left|\frac{1}{2}\right\rangle_2\right\}\\&=\frac{1}{\sqrt{2}}\left\{\cos\theta\left|\frac{1}{2},-\frac{1}{2}\right\rangle+\sin\theta\,e^{-i\varphi}\left|-\frac{1}{2},-\frac{1}{2}\right\rangle-\sin\theta\,e^{-i\varphi}\left|\frac{1}{2},\frac{1}{2}\right\rangle+\cos\theta\left|-\frac{1}{2},\frac{1}{2}\right\rangle\right\}\\&=\cos\theta|1,0\rangle+\frac{1}{\sqrt{2}}\sin\theta\,e^{i\varphi}|1,-1\rangle-\frac{1}{\sqrt{2}}\sin\theta\,e^{-i\varphi}|1,1\rangle\end{aligned}$$

例 6　求 $\Omega_{12}\equiv\boldsymbol{S}_1\cdot\boldsymbol{S}_2$ 的本征值，再按本征值构造方程.

$$\boldsymbol{S}_1\cdot\boldsymbol{S}_2=\frac{1}{2}\{\boldsymbol{S}^2-\boldsymbol{S}_1^2-\boldsymbol{S}_2^2\}\to\begin{cases}s=1:\ \dfrac{1}{2}\left\{2-\dfrac{3}{4}-\dfrac{3}{4}\right\}=\dfrac{1}{4}n\\ s=0:\ \dfrac{1}{2}\left\{0-\dfrac{3}{4}-\dfrac{3}{4}\right\}=\dfrac{-3}{4}\end{cases}$$

$$\begin{aligned}\left(\Omega_{12}-\frac{1}{4}\right)\left(\Omega_{12}+\frac{3}{4}\right)=0&\to(\boldsymbol{\sigma}_1\cdot\boldsymbol{\sigma}_2-1)(\boldsymbol{\sigma}_1\cdot\boldsymbol{\sigma}_2+3)=0\\&\to(\boldsymbol{\sigma}_1\cdot\boldsymbol{\sigma}_2)^2+2\boldsymbol{\sigma}_1\cdot\boldsymbol{\sigma}_2-3=0\\&\to(\boldsymbol{\sigma}_1\cdot\boldsymbol{\sigma}_2)^2=3-2\boldsymbol{\sigma}_1\cdot\boldsymbol{\sigma}_2\end{aligned}$$

4．自旋交换算符和例算

通常，在两个 $\dfrac{1}{2}$ 自旋粒子自旋态的计算中，使用自旋交换算符 P_{12} 很方便. P_{12} 表示为

$$\boxed{P_{12}=\frac{1}{2}(1+\boldsymbol{\sigma}_1\cdot\boldsymbol{\sigma}_2)}\tag{7.25}$$

可以直接验算：**算符 P_{12} 的作用是将后面态矢中两个粒子自旋第三分量取值** m_{s1},m_{s2} **交换**（所以称它为**自旋交换算符**）. 就是说，它对无耦合表象基矢的作用为

$$P_{12}\left|\frac{1}{2},-\frac{1}{2}\right\rangle=\left|-\frac{1}{2},\frac{1}{2}\right\rangle,\quad P_{12}\left|-\frac{1}{2},\frac{1}{2}\right\rangle=\left|\frac{1}{2},-\frac{1}{2}\right\rangle\tag{7.26}$$

例如，第一个等式验证如下：

$$
\begin{aligned}
P_{12}\left|\frac{1}{2},-\frac{1}{2}\right\rangle &= \frac{1}{2}\left(1+\sigma_{x1}\sigma_{x2}+\sigma_{y1}\sigma_{y2}+\sigma_{z1}\sigma_{z2}\right)\begin{pmatrix}1\\0\end{pmatrix}_1\begin{pmatrix}0\\1\end{pmatrix}_2 \\
&= \frac{1}{2}\left\{\begin{pmatrix}1\\0\end{pmatrix}_1\begin{pmatrix}0\\1\end{pmatrix}_2+\begin{pmatrix}0\\1\end{pmatrix}_1\begin{pmatrix}1\\0\end{pmatrix}_2+\mathrm{i}\begin{pmatrix}0\\1\end{pmatrix}_1(-\mathrm{i})\begin{pmatrix}1\\0\end{pmatrix}_2-\begin{pmatrix}1\\0\end{pmatrix}_1\begin{pmatrix}0\\1\end{pmatrix}_2\right\} \\
&= \left|-\frac{1}{2},\frac{1}{2}\right\rangle
\end{aligned}
$$

实际上可以直接验证，有

$$
\boxed{P_{12}\boldsymbol{\sigma}_1 P_{12}^{-1}=\boldsymbol{\sigma}_2,\quad P_{12}\boldsymbol{\sigma}_2 P_{12}^{-1}=\boldsymbol{\sigma}_1} \tag{7.27}
$$

例如，对σ_{x1}，为

$$
\begin{aligned}
\sigma_{x1}(1+\boldsymbol{\sigma}_1\cdot\boldsymbol{\sigma}_2) &= \sigma_{x1}+\sigma_{x1}\sigma_{x1}\sigma_{x2}+\sigma_{x1}\sigma_{y1}\sigma_{y2}+\sigma_{x1}\sigma_{z1}\sigma_{z2} \\
&= \sigma_{x1}\sigma_{x2}^2+\sigma_{x2}+\mathrm{i}\sigma_{z1}\sigma_{y2}\sigma_{x2}^2-\mathrm{i}\sigma_{y1}\sigma_{z2}\sigma_{x2}^2 \\
&= [\sigma_{x1}\sigma_{x2}+1+\mathrm{i}\sigma_{z1}(-\mathrm{i}\sigma_{z2})-\mathrm{i}\sigma_{y1}\cdot\mathrm{i}\sigma_{y2}]\sigma_{x2} \\
&= [1+\boldsymbol{\sigma}_1\cdot\boldsymbol{\sigma}_2]\sigma_{x2}
\end{aligned}
$$

下面换一种办法，利用例 6 的$(\boldsymbol{\sigma}_1\cdot\boldsymbol{\sigma}_2)^2=3-2\boldsymbol{\sigma}_1\cdot\boldsymbol{\sigma}_2$式（也可直接计算证实），即得

$$
P_{12}^2=1 \tag{7.28}
$$

表明自旋交换算符P_{12}确实是自逆算符$P_{12}^{-1}=P_{12}$．同时可得$(\hbar=1)$

$$
\boxed{\begin{aligned}&\boldsymbol{\sigma}_1\cdot\boldsymbol{\sigma}_2=2P_{12}-1\quad\left(\boldsymbol{S}_1\cdot\boldsymbol{S}_2=\frac{1}{2}P_{12}-\frac{1}{4}\right)\\&S^2=P_{12}+1\end{aligned}} \tag{7.29}
$$

于是，在无耦合表象中，使用P_{12}代替S^2和$\boldsymbol{S}_1\cdot\boldsymbol{S}_2$作运算是很方便的．如

$$
\left\langle\frac{1}{2},-\frac{1}{2}\right|\boldsymbol{S}_1\cdot\boldsymbol{S}_2\left|-\frac{1}{2},\frac{1}{2}\right\rangle=\frac{1}{2}\left\langle\frac{1}{2},-\frac{1}{2}\right|\left(P_{12}-\frac{1}{2}\right)\left|-\frac{1}{2},\frac{1}{2}\right\rangle=\frac{1}{2}
$$

例如，设算符S_{12}为

$$
S_{12}=\alpha\left[\frac{3(\boldsymbol{\sigma}_1\cdot\boldsymbol{r})(\boldsymbol{\sigma}_2\cdot\boldsymbol{r})}{r^2}-(\boldsymbol{\sigma}_1\cdot\boldsymbol{\sigma}_2)\right] \tag{7.30}
$$

这是一个同时使用自旋投影算符和自旋交换算符作运算的例子，常用于表示原子内部电子和质子(或者原子核内的质子和中子)之间起源于自旋相互作用的张量力(S_{12}性质见习题 17、22)．现求S_{12}^2．利用（7.14b）式，有

$$\frac{\boldsymbol{r}}{r}\cdot\boldsymbol{\sigma}_1=2\pi_{r1}-1$$

这里π_{r1}是第一个粒子自旋态向极化矢量在$\boldsymbol{e}_r=\boldsymbol{r}/r$方向投影的投影算符．于是将$S_{12}$改写为（以下计算略写常数$\alpha$）

$$S_{12}=3(2\pi_{r1}-1)(2\pi_{r2}-1)-(2P_{12}-1)$$

考虑到投影算符的性质$\pi_{ri}^2=\pi_{ri}$，以及$P_{12}^2=1$和$S_{12}P_{12}=P_{12}S_{12}$（$S_{12}$关于脚标交换是对称的），有

$$\begin{aligned}S_{12}^2&=9(2\pi_{r1}-1)^2(2\pi_{r2}-1)^2-6(2\pi_{r1}-1)(2\pi_{r2}-1)(2P_{12}-1)+(2P_{12}-1)^2\\&=9-6(2\pi_{r1}-1)(2\pi_{r2}-1)(2P_{12}-1)+(2P_{12}-1)^2\\&=9-2S[H_{12}+(2P_{12}-1)](2P_{12}-1)+(2P_{12}-1)^2\\&=9-2S_{12}(2P_{12}-1)-(2P_{12}-1)^2\\&=9-2(2P_{12}-1)S_{12}-(5-4P_{12})\\&=6+2\boldsymbol{\sigma}_1\cdot\boldsymbol{\sigma}_2-2(\boldsymbol{\sigma}_1\cdot\boldsymbol{\sigma}_2)S_{12}\end{aligned}$$

§7.3　自旋角动量与轨道角动量耦合

1．*S*-*L* 的合成

如前所说，$\boldsymbol{S}$与$\boldsymbol{L}$代表了两种不同的运动自由度，因此它们之间彼此对易，即有

$$[S_i,L_j]=0\quad(i,j=x,y,z)\tag{7.31}$$

从而它们合成的结果$\boldsymbol{L}+\boldsymbol{S}=\boldsymbol{J}$仍为一个角动量算符，因为具有和角动量相同的对易规则，

$$\begin{cases}[J_i,J_j]=\mathrm{i}\hbar\varepsilon_{ijk}J_k\\ [J^2,J_z]=0\end{cases}\text{简记为 }\boldsymbol{J}\times\boldsymbol{J}=\mathrm{i}\hbar\boldsymbol{J}$$

$\boldsymbol{L}$和$\boldsymbol{S}$也如此简记．此外，可以验证还有

$$\boxed{\begin{cases}[J_i,L^2]=[J_i,S^2]=0\\ [\boldsymbol{L}\cdot\boldsymbol{S},L^2]=[\boldsymbol{L}\cdot\boldsymbol{S},S^2]=[\boldsymbol{L}\cdot\boldsymbol{S},J^2]=[\boldsymbol{L}\cdot\boldsymbol{S},J_z]=0\end{cases}}\tag{7.32}$$

这是由于L^2及S^2和它们自己的分量都对易，并且

$$\boldsymbol{L}\cdot\boldsymbol{S}=\frac{1}{2}(J^2-L^2-S^2)\tag{7.33}$$

于是可得如下两组关于角动量的完备力学量组：

$$(J^2,J_z,L^2,S^2)\quad\text{和}\quad(L^2,L_z,S^2,S_z)\tag{7.34}$$

由于每一组内四个角动量彼此对易，存在共同的本征态．这两组本征态构成两个关于角动量态的表象

$\left\{\left|j,m_j,l,\frac{1}{2}\right\rangle\right\}$——构成耦合表象，$\left\{\left|l,m,\frac{1}{2},m_s\right\rangle\right\}$——构成无耦合表象

前者称为耦合表象是因为，如果 Hamilton 量 H 中含有 $\boldsymbol{L}\cdot\boldsymbol{S}$ 的项（旋–轨耦合项）时，在此表象中仍能将 H 对角化，而用后者则不能，因为这时 L_z 和 S_z 已不守恒．当 l 和 s 为固定值时，这两组态的数目均为 $4l+2$ 个．如果计算是在 l 和 s 量子数取确定值的子空间中进行，也常将耦合表象基矢简记为 $|jm_j\rangle$，而无耦合表象基矢则简记为 $|mm_s\rangle$．

2．角动量的升降算符

为将来广泛使用升降算符进行计算，下面证明轨道角动量算符的两个关系式．

$$\boxed{L_\pm|lm\rangle=\sqrt{l(l+1)-m(m\pm1)}\,|l,m\pm1\rangle}\tag{7.35a}$$

证明　根据对易子 $[L^2,L_\pm]=0$ 和 $[L_z,L_\pm]=\pm L_\pm$，可得

$$\begin{cases}L^2\left(L_\pm|lm\rangle\right)=l(l+1)\left(L_\pm|lm\rangle\right)\\ L_z\left(L_\pm|lm\rangle\right)=(m\pm1)\left(L_\pm|lm\rangle\right)\end{cases}$$

根据这两个表达式知道，态 $L_\pm|lm\rangle$ 可以写为

$$L_+|lm\rangle=\alpha_{lm}|l,m+1\rangle,\quad L_-|lm\rangle=\beta_{lm}|l,m-1\rangle$$

这里 α_{lm} 和 β_{lm} 是两个待定的实系数①，至此，再根据

$$L_-L_+=L^2-L_z^2-L_z$$

可得

$$L_-L_+|lm\rangle=\left[l(l+1)-m(m+1)\right]|lm\rangle$$

结合上面结果，得到

$$\alpha_{lm}\beta_{l,m+1}=l(l+1)-m(m+1)$$

于是，简单而正确的取法是

$$\alpha_{lm}=\beta_{l,m+1}=\sqrt{l(l+1)-m(m+1)}\to\beta_{l,m}=\sqrt{l(l+1)-m(m-1)}$$

最后即得

---

① 因为总可以略去复系数中的相因子——态的整体外部相因子，而只保留它的模，这不会影响这个态的模长以及它与别的态的正交性．

$$L_{\pm}\left|lm\right\rangle=\sqrt{l(l+1)-m(m\pm1)}\left|l,m\pm1\right\rangle$$

注意，上面推导只用到角动量的对易规则，而这些规则对所有类型角动量是相同的，因此所得结果对总角动量升降算符 $J_{\pm}$ 和自旋升降算符 $S_{\pm}$ 也适用．于是，对（7.35a）式作量子数替换 $(l\to j,\ \ m\to m_j)$ 或 $\left(l\to s=\dfrac{1}{2},m\to m_s=\pm\dfrac{1}{2}\right)$．例如，后一替换即得 $S_{\pm}$ 对自旋基矢 $\left|sm_s\right\rangle$ 的作用

$$\begin{aligned}&S_+\left|\frac{1}{2},\frac{1}{2}\right\rangle=0, \qquad S_+\left|\frac{1}{2},-\frac{1}{2}\right\rangle=\left|\frac{1}{2},\frac{1}{2}\right\rangle\\&S_-\left|\frac{1}{2},\frac{1}{2}\right\rangle=\left|\frac{1}{2},-\frac{1}{2}\right\rangle,\ \ S_-\left|\frac{1}{2},-\frac{1}{2}\right\rangle=0\end{aligned}\tag{7.35b}$$

3．*S-L* 耦合表象基矢与无耦合表象基矢的相互展开

S-L 耦合表象基矢 $\left|jm_jl\dfrac{1}{2}\right\rangle\left(j=l\pm\dfrac{1}{2},|m_j|\leqslant j\right)$ 的总数为 $\left[2\left(l+\dfrac{1}{2}\right)+1\right]+\left[2\left(l-\dfrac{1}{2}\right)+1\right]=2(2l+1)$ 个；无耦合表象基矢 $\left|lm\dfrac{1}{2}m_s\right\rangle\left(|m|\leqslant l,|m_s|\leqslant\dfrac{1}{2}\right)$，总数也为 $2(2l+1)$ 个．两个表象基矢数目相等，在量子数 $l,s\left(=\dfrac{1}{2}\right)$ 取固定值的全体角动量态子空间中，它俩各自构成完备基．于是这两套基矢能够相互展开．

下面寻找任一耦合表象基矢在无耦合表象中的展开式．由于自旋角动量只有 $\pm\dfrac{\hbar}{2}$，所以旋–轨耦合总角动量的量子数只能有两个数值 $j=l\pm\dfrac{1}{2}$（当 $l=0$ 时 $j=s=\dfrac{1}{2}$），正号表示两者平行耦合，负号表示反平行耦合．

首先，考虑平行耦合基矢 $\left|j=l+\dfrac{1}{2},m_j,l,\dfrac{1}{2}\right\rangle$ 的展开．这里 m_j 为 $(-j,\cdots,j)$ 中某一给定值．用 $J_z=L_z+S_z$ 检查即知，这种展开式只涉及无耦合表象的如下两个基矢：

$$\begin{aligned}\left|j=l+\frac{1}{2},m_j,l,\frac{1}{2}\right\rangle&=\sum_{mm_s}\alpha_{mm_s}\left|lm\frac{1}{2}m_s\right\rangle\\&=\alpha_1\left|l,m,\frac{1}{2},\frac{1}{2}\right\rangle+\alpha_2\left|l,m+1,\frac{1}{2},-\frac{1}{2}\right\rangle\end{aligned}$$

这里 m 取值应当满足 $m_j=m+\dfrac{1}{2}$．由 $\left|j=l+\dfrac{1}{2},m_j,l,s\right\rangle$ 归一化条件知 $\alpha_1^2+\alpha_2^2=1$．于是只需决定比值 α_1/α_2 即可．为此用 $J^2=L^2+S^2+2\boldsymbol{L}\cdot\boldsymbol{S}$ 对展开式两边作用，注意

$$\begin{cases} 2\boldsymbol{L}\cdot\boldsymbol{S}\left|m,\frac{1}{2}\right\rangle=\left(2L_zS_z+L_-S_++L_+S_-\right)\left|m,\frac{1}{2}\right\rangle \\ \qquad =m\left|m,\frac{1}{2}\right\rangle+L_+\left|m,-\frac{1}{2}\right\rangle=m\left|m,\frac{1}{2}\right\rangle+\sqrt{l(l+1)-m(m+1)}\left|m+1,-\frac{1}{2}\right\rangle \\ 2\boldsymbol{L}\cdot\boldsymbol{S}\left|m+1,-\frac{1}{2}\right\rangle=2L_zS_z\left|m+1,-\frac{1}{2}\right\rangle+L_-S_+\left|m+1,-\frac{1}{2}\right\rangle \\ \qquad =-(m+1)\left|m+1,-\frac{1}{2}\right\rangle+\sqrt{l(l+1)-m(m+1)}\left|m,\frac{1}{2}\right\rangle \end{cases}$$

可得

$$\begin{aligned} &\left(l+\frac{1}{2}\right)\left(l+\frac{3}{2}\right)\left|j=l+\frac{1}{2},m_j,l,\frac{1}{2}\right\rangle \\ &=\left\{\alpha_1\left[l(l+1)+\frac{3}{4}+m\right]+\alpha_2\sqrt{l(l+1)-m(m+1)}\right\}\left|m,\frac{1}{2}\right\rangle \\ &\quad+\left\{\alpha_1\sqrt{l(l+1)-m(m+1)}+\alpha_2\left[l(l+1)+\frac{3}{4}-(m+1)\right]\right\}\left|m+1,-\frac{1}{2}\right\rangle \end{aligned}$$

另一方面，将原先展开式两边乘以$\left(l+\frac{1}{2}\right)\left(l+\frac{3}{2}\right)$，并和此式相比较，即得决定系数$\alpha_1,\alpha_2$的两个方程

$$\begin{cases} \alpha_2\sqrt{l(l+1)-m(m+1)}=\alpha_1(l-m) \\ \alpha_1\sqrt{l(l+1)-m(m+1)}=\alpha_2(l+m+1) \end{cases}$$

这两个方程其实是一个，于是得比值

$$\frac{\alpha_1}{\alpha_2}=\sqrt{\frac{l+m+1}{l-m}}$$

结合归一化条件，即得$\alpha_1=\sqrt{\frac{l+m+1}{2l+1}},\alpha_2=\sqrt{\frac{l-m}{2l+1}}$．最后得到展开式

$$\boxed{\left|j=l+\frac{1}{2},m_j,l,\frac{1}{2}\right\rangle=\sqrt{\frac{l+m+1}{2l+1}}\left|l,m,\frac{1}{2},\frac{1}{2}\right\rangle+\sqrt{\frac{l-m}{2l+1}}\left|l,m+1,\frac{1}{2},-\frac{1}{2}\right\rangle} \tag{7.36a}$$

这里再次指出，右边m值必须满足等式$m=m_j-\frac{1}{2}$．

其次，考虑反平行耦合基矢的展开．情况类似，有

$$\left|j=l-\frac{1}{2},m_j,l,\frac{1}{2}\right\rangle=\beta_1\left|l,m,\frac{1}{2},\frac{1}{2}\right\rangle+\beta_2\left|l,m+1,\frac{1}{2},-\frac{1}{2}\right\rangle$$

用$\boldsymbol{J}^2$作用于两边后得到另一展开式．将两个展开式相比较，得到

$$\begin{cases} \beta_1\left[l(l+1)+\dfrac{3}{4}+m\right]+\beta_2\sqrt{l(l+1)-m(m+1)}=\beta_1\left(l-\dfrac{1}{2}\right)\left(l+\dfrac{1}{2}\right) \\ \beta_1\sqrt{l(l+1)-m(m+1)}+\beta_2\left[l(l+1)+\dfrac{3}{4}-(m+1)\right]=\beta_2\left(l-\dfrac{1}{2}\right)\left(l+\dfrac{1}{2}\right) \end{cases}$$

化简后可发现这两方程相关，于是得比值

$$\frac{\beta_1}{\beta_2}=-\sqrt{\frac{l-m}{l+m+1}}$$

考虑到 $\beta_1^2+\beta_2^2=1$，即得 $\beta_1=-\sqrt{\dfrac{l-m}{2l+1}},\beta_2=\sqrt{\dfrac{l+m+1}{2l+1}}$. 于是有

$$\boxed{\left|j=l-\frac{1}{2},m_j,l,\frac{1}{2}\right\rangle=-\sqrt{\frac{l-m}{2l+1}}\left|l,m,\frac{1}{2},\frac{1}{2}\right\rangle+\sqrt{\frac{l+m+1}{2l+1}}\left|l,m+1,\frac{1}{2},-\frac{1}{2}\right\rangle} \tag{7.36b}$$

这里 $m=m_j-\dfrac{1}{2}$.

将（7.36a）式和（7.36b）式向坐标表象基矢 $\langle r,\theta,\varphi|$ 投影，即得角动量相关波函数的展开式

$$\begin{cases} \Phi_{jm_j}^{(+)}(\theta,\varphi,s_z)=\dfrac{1}{\sqrt{2l+1}}\begin{pmatrix}\sqrt{l+m+1}\mathrm{Y}_{lm}(\theta,\varphi)\\ \sqrt{l-m}\mathrm{Y}_{l,m+1}(\theta,\varphi)\end{pmatrix} \\ \qquad=\dfrac{1}{\sqrt{2j}}\begin{pmatrix}\sqrt{j+m_j}\mathrm{Y}_{j-\frac{1}{2},m_j-\frac{1}{2}}(\theta,\varphi)\\ \sqrt{j-m_j}\mathrm{Y}_{j-\frac{1}{2},m_j+\frac{1}{2}}(\theta,\varphi)\end{pmatrix}\quad\left(j=l+\dfrac{1}{2}\right) \\ \Phi_{jm_j}^{(-)}(\theta,\varphi,s_z)=\dfrac{1}{\sqrt{2l+1}}\begin{pmatrix}-\sqrt{l-m}\mathrm{Y}_{lm}(\theta,\varphi)\\ \sqrt{l+m+1}\mathrm{Y}_{l,m+1}(\theta,\varphi)\end{pmatrix} \\ \qquad=\dfrac{1}{\sqrt{2j+2}}\begin{pmatrix}-\sqrt{j-m_j+1}\mathrm{Y}_{j+\frac{1}{2},m_j-\frac{1}{2}}(\theta,\varphi)\\ \sqrt{j+m_j+1}\mathrm{Y}_{j+\frac{1}{2},m_j+\frac{1}{2}}(\theta,\varphi)\end{pmatrix}\quad\left(j=l-\dfrac{1}{2}\right) \end{cases} \tag{7.37}$$

（7.36a）式和（7.36b）式联合构成（无耦合基叠加成耦合基的）幺正变换．它们的逆变换为

$$\boxed{\begin{cases} \left|lm\dfrac{1}{2}\dfrac{1}{2}\right\rangle=\sqrt{\dfrac{l+m+1}{2l+1}}\left|j=l+\dfrac{1}{2},m_j,l,\dfrac{1}{2}\right\rangle-\sqrt{\dfrac{l-m}{2l+1}}\left|j=l-\dfrac{1}{2},m_j,l,\dfrac{1}{2}\right\rangle \\ \left|l,m+1,\dfrac{1}{2},-\dfrac{1}{2}\right\rangle=\sqrt{\dfrac{l-m}{2l+1}}\left|j=l+\dfrac{1}{2},m_j,l,\dfrac{1}{2}\right\rangle+\sqrt{\dfrac{l+m+1}{2l+1}}\left|j=l-\dfrac{1}{2},m_j,l,\dfrac{1}{2}\right\rangle \end{cases}} \tag{7.38}$$

这里应当指出，和第 2 小节升降算符情况类似，$(\boldsymbol{L},\boldsymbol{S})$ 的耦合与分解，以及 $(\boldsymbol{S}_1,\boldsymbol{S}_2)$、$(\boldsymbol{L}_1,\boldsymbol{L}_2)$ 以及 $(\boldsymbol{J}_1,\boldsymbol{J}_2)$ 的耦合与分解，都只是所谓“两个（不同自由度）角动量的耦合与分解”，证明推导只涉及角动量算符的内禀对易规则，与它们是什么角动量以及它们所取量子数是整数或半整数无关．所以它们合成与展开分解的规律相同，尽管具体展开的项数和系数当然会依赖于量子数取值不同而不同．

例算．下面计算 $\left\langle jm_j\middle|\sigma_z\middle|jm_j\right\rangle$ 在平行耦合 $\left(j=l+\dfrac{1}{2}\right)$ 和反平行耦合 $\left(j=l-\dfrac{1}{2}\right)$ 情况下的数值．

$$\left\langle j,m_j\middle|\sigma_z\middle|j,m_j\right\rangle=\int \mathrm{d}\Omega\frac{1}{2j}\cdot\left(\sqrt{j+m_j}\,\mathrm{Y}^*_{j-\frac{1}{2},m_j-\frac{1}{2}};\sqrt{j-m_j}\,\mathrm{Y}^*_{j-\frac{1}{2},m_j+\frac{1}{2}}\right)\sigma_z\begin{pmatrix}\sqrt{j+m_j}\,\mathrm{Y}_{j-\frac{1}{2},m_j-\frac{1}{2}}\\ \sqrt{j-m_j}\,\mathrm{Y}_{j-\frac{1}{2},m_j+\frac{1}{2}}\end{pmatrix}$$

$$=\frac{1}{2j}[(j+m_j)-(j-m_j)]=\frac{m_j}{j}\quad\left(j=l+\frac{1}{2}\right)$$

$$\left\langle j,m_j\middle|\sigma_z\middle|j,m_j\right\rangle=\int \mathrm{d}\Omega\frac{1}{2j+2}\cdot\left(-\sqrt{j-m_j+1}\,\mathrm{Y}^*_{j+\frac{1}{2},m_j-\frac{1}{2}};\sqrt{j+m_j+1}\,\mathrm{Y}^*_{j+\frac{1}{2},m_j+\frac{1}{2}}\right)\cdot\sigma_z\begin{pmatrix}-\sqrt{j-m_j+1}\,\mathrm{Y}_{j+\frac{1}{2},m_j-\frac{1}{2}}\\ \sqrt{j+m_j+1}\,\mathrm{Y}_{j+\frac{1}{2},m_j+\frac{1}{2}}\end{pmatrix}$$

$$=\frac{1}{2j+2}[(j-m_j+1)-(j+m_j+1)]=\frac{-m_j}{j+1}\quad\left(j=l-\frac{1}{2}\right)$$

当然，直接用（7.36a）式和（7.36b）式 Dirac 符号态矢形式求此平均，表达形式会简洁一些．但现在用坐标表象，可以直观清楚地看到波函数积分计算和两分量的旋量乘积计算．

4．自旋-轨道耦合与碱金属原子光谱双线结构

原子中电子绕原子核运动将产生磁场，这个磁场必定与电子本身磁矩发生作用，使原有能级劈裂并产生附加能移．这就是自旋-轨道耦合作用．Hamilton 量中考虑这种作用的项通常称为旋-轨耦合项，又称为 Thomas 项．此项可以按下面经典图像推导出来，经算符化后引入 Schrödinger 方程．

设电子转动在电子所处位置产生的磁场为 $\boldsymbol{B}$，电子磁矩为 $\boldsymbol{\mu}$，则此附加能为 $-\boldsymbol{\mu}\cdot\boldsymbol{B}$．磁场 $\boldsymbol{B}$ 可以这样计算：电子绕原子核回转等效于原子核绕电子回转，这样，

$\boldsymbol{B}$ 便是带正电荷的原子核绕电子回转时，按 Biot-Savart 定律所产生的，

$$\boldsymbol{B}=-\frac{1}{c}\boldsymbol{v}\times\frac{Ze\boldsymbol{r}}{r^3}=\frac{1}{c}\boldsymbol{E}\times\boldsymbol{v}\quad\left(\boldsymbol{E}=\frac{Ze\boldsymbol{r}}{r^3}\right)$$

这里 $-\boldsymbol{v}$ 为原子核绕电子速度（设 $\boldsymbol{v}$ 为电子绕原子核速度）；$\boldsymbol{E}$ 为电子所在位置的 Coulomb 场场强（由正电荷感受的）. 于是（$e>0$，μ 为电子折合质量）

$$-\boldsymbol{\mu}\cdot\boldsymbol{B}=-\left(\frac{-e\hbar}{2\mu c}\boldsymbol{\sigma}\right)\cdot\left(\frac{1}{c}\boldsymbol{E}\times\boldsymbol{v}\right)=\frac{1}{\mu^2c^2}\frac{1}{r}\frac{\mathrm{d}V}{\mathrm{d}r}\boldsymbol{L}\cdot\boldsymbol{S}$$

这里 $\boldsymbol{L}=\boldsymbol{r}\times\boldsymbol{p}$，$\boldsymbol{p}=\mu\boldsymbol{v}$，$\boldsymbol{S}=\frac{\hbar}{2}\boldsymbol{\sigma}$，$V=\frac{-Ze^2}{r}$. 这就是旋–轨耦合项，但它比正确表达式少 $\frac{1}{2}$ 因子，Thomas 于 1926 年将上面推导中使用的电子静止参考系用 Lorentz 变换转到更合理的原子核静止参考系（即测取能移数据的实验室系），给出了所谓 Thomas 进动修正的 $\frac{1}{2}$ 因子，从而正确的旋–轨耦合项为

$$\boxed{\frac{1}{2\mu^2c^2}\frac{1}{r}\frac{\mathrm{d}V}{\mathrm{d}r}\boldsymbol{L}\cdot\boldsymbol{S}}\tag{7.39}$$

可以估算这项量级. 这时将 r 替换为 $a_z=\frac{1}{Z}a_{\mathrm{B}}$，$L$ 和 S 均替换为 a_zp，于是可得

$$\sim\frac{1}{2\mu^2c^2}\frac{e^2Z}{a_z^3}(a_zp)^2\sim\left(\frac{e^2Z}{2a_z}\right)\cdot\left(\frac{v}{c}\right)^2\sim\text{Coulomb 能}\cdot\beta^2$$

所以就数量级而论，**旋–轨耦合效应是个相对论性修正**①.

碱金属原子光谱双线结构（如钠黄光）的物理根源正在于，最外层价电子自旋与轨道角动量之间的平行与反平行耦合使能级出现双重劈裂. 这时 Hamilton 量 H **为**

$$H=-\frac{\hbar^2}{2\mu}\varDelta+V(r)+\xi(r)\frac{\boldsymbol{L}\cdot\boldsymbol{S}}{\hbar^2},\quad\xi(r)=\frac{\hbar^2}{2\mu^2c^2}\frac{1}{r}\frac{\mathrm{d}V}{\mathrm{d}r}\tag{7.40}$$

这里，$\boldsymbol{L}\cdot\boldsymbol{S}=\frac{1}{2}(J^2-L^2-S^2)$，$V$ 为等效的屏蔽 Coulomb 势，是考虑到碱金属原子的内层电子对核 Coulomb 场的屏蔽作用. 取耦合表象基矢（添加主量子数 n）来计算旋–轨耦合项所造成的能移

$$\Delta E=\left\langle njm_jl\frac{1}{2}\right|\xi(r)\boldsymbol{L}\cdot\boldsymbol{S}\left|njm_jl\frac{1}{2}\right\rangle=\frac{1}{2}\xi_{nl}\left[j(j+1)-l(l+1)-\frac{3}{4}\right]$$

① 结合后面 § 8.1 中的例算 1.

这里$\xi_{nl}=\int_0^\infty [R_{nl}(r)]^2\xi(r)r^2\mathrm{d}r$．于是

$$\begin{cases}\Delta E=\dfrac{l}{2}\xi_{nl} & \left(j=l+\dfrac{1}{2}\right)\\ \Delta E=-\dfrac{1}{2}(l+1)\xi_{nl} & \left(j=l-\dfrac{1}{2}\right)\end{cases} \tag{7.41}$$

由于V为吸引势，是负的，所以$\xi(r)$总是正的，也即ξ_{nl}总是正的．**旋-轨耦合的结果使j较大的态有较高的能量，即$E_{平行}>E_{反平行}$．s 态的$l=0$，不存在旋-轨耦合造成的双线分裂．例如，钠原子外层一个价电子处于$3s_{1/2}$态，它上面的$3p$态由于旋-轨耦合而双重劈裂成为$3p_{3/2}$和$3p_{1/2}$．退激发时由这两个$3p$态向$3s_{1/2}$态衰变产生钠的双线黄光**（${}^2p_{1/2}\to{}^2s_{1/2}$，$\lambda_1$=5896Å；${}^2p_{3/2}\to{}^2s_{1/2}$，$\lambda_2$=5890Å）．对一般 p,d,f 态，可以引入$Z_{\mathrm{eff}}$替代$\xi_{nl}$作等效计算，即假定$V=-\dfrac{Z_{\mathrm{eff}}e^2}{r}$，代入$R_{nl}(r)$表达式后可得

$$\xi_{nl}=\frac{e^2\hbar^2}{2\mu^2c^2a_0^3}\frac{Z_{\mathrm{eff}}^4}{n^3l\left(l+\dfrac{1}{2}\right)(l+1)} \tag{7.42}$$

由此可知，双线劈裂数值与n^3成反比，并且和Z_{eff}、l均极有关系，其中Z_{eff}又由于原子实屏蔽和轨道贯穿而依赖于l. 注意这个等效计算只适用于$l>0$．当$l=0$时，ξ_{n0}积分发散，不能用这里的微扰论办法计算．

习　题

1．在σ_z表象中，求σ_x、σ_y、σ_z的本征态．

2．在σ_x表象中，求σ_x、σ_y、σ_z的本征态．

3．在σ_z的表象中，求$\boldsymbol{\sigma}\cdot\boldsymbol{n}$的本征态，其中$\boldsymbol{n}=(\sin\theta\cos\varphi,\sin\theta\sin\varphi,\cos\theta)$是$(\theta,\varphi)$方向的单位矢量．

4．讨论下列算符是否存在，若存在则将之表示为σ_x、σ_y、σ_z和σ_0的线性叠加：

（1）$(1+\sigma_x)^{1/2}$；（2）$(1+\sigma_x+\mathrm{i}\sigma_y)^{1/2}$；（3）$(1+\sigma_x)^{-1}$．

5．在自旋态$\chi_{1/2}(s_z)=\begin{pmatrix}1\\0\end{pmatrix}$下，求$\overline{\Delta s_x^2}$与$\overline{\Delta s_y^2}$．

答　$\overline{\Delta s_x^2}=\overline{\Delta s_y^2}=\hbar^2/4$．

6．设矩阵A，B，C满足$A^2=B^2=C^2=1$，$BC-CB=\mathrm{i}A$．

（1）求证$AB+BA=AC+CA=0$；

（2）在A表象中，求出B，C的矩阵（设无简并）．

答　（2）$A=\begin{pmatrix}1&0\\0&-1\end{pmatrix}$，$B=\begin{pmatrix}0&b\\b^{-1}&0\end{pmatrix}$，$C=\begin{pmatrix}o&c\\c^{-1}&0\end{pmatrix}$，参数$b$，$c$满足$b^2-c^2=\mathrm{i}bc$．

7．矩阵 A，B 满足 $A^2=0$，$AA^{+}+A^{+}A=1$，$B=A^{+}A$．

（1）证明 $B^2=B$；

（2）在 B 表象中求出 A 的矩阵表示式．

8．满足 $U^{+}U=UU^{+}=1$，$\det U=1$ 的 n 维矩阵称为 SU_n 矩阵．求 SU_2 的一般形式．

答　$U=\begin{pmatrix}\cos\omega e^{i\alpha} & \sin\omega e^{i\beta}\\ -\sin\omega e^{-i\beta} & \cos\omega e^{-i\alpha}\end{pmatrix}$，其中 α、β、ω 为实参量．

9．某个状态 $|\psi\rangle$ 是 L^2 和 L_z 的本征态：

$$L^2|\psi\rangle=l(l+1)\hbar^2|\psi\rangle,\quad L_z|\psi\rangle=m\hbar|\psi\rangle$$

在这个态下计算 $\langle L_x\rangle$ 和 $\langle L_x^2\rangle$．

答　$\langle L_x\rangle=0$，$\langle L_x^2\rangle=\frac{1}{2}\left[l(l+1)-m^2\right]\hbar^2$．

10．一粒子的某个量子态，在直角坐标 x、y、z 中由归一化波函数

$$\psi(x,y,z)=\frac{\alpha^{5/2}}{\sqrt{\pi}}z\exp[-\alpha(x^2+y^2+z^2)^{1/2}]$$

描述．证明它处在一个具有确定角动量的态上．并给出该态相应的 L^2 和 L_z 值．

答　$L^2=2\hbar^2$，$L_z=0$．

11．（1）考虑自旋为 1/2 的体系．求出算符 AS_y+BS_z 的本征值及归一化的本征函数．其中 S_y，S_z 是角动量算符，且 A,B 是实常数．

（2）假定此体系处在上面算符的一个本征态上．求测量 S_y 得结果 $\hbar/2$ 的概率．

12．考虑一个电子在均匀沿 z 方向的磁场中运动．在 $t=0$ 时刻测量到电子自旋沿 $+y$ 方向．求在 $t>0$ 时自旋的 Schrödinger 态矢及沿 x 方向的平均极化率（正比于 S_x 的期望值）．

答　$\psi(t)=\frac{1}{\sqrt{2}}\begin{pmatrix}e^{-i\omega t}\\ ie^{i\omega t}\end{pmatrix}$，$\langle S_x\rangle=-\frac{\hbar}{2}\sin 2\omega t$．

13．两个自旋为 1/2 的粒子组成一个复合体系．自旋 A 在 $S_z'=+1/2$ 的本征态，自旋 B 在 $S_x'=+1/2$ 的本征态．求发现体系总自旋为零的概率．

答　$P=25\%$．

14．预先建立一个 Stern-Gerlach 实验，使得一个电子的自旋 z 分量为 $-\hbar/2$．在 $t=0$ 时刻加入一个沿 x 方向的均匀磁场 B．问：

（1）经过时间 τ 后，测量自旋 z 分量的结果是什么？

（2）如果不是测量自旋的 z 分量，而是 x 分量，则结果如何？

答　（1）$P_{z\uparrow}=\sin^2\omega\tau$，$P_{z\downarrow}=\cos^2\omega\tau$；

（2）$P_{x\uparrow}=\frac{1}{2}$，$P_{x\downarrow}=\frac{1}{2}$．

15．考虑带自旋的 Young 双缝实验[①]．设想在 B 缝后面紧靠缝的地方，装上通电螺旋管以便形成局域的近似均匀的磁场（A 缝不加，维持原样）．设入射电子自旋均为 $+\frac{\hbar}{2}$，调节通过螺旋管的电流，问：

（1）当 B 缝出来的电子为 $s_z=-\frac{1}{2}\hbar$ 时，接收屏上的结果如何？

（2）当 B 缝出来的电子为 $s_x=\frac{1}{2}\hbar$ 时，接收屏上的结果又如何？

（3）当连续改变螺旋管中电流时，描述接收屏上干涉结果的变化．又，如果束流强度很低，低到在任一时刻只有一个电子通过此装置，统计结果有变化吗？

16．两个电子的原子，处于自旋单态（$s=0$）．证明：自旋–轨道耦合作用 $\xi(r)\boldsymbol{S}\cdot\boldsymbol{L}$ 对能量无贡献．

17．设两个自旋为 1/2 的粒子的相互作用为 $V(r)=V_c(r)+V_\tau(r)S_{12}$，第一项为中心力，第二项为张量项，$S_{12}=3(\boldsymbol{\sigma}_1\cdot\boldsymbol{n})(\boldsymbol{\sigma}_2\cdot\boldsymbol{n})-\boldsymbol{\sigma}_1\cdot\boldsymbol{\sigma}_2$，其中 $\boldsymbol{n}=\frac{\boldsymbol{r}}{r}$．证明：

（1）$\boldsymbol{J}^2, J_z, \boldsymbol{S}^2$ 是守恒量，但 $\boldsymbol{L}^2$ 及 $\boldsymbol{S}$ 不是守恒量．

（2）在自旋单态下，张量力为零．

提示　（1）先对每个电子证明它的 $J_{zi}=L_{zi}+S_{zi}$ 与 $\boldsymbol{\sigma}_i\cdot\boldsymbol{n}$ 对易；

（2）将 $\boldsymbol{\sigma}_1\cdot\boldsymbol{\sigma}_2$ 用 P_{12} 替换．

18．（1）设电子处于自旋态 $\chi_{1/2}(\sigma_z=1)$，求 $\sigma_n=\boldsymbol{\sigma}\cdot\boldsymbol{n}$ 的可能测量值及相应的概率（$\boldsymbol{n}=(n_x,n_y,n_z)$）；

（2）对于 $\sigma_n=+1$ 的自旋态，求 $\boldsymbol{\sigma}$ 各分量的可能测量值及相应的概率，以及 $\boldsymbol{\sigma}$ 的平均值．

19．设 $f(\sigma_z)$ 可以展开成 σ_z 的幂级数的任意函数，证明：$f(\sigma_z)\sigma_\pm=\sigma_\pm f(\sigma_z\pm 2)$，其中 $\sigma_\pm=\sigma_x\pm\mathrm{i}\sigma_y$．

提示　$[\sigma_z,\sigma_\pm]=\pm 2\sigma_\pm$．

20．展开两个 $\frac{1}{2}$ 自旋粒子的两体算符 $\mathrm{e}^{\mathrm{i}\alpha\boldsymbol{\sigma}_1\cdot\boldsymbol{\sigma}_2}$．

提示　用自旋交换算符 P_{12} 替换 $\boldsymbol{\sigma}_1\cdot\boldsymbol{\sigma}_2$．

21．自旋为 1 的三个矩阵算符满足 $[S_i,S_j]=\mathrm{i}\varepsilon_{ijk}S_k$，其中 $i,j,k=x,y,z$，证明：$S_z^3=S_z$，$(S_x\pm\mathrm{i}S_y)^3=0$．

22．求解算符 $S_{12}=3(\boldsymbol{\sigma}_1\cdot\boldsymbol{n})(\boldsymbol{\sigma}_2\cdot\boldsymbol{n})-\boldsymbol{\sigma}_1\cdot\boldsymbol{\sigma}_2$ 的本征值和本征态．

提示　用此两粒子的 4 个（7.9）式组成对称化和反对称化态．证明它们就是 S_{12} 的 4 个本征态，本征值为 $(-4,0,2,2)$．

23．一个处于中心势的粒子具有轨道角动量 $L=2\hbar$ 和自旋 $S=1\hbar$．求形如 $H_I=A\boldsymbol{L}\cdot\boldsymbol{S}$ 的自旋–轨道作用项相关的能级 $(\hbar=1)$ 和简并度．

---

① 无论光子或电子 Young 双缝实验，都不是标量干涉实验．光子是带偏振的干涉，电子是旋量干涉，呈现出复杂现象．本题见，张永德，Young 双缝实验的唯象量子理论，大学物理，第 9 期，第 9 页，1992．

答　$E_j = \frac{1}{2}A[j(j+1)-2(2+1)-1(1+1)]$　$(j=1,2,3)$；简并度为 $2j+1$.

24．可以证明，角动量的升降算符 $J_\pm = J_x \pm \mathrm{i}J_y$ 与 J^2 对易，并且如果 j，m 是 J^2, J_z 本征值，则 $J_\pm |j,m\rangle = \hbar\sqrt{j(j+1)-m(m\pm 1)}\,|j,m\pm 1\rangle$，利用这些性质将 $m=(l-1/2)$ 的态 $|j,m\rangle$ 用 $|l,m_l,S,m_s\rangle$ 表示出来．这里 $S=1/2$．

25．一个由三个 1/2 自旋的非全同粒子组成的体系，Hamilton 量为

$$H=(A/\hbar^2)\boldsymbol{S}_1\cdot\boldsymbol{S}_2+(B/\hbar^2)(\boldsymbol{S}_1+\boldsymbol{S}_2)\cdot\boldsymbol{S}_3$$

求体系的能级和简并度．

提示　选取体系力学量完备集为 $(H,\boldsymbol{S}_{12}^2,\boldsymbol{S}^2,S_z)$，其中 $\boldsymbol{S}_{12}=\boldsymbol{S}_1+\boldsymbol{S}_2$，$\boldsymbol{S}=\boldsymbol{S}_1+\boldsymbol{S}_2+\boldsymbol{S}_3$，本征函数为 $|S_{12},S_3,S,m_s\rangle$．

答　$E=(A/2)[S_{12}(S_{12}+1)-3/2]+(B/2)[S(S+1)-S_{12}(S_{12}+1)-3/4]$；

若 $S_{12}=0, S=1/2, E=-3A/4$，简并度为 2；若 $S_{12}=1, S=1/2, E=A/4-B$，简并度为 2；若 $S_{12}=1, S=3/2, E=(A/4)+(B/2)$，简并度为 4．

26．一个自旋为 1 粒子的 Hamilton 量 $(\hbar=1)$ 为 $H=AS_z+BS_x^2$，其中 A 和 B 是常数，求体系的能级．如果 $t=0$ 时，粒子处在自旋 $S_z=+1$ 本征态，求 t 时刻粒子自旋期望值．

答　这是 3 能级体系．恢复量纲 $E_0=B\hbar^2$，$E_\pm=(B\hbar^2/2)\pm(1/2)\sqrt{B^2\hbar^4+4A^2\hbar^2}$；$\langle S_x\rangle=0$，$\langle S_y\rangle=0$，$\langle S_z\rangle=\hbar\left[1-\frac{2B^2\hbar^2}{\omega^2}\sin^2\frac{\omega t}{2}\right]$；其中 $\omega=\sqrt{B^2\hbar^2+4A^2}$．

27．求下列态中算符 $\boldsymbol{J}^2, J_z$，$\boldsymbol{J}=\boldsymbol{L}+\boldsymbol{S}$ 可能的观测值：

（1）$\psi_1=\chi_{1/2}(S_z)\mathrm{Y}_{11}(\theta,\varphi)$；

（2）$\psi_2=(1/\sqrt{3})\left[\sqrt{2}\chi_{1/2}(S_z)\mathrm{Y}_{10}(\theta,\varphi)+\chi_{-1/2}(S_z)\mathrm{Y}_{11}(\theta,\varphi)\right]$；

（3）$\psi_3=(1/\sqrt{3})\left[\sqrt{2}\chi_{-1/2}(S_z)\mathrm{Y}_{10}(\theta,\varphi)+\chi_{1/2}(S_z)\mathrm{Y}_{1,-1}(\theta,\varphi)\right]$；

（4）$\psi_4=\chi_{-1/2}(S_z)\mathrm{Y}_{1,-1}(\theta,\varphi)$．

答　（1）$\frac{15}{4}\hbar^2,\frac{3}{2}\hbar$；（2）$\frac{15}{4}\hbar^2,\frac{1}{2}\hbar$；（3）$\frac{15}{4}\hbar^2,-\frac{1}{2}\hbar$；（4）$\frac{15}{4}\hbar^2,-\frac{3}{2}\hbar$．

28．用另一种办法推导旋-轨耦合项．电子固有磁矩 $\boldsymbol{\mu}$ 在原子核处产生的矢势为 $\boldsymbol{A}(\boldsymbol{r},t)=-\frac{\boldsymbol{\mu}\times\boldsymbol{r}(t)}{r^3}$，由随 t 变化的 $\boldsymbol{A}$ 在原子核处产生的电场 $\boldsymbol{E}=-\frac{\partial\boldsymbol{A}}{\partial t}$．于是运动磁矩 $\boldsymbol{\mu}$ 对原子核作用力 $\boldsymbol{F}=Ze\boldsymbol{E}$．按第三定律，原子核作用在电子上的力为 $-\boldsymbol{F}$．用附录五量子非惯性势公式（V.3），导出旋-轨耦合项．

提示　注意 $\boldsymbol{r}$ 为在电子静止参考系中原子核的矢径．它对时间求导为原子核速度，换成电子速度应加负号，并且结果仍然少 1/2 因子．

第八章 定态近似计算方法

量子力学大部分定态问题难以精确求解，因此发展了许多近似求解本征值、本征函数的方法．本章介绍其中常见的定态微扰论、变分法和 WKB 近似．

§8.1 非简并态微扰论

1．基本方程组

微扰论方法要旨是，从一般难以精确求解的 Hamilton 量 H 中，分离出其中数值较小而又妨碍对 H 精确求解的部分 H'，称扰动部分；剩下的 $H_0 = H - H'$ 是 H 的基本部分，又称参考系，其定态解应是已知的．就是说，微扰论假设 H 可以分解为 $H = H_0 + H'$，然后从 H_0 的本征值和本征态出发，以逐步逼近的方式逐阶考虑 H' 影响，给出 H 的本征值和本征态的逐阶近似解．方法区分为非简并态微扰论和简并态微扰论．本节首先介绍非简并态微扰论．

按照 H' 中所含小参量（或用本征值作量级）估计，如果能够认定 H' 是对 H_0 的小扰动，可将难于求解的 H 问题转化为 H' 对已知 H_0 问题的微扰，相应定态问题化为逐级近似求解．此时方程为

$$\boxed{\begin{cases} H|\psi\rangle = (H_0 + H')|\psi\rangle = E|\psi\rangle \\ H_0|\psi_m^{(0)}\rangle = E_m^{(0)}|\psi_m^{(0)}\rangle, \quad \forall m \end{cases}} \tag{8.1}$$

上标“(0)”表示未受 H' 扰动的参考系 H_0 的物理量．按上面假设，$\left\{E_m^{(0)}, |\psi_m^{(0)}\rangle \equiv |m^{(0)}\rangle, \forall m\right\}$ 是已知的、完备的．用参考系 H_0 的已知态展开系统 H 的待求态 $|\psi\rangle$

$$|\psi\rangle = \sum_m c_m |m^{(0)}\rangle \tag{8.2}$$

展开系数 c_m 是待求的未知数．将此展开式代入（8.1）式，得

$$\sum_m c_m \left(E_m^{(0)} + H'\right)|m^{(0)}\rangle = \sum_m c_m E |m^{(0)}\rangle$$

两边乘以 $\langle k^{(0)}|$，利用它们正交归一性，即得

$$\left(E - E_k^{(0)}\right)c_k = \sum_m H'_{km} c_m, \quad H'_{km} = \langle k^{(0)} | H' | m^{(0)}\rangle \quad (k = 0,1,2,\cdots) \tag{8.3}$$

这是一组关于未知数列 $\{c_m\}$ 的线性联立方程组，含有一个待定参数——能量本征值 E．E 数值由方程组行列式等于零，即 $\{c_m\}$ 存在非零解的条件来决定．

（8.3）式是定态微扰论的基本方程组，是下面进行各阶微扰近似计算的出发点．注意，至此尚未进行任何近似．

现在假定，施加微扰 H' 之前，系统处于 H_0 的定态 $\left\{E_n^{(0)},\left|n^{(0)}\right\rangle\right\}$．施加 H' 并稳定成为定态之后，系统的改变是

$$E_n^{(0)}\to E_n \quad 和 \quad \left|n^{(0)}\right\rangle\to|n\rangle$$

这里改变后的量仍袭用脚标 n，以标记它们的初始来源．

微扰项 H' 中通常总含有小参量，以标志此项是个微扰．在下面逐阶近似计算中，为便于鉴别及归并同幂次小参量的各项，不失一般性，将此小参量标记作为无量纲数 λ，将 $H=H_0+H'$ 理解为 $H(\lambda)=H_0+\lambda H'$，在对 λ 各阶近似展开完成之后再令 $\lambda=1$，予以还原．设想中，预先把 E、c_m 按微扰级别（实际按 λ 幂次）展开

$$\boxed{\begin{cases}E=E^{(0)}+E^{(1)}+E^{(2)}+\cdots\\ c_m=c_m^{(0)}+c_m^{(1)}+c_m^{(2)}+\cdots\end{cases}} \tag{8.4}$$

其中，$E^{(k)}$ 和 $c_m^{(l)}$ 含有 λ 的 l 次幂，为 l 阶小量，是微扰 H' 对 $E^{(0)}$ 和 $c_m^{(0)}$ 的 l 阶修正．注意，这里虽然有 $E^{(0)}=E_n^{(0)}$，但态矢系数 $c_n^{(0)}$ 数值由各阶近似态矢的归一化条件决定．如果 $c_m^{(1)}$ 或 $c_m^{(2)}\neq 0$，$c_n^{(0)}$ 并不等于 δ_{mn}．

2．一阶微扰论

此时本征值和本征函数计算准确到含 λ 一次幂，即近似认定

$$\begin{cases}E_n\approx E_n^{(0)}+E_n^{(1)}\\ c_m\approx \delta_{nm}+c_m^{(1)}\quad (m=0,1,2,\cdots)\end{cases} \tag{8.5}$$

这里 n 为初态编号，是固定数．将此展开式代入（8.2）式，注意，根据一阶近似态矢（略去二阶小量后归一）归一化条件，

$$\langle n|n\rangle\equiv N=1+O(\lambda^2) \tag{8.6a}$$

此内积的交叉项之和为实数 $c_n^{(1)}+c_n^{(1)*}=2\mathrm{Re}\,c_n^{(1)}$，必须为零．为了与（8.5）第二式简明自洽，直接取定 $c_n^{(1)}=0$．从下面导出（8.7a）式过程的 $E_n^{(1)}\left(\delta_{nk}+c_k^{(1)}\right)\to E_n^{(1)}\delta_{nk}$ 可知，这对能移计算的影响属于更高阶修正．于是得到态矢的一阶展开式，

$$|n\rangle=\sum_m c_m\left|m^{(0)}\right\rangle\approx\left|n^{(0)}\right\rangle+\sum_{m(\neq n)}c_m^{(1)}\left|m^{(0)}\right\rangle \tag{8.6b}$$

将 E_n，c_m 的一阶近似展开（8.5）式代入基本方程组（8.3）式中，得到

$$\left(E_n^{(0)}+E_n^{(1)}-E_k^{(0)}\right)\left(\delta_{nk}+c_k^{(1)}\right)=\sum_m H'_{km}\left(\delta_{nm}+c_m^{(1)}\right) \quad (k=1,2,\cdots)$$

为保持近似计算过程的一致性（或自洽性），上式乘开后只保留到一阶小量，为

$$\left(E_n^{(0)}-E_k^{(0)}\right)\left(\delta_{nk}+c_k^{(1)}\right)+E_n^{(1)}\delta_{nk}=\sum_m H'_{km}\delta_{nm}=H'_{kn}$$

当 $k=n$，得

$$E_n^{(1)}=H'_{nn}\equiv\left\langle n^{(0)}\middle|H'\middle|n^{(0)}\right\rangle\equiv\int\psi_n^{(0)*}H'\psi_n^{(0)}\mathrm{d}\boldsymbol{r} \tag{8.7a}$$

当 $k\neq n$，得

$$c_k^{(1)}=\frac{H'_{kn}}{E_n^{(0)}-E_k^{(0)}}=\frac{\left\langle k^{(0)}\middle|H'\middle|n^{(0)}\right\rangle}{E_n^{(0)}-E_k^{(0)}} \tag{8.7b}$$

总结一阶微扰论结果：

$$\begin{cases}E_n\approx E_n^{(0)}+E_n^{(1)}=E_n^{(0)}+H'_{nn}\\ |n\rangle\approx\left|n^{(0)}\right\rangle+\sum\limits_{k(\neq n)}c_k^{(1)}\left|k^{(0)}\right\rangle=\left|n^{(0)}\right\rangle+\sum\limits_{k(\neq n)}\dfrac{H'_{kn}}{E_n^{(0)}-E_k^{(0)}}\left|k^{(0)}\right\rangle\end{cases} \tag{8.8}$$

当然，这里能量和态矢公式都只准确到含 H' 一阶项.

按照（8.8）式表达的一阶微扰论观点：能级修正等于 H' 在未受扰动态 $\left|n^{(0)}\right\rangle$ 中平均值；扰动后的态中，其他态 $\left|k^{(0)}\right\rangle$ $(k\neq n)$ 将会掺入并与之相干叠加，掺入态的概率幅正比于扰动算符 H' 在 $\left|k^{(0)}\right\rangle$ 和 $\left|n^{(0)}\right\rangle$ 态之间的矩阵元、反比于两态的能量差 $(E_n^{(0)}-E_k^{(0)})$.

由（8.8）式态 $|n\rangle$ 展开式可知，第二项中所有 $\left|k^{(0)}\right\rangle$（$k\neq n$）态项是对 $\left|n^{(0)}\right\rangle$ 态的一阶修正，相应系数的数值应当显著小于1．这就给出了这种微扰展开计算的适**用条件**

$$\left|H'_{kn}\right|\ll\left|E_n^{(0)}-E_k^{(0)}\right| \tag{8.9}$$

就是说，**微扰算符 H' 在掺入态 $\left|k^{(0)}\right\rangle$ 和被扰态 $\left|n^{(0)}\right\rangle$ 之间矩阵元的数值应当很小于两个态之间的能级间距.**

如果未受扰动系统 H_0 还包括连续谱，则 $|n\rangle$ 表达式应当推广为

$$|n\rangle=\left|n^{(0)}\right\rangle+\sum_{k(\neq n)}\frac{H'_{kn}}{E_n^{(0)}-E_k^{(0)}}\left|k^{(0)}\right\rangle+\int\frac{H'_{\nu n}}{E_n^{(0)}-E_\nu^{(0)}}\left|\nu^{(0)}\right\rangle\mathrm{d}\nu \tag{8.10}$$

这里，ν 为一组物理量的本征值集合，用来区分连续谱中的态．通常情况下，微扰

是针对分立谱中定态$\left|n^{(0)}\right\rangle$，多数$H_0$有$E_n^{(0)}<E_\nu^{(0)}$（$\forall\nu$），所以积分号下被积函数在$\nu$值全部积分范围内并无奇点，并且$\left|H'_{\nu n}\right|<<\left|E_n^{(0)}-E_\nu^{(0)}\right|$，于是积分项常常可以略去．只当态$\left|n^{(0)}\right\rangle$附近存在（属于另一些自由度的）连续态时，就是说只当$E_n^{(0)}$进入了连续谱或带状谱区域内时，才需要考虑这个积分修正项．

一阶微扰论中还有一个常用公式——算符Ω矩阵元计算公式

$$\begin{aligned}\langle n|\Omega|k\rangle &\approx \left\{\left\langle n^{(0)}\right|+\sum_{m(\neq n)}c_m^{(1)*}\left\langle m^{(0)}\right|\right\}\Omega\left\{\left|k^{(0)}\right\rangle+\sum_{l(\neq k)}c_l^{(1)}\left|l^{(0)}\right\rangle\right\}\\ &\approx \Omega_{nk}^{(0)}+\sum_{m(\neq n)}\frac{H'_{nm}\Omega_{mk}^{(0)}}{E_n^{(0)}-E_m^{(0)}}+\sum_{l(\neq k)}\frac{H'_{lk}\Omega_{nl}^{(0)}}{E_k^{(0)}-E_l^{(0)}}\end{aligned} \tag{8.11}$$

注意第二项脚标对应系数$c_m^{(1)*}$．（8.8），（8.11）两式均准确到一阶近似．

3．二阶微扰论

如果能量的一阶修正矩阵元等于零或者很小，需要进一步计算能量的二阶修正．这时（8.4）展开式应当取比（8.5）式高一阶的二阶近似展开式

$$\boxed{\begin{cases}E_n=E_n^{(0)}+E_n^{(1)}+E_n^{(2)}\\ c_m=c_m^{(0)}+c_m^{(1)}+c_m^{(2)}\quad(m=0,1,2,\cdots)\end{cases}} \tag{8.12}$$

注意，由于这时对态矢归一化误差要求到二阶小量，所以$c_m^{(1)},c_m^{(2)}(m\neq n)$一般不一定为零（具体按态矢作何种用途而定）．将此展开式代入基本方程组（8.3）式，得

$$\left(E_n^{(0)}+E_n^{(1)}+E_n^{(2)}-E_k^{(0)}\right)\left(c_k^{(0)}+c_k^{(1)}+c_k^{(2)}\right)=\sum_m H'_{km}\left(c_m^{(0)}+c_m^{(1)}+c_m^{(2)}\right)$$

乘开并保留到二阶小量，得

$$\left(E_n^{(0)}-E_k^{(0)})(c_k^{(0)}+c_k^{(1)}+c_k^{(2)}\right)+E_n^{(1)}\left(c_k^{(0)}+c_k^{(1)}\right)+E_n^{(2)}c_k^{(0)}=\sum_m H'_{km}\left(c_m^{(0)}+c_m^{(1)}\right)\qquad(k=0,1,2,\cdots)$$

这时，在$c_n^{(0)}=1$和$c_n^{(1)}=0$设定之下的一阶微扰计算已经完成，此方程组两边所有零阶量和一阶量之和已经对消．下面只需捡出全部二阶量各项组成等式，

$$\left(E_n^{(0)}-E_k^{(0)}\right)c_k^{(2)}+E_n^{(1)}c_k^{(1)}+E_n^{(2)}c_k^{(0)}=\sum_{m(\neq n)}H'_{km}c_m^{(1)}\quad(k=0,1,2,\cdots)$$

将等式左边$E_n^{(1)}c_k^{(1)}$项移至右边，得

$$\left(E_n^{(0)}-E_k^{(0)}\right)c_k^{(2)}+E_n^{(2)}c_k^{(0)}=\sum_{m(\neq n)}H'_{km}c_m^{(1)}-E_n^{(1)}c_k^{(1)}\quad(k=0,1,2,\cdots) \tag{8.13}$$

首先令（8.13）**式 $k=n$ 求得 $E_n^{(2)}$**：因 $c_n^{(1)}=0$，方程右边第二项为零．有

$$E_n^{(2)}c_n^{(0)}=\sum_{m(\neq n)}H'_{nm}c_m^{(1)}$$

采用（8.7b）式 $c_m^{(1)}$，注意 $c_n^{(0)}=1$（其实，$E_n^{(2)}$ 已是二阶小量，也可以直接设定如此，所带来的误差将是更高阶小量），于是可得

$$E_n^{(2)}=\sum_{m(\neq n)}\frac{\left|H'_{mn}\right|^2}{E_n^{(0)}-E_m^{(0)}}$$

其次令（8.13）**式 $k\neq n$ 求得 $c_k^{(2)}$**：这时方程（8.13）式左边第二项系数 $c_k^{(0)}=\delta_{kn}=0$，求出 $c_k^{(2)}$，

$$c_k^{(2)}=\sum_{m(\neq n)}\frac{H'_{km}H'_{mn}}{\left(E_n^{(0)}-E_k^{(0)}\right)\left(E_n^{(0)}-E_m^{(0)}\right)}-\frac{H'_{nn}H'_{kn}}{\left(E_n^{(0)}-E_k^{(0)}\right)^2}\quad(k\neq n)$$

类似地，由二阶微扰下归一化条件，可令 $c_n^{(2)}=0$，见下面（8.14b）式讨论．

总括二阶微扰论结果：其一，能移公式为

$$E_n=E_n^{(0)}+E_n^{(1)}+E_n^{(2)}=E_n^{(0)}+H'_{nn}+\sum_{m(\neq n)}\frac{\left|H'_{mn}\right|^2}{E_n^{(0)}-E_m^{(0)}}\tag{8.14a}$$

其二，归一化态矢及展开系数为

$$\left|n\right\rangle=\frac{1}{\sqrt{N}}\left\{\left|n^{(0)}\right\rangle+\sum_{m(\neq n)}c_m^{(1)}\left|m^{(0)}\right\rangle+\sum_{m(\neq n)}c_m^{(2)}\left|m^{(0)}\right\rangle\right\},\quad N\equiv\left\langle n\middle|n\right\rangle=\left(1+\sum_{m(\neq n)}\left|c_m^{(1)}\right|^2\right)\tag{8.14b}$$

$$\begin{cases}c_m^{(1)}=\dfrac{H'_{mn}}{E_n^{(0)}-E_m^{(0)}}\quad(m\neq n)\\[2ex] c_m^{(2)}=\displaystyle\sum_{k(\neq n)}\frac{H'_{mk}H'_{kn}}{\left(E_n^{(0)}-E_m^{(0)}\right)\left(E_n^{(0)}-E_k^{(0)}\right)}-\frac{H'_{nn}H'_{mn}}{\left(E_n^{(0)}-E_m^{(0)}\right)^2}\quad(m\neq n)\end{cases}\tag{8.14c}$$

对态矢展开式（8.14b）需要指明三点：**其一**，类似于一阶微扰论考虑，按照二阶微扰近似下态矢归一化条件 $N=\left\langle n\middle|n\right\rangle=1+O(\lambda^3)$，取定 $c_n^{(2)}=0$．由此带来对态矢模长和能移的影响属于更高阶的误差．**其二**，原先为保证一阶微扰近似下态矢归一，已设定 $c_n^{(0)}=1$ 和 $c_n^{(1)}=0$．但现在二阶微扰近似下，$c_m^{(1)}(m\neq n)$ 一般不全是零，第二项级数不为零．于是大括号内态矢表达式不再能保证二阶近似下态矢是归一的．这要求将一次微扰近似下已经归一化的态矢“**再次实行归一化**”，即乘以归一化系数

$N^{-1/2} \simeq \left(1-\frac{1}{2}\sum_{m(\neq n)}\left|c_m^{(1)}\right|^2\right)$. 因此第一项系数的模值将略小于 1①. **其三**，一般说来，在二阶微扰近似时，波函数只需要作到一阶近似就够了. 因为平均值或矩阵元计算总是波函数的二次型形式，于是相关计算也就能够准确到二阶近似.

最后注意，(1) 按公式 (8.14a)，基态能级 ($n=0$) 的二阶修正总是负值 ($E_{n=0}^{(0)} < E_{m>0}^{(0)}$). 这和参考系 ($H_0$) 及扰动 ($H'$) 无关. (2) 若要上述近似成立，仍然必须有

$$\left|H'_{mn}\right| << \left|E_n^{(0)} - E_m^{(0)}\right| \tag{8.9}$$

因此，若在所考虑能级 n 附近有别的能级存在（简并或近简并情况），这里的公式将不成立或不够精确.

二阶以上的高阶近似也可从基本方程组 (8.3) 出发，参照这里的推导给出.

4. 例算：光谱精细结构、van der Waals 力、核力 Yukawa 势*

i. 氢原子光谱精细结构

作为微扰论计算的第一批例子，考虑氢原子光谱的三项精细结构修正. **它们来自对 Dirac 方程进行非相对论近似所得的三项相对论效应修正：动能修正 H'_R；旋–轨耦合修正 H'_{SO}；Darwin 振颤修正 H'_D**. 其中第二项已在§7.2 叙述过，下面考虑第一、三两项.

首先，考虑动能的非相对论修正. 由于

$$E=\sqrt{\boldsymbol{p}^2c^2+m^2c^4}=mc^2\left(1+\frac{\boldsymbol{p}^2}{m^2c^2}\right)^{\frac{1}{2}} \approx mc^2+\frac{\boldsymbol{p}^2}{2m}-\frac{\boldsymbol{p}^4}{8m^3c^2}$$

右边第三项即为对**氢原子 Kepler 问题的一项修正 H'_r——实质是电子质量变化导致对动能的非相对论性修正**，

$$\boxed{H'_r=-\frac{\boldsymbol{p}^4}{8m^3c^2}} \tag{8.15}$$

下面估算此项能移的量级. 按一阶微扰论能移公式，有

---

① 参见朗道，栗弗席茨，非相对论量子力学（上），§38，例题 1. 高等教育出版社，1980 年. p.165. 此处显然只是波函数的“再次归一化”. 但由于英文也是 renormalization，据此有人将此处计算说成是波函数（和能量）的“重整化”. 这容易与量子场论中对发散的减除过程混淆！实际上，Schrödinger 方程所用的都是有限的物理的参量（而不是发散的裸参量），而且量子力学总是有限自由度的微扰论计算，一般不发散. 总之量子力学微扰论计算不存在“重整化”问题，只有高一阶近似时，对原有态矢的“再归一化”问题.

$$\delta E_{\mathrm{r}} = \langle H'_{\mathrm{r}} \rangle_{nlm} = -\frac{1}{2mc^2}\langle T^2 \rangle_{nlm} = -\frac{1}{2mc^2}\left\langle \left(E_{nl} - V(r)\right)^2 \right\rangle_{nlm}$$

问题转化为对$\left\langle \frac{1}{r} \right\rangle_{nlm}$和$\left\langle \frac{1}{r^2} \right\rangle_{nlm}$计算（详见习题）．此修正项的量级可估算为

$$\frac{\langle H'_{\mathrm{r}} \rangle}{\langle H_0 \rangle} \approx \frac{\left\langle \dfrac{\boldsymbol{p}^4}{8m^3c^2} \right\rangle}{\left\langle \dfrac{\boldsymbol{p}^2}{2m} \right\rangle} \approx \left\langle \frac{\boldsymbol{p}^2}{m^2c^2} \right\rangle \approx \left(\frac{v}{c}\right)^2 \approx \beta^2$$

其次，考虑电子并非经典质点，在相对论性运动中，电子位置在 Compton 波长λ_{c}范围内存在随机振颤（称作 Darwin 振颤）．于是作用在电子上的 Coulomb 势也随机涨落，出现作用势的弥散，产生能级移动．此能移效应可以用简明方式近似处理如下，

$$\begin{aligned} H'_{\mathrm{D}} &= \langle \delta V \rangle = \langle V(\boldsymbol{r} + \delta \boldsymbol{r}) - V(\boldsymbol{r}) \rangle \\ &= \left\langle \sum_i \delta x_i \frac{\partial V}{\partial x_i} + \frac{1}{2}\sum_{ij} \delta x_i \delta x_j \frac{\partial^2 V}{\partial x_i \partial x_j} \right\rangle \end{aligned}$$

可以合理地假定，涨落的空间方位是球对称的，于是一次项平均值为零，二次方差平均值也将化简．有

$$\begin{aligned} H'_{\mathrm{D}} &= \frac{1}{2}\left\langle \sum_{ij} \delta x_i \delta x_j \frac{\partial^2 V}{\partial x_i \partial x_j} \right\rangle \approx \frac{1}{2}\sum_{ij} \langle \delta x_i \delta x_j \rangle \frac{\partial^2 V(\boldsymbol{r})}{\partial x_i \partial x_j} \\ &\approx \frac{1}{6}\sum_{ij} \delta_{ij} \langle (\delta r)^2 \rangle \frac{\partial^2 V(\boldsymbol{r})}{\partial x_i \partial x_j} \approx \frac{\lambda^2_{\text{compton}}}{6} \Delta V(\boldsymbol{r}) \end{aligned}$$

这里已近似假定$\langle (\delta r)^2 \rangle \approx \lambda^2_{\text{compton}}$．将$V = -\frac{e^2}{r}$及$\lambda_{\text{compton}} = \frac{\hbar}{mc}$代入即得第三项修正，为$H'_{\mathrm{D}} = \frac{\hbar^2}{6m^2c^2}\Delta V(\boldsymbol{r}) = \frac{2\pi e^2 \hbar^2}{3m^2c^2}\delta(\boldsymbol{r})$．与（Dirac 方程的二阶非相对论近似）正确结果比较，此处简化推导结果少一个因子$\frac{3}{4}$，差别主要来源于此处平均值计算．总之，常用的正确结果为[①]

$$\boxed{H'_{\mathrm{D}} = \frac{\hbar^2}{8m^2c^2}\Delta V(\boldsymbol{r}) = \frac{\pi e^2 \hbar^2}{2m^2c^2}\delta(\boldsymbol{r})} \tag{8.16}$$

下面估算H'_{D}项产生的能移，

① 见张永德，高等量子力学（上），第 III 版，§ 6.6，第 222 页．北京:科学出版社，2015 年．

$$\delta E_{\mathrm{D}} = \langle H'_{\mathrm{D}} \rangle = \frac{\pi e^2\hbar^2}{2m^2c^2}|\psi(0)|^2 \approx \frac{\pi e^2\hbar^2}{2m^2c^2}\frac{m^3e^6}{\pi\hbar^6}\delta_{l0} \approx \alpha^4mc^2\delta_{l0}$$

由于氢原子 Coulomb 能 $\frac{e^2}{\rho_{\mathrm{B}}} \approx mv^2 = \beta^2mc^2$，$mv\rho_{\mathrm{B}} \approx \hbar$，精细结构常数 $\alpha\left(=\frac{e^2}{\hbar c}\right)$ 的量级为 $\beta\left(=\frac{v}{c}\right)$，于是，能移 δE_{D} 与原先能级比值的量级为 $\frac{\langle H'_{\mathrm{D}}\rangle}{\langle H_0\rangle} \approx \beta^2$．由于 Coulomb 势在原点附近变化最为剧烈，位置振颤引起的势弥散也最为明显，所以 H'_{D} 中含有 $\delta(\boldsymbol{r})$ 项，体现为电子与原子核的“接触作用”，称作接触势．显然．它只对 s 态电子能级有影响．

合并§7.2 叙述可知，三项修正的相对能移量级均为 β^2（但 H'_{r}、H'_{D} 不能使能级分裂，而 H'_{so} 会使能级分裂）．于是，根据它们物理来源均是 Dirac 方程的非相对论近似，以及对它们效应的量级估算这两方面的理由，通常都认为这三项修正是相对论性的①．

ii.　van der Waals 力

两个中性原子（或分子）之间距离 R 远大于它们本身波包尺度，正负电荷相互屏蔽之后剩余的 Coulomb 作用，使它们之间表现出一种长程的与 R^6 成反比的吸引力，这就是 van der Waals 力（更大距离时为 R^7 反比②）．下面以两个氢原子为例，用二阶微扰论来解释．

首先，作 Oppenheimer 近似——讨论电子运动时，可以认为原子核是静止的．这是由于热运动能量是均分的，而原子核质量远大于电子质量，所以原子核运动速度远小于电子运动速度．

$$\begin{cases} H = H_0 + H' \\ H_0 = -\dfrac{\hbar^2}{2\mu}(\Delta_1 + \Delta_2) - \dfrac{e^2}{r_1} - \dfrac{e^2}{r_2} \\ H' = \dfrac{e^2}{R} + \dfrac{e^2}{r_{12}} - \dfrac{e^2}{r_{a2}} - \dfrac{e^2}{r_{b1}} \end{cases} \tag{8.17}$$

其次，作远程近似．即假定两个氢原子间距离很大于各自波包尺寸 $R >> r_1, r_2$．于是

① 并非如 Greiner 主张的，自旋以及旋轨耦合效应是 Schrödinger 方程的内禀的非相对论性效应．见 W.Greiner, Quantum Mechanics, An Introduction，4th ed.，Springer-Verlag，世界图书出版公司，2005：355．此书有中译本，北京大学出版社．对此问题的评论见：张永德，量子菜根谭（第III版），清华大学出版社，2016 年，第 12 讲．

② 在目前非相对论量子力学框架下，只考虑瞬时 Coulomb 力．如果针对 10^2 倍 Bohr 半径的更大距离，需要考虑虚粒子传送的时延，这时 van der Waals 剩余力将表现为 R^{-7} 规律．显然，R^{-6} 规律是适合于凝聚态物质的通常距离．有关讨论见 C. 依捷克森等，量子场论，上册，第 494 页，科学出版社，1986．

成为两个基本独立的氢原子 a 和 b，各自带有电子1和2，下面用微扰论近似计算它俩之间的相互作用. 这里

$$r_{12} = R + (r_2 - r_1),\quad r_{a2} = R + r_2,\quad r_{b1} = -R + r_1$$

于是 $(e_R = R/R)$

$$\left.\begin{aligned} r_{12} &= \sqrt{R^2 + 2R\cdot(r_2 - r_1) + (r_2 - r_1)^2} \\ r_{a2} &= \sqrt{R^2 + 2R\cdot r_2 + r_2^2} \\ r_{b1} &= \sqrt{R^2 + r_1^2 - 2R\cdot r_1} \end{aligned}\right\}\Rightarrow$$

$$\begin{cases} r_{12}^{-1} \approx R^{-1}\left\{1 - \dfrac{e_R\cdot(r_2 - r_1)}{R} - \dfrac{(r_2 - r_1)^2}{2R^2} + \dfrac{3[e_R\cdot(r_2 - r_1)]^2}{2R^2}\right\} \\ r_{a2}^{-1} \approx R^{-1}\left\{1 - \dfrac{e_R\cdot r_2}{R} - \dfrac{r_2^2}{2R^2} + \dfrac{3}{2R^2}(e_R\cdot r_2)^2\right\} \\ r_{b1}^{-1} \approx R^{-1}\left\{1 + \dfrac{e_R\cdot r_1}{R} - \dfrac{r_1^2}{2R^2} + \dfrac{3}{2R^2}(e_R\cdot r_1)^2\right\} \end{cases} \tag{8.18}$$

H' 可表示

$$\begin{aligned} H' &= -\frac{e^2(r_2 - r_1)^2}{2R^3} + \frac{3e^2}{2R^3}[e_R\cdot(r_2 - r_1)]^2 + \frac{e^2 r_2^2}{2R^3} - \frac{3e^2}{2R^3}(e_R\cdot r_2)^2 \\ &\quad + \frac{e^2 r_1^2}{2R^3} - \frac{3e^2}{2R^3}(e_R\cdot r_1)^2 + O\left(\frac{1}{R^4}\right) \\ &= \frac{e^2(r_2\cdot r_1)}{R^3} - \frac{3e^2(e_R\cdot r_2)(e_R\cdot r_1)}{R^3} + O\left(\frac{1}{R^4}\right) \end{aligned}$$

即（ $D_1 = er_1, D_2 = er_2$ ）

$$\boxed{H' = \frac{1}{R^3}[D_2\cdot D_1 - 3(e_R\cdot D_2)(e_R\cdot D_1)] + O\left(\frac{1}{R^4}\right)} \tag{8.19}$$

这时两个氢原子波包之间基本不交叠，可以略去两个原子的交换作用. 于是此双原子体系基态的零级近似波函数为

$$\psi^{(0)}(r_1, r_2) = \psi_{100}(r_1)\psi_{100}(r_2)$$

注意 ψ_{100} 是 $r_1(r_2)$ 的偶函数，H' 对 $r_1(r_2)$ 是奇宇称，无论对 $r_1(r_2)$ 反演，

$$\left\langle\psi^{(0)}\middle|H'\middle|\psi^{(0)}\right\rangle = \left\langle\psi^{(0)}\middle|P^{-1}PH'P^{-1}P\middle|\psi^{(0)}\right\rangle = -\left\langle\psi^{(0)}\middle|H'\middle|\psi^{(0)}\right\rangle$$

所以 $\left\langle\psi^{(0)}\middle|H'\middle|\psi^{(0)}\right\rangle = 0$. 一阶微扰无贡献，需要计算二阶微扰修正. 按（8.14a）它为

$$E^{(2)}=\sum_{k(k\neq 0)}\frac{\left|\left\langle\psi^{(k)}\middle|H'\middle|\psi^{(0)}\right\rangle\right|^2}{E_0^{(0)}-E_k^{(0)}}$$

由此可知以下两点：

第一，由于$H'\propto\dfrac{1}{R^3}$，所以$E^{(2)}\propto\dfrac{1}{R^6}$.

第二，由于$E_k^{(0)}>E_0^{(0)}$，$E^{(2)}<0$，附加能为负值.

总之，两个相距较远的氢原子由于相互吸引所造成的附加能为

$$\boxed{E^{(2)}=\frac{-A}{R^6},\quad (A>0)}\tag{8.20}$$

这就是电中性原子（分子）间的相互吸引力——体现剩余 Coulomb 作用的 van der Waals 力. 注意，由公式导出过程以及它本身都表明，公式只能用于r很大的渐进区域，不能用于$r\to 0$的邻域.

iii. 核力 Yukawa 势

原子核中聚集了许多核子（中子和质子），特别是聚集着彼此以 Coulomb 力相互排斥的质子而不散开，是由于存在吸引力——核力的缘故. **核力是夸克之间强作用的剩余力，但也可以将它看成是核子之间时时刻刻交换（发射和吸收）虚π介子的结果**. 这就是核力的介子场论. 下面用二阶微扰论导出核力 Yukawa 势，予以简明解释①.

设两个核子分别位于$\boldsymbol{r}_1$，$\boldsymbol{r}_2$，它们处在π介子场中，分别向对方发射并吸收由对方发射的π介子. 通过虚π介子交换，彼此产生相互作用. 令单个π介子交换（吸收放出）相互作用H_i为

$$\boxed{H_i=G(\hbar c)^{3/2}\int\frac{\mathrm{d}\boldsymbol{k}'}{\sqrt{(2\pi)^3 2\hbar\omega_{k'}}}\sum_{j=1}^{2}\left\{a(\boldsymbol{k}')\mathrm{e}^{\mathrm{i}\boldsymbol{k}'\cdot\boldsymbol{r}_j}+a^+(\boldsymbol{k}')\mathrm{e}^{-\mathrm{i}\boldsymbol{k}'\cdot\boldsymbol{r}_j}\right\}}\tag{8.21}$$

其中，G为核子相互作用的无量纲耦合常数，$\hbar\omega_{k'}=\sqrt{\hbar^2\boldsymbol{k}'^2c^2+m_\pi^2c^4}$是介子相对论质能关系$E'=\sqrt{\boldsymbol{p}'^2c^2+m_\pi^2c^4}$的量子翻版，$m_\pi$为π介子静止质量，$a(\boldsymbol{k}')\mathrm{e}^{\mathrm{i}\boldsymbol{k}'\cdot\boldsymbol{r}_j}$表达第$j$个核子湮灭一个动量为$\boldsymbol{k}'$的π介子的振幅（量纲为$cm^{3/2}$），厄米项$a^+(\boldsymbol{k}')\mathrm{e}^{-\mathrm{i}\boldsymbol{k}'\cdot\boldsymbol{r}_j}$代表产生的振幅. 展开系数$[(2\pi)^3 2\omega_{k'}]^{-1/2}$是为了保证$a$和$a^+$之间有如下简明的对易关系：

$$\boxed{[a(\boldsymbol{k}'),\quad a^+(\boldsymbol{k}'')]=\delta(\boldsymbol{k}'-\boldsymbol{k}'')}$$

① J.M.Ziman, Elements of Advanced Quantum Theory, Cambridge University Press, 1969, p.26.

注意，(8.21) 式对 π 介子动量 $\boldsymbol{k}$ 的积分包括从“红外”到“紫外”的全动量空间．$\boldsymbol{H}_i$ 作用的对象是体系的状态 $|\boldsymbol{r}_1,\boldsymbol{r}_2,n_{\boldsymbol{k}}\rangle \approx |n_{\boldsymbol{k}}\rangle_\pi$．下面由于专注 π 介子场的状态，略写两个核子的位置本征态．

现用微扰论方法计算由 $\boldsymbol{H}_i$ 所导致的相互作用能．体系的真空态（基态）是两个核子和 π 介子场真空态相乘．显然，H_i 在任意确定数目 π 介子的态中平均值都为零，当然对真空态的平均值也为零．于是在一阶微扰近似下，$\boldsymbol{H}_i$ 所导致的能移为零，

$$\boxed{{}_\pi\langle 0|H_i|0\rangle_\pi = 0}$$

但二阶能移就不再为零了！按二阶微扰论公式（8.14a），得[①]

$$\boxed{\delta E^{(2)}(\boldsymbol{r}_1,\boldsymbol{r}_2) = \int \mathrm{d}\boldsymbol{k} \sum_{n_{\boldsymbol{k}}(\neq 0)} \frac{{}_\pi\langle 0|H_i|n_{\boldsymbol{k}}\rangle_\pi \;{}_\pi\langle n_{\boldsymbol{k}}|H_i|0\rangle_\pi}{E(0)-E(n_{\boldsymbol{k}})}}$$

求和不包括 $n_{\boldsymbol{k}}=0$ 项（注意此时完备性条件为 $\int \mathrm{d}\boldsymbol{k}\sum_{n\boldsymbol{k}}|n_{\boldsymbol{k}}\rangle\langle n_{\boldsymbol{k}}|=1$）．$E(0)$ 为系统基态的能量，$E(n_{\boldsymbol{k}})$ 为系统激发态（π 介子场处于有 n 个动量为 $\boldsymbol{k}$ 的 π 介子）的能量．根据空间均匀各向同性，应当有

$$\delta E^{(2)}(\boldsymbol{r}_1,\boldsymbol{r}_2) = \delta E^{(2)}(R) \qquad (R = |\boldsymbol{r}_1-\boldsymbol{r}_2|)$$

由于 $\delta E^{(2)}(R)$ 中包括大动量 π 介子交换的贡献（若采用高阶微扰计算还伴随多 π 介子交换），此相互作用能是发散的，即 $\delta E^{(2)}(R)\to\infty$．但现在只关心此种相互作用所造成的相对能移，于是认定 $R\to\infty$ 时两核子间的核力趋于零，

$$\Delta\left\{\delta E^{(2)}(R)\right\} = \delta E^{(2)}(R) - \delta E^{(2)}(\infty)$$

这是两个发散量相减，但它们差值不一定发散．下面计算它．

由于 $\boldsymbol{k}$ 连续变化，$[a(\boldsymbol{k}),\ a^+(\boldsymbol{k}')] = \delta(\boldsymbol{k}-\boldsymbol{k}')$，有

$$|1_{\boldsymbol{k}}\rangle = a^+(\boldsymbol{k})|0\rangle,\quad \langle 1_{\boldsymbol{k}'}| = \langle 0|a(\boldsymbol{k}'),\quad \langle 1_{\boldsymbol{k}'}|1_{\boldsymbol{k}}\rangle = \delta(\boldsymbol{k}-\boldsymbol{k}')$$

因此，矩阵元 $\langle 0|H_i|n_{\boldsymbol{k}}\rangle$ 只当 $n_{\boldsymbol{k}} = 1_k$ 时不为零．于是

$$\begin{aligned}
&\langle 0|H_i|1_{\boldsymbol{k}}\rangle \\
&= \langle 0|G(\hbar c)^{3/2}\int \frac{\mathrm{d}\boldsymbol{k}'}{\sqrt{(2\pi)^3 2\hbar\omega_{k'}}}\sum_{j=1}^{2}\left\{a(\boldsymbol{k}')\exp(\mathrm{i}\boldsymbol{k}'\cdot\boldsymbol{r}_j) + a^+(\boldsymbol{k}')\exp(-\mathrm{i}\boldsymbol{k}'\cdot\boldsymbol{r}_j)\right\}|1_{\boldsymbol{k}}\rangle \\
&= \frac{G(\hbar c)^{3/2}}{\sqrt{(2\pi)^3 2\hbar\omega_k}}\sum_{j=1}^{2}\exp(\mathrm{i}\boldsymbol{k}\cdot\boldsymbol{r}_j)
\end{aligned}$$

所以

① 其实有 $n_k = 0$ 项也无妨，因为相应分子 $\langle 0|H_i|0\rangle = 0$．

$$\delta E^{(2)}(R)=\frac{G^2\hbar^3c^3}{2(2\pi)^3}\int\frac{\mathrm{d}\boldsymbol{k}}{\hbar\omega_k}\frac{\left|\sum_{j=1}^{2}\exp(\mathrm{i}\boldsymbol{k}\cdot\boldsymbol{r}_j)\right|^2}{E(0)-E(1_k)}$$

被积函数的分母为 $E(1_k)-E(0)=\hbar\omega_{\boldsymbol{k}}$．于是有

$$\delta E^{(2)}(R)=\frac{-G^2\hbar^3c^3}{8\pi^3}\int\mathrm{d}\boldsymbol{k}\frac{[1+\cos\boldsymbol{k}\cdot(\boldsymbol{r}_1-\boldsymbol{r}_2)]}{\hbar^2\boldsymbol{k}^2c^2+m_\pi^2c^4}$$

显然，当 $|\boldsymbol{r}_1-\boldsymbol{r}_2|=R\to\infty$ 时，含余弦的积分因快速振荡而消失（从下面计算也可以看出），说明两个核子相互距离越大，交换π介子的概率越小，相互作用越弱．于是差值为

$$\begin{aligned}\Delta\left\{\delta E^{(2)}(R)\right\}&=\delta E^{(2)}(R)-\delta E^{(2)}(\infty)\\&=-\frac{G^2\hbar^3c^3}{8\pi^3}\int\mathrm{d}\boldsymbol{k}\frac{\cos(\boldsymbol{k}\cdot\boldsymbol{R})}{\hbar^2\boldsymbol{k}^2c^2+m_\pi^2c^4}=-\frac{G^2\hbar c}{8\pi^3}\int\mathrm{d}\boldsymbol{k}\frac{\cos(\boldsymbol{k}\cdot\boldsymbol{R})}{\boldsymbol{k}^2+(m_\pi c/\hbar)^2}\end{aligned}$$

为计算这个三重积分，取参数矢量 $\boldsymbol{R}$ 方向为 z 轴，可得

$$\Delta\left\{\delta E^{(2)}(R)\right\}=-\frac{G^2\hbar c}{8\pi^3}\int_0^\infty\int_0^\pi\int_0^{2\pi}\frac{\cos(|\boldsymbol{k}|R\cos\theta)}{k^2+(m_\pi c/\hbar)^2}|\boldsymbol{k}|^2\,\mathrm{d}|\boldsymbol{k}|\sin\theta\mathrm{d}\theta\mathrm{d}\varphi$$

利用公式 $\int_0^{+\infty}\frac{x\sin x}{x^2+A^2}\mathrm{d}x=\frac{\pi}{2}\exp(-A)$，最后即得 Yukawa 势，

$$\boxed{\Delta\left\{\delta E^{(2)}(R)\right\}=-\frac{G^2\hbar c}{4\pi R}\exp\left(-\frac{m_\pi c}{\hbar}R\right)}\tag{8.22}$$

这就简单地说明了近代物理学中关于核力（或相互作用）的概念：**两个核子之间，由交换（产生、湮灭）虚π介子而出现一个负的势能，由此负势能产生了核子间相互吸引的核力．力程由负指数上π介子 Compton 波长 $\frac{\hbar}{m_\pi c}$ 决定**．取 $m_\pi c^2\approx 135\text{MeV}$，有

$$r_{\text{Nucl,force}}\approx\frac{\hbar}{m_\pi c}\approx 1.46\times10^{-13}\text{cm}$$

说明交换粒子的质量越大，所产生势的力程越短．

最后指出，上面图像是简化的．粒子物理发展起来之后，核力的介子场论已经过时．后继理论是粒子构造层次的深化和理论模型的发展．但介子场论仍可算是适合一定能区的一个层次上的理论．更何况，单纯就阐明相互作用（或力）起源的机制而论，基本观念已尽在此处：**粒子之间因交换某种虚粒子而产生相互作用．交换**

粒子的质量越大，力程越短．这种概念可以推广：比如两个带电粒子，它们之间相互抛接的是虚光子，产生的作用力是电磁力，抛接光子的“能力”便是电荷．但问题是，核内一对核子所抛接的π介子原先并不存在，是虚的，是“无”中生“有”的．这意味着存在$\Delta E \sim m_\pi c^2$量级的能量涨落．这种量子涨落破坏了经典意义上的粒子数守恒和能量守恒定律．但按照不确定性关系，只要这个虚π介子（从产生到吸收的）生存时间在$\Delta t \approx \dfrac{\hbar}{\Delta E} = \dfrac{\hbar}{m_\pi c^2}$量级之内，就是量子理论所容许的[①]．

§8.2 简并态微扰论

1．简并态微扰论要旨

被扰动能级存在简并或近似简并的情况下，上述微扰论不适用．因为这时在简并能级（或近简并能级）之间，不等式

$$\left|H'_{mn}\right| << \left|E_m^{(0)} - E_n^{(0)}\right| \tag{8.23}$$

被破坏．下面构造存在简并情况下的微扰论．假定被扰动态为H_0的第 n 个能级，它有f_n重简并，组成f_n维简并子空间．此时方法的**核心思想是**：

将系统所有状态划分为简并子空间内部和外部两类；相应地，矩阵元按照涉及简并子空间内部和外部划分为三类：简并子空间内部，简并子空间内外部，简并子空间外部．然后在近似中区别对待．

2．简并态微扰论

记H_0第n个能级的简并量子数为$\nu(\nu = 1,2,\cdots,f_n)$．如上所说，**此时要点是将简并子空间和其外部空间分开来写**．这样，扰动后态矢的（8.2）式就成为

$$\boxed{\left|n\right\rangle = \sum_\nu c_{n\nu}\left|(n\nu)^{(0)}\right\rangle + \sum_{m(\neq n\nu)} c_m \left|m^{(0)}\right\rangle} \tag{8.24}$$

右边第一个求和在简并子空间内部进行，第二个求和在简并子空间外部进行．与此相应，基本方程组（8.3）式也相应划分成为

$$\begin{cases} \left(E_n - E_n^{(0)}\right) c_{n\mu} = \sum\limits_\nu H'_{n\mu,n\nu} c_{n\nu} + \sum\limits_{m(\neq n\nu)} H'_{n\mu,m} c_m & (\mu,\nu = 1,2,\cdots,f_n) \\ \left(E_n - E_m^{(0)}\right) c_m = \sum\limits_\nu H'_{m,n\nu} c_{n\nu} + \sum\limits_{k(\neq n\nu)} H'_{mk} c_k & (m \neq n\mu) \end{cases} \tag{8.25}$$

下面由这个基本方程组出发，作一阶、二阶微扰近似计算．

---

① R.Shankar, *Principles of Quantum Mechanics*, 1980, Plenum Press, New York, p.253.

i. 态矢零阶近似、能移一阶近似

这时只须在简并子空间内部处理问题. 即，在此子空间中写出微扰 H' 的 f_n 维厄米矩阵，通过将其对角化找出 f_n 个本征值及本征矢量. 这 f_n 个本征值即为一阶近似下的能量修正，而这 f_n 个本征矢量将构成零阶近似下的态矢. 具体说来，设

$$\begin{cases} E_n = E_n^{(0)} + E_n^{(1)} \\ c_{n\mu} = c_{n\mu}^{(0)}, \quad c_m = 0 \end{cases} \tag{8.26}$$

基本方程组和态矢分别为

$$\begin{cases} \sum_{\nu=1}^{f_n} \left(H'_{n\mu,n\nu} - E_n^{(1)} \delta_{\mu\nu} \right) c_{n\nu}^{(0)} = 0 \quad (\mu = 1,2,\cdots,f_n) \\ |n\rangle = \sum_{\nu=1}^{f_n} c_{n\nu}^{(0)} \left| (n\nu)^{(0)} \right\rangle \end{cases} \tag{8.27}$$

此处第一个方程是 f_n 个线性齐次方程组，其中矩阵元 $H'_{n\mu,n\nu}$ 全体组成了 $f_n \times f_n$ 厄米矩阵. **方程组正是微扰 H' 在这个 f_n 维简并子空间中的本征方程：决定未知的一阶近似能移—— f_n 个实数本征值 $E_n^{(1)}$，及未知矢量—— f_n 个本征矢量 $\left\{ c_{n\nu}^{(0)} \right\}$** $(\nu = 1,2,\cdots,f_n)$. 若要此本征方程有非零解，其系数行列式必须为零. 由此即得决定本征值 $E_n^{(1)}$ 的方程：

$$\boxed{\det \left| H'_{n\mu,n\nu} - E_n^{(1)} \delta_{\mu\nu} \right| = 0}$$

此方程常称作（关于简并能级一阶修正量的）**久期方程**. 如果求出的 f_n 个本征值 $E_{n\nu}^{(1)}$ 彼此不相等，说明在 H' 扰动下 H_0 的第 n 能级的 f_n 重简并完全解除，否则是部分解除或未解除.

求出 f_n 个 $E_{n\nu}^{(1)} = E_\delta^{(1)}$ 后，再算出对应的 f_n 个正交归一 f_n 维矢量

$$E_\delta^{(1)}: \left\{ c_{n\nu,\delta}^{(0)} \right\} = \left\{ c_{1,\delta}^{(0)}, c_{2,\delta}^{(0)}, \cdots, c_{f_n,\delta}^{(0)} \right\} \quad (\delta = 1,2,\cdots,f_n)$$

于是，简并态最低阶微扰论——能移一阶、态矢零阶修正的结果是

$$\boxed{\begin{cases} E_{n,\delta} = E_n^{(0)} + E_{n\delta}^{(1)} \quad (\delta = 1,2,\cdots,f_n) \\ |n,\delta\rangle = \sum_{\nu=1}^{f_n} c_{n\nu,\delta}^{(0)} \left| (n\nu)^{(0)} \right\rangle \end{cases}} \tag{8.28}$$

注意，参与相干叠加的这组本征态全都是 H_0 第 n 个能级的 f_n 重简并态，叠加结果当然还是 H_0 的该能级的本征态. 但经过久期方程求解，这组叠加态能够（在此简并子空间内）将 H' 对角化，也是 H' 的就此子空间而言的本征态. 于是，这组叠加态也就是体系 H 的在此简并子空间内的本征态.

ii. 态矢一阶近似，能移二阶近似

可能有这样情况，由于某种禁戒等原因，扰动H'在各简并态$\left|(n\mu)^{(0)}\right\rangle$之间的矩阵元全都非常小（甚至为零）. 这就需要作进一步近似，考虑简并子空间内外矩阵元$H'_{m,n\nu}$的影响.

现在，（8.25）式第一个方程组右边第一项已经很小，不再可以略去右边第二项. 于是只对（8.25）式第二个方程组做近似：略去其右边的第二项，以便求出一阶修正的小量$c_m (m \neq n\nu)$. 这样，将（8.25）式近似成为

$$\begin{cases} \left(E_n - E_n^{(0)}\right) c_{n\mu} = \sum_\nu H'_{n\mu,n\nu} c_{n\nu} + \sum_{m(\neq n\mu)} H'_{n\mu,m} c_m \\ \left(E_n^{(0)} - E_m^{(0)}\right) c_m = \sum_\nu H'_{m,n\nu} c_{n\nu}, \qquad m \neq n\nu \end{cases} \tag{8.29}$$

由第二个方程解出波函数一阶修正c_m，

$$c_m = \sum_\nu \frac{H'_{m,n\nu} c_{n\nu}}{\left(E_n^{(0)} - E_m^{(0)}\right)}, \quad m \neq n\nu$$

代入第一个方程得到如下方程组，其本征值给出精确到二阶的能移，

$$\sum_{\nu=1}^{f_n} c_{n\nu} \left\{ \left[H'_{n\mu,n\nu} + \sum_{m(\neq n\nu, n\mu)} \frac{H'_{n\mu,m} H'_{m,n\nu}}{E_n^{(0)} - E_m^{(0)}} \right] - \delta_{\mu\nu} \left(E_n - E_n^{(0)}\right) \right\} = 0 \tag{8.30}$$

与（8.27）式比较即知，**为计算能移$\left(E_n - E_n^{(0)}\right)$到二阶精度，只须用下面矩阵元（$m$求和只对简并子空间外部的能级进行）**

$$\left[H'_{n\mu,n\nu} + \sum_{m(\neq n\nu, n\mu)} \frac{H'_{n\mu,m} H'_{m,n\nu}}{E_n^{(0)} - E_m^{(0)}} \right]$$

代替第 i 条中矩阵$H'_{n\mu,n\nu}$元，求得相应的本征值和本征矢量，即得精确到二阶的本征值和精确到一阶的本征矢量$\{c_{n\nu}\}$，还有算得的$\{c_m\}$. 最后，将这些结果一并代入（8.24）式，即得精确到一阶的态矢表示式，

$$|n\rangle = \sum_\nu c_{n\nu} \left|(n\nu)^{(0)}\right\rangle + \sum_{m(\neq n\nu)} \left(\sum_\nu \frac{H'_{m,n\nu}}{E_n^{(0)} - E_m^{(0)}} c_{n\nu} \right) \left|m^{(0)}\right\rangle \tag{8.31}$$

注意，由于久期方程不同，系数$\{c_{n\nu}\}$不是零阶近似时的系数$\{c_{n\nu}^{(0)}\}$.

3. 例算：不对称量子陀螺、电场 Stark 效应、外磁场中自旋谐振子

i. 不对称量子陀螺

考虑一个稍为偏离轴对称的不对称量子陀螺问题. 这个例子常见于原子核结构

与核能谱研究，作为一个唯象模型，描述原子核变形的集体转动运动.

量子陀螺的 Hamilton 量通常用角动量算符来表示，一般形式为

$$H=\frac{1}{2}\left(\frac{J_x^2}{I_x}+\frac{J_y^2}{I_y}+\frac{J_z^2}{I_z}\right) \tag{8.32a}$$

这里I_x，I_y和I_z称为三个惯量主矩，是描述系统形状的参数.

轴对称量子陀螺（$I_x=I_y=I\neq I_z$）问题可以严格求解. 现在问题是I_x和I_y并不相等，但相差不大$I_x+I_y=2I$，$I_x-I_y=\Delta$，$\frac{\Delta}{2I}\ll 1$. 下面计算$j=1$能级，精确到$O(\Delta)$量级.

为便于近似计算，用参数I,Δ代替I_x,I_y：$I_x=I+\frac{\Delta}{2}$，$I_y=I-\frac{\Delta}{2}$. 于是

$$H=\frac{1}{2}\left(\frac{J_x^2}{I+\frac{\Delta}{2}}+\frac{J_y^2}{I-\frac{\Delta}{2}}+\frac{J_z^2}{I_z}\right)\approx\frac{1}{2}\left(\frac{J_x^2}{I}+\frac{J_y^2}{I}+\frac{J_z^2}{I_z}\right)+\frac{\Delta}{4I^2}(J_y^2-J_x^2)\equiv H_0+H' \tag{8.32b}$$

H_0具有轴对称性，其本征值和本征矢量已知，分别为

$$\begin{cases} E_{jm_j}^{(0)}=\dfrac{\hbar^2}{2I}j(j+1)+\dfrac{\hbar^2}{2}\left(\dfrac{1}{I_z}-\dfrac{1}{I}\right)m_j^2 \\ |jm_j\rangle \quad (j=0,1,2,3,\cdots;-j\leqslant m_j\leqslant j) \end{cases} \tag{8.33}$$

可知，在H_0的$j=1$ $(m_j=-1,0,1)$三个态中，$m_j=\pm1$的$\{|1,-1\rangle,|1,1\rangle\}$**两个态构成二维简并子空间**. 为便于计算，用升降算符$J_\pm$表示H'：

$$H'=-\frac{\Delta}{8I^2}(J_+^2+J_-^2) \tag{8.34a}$$

于是$\langle 1,0|H'|1,0\rangle=0$，一阶微扰下非简并态$|1,0\rangle$不发生能移. 而在 2 维简并态$\{|1,-1\rangle,|1,1\rangle\}$子空间中$J_\pm^2|1,\mp1\rangle=2\hbar^2|1,\pm1\rangle$，$H'$为二维矩阵

$$H'=\begin{pmatrix} 0 & \dfrac{-\Delta}{4I^2}\hbar^2 \\ \dfrac{-\Delta}{4I^2}\hbar^2 & 0 \end{pmatrix} \tag{8.34b}$$

此矩阵的两个本征值$\pm\frac{\Delta}{4I^2}\hbar^2$是能量的一阶修正. 由此，**原来是两重简并的两个态**$|1,1\rangle$**和**$|1,-1\rangle$，**因能级升降而分裂成两个能级**，

$$E_{1,\pm1} = E_{1,\pm1}^{(0)} \pm \frac{\Delta}{4I^2}\hbar^2 = \frac{\hbar^2}{2I} + \frac{\hbar^2}{2I_z} \pm \frac{\Delta}{4I^2}\hbar^2 \tag{8.35}$$

ii. 电场 Stark 效应

均匀电场中原子能级的移动称为 Stark 效应．原子的电偶极矩为

$$\boldsymbol{d} = -\sum_i e\boldsymbol{r}_i \quad (e>0)$$

这是个核外电子位置矢量 $\boldsymbol{r}$ 决定的算符，宇称是奇的．注意态 $|lm\rangle$ 的宇称有确定值 $(-1)^l$，于是附加能 $H' = -\boldsymbol{d}\cdot\boldsymbol{E}$ 在 $|lm\rangle$ 态中平均值为

$$\langle nlm|(-\boldsymbol{d}\cdot\boldsymbol{E})|nlm\rangle = \langle nlm|P^{-1}P(-\boldsymbol{d}\cdot\boldsymbol{E})P^{-1}P|nlm\rangle = (-1)^{2l+1}\langle nlm|(-\boldsymbol{d}\cdot\boldsymbol{E})|nlm\rangle$$

$2l+1$ 为奇数，此矩阵元为零．这说明：**对于宇称有确定值的能级，一阶微扰计算 Stark 效应为零，需要计算二阶微扰修正，于是能移将正比于电场强度的平方．所以多数情况下，原子 Stark 效应是非线性的．只当所考虑能级是不同宇称态的叠加或简并时，其 Stark 效应才会是线性的．比如，氢原子 $n=2$ 能级的 Stark 效应便是线性的．因为，在同一主量子数 $n=2$ 里，有不同 l 态简并着．扰动 H' 在这些不同 l 态之间的矩阵元并不为零．**设电场 E 沿 z 方向．电场扰动前，此能级为四重简并，相应态 $|nlm\rangle$ 为

$$|200\rangle,\ |211\rangle,\ |210\rangle,\ |21-1\rangle \tag{8.36}$$

扰动为 $H' = eEz = eEr\cos\theta$（$e>0$）．H' 在这个四维简并子空间里的矩阵元为

$$\langle\psi_{2l'm'}|eEr\cos\theta|\psi_{2lm}\rangle$$

由于 H' 是奇宇称算符并且不改变 m 量子数，非零矩阵元只有两个，

$$\begin{aligned}
H'_{200,210} = H'_{210,200} &= eE\langle\psi_{200}|r\cos\theta|\psi_{210}\rangle \\
&= eE\int\left(\frac{1}{\sqrt{4\pi}}\frac{1}{\sqrt{2}\rho_{\mathrm{B}}{}^{3/2}}\left(1-\frac{r}{2\rho_{\mathrm{B}}}\right)\mathrm{e}^{-r/2\rho_{\mathrm{B}}}\right)r\cos\theta \\
&\quad\cdot\left(\sqrt{\frac{3}{4\pi}}\cos\theta\frac{1}{2\sqrt{6}\rho_{\mathrm{B}}{}^{3/2}}\frac{r}{\rho_{\mathrm{B}}}\mathrm{e}^{-r/2\rho_{\mathrm{B}}}\right)r^2\sin\theta\mathrm{d}\theta\mathrm{d}\varphi\mathrm{d}r \\
&= \frac{eE}{16\rho_{\mathrm{B}}^4}\int_0^\infty r^4\left(2-\frac{r}{\rho_{\mathrm{B}}}\right)\mathrm{e}^{-r/\rho_{\mathrm{B}}}\mathrm{d}r\int_0^\pi\sin\theta\cos^2\theta\mathrm{d}\theta = -3e\rho_{\mathrm{B}}E
\end{aligned}$$

这里 $\rho_{\mathrm{B}} = \dfrac{\hbar^2}{me^2}$ 为 Bohr 半径．于是微扰 H' 在此子空间中成为如下 4×4 的 Hermite 矩阵（基矢顺序按（8.36）式排列）

$$H'=\begin{pmatrix} 0 & 0 & -3e\rho_{\mathrm{B}}E & 0 \\ 0 & 0 & 0 & 0 \\ -3e\rho_{\mathrm{B}}E & 0 & 0 & 0 \\ 0 & 0 & 0 & 0 \end{pmatrix} \tag{8.37}$$

容易求得此矩阵的 4 个本征值 $E^{(1)}$——一阶修正的能移，以及相应的 4 个本征矢量——零阶修正的波函数．它们分别为，

$$\begin{matrix} (0 & 0, & -3e\rho_{\mathrm{B}}E, & 3e\rho_{\mathrm{B}}E\ ) \\ \begin{pmatrix}0\\1\\0\\0\end{pmatrix}, & \begin{pmatrix}0\\0\\0\\1\end{pmatrix}, & \dfrac{1}{\sqrt{2}}\begin{pmatrix}1\\0\\1\\0\end{pmatrix}, & \dfrac{1}{\sqrt{2}}\begin{pmatrix}1\\0\\-1\\0\end{pmatrix} \end{matrix} \tag{8.38}$$

或者，将（8.38）式结果写成能量表象中的态矢形式，为

$$\begin{cases} E_2^{(0)}, & E_2^{(0)}, & E_2^{(0)}-3e\rho_{\mathrm{B}}E, & E_2^{(0)}+3e\rho_{\mathrm{B}}E \\ |211\rangle, & |21-1\rangle, & \dfrac{1}{\sqrt{2}}\big(|200\rangle+|210\rangle\big), & \dfrac{1}{\sqrt{2}}\big(|200\rangle-|210\rangle\big) \end{cases} \tag{8.39}$$

于是，在电场作用下，氢原子 $n=2$ 能级的四重简并被部分地解除，总共分裂成三个能级，其中 $E_2^{(0)}$ 是原先 $n=2$ 能级数值．

结合第 4 章电子云图 4-1 可以定性理解此处结果：态 $|210\rangle$ 和 $|200\rangle$ 电子云中主要是小 θ 角度（大 $\cos\theta$ 数值）部分被电场拉伸或压缩变形，破坏了电子云分布对 $z=0$ 平面的反演对称，出现沿 z 轴的极化，产生电偶极矩 $\boldsymbol{p}=\pm 3e\rho_{\mathrm{B}}\boldsymbol{e}_z$（但两个态绕 z 轴旋转对称性仍保留）．$\boldsymbol{p}$ 对外电场 $\boldsymbol{E}$ 平行（反平行）取向附加能 $\mathcal{E}=-\boldsymbol{p}\cdot\boldsymbol{E}$ 便是正负能移．至于 x-y 面内磁量子数 $m=\pm1$ 的两个态 $|1,\pm1\rangle$．它们电子云绕 z 轴电场正（反）方向旋转，使电子云离开 z 轴，小 θ 角度处电子云很稀薄．（按一阶微扰近似观点）消减了电场的畸变作用，使状态继续维持两重简并不变．

iii. 外磁场中自旋谐振子

考虑一个 $\dfrac{1}{2}$ 自旋粒子在球对称势 $V=\dfrac{1}{2}m\omega^2r^2$ 中运动，并受到一个沿 z 方向的非均匀磁场扰动：$H'=\lambda z\sigma_z$．求基态能量的改变．

这时 Hamilton 量为

$$H=H_0+H'=\frac{\boldsymbol{P}^2}{2m}+\frac{1}{2}m\omega^2r^2+\lambda z\sigma_z \tag{8.40}$$

微扰之前体系 H_0 的基态有两重简并 $\left|n_x,n_y,n_z,\sigma_z\right\rangle=\left|000,\pm\frac{1}{2}\right\rangle$，所以这是一个二重简并态微扰问题. 现在情况是，$H'$ 在这个二维简并子空间中的 4 个矩阵元 $\left\langle 0,0,0,\pm\frac{1}{2}\right|\lambda z\sigma_z\left|0,0,0,\pm\frac{1}{2}\right\rangle$ 全部为零. 于是一阶简并微扰的能移为零，必须进一步考虑二阶简并微扰修正. 也就是将下面矩阵元所组成的矩阵对角化（参见（8.30）式），求得二阶微扰能移，

$$(W_{n\mu,n\nu})=\left(\sum_{m(m\neq n)}\frac{\langle n\mu|H'|m\rangle\langle m|H'|n\nu\rangle}{E_n^{(0)}-E_m^{(0)}}\right)\tag{8.41}$$

注意 $z=\sqrt{\frac{\hbar}{2m\omega}}\left(a^++a\right)$，$H'$ 只对三维振子的 z 自由度进行升降，并且不改变自旋状态. 因此（8.41）式对无穷多中间态求和只剩下两项 $\left|001,\pm\frac{1}{2}\right\rangle$. 可得

$$\left\langle 000,\frac{1}{2}\right|W\left|000,\frac{1}{2}\right\rangle=\frac{\lambda^2\left\langle 000,\frac{1}{2}\right|z\sigma_z\left|001,\frac{1}{2}\right\rangle\left\langle 001,\frac{1}{2}\right|z\sigma_z\left|000,\frac{1}{2}\right\rangle}{\frac{3}{2}\hbar\omega-\frac{5}{2}\hbar\omega}$$

$$=-\frac{\lambda^2}{\hbar\omega}\left|\left\langle 000,\frac{1}{2}\right|z\sigma_z\left|001,\frac{1}{2}\right\rangle\right|^2=-\frac{\lambda^2}{2m\omega^2}$$

这里 $\langle n_z=0|z|n_z=1\rangle=\langle n_z=1|z|n_z=0\rangle=\sqrt{\frac{\hbar}{2m\omega}}$. 类似还有

$$\left\langle 000,-\frac{1}{2}\right|W\left|000,-\frac{1}{2}\right\rangle=-\frac{\lambda^2}{2m\omega^2}$$

以及

$$\left\langle 000,\frac{1}{2}\right|W\left|000,-\frac{1}{2}\right\rangle=\left\langle 000,-\frac{1}{2}\right|W\left|000,\frac{1}{2}\right\rangle=0$$

由此可知，$(W_{n\mu,n\gamma})$ 矩阵的本征值为两个重根 $\frac{-\lambda^2}{2m\omega^2}$，基态能量仍为二重简并的，

$$E_0=\frac{3}{2}\hbar\omega-\frac{\lambda^2}{2m\omega^2}\tag{8.42}$$

§8.3 变 分 方 法

无论是简并或非简并情况，定态微扰论近似计算都需要一个前提：系统 Hamilton

量能够分解为已知其解的部分 H_0 和一个小项 H'，即 $H = H_0 + H'$．现在介绍的变分方法不必作此划分，而能近似地确定体系基态能级（确切说给出基态能级数值的上限）．方法适用于变量不能分离时 Schrödinger 方程基态能级的数值求解①．

1．变分极值定理

变分极值定理 **“已知体系 Hamilton 量为 $\boldsymbol{H}$，并有约束条件 $\int\varphi^*(\boldsymbol{r})\varphi(\boldsymbol{r})\mathrm{d}\boldsymbol{r}=1$．使 $\boldsymbol{H}$ 的平均值泛函 $\bar{E}[\varphi]$**

$$\boxed{\bar{E}[\varphi]=\int\varphi^*(\boldsymbol{r})\boldsymbol{H}\varphi(\boldsymbol{r})\mathrm{d}\boldsymbol{r}} \tag{8.43a}$$

达极值 $\delta\bar{E}=0$ 的变分解 φ，必是 Schrödinger 方程的束缚定态解．”

证明 注意，试探波函数 $\varphi=\varphi(\boldsymbol{r},\alpha)$ 一般含有待定参数 α，所以 $\bar{\boldsymbol{E}}$ 将是这些参数的函数．至于归一化条件，可用 Lagrange 乘子 $\boldsymbol{\lambda}$ 方法计入．于是有

$$\delta\left\{\int\varphi^* H\varphi\,\mathrm{d}\boldsymbol{r}-\lambda\int\varphi^*\varphi\,\mathrm{d}\boldsymbol{r}\right\}=0 \tag{8.43b}$$

即

$$\int\delta\varphi^* H\varphi\,\mathrm{d}v+\int\varphi^* H\delta\varphi\mathrm{d}v-\lambda\int\varphi^*\delta\varphi\mathrm{d}v-\lambda\int\delta\varphi^*\varphi\,\mathrm{d}v=0$$

也即

$$\begin{aligned}
&\int\delta\varphi^*(H-\lambda)\varphi\,\mathrm{d}v+\int\varphi^*(H-\lambda)\delta\varphi\,\mathrm{d}v=0 \quad\Rightarrow\\
&\int\delta\varphi^*(H-\lambda)\varphi\,\mathrm{d}v+\int[(H-\lambda)\varphi]^*\delta\varphi\,\mathrm{d}v=0 \quad\Rightarrow\\
&\int\delta\varphi^*(H-\lambda)\varphi\mathrm{d}v+\left\{\int\delta\varphi^*[(H-\lambda)\varphi]\mathrm{d}v\right\}^*=0
\end{aligned}$$

这里，由第一行方程得到第二行方程时，已将第一行方程的第二项中的 $\varphi^* H\delta\varphi$ 项实行两次分部积分，并设变分在两个无穷远端点处为零，舍弃了分部积出的项．由于变分 $\delta\varphi^*$ 在区间内任意变化，可选它为 $\varepsilon\delta(\boldsymbol{r}-\boldsymbol{r}')$，$\varepsilon$ 为任意小量．即得

$$\boxed{H\varphi-\lambda\varphi=0} \tag{8.44}$$

这正是 $E=\lambda$ 的 Schrödinger 方程．结果说明：**体系 Hamilton 量全部束缚态的本征值和本征态都是此能量平均值泛函（在归一化约束条件下的）完全自由变分的驻值解．同时表明，所得极小值 $\bar{E}$ 必定是 H 的最小束缚定态本征值，即基态能量．**

但是，在变分法实际计算过程中，难以完全自由地任意选取试探波函数，而总是采用某一类型试探波函数 $\varphi(\boldsymbol{r},\alpha)$（其中 α 为某个或某些待定参数），所求出的极

① R.柯朗，D.希尔伯特，数学物理方法（I），科学出版社，1958 年．第 4 章，变分法．p. 129.

值 $\bar{E}(\alpha)$ 必定是参数 α 的函数，然后对 α 求导并令其为零 $\left.\frac{\partial \bar{E}(\alpha)}{\partial \alpha}\right|_{\alpha=\alpha_0}=0$．由此求得对应参数 $\alpha=\alpha_0$ 值，代回 $\bar{E}(\alpha)$ 中，得到泛函达（相对）极值的 $\bar{E}(\alpha_0)$ 值．就是说，**实际计算中，变分法总是采用在试探波函数类型制约下的相对（！）自由的变分，由此求得的满足 $\delta\bar{E}=0$ 的变分极小值 $\bar{E}$ 一般也就是局域的（！）条件极小值，不一定是系统基态能量．换句话说，变分法一般给出的总是基态能量的上限．**这可将试探波函数 $\varphi(\boldsymbol{r},\alpha)$ 用 H 本征函数族展开来说明，

$$\varphi(\boldsymbol{r},\alpha)=\sum_n c_n(\alpha)\psi_n(\boldsymbol{r}),\quad \bar{E}(\alpha)=\frac{\sum_{n=0}|c_n(\alpha)|^2 E_n}{\sum_{n=0}|c_n(\alpha)|^2} \tag{8.45}$$

假设能谱为 $(E_0\leqslant E_1\leqslant\cdots)$，则有

$$\bar{E}(\alpha)\geqslant E_0 \tag{8.46}$$

显然，试探波函数的选择很重要．当选取的试探波函数集合可以涵括基态波函数 $\psi_0(\boldsymbol{r})$ 时，所得 $\bar{E}$ 一定等于基态能量 E_0．如果实际上并不如此，则所得解将是能量本征态的叠加态，所得最小值 $\bar{E}$ 将是（高于 E_0 的）局域极小——仅仅是在试探波函数类型范围内相对于 $\boldsymbol{\alpha}$ 变化来说的极小．于是在实际计算中，用不同试探波函数计算时，算出的 $\bar{E}$ 数值越小，结果越可信．

通常，只要试探波函数能较好地逼近基态波函数 $\psi_0(\boldsymbol{r})$，$\bar{E}$ 就将很接近于基态能量．这是由于用 $\varphi(\boldsymbol{r},\alpha)$ 计算能量平均值 $\bar{E}$ 时，$\bar{E}$ 对 φ 的依赖是二次型形式，如 φ 有一阶小量的误差，由它算出的 $\bar{E}$ 的误差一般是二阶小量．一般说，在变分法实际计算中，能量的近似程度比波函数的近似程度要好一些．

进一步，假如能够做到将试探波函数的选取局限在状态空间的某个子空间内，变分最小值解 $\bar{E}$ 也将逼近甚至等于该子空间中能量最小值——属于该子空间的最低激发能级．于是，在此前提下，变分方法也可推广用于激发能级计算，甚至用于证明系统本征函数族的完备性①．

2．用变分法求解氦原子基态能量

氦原子 Hamilton 量为

$$\boxed{H=-\frac{\hbar^2}{2m}(\varDelta_1+\varDelta_2)-2e^2\left(\frac{1}{r_1}+\frac{1}{r_2}\right)+\frac{e^2}{r_{12}}} \tag{8.47}$$

作为试探波函数，采用等效的自由解：略去两个电子之间相互作用的类氢原子基态

① 参见张永德，高等量子力学（第三版），北京：科学出版社，2015 年．§10.2，p.409．

波函数的乘积

$$\varphi_{\text{test}}(\boldsymbol{r}_1,\boldsymbol{r}_2)=\varphi_{100}^{\text{eff}}(\boldsymbol{r}_1)\varphi_{100}^{\text{eff}}(\boldsymbol{r}_2)=\frac{Z_{\text{eff}}^3}{\pi a_{\text{B}}^3}\exp\left[-\frac{Z_{\text{eff}}}{a_{\text{B}}}(r_1+r_2)\right] \tag{8.48}$$

但考虑到两个电子彼此对氦核相互屏蔽，将它们所感受的核电荷当作变分参数 Z_{eff}（数值小于 2）.

首先，这个等效氦原子中每个电子的基态平均势能为：等效类氢原子 Z_{eff} 中，每个电子的基态平均势能为 $\langle V\rangle=\dfrac{-2e^2}{(a_{\text{B}}/Z_{\text{eff}})}$. 注意分母已经考虑 Z_{eff} 缩短 Bohr 半径的效应，所以分子上不再是 Z_{eff} 而直接就是核电荷 2. **其次，基态平均动能为：**根据 Virial 定理，Coulomb 势的 $\langle T\rangle=-\langle V\rangle/2$，当试探波函数尺度缩短因子 Z_{eff} 时，按 Laplace 算符作用，每个电子的基态平均动能为 $\langle T\rangle=\dfrac{1}{2}\dfrac{Z_{\text{eff}}e^2}{(a_{\text{B}}/Z_{\text{eff}})}=\dfrac{(Z_{\text{eff}})^2e^2}{2a_{\text{B}}}$. **最后，两个电子相互作用能的基态平均值为**

$$\langle H'\rangle=\iint\varphi^*(\boldsymbol{r}_1,\boldsymbol{r}_2)\frac{e^2}{r_{12}}\varphi(\boldsymbol{r}_1,\boldsymbol{r}_2)\mathrm{d}v_1\mathrm{d}v_2=\left(\frac{Z_{\text{eff}}^3}{\pi a_{\text{B}}^3}\right)^2\iint\frac{e^2}{r_{12}}\exp\left[-\frac{2Z_{\text{eff}}}{a_{\text{B}}}(r_1+r_2)\right]\mathrm{d}v_1\mathrm{d}v_2$$

此积分给出两个球对称重叠、并沿径向指数衰减的连续电荷分布之间的相互作用静电能. 可以按积分中两个独立变数（r_1,r_2）取值情况分拆为两项之和：第一项 $r_1>r_2$，第二项 $r_1<r_2$. 即

$$\iint\frac{e^2}{r_{12}}\rho_1\rho_2\mathrm{d}v_1\mathrm{d}v_2=e^2\int_0^\infty\mathrm{d}v_1\rho_1\frac{1}{r_1}\int_0^{r_1}\rho_2\mathrm{d}v_2+e^2\int_0^\infty\mathrm{d}v_2\rho_2\frac{1}{r_2}\int_0^{r_2}\rho_1\mathrm{d}v_1$$

第一项是将 r_2 球 $\rho_2(r_2)=|\varphi_2(r_2)|^2$ 电荷等效聚于球心（因此 $r_{12}\to r_1$!），再与其外 r_1 处球壳电荷 $\rho_1(r_1)=|\varphi_1(r_1)|^2$ 相互作用. 其实，r_1 积分号下的被积函数正是 $\boldsymbol{\rho}_1(\boldsymbol{r}_1)$ 在半径为 r_1 的球 ρ_2 场中的相互作用静电能. 第二项类似. 由于 $r_1\leftrightarrow r_2$ 对称，两项相等. 因此有（注意 ρ_1、ρ_2 引用（8.48）式）

$$\langle H'\rangle=2\int_0^\infty\mathrm{d}v_1\rho_1\frac{e^2}{r_1}\int_0^{r_1}\rho_2\mathrm{d}v_2=\frac{5e^2Z_{\text{eff}}}{8a_B}$$

综合以上三个结果，氦原子平均总能量为

$$\langle E\rangle=\langle T\rangle+\langle V\rangle+\langle H'\rangle=2\frac{e^2Z_{\text{eff}}^2}{2a_{\text{B}}}-2\frac{2e^2Z_{\text{eff}}}{a_{\text{B}}}+\frac{5e^2Z_{\text{eff}}}{8a_{\text{B}}}=\frac{e^2}{a_{\text{B}}}\left(Z_{\text{eff}}^2-\frac{27}{8}Z_{\text{eff}}\right) \tag{8.49}$$

对 Z_{eff} 微商求极值得 $Z_{\text{eff}}=27/16=1.69$. 由此算出氦原子基态能量为

$$-\left(\frac{27}{16}\right)^2 \frac{e^2}{a_B} = -2.85 \frac{e^2}{a_B} \tag{8.50}$$

此结果很接近于（仍略高）实验值 $-2.90 e^2/a_B$，但比用 $H' = e^2/r_{12}$ 作一阶微扰所得结果 $-2.75 \dfrac{e^2}{a_B}$ 要好．将此 Z_{eff} 值代入 $\varphi(\boldsymbol{r}_1, \boldsymbol{r}_2)$ 即得在此试探波函数下氦原子基态波函数的变分解．

※§8.4 WKB 近似方法

WKB 近似方法是主要由 Wentzel，Kramers，Brillouin 拟定的求解一类线性微分方程的近似方法[①]．方法原先局限于量子力学范围，常称作**准经典近似方法**．这是因为，按照通常"对应原理"的叙述，当粒子动量很大，加上运动空间尺度也很广，以致 $pl \gg \hbar$，或是（与波包尺寸相比较）势场变化很平缓，量子力学结论在抹平高阶振荡后，将趋向于经典结论．这时就能用准经典近似方法，求解此类问题的本征值，并用 Planck 常量 $\hbar$ 渐近展开式的前几项函数近似地一致逼近所求波函数．但是，由后面第十二章向经典过渡的认真分析可知，**由于"对应原理"提法的局限性，WKB 方法并不适用于超低温和超高密度的情况**[②]．

后来 WKB 近似方法被推广为近似求解线性微分方程的一种方法．它适用于这样一类单变量线性微分方程，它们的最高阶导数乘有一个小参数．当这个小常数消失时，微分方程的阶数将突然改变．于是这个小参数趋于零的行为将使微分方程微扰近似解在全区间上越来越快速变化，最终导致解函数的整体崩溃．因此难以看清如何构造（对精确解的）整体的渐近近似．这时 WKB 近似方法是得到这类微分方程全局性近似解的最佳途径．

从量子力学范围实践来看，不计超低温和超高密度情况，**WKB 方法只适用于 Schrödinger 方程的一维情况或方程可分离变数情况，所以下面只讨论一维 WKB 方法**．

1. WKB 近似方法的形式展开

一维（包括中心场径向方程）Schrödinger 方程为

$$\hbar^2 \frac{\mathrm{d}^2 u(x)}{\mathrm{d}x^2} + 2m[E - V(x)]u(x) = 0 \tag{8.51}$$

① 三人于 1926 年提出，但略早一些，H.Jeffreys 也提过一种类似方法，所以有时又称 JWKB 方法．

② 关于对应原理和向经典过渡问题的专题讨论，详见张永德，量子菜根谭（第Ⅲ版），北京：清华大学出版社，2016 年，第 16 讲．或张永德，高等量子力学（下），第Ⅲ版，北京：科学出版社，2015 年，附录 A．

这里区分两种情况：$V(x)<E$，$V(x)>E$．分别令

$$\boxed{\begin{cases} K(x)=\sqrt{2m[E-V(x)]}=mv & (E>V(x)) \\ X(x)=\sqrt{2m[V(x)-E]} & (V(x)>E) \end{cases}} \tag{8.52}$$

第一式中，v 是（x 点处的）经典速度．两种情况可以概括写成

$$\boxed{\varepsilon^2 u''=Q(x)u,\quad Q(x)=-K^2(x) \text{ 或 } X^2(x)\neq 0\quad (\varepsilon\to 0)} \tag{8.53}$$

对 ε 很小的情况，寻找下述解：

$$u(x)=A(x)\exp\{\mathrm{i}S(x)/\varepsilon\}\quad (\varepsilon\to 0)$$

这里振幅 $A(x)$、相位 $S(x)$ 都是实函数．但就推导近似展开解来说，实际操作中振幅和相位如此分开的表达形式不很合用．因为 $A(x)$、$S(x)$ 都是 ε 的隐函数．最好是将函数 $A(x)$、$S(x)$ 对 ε 的依赖关系都展开，再将两个展开级数合并成单一指数幂级数．这种展开形式可以设定为（注意还应配上定态时间因子 $\mathrm{e}^{-\mathrm{i}Et/\hbar}$）

$$\boxed{u(x)\sim\exp\left\{\frac{1}{\varepsilon}\sum_{n=0}^{\infty}\varepsilon^n S_n(x)\right\}=\exp\left\{\frac{S_0(x)}{\varepsilon}+S_1(x)+\varepsilon S_2(x)+\cdots\right\}\quad (\varepsilon\to 0)} \tag{8.54}$$

此式称为 WKB 近似，级数称为 WKB 级数．一般说来，考虑到函数 $Q(x)$ 可能有一个甚至多个零点，$Q(x)$ 在定义域内可能有虚数或实数的改变，其形式也不一定保证能形成束缚态；再加上问题的初条件、边条件的各式各样，所以现在的计算概括了很广泛的一类问题．另外，注意这里使用了渐近记号“~”而不是等号“=”，其缘故在下面解释．

逐阶 WKB 近似就是逐阶求解展开式中各阶 $S_n(x)$ 的函数形式．对（8.54）式微商，得

$$u'\approx\left(\frac{1}{\varepsilon}\sum_{n=0}^{\infty}\varepsilon^n S_n'\right)\exp\left(\frac{1}{\varepsilon}\sum_{n=0}^{\infty}\varepsilon^n S_n\right)\quad (\varepsilon\to 0)$$

$$u''\approx\left\{\frac{1}{\varepsilon^2}\left(\sum_{n=0}^{\infty}\varepsilon^n S_n'\right)^2+\frac{1}{\varepsilon}\sum_{n=0}^{\infty}\varepsilon^n S_n''\right\}\exp\left(\frac{1}{\varepsilon}\sum_{n=0}^{\infty}\varepsilon^n S_n\right)\quad (\varepsilon\to 0)$$

将这两个表达式代入（8.53）式，分离掉指数因子，即得

$$S_0'^2+2\varepsilon S_0'S_1'+\varepsilon S_0''+\cdots=Q(x) \tag{8.55}$$

等式左边最大的项是第一项 $S_0'^2$，利用主要项平衡方法，可知此项必定和等式右边的 $Q(x)$ 同量级．比较 ε 的幂次，并令同幂次项相等，即得确定 $S_n(x)$ 的系列方程．它们为

$$S_0'^2 = Q(x), \quad 2S_0'S_1' + S_0'' = 0, \quad \cdots, \quad 2S_0'S_n' + S_{n-1}'' + \sum_{j=1}^{n-1} S_j'S_{n-j}' = 0 \qquad (8.56)$$

对这些方程求积分得到各阶 $S_n(x)$ 并代入（8.53）式，就得到 WKB 的逐阶近似解．若限于二阶近似（称为物理光学近似），只需求前两个 $S_0(x), S_1(x)$：$u(x) \sim e^{S_0(x)/\varepsilon + S_1(x)}(\varepsilon \to 0)$．积分结果为

$$S_0(x) = \pm\int^x \sqrt{Q(x')}\mathrm{d}x', \quad S_1(x) = -\frac{1}{4}\ln Q(x) \qquad (8.57)$$

注意 S_0 有正负两个解，组合（8.57）式两种情况，得到 Schrödinger 方程（8.53）的一对近似解．于是通解便是（$\varepsilon \to 0$）

$$u(x) \sim Q(x)^{-1/4}\left\{c_1 \exp\left[\frac{1}{\varepsilon}\int_a^x \sqrt{Q(x')}\mathrm{d}x'\right] + c_2 \exp\left[-\frac{1}{\varepsilon}\int_a^x \sqrt{Q(x')}\mathrm{d}x'\right]\right\} \qquad (8.58)$$

这里 c_1, c_2 是两个待定常数，按物理情况由初条件或边条件确定．积分下限 a 任意规定．$E > V$ 时，$\sqrt{Q(x)} = \mathrm{i}K(x)$ 是振荡解；$E < V$ 时，$\sqrt{Q(x)} = X(x)$ 是正负指数解．（8.58）式是 Schrödinger 方程（8.53）最低阶 WKB 近似解，它和精确解的差异在 $Q(x) \neq 0$ 的区间内为 ε 量级．在 V 等于常数并小于 E 的情况下，（8.58）式两项分别简化为相对传播的平面波．

更精确的 WKB 近似可以从 WKB 级数更高阶项来构造．接下来的两项利用（8.56）式的第三个方程进行重复微商即得

$$S_2(x) = \pm\frac{1}{8}\int^x \frac{1}{Q^{3/2}}\left(Q'' - \frac{5(Q')^2}{4Q}\right)\mathrm{d}x', \quad S_3(x) = -\frac{1}{16Q^2}\left(Q'' + \frac{5(Q')^2}{4Q}\right) \qquad (8.59)$$

关于高阶 WKB 近似的讨论可见相关文献①．

2．适用条件

WKB 近似方法是一个奇性微扰理论．WKB 近似展开式（8.54）的奇性表现在三个方面：其一，指数中含 $1/\varepsilon$ 项．这意味着，现在使用的是比以前广义幂级数展开更为普遍的 Laurent 级数展开（不计 $S_0(x) \equiv 0$ 平庸情况）；其二，一般情况下，级数 $\sum \varepsilon^n S_n(x)$ 是发散的，只是一种渐近展开．就是说，如果级数取有限项，则总可以找到一个相应的小的 ε 数值，使这个有限项的和与真值之差小于事先任给的小量．但是，如果取更多项之和，展开式就可能反而离开真值并开始发散．这也就是使用渐近记号“～”，而不用等号“＝”的缘故．尽管 WKB 近似展开式一般不收敛，但当级数作有限项截断（一般最好只取一项或两项），而 $\hbar$ 又可以相对认为足够小（其

① C. M. Bender, S. A. Orszag, Advanced Mathematical Methods for Scientists and Engineers, McGRAW-Hill Book Company, 1978, Chapter 10., p.534; D.Bohm, Quantum Theory, Prentice Hall Inc., 1954. Chapter 12.

余项就很小）时，它就能在指定区间内给出函数 $u(x)$一个很好的一致逼近的近似．其三，当势场 $V(x)$取值使（8.53）式中 $Q(x)=0$ 时，称这些点为转向点，需要特别讨论．

为了（在全部给定的 x 区间内）近似展开式（8.54）成立，必须要求级数 $\sum \varepsilon^{n-1} S_n(x)$ 在 $\varepsilon \to 0$ 时是一个（对区间内所有 x）均匀一致的渐近 ε 级数．这要求下面渐近关系不等式对区间内所有 x 都均匀一致成立．即当 $\varepsilon \to 0$ 时，对 $\forall x$，有

$$\boxed{\frac{1}{\varepsilon}|S_0(x)| \gg |S_1(x)| \gg \varepsilon |S_2(x)| \gg \cdots \gg \varepsilon^{n-1}|S_n(x)| \gg \varepsilon^n |S_{n+1}(x)|} \tag{8.60a}$$

这些条件等价于要求每一个函数 $S_{n+1}(x)/S_n(x)(n=0,1,2,\cdots)$ 都是此区间上的有界函数．然而，单是条件（8.60a）式还不足以保证在 $\varepsilon^{N-1}S_N(x)$ 处截断的 WKB 级数 $\exp\left\{\sum_{n=0}^{N} \varepsilon^{n-1} S_n(x)\right\}$ 就是方程精确解 $u(x)$ 的一个好的近似，还必须要求舍弃项中的领头项对区间内所有 x 都远小于 1，

$$\boxed{\varepsilon^N |S_{N+1}(x)| \ll 1 \quad (\varepsilon \to 0, \forall x)} \tag{8.60b}$$

假如这个关系也成立，就有 $\exp\{\varepsilon^N S_{N+1}(x)\} = 1 + O[\varepsilon^N S_{N+1}(x)],\quad \varepsilon \to 0$．于是 $u(x)$ 和 WKB 级数之间的相对误差就不大，

$$\frac{u(x) - \exp\left\{\dfrac{1}{\varepsilon}\sum_{n=0}^{N} \varepsilon^n S_n(x)\right\}}{u(x)} \sim \varepsilon^N S_{N+1}(x) \quad (\varepsilon \to 0, \forall x)$$

总之，WKB 近似的有效条件是（8.60a）式和（8.60b）式都必须满足．

换一种稍为粗略但图像明朗的说法．若要 WKB 近似方法有效，（8.55）式第一项在数值上应当很大于第二、第三两项，即应当有

$$|S_0'^2| \gg 2\hbar |S_0' S_1'| \gg \hbar |S_0''| \quad (\forall x, \hbar \to 0)$$

由于 $|S_0'(x)^2| = |Q(x)| = 2m[E - V(x)](E > V)$，可得近似所应当满足的条件

$$\boxed{\frac{2[E - V(x)]}{|\mathrm{d}V/\mathrm{d}x|} >> \frac{\hbar}{\sqrt{2m[E - V(x)]}} \equiv \lambda} \tag{8.61}$$

表明，与粒子波长 λ 相比，势场变化很平缓，即设势场（有明显变化的）特征长度为 l，应当有 $l \gg \lambda$．或者说，准经典近似图像只当粒子 de Broglie 波波长不长时才可靠．显然，对于超低温和超高密度的极限情况，de Broglie 波波长接近甚至超过粒子间的平均距离，WKB 近似计算失效．

3．例算

例 1 初值$u(0)=A$，$u'(0)=B$，求解$\varepsilon^2u''=Q(x)u$，$Q(x)\neq 0$，$\varepsilon\to 0$．

设（8.58）式中$a=0$，对该式微分后利用初条件得到：比如，当$A=0$，$B=1$时，可得$c_1=c_2=\dfrac{1}{2}\varepsilon[Q(0)]^{-1/4}$．于是，对这个初值问题，其近似解为

$$u(x)\sim\varepsilon[Q(x)Q(0)]^{-1/4}\operatorname{sh}\left[\frac{1}{\varepsilon}\int_0^x \mathrm{d}x'\sqrt{Q(x')}\right]\quad(\varepsilon\to 0)$$

令$Q(x)=(1+x^2)^2$，则一致收敛（即适用于所有x）的近似解为

$$u(x)\sim\frac{\varepsilon}{\sqrt{1+x^2}}\operatorname{sh}\left[\frac{1}{\varepsilon}\left(x+\frac{x^3}{3}\right)\right]\quad(\varepsilon\to 0)$$

实际并不需要ε十分小．数值计算表明，当$\varepsilon\leqslant 0.1$后，此近似解和数字精确解的相对误差就不大了．

例 2 粒子自左入射势垒并隧道穿透．

设势垒$V(x)$变化很平缓，即$l\gg\lambda\!\!\!^{-}$；并且$x\to\pm\infty$时$V(x)$很快趋于零；第二区$A<x<B$是经典不容许区域，粒子能量在此区内低于势垒．此问题有两个转向点$A<B$：$E=V(x_A)=V(x_B)$．由（8.58）式立即得到第二区的两个解

$$u(x)\sim\beta_{1,2}\left\{2m[V(x)-E]\right\}^{-1/4}\exp\left[\pm\frac{1}{\hbar}\int_a^x\sqrt{2m[V(x')-E]}\mathrm{d}x'-\frac{\mathrm{i}Et}{\hbar}\right]$$

第一区有两个渐近解$\alpha_{1,2}\exp\left\{\pm\mathrm{i}\sqrt{E}x\right\},x\to-\infty$；第三区有一个渐近解$\gamma\exp\left\{\mathrm{i}\sqrt{E}x\right\}$，$x\to+\infty$．求出转向点附近的近似解，在渐近$(x\to\pm\infty)$情况下组合并平滑连接这些解，即得 WKB 近似波函数（习题 25）．

但如果只求透射系数T（它定义为区域一和三中向右传播的渐近解比值的模平方）．注意以下几点：两个转向点都是微分方程的解析点，所以解在两处连续可微；在（$A^+\leftarrow x,x\to B^-$）处，奇性因子$Q(x)^{-1/4}$是同阶无穷大，比值时可消去；WKB 近似要求势垒宽度为$L_{AB}>l\gg\lambda\!\!\!^{-}$，此时解指数上积分数值很大，可略去负指数项．总之得出，**透射系数T与在转向点邻域的精确处理无关．于是比值的模平方即为**

$$\boxed{T=\left|\frac{u(B)}{u(A)}\right|^2\sim\exp\left[-\frac{2}{\hbar}\int_A^B\sqrt{2m[V(x')-E]}\mathrm{d}x'\right]\quad(\hbar\to 0)}\tag{8.62}$$

这显然是（3.19）式向非矩形势垒的推广．

（8.62）式可用于α粒子衰变．（当$r<$核半径R时，核力吸引势远强于 Coulomb 排斥势）假设：随r增加，势垒左半边上升主要是由于（抵消 Coulomb 排斥势后的）

核力势，势垒右半边下降是由于 Coulomb 排斥势占了主导作用．当 $r > R$ 时，$V(r) = ZZ'e^2/r$，Z 是衰变终核原子序数，$Z' = 2$ 是 α 粒子原子序数．积分下限为 $A \approx R$，上限为 $B \approx ZZ'e^2/E$．于是指数上的积分为

$$\frac{1}{\hbar}\int_A^B \sqrt{2m[V(r)-E]}\mathrm{d}r = \frac{1}{\hbar}\sqrt{\frac{m}{2E}}\left\{\left[\pi - 2 - 2\arcsin\sqrt{\frac{E}{ZZ'e^2/R}}\right]ZZ'e^2 + 2ER\right\}$$

如果设定 $R \leqslant 10^{-12}\,\mathrm{cm}$，对于很宽范围内的半衰期，此表达式所给出的 E-Z 关系与观测关系很好地符合．

注意，若（8.62）式用于中心场径向束缚态解时，一般说，$V(r)$ 中应当包含离心势 $\dfrac{l(l+1)\hbar^2}{2\mu r^2}$ 项．

习　题

1．设非简谐振子 Hamilton 量 $H = -\dfrac{\hbar^2}{2\mu}\dfrac{\mathrm{d}^2}{\mathrm{d}x^2} + \dfrac{1}{2}\mu\omega_0^2x^2 + \beta x^3$（$\beta$ 为常数），取

$$H_0 = -\frac{\hbar^2}{2\mu}\frac{\mathrm{d}^2}{\mathrm{d}x^2} + \frac{1}{2}\mu\omega_0^2x^2, \quad H' = \beta x^3$$

试用微扰论计算其能量及能量本征函数．

提示　用 Fock 空间．

2．一维谐振子 Hamilton 量为 $H_0 = -\dfrac{\hbar^2}{2\mu}\dfrac{\mathrm{d}^2}{\mathrm{d}x^2} + \dfrac{1}{2}\mu\omega^2x^2$，设加上一个微扰

$$H' = \frac{\lambda}{2}\mu\omega^2x^2 \quad (\lambda \ll 1)$$

试用微扰论求能级的修正（到三级近似），并和精确解比较．

3．自旋为 $\dfrac{1}{2}$ 的三维各向同性谐振子，处于基态．设粒子受到微扰 $H' = \lambda\boldsymbol{\sigma}\cdot\boldsymbol{r}$ 作用，求能级修正（二级近似）．

答　$E_0^{(1)} = 0$，$E_0^{(2)} = -3\lambda^2/(2\mu\omega^2)$．

4．自旋为 0 的两个全同粒子在谐振子势中运动，

$$H_0 = -\frac{\hbar^2}{2\mu}\left(\frac{\partial^2}{\partial x_1^2} + \frac{\partial^2}{\partial x_2^2}\right) + \frac{1}{2}\mu\omega^2(x_1^2 + x_2^2)$$

设粒子之间有相互作用

$$H' = V_0\exp[-\beta^2(x_1 - x_2)^2]$$

试用微扰论求体系的基态能级修正（一级近似）．

答　$E_0^{(1)} = V_0 \Big/ \sqrt{1+2\beta^2/\alpha^2}$.

5．一维无限深势阱 $(0<x<a)$ 中的粒子，受到微扰

$$H'(x)=\begin{cases} 2\lambda\dfrac{x}{a} & (0<x<a/2) \\ 2\lambda\left(1-\dfrac{x}{a}\right) & (a/2<x<a) \end{cases}$$

的作用，求基态能量的一级修正.

答　$E_1^{(1)}=\left(\dfrac{1}{2}+\dfrac{2}{\pi^2}\right)\lambda$.

6．假设原子有非零半径 $r_{\rm p}\approx 10^{-13}{\rm cm}$ ，且其电荷沿该尺寸均匀地分布．求由于点电荷与此扩展电荷间差异导致的氢原子的 1s 态和 2p 态的能移.

7．质量为 m 的粒子约束在半径为 a 的圆周上，除此之外它是自由的．加一个微扰 $H'=A\sin\theta\cos\theta$ （其中 θ 是圆周上的角位置）．对于 $n=\pm1$ 的两个态求出修正后的零级波函数，并计算它们的微扰能量修正（二级近似）.

8．一维无限深方势阱，在 $x=0$ 及 $x=L$ 处有两个无限高壁，在 $x=L/4$ 和 $x=3L/4$ 处有两个宽为 $a(a\ll L)$ 、高为 V 的小微扰势．用微扰方法估计 $n=2$ 与 $n=4$ 能级的差异（精确到一阶微扰）.

答　$E_2^{(1)}-E_4^{(1)}=4Va/L$.

9．粒子在一维势场 V（x）中运动，能级为 $E_n^0, n=1,2,3\cdots$ ，如受到微扰 $H'=\dfrac{\lambda}{m}p$ 的作用，求能级的修正（二级近似）.

答　$E_n^{(1)}=0, E_n^{(2)}=-\dfrac{\lambda^2}{2m}$.

10．粒子在二维无限深方势阱中运动

$$V=\begin{cases} 0 & (0<x<a, 0<y<a) \\ \infty & (x>a, y>a) \end{cases}$$

写出能级和能量的本征函数，若加上微扰 $H'=\lambda xy$ ，求最低的两个能级的一级修正.

答　（1） $E_{n1,n2}^{(0)}=\dfrac{\pi^2\hbar^2}{2ma^2}(n_1^2+n_2^2)$ ， $\psi_{n1,n2}^{(0)}=\dfrac{2}{a}\sin\dfrac{n_1\pi x}{a}\sin\dfrac{n_2\pi y}{a}$ ；

（2） $E_{11}^{(1)}=\dfrac{\lambda}{4}a^2$， $E_{12}^{(1)}=\dfrac{\lambda}{4}a^2(1\pm0.13)$.

11．一个带电粒子被约束在谐振子势 $V=\dfrac{1}{2}m\omega^2x^2$ 内，体系处于一恒定的外电场 E 中，计算能级的移动，准确到 E^2 量级.

答　$\Delta E_0^{(2)}=-\dfrac{q^2E^2}{2m\omega^2}$.

12．上题中，如果加上微扰项 $V'(x)=\gamma x^3$ ．计算波函数一阶修正和能级最低阶修正.

答　（提示：用 Fock 空间计算最为简明）$E_n^{(2)}=-\dfrac{15\gamma^2\hbar^2}{4m^3\omega^4}\left(n^2+n+\dfrac{11}{30}\right)$.

13．一个长度为 d、质量均匀的棒，可以绕其中心在一平面内转动，设棒的质量为 M，而在棒的两端分别带电荷 $+Q$ 和 $-Q$.

（1）写出体系的 Hamilton 量算符、本征态和本征值；

（2）若在转动平面内存在电场强度为 E 的弱电场，计算本征态到一阶修正，本征值到二阶修正（注意，$m=\pm1$ 为简并情况）；

（3）若该电场很强，求基态的近似能量.

答　（1）$\hat{H}_0=-\dfrac{\hbar^2}{2I}\dfrac{\partial^2}{\partial\theta^2}$，$\varphi_n(\theta)=\dfrac{1}{(2\pi)^{1/2}}\mathrm{e}^{in\theta}(n=0,\pm1,\pm2,\cdots)$，$E_n=\dfrac{6\hbar^2n^2}{Md^2}$；

（2）$\varphi_m=\dfrac{1}{(2\pi)^{1/2}}\mathrm{e}^{im\theta}+\dfrac{Md^3QE}{12(2\pi)^{1/2}\hbar^2}\left[\dfrac{\mathrm{e}^{\mathrm{i}(m+1)\theta}}{1+2m}-\dfrac{\mathrm{e}^{\mathrm{i}(m-1)\theta}}{1-2m}\right]$，$E_m=\dfrac{6\hbar^2m^2}{Md^2}$；

（3）$E_0=-QdE+\hbar\left(\dfrac{3QE}{Md}\right)^{1/2}$.

14．一个量子体系由 Hamilton 量算符 $\hat{H}=\hat{H}_0+\hat{H}'$ 表述，$\hat{H}'=\mathrm{i}\lambda[\hat{A},\hat{H}_0]$ 为微扰，$\hat{A}$ 为 Hermite 算符，λ 为实数，设 $\hat{B}$ 为另一个 Hermite 算符，且 $\hat{C}=\mathrm{i}[\hat{B},\hat{A}]$，若已知 $\hat{A},\hat{B},\hat{C}$ 在无微扰基态（无简并）的平均值为 $\langle A\rangle_0,\langle B\rangle_0,\langle C\rangle_0$. 求当微扰加入后 $\hat{B}$ 在基态上的平均值（精确到第一阶）.

答　$\langle B\rangle_0+\lambda\langle C\rangle_0$.

15．弱电场中极化的双原子分子，可处理成一个处在弱场 $\boldsymbol{E}$ 中的转动惯量为 I、电偶极矩为 $\boldsymbol{d}$ 的刚性转子.

（1）忽略质心运动，将转子的 Hamilton 量写为 H_0+H' 的形式；

（2）求出未受微扰的解，讨论能级简并情况；

（3）用非简并微扰论对所有能级计算最低阶修正；

（4）为什么可以使用非简并微扰论，微扰后简并情况如何？

答　（1）$H=\dfrac{\hat{j}^2}{2I}-\boldsymbol{d}\cdot\boldsymbol{E}=\dfrac{\hat{j}^2}{2I}-dE\cos\theta$，$H'=-dE\cos\theta$；

（2）$\psi_{jm}=\mathrm{Y}_{jm}(\theta,\varphi)$，$m=-j,\cdots,j$，简并 $2j+1$ 重；

（3）$E^{(1)}=0$，$E^{(2)}=\dfrac{Id^2E^2[j(j+1)-3m^2]}{\hbar^2j(j+1)(2j-1)(2j+3)}$；

（4）由于 H' 已经在 j 空间对角化，因此可以使用非简并微扰论. 微扰后简并没有完全消失，j 值相同而 m 值相反的那些态仍然是简并的.

16．讨论氢原子的 n=2 能级在 $H'=xyf(r)$ 微扰下的能级分裂.

提示　在考虑自旋时，n=2 时氢原子为四重简并，H' 的选择定则为 $\Delta m=\pm2$.

答　能级分裂成等距离三条，$E_2^{(0)}$（二重简并），ψ_{210}，ψ_{200}；$E_2^{(0)}+A$，$\psi^{(0)}=(1/\sqrt{2})(\psi_{211}-\mathrm{i}\psi_{2,1,-1})$；$E_2^{(0)}-A$，$\psi^{(0)}=(1/\sqrt{2})(\psi_{211}+\mathrm{i}\psi_{2,1,-1})$，其中 $A=1/5\int_0^\infty R_{21}(r)^2f(r)r^4\mathrm{d}r$.

17．设在 H_0 的表象中，H 的矩阵表示为 $\begin{pmatrix} E_1^{(0)} & 0 & a \\ 0 & E_2^{(0)} & b \\ a^* & b^* & E_3^{(0)} \end{pmatrix}$，$E_1^{(0)} < E_2^{(0)} < E_3^{(0)}$，且 $|a|$、$|b|$ 比 $\left|E_i^{(0)} - E_j^{(0)}\right|(i \neq j)$ 小得多，用微扰论求能量的二级修正．

答　$E_1^{(2)} = \dfrac{|a|^2}{E_1^{(0)} - E_3^{(0)}}$，$E_2^{(2)} = \dfrac{|b|^2}{E_2^{(0)} - E_3^{(0)}}$，$E_3^{(2)} = \dfrac{|a|^2}{E_3^{(0)} - E_1^{(0)}} + \dfrac{|b|^2}{E_3^{(0)} - E_2^{(10)}}$．

18．一个体系无微扰时 $H_0 = \begin{pmatrix} E_1^{(0)} & 0 & 0 \\ 0 & E_1^{(0)} & 0 \\ 0 & 0 & E_2^{(0)} \end{pmatrix}$（$E_2^{(0)} > E_1^{(0)}$），有两条能级，其中一条是二重简并的．加入微扰后，Hamilton 量表示为 $H = \begin{pmatrix} E_1^{(0)} & 0 & a \\ 0 & E_1^{(0)} & b \\ a^* & b^* & E_2^{(0)} \end{pmatrix}$．

（1）用微扰论求 H 的本征值，准确到二级近似；

（2）把 H 严格对角化后，求 H 的精确本征值．

答　（1）$E_2 = E_2^{(0)} + \dfrac{|a|^2 + |b|^2}{E_2^{(0)} - E_1^{(0)}}$；$E_1^{(0)}$ 二重简并，加入微扰后分裂成两条，$E_1^{(0)}$ 及 $E_1^{(0)} + \dfrac{|a|^2 + |b|^2}{E_1^{(0)} - E_2^{(0)}}$；

（2）严格求解则为 $\lambda_1 = E_1^{(0)}$，而

$$\lambda_\pm = \frac{1}{2}(E_1^{(0)} + E_2^{(0)}) \pm \frac{1}{2}(E_1^{(0)} - E_2^{(0)})\left[1 + \frac{4(|a|^2 + |b|^2)}{(E_1^{(0)} - E_2^{(0)})^2}\right]^{1/2}$$

19．氢原子处于一个沿 z 轴的电场 ε 和沿 x 轴的磁场 H 中．这两个场在能级上的效应是可比较的．若氢原子处于主量子数 n=2 的态．试求一阶微扰能量修正．（为简明，不考虑自旋）

答　两重零根，以及 $E^{(1)} = \pm\sqrt{2\beta^2 + \alpha^2}$，$\alpha = \sqrt{\dfrac{1}{3}}e\varepsilon\gamma$，$\beta = \dfrac{\sqrt{2}eB\hbar}{4mc}$，$\gamma = \langle R_{20}|r|R_{21}\rangle$．

20．两个非全同的粒子，质量都为 m，被禁闭在长度为 L 的一维区间内．

（1）体系的三个最低能态的波函数和能级是什么？

（2）若加入一个相互作用势 $V_{12}(x_1, x_2) = \lambda\delta(x_1 - x_2)$，计算这三个态的能量到 λ 的一阶、它们波函数到 λ 的零阶．

答　$E_+^{(1)} = \dfrac{2\lambda}{L}, E_-^{(1)} = 0$，$\psi_\pm(x_1, x_2) = \dfrac{1}{\sqrt{2}}[\psi_{12}(x_1, x_2) \pm \psi_{21}(x_1, x_2)]$，这里脚标是基态和第一激发态的编号，均为已知．

21．考虑 Hamilton 量 $H = H_0 + \lambda H'$（λ 为实数）描述的三能级体系．H_0 的本征态为 $|1\rangle$，$|2\rangle$，$|3\rangle$，相应的本征值为 0，Δ，Δ．

（1）在 H_0 的表象中写出 H' 的 3×3 矩阵表示；

（2）用微扰论计算 H 能谱时，发现准确到 λ 的一阶时，H 的本征态为 $|1\rangle$，$|\pm\rangle=\frac{1}{\sqrt{2}}(|2\rangle\pm|3\rangle)$，相应的本征值为

$$E_1=-\frac{\lambda^2}{\varDelta}+O(\lambda^3),\quad E_+=\varDelta+\lambda+\frac{\lambda^2}{\varDelta}+O(\lambda^3),\quad E_-=\varDelta-\lambda+O(\lambda^3)$$

由此尽可能多地确定（1）中 H' 的矩阵元.

答

$$H'=\frac{1}{\sqrt{2}}\begin{pmatrix}0 & \mathrm{e}^{\mathrm{i}\delta} & \mathrm{e}^{\mathrm{i}\delta}\\ \mathrm{e}^{-\mathrm{i}\delta} & 0 & \sqrt{2}\\ \mathrm{e}^{-\mathrm{i}\delta} & \sqrt{2} & 0\end{pmatrix}$$

22．应用变分法研究简谐振子问题．设取试探谐振子为一等腰三角形，底边长为 ρ，高为 1（注意这是最接近谐振子基态波函数的简单图形）.

23．一质量为 m 的粒子被势 $V(r)=-V_0\mathrm{e}^{-r/a}$ 所束缚．其中 $mV_0a^2=4\hbar^2/3$．试用变分法并取试探波函数 $\mathrm{e}^{-\lambda r}$，求出最低能量本征值的一个好的上限.

24．用 WKB 近似计算，能量为 E 的 s 态粒子从下述中心势束缚下逃出的概率是多大？

$$V(r)=\begin{cases}-V_0 & (r<a)\\ \dfrac{\beta}{r} & (r>a)\end{cases}$$

答　按（8.62）式得

$$T=\exp\left\{-\frac{2}{\hbar}\int_a^{c/E}\sqrt{2m\left(\frac{c}{r}-E\right)}\mathrm{d}r\right\}$$

$$=\exp\left\{-\frac{2c}{\hbar}\sqrt{\frac{2m}{E}}\left[\arccos\sqrt{\frac{Ea}{c}}-\sqrt{\frac{Ea}{c}\left(1-\frac{Ea}{c}\right)}\right]\right\}$$

25．WKB 方法甚至能给出微分方程解的渐近行为．比如，抛物型柱方程

$$y''=\left(\frac{1}{4}x^2-\nu-\frac{1}{2}\right)y$$

求其解在 $x\to+\infty$ 时的行为.

提示　这时 $\varepsilon=1$．用物理光学近似．由 $Q(x)=\left(\frac{1}{4}x^2-\nu-\frac{1}{2}\right)$ 得

$$\begin{cases}S_0\sim\pm\left[\dfrac{x^2}{4}-\left(\nu+\dfrac{1}{2}\right)\ln x\right]\\ S_1\sim\pm\dfrac{1}{4}\ln\left(\dfrac{1}{4}x^2\right)\end{cases}\quad(x\to\infty)$$

$$y(x)\sim\begin{cases}c_+x^{-\nu-1}\mathrm{e}^{x^2/4}\\ c_-x^{\nu}\mathrm{e}^{-x^2/4}\end{cases}\quad(x\to\infty)$$

第二部分　进一步内容

第九章　电磁作用分析和重要应用

电磁和弱作用是迄今了解得最为清楚的基本作用力．特别是电磁作用部分，在经典力学中对其基本规律就早已有很好的研究和阐述．因此，量子力学对于电磁作用下单体、两体等可解问题的解答就成为检验量子力学正确性的试金石和支撑点．除已叙述过的 Coulomb 场束缚态问题之外，本章继续阐述在电磁场作用下，粒子的定态问题和某些含时问题．量子力学的确不负众望，继 Coulomb 场之后，在这类问题上再次给出了微观粒子电磁现象的普遍、深刻、符合实验的理论描述．不仅如此，根据 AB 效应，量子力学还指出了经典电磁理论仅用场强描述（而不用势描述）全部电磁现象的局限性，以简明方式丰富了规范理论关于相位物理学的内容．

§9.1　电磁场中 Schrödinger 方程

1．最小电磁耦合原理及电磁场中 Schrödinger 方程

在建立 Schrödinger 方程的一次量子化过程中，使用了以下对应

$$E \to \mathrm{i}\hbar\frac{\partial}{\partial t},\quad \boldsymbol{p} \to -\mathrm{i}\hbar\nabla \tag{9.1}$$

有电磁场时，电磁势表示为 $(A_\mu)=(\boldsymbol{A},\mathrm{i}\varphi)$．**按经典电动力学的最小电磁耦合原理：电荷 q 粒子的 $(H-q\varphi)$ 和 $\left(\boldsymbol{p}-\dfrac{q}{c}\boldsymbol{A}\right)$ 之间关系如同无电磁场时 H 和 $\boldsymbol{p}$ 关系**[①]．**这里 $\boldsymbol{p}$ 为正则动量（广义动量）．由这个原理和正则量子化规则可知，有电磁场时，一次量**

① Л.Д.朗道，E.M.里夫席茨，场论，北京：高等教育出版社，1965.

子化的规则应当推广：四维导数由（9.1）式转为下面协变导数①

$$\left(\partial_\mu \to D_\mu = \partial_\mu - \mathrm{i}\frac{q}{\hbar c}A_\mu\right) \Rightarrow \begin{cases} \mathrm{i}\hbar\dfrac{\partial}{\partial t} \to \mathrm{i}\hbar\dfrac{\partial}{\partial t} - q\varphi \\ -\mathrm{i}\hbar\nabla \to -\mathrm{i}\hbar\nabla - \dfrac{q}{c}\boldsymbol{A} \end{cases} \tag{9.2}$$

这样就将电磁势引进了 Schrödinger 方程．原则上，（9.2）式当然是一个假设，它的正确性按照由其导出的结论与实验是否符合来决定．迄今实验事实都证明（9.2）式是正确的．

于是，电磁场中 Schrödinger 方程成为

$$\mathrm{i}\hbar\frac{\partial\psi}{\partial t} = \left[\frac{1}{2\mu}\left(-\mathrm{i}\hbar\nabla - \frac{q}{c}\boldsymbol{A}\right)^2 + V + q\varphi\right]\psi \tag{9.3}$$

其中 V 为其他（如引力势等）势能项．注意，$\boldsymbol{P} = \boldsymbol{p} - \dfrac{q}{c}\boldsymbol{A}$ **是机械（普通）动量，$\boldsymbol{p}$ 为正则动量**．按正则量子化方案，**将后者量子化为算符** $\boldsymbol{p} = -\mathrm{i}\hbar\nabla$ ②．现在需要注意

$$\text{机械动量}\boldsymbol{P} \neq \text{正则动量}\boldsymbol{p}$$

相应地，粒子速度算符为

$$\boldsymbol{v} = \frac{\boldsymbol{P}}{\mu} = \frac{-1}{\mu}\left(\mathrm{i}\hbar\nabla + \frac{q}{c}\boldsymbol{A}\right) \tag{9.4}$$

若无电磁场，粒子的机械动量即为粒子的正则动量．

2．方程的一些考察

首先，将方程（9.3）式展开化简，注意

$$\left(\boldsymbol{p} - \frac{q}{c}\boldsymbol{A}\right)^2 = \boldsymbol{p}^2 - \frac{q}{c}\{\boldsymbol{p}, \boldsymbol{A}\} + \frac{q^2}{c^2}\boldsymbol{A}^2 = \boldsymbol{p}^2 - \frac{2q}{c}\boldsymbol{A}\cdot\boldsymbol{p} + \frac{q^2}{c^2}\boldsymbol{A}^2$$

---

① 本书电磁采用 Gauss 单位制．关于 Gauss 单位制等三个单位制的精辟评论见曹昌祺著，辐射与光场的量子统计理论，北京：科学出版社，2006，前言．

② 将 $\boldsymbol{r}$ 和其正则动量 $\boldsymbol{p}$ 量子化为满足对易子$=\mathrm{i}\hbar$ 的算符，称为正则量子化方法．设 L 为有电磁场下粒子的 Lagrange 量，按 Legendre 变换，得 Hamilton 量 $H = \boldsymbol{v}\cdot\dfrac{\partial L}{\partial \boldsymbol{v}} - L$，这里 $\boldsymbol{p} = \dfrac{\partial L}{\partial \boldsymbol{v}} = \boldsymbol{P} + \dfrac{q}{c}\boldsymbol{A}$ 为正则动量．$\boldsymbol{P} = \mu\boldsymbol{v}$ 为粒子的机械动量，将 $\boldsymbol{p}$（而不是 $\boldsymbol{P}$）量子化为算符 $-\mathrm{i}\hbar\nabla$，即为正则量子化．这一量子化方法对任何非奇异的 Lagrange 量体系（即 Hessian 行列式不等于零，Legendre 变换可以进行）均普遍适用．这里已将电磁场作为经典的外场来处理，所以这里量子体系 Lagrange 量是非奇异的，可以实施正则量子化．

其中，$\{\}$为反对易子符号. 这里第二步等号是因为已取定了横向规范条件$\nabla\cdot\boldsymbol{A}=0$. 于是得到（9.3）式的展开形式

$$\mathrm{i}\hbar\frac{\partial\psi}{\partial t}=\left[\frac{\boldsymbol{p}^2}{2\mu}-\frac{q}{\mu c}\boldsymbol{A}\cdot\boldsymbol{p}+\frac{q^2}{2\mu c^2}\boldsymbol{A}^2+q\varphi+V\right]\psi \tag{9.5a}$$

其次，计算概率流密度表达式并考察概率守恒问题. 对（9.3）式取复共轭，得

$$-\mathrm{i}\hbar\frac{\partial\psi^*}{\partial t}=\left[\frac{1}{2\mu}\left(\mathrm{i}\hbar\nabla-\frac{q}{c}\boldsymbol{A}\right)^2+q\varphi+V\right]\psi^* \tag{9.5b}$$

将（9.5b）式和（9.3）式分别乘以ψ和ψ^*再相减，得

$$\frac{\partial(\psi\psi^*)}{\partial t}+\nabla\cdot\left\{\frac{\hbar}{2\mu i}(\psi^*\nabla\psi-\psi\nabla\psi^*)-\frac{q}{\mu c}\boldsymbol{A}\psi^*\psi\right\}=0$$

令

$$\boxed{\rho=\psi\psi^*,\quad \boldsymbol{j}=\left\{\frac{\hbar}{2\mu i}(\psi^*\nabla\psi-\psi\nabla\psi^*)-\frac{q}{\mu c}\boldsymbol{A}\psi^*\psi\right\}} \tag{9.6a}$$

前者为ψ态中$(\boldsymbol{r},t)$处的概率密度，后者为电磁场中ψ态的（态平均）流密度. 于是，**不论电磁势$\boldsymbol{A}$和外场V形状如何，仍存在表征概率守恒的连续性方程**

$$\boxed{\frac{\partial\rho}{\partial t}+\nabla\cdot\boldsymbol{j}=0} \tag{9.6b}$$

只是$\boldsymbol{j}$表达式和以前不同，多出含电磁场矢势$\boldsymbol{A}$的第二项，显示磁势$\boldsymbol{A}$影响了带电粒子的空间运动，使概率流密度多出了正比于粒子概率密度的附加项.

其三，考察电磁场下 Schrödinger 方程的规范不变性问题.

采用任意可微函数$f(\boldsymbol{r},t)$（具有磁通量纲），可引导出对电磁势的一个规范变换

$$\boxed{(A_\mu\to A'_\mu=A_\mu+\partial_\mu f)\Rightarrow\begin{cases}\boldsymbol{A}\to\boldsymbol{A}'=\boldsymbol{A}+\nabla f\\ \varphi\to\varphi'=\varphi-\dfrac{1}{c}\dfrac{\partial f}{\partial t}\end{cases}} \tag{9.7a}$$

可以证明：在（9.3）式中，当电磁势$(\boldsymbol{A},\mathrm{i}\varphi)\to(\boldsymbol{A}',\mathrm{i}\varphi')$，即经受（9.7a）式的规范变换时，只需波函数也同时经受如下（定域）相位变换，

$$\boxed{\psi\to\psi'=\mathrm{e}^{\mathrm{i}\frac{qf}{\hbar c}}\psi} \tag{9.7b}$$

则（9.3）式的形式保持不变. 注意此相因子依赖于空间变数$\boldsymbol{r}$，所以是定域的.

证明 假定变换后的方程形式不变，即有

$$\mathrm{i}\hbar\frac{\partial\psi'}{\partial t}=\frac{1}{2\mu}\left(\boldsymbol{p}-\frac{q}{c}\boldsymbol{A}'\right)^2\psi'+V\psi'+q\varphi'\psi'$$

这里$\psi',\boldsymbol{A}',\varphi'$分别由变换式（9.7b）和（9.7a）表示，往证由此可以导出原先（9.3）式. 注意

$$\begin{cases}\mathrm{i}\hbar\dfrac{\partial}{\partial t}\left(\mathrm{e}^{\mathrm{i}\frac{qf}{\hbar c}}\psi\right)=\mathrm{e}^{\mathrm{i}\frac{qf}{\hbar c}}\left(\mathrm{i}\hbar\dfrac{\partial}{\partial t}-\dfrac{q}{c}\dfrac{\partial f}{\partial t}\right)\psi\\ \left(\boldsymbol{p}-\dfrac{q}{c}\boldsymbol{A}'\right)\mathrm{e}^{\mathrm{i}\frac{qf}{\hbar c}}\psi=\mathrm{e}^{\mathrm{i}\frac{qf}{\hbar c}}\left\{\boldsymbol{p}+\dfrac{q}{c}(\nabla f)-\dfrac{q}{c}[\boldsymbol{A}+(\nabla f)]\right\}\psi=\mathrm{e}^{\mathrm{i}\frac{qf}{\hbar c}}\left(\boldsymbol{p}-\dfrac{q}{c}\boldsymbol{A}\right)\psi\end{cases}$$

$$\therefore\left(\mathrm{i}\hbar\frac{\partial}{\partial t}-\frac{q}{c}\frac{\partial f}{\partial t}\right)\psi=\frac{1}{2\mu}\left(\boldsymbol{p}-\frac{q}{c}\boldsymbol{A}\right)^2\psi+V\psi+q\left(\varphi-\frac{1}{c}\frac{\partial f}{\partial t}\right)\psi$$

由此即得规范变换之前的（9.3）式：

$$\mathrm{i}\hbar\frac{\partial\psi}{\partial t}=\frac{1}{2\mu}\left(\boldsymbol{p}-\frac{q}{c}\boldsymbol{A}\right)^2\psi+V\psi+q\varphi\psi$$

证毕

这说明：电磁场中 Schrödinger 方程（9.3）具有定域规范变换不变性. 但注意，电磁势是不确定的，它们可以相差任一定域规范变换. 因此，这时粒子波函数也就可以有一个任意定域相位因子①！

最后，考察时间反演问题. 对于一个定态问题，

$$\left[\frac{\boldsymbol{p}^2}{2\mu}-\frac{q}{\mu c}\boldsymbol{A}\cdot\boldsymbol{p}+\frac{q^2}{2\mu c^2}\boldsymbol{A}^2+q\varphi+V\right]\psi=E\psi \tag{9.8}$$

在时间反演下，$\boldsymbol{p}\to-\boldsymbol{p}$，于是只有同时也改变磁场，即令$\boldsymbol{A}\to-\boldsymbol{A}$（由于$\boldsymbol{B}=\nabla\times\boldsymbol{A}$，所以也即$\boldsymbol{B}\to-\boldsymbol{B}$），方程才可以保持不变，这与经典力学磁场中运动的情况相同.

§9.2　Coulomb 场束缚电子在均匀磁场中运动

1. 均匀磁场中类氢原子基本方程考察

将上面方程用于均匀磁场$\boldsymbol{B}$中的类氢原子问题. 此时无外加电场$\varphi=0$，而

$$V(r)=-\frac{Ze^2}{r},\quad \boldsymbol{A}=\frac{1}{2}\boldsymbol{B}\times\boldsymbol{r}\quad(\nabla\times\boldsymbol{A}=\text{常矢量}\boldsymbol{B})$$

注意，上面考虑磁场作用中漏算了与自旋有关的两项作用：旋-轨耦合能和自旋磁矩在外磁场中的附加能，它们的表达式分别为（$e>0$）

① 这种思想的推广就是规范场理论中的“定域规范变换不变原理”.

$$\xi(r)\boldsymbol{L}\cdot\boldsymbol{S} \quad \text{和} \quad -\boldsymbol{\mu}_S\cdot\boldsymbol{B}=\frac{e}{\mu c}\boldsymbol{S}\cdot\boldsymbol{B}$$

补入这两项之后，此体系的更全面的 Hamilton 量应当为

$$\begin{aligned}H&=\frac{\boldsymbol{p}^2}{2\mu}+V(r)+\frac{e}{\mu c}\boldsymbol{A}\cdot\boldsymbol{p}+\frac{e^2}{2\mu c^2}\boldsymbol{A}^2+\xi(r)\boldsymbol{L}\cdot\boldsymbol{S}+\frac{e}{\mu c}\boldsymbol{S}\cdot\boldsymbol{B}\\&=H_0+\frac{e}{\mu c}\boldsymbol{A}\cdot\boldsymbol{p}+\frac{e^2}{2\mu c^2}\boldsymbol{A}^2+\xi(r)\boldsymbol{L}\cdot\boldsymbol{S}+\frac{e}{\mu c}\boldsymbol{S}\cdot\boldsymbol{B}\end{aligned} \tag{9.9}$$

其中

$$\begin{aligned}\frac{e^2}{2\mu c^2}\boldsymbol{A}^2&=\frac{e^2}{8\mu c^2}(\boldsymbol{B}\times\boldsymbol{r})^2=\frac{e^2}{8\mu c^2}[\boldsymbol{B}\cdot(\boldsymbol{r}\times(\boldsymbol{B}\times\boldsymbol{r}))]\\&=\frac{e^2}{8\mu c^2}[\boldsymbol{B}^2\boldsymbol{r}^2-(\boldsymbol{B}\cdot\boldsymbol{r})^2]=\frac{e^2}{8\mu c^2}B^2r^2\sin^2(\widehat{\boldsymbol{Br}})\end{aligned}$$

$$\frac{e}{\mu c}\boldsymbol{A}\cdot\boldsymbol{p}=\frac{e}{2\mu c}(\boldsymbol{B}\times\boldsymbol{r})\cdot\boldsymbol{p}=\frac{e}{2\mu c}\boldsymbol{B}\cdot(\boldsymbol{r}\times\boldsymbol{p})=\frac{e}{2\mu c}\boldsymbol{B}\cdot\boldsymbol{L}$$

此处含 $\boldsymbol{B}\cdot\boldsymbol{L}$ 的项显然正是轨道磁矩 $\boldsymbol{\mu}_L=-\frac{e}{2\mu c}\boldsymbol{L}$ 在外磁场 $\boldsymbol{B}$ 中的附加能 $-\boldsymbol{\mu}_L\cdot\boldsymbol{B}$．取 $\boldsymbol{B}=B\boldsymbol{e}_z$，于是体系 Hamilton 量成为

$$H=H_0+\xi(r)\boldsymbol{L}\cdot\boldsymbol{S}+\frac{eB}{2\mu c}(L_z+2S_z)+\frac{e^2}{8\mu c^2}B^2(x^2+y^2) \tag{9.10}$$

现来估算一下 B^2 项和 B 项的比值．原子的 $(x^2+y^2)\sim\rho_{\rm B}^2\sim(10^{-8}\,\text{cm})^2$，对于磁场 $B=10^5$ 高斯，有

$$\left.\frac{\text{含}B^2\text{项}}{\text{含}B\text{项}}\right|_{B=10^5\text{高斯}}\sim\frac{eB\rho_{\rm B}^2}{4\hbar c}=\frac{B\rho_{\rm B}^2}{4e\left(\dfrac{\hbar c}{e^2}\right)}=\frac{B\rho_{\rm B}^2}{4\times137e}<10^{-4}$$

可知，如果磁场不是非常强，和含 B 的一次幂项相比可以略去 B^2 项．**总之，考虑到自旋及轨道磁矩对外磁场取向的附加能以及旋-轨耦合能这三项附加能，并略去 A^2 项，最后得到均匀外磁场中氢原子 Hamilton 量为**

$$\boxed{H=H_0+\xi(r)\boldsymbol{L}\cdot\boldsymbol{S}+\frac{eB}{2\mu c}(L_z+2S_z)} \tag{9.11}$$

如果将 H_0 中的 $V(r)$ 代以 $V(r)_{\rm eff}$，（9.11）式也可适当推广地用于非类氢原子．下面为书写简明，记

$$\xi_{nl}\hbar^2=\alpha,\quad \frac{eB\hbar}{2\mu c}=\beta$$

即得

$$\boxed{H=H_0+\alpha\boldsymbol{L}\cdot\boldsymbol{S}+\beta(L_z+2S_z)} \tag{9.12}$$

这里，角动量$\boldsymbol{L}$和$\boldsymbol{S}$均已无量纲化，而参量α，β的量纲均为能量. **(9.12)** 式是下面论述的出发点.

2．基本方程求解

注意上面H中只含有$\boldsymbol{L}\cdot\boldsymbol{S}$及$J_z+S_z$项，于是除能量外，$L^2$、$S^2$及$J_z$守恒，但$[J^2,S_z]\neq 0$，故$J^2$不守恒，$j$不是好量子数，$j=1\pm 1/2$取两个可能值. 好量子数为（$nlsm_j$），这允许在这几个好量子数取确定值的任一子空间内进行分解计算！注意旋-轨耦合项中函数$\xi(r)$虽然依赖于径向波函数，但这个函数在此子空间内所作的全部计算中保持不变，可以将函数$\xi(r)$代以它的平均值$\xi_{nl}=\langle nl|\xi(r)|nl\rangle$. 就是说，可以搁置对此常系数定态方程的径向求解，而不影响在此不变子空间内进行的关于能级移动和分裂的计算！这个常系数定态方程问题（也包括给定初态的含时问题）概括了 **Zeeman** 效应、反常 **Zeeman** 效应、**Paschen-Back** 效应等磁场下谱线分裂现象. 以往对它们的处理是按微扰论思路针对不同近似的 Hamilton 量，选取不同表象，分别近似计算. 下面将按上面办法对它们进行统一叙述[①].

引入升降算符$L_\pm=L_x\pm \mathrm{i}L_y$和$S_\pm=\frac{1}{2}(\sigma_x\pm\mathrm{i}\sigma_y)\equiv\sigma_\pm$，并注意

$$\boldsymbol{L}\cdot\boldsymbol{S}=\frac{1}{2}\boldsymbol{L}\cdot\boldsymbol{\sigma}=\frac{1}{2}L_z\sigma_z+\frac{1}{2}(L_-\sigma_++L_+\sigma_-)$$

这里$\sigma_+=\begin{pmatrix}0&1\\0&0\end{pmatrix},\sigma_-=\begin{pmatrix}0&0\\1&0\end{pmatrix}$为 1/2 自旋的升降算符. 于是将$H$改写为如下形式：

$$\boxed{H=H_0+\beta L_z+\left(\frac{\alpha}{2}L_z+\beta\right)\sigma_z+\frac{\alpha}{2}(L_-\sigma_++L_+\sigma_-)} \tag{9.13a}$$

这时定态 Schrödinger 方程为

$$\boxed{\begin{pmatrix}H_0+\beta L_z+\left(\frac{\alpha}{2}L_z+\beta\right) & \frac{\alpha}{2}L_- \\ \frac{\alpha}{2}L_+ & H_0+\beta L_z-\left(\frac{\alpha}{2}L_z+\beta\right)\end{pmatrix}|nlm_j\rangle=E|nlm_j\rangle} \tag{9.13b}$$

① 这种计算方法称作“守恒量准表象方法”. 详细可见张永德，高等量子力学（第Ⅲ版），北京：科学出版社，2015，§10.1.

m_j 为守恒量子数，可取为某一固定值．注意，态 $|nlm_j\rangle$ 中量子数 $j=l\pm\frac{1}{2}$ 并不固定，应是耦合表象基矢的某种叠加态．若用无耦合表象基矢 $(|nlm_l\rangle)$ 展开它，应为

$$|nlm_j\rangle=\begin{pmatrix} c_1|nlm\rangle \\ c_2|nl,m+1\rangle \end{pmatrix} \quad \left(m=m_j-\frac{1}{2}\right)$$

c_1,c_2 为两个待定系数，若两个系数之一为零，即为单个无耦合基．这里引入的等效量子数 $m=m_j-\frac{1}{2}$ 类似于磁量子数 m_l，但 m 取值范围超出 m_l 的范围：m 取值应当保证遍取全部无耦合基，并且当下分量中 $m=-(l+1)$ 取最低值时，上分量不应存在；而当 $m=l$ 取最高值时，下分量不应存在．下面（9.15）式表明，这两个要求将由对应系数为零所保证．将此表达式代入（9.13b）式，注意 $H_0|nlm_j\rangle=E_{nl}|nlm_j\rangle$，即得该方程的特征方程为

$$\begin{cases} \left[\left(\beta+\dfrac{\alpha}{2}\right)m+\beta+E_{nl}-E\right]c_1+\dfrac{\alpha}{2}\sqrt{l(l+1)-m(m+1)}c_2=0 \\ \dfrac{\alpha}{2}\sqrt{l(l+1)-m(m+1)}c_1+\left[\left(\beta-\dfrac{\alpha}{2}\right)(m+1)-\beta+E_{nl}-E\right]c_2=0 \end{cases}$$

令此联立方程行列式为零，得到决定体系能谱的公式如下：

$$\boxed{E^{(\pm)}=E_{nl}+m\beta+\frac{\beta}{2}-\frac{\alpha}{4}\pm\frac{1}{2}\sqrt{\alpha^2\left(l+\frac{1}{2}\right)^2+\alpha\beta(2m+1)+\beta^2}} \tag{9.14}$$

由此又可得系数 c_1,c_2 的表达式（已考虑 $c_1^2+c_2^2=1$）

$$\text{对于 } E^{(+)}:\begin{cases} c_1^{(+)}=\left(\dfrac{1}{2}+\dfrac{\alpha\left(m+\frac{1}{2}\right)+\beta}{2\sqrt{\alpha^2\left(l+\frac{1}{2}\right)^2+\beta^2+2\alpha\beta\left(m+\frac{1}{2}\right)}}\right)^{1/2} \\ c_2^{(+)}=\left(\dfrac{1}{2}-\dfrac{\alpha\left(m+\frac{1}{2}\right)+\beta}{2\sqrt{\alpha^2\left(l+\frac{1}{2}\right)^2+\beta^2+2\alpha\beta\left(m+\frac{1}{2}\right)}}\right)^{1/2} \end{cases} \tag{9.15a}$$

对于 $E^{(-)}$：
$$\begin{cases} c_1^{(-)} = -c_2^{(+)} \\ c_2^{(-)} = c_1^{(+)} \end{cases} \tag{9.15b}$$

于是，给定 (nlm_j) 的定态解为 $\left(m = m_j - \dfrac{1}{2}\right)$，

$$\boxed{\begin{cases} \left|\psi_{nlm_j}^{(+)}\right\rangle = \begin{pmatrix} c_1^{(+)}\left|n,l,m\right\rangle \\ c_2^{(+)}\left|n,l,m+1\right\rangle \end{pmatrix} \mathrm{e}^{-\mathrm{i}E^{(+)}t/\hbar} \\ \left|\psi_{nlm_j}^{(-)}\right\rangle = \begin{pmatrix} c_1^{(-)}\left|n,l,m\right\rangle \\ c_2^{(-)}\left|n,l,m+1\right\rangle \end{pmatrix} \mathrm{e}^{-\mathrm{i}E^{(-)}t/\hbar} \end{cases}} \tag{9.16}$$

这里强调指出三点：**其一**，一般说，（9.14）式和（9.15）式中，$E_{nlm_j}^{(\pm)}$ 的正负号解分别对应自旋-轨道平行与反平行耦合（ $j = l \pm 1/2$ ）. 这是因为，各条能级的分类是：选定平行反平行耦合之后，接着再按 m_j 进一步划分，这正是选定能量 $E_{nlm_j}^{(\pm)}$ 中的正负号之后，接着再按 m_j 进一步划分. 具体内容参见下面各点分析. **其二**，现在（9.13c）式已经选定 m_j 和 m_l 的关系为 $m_j = m_l + 1/2$. 注意 m_j 最大和最小两个端点 $m_j = \pm(l+1/2)$ 处，求解和能量选取应当保证解的表达式中不正确的无耦合基矢不会出现！这由下面两点来保证，①系数表达式（9.15）算出相应系数为零；②由此决定如何正确选取 ± 能量解. **其三**，一般说，系数（9.15）式根号下第二项分母根号内的量，依赖 α, β 数值和 m_j 取值，数值可正可负. 为便于计算能级变化，这里规定，当 $m_j = \pm(l+1/2)$ 时，分母开根取主根 $(\alpha(l+1/2) \pm \beta)$. 当然，计算结果不依赖于此项规定.

3. 能级劈裂效应统一分析——正常 Zeeman 效应、反常 Zeeman 效应和 Paschen-Back 效应

由（9.14）式～（9.16）式出发不难进行关于态矢分裂和能移的全面详细计算（见第 236 页脚注文献§10.1）. 下面只作简要讨论，详见前面脚注文献.

i. $\beta = 0$ 情况

这是无外磁场时考虑电子旋-轨耦合造成的谱线精细分裂. 实例就是前面§7.3 第 4 小节钠黄光双线精细结构分裂. $E^{(\pm)}$ 的正负解简化给出该处（7.41）式，

$$E^{(+)} = E_{nl} + \frac{l}{2}\alpha, \quad E^{(-)} = E_{nl} - \frac{l+1}{2}\alpha$$

相应态展开系数简化为（7.36a）式和（7.36b）式，

$$\begin{cases} c_1^{(+)} = \sqrt{\dfrac{l+m+1}{2l+1}} \\ c_2^{(+)} = \sqrt{\dfrac{l-m}{2l+1}} \end{cases}, \quad \begin{cases} c_1^{(-)} = -\sqrt{\dfrac{l-m}{2l+1}} \\ c_2^{(-)} = \sqrt{\dfrac{l+m+1}{2l+1}} \end{cases}$$

此时 J^2 和 Hamilton 量 H 已可对易，定态解是量子数 j 的本征态. 因此这两组系数退化为耦合表象的基矢 $\left|nljm_j\right\rangle$ 在无耦合表象中的展开系数. 顶标"+"的解相当于自旋-轨道平行耦合 $j=l+\dfrac{1}{2}$；"−"的解相当于自旋-轨道反平行耦合 $j=l-\dfrac{1}{2}$.

ii. 反常 Zeeman 效应

这时 $\beta \ll \alpha$，即外磁场很弱，以致 $\boldsymbol{L}$ 和 $\boldsymbol{S}$ 对外磁场取向的附加能量远小于旋-轨耦合能. 这就是有自旋的 Zeeman 效应（通常称为反常 Zeeman 效应). 这时将 $E^{(\pm)}$ 的（9.14）式对 β 展开，保留到 β 的一阶项，

$$E^{(\pm)} = E_{nl} + \begin{cases} \dfrac{l}{2}\alpha + \dfrac{2l+2}{2l+1}\left(m+\dfrac{1}{2}\right)\beta & \left(j=l+\dfrac{1}{2}\right) \\ -\dfrac{l+1}{2}\alpha + \dfrac{2l}{2l+1}\left(m+\dfrac{1}{2}\right)\beta & \left(j=l-\dfrac{1}{2}\right) \end{cases}$$

此处含 β 的项，通常计算是从 i 条 $\beta=0$ 结果出发，取 $\left|nljm_j\right\rangle$ 耦合基矢对外磁场附加能作一阶微扰计算求得. 就是说，按以往计算，含 β 项的表达式为

$$\left\langle jm_j\right|\beta(J_z+S_z)\left|jm_j\right\rangle = \beta g m_j$$

这里 $m_j = m+\dfrac{1}{2}$； $g = 1+\dfrac{j(j+1)-l(l+1)+s(s+1)}{2j(j+1)}$. 计算中用到§7.2 如下公式：

$$\left\langle jm_j\right|\sigma_z\left|jm_j\right\rangle = \begin{cases} \dfrac{m_j}{j} & \left(j=l+\dfrac{1}{2}\right) \\ \dfrac{-m_j}{j+1} & \left(j=l-\dfrac{1}{2}\right) \end{cases}$$

直接验算可以知道，含 β 项的这两种结果是一致的. 举例说明，还是这条钠黄光. 加上弱磁场后，3p 电子两条能级 $^2p_{1/2}$ 和 $^2p_{3/2}$ 各自分裂为两条和四条能级，它们之间的跃迁如图 9-1 所示.

注意，由于 m_j 取值为 $(2j+1)$，因此考虑自旋的反常 Zeeman 效应谱线不一定分裂为奇数条（不像正常 Zeeman 效应那样).

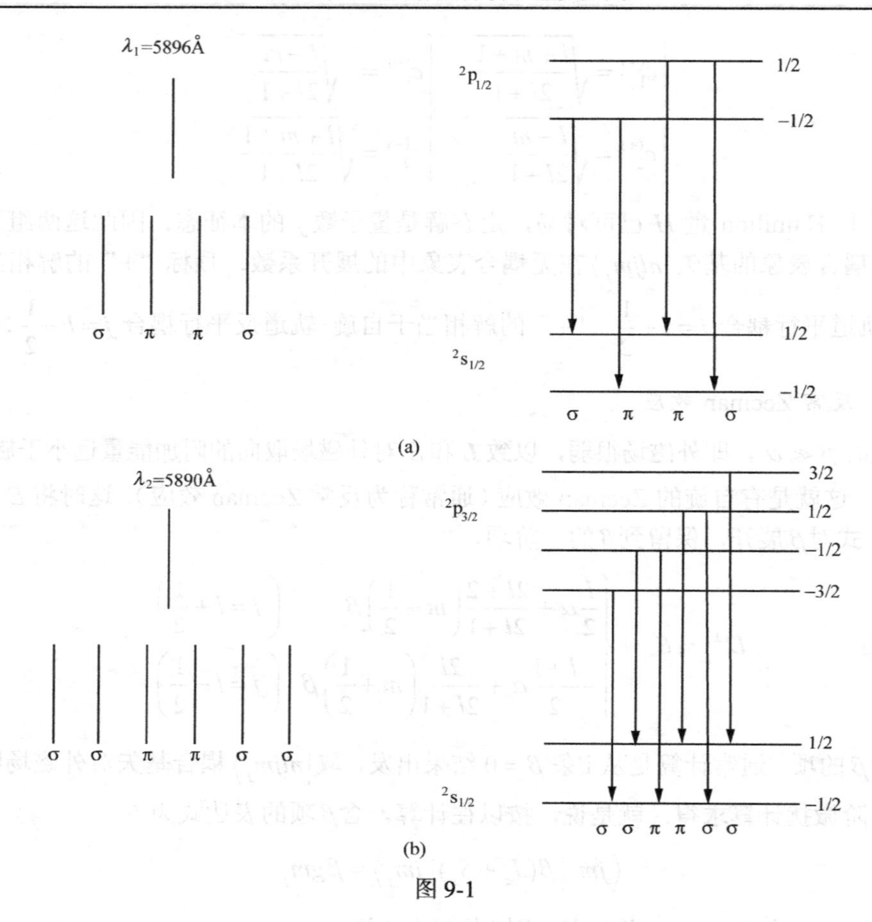

图 9-1

iii. 正常 Zeeman 效应——总自旋为零的原子在均匀外磁场中情况

这时不仅旋-轨耦合项为零（$\alpha=0$），而且自旋磁矩对外磁场的取向能也不存在（即（9.13b）式对角元素中$\pm\beta$两项也为零）．这时L^2和L_z守恒，l、m成为好量子数，（9.13）式退化为

$$(H_0+\beta L_z)|nlm\rangle=E_{nlm}|nlm\rangle$$

体系的能谱及定态解分别简化为

$$\begin{cases}E_{nlm}=E_{nl}+m\beta \quad (m=-l,-l+1,\cdots,l)\\ |\psi\rangle=|nlm\rangle \mathrm{e}^{-\mathrm{i}E_{nlm}t/\hbar}\end{cases}$$

这种情况相应于，原子内壳层填满而最外壳层价电子有两个并且反平行耦合，原子处于$^1s_0$基态，如仲氦、铍、镁、锌等．这时若两个电子中的一个由 s 态激发到 p 态并维持总自旋为零时，原子态将成为$^1p_1$，总角动量就等于轨道角动量．由此可知，

一旦加上外磁场，体系的球对称性遭到破坏，原有能级关于磁量子数 m 的 $(2l+1)$ 重简并即被解除，一条能级就等间距地分裂为 $(2l+1)$ 奇数条，间距 $\dfrac{eB}{2\mu c}\hbar=\omega_{\mathrm{L}}\hbar$，$\omega_{\mathrm{L}}$ 为电子 Larmor 频率.

由于能级分裂，在交变电磁场扰动下（通常为电偶极跃迁）所产生的光谱线也发生分裂. 但由于偶极跃迁选择定则（第十一章电偶极辐射）$\Delta m=0$（线偏光），±1（右左旋光），故光谱线呈现

三分裂（$\perp\boldsymbol{B}$ 方向观察）；二分裂（$/\!/\,\boldsymbol{B}$ 方向观察）

iv. Paschen-Back 效应

磁场十分强，电子轨道磁矩及自旋磁矩和外磁场的作用明显大于自旋-轨道间的作用. 这时，计入自旋磁矩对外磁场的附加能（这与无自旋的 iii 不同），但略去旋-轨耦合能. 这时

$$\{H_0+\beta(L_z+\sigma_z)\}|nlm\rangle=E_{nlm}|nlm\rangle$$

可得

$$E_{nlm}^{(\pm)}=E_{nl}+\begin{cases}(m+1)\beta\\ m\beta\end{cases}\quad 以及\quad c_1^{(+)}\big|_{\alpha=0}=1,\quad c_2^{(+)}\big|_{\alpha=0}=0$$

说明对应 $E^{(+)}$ 能级的态为 $\begin{pmatrix}|nlm\rangle\\0\end{pmatrix}$；$E^{(-)}$ 为 $\begin{pmatrix}0\\|nl,m+1\rangle\end{pmatrix}$. 例子是钠黄光($\lambda$=5893Å). 强磁场下钠外层价电子的 3p 能级分裂为三条，对应电子从 3p $\to$ 3s 产生三条谱线. 如图 9-2 所示.

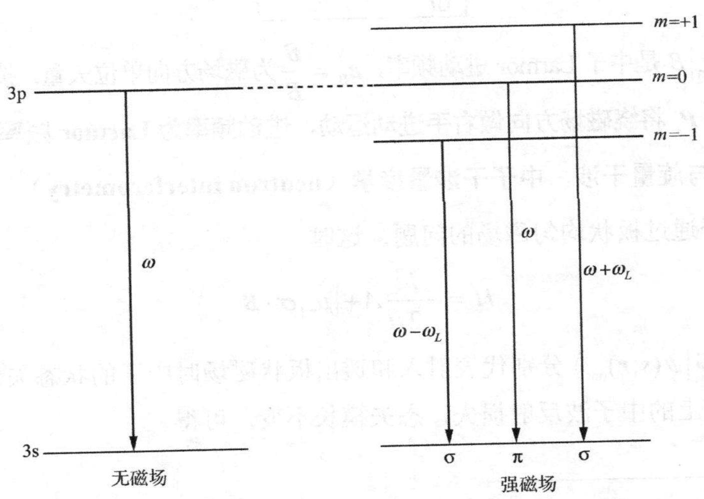

图 9-2 由于磁场很强，这里的谱线间距已远大于 ii 中的谱线间距

注意，由于这时加入了自旋磁矩对外磁场取向附加能，m 量子数简并解除使能级分裂不止是三条．但由于遵守同样的电偶极跃迁选择定则（$\Delta m = 0, \pm 1$），此时谱线特征和正常 Zeeman 效应相同，并未受到自旋磁矩对磁场取向能的影响（有简并存在）．

※§9.3　均匀磁场中粒子束运动

1．自由中子极化矢量在均匀磁场中进动

中子自旋为 1/2，并有一反常磁矩 $\boldsymbol{\mu} = -|\mu_{\mathrm{n}}|\boldsymbol{\sigma}$，$\mu_{\mathrm{n}} = -1.91314$ 核磁子．于是，不计动能部分，磁场中自由中子 Hamilton 量 H 为

$$H = -\boldsymbol{\mu} \cdot \boldsymbol{B} = |\mu_{\mathrm{n}}|\boldsymbol{\sigma} \cdot \boldsymbol{B}$$

设中子的自旋态为 $|\lambda\rangle$，则中子极化矢量的运动方程为

$$\begin{aligned}\frac{\mathrm{d}\boldsymbol{P}_\lambda}{\mathrm{d}t} &= \frac{\mathrm{d}}{\mathrm{d}t}\langle\lambda|\boldsymbol{\sigma}|\lambda\rangle = \left\{\frac{\partial}{\partial t}\langle\lambda|\right\}\boldsymbol{\sigma}|\lambda\rangle + \langle\lambda|\boldsymbol{\sigma}\left\{\frac{\partial}{\partial t}|\lambda\rangle\right\} \\ &= -\frac{1}{\mathrm{i}\hbar}\langle\lambda|H\boldsymbol{\sigma}|\lambda\rangle + \frac{1}{\mathrm{i}\hbar}\langle\lambda|\boldsymbol{\sigma}H|\lambda\rangle = \frac{1}{\mathrm{i}\hbar}\langle\lambda|[\boldsymbol{\sigma}, H]|\lambda\rangle\end{aligned}$$

由于等式 $[\boldsymbol{\sigma}, \boldsymbol{A}\cdot\boldsymbol{\sigma}] = 2\mathrm{i}(\boldsymbol{A}\times\boldsymbol{\sigma})$，现在矢量 $\boldsymbol{A} = |\mu_{\mathrm{n}}|\boldsymbol{B}$，即得 $\boldsymbol{P}_\lambda$ 在磁场中的进动方程

$$\boxed{\frac{\mathrm{d}\boldsymbol{P}_\lambda}{\mathrm{d}t} = \omega_{\mathrm{L}}(\boldsymbol{e}_{\mathrm{B}} \times \boldsymbol{P}_\lambda)} \tag{9.17}$$

这里 $\omega_{\mathrm{L}} = \frac{2}{\hbar}|\mu_{\mathrm{n}}|B$ 是中子 Larmor 进动频率，$\boldsymbol{e}_{\mathrm{B}} = \frac{\boldsymbol{B}}{B}$ 为磁场方向单位矢量．按（9.17）式，**中子极化矢量 $\boldsymbol{P}_\lambda$ 将绕磁场方向做右手进动运动，进动频率为 Larmor 频率．**

2．旋量叠加与旋量干涉，中子干涉量度学（neutron interferometry）[①]

讨论中子通过板状均匀磁场的问题．这时

$$H = -\frac{\hbar^2}{2\mu}\Delta + |\mu_{\mathrm{n}}|\boldsymbol{\sigma}\cdot\boldsymbol{B} \tag{9.18}$$

设 $|\psi(s,\boldsymbol{r})_{\mathrm{in}}\rangle$ 和 $|\psi(s,\boldsymbol{r})_{\mathrm{out}}\rangle$ 分别代表射入和透出板状磁场时中子的状态矢量．若不记板状磁场界面上的中子波反射损失，态矢模长不变，可得

① H. Rauch, S. A. Werner, Neutron Interferometry, Oxford: Oxford Universty Press, Second Edition, 2015. 书中利用中子干涉仪广泛地实验研究了各种量子效应.

$$\left|\psi_{\text{out}}\right\rangle = \mathrm{e}^{-\frac{\mathrm{i}}{\hbar}\tau H}\left|\psi_{\text{in}}\right\rangle = \mathrm{e}^{-\frac{\mathrm{i}}{\hbar}\tau\left(-\frac{\hbar^2}{2\mu}\Delta\right)-\frac{\mathrm{i}}{\hbar}\tau|\mu_{\text{n}}|\boldsymbol{\sigma}\cdot\boldsymbol{B}}\left|\psi_{\text{in}}\right\rangle$$

由于H的空间部分和自旋部分可交换，可以将态矢的空间部分分离掉，得到自旋部分为

$$\boxed{\left|\psi(s)_{\text{out}}\right\rangle = \mathrm{e}^{-\frac{\mathrm{i}}{2}\boldsymbol{\sigma}\cdot\boldsymbol{\rho}}\left|\psi(s)_{\text{in}}\right\rangle = U(\boldsymbol{e}_{\text{B}},\rho)\left|\psi(s)_{\text{in}}\right\rangle} \tag{9.19}$$

这里$\boldsymbol{\rho} = \rho\boldsymbol{e}_{\text{B}} = \omega_{\text{L}}\tau\boldsymbol{e}_{\text{B}}$，$\tau$ 为中子在板状磁场中穿行的时间，于是 ρ 即为在磁场期间中子极化矢量进动转过的总角度．利用（7.11）式，（9.19）式即为

$$\boxed{\left|\psi(s)_{\text{out}}\right\rangle = \left[\cos\left(\frac{\rho}{2}\right) - \mathrm{i}\sin\left(\frac{\rho}{2}\right)(\boldsymbol{\sigma}\cdot\boldsymbol{e}_{\text{B}})\right]\left|\psi(s)_{\text{in}}\right\rangle}$$

注意，**此表达式中有个 1/2 因子**．在自旋态矢如上变化的同时，极化矢量$\boldsymbol{P}$的变化可如下求得．由于

$$\boldsymbol{P}_{\text{in}} = \left\langle\psi(s)_{\text{in}}\right|\boldsymbol{\sigma}\left|\psi(s)_{\text{in}}\right\rangle \to \boldsymbol{P}_{\text{out}} = \left\langle\psi(s)_{\text{out}}\right|\boldsymbol{\sigma}\left|\psi(s)_{\text{out}}\right\rangle$$

可以证明，在$\boldsymbol{P}_{\text{out}}$和$\boldsymbol{P}_{\text{in}}$之间，由一个三维空间转动相联系

$$\boxed{\boldsymbol{P}_{\text{out}} = R_3(\rho\boldsymbol{e}_{\text{B}})\boldsymbol{P}_{\text{in}}} \tag{9.20}$$

这里$R_3(\rho\boldsymbol{e}_{\text{B}})$表示绕$\boldsymbol{e}_{\text{B}}$方向转过$\rho$角的空间转动变换，是$3\times3$正交矩阵．

证明 计算$\boldsymbol{P}_{\text{out}}$与任意矢量$\boldsymbol{r}$的点乘积

$$\begin{aligned}\boldsymbol{P}_{\text{out}}\cdot\boldsymbol{r} &= \left\langle\psi(s)_{\text{in}}\right|\mathrm{e}^{\frac{\mathrm{i}}{2}\boldsymbol{\rho}\cdot\boldsymbol{\sigma}}\boldsymbol{\sigma}\mathrm{e}^{-\frac{\mathrm{i}}{2}\boldsymbol{\rho}\cdot\boldsymbol{\sigma}}\left|\psi(s)_{\text{in}}\right\rangle\cdot\boldsymbol{r}\\ &= \left\langle\psi(s)_{\text{in}}\right|U^{-1}(\boldsymbol{\rho})\boldsymbol{\sigma}\cdot\boldsymbol{r}U(\boldsymbol{\rho})\left|\psi(s)_{\text{in}}\right\rangle\end{aligned}$$

利用（7.18）式，继续得

$$= \left\langle\psi(s)_{\text{in}}\right|\boldsymbol{\sigma}\cdot\left[R_3^{-1}(\boldsymbol{\rho})\boldsymbol{r}\right]\left|\psi(s)_{\text{in}}\right\rangle = \boldsymbol{P}_{\text{in}}\cdot[R_3^{-1}(\boldsymbol{\rho})\boldsymbol{r}] = [R_3(\boldsymbol{\rho})\boldsymbol{P}_{\text{in}}]\cdot\boldsymbol{r}$$

这里，最后一步等号用到了$R_3(\boldsymbol{\rho})$为正交矩阵性质——转置等于取逆．最后，由$\boldsymbol{r}$的任意性，即得$\boldsymbol{P}_{\text{out}} = R_3(\boldsymbol{\rho})\boldsymbol{P}_{\text{in}}$．

证毕．

总之，中子干涉量度学的最基本规律，即中子干涉量度学问题的完整答案是如下定理．

定理 **中子穿过板状磁场时，其自旋波函数经受（9.19）式二维内禀空间**$SU(2)$**变换**U**；与此同时，极化矢量经受相应的（9.20）式三维空间转动变换**$R_3(U)$．

举两个例子说明．

例 1 一单色热中子束，在中子干涉仪（由整块柱状单晶硅挖成“山”字形做成）的A点由于 Laue 散射而被分解成透射和衍射的两束，然后又分别在B和C点经过反射，交汇于D点．其中一束穿过一个横向板状均匀磁场$\boldsymbol{B}$区域，磁场方向垂

直于纸面向外，距离为 l. 假定从 A 到 D 的这两条路径除磁场外完全对称，在中子极化方向平行于磁场情况下，求出点 D 的强度依赖于 $\boldsymbol{B}$ 、l 和中子波长 λ 的关系（见图 9-3）.

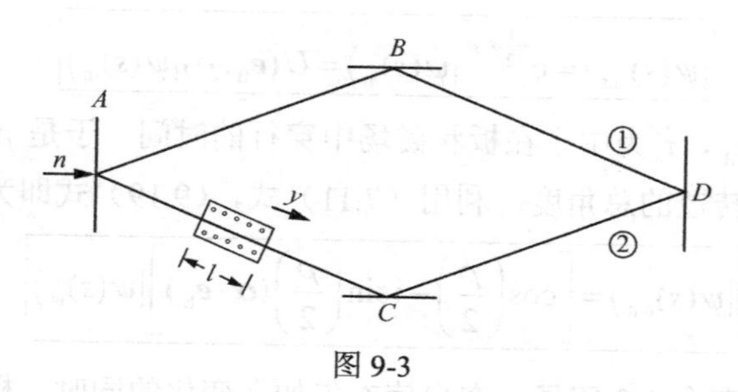

图 9-3

解 设 AC 束前进方向为 y, $\boldsymbol{B}=B\boldsymbol{e}_x$ 方向为垂直于纸面向外，按题设 $\boldsymbol{P}_{\text{in}}=\boldsymbol{P}_{\text{out}}=\{1,0,0\}$，于是 $|\psi(s)\rangle_{\text{in}}=\dfrac{1}{\sqrt{2}}\begin{pmatrix}1\\1\end{pmatrix}$. 由于两条空间路径程差相同，且中子不带电荷，磁场对中子空间波函数不起作用，故空间波函数对 D 点的干涉不起作用，D 点干涉强度只决定于自旋波函数的相干叠加．它正比于

$$
\begin{aligned}
\left\||\psi_D^{(1)}(s,t)\rangle+|\psi_D^{(2)}(s,t)\rangle\right\|^2&=\left\||\psi_D^{(1)}(s,t_0)\rangle+\mathrm{e}^{-\frac{\mathrm{i}}{2}\rho\sigma_x}|\psi_D^{(1)}(s,t_0)\rangle\right\|_n^2\\
&=\frac{1}{2}(1,1)\left(1+\mathrm{e}^{\frac{\mathrm{i}}{2}\rho\sigma_x}\right)\left(1+\mathrm{e}^{\frac{-\mathrm{i}}{2}\rho\sigma_x}\right)\begin{pmatrix}1\\1\end{pmatrix}\\
&=4\cos^2\frac{\rho}{4}
\end{aligned}
$$

即

$$
I_D(\boldsymbol{B})=I_D(0)\cos^2\left(\frac{|\mu_{\mathrm{n}}|Bl\mu\lambda}{4\pi\hbar^2}\right)\tag{9.21}
$$

值得注意的是，当 ACD 分支穿过这个磁场区时，若 l（或 $\boldsymbol{B}$ ）选择使得极化矢量 $\boldsymbol{P}$ 转过的总角度 $\rho=2\pi$ ，就是说 $\boldsymbol{P}_{\text{in}}=\boldsymbol{P}_{\text{out}}$ 时，这一分支的自旋波函数并未完全还原，而是出一个 π 的相位，使得 D 点的相干叠加呈现极小．这正是（此处为 1/2 自旋）波函数旋量性质的体现：波函数在空间转动 2π 时会出负号，只当 $\boldsymbol{P}$ 转过 4π 时它才完全还原．中子干涉量度学利用这种旋量干涉实验证实了这一点：中子的波函数的确是个旋量波函数．

另外，请回顾并对照分析：概念上，这也是一个（考虑自旋的）广义 Young 双缝实验．特别是，每个中子都同时经过两条路径，其间分开的距离（B—C）已是宏观的 3～5cm（而热中子波长$\lambda = 1.8\text{Å}$）. 再次强调了微观粒子具有波粒二象性的实验结论.

例 2 非相对论中子的自旋回波（spin-echo）共振. 在中子干涉仪中，如图 9-4 所示安置两个板状磁场$(\boldsymbol{B}_1,l_1),(\boldsymbol{B}_2,l_2)$，它俩方向平行或反平行，则$D$点的波函数为

$$\begin{cases}\psi_D(\boldsymbol{r}_D)=\langle\boldsymbol{r}_D|\psi\rangle=\langle\boldsymbol{r}_D|\{|\psi_{\mathrm{I}}\rangle+|\psi_{\mathrm{II}}\rangle\}=\langle\boldsymbol{r}_D|\Omega\psi^{(0)}\rangle=\Omega\langle\boldsymbol{r}_D|\psi^{(0)}\rangle\\ \Omega=\dfrac{1}{2}\left(1+\mathrm{e}^{-\frac{\mathrm{i}}{2}(\boldsymbol{\rho}_1+\boldsymbol{\rho}_2)\cdot\boldsymbol{\sigma}}\right)=\dfrac{1}{2}\left[\left(1+\cos\dfrac{|\boldsymbol{\rho}_1+\boldsymbol{\rho}_2|}{2}\right)-\mathrm{i}\boldsymbol{e}_{\boldsymbol{\rho}_1+\boldsymbol{\rho}_2}\cdot\boldsymbol{\sigma}\sin\dfrac{|\boldsymbol{\rho}_1+\boldsymbol{\rho}_2|}{2}\right]\end{cases}$$

这里$\boldsymbol{\rho}_i=\omega_i\tau_i\boldsymbol{e}_{\mathrm{B}i}$（$i$=1,2），为两个磁场区域中极化矢量的转动角矢量（方向分别为两个磁场方向）；$\boldsymbol{e}_{\boldsymbol{\rho}_1+\boldsymbol{\rho}_2}$为矢量$(\boldsymbol{\rho}_1+\boldsymbol{\rho}_2)$的单位方向矢量；$|\psi^{(0)}\rangle$为无磁场时态矢. 注意，只和自旋有关的$\Omega$变换对空间局域态矢$|\boldsymbol{r}_D\rangle$不作用. D点的强度为

$$\begin{aligned}I_D&=|\psi_D|^2=\langle\psi^{(0)}|\boldsymbol{r}_D\rangle\Omega^{+}\Omega\langle\boldsymbol{r}_D|\psi^{(0)}\rangle\\&=\frac{1}{4}\langle\psi^{(0)}|\boldsymbol{r}_D\rangle\left[\left(1+\cos\frac{|\boldsymbol{\rho}_1+\boldsymbol{\rho}_2|}{2}\right)^2+\sin^2\frac{|\boldsymbol{\rho}_1+\boldsymbol{\rho}_2|}{2}\right]\langle\boldsymbol{r}_D|\psi^{(0)}\rangle\\&=\frac{1}{4}|\langle\boldsymbol{r}_D|\psi^{(0)}\rangle|^2\left(2+2\cos\frac{|\boldsymbol{\rho}_1+\boldsymbol{\rho}_2|}{2}\right)\end{aligned}$$

上式即为

$$I_D=I_D^{(0)}\cos^2\left(\frac{|\boldsymbol{\rho}_1+\boldsymbol{\rho}_2|}{4}\right)\tag{9.22}$$

这里$I_D^{(0)}=|\langle\boldsymbol{r}_D|\psi^{(0)}\rangle|^2$. 如果两个磁场的强度、长度相同，但方向相反，就成为中子自旋回波共振装置（实践中，如l、$\boldsymbol{B}$不等，总可以调整产生磁场的线圈电流强度，使D点达到中子计数率的极大值即可），好像天平的两臂达到了平衡. 这时$\dfrac{|\boldsymbol{\rho}_1+\boldsymbol{\rho}_2|}{4}=\dfrac{|\mu_{\mathrm{n}}|\lambda\mu}{4\pi\hbar^2}(B_2l_2-B_1l_1)=2k\pi$. 由于这是相位的平衡，十分灵敏，一旦在两臂之一施加某种影响（比如在一段路径上加入物质薄层，这相当于加入移动相位的相移器），平衡极易遭破坏，D点中子计数率将会明显变化. 由这种（以及类似的）安排，在中子干涉仪上完成了大量有关检验量子力学基本原理的实验研究和实际测量，形成了具有高精密度的**中子干涉量度学**. 详细情况可参见前面脚注著作.

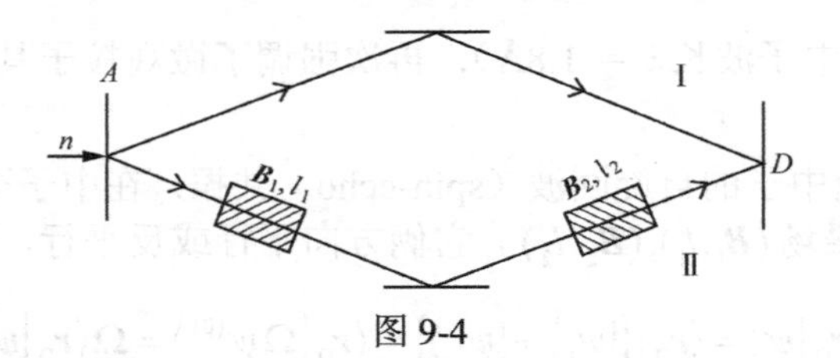

图 9-4

3．均匀磁场中电子束运动——Landau 能级[①]

这时 $V(r)=0$．取 $\boldsymbol{B}$ 在 $\boldsymbol{e}_z$ 方向，相应矢势是 $\boldsymbol{A}=(-By,0,0)$，Hamilton 量 H 为（未考虑电子自旋运动项．由于它和空间运动项对易，不难加入．）

$$\boxed{H=\frac{1}{2\mu}\left[\left(p_x+\frac{eB}{c}y\right)^2+p_y^2+p_z^2\right]} \tag{9.23}$$

这里 e 已取为绝对值．注意，这里并没有略去 $\boldsymbol{A}^2$ 项，即未作磁场的线性近似．

由于 H 中不显含 x 和 z，所以 p_x 和 p_z 守恒．但注意，这里守恒的 p_x 是正则动量，而不是机械动量 $P_x=p_x+\dfrac{eB}{c}y$，x 方向的机械动量 P_x 并不守恒．只有 p_z 既是正则动量又是机械动量．于是只有 z 方向速度恒定并可连续变化，而 x 方向速度并不恒定．因此，波函数就可写为

$$\psi(x,y,z)=\mathrm{e}^{\mathrm{i}(p_x x+p_z z)/\hbar}\varphi(y)$$

这里 ψ 指数上 p_x 和 p_z 是它们的本征值，应当选取初始数值代入，由初始（无磁场）入射条件决定．将此 $\psi(x,y,z)$ 代入上面定态 Schrödinger 方程，作自变数平移变换 $y\to y'=y+\dfrac{cp_x}{eB}$，化为关于 y' 的谐振子方程，即得能量为

$$\boxed{E_n=\left(n+\frac{1}{2}\right)\hbar\frac{eB}{\mu c}+\frac{{p_z}^2}{2\mu}} \tag{9.24}$$

这里能量表达式（9.24）虽然不显含 p_x，但注意谐振子的平衡位置依赖于 p_x，而且按照能量守恒，体系（在 xy 面内运动的）能量应当等于初始入射动能 $p_x^2/(2\mu)$，于是体系能量通过量子数 n 间接地依赖于初始的 p_x[②]．如果开始时矢势用 $\boldsymbol{A}=(0,Bx,0)$，**情况类似．由此可知，自由带电粒子在垂直于磁场的 xy 面内，能谱呈现为谐振子能谱，这些分立能级称为 Landau 能级．这是粒子在磁场中回旋运动时自身干涉的结果．而沿磁场 z 轴方向仍为自由运动，不受影响．另外，由 E 表达式可以知道，磁场中自由带电粒子的磁附加能为正值，因此具有反磁性．**

---

① 详细计算可见张永德，高等量子力学（第III版），北京：科学出版社，2015，附录 I．

② 详细讨论可见 Claude Cohen-Tannoudji, et al., Quantum Mechanic, John Wiley & Sons, Vol.1, p.742．

§9.4 Aharonov-Bohm（AB）效应

经典力学中，描述电磁场和带电粒子运动的 Maxwell 方程和 Lorentz 力公式，都是用场强表达的．电磁势的引入只为数学上的方便，并不具有物理意义，只有在规范变换下不变的场强才有物理意义．在量子力学中，电磁场下的 Schrödinger 方程虽然用电磁势来表示，但由于电磁势经规范变换时仅导致波函数多一个相因子（Schrödinger 方程定域规范变换不变性），因此人们一直认为，在量子力学中，也如同在经典力学中一样，只有电磁场的场强才具有可观测的物理效应，电磁势不具有直接可观测的物理效应．但是，1959 年 Aharonov 和 Bohm 提出[①]，**在量子力学中，电磁势有直接可观测的物理效应**．下面对此现象给以简要的物理分析[②]．

1．磁 AB 效应

AB 效应是一种表面上看来很奇异的量子效应，它表明，在某些电磁过程中，具有局域性质（因为是关于空间坐标的微商）的电磁场场强不能有效地描述带电粒子的量子行为．这可用如图 9-5 所示的理想实验来说明．

在电子双缝实验的缝屏后面两缝之间放置一个细螺线管．通电后管内 $\boldsymbol{B}\neq 0$；但管外 $\boldsymbol{B}=0$，矢势 $\boldsymbol{A}\neq 0$．这个细螺线管产生一细束磁力线束，称为磁弦．下面的理论分析表明，相对于没通电的情况，通电后，接收屏上干涉花样在包络（图中虚线所示的轮廓线）不变情况下所有极值位置都发生了移动，电流改变时峰值位置也跟随改变，电流反向峰值位置也反向移动．下面对此作相应的理论分析．

由于电子双缝实验装置应当保证两个缝 a_1，a_2 处电子波函数是相干分解，所以两缝处电子波函数的相位差固定．不失一般性，可以假设它们相同，将其简化为图 9-6.

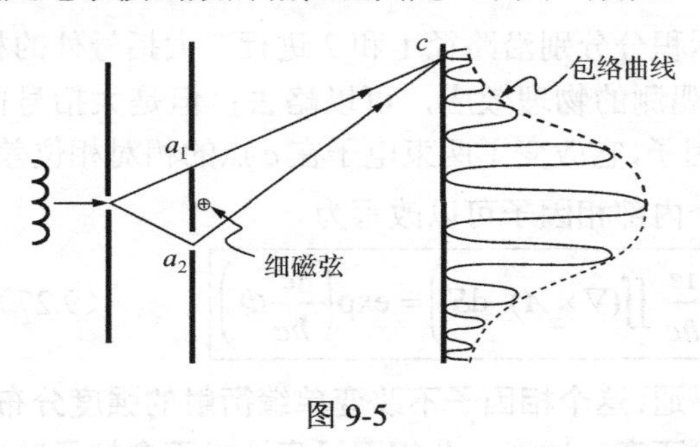

图 9-5

图 9-6

从定态 Schrödinger 方程出发，通电之前

① Y.Aharonov, D.Bohm, Phys. Rev., 115, 485 (1959).

② 张永德, 大学物理, 第 6 期, 第 1 页, 1992.

$$\begin{cases}\dfrac{\boldsymbol{p}^2}{2\mu}\varphi_0(\boldsymbol{r})=E\varphi_0(\boldsymbol{r})\\ \varphi_0(\boldsymbol{r},t)=\varphi_0(\boldsymbol{r})\mathrm{e}^{-\mathrm{i}Et/\hbar}\end{cases}$$

c 点的合振幅为 $f_c^{(0)}=f_1^{(0)}(c)+f_2^{(0)}(c)$．通电之后，$\boldsymbol{p}\to\boldsymbol{p}-\dfrac{e}{c}\boldsymbol{A}$．于是有

$$\begin{cases}\dfrac{1}{2\mu}\left(\boldsymbol{p}-\dfrac{e}{c}\boldsymbol{A}\right)^2\varphi(\boldsymbol{r})=E\varphi(\boldsymbol{r})\\ \varphi(\boldsymbol{r},t)=\varphi(\boldsymbol{r})\mathrm{e}^{-\mathrm{i}Et/\hbar}\end{cases}$$

直接验算即知，此方程的解为

$$\boxed{\varphi(\boldsymbol{r})=\mathrm{e}^{\frac{\mathrm{i}e}{\hbar c}\int_a^r \boldsymbol{A}(\boldsymbol{r}')\cdot\mathrm{d}\boldsymbol{r}'}\varphi_0(\boldsymbol{r})} \tag{9.25}$$

注意，**此处相因子在 $\boldsymbol{B}\neq 0$ 的区域与路径有关（不是只与两端点有关！），因而实际上是不可积的！只在 $\boldsymbol{B}=0$ 的区域与路径无关**（这正说明，磁场毕竟是一种物理实在，不能通过数学变换将其完全转化为某种相因子）．**这个相因子存在表明，即使粒子路径限制在电磁场场强为零的区域，粒子不受定域的动力学作用，但电磁势（沿粒子路径的路径相关积分）仍会影响到粒子的相位．**

于是，在通电情况下，c 点的合振幅为

$$\begin{aligned}f_c&=\exp\left(\frac{\mathrm{i}e}{\hbar c}\int_{a,1}^{c}\boldsymbol{A}\cdot\mathrm{d}\boldsymbol{l}\right)f_1^{(0)}(c)+\exp\left(\frac{\mathrm{i}e}{\hbar c}\int_{a,2}^{c}\boldsymbol{A}\cdot\mathrm{d}\boldsymbol{l}\right)f_2^{(0)}(c)\\&=\exp\left(\frac{\mathrm{i}e}{\hbar c}\int_{a,1}^{c}\boldsymbol{A}\cdot\mathrm{d}\boldsymbol{l}\right)\left\{f_1^{(0)}(c)+\mathrm{e}^{\frac{\mathrm{i}e}{\hbar c}\oint\boldsymbol{A}\cdot\mathrm{d}\boldsymbol{l}}f_2^{(0)}(c)\right\}\end{aligned} \tag{9.26}$$

这里，指数上线积分的脚标 1 和 2 表示积分分别沿路径 1 和 2 进行．大括号外的相因子是新增加的外部相因子，没有可观测的物理效应，可以略去；但是大括号内 $f_2^{(0)}(c)$ 前的相因子为新增加的内部相因子，它改变了两束电子在 c 点的相对相位差，从而改变了双缝干涉的极值位置．这个内部相因子可以改写为

$$\boxed{\exp\left(\frac{\mathrm{i}e}{\hbar c}\oint\boldsymbol{A}\cdot\mathrm{d}\boldsymbol{l}\right)=\exp\left(\frac{\mathrm{i}e}{\hbar c}\iint(\nabla\times\boldsymbol{A})\cdot\mathrm{d}\boldsymbol{S}\right)=\exp\left(\frac{\mathrm{i}e}{\hbar c}\varPhi\right)} \tag{9.27}$$

这里 $\varPhi$ 是由路径 1 和 2 包围面积内的磁通．**这个相因子不改变单缝衍射的强度分布，所以它虽使干涉条纹移动，但包络曲线不变．注意，此相因子表达式不含粒子动力学参量，所以与粒子动力学状态无关．**迄今，此效应已被实验广泛证实①．

① 最早如，R. G. Chamber, Phys. Rev.Lett., **5**, 3(1960). 最漂亮的实验检验为 A. Tonomura, et al., PRL, **48**, 1443 (1982); **56**, 792(1986).

2．向电磁 AB 效应推广

众所周知，电磁现象是 Lorentz 变换不变的，磁的和电的现象经过 Lorentz 变换可以相互转换．因此上面的磁 AB 效应应当扩充为包括电 AB 效应在内的 Lorentz 变换协变形式．

这时，由于 $(A)_\mu = (\boldsymbol{A}, \mathrm{i}\varphi)$ 和 $(x_\mu) = (\boldsymbol{x}, \mathrm{i}ct)$，上面关于相因子的路径积分应当扩充为

$$\oint \boldsymbol{A}\cdot \mathrm{d}\boldsymbol{l} \to \oint A_\mu \mathrm{d}x_\mu = \oint (\boldsymbol{A}\cdot \mathrm{d}\boldsymbol{x} - c\varphi \mathrm{d}t)$$

于是，**这个不可积相因子就成为如下形式：**

$$\boxed{\exp\left\{\frac{\mathrm{i}e}{\hbar c}\oint A_\mu \mathrm{d}x_\mu\right\}} \tag{9.28}$$

由于 $A_\mu \mathrm{d}x_\mu$ 在 Lorentz 变换下是个标量，因此总的电磁 AB 效应是 Lorentz 变换不变的．

此外，总的电磁 AB 效应也是规范变换不变的．因为，任一可微函数 $f(\boldsymbol{x},t)$ 所引导的规范变换为

$$A_\mu(x) \to A'_\mu(x) = A_\mu(x) + \partial_\mu f(x)$$

上面闭曲线积分相应为

$$\oint A'_\mu \mathrm{d}x_\mu = \oint (A_\mu + \partial_\mu f)\mathrm{d}x_\mu = \oint A_\mu \mathrm{d}x_\mu$$

所以相因子（9.28）式也是规范变换不变的．

3．几点讨论

i．场强表述和势表述谁更基本的问题

上面描述的 AB 效应表明，用场强不能完全描述全部可观测的微观电磁现象，**或者说，就量子力学所描述的微观世界而言，$\boldsymbol{E}, \boldsymbol{B}$ 所提供的信息不足．但另一方面，势 $(\boldsymbol{A}, \mathrm{i}\varphi)$ 是规范变换可变的，因此它们虽然能描述全部微观电磁现象，却提供了多余的非物理的信息，就是说，也包括了非物理的信息．只有在规范条件约束下的势既能描述全部电磁现象，又很少（并非完全没有！）提供多余的非物理的信息．更准确地说，电磁现象正是不可积相因子**

$$\exp\left(\frac{\mathrm{i}e}{\hbar c}\int^{r}(-c\varphi \mathrm{d}t + \boldsymbol{A}\cdot \mathrm{d}\boldsymbol{r}')\right) \tag{9.29}$$

的规范不变的表现①．

① T.T. Wu, C.N. Yang, Phys. Rev., **D12**, 3845 (1975). Inter. Journal of Mod. Phys., **A21**, 16, 3235 (2006).

ii. 电磁场的局域性与整体性问题

按一般性判断，一个物理的事物应当是 Lorentz 变换协变的和规范变换不变的．在以前宏观电磁场现象描述中，所使用的场强张量

$$\boxed{F_{\mu\nu}=\partial_{\mu}A_{\nu}-\partial_{\nu}A_{\mu}} \tag{9.30}$$

的确能满足这两个不变性的要求，可以作为物理量．但它们都是一些关于势场的微分量，只表征了势场的局域性质．细心分析即知，满足这两个一般要求的数学结构并非只有这种微分形式．现在 AB 效应不可积相因子里的闭合回路积分 $\oint A_{\mu}\mathrm{d}x_{\mu}$ 也能满足这两个不变性要求．于是它也可以作为一种物理的事物，而表现出可观测的物理效应．然而，现在的这种（具有不变性的）形式并非是微分量而是积分量，因而能够体现势场的整体性质．所以说，AB 效应正是电磁势作为空间场的整体拓扑性质的物理体现（缝屏后面的矢势场不再是曲面单连通区域，而是曲面多连通区域）．以前全部宏观电磁现象只是电磁势场局域性质的物理体现（也就无法表现势场的非平庸的拓扑性质）[①]．

iii. AB 效应并不证明微观世界有超距作用存在

设磁场中带电粒子 q，此时 Hamilton 量为

$$H=\frac{1}{2\mu}\left(\boldsymbol{p}-\frac{q}{c}\boldsymbol{A}\right)^{2} \tag{9.31}$$

速度算符为

$$\boldsymbol{v}=\frac{1}{\mathrm{i}\hbar}[\boldsymbol{x},H]=\frac{1}{\mu}\left(\boldsymbol{p}-\frac{q}{c}\boldsymbol{A}\right) \tag{9.32}$$

而量子 Lorentz 力算符为

$$\boldsymbol{F}=\mu\dot{\boldsymbol{v}}=\frac{1}{\mathrm{i}\hbar}\left[\left(\boldsymbol{p}-\frac{q}{c}\boldsymbol{A}\right),H\right]=\frac{1}{2\mu\mathrm{i}\hbar}\left[\left(\boldsymbol{p}-\frac{q}{c}\boldsymbol{A}\right),\left(\boldsymbol{p}-\frac{q}{c}\boldsymbol{A}\right)\cdot\left(\boldsymbol{p}-\frac{q}{c}\boldsymbol{A}\right)\right]$$

算出这个对易子（习题 19），得到磁场中量子 Lorentz 力算符为

$$\boxed{\boldsymbol{F}=\frac{q}{2c}(\boldsymbol{v}\times\boldsymbol{B}-\boldsymbol{B}\times\boldsymbol{v})} \tag{9.33}$$

这表明，量子 Lorentz 力（9.33）式不但可以直接由经典 Lorentz 力公式经一次量子

---

① 这个相因子是更一般的 Berry 相因子在最简单的 Abel 规范场——电磁场下的特例，根源于缝屏之后势场的拓扑性质．Berry 相因子的显著特点是其不可积性质．表面上它们来自动力学方程，实质上根源于体系 Hamilton 量内所含辅助空间的整体几何性质，并非根源于 Schrödinger 方程的动力学性质．见《杨振宁讲演集》，天津：南开大学出版社．

化得到，**和经典物理学一样，右边力的表达式表明某时某地的力只和当时当地的参量（$\boldsymbol{B}$ 和 $\boldsymbol{v}$）有关，显示了定域性，说明微观世界也不存在超距作用力**.

※§9.5 超导现象的量子理论基础

1. 超导体中的流密度与 London 方程

低温下，许多金属与合金中的导带电子由于长程相干而大量耦合成 Cooper 对，构成无相互作用的 Bose 气体. 它们的流动形成超导电流，这一电流不服从 Ohm 定律[①]. 对于由 Cooper 对组成的 Bose 气体，其概率幅可以写为

$$\boxed{\psi(\boldsymbol{r},t)=\sqrt{\rho(\boldsymbol{r},t)}\mathrm{e}^{\mathrm{i}\theta(\boldsymbol{r},t)}} \tag{9.34}$$

这里 $\rho(\boldsymbol{r},t)$ 为 Cooper 对 Bose 子的密度，由于超导体的均匀性，下面将假定它为常数. 将它代入流密度表达式 $\boldsymbol{j}_{\text{parti}}$ 中，

$$\boldsymbol{j}_{\text{parti}}=\frac{1}{2\mu}\left[\psi^*\boldsymbol{p}\psi-\psi\boldsymbol{p}\psi^*-\frac{2q}{c}\boldsymbol{A}\psi^*\psi\right]$$

这里 μ 为此 Bose 子的有效质量，并且 $q=-2e$ 为它的电荷，得

$$\boldsymbol{j}_{\text{parti}}=\frac{\rho}{\mu}\left(\hbar\nabla\theta-\frac{q}{c}\boldsymbol{A}\right)$$

于是超导电流密度为

$$\boldsymbol{j}_{\text{elect}}=q\boldsymbol{j}_{\text{parti}}=\frac{q\rho}{\mu}\left(\hbar\nabla\theta-\frac{q}{c}\boldsymbol{A}\right)$$

对此式取旋度之后，注意梯度 $\nabla\theta$ 的旋度为零，以及 $\nabla\times\boldsymbol{A}=\boldsymbol{B}$，得到

$$\boxed{\nabla\times\boldsymbol{j}_{\text{elect}}=-\frac{q^2\rho}{\mu c}\boldsymbol{B}} \tag{9.35}$$

这就是早期超导唯象理论中的 **London 方程**，也称 London 第二方程.

2. Meissner 效应

这个实验效应是说：**块形超导体在外磁场中是个相当理想的抗磁体，其内部（除表面薄层以外）$\boldsymbol{B}=\boldsymbol{0}$.**

由 London 方程出发，用 Maxwell 方程消去 $\boldsymbol{j}_{\text{elect}}$，即可解释这一效应. 因为根据 Maxwell 方程，考虑到现在是稳定情况，有

① 一般说，也同时存在未配对电子，它们行为服从 Ohm 定律，即 $\boldsymbol{j}_n=\sigma\boldsymbol{E}$.

$$\nabla\times\boldsymbol{B}=\frac{4\pi}{c}\boldsymbol{j}_{\text{elect}}$$

代入 London 方程，有

$$-\frac{q^2\rho}{\mu c}\boldsymbol{B}=\nabla\times\boldsymbol{j}_{\text{elect}}=\frac{c}{4\pi}\nabla\times(\nabla\times\boldsymbol{B})$$

由于$\nabla\times(\nabla\times\boldsymbol{B})=\nabla(\nabla\cdot\boldsymbol{B})-\Delta\boldsymbol{B}=-\Delta\boldsymbol{B}$，即得

$$\boxed{\Delta\boldsymbol{B}=\frac{1}{\lambda_{\text{L}}^2}\boldsymbol{B},\quad \lambda_{\text{L}}=\sqrt{\frac{\mu c^2}{4\pi q^2\rho}}}\tag{9.36}$$

λ_{L} 称为 **London 穿透深度**，为$10^{-6}\sim10^{-5}\,\text{cm}$量级．求解一维方程（9.36）便可以直接了解$\lambda_{\text{L}}$的物理含义．这时磁场从块体外部穿入超导体后，呈现如下衰减规律：

$$\boxed{\boldsymbol{B}=\boldsymbol{B}_0\text{e}^{-x/\lambda_{\text{L}}}}\tag{9.37}$$

λ_{L} 数值是空间衰减快慢的度量．于是，除表面薄层外，超导体内部无磁场．

3．磁通量量子化（及磁荷）

如图 9-7 所示，设有一细环状超导体，环内有一磁场．取超导体内部离开表面的一条回路 C，在这条回路上处处有（m 为电子质量）

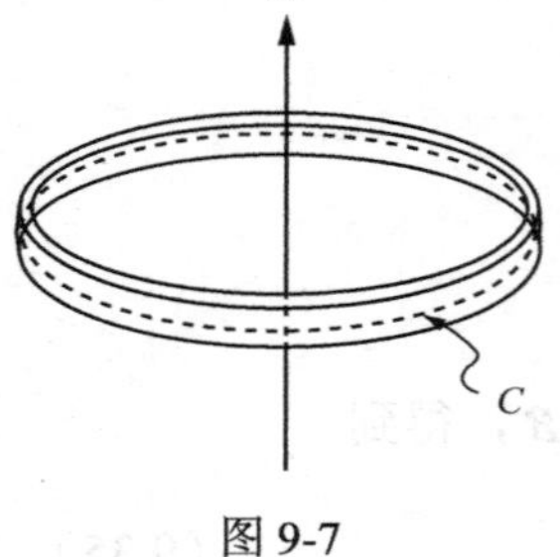

图 9-7

$$\boldsymbol{j}_{\text{parti}}\Big|_C=\frac{\rho}{m}\left(\hbar\nabla\theta-\frac{q}{c}\boldsymbol{A}\right)\Big|_C=0$$

这里假定环内无电流．绕 C 一圈后波函数相位变化为

$$\theta_2-\theta_1=\oint\nabla\theta\cdot\text{d}\boldsymbol{l}=\frac{q}{\hbar c}\oint\boldsymbol{A}\cdot\text{d}\boldsymbol{l}$$

$$=\frac{q}{\hbar c}\iint(\nabla\times\boldsymbol{A})\cdot\text{d}\boldsymbol{S}=\frac{q}{\hbar c}\iint\boldsymbol{B}\cdot\text{d}\boldsymbol{S}=\frac{q}{\hbar c}\varPhi$$

这里$\varPhi$为穿过超导环的磁通量．现在 Cooper 对波函数$\psi=\sqrt{\rho}\text{e}^{\text{i}\theta}$中$\rho$和$\theta$都是可观测的量，$\psi$必须是单值函数，这要求上式左边相位变化只能是$2\pi$的整数倍，即

$$\theta_2-\theta_1=2n\pi\quad(n=0,\pm1,\pm2,\cdots)\tag{9.38}$$

$$\boxed{\varPhi=n\frac{2\pi\hbar c}{q}=n\varPhi_0}\tag{9.39}$$

这里$\varPhi_0=\dfrac{hc}{q}=\dfrac{hc}{2e}$．结果说明，**超导环中的磁通$\varPhi$是量子化的，它最小单位为$\dfrac{hc}{2e}$**．

Dirac 假定，如果存在最小的磁单极子（磁荷）g，便可以由这里磁通最小数值算出磁荷 g 的大小．设 g 位于坐标原点，取 g 上方的半个球面，通过半个球面的磁通将是上面这个最小磁通，即有

$$\frac{g}{r^2}\cdot\frac{1}{2}(4\pi r^2)=\Phi_0$$

于是得到 Dirac 著名的关于磁荷与电荷关系的公式

$$g=\frac{\hbar c}{2e}=\frac{137}{2}e \tag{9.40}$$

此关系式表明，假如磁荷存在，将能说明电荷的量子化现象．但迄今实验上并未找到磁荷，所以 Dirac 的此处论断物理上是有问题的．

4．超导 Josephson 结的 AB 效应

i．直流和交流 Josephson 效应及单结磁衍射现象

这是超导电子对从一个超导体穿过薄绝缘层进入另一超导体的隧道贯穿现象．这一薄绝缘层和其两边的超导体构成一个 Josephson 结．实验表明，当结的两端不加任何电磁场时，有直流电流通过，这称为**直流 Josephson 效应**；当结上加了直流电压时，有射频交流电流通过，称之为**交流 Josephson 效应**；当结上存在恒定磁场时，出现电流强度随磁通变化的**单结磁衍射现象**．它们的物理机制统一简述如下．

设结的左、右方超导体中电子对的概率幅分别为Ψ_1,Ψ_2；$\hbar\Omega$ 唯象地表示结的耦合常数，表示结两边电子对由耦合作用造成的隧穿效应，由于绝缘层很薄，这种量子作用只与$\hbar$一次方有关，Ω 的量纲是频率．设结上加有电压 V 和磁场 $\boldsymbol{B}$（图 9-8）．

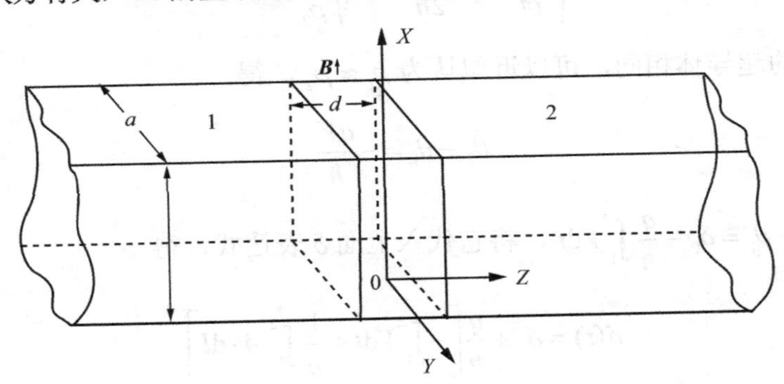

图 9-8 单个 Josephson 结

Ψ_1 和 Ψ_2 的方程为

$$\begin{cases} \mathrm{i}\hbar\dfrac{\partial \Psi_1}{\partial t} = \hbar\Omega \mathrm{e}^{\frac{\mathrm{i}q}{\hbar c}\int_1^2 \boldsymbol{A}\cdot \mathrm{d}\boldsymbol{l}}\Psi_2 - \dfrac{qV}{2}\Psi_1 \\ \mathrm{i}\hbar\dfrac{\partial \Psi_2}{\partial t} = \hbar\Omega \mathrm{e}^{-\frac{\mathrm{i}q}{\hbar c}\int_1^2 \boldsymbol{A}\cdot \mathrm{d}\boldsymbol{l}}\Psi_1 + \dfrac{qV}{2}\Psi_2 \end{cases} \tag{9.41}$$

这里 $q=-2e$ 是电子对的电荷．由于 $\boldsymbol{B}$ 横向穿过结，绝缘层以及两边超导体相邻的薄层内有 $\boldsymbol{A}$ 存在，这使电子对穿过结时获得附加相因子 $\mathrm{e}^{\pm \mathrm{i}\frac{q}{\hbar c}\int_1^2 \boldsymbol{A}\cdot \mathrm{d}\boldsymbol{l}}$．将 $\Psi_i=\sqrt{\rho_i}\mathrm{e}^{\mathrm{i}\theta_i}\,(i=1,2)$ 代入第一个方程，并乘以 $\sqrt{\rho_1}\mathrm{e}^{-\mathrm{i}\theta_1}$，得

$$\frac{1}{2}\frac{\partial \rho_1}{\partial t} + \mathrm{i}\rho_1\frac{\partial \theta_1}{\partial t} = -\mathrm{i}\Omega\sqrt{\rho_1\rho_2}\,\mathrm{e}^{\mathrm{i}\delta} + \mathrm{i}\frac{qV}{2\hbar}\rho_1$$

这里 $\delta=\theta_2-\theta_1+\dfrac{q}{\hbar c}\int_1^2 \boldsymbol{A}\cdot \mathrm{d}\boldsymbol{l}$．分开方程的实部和虚部，得

$$\begin{cases} \dfrac{\partial \rho_1}{\partial t} = 2\Omega\sqrt{\rho_1\rho_2}\sin\delta \\ \dfrac{\partial \theta_1}{\partial t} = \dfrac{qV}{2\hbar} - \Omega\sqrt{\dfrac{\rho_2}{\rho_1}}\cos\delta \end{cases}$$

对第二个方程作类似计算，得

$$\begin{cases} \dfrac{\partial \rho_2}{\partial t} = -2\Omega\sqrt{\rho_1\rho_2}\sin\delta \\ \dfrac{\partial \theta_2}{\partial t} = -\dfrac{qV}{2\hbar} - \Omega\sqrt{\dfrac{\rho_1}{\rho_2}}\cos\delta \end{cases}$$

假定结两边的超导体相同，可以近似认为 $\rho_1\approx\rho_2$，得

$$\dot{\theta}_2-\dot{\theta}_1=-\frac{qV}{\hbar}$$

积分即得 $\theta_2-\theta_1=\delta_0-\dfrac{q}{\hbar}\int_1^2 V\mathrm{d}t$，将它代入上面 δ 表达式，得

$$\delta(t)=\delta_0+\frac{q}{\hbar}\left[-\int_1^2 V\mathrm{d}t+\frac{1}{c}\int_1^2 \boldsymbol{A}\cdot \mathrm{d}\boldsymbol{l}\right]$$

由于 $\dfrac{\partial \rho_1}{\partial t},\dfrac{\partial \rho_2}{\partial t}$ 分别正比于从 2 贯穿到 1 和从 1 贯穿到 2 的隧穿流密度，乘以对电荷 $-2e$ 即得流过结的电流密度．于是它和相位差的关系为

$$J(t) = J_0 \sin\delta(t) = J_0 \sin\left\{\delta_0 + \frac{q}{\hbar c}\int_1^2 (\boldsymbol{A}\cdot \mathrm{d}\boldsymbol{l} - cV\mathrm{d}t)\right\} \tag{9.42}$$

下面对（9.42）式作些讨论：

第一，当$V=0, \boldsymbol{A}=\boldsymbol{0}$时，

$$J = J_0 \sin\delta_0 \tag{9.43}$$

说明此时结上有直流电流流过．这即是直流 Josephson 效应．

第二，当结上加了直流电压 V 时，结上流过交流电流，其频率为$\omega = \dfrac{qV}{\hbar}$．这就是交流 Josephson 效应．当$V=1\mathrm{mV}$时，$\omega = 3039\mathrm{MHz}$，是微波频率范围，伴有相同频率的电磁波从结上辐射．这是因为，Cooper 对穿过绝缘层时，势能降低了 qV，一对（或多对）Cooper 对所降低的能量将以一个（或多个）光子的能量 $\hbar\omega$（或$n\hbar\omega$）放出．通过测量直流电压和交流频率，可以得到非常精确的$\dfrac{e}{\hbar}$数值．

第三，当结上只有磁场 $\boldsymbol{B}$ 时，流过结的电流密度为

$$J = J_0 \sin\left(\delta_0 + \frac{q}{\hbar c}\int_1^2 \boldsymbol{A}\cdot \mathrm{d}\boldsymbol{l}\right) \tag{9.44}$$

而流过结的总电流是（9.44）式对 xy 截面的积分．由于$\boldsymbol{B} = B\boldsymbol{e}_x$，可取$\boldsymbol{A} = \{0,0,By\}$，于是$\boldsymbol{A}\cdot \mathrm{d}\boldsymbol{l} = By\mathrm{d}z$，流过结的总电流为

$$I = J_0 \int_0^l \mathrm{d}x \int_{-a/2}^{a/2} \mathrm{d}y \sin\left[\delta_0 + \frac{q}{\hbar c}\int_{-\frac{d}{2}-\lambda}^{\frac{d}{2}+\lambda} By\mathrm{d}z\right] = I_0 \sin c\left(\frac{q\Phi}{2\hbar c}\right)\sin\delta_0 \tag{9.45}$$

这里$\mathrm{sinc}(f) = (\sin f)/f$，并且在对 z 积分时已考虑了紧贴绝缘层的导体表面有磁通透入，透入的深度大约为一个 London 穿透深度λ；$\Phi = (d+2\lambda)\alpha B$是结的有效截面积内的磁通．这公式表明，总电流 I 对磁通Φ的振荡关系类似于光学中的单缝衍射花样，所以称为单结磁衍射现象．

ii.　Josephson 结的 AB 效应

其实，上面单结磁衍射现象中已含有 AB 效应．这里再研究两个并联 Josephson 结中间有磁弦通过的情况（如图 9-9），此时 AB 效应更为明显．

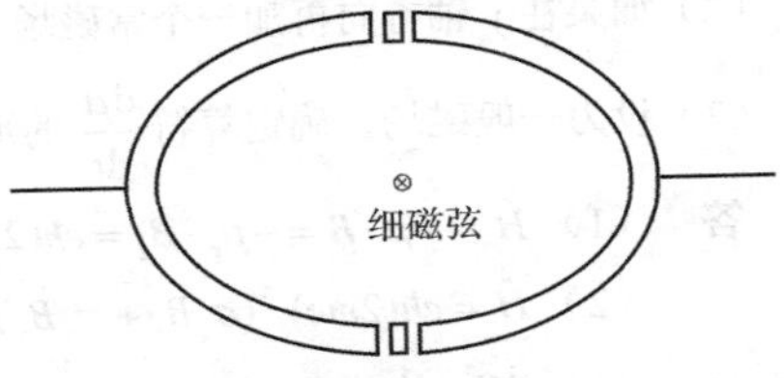

图 9-9　并联双 Josephson 结的 AB 效应

按前面 AB 效应的论述，环绕磁弦一周将出现一相因子$\mathrm{e}^{\mathrm{i}\frac{q\Phi}{\hbar c}}$，这里$q=-2e$．于是流过每个结的电流为

$$J_1 = J_0 \sin\left(\delta + \frac{e\Phi}{\hbar c}\right),\quad J_2 = J_0 \sin\left(\delta - \frac{e\Phi}{\hbar c}\right) \tag{9.46}$$

这里已假定两个结完全一样，从而两个单结的相位差δ相同．由此得到这两个并联结的总电流

$$J_{\text{total}} = J_1 + J_2 = 2J_0 \sin\delta \cos\left(\frac{e\Phi}{\hbar c}\right) \tag{9.47}$$

$\sin\delta$代表单结衍射因子，$\cos\left(\frac{e\Phi}{\hbar c}\right)$代表双结干涉因子，这已为实验所证实．值得指出，利用 Josephson 结的 AB 效应，可以制成各种高灵敏度的**超导量子干涉器件（superconducting quantum interference device，SQUID）**．

习　题

1．质量为 m、电荷为 q 的非相对论粒子在电磁场中运动时，Hamilton 量算符为

$$H = (1/(2m))(\boldsymbol{p} - q\boldsymbol{A}/c)^2 + q\varphi$$

其中，$\boldsymbol{A}(\boldsymbol{r},t), \varphi(\boldsymbol{r},t)$ 是电磁场的矢势和标势；$\boldsymbol{p} = -\mathrm{i}\hbar\nabla$ 是正则动量算符．定义速度算符 $\boldsymbol{v} = \frac{\mathrm{d}\boldsymbol{r}}{\mathrm{d}t} = \frac{1}{\mathrm{i}\hbar}[\boldsymbol{r}, \boldsymbol{H}]$，求 $\boldsymbol{v}$ 的具体表示式以及它的各分量之间的对易关系．

答　$\boldsymbol{v} = (1/m)(\boldsymbol{p} - q\boldsymbol{A}/c)$，$\boldsymbol{v}\times\boldsymbol{v} = \mathrm{i}\hbar q/(m^2 c)\boldsymbol{B}$．

2．质量为 m、电荷为 q 的非相对论粒子在电磁场 $\boldsymbol{B} = \nabla\times\boldsymbol{A}$ 中运动，定义机械角动量算符 $\hat{\boldsymbol{L}} = \frac{1}{2}(\boldsymbol{r}\times m\boldsymbol{v} - m\boldsymbol{v}\times\boldsymbol{r})$，$\boldsymbol{v}$ 为（机械）速度算符，求 $\frac{\mathrm{d}\boldsymbol{v}}{\mathrm{d}t}, \frac{\mathrm{d}\hat{\boldsymbol{L}}}{\mathrm{d}t}$．

答　$\frac{\mathrm{d}\boldsymbol{v}}{\mathrm{d}t} = \frac{q}{2mc}(\boldsymbol{v}\times\boldsymbol{B} - \boldsymbol{B}\times\boldsymbol{v})$，$\frac{\mathrm{d}\hat{\boldsymbol{L}}}{\mathrm{d}t} = \frac{1}{2}(\boldsymbol{r}\times\boldsymbol{F} - \boldsymbol{F}\times\boldsymbol{r})$，其中 $\boldsymbol{F}$ 为（9.33）式．

3．在非相对论下，自由电子的磁矩为 $\boldsymbol{\mu}$，处于恒定外磁场中．问：

（1）量子力学的 Hamilton 量形式如何（设场强为 B_z）？

（2）如果在 y 轴方向再加一个常磁场 B_y 呢？

（3）设为一般磁场，确定算符 $\frac{\mathrm{d}\boldsymbol{\mu}}{\mathrm{d}t}$ 的形式．

答　（1）$\hat{H} = -\boldsymbol{\mu}\cdot\boldsymbol{B} = -\mu_z\cdot B_z = e\hbar(2mc)^{-1}\sigma_z B_z$；

（2）$\hat{H} = e\hbar(2mc)^{-1}(\sigma_z B_z + \sigma_y B_y)$；

（3）$\frac{\mathrm{d}\boldsymbol{\mu}}{\mathrm{d}t} = \frac{1}{\mathrm{i}\hbar}[\boldsymbol{\mu}, \hat{H}] = \frac{e}{mc}\boldsymbol{B}\times\boldsymbol{\mu}$．

4．质量为 m、电荷为 q 的粒子，在沿 z 轴方向的均匀磁场作用下在 xy 平面上运动，定义轨道中心算符 $\hat{x}_0 = \hat{x} + \frac{1}{\omega}\hat{v}_y$，$\hat{y}_0 = \hat{y} - \frac{1}{\omega}\hat{v}_x$，其中 $\omega = qB/(mc)$，说明 x_0, y_0 的经典力学意义，并证明它们是运动常数．

5．已知质量为 m、电荷为 q 的粒子处于态 $\psi(\boldsymbol{r})$ 时，其电荷密度和电流密度分别为

$$\rho(\boldsymbol{r})=q\psi^*(\boldsymbol{r})\psi(\boldsymbol{r}),\quad \boldsymbol{j}(\boldsymbol{r})=-\frac{\mathrm{i}\hbar q}{2m}[\psi^*\nabla\psi-\psi\nabla\psi^*]$$

问如何引入电荷密度算符和电流密度算符？解释这两个算符的物理意义，并证明它们的平均值就是这里的表达式.

6．一个带电粒子自旋角动量 $\hat{S}^2=S(S+1)\hbar^2$，其中 $S=1/2$，设该粒子磁矩为 $\hat{M}=c\hat{S}$，c 为常数，该粒子的量子态可以用自旋空间来描述，其坐标基矢可以取 S_z 的两个本征态 $|\uparrow\rangle,|\downarrow\rangle$，且当 $t=0$ 时，体系状态为 $|\psi(0)\rangle=|\uparrow\rangle$，该粒子沿 y 轴运动，通过一个沿 y 轴的均匀磁场 $\boldsymbol{B}=B_0\boldsymbol{e}_y$．求：

（1）$|\psi(t)\rangle$ 的表达式；（2）自旋的三个分量作为时间函数的表达式.

答　（1）$|\psi(t)\rangle=\cos(cB_0t/2)|\uparrow\rangle-\sin(cB_0t/2)|\downarrow\rangle$；

（2）$\langle S_x\rangle=-\hbar\sin(cB_0t)/2$，$\langle S_y\rangle=0$，$\langle S_z\rangle=\hbar\cos(cB_0t)/2$.

7．设带电粒子在相互垂直的均匀电场 ε 及均匀磁场 $\boldsymbol{B}$ 中运动，求其能谱及波函数.（取磁场方向为 z 轴方向，电场方向为 x 轴方向.）

8．设带电粒子在均匀磁场 $\boldsymbol{B}$ 及三维各向同性谐振子场 $V(r)=\frac{1}{2}\mu\omega_0^2r^2$ 中运动，求能谱公式.

9．一个处于磁场 $\boldsymbol{B}=\nabla\times\boldsymbol{A}$ 中的无自旋带电粒子的 Hamilton 量为

$$H=\frac{1}{2m}\left(\boldsymbol{p}-\frac{e}{c}\boldsymbol{A}(\boldsymbol{r})\right)^2$$

其中，$\boldsymbol{p}=(p_x,p_y,p_z)$ 是粒子位置 $\boldsymbol{r}$ 的共轭动量．设 $\boldsymbol{A}=-B_0y\hat{e}_x$，对应着一个均匀磁场 $\boldsymbol{B}=B_0\hat{e}_z$.

（1）证明 p_x 和 p_z 是运动恒量；

（2）求该体系的能级.

答　（2）$E_n=\dfrac{p_z^2}{2m}+\left(n+\dfrac{1}{2}\right)\hbar\dfrac{eB_0}{mc}\quad(n=0,1,2,\cdots)$.

10．在一次经典的台面实验中，一单色中子束（$\lambda=1.4445$Å）在干涉仪的 A 点发生 Bragg 衍射相干分解成两束，然后（经过另一次反射）又汇交于 D 点．其中一束穿过一磁场强度为 $\boldsymbol{B}$ 的横向磁场区域，经过的距离为 l（图 9-10）.

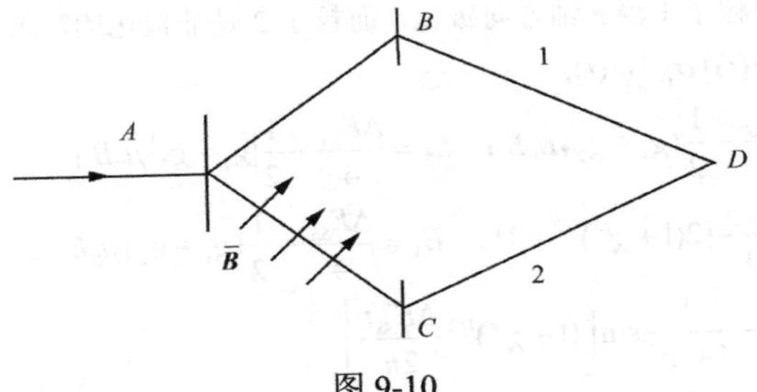

图 9-10

假定从 A 到 D 的两条路径除有无磁场外完全一样．在中子极化方向平行或反平行于磁场的情况下，找出 D 点强度依赖于 $\boldsymbol{B}$，l，以及中子波长的明显表达式.

11. 考虑一个无限长的螺线管. 其中通有电流 I, 结果在螺线管内产生了一个均匀恒定的磁场. 假设在螺线管外的区域中, 电荷为 e、质量为 m 的粒子的运动可以用 Schrödinger 方程描述. 假定对于 $I \equiv 0$, 方程的解由下式给出:

$$\psi_0(\boldsymbol{x},t) = \mathrm{e}^{-\mathrm{i}E_0 t}\psi_0(\boldsymbol{x})$$

(1) 对 $I \neq 0$ 情况给出并求解螺线管外区域中的 Schrödinger 方程.

(2) 考虑一个为上述粒子准备的双缝衍射实验 (图 9-11), 假定两缝间距 d 远大于螺线管直径. 计算由于 $I \neq 0$ 的螺线管的存在而使衍射图像在屏上产生的移动 ΔS. 假定 $l \gg \Delta S$.

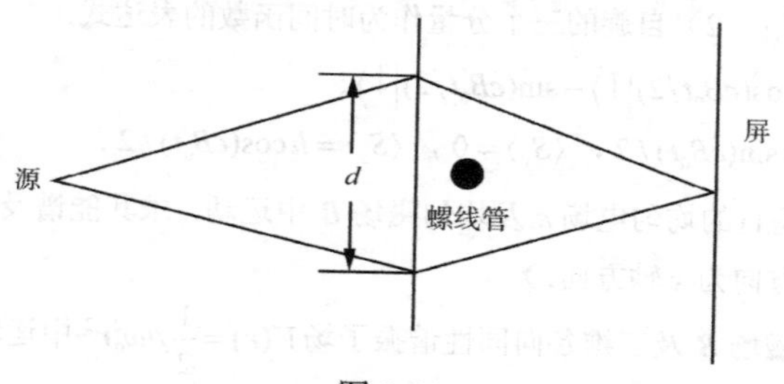

图 9-11

提示 $\psi(\boldsymbol{x},t) = \psi_0(\boldsymbol{x},t)\psi_A(\boldsymbol{x})$, 其中 $\left(\nabla - \mathrm{i}\dfrac{e}{c}\boldsymbol{A}(\boldsymbol{x})\right)\psi_A(\boldsymbol{x}) = 0 \quad (\hbar = 1)$.

12. 两个自旋为 1/2、带等量但异号电荷的粒子组成的体系, 设粒子的自旋算符为 $\hat{S}_1, \hat{S}_2$, 自旋-轨道耦合为 ΔE_{SS}, 将其放在均匀磁场 $\boldsymbol{B} = B\boldsymbol{e}_z$ 中, 此时的 Hamilton 量为 $H = \dfrac{\Delta E_{SS}}{4}(\boldsymbol{\sigma}_1 \cdot \boldsymbol{\sigma}_2) - (\boldsymbol{\mu}_1 + \boldsymbol{\mu}_2)\cdot \boldsymbol{B}$, 其中 $\boldsymbol{\mu}_i = g_i\mu_0\boldsymbol{S}_i$ 为第 i 个粒子的磁矩. 若用 Pauli 算符的二分量本征态来表示体系的四个状态, 其自旋波函数为 $\psi_1 = \alpha_1\alpha_2$, $\psi_2 = A_-\beta_1\alpha_2 + A_+\alpha_1\beta_2$, $\psi_3 = C\beta_1\alpha_2 - A\alpha_1\beta_2$, $\psi_4 = \beta_1\beta_2$, 其中 α_i 为 $(\sigma_z)_i$ 的本征值为+1 的态函数, β_i 为 $(\sigma_z)_i$ 的本征值为−1 的态函数, $A_\pm = \dfrac{1}{\sqrt{2}}\left(1 \pm \dfrac{\chi}{(1+\chi^2)^{1/2}}\right)^{1/2}$, $\chi = \mu_0 B(g_2 - g_1)/\Delta E_{SS}$. 求:

(1) 每个波函数 ψ_i 相应的能量本征值, 分别讨论 $\mu_0 B/\Delta E_{SS} \gg 1$ 及 $\ll 1$ 两种情况;

(2) 若初态 $\psi(0)$ 中粒子 1 沿 z 轴方向极化, 而粒子 2 是非极化的, 求粒子 1 的极化与时间的依赖关系 $P_{1z}(t) = \langle\psi(t)|\sigma_{1z}|\psi(t)\rangle$.

答 (1) $E_1 = \dfrac{\Delta E_{SS}}{4} - \dfrac{1}{2}(g_1 + g_2)\mu_0 B$; $E_2 = \dfrac{\Delta E_{SS}}{4} - \dfrac{1}{2}|g_1 + g_2|\mu_0 B$;

$E_3 = -\dfrac{\Delta E_{SS}}{4}[2(1+\chi^2)^{1/2} + 1]$; $E_4 = \dfrac{\Delta E_{SS}}{4} + \dfrac{1}{2}(g_1 + g_2)\mu_0 B$.

(2) $P(t) = 1 - \dfrac{1}{1+\chi^2}\sin\left[(1+\chi^2)^{1/2}\dfrac{\Delta E_{SS}t}{2\hbar}\right]$.

13. 在一类核磁共振实验中采用: 一个自旋为 1/2、磁矩为 μ 的粒子处于磁场 $\boldsymbol{B} = B_1\cos(\omega t)\boldsymbol{e}_x - B_1\sin(\omega t)\boldsymbol{e}_y + B_0\boldsymbol{e}_z$ 中, 若 $t = 0$ 时粒子的自旋沿 z 轴向上, 求出 $t > 0$ 时粒子自旋沿 z 轴向下的概率.

答　$p=\dfrac{\left(\dfrac{\mu B_1}{\hbar}\right)^2\sin^2\left\{\left[\left(\dfrac{\mu B_0}{\hbar}-\dfrac{\omega}{2}\right)^2+\left(\dfrac{\mu B_1}{\hbar}\right)^2\right]^{1/2}t\right\}}{\left(\dfrac{\mu B_0}{\hbar}-\dfrac{\omega}{2}\right)^2+\left(\dfrac{\mu B_1}{\hbar}\right)^2}$.

14．一个质量为 m、电荷为 q 的无自旋粒子被束缚在半径为 R 的圆周上运动，讨论下述几种情况的能级：

（1）粒子的运动是非相对论的；

（2）在与圆面垂直的方向上有一个均匀的磁场 $\boldsymbol{B}$；

（3）穿过圆面的磁通量与（2）相同，但粒子被束缚在半径为 b（$b<R$）的螺线管内；

（4）在圆面上有一个极强的电场 $\boldsymbol{E}$（$q|\boldsymbol{E}|\gg\hbar^2/(\mu R^2)$）；

（5）无 $\boldsymbol{B}$ 和 $\boldsymbol{E}$，但粒子运动是极端相对论的；

（6）圆被一个等周长但面积为其一半的椭圆所替代．

答　（1）$E_n=\dfrac{n^2\hbar^2}{2mR^2}$；　（2）$E_n=\dfrac{1}{2mR^2}\left(n\hbar-\dfrac{q\Phi}{2\pi c}\right)^2$，$\Phi=\pi R^2|\boldsymbol{B}|$；　（3）与（2）同；

（4）$E_n=-qER+(n+1/2)\hbar\left(\dfrac{qE}{mR}\right)^{1/2}$；（5）$E_n=\dfrac{n\hbar c}{R}$；（6）与（5）同．

15．自旋为 $\hbar/2$，内禀磁矩为 μ_0 的粒子，在空间分布均匀但随时间变化的磁场 $\boldsymbol{B}(t)$ 中运动，证明粒子的波函数可以表示成空间波函数和自旋波函数的积，写出它们满足的波动方程．

答
$$\psi(x,y,z,S_z,t)=\varphi(x,y,z,t)\begin{pmatrix}a(t)\\b(t)\end{pmatrix}$$
$$\mathrm{i}\hbar\frac{\partial}{\partial t}\varphi=H_0\varphi$$
$$\mathrm{i}\hbar\frac{\partial}{\partial t}\begin{pmatrix}a\\b\end{pmatrix}=-\mu_0\boldsymbol{\sigma}\cdot\boldsymbol{B}\begin{pmatrix}a\\b\end{pmatrix}$$

16．同习题 15，设磁场沿 z 轴方向，在 $t=0$ 时，自旋波函数为 $\begin{pmatrix}a(0)\\b(0)\end{pmatrix}=\begin{pmatrix}\mathrm{e}^{-\mathrm{i}\varepsilon}\cos\delta\\\mathrm{e}^{\mathrm{i}\alpha}\sin\delta\end{pmatrix}$，求 t 时刻的波函数，它是自旋沿何方向分量的本征态？在此时自旋分量的平均值为多少？

答　$\begin{pmatrix}a(t)\\b(t)\end{pmatrix}=\begin{pmatrix}\cos\delta\exp\left[\mathrm{i}\dfrac{\mu}{\hbar}\displaystyle\int_0^t B\mathrm{d}t-\mathrm{i}\alpha\right]\\\sin\delta\exp\left[-\mathrm{i}\dfrac{\mu}{\hbar}\displaystyle\int_0^t B\mathrm{d}t+\mathrm{i}\alpha\right]\end{pmatrix}$是自旋沿 (θ,φ) 方向分量的本征态，其中 $\theta=2\delta$，$\varphi=2\left(\alpha-\dfrac{\mu_0}{\hbar}\displaystyle\int_0^t B\mathrm{d}t\right)$，$\langle S_x\rangle=\dfrac{\hbar}{2}\sin(2\delta)\cos\left(\dfrac{2\mu_0}{\hbar}\displaystyle\int_0^t B\mathrm{d}t-2\alpha\right)$，$\langle S_y\rangle=-\dfrac{\hbar}{2}\sin(2\delta)\sin\left(\dfrac{2\mu_0}{\hbar}\displaystyle\int_0^t B\mathrm{d}t-2\alpha\right)$，$\langle S_z\rangle=\dfrac{\hbar}{2}\cos(2\delta)$．

17．质量为 m、电荷为 q 的粒子受到均匀电场的作用．

（1）写出这个体系的含时 Schrödinger 方程；

（2）证明当粒子处于任意态时，坐标算符的期望值满足 Newton 第二定律；

（3）证明这一结果在还有一个均匀静磁场时也是正确的，这一结论在质谱仪、粒子加速器的设计中有用吗？

18．质量为 m、电荷为 q 的粒子在恒定的相互垂直的电场 $\boldsymbol{E}=E_0\boldsymbol{e}_x$ 和磁场 $\boldsymbol{B}=B_0\boldsymbol{e}_z$ 中运动，求：（1）体系的能谱；（2）在零动量状态中速度 $\boldsymbol{v}$ 的期望值．

答　（1）$E_n=(n+1/2)\hbar\omega+\dfrac{1}{2m}P_z^2-\dfrac{mc^2E_0^2}{2B_0}-\dfrac{cP_yE_0}{B_0}$；（2）$\langle\boldsymbol{v}\rangle=-\dfrac{cE_0}{B_0}\boldsymbol{e}_y$．

19．计算对易子

$$\boldsymbol{F}=\mu\dot{\boldsymbol{v}}=\frac{1}{\mathrm{i}\hbar}\left[\left(\boldsymbol{p}-\frac{q}{c}\boldsymbol{A}\right),H\right]=\frac{1}{2\mu\mathrm{i}\hbar}\left[\left(\boldsymbol{p}-\frac{q}{c}\boldsymbol{A}\right),\left(\boldsymbol{p}-\frac{q}{c}\boldsymbol{A}\right)\cdot\left(\boldsymbol{p}-\frac{q}{c}\boldsymbol{A}\right)\right]$$

求证磁场中量子 Lorentz 力算符为

$$\boldsymbol{F}=\frac{q}{2c}(\boldsymbol{v}\times\boldsymbol{B}-\boldsymbol{B}\times\boldsymbol{v})$$

解　其中第 i 分量方程为（重复指标求和）

$$\begin{aligned}\mu\dot{v}_i&=\frac{1}{2\mu\mathrm{i}\hbar}\left[p_i-\frac{q}{c}A_i,\left(p_j-\frac{q}{c}A_j\right)\left(p_j-\frac{q}{c}A_j\right)\right]\\&=\frac{1}{2\mu\mathrm{i}\hbar}\left\{\left[\left(p_i-\frac{q}{c}A_i\right),\left(p_j-\frac{q}{c}A_j\right)\right]\left(p_j-\frac{q}{c}A_j\right)\right.\\&\qquad\left.+\left(p_j-\frac{q}{c}A_j\right)\left[\left(p_i-\frac{q}{c}A_i\right),\left(p_j-\frac{q}{c}A_j\right)\right]\right\}\end{aligned}$$

这里

$$\begin{aligned}\left[p_i-\frac{q}{c}A_i,p_j-\frac{q}{c}A_j\right]&=-\frac{q}{c}(-\mathrm{i}\hbar)(\partial_iA_j)+\frac{q}{c}(-\mathrm{i}\hbar)(\partial_jA_i)\\&=\frac{q}{c}(\mathrm{i}\hbar)\{(\partial_iA_j)-(\partial_jA_i)\}=\frac{q}{c}(\mathrm{i}\hbar)\varepsilon_{ijk}B_k\quad(\boldsymbol{B}=\nabla\times\boldsymbol{A})\end{aligned}$$

$$\begin{aligned}\mu\dot{v}_i&=\frac{1}{2\mu\mathrm{i}\hbar}\left\{\frac{q}{c}\mathrm{i}\hbar\varepsilon_{ijk}B_k\left(p_j-\frac{q}{c}A_j\right)+\frac{q}{c}\mathrm{i}\hbar\varepsilon_{ijk}\left(p_j-\frac{q}{c}A_j\right)B_k\right\}\\&=\frac{q}{2\mu c}\left\{-\varepsilon_{ikj}B_k\left(p_j-\frac{q}{c}A_j\right)+\varepsilon_{ijk}\left(p_j-\frac{q}{c}A_j\right)B_k\right\}\end{aligned}$$

最后得

$$\begin{aligned}\mu\dot{\boldsymbol{v}}&=\frac{q}{2\mu c}\left\{-\boldsymbol{B}\times\boldsymbol{p}+\frac{q}{c}\boldsymbol{B}\times\boldsymbol{A}+\boldsymbol{p}\times\boldsymbol{B}-\frac{q}{c}\boldsymbol{A}\times\boldsymbol{B}\right\}\\&=\frac{q}{2\mu c}\left\{\left(\boldsymbol{p}-\frac{q}{c}\boldsymbol{A}\right)\times\boldsymbol{B}-\boldsymbol{B}\times\left(\boldsymbol{p}-\frac{q}{c}\boldsymbol{A}\right)\right\}\end{aligned}$$

第十章　势散射理论

§10.1　一 般 描 述

1. 散射（碰撞）实验的意义及分类

散射（碰撞）实验是指具有一定动量的入射粒子束流，射向处于气、液、固体形态的靶粒子上，和靶粒子相互作用（电弱作用或强作用）之后，入射粒子、靶粒子或新生出的粒子由相互作用的局限区域散射飞出．除入射粒子的流强和能量之外，散射实验主要测量出射粒子的种类、能量、角分布（微分截面）、极化状态、角关联等．在实验和理论计算中，可以近似认为入射粒子束流是单色平面波，而（不一定和入射粒子同类的）出射粒子束流是（渐近自由的）出射球面波，入射粒子和靶粒子的相互作用导致入射和出射粒子不同状态之间的跃迁．各种类型的跃迁可以在设定相互作用之后由散射理论来计算．理论计算的结果可以直接经受实验检验，因此散射（碰撞）实验在对微观粒子相互作用以及它们内部结构的研究中处于一种特殊的地位，它们是原子物理、核物理的重要研究手段，是粒子物理几乎惟一的研究手段．

散射（碰撞）过程可以区分为以下三大种类：

弹性散射过程　　$A+B\to A+B$

非弹性散射过程　　$A+B\to A^{*}+B$（A^{*}是A的某种内部激发态）

碰撞反应过程　　$A+B\to C+D$（$+\cdots$）

在弹性散射过程中，不存在粒子种类的改变，不发生机械能（A、B粒子总动能和相互作用势能之和）**和粒子内能之间的转化，机械能守恒，因此可以忽略粒子内部结构的自由度；在非弹性散射过程中，存在机械能与粒子内能之间的转化**（这时已不再能够忽略粒子内部结构自由度．比如，电子在氢原子上散射造成氢原子内部状态激发或退激发）；**碰撞反应中，或是A、B之间发生部分粒子交换**（散射使粒子束缚态重新组合．比如，电子在氢原子上散射造成氢原子电离，众多的原子核反应等）；**或是有新旧粒子产生湮没**（碰撞前后粒子种类和数目不再守恒．比如，正负电子对撞湮没转成两个光子出射，或是各种高能粒子碰撞反应等）．**总之碰撞反应使得出射的是（部分或完全不同于入射的）新粒子**C、D、$\cdots$．有时也把除了弹性散射以外的全部散射（碰撞）过程统称为非弹性散射过程．

散射（碰撞）的量子理论通常划分成三个层次：能够用一个局域空间势函数处

理的情况，这时散射称为势散射；进一步，不可以（或不完全可以）用一个势函数描述的相互作用，或者复合粒子碰撞并且发生重新组合的情况，可以用高等量子力学中多道形式散射理论处理．再进一步，如果涉及新旧粒子产生湮没，不同粒子之间转化，将在量子场论中处理．本章只叙述弹性势散射过程，但其中一些基本概念对多道散射乃至碰撞反应过程也适用．

2．基本描述方法——微分散射截面

设入射粒子束的流密度为 j_0，其量纲为 $L^{-2}\cdot T^{-1}$，在散射区域经受和靶粒子的相互作用之后，朝 (θ,φ) 方向散射出去．设 $J(\theta,\varphi)=$ 单位时间内沿 (θ,φ) 方向单位立体角散射出去的粒子数目，其量纲为 T^{-1}．于是，定义沿 (θ,φ) 方向散射的微分散射截面 $\mathrm{d}\sigma(\theta,\varphi)\equiv\sigma(\theta,\varphi)\mathrm{d}\Omega$ 为

$$\boxed{\sigma(\theta,\varphi)\mathrm{d}\Omega=\frac{J(\theta,\varphi)\mathrm{d}\Omega}{j_0}}\tag{10.1}$$

这里 $\sigma(\theta,\varphi)$ 的量纲为 cm^2．如果入射粒子束用平面波 e^{ikz} 描述（如同下面所做的那样），则 $j_0=\dfrac{\hbar k}{\mu}=v$，显然这时 j_0 的量纲不正确，这来源于入射波函数的量纲不正确．但是，只要在计算分子 $J(\theta,\varphi)$ 过程中也使用这个入射波函数，那么，作为比值的 $\sigma(\theta,\varphi)$ 的量纲就仍然是正确的．

总散射截面为

$$\sigma=\int_{4\pi}\mathrm{d}\sigma=\int_{4\pi}\sigma(\theta,\varphi)\mathrm{d}\Omega=\frac{1}{j_0}\int_{4\pi}J(\theta,\varphi)\mathrm{d}\Omega\tag{10.2}$$

由此可知，**σ 可以折算成等于如下情况散射粒子的份额：入射流强为每秒每平方厘米一个入射粒子，垂直入射到每平方厘米内有一个靶粒子上，发生散射后，散射粒子的份额．**

3．入射波、散射波和散射振幅

下面计算中假定对此两体问题选取了质心系，并且分离掉了质心的平动运动．于是，这里所研究的势散射总是入射粒子以折合质量 μ 在静止势场 $V(\boldsymbol{r})$ 中散射，这里 $\boldsymbol{r}$ 为靶粒子到入射（或散射）粒子的矢径．

通常，入射粒子束流不可能绝对单色，入射粒子波函数应当用某种形式的波包来描述，但这种描述本身难以确切和统一化（事实上，不同装置产生的同一种类粒子束流，其非单色情况也会稍有差别），从而给散射实验的理论处理带来复杂性、不确定性．因此，下面总是将入射波理想化为平面波，并假定它沿 z 轴入射，即为 e^{ikz}．进一步理论分析表明，**只要入射束流足够单色（束流动量波函数 $\psi(\boldsymbol{p})$ 足够好地集中在**

动量平均值附近)，这时平面波近似将不会带来影响．就是说，此时微分截面计算结果与 $\psi(\boldsymbol{p})$ 的具体形状无关[①]**.**

在远离散射中心 $r\to\infty$ 处，散射粒子状态（散射波）是一个渐近形式为 $f(\theta,\varphi)\dfrac{\mathrm{e}^{ikr}}{r}$ 的出射球面波（因为波的相位是 $(kr-Et)/\hbar$，若盯住波形的指定相位处观察，随 t 增加 r 将增大，表明自散射中心向外传播）．这里 (θ,ϕ) 为出射粒子的方位角，θ 为相对于入射粒子飞行方向的偏转角，又称散射角；r 为散射中心到探测点的距离；k 为散射波的波数，由于是从固定力心上的弹性散射，k 也就是入射波的波数．其中，**$f(\theta,\varphi)$ 描述出射粒子朝不同方向散射的概率振幅，称为散射振幅．**

现在计算散射波函数 $f(\theta,\varphi)\dfrac{\mathrm{e}^{ikr}}{r}$ 的散射波平均流密度．将平均流密度表达式写入球坐标，代入这个波函数，经简单计算可得（当 $f(\theta,\varphi)$ 为实函数时，后面两余项为零）

$$\boldsymbol{j}_{\text{Scatt}}(\theta,\varphi)=\boldsymbol{e}_r\frac{\hbar k}{\mu}\frac{|f(\theta,\varphi)|^2}{r^2}+\boldsymbol{e}_\theta O\left(\frac{1}{r^3}\right)+\boldsymbol{e}_\phi O\left(\frac{1}{r^3}\right)$$

由此可知，当 $r\to\infty$ 时散射球面波的流密度矢量为

$$\boldsymbol{j}_{\text{Scatt}}\to\frac{\hbar k}{\mu}\frac{|f(\theta,\varphi)|^2}{r^2}\boldsymbol{e}_r$$

将此流密度矢量乘以球面元 $\mathrm{d}S=r^2\mathrm{d}\Omega$，即得沿 (θ,φ) 方向在 $\mathrm{d}\Omega$ 立体角元内的散射流

$$J(\theta,\varphi)\mathrm{d}\Omega=\boldsymbol{j}_{\text{Scatt}}\cdot\mathrm{d}\boldsymbol{S}=\frac{\hbar k}{\mu}|f(\theta,\varphi)|^2\,\mathrm{d}\Omega$$

注意这时入射流密度 $j_0=\dfrac{\hbar k}{\mu}$，从而微分截面就等于

$$\sigma(\theta,\varphi)\mathrm{d}\Omega=\frac{\boldsymbol{j}_{\text{Scatt}}\cdot\mathrm{d}\boldsymbol{S}}{j_0}=|f(\theta,\varphi)|^2\,\mathrm{d}\Omega$$

也就是说

$$\boxed{\sigma(\theta,\varphi)=|f(\theta,\varphi)|^2}\tag{10.3}$$

这说明：**正能量粒子以平面波态 $\mathrm{e}^{i\boldsymbol{k}\cdot\boldsymbol{r}}=\mathrm{e}^{ikz}$ 入射，经散射后，将所求散射球面波的渐近表达式写为 $f(\theta,\varphi)\dfrac{\mathrm{e}^{ikr}}{r}$ 形式，则其中函数 $f(\theta,\varphi)$ 的模平方即为所求微分截面．**

于是，散射问题可以明确地表述为：**求解势函数 $V(r)$ 的定态 Schrödinger 方程中具有下述渐近形式的正能量解**

---

① 参见 J.R. Taylor, Scattering Theory: The Quantum Theory on Non-relativistic Collisions, John Wiley & Sons, Inc., 1972．或张永德，高等量子力学（第Ⅱ版），北京：科学出版社，2010，第 431 页．

$$\boxed{\psi(r,\theta,\varphi)\longrightarrow e^{ikz}+f(\theta,\varphi)\frac{e^{ikr}}{r}} \tag{10.4}$$

得到散射振幅 $f(\theta,\varphi)$ 后，按（10.3）式即得所求的微分截面．下面两节将用不同方法去求这个正能量定态解的渐近表达式，主要是其中的第二项——散射球面波的渐近表达式．

考察（10.4）式应注意两点：**其一，**右边并未归一，也无法归一．只要求第一项入射波是 e^{ikz} 形式，从它出发求得解的第二项（散射波项）的系数自然就是散射振幅；**其二，** $\theta\neq 0$ 时，右边两项之间不存在干涉．这是因为它们交叉项（干涉项）正比于 $e^{ikr(1-\cos\theta)}$，由于 kr 足够大，因此当 $\theta\neq 0$ 时此因子将随 θ 快速振荡．但探测器总会有一个小张角 $\Delta\theta$，所以只要探测器不放置于 $\theta=0$ 附近，此项因子在 $\Delta\theta$ 内将因快速振荡而被抹去．就是说，(通常放置在 $r\to\infty$ 处的) **探测器只要不位于 $\theta=0$ 附近，检测不到入射波 e^{ikz} 以及它与出射波的干涉．**这也是仅用散射波（而不计入 e^{ikz} 项）来计算出射流密度的物理根据．

§10.2 分波方法——分波与相移

1．分波法的基本公式

当势场为中心场 $V(\boldsymbol{r})=V(r)$ 时，由于 L^2、L_z 守恒，散射过程可以获得很简明的理论描述．

这时散射具有绕 z 轴旋转对称性．就是说，散射的角分布与 φ 角无关．此时散射问题归结为：**求解定态 Schrödinger 方程的具有如下渐近条件的正能解**

$$\boxed{\begin{cases}-\dfrac{\hbar^2}{2m}\left[\dfrac{1}{r^2}\dfrac{\partial}{\partial r}\left(r^2\dfrac{\partial}{\partial r}\right)-\dfrac{L^2}{r^2}\right]\psi(r,\theta)+V(r)\psi(r,\theta)=E\psi(r,\theta)\\ \psi(\boldsymbol{r})\xrightarrow{r\to\infty}e^{ikz}+f(\theta)\dfrac{e^{ikr}}{r}\end{cases}} \tag{10.5a}$$

可以设定解的形式（a_l 是展开式的待定系数）为

$$\boxed{\psi(r,\theta)=\sum_{l=0}^{\infty}a_l\,\mathrm{P}_l(\cos\theta)R_{kl}(r)} \tag{10.5b}$$

能够设定如此展开形式的理由是：**这时 L^2 守恒，l 是个好量子数，如果将入射平面波分解为不同 l 分波的叠加，不同 l 分波各自独立散射，可以分开来处理；另外，L_z 守恒使 m 也是好量子数，实际上问题已与 φ 角无关，散射角分布具有绕入射方向旋转对称性，可以直接取 $m=0$．**于是，角分布本来应该用 $\mathrm{Y}_{lm}(\theta,\varphi)$ 展开，现简化为用 $\mathrm{P}_l(\cos\theta)$ 展开．下面任务是确定 $R_{kl}(r)$ 形式和 a_l 数值．**首先，**将平面波 e^{ikz} 作对应的展开，

$$
\begin{aligned}
\mathrm{e}^{\mathrm{i}kz} = \mathrm{e}^{\mathrm{i}kr\cos\theta} &= \sum_{l=0}^{\infty}(2l+1)\mathrm{i}^l \mathrm{j}_l(kr)\mathrm{P}_l(\cos\theta) \\
&\xrightarrow{kr\to\infty} \sum_{l=0}^{\infty}(2l+1)\mathrm{i}^l \frac{1}{kr}\sin\left(kr-\frac{l\pi}{2}\right)\mathrm{P}_l(\cos\theta) \\
&= \sum_{l=0}^{\infty}\frac{(2l+1)}{2\mathrm{i}kr}[(-1)^{l+1}\mathrm{e}^{-\mathrm{i}kr}+\mathrm{e}^{\mathrm{i}kr}]\mathrm{P}_l(\cos\theta)
\end{aligned}
\tag{10.6a}
$$

其次，将展开式（10.5b）代入定态 Schrödinger 方程（10.5a）. 不同 l 的分波彼此完全分离，可令各 l 方程分别为零，得

$$
\frac{1}{r^2}\frac{\mathrm{d}}{\mathrm{d}r}\left(r^2\frac{\mathrm{d}R_{kl}}{\mathrm{d}r}\right)+\left[k^2-\frac{l(l+1)}{r^2}-\frac{2\mu}{\hbar^2}V(r)\right]R_{kl}=0 \tag{10.6b}
$$

这里 $k^2=\dfrac{2\mu E}{\hbar^2}$. 作变换 $\chi_{kl}(r)=rR_{kl}(r)$，得

$$
\frac{\mathrm{d}^2\chi_{kl}}{\mathrm{d}r^2}+\left[k^2-\frac{l(l+1)}{r^2}-\frac{2\mu}{\hbar^2}V(r)\right]\chi_{kl}=0 \tag{10.6c}
$$

下面研究这个方程的渐近行为：当 $kr\to\infty$ 时，函数 χ_{kl} 趋于满足下面方程

$$
\frac{\mathrm{d}^2 y}{\mathrm{d}r^2}+k^2 y=0
$$

此方程的解为 $y(r)\propto\sin(kr+\alpha)$，$\alpha$ 是待定常数. 于是 $\chi_{kl}(r)$ 的渐近表达式为

$$
\chi_{kl}(r)\xrightarrow{kr\to\infty}2\sin\left(kr-\frac{l\pi}{2}+\delta_l\right)
$$

这里借鉴上面平面波 $\mathrm{e}^{\mathrm{i}kz}$ 的展开式，已经令 $\chi_{kl}(r)$ 正弦函数前面振幅为 2，同时从待定相位 α 中分离出 $-\dfrac{l\pi}{2}$，剩下的部分当成新的待定常数 δ_l（其实它就是中心势 $V(r)$ 使第 l 个散射分波产生的相移）. 现在可以顺利地从整个解中分离出平面波项了，注意有

$$
R_{kl}(r)\xrightarrow{kr\to\infty}\frac{2}{r}\sin\left(kr-\frac{l\pi}{2}+\delta_l\right)=\frac{1}{\mathrm{i}r}(-\mathrm{i})^l\mathrm{e}^{-\mathrm{i}\delta_l}\left\{(-1)^{l+1}\mathrm{e}^{-\mathrm{i}kr}+\mathrm{e}^{\mathrm{i}(kr+2\delta_l)}\right\}
$$

将它代入（10.5b）式，并注意 $\psi(r,\theta)$ 渐近式，得

$$
\begin{aligned}
\psi(r,\theta) &\xrightarrow{kr\to\infty}\sum_{l=0}^{\infty}a_l\frac{(-\mathrm{i})^l\mathrm{e}^{-\mathrm{i}\delta_l}}{\mathrm{i}r}\left\{(-1)^{l+1}\mathrm{e}^{-\mathrm{i}kr}+\mathrm{e}^{\mathrm{i}(kr+2\delta_l)}\right\}\mathrm{P}_l(\cos\theta) \\
&= \sum_{l=0}^{\infty}a_l\frac{(-\mathrm{i})^l\mathrm{e}^{-\mathrm{i}\delta_l}}{\mathrm{i}r}[(-1)^{l+1}\mathrm{e}^{-\mathrm{i}kr}+\mathrm{e}^{\mathrm{i}kr}]\mathrm{P}_l(\cos\theta) \\
&\quad+\sum_{l=0}^{\infty}a_l\frac{(-\mathrm{i})^l\mathrm{e}^{-\mathrm{i}\delta_l}}{\mathrm{i}r}(\mathrm{e}^{2\mathrm{i}\delta_l}-1)\mathrm{e}^{\mathrm{i}kr}\mathrm{P}_l(\cos\theta)
\end{aligned}
$$

将此渐近式第一项与平面波展开式（10.6a）相比较，求得展开系数表达式 $a_l = \frac{2l+1}{2k}\mathrm{i}^l \mathrm{e}^{\mathrm{i}\delta_l}$．代入渐近式的第二项，就得到最后结果：

$$\psi(r,\theta) \xrightarrow{kr\to\infty} \mathrm{e}^{\mathrm{i}kz} + \frac{\mathrm{e}^{\mathrm{i}kr}}{r}\sum_{l=0}^{\infty}\frac{2l+1}{2k\mathrm{i}}(S_l - 1)\mathrm{P}_l(\cos\theta) \tag{10.7}$$

式中，$S_l = \mathrm{e}^{2\mathrm{i}\delta_l}$．最终得到中心场情况下分波法的散射振幅表达式

$$\boxed{f(\theta) = \frac{1}{2k\mathrm{i}}\sum_{l=0}^{\infty}(2l+1)(S_l - 1)\mathrm{P}_l(\cos\theta)} \tag{10.8a}$$

公式表明，中心场散射振幅计算归结为散射中各个 l 分波的相移 δ_l 计算．这组相移 $\{\delta_l\}$ 完全确定了散射．特殊情况下，如果某个 l 分波的相移为零（一般为 $n\pi$），该分波将透过势场不发生散射，类似于势垒散射时的共振透射．

由 $f(\theta)$ 的模平方可得微分截面 $\sigma(\theta,\varphi)$，再进一步对 $(\theta\varphi)$ 积分可得总截面

$$\sigma_{\mathrm{t}} = \int |f(\theta)|^2 \mathrm{d}\Omega = 2\pi\frac{1}{4k^2}\int_0^{\pi}\left|\sum_{l=0}^{\infty}(2l+1)(\mathrm{e}^{\mathrm{i}2\delta_l} - 1)\mathrm{P}_l(\cos\theta)\right|^2 \sin\theta\mathrm{d}\theta$$

由于 Legendre 多项式 $\mathrm{P}_l(\cos\theta)$ 有如下正交归一关系：

$$\int_0^{\pi}\mathrm{P}_l(\cos\theta)\mathrm{P}_{l'}(\cos\theta)\sin\theta\mathrm{d}\theta = \frac{2}{2l+1}\delta_{ll'}$$

于是得到

$$\sigma_{\mathrm{t}} = \frac{4\pi}{k^2}\sum_{l=0}^{\infty}(2l+1)\sin^2\delta_l \tag{10.8b}$$

式中，σ_{t} 展开式中的每一项代表该 l 分波的分波截面．

2．分波法的一些讨论

（1）$l_{\max}$ 估值．实际计算中对 l 求和不可能也不必要算到无穷多项．这里按物理分析给出 $l_{\max}$ 的一个估值．一般说，**l 值越大的分波对应的角动量越大，离心倾向也越大，从而瞄准距离 b 也越大，受中心力场的影响就越小，相应的相移 δ_l 也越小**（图 10-1）．

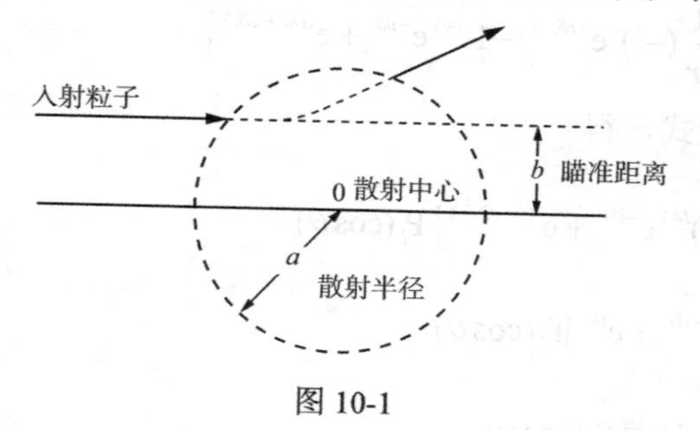

图 10-1

当 l 增加到相应的 $\delta_l \approx 0$ 时，就不必再考虑这个分波（以及更大 l 值的分波）了．这个 $l_{\max}$ 可如下估算：由于 $b \lesssim a$，故得 $mvb \lesssim mva$，而 mvb 可代以角动量 $l_{\max}\hbar$，mva 可代以 $\hbar ka$，于是得到

$$l_{\max} \lesssim ka$$

说明入射粒子能量越大（波数越大）或是力程越长，需要考虑的分波数就越多．反之，对低能粒子入射到短程势的情况，所要考虑的分波数就很少．事实上，当 $ka<1$ 时，只需要考虑 $l=0$ 的 s 分波，这时由于 $\mathrm{P}_0(\cos\theta)=1$，说明在质心系中低能散射角分布是各向同性的．

（2）**相移 δ_l 是如下两种渐近径向波函数的相位差：有 $V(r)$ 的 $R_{kl}(r)$ 和无 $V(r)$ 的 $\mathrm{j}_l(kr)$**．如上所说，当 $\delta_l=0$ 或 $n\pi$ 时，该分波不发生散射，仿佛从势场中自由透过．一般情况，根据实验测得的 $\sigma(\theta)$ 曲线，用最小二乘法拟合可以定得一组参数 δ_l．这组 δ_l 是研究入射粒子与靶粒子之间相互作用的重要资料；根据所得的这些 δ_l，可以近似复原散射势的形状．为复原 $V(r)$，原则上只需要知道一个相移 $\delta_l(k)$ 的函数形状（如 s 波相移 $\delta_0(k)$）就可以了，如果还有分立的（负）能级 E_n，还需要知道分立态波函数渐近式 $R_{nl}\approx a_n\mathrm{e}^{-\alpha_n r}$ 中的 a_n（这里 $\alpha_n=\sqrt{\dfrac{2\mu|E_n|}{\hbar^2}}$）①．

（3）**中心势 $V(r)$ 正负号与 δ_l 正负号的关系**．由于出射球面波的相位为 $\theta=kr-\dfrac{l\pi}{2}+\delta_l$，于是 $\delta_l>0$ 将使达到某个固定 θ 值所需要的 r 值较小；而 $\delta_l<0$ 则会使达到同一个 θ 值所需要的 r 值变大．因此

$$\boxed{\begin{cases}\text{吸引势}, V\text{负},\text{出射波函数的相位被拉向散射中心}, \delta_l>0\\ \text{排斥势}, V\text{正},\text{出射波函数的相位被推离散射中心}, \delta_l<0\end{cases}}$$

注意，与微分截面不同，分波散射截面和总截面只依赖于 δ_l 的数值，并不依赖于 δ_l 的符号．

※3. 光学定理

利用这里分波法基本公式，可以证明散射理论中的一个普遍规律——**光学定理：总截面 σ_t（包括非弹性散射和吸收截面在内）和弹性散射朝前散射振幅虚部 $\mathrm{Im}\,f_{弹}(0)$ 成正比，即**

$$\boxed{\sigma_\mathrm{t}=\frac{4\pi}{k}\mathrm{Im}\,f_{弹}(0)} \tag{10.9}$$

证明 由上面 $f(\theta)$ 公式得

$$f_{弹}(\theta=0)=\frac{1}{2k\mathrm{i}}\sum_{l=0}^{\infty}(2l+1)(\mathrm{e}^{2\mathrm{i}\delta_l}-1)\mathrm{P}_l(1)=\frac{1}{2k\mathrm{i}}\sum_{l=0}^{\infty}(2l+1)(\mathrm{e}^{2\mathrm{i}\delta_l}-1)$$

---

① L.D.朗道，E.M.栗弗席茨，量子力学，下册，北京：高等教育出版社，1981，第 252 页．

于是

$$\operatorname{Im} f_{弹}(0) = \frac{1}{2\mathrm{i}}[f_{弹}(0) - f_{弹}^{*}(0)] = \frac{-1}{4k}\sum_{l=0}^{\infty}(2l+1)(\mathrm{e}^{2\mathrm{i}\delta_l} + \mathrm{e}^{-2\mathrm{i}\delta_l} - 2)$$

$$= \frac{1}{k}\sum_{l=0}^{\infty}(2l+1)\sin^2\delta_l = \frac{k}{4\pi}\sigma_{\mathrm{t}}$$

此定理具有普遍性：不论散射相互作用能否用势函数描述，也不论入射粒子静质量是否为零，以及入射粒子能量高低，关系式都成立．它的物理解释为：总截面是入射波减弱的一种度量（σ_{t} 越大，入射波的减弱越大）．而这种减弱是由于（与入射波同方向朝前的）弹性散射波以相消干涉的方式，从入射波中减去相应部分的入射流，以体现吸收反应、非弹性散射以及非朝前弹性散射．所以朝前弹性散射波波幅越大，这种相消干涉也越大，入射波减弱也越多，总截面也就越大．

§10.3　Green 函数方法与 Born 近似

1．Green 函数方法与势散射基本积分方程

令 $U(\boldsymbol{r}) = \frac{2\mu}{\hbar^2}V(\boldsymbol{r})$，将正能量 E 的定态 Schrödinger 方程整理成为

$$\boxed{(\Delta + k^2)\psi(\boldsymbol{r}) = U(\boldsymbol{r})\psi(\boldsymbol{r})}\,,\quad k = \sqrt{\frac{2\mu E}{\hbar^2}} \tag{10.10}$$

注意左边算符 $(\Delta + k^2)$ 与势函数无关．下面求这个方程的满足（10.4）式渐近形式的正能解．引入与此方程相应的 Green 函数 $G_k(\boldsymbol{r} - \boldsymbol{r}')$ 方程

$$\boxed{(\Delta + k^2)G_k(\boldsymbol{r} - \boldsymbol{r}') = \delta(\boldsymbol{r} - \boldsymbol{r}')} \tag{10.11}$$

若已知 **Green** 函数 G_k 将有助于求解 ψ 方程．因为，对此方程乘以 $U(\boldsymbol{r}')\psi(\boldsymbol{r}')$ 并对 $\boldsymbol{r}'$ 积分，

$$(\Delta + k^2)\int G_k(\boldsymbol{r} - \boldsymbol{r}')U(\boldsymbol{r}')\psi(\boldsymbol{r}')\mathrm{d}\boldsymbol{r}' = U(\boldsymbol{r})\psi(\boldsymbol{r})$$

将此式与（10.10）式比较，按线性非齐次微分方程通解理论，积分 $\int GU\psi\mathrm{d}\boldsymbol{r}'$ 与 ψ 只相差齐次方程 $(\Delta + k^2)\varphi(\boldsymbol{r}) = 0$ 的通解 $\varphi(\boldsymbol{r})$．于是，添加齐次通解 $\varphi(\boldsymbol{r})$ 后，即得

$$\boxed{\psi(\boldsymbol{r}) = \varphi(\boldsymbol{r}) + \int G_k(\boldsymbol{r} - \boldsymbol{r}')U(\boldsymbol{r}')\psi(\boldsymbol{r}')\mathrm{d}\boldsymbol{r}'} \tag{10.12a}$$

在渐近形式下，右边第一项 φ 即为 $\mathrm{e}^{\mathrm{i}kz}$；第二项中只有 Green 函数 $G_k(\boldsymbol{r} - \boldsymbol{r}')$ 中含有变数 $\boldsymbol{r}$，于是对 $\psi(\boldsymbol{r})$ 的渐近要求将完全施加到 G_k 上，要求它在 $r \to \infty$ 时趋于出射球面波．

现在任务是去求这样的 Green 函数 $G_k(\boldsymbol{r}-\boldsymbol{r}')$，当 $kr\to\infty$ 时它趋于 $\frac{1}{r}\mathrm{e}^{ikr}$. 为此将 $G_k(\boldsymbol{r}-\boldsymbol{r}')$ 方程（10.11）两边同乘以无奇点的正规算符[①] $(\Delta+k^2\pm\mathrm{i}\eta)^{-1}$（$\eta>0$），可得

$$
\begin{aligned}
G_k(\boldsymbol{r}-\boldsymbol{r}') &= \lim_{\eta\to 0}\frac{1}{\Delta+k^2\pm\mathrm{i}\eta}\int \mathrm{e}^{\mathrm{i}\boldsymbol{k}'\cdot(\boldsymbol{r}-\boldsymbol{r}')}\frac{\mathrm{d}^3\boldsymbol{k}'}{(2\pi)^3}\\
&= \lim_{\eta\to 0}\int\frac{\mathrm{e}^{\mathrm{i}\boldsymbol{k}'\cdot(\boldsymbol{r}-\boldsymbol{r}')}}{-k'^2+k^2\pm\mathrm{i}\eta}\frac{\mathrm{d}^3\boldsymbol{k}'}{(2\pi)^3}
\end{aligned}
$$

下面推导表明，此处 $\mathrm{i}\eta$ 前应取正号，才可以得到渐近趋于出射球面波 $\frac{1}{r}\mathrm{e}^{ikr}$ 解（添加因子 $\mathrm{e}^{-\mathrm{i}\omega t}$，由相因子 $kr-\omega t$ 判断）. 若取 $-\mathrm{i}\eta$ 将给出没有物理意义的入射球面波 $\frac{1}{r}\mathrm{e}^{-ikr}$ 解[②]. 下面计算这个积分，

$$
\begin{aligned}
G_k(\boldsymbol{r}-\boldsymbol{r}') &= \lim_{\eta\to 0}\frac{1}{(2\pi)^3}\int\frac{\mathrm{e}^{\mathrm{i}\boldsymbol{k}'\cdot(\boldsymbol{r}-\boldsymbol{r}')}}{-k'^2+k^2+\mathrm{i}\eta}\mathrm{d}\boldsymbol{k}'\\
&= \frac{1}{(2\pi)^3}\lim_{\eta\to 0}\int_0^{\infty}\frac{k'^2\mathrm{d}k'}{-k'^2+k^2+\mathrm{i}\eta}\int_{4\pi}\mathrm{e}^{\mathrm{i}k'|\boldsymbol{r}-\boldsymbol{r}'|\cos\theta}\sin\theta\mathrm{d}\theta\mathrm{d}\varphi\\
&= \frac{1}{(2\pi)^2}\frac{1}{\mathrm{i}|\boldsymbol{r}-\boldsymbol{r}'|}\lim_{\eta\to 0}\int_0^{\infty}\frac{\mathrm{e}^{\mathrm{i}k'|\boldsymbol{r}-\boldsymbol{r}'|}-\mathrm{e}^{-\mathrm{i}k'|\boldsymbol{r}-\boldsymbol{r}'|}}{-k'^2+k^2+\mathrm{i}\eta}k'\mathrm{d}k'\\
&= \frac{1}{4\pi^2\mathrm{i}|\boldsymbol{r}-\boldsymbol{r}'|}\lim_{\eta\to 0}\int_{-\infty}^{+\infty}\frac{k'\mathrm{e}^{\mathrm{i}k'|\boldsymbol{r}-\boldsymbol{r}'|}}{-k'^2+k^2+\mathrm{i}\eta}\mathrm{d}k'
\end{aligned}
$$

现在将积分变数 k' 延拓到复平面，利用留数定理来计算这个积分. 在复数 k' 平面上，被积函数有两个一阶极点 A 和 B，分别位于

$$
k'^2=k^2+\mathrm{i}\eta，\quad 也即\ k'_A\approx+\left(k+\mathrm{i}\frac{\eta}{2}\right)，\quad k'_B\approx-\left(k+\mathrm{i}\frac{\eta}{2}\right)
$$

这里只要求小量 $\eta>0$，它的数值并不重要，因为完成积分之后要令它趋于零. 在上半平面选取如图 10-2 所示的半圆回路，考虑到在半圆周 C 上积分随半径趋于无穷而趋于零，于是得到

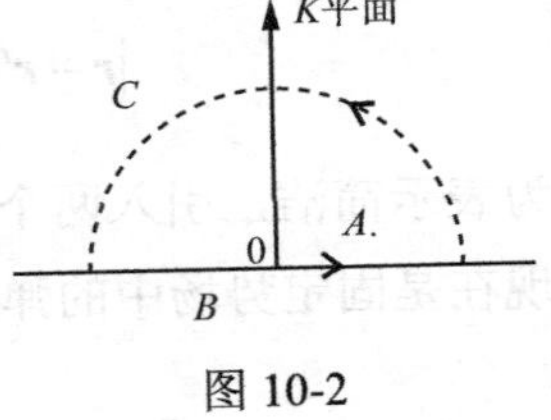

图 10-2

① 这里是指，由于 Hamilton 量本征值都是实的（即便有零能量本征值），于是对它添加不为零的纯虚常数之后所得的新算符，肯定不存在零本征值，可以对其取逆. 一般说，只要能判断算符没有零本征值，总可以对其取逆算符. 详见张永德，高等量子力学（第Ⅱ版），北京：科学出版社，2010，附录 B.

② 通常将前种选择 $(+\mathrm{i}\eta)$ 得到的 Green 函数称作推迟 Green 函数，后一选择 $(-\mathrm{i}\eta)$ 得到的称作超前 Green 函数. 后者的等相面随 t 增加 $r\to 0$，向原点传播，没有物理意义，应略去.

$$G_k(\boldsymbol{r}-\boldsymbol{r}')=\frac{1}{4\pi^2\mathrm{i}|\boldsymbol{r}-\boldsymbol{r}'|}\lim_{\eta\to 0}(2\pi\mathrm{i})\frac{k'_A\mathrm{e}^{\mathrm{i}k'_A|\boldsymbol{r}-\boldsymbol{r}'|}}{-2k'_A}=-\frac{1}{4\pi}\frac{\mathrm{e}^{\mathrm{i}k|\boldsymbol{r}-\boldsymbol{r}'|}}{|\boldsymbol{r}-\boldsymbol{r}'|} \tag{10.12b}$$

显然，这个表达式满足先前所说的当$kr\to\infty$时趋于出射球面波$\frac{1}{r}\mathrm{e}^{ikr}$的渐近条件.

最后得到**处于势散射理论中心位置的积分方程**（已令（10.12a）式$\varphi(\boldsymbol{r})=\mathrm{e}^{ikz}$）

$$\psi(\boldsymbol{r})=\mathrm{e}^{ikz}-\frac{1}{4\pi}\int\frac{\mathrm{e}^{ik|\boldsymbol{r}-\boldsymbol{r}'|}}{|\boldsymbol{r}-\boldsymbol{r}'|}U(\boldsymbol{r}')\psi(\boldsymbol{r}')\mathrm{d}\boldsymbol{r}' \tag{10.13}$$

这里未做近似的积分方程是下面迭代近似求解的出发点．它的物理含义很清楚：$\boldsymbol{r}'$点附近$\mathrm{d}\boldsymbol{r}'$范围内发生势散射，形成强度为$U(\boldsymbol{r}')\psi(\boldsymbol{r}')\mathrm{d}\boldsymbol{r}'$的散射点源（参见（10.10）式），这个点源按出射Green函数传播到$\boldsymbol{r}$点，对$\boldsymbol{r}$点的概率幅有一小贡献．整个势场范围内所有概率幅小贡献的总和，再与入射波波幅叠加，就得到$\boldsymbol{r}$点的总概率幅.

2．一阶Born近似

由下面分析可知，当势$V(\boldsymbol{r})$较弱，或者相当局域（$V(\boldsymbol{r})$显著不为零的区域较小），或者入射粒子能量足够大等情况下，积分方程（10.13）第二项数值上将显著小于第一项．即有

$$\left|\mathrm{e}^{ikz}\right|\gg\left|\int\frac{\mathrm{e}^{ik|\boldsymbol{r}-\boldsymbol{r}'|}}{|\boldsymbol{r}-\boldsymbol{r}'|}U(\boldsymbol{r}')\psi(\boldsymbol{r}')\mathrm{d}\boldsymbol{r}'\right|\quad(\forall\boldsymbol{r}) \tag{10.14}$$

于是在对积分方程(10.13)求解时可作“**一级Born近似”：将第二项积分号下的$\psi(\boldsymbol{r}')$代以它的零阶近似$\mathrm{e}^{ikz'}$；同时，由于$|\boldsymbol{r}|\gg|\boldsymbol{r}'|$，对Green函数的分母$|\boldsymbol{r}-\boldsymbol{r}'|$取零阶近似（即令其为$r$）而对分子$\mathrm{e}^{ik|\boldsymbol{r}-\boldsymbol{r}'|}$指数上相位则应取高一阶近似（一级近似）**

$$|\boldsymbol{r}-\boldsymbol{r}'|=\sqrt{r^2-2\boldsymbol{r}\cdot\boldsymbol{r}'+r'^2}\approx r\left(1-\frac{\boldsymbol{r}\cdot\boldsymbol{r}'}{r^2}\right)=r-\boldsymbol{e}_r\cdot\boldsymbol{r}'$$

为表示简洁，引入两个波矢记号：入射波波矢$\boldsymbol{k}_0=k\boldsymbol{e}_z$、散射波波矢$\boldsymbol{k}=k\boldsymbol{e}_r$．由于现在是固定势场中的弹性散射，两个波矢的数值相同，仅方向不同．于是

$$\mathrm{i}k|\boldsymbol{r}-\boldsymbol{r}'|+\mathrm{i}kz'\approx\mathrm{i}kr-\mathrm{i}\boldsymbol{r}'\cdot(\boldsymbol{k}-\boldsymbol{k}_0)\equiv\mathrm{i}kr-\mathrm{i}\boldsymbol{r}'\cdot\boldsymbol{q}$$

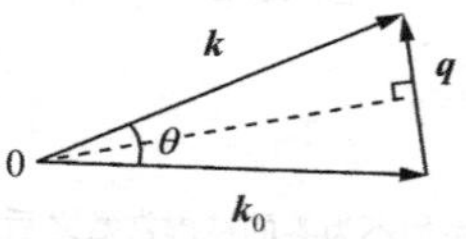

图 10-3

由图10-3可得，入射粒子动量变化（也常说成传递动量）数值$q=|\boldsymbol{k}-\boldsymbol{k}_0|=2k\sin\frac{\theta}{2}$．经过上述近似，可以得到$\psi(\boldsymbol{r})$的如下渐近表达式：

$$\psi(\boldsymbol{r}) \to \mathrm{e}^{ikz} - \frac{\mu}{2\pi\hbar^2}\frac{\mathrm{e}^{ikr}}{r}\int \mathrm{e}^{-i\boldsymbol{q}\cdot\boldsymbol{r}'}V(\boldsymbol{r}')\mathrm{d}\boldsymbol{r}' \tag{10.15a}$$

由此，在一阶 **Born** 近似（通常简称 **Born** 近似）下散射振幅的表达式为

$$\boxed{f(\theta,\varphi) = -\frac{\mu}{2\pi\hbar^2}\int \mathrm{e}^{-i\boldsymbol{q}\cdot\boldsymbol{r}'}V(\boldsymbol{r}')\mathrm{d}\boldsymbol{r}'} \tag{10.15b}$$

注意，$\boldsymbol{q}$ 的模值只依赖于 θ（以及 k），但 $\boldsymbol{q}$ 的方向（通过出射的 $\boldsymbol{k}$）依赖于 φ．这个公式说明，散射振幅 $f(\theta,\varphi)$ 正比于势场 $V(\boldsymbol{r})$ 中相应的 **Fourier** 分量．公式表明：①散射中，大动量传递（大 q 值）的散射截面比较小，因为积分号内指数因子（当变数 $\boldsymbol{r}'$ 变化时）振荡加剧导致积分数值减小；②对高能（k 较大）入射粒子，若要 $\sigma(\theta,\varphi)$ 不为零，要求 θ 较小，如此才能避免被积函数的快速振荡，换句话说，高能散射多集中于朝前方向．

若 $V(\boldsymbol{r}) = V(r)$ 为中心场，(10.15b) 式积分中的角度部分可以预先算出，于是得到

$$\boxed{f(\theta,\varphi) = f(\theta) = -\frac{2\mu}{\hbar^2 q}\int_0^\infty r'V(r')\sin(qr')\mathrm{d}r'}$$

$$\boxed{\sigma(\theta) = |f(\theta)|^2 = \frac{4\mu^2}{\hbar^4 q^2}\left\{\int_0^\infty r'V(r')\sin(qr')\mathrm{d}r'\right\}^2} \tag{10.16}$$

(10.16) 式表明，对所有中心势，截面与 φ 无关，绕入射轴旋转对称．其中，入射粒子的动量 k 和散射角 θ 都是通过 q 的数值进入截面的．

※3．Born 近似适用条件分析①

如前所说，若要 **Born** 近似成立，充要条件是基本积分方程（**10.13**）右边第二项数值上要远小于第一项（对任意 r 值）．只有这样，对第二项才可以作前述 **Born** 近似．而若要这个积分项数值小，需要下面三个条件中至少有一个成立：

（1）势 $V(\boldsymbol{r})$ 很弱；

（2）势 $V(\boldsymbol{r})$ 虽不够弱但其展布的空间很局域；

（3）入射粒子能量很高．

一方面，积分项主要贡献来自 $V(\boldsymbol{r})$ 的不为零的基本区域．如果 $V(\boldsymbol{r})$ 本身很弱，这项积分自然就小；其次，如果势 $V(\boldsymbol{r})$ 相当局域，也即积分区域相当小（和入射粒子波长 k^{-1} 相比较），这项积分的数值也不会大．另一方面，若入射粒子能量高，k 就很大，被积函数中相因子 $\mathrm{e}^{ik|\boldsymbol{r}-\boldsymbol{r}'|}$ 随积分变数 $\boldsymbol{r}'$ 快速振荡，这使积分值急剧减少．当然，联合作用会使近似更好．

---

① 张永德，大学物理，1988，第 6 期，第 11 页．

对积分进行估值可得**两个 Born 近似适用条件**①，

$$\boxed{|V| \ll \frac{\hbar^2}{\mu a^2},\quad |V| \ll \frac{\hbar v}{a}} \tag{10.17}$$

这里 a 是势场（不显著为零的）区域的尺寸；v 为入射粒子的速度．第一个不等式只涉及势场本身，不涉及入射粒子的能量．此条件要求，势能应当显著小于（若将粒子局域在 a 中时按不确定性关系所得的）动能；第二个条件表明，只要入射粒子能量足够高，不论势场形状和强弱，Born 近似终归成立．于是，一个散射势，如果低能时可以对它作 Born 近似，则高能时一定更可以；反之不一定．

Coulomb 势是个长程势，对它显然难以给出一个确定的 a 值．这时，可将第二个不等式右边 a 代以 r（同时左边的 V 中也有同一个 r），令 $V=\dfrac{A}{r}$，于是得 $\dfrac{A}{r} \ll \dfrac{\hbar v}{r}$，也即

$$\frac{A}{\hbar v} \ll 1$$

如果 $A = Ze^2$，则要求 $\dfrac{Z}{137} \ll \dfrac{v}{c}$．就是说，当 Z 不大并且入射粒子动能不小的情况下，对 Coulomb 场也可以作 Born 近似．

4．例算

i. Coulomb 散射

这时 $V=\dfrac{A}{r}$，于是

$$f(\theta) = -\frac{2\mu}{\hbar^2 q}\int_0^\infty r'\frac{A}{r'}\sin(qr')\mathrm{d}r' = -\frac{2\mu A}{\hbar^2 q}\int_0^\infty \sin(qr')\mathrm{d}r' \tag{10.18}$$

这个积分在 $r'=\infty$ 处呈现不确定性，这种不确定性在涉及 Coulomb 场的不少积分中都会出现，可用下面常用的技巧将它避免过去：在被积函数中人为插入一个衰减因子 $\mathrm{e}^{-\varepsilon r'}$（$\varepsilon > 0$），待算完积分之后，再令 $\varepsilon \to 0$ 取极限，以消除衰减因子的影响．可得

$$\begin{aligned} f(\theta) &= -\frac{2\mu A}{\hbar^2 q}\lim_{\varepsilon\to 0}\int_0^\infty \mathrm{e}^{-\varepsilon r'}\sin(qr')\mathrm{d}r' \\ &= -\frac{2\mu A}{\hbar^2 q}\lim_{\varepsilon\to 0}\frac{q}{\varepsilon^2+q^2} = -\frac{2\mu A}{\hbar^2 q^2} \end{aligned}$$

---

①Л.Д. 朗道，E.M. 栗弗席茨，量子力学（非相对论理论），高等教育出版社，1981 年．

$$\boxed{\sigma(\theta)=|f(\theta)|^2=\frac{A^2}{4\mu^2v^4\sin^4\dfrac{\theta}{2}}} \tag{10.19}$$

这正是著名的 Rutherford 散射公式，它是 1909 年 Rutherford 研究α粒子在金属薄箔上散射时提出的．（10.19）式表明 Coulomb 散射有两个特点：其一，集中于小 θ 角，其二，截面反比于入射粒子能量平方．另外，若假设 $A=Ze^2$，由上面 $A\ll\hbar v$ 可得（$\dfrac{e^2}{\hbar c}=\dfrac{1}{137}$ 为精细结构常数）

$$\frac{Z}{137}\ll\frac{v}{c}$$

这说明，当 Z 不大并且入射粒子速度不小的情况下，Born 近似对 Coulomb 场也是成立的．

ii. 电子在原子上的散射——屏蔽效应

电子和原子散射时，入射电子除了受原子核 Coulomb 吸力作用之外，还受核外各个电子 Coulomb 斥力的作用．严格说，这是一个多体问题，但如果入射电子能量不高，散射不激发起靶原子内部状态改变，就可以将核外各个电子的作用实行“外场近似”：近似代以一个稳定电荷分布 $-e\rho(\boldsymbol{r})$ 的作用，将问题简化为两体散射问题．这时散射势由核及核外电子云的 Coulomb 作用组成，表达式如下：

$$\boxed{V(\boldsymbol{r})=-\frac{Ze^2}{r}+e^2\int\frac{\rho(\boldsymbol{r}')}{|\boldsymbol{r}-\boldsymbol{r}'|}\mathrm{d}\boldsymbol{r}'}$$

代入（10.15b）式，得

$$\begin{aligned}f(\theta,\varphi)&=-\frac{\mu}{2\pi\hbar^2}\int\mathrm{e}^{-\mathrm{i}\boldsymbol{q}\cdot\boldsymbol{r}'}\left[-\frac{Ze^2}{r'}+e^2\int\frac{\rho(\boldsymbol{r}'')}{|\boldsymbol{r}'-\boldsymbol{r}''|}\mathrm{d}\boldsymbol{r}''\right]\mathrm{d}\boldsymbol{r}'\\&=\frac{\mu e^2}{2\pi\hbar^2}\left[\frac{4\pi Z}{q^2}-\frac{4\pi}{q^2}\int\rho(\boldsymbol{r}'')\mathrm{e}^{\mathrm{i}\boldsymbol{q}\cdot\boldsymbol{r}''}\mathrm{d}\boldsymbol{r}''\right]\end{aligned}$$

这里已经利用了下面两个积分公式：

$$\int\mathrm{e}^{-\mathrm{i}\boldsymbol{q}\cdot\boldsymbol{r}'}\frac{\mathrm{d}\boldsymbol{r}'}{r'}=\frac{4\pi}{q^2},\quad\int\mathrm{e}^{-\mathrm{i}\boldsymbol{q}\cdot\boldsymbol{r}'}\frac{\mathrm{d}\boldsymbol{r}'}{|\boldsymbol{r}'-\boldsymbol{r}''|}=\frac{4\pi}{q^2}\mathrm{e}^{\mathrm{i}\boldsymbol{q}\cdot\boldsymbol{r}''}$$

求这些积分时也要用到上例中 Coulomb 场的积分技巧．令

$$\boxed{F(\theta,\varphi)=\int\rho(\boldsymbol{r}'')\mathrm{e}^{\mathrm{i}\boldsymbol{q}\cdot\boldsymbol{r}''}\mathrm{d}\boldsymbol{r}''} \tag{10.20}$$

$F(\theta,\varphi)$ 是核外电荷分布的 Fourier 变换的像函数，常称作 Born 近似下的弹性散射形状因子，即得

$$f(\theta,\varphi)=\frac{2\mu e^2}{\hbar^2 q^2}(Z-F(\theta,\varphi))\equiv\frac{2\mu e^2}{\hbar^2 q^2}Z_{\text{eff}}$$

$$\boxed{\sigma(\theta,\varphi)=\frac{\mu^2 e^4 Z_{\text{eff}}^2}{4\hbar^4 k^4}\frac{1}{\sin^4\dfrac{\theta}{2}}} \tag{10.21}$$

对这个例子稍作一点讨论：如果只考虑原子核散射，则 $\rho=0$，就转化为上例的 Coulomb 散射；由积分估值可知 $|F(\theta,\varphi)|<\int|\rho(\boldsymbol{r}'')|\mathrm{d}\boldsymbol{r}''=Z$；核外电子屏蔽如用 Yukawa 势 $\rho(r'')=c\dfrac{1}{r''}\mathrm{e}^{-\frac{r''}{a}}$ 来代替，相应计算也很容易进行；这里的 $\rho(\boldsymbol{r}'')$ 也可以看作是某个（或某些）核外电子波函数的模平方 $|\psi(\boldsymbol{r}'')|^2$.

§10.4　全同粒子散射

1．全同性原理在散射问题上的应用

记两粒子自旋耦合基矢为 $|SMs_1s_2\rangle$，若将 s_1、s_2 交换，按角动量耦合理论可得[①]

$$|SMs_2s_1\rangle=(-1)^{s_1+s_2-S}|SMs_1s_2\rangle$$

可以针对两个电子的特殊情况，直接检验这个公式：这时，自旋单态为反对称的；自旋三重态为对称的．下面将此公式用于两个全同粒子体系．这时 $s_1=s_2$，于是上式一般为

$$\boxed{\begin{cases}\text{两全同Boson} & |SMs_2s_1\rangle=(-1)^S|SMs_1s_2\rangle\\ \text{两全同Fermion} & |SMs_2s_1\rangle=-(-1)^S|SMs_1s_2\rangle\end{cases}} \tag{10.22}$$

说明两个全同粒子体系自旋波函数是对称或反对称完全由总自旋 S 的奇偶性决定．由于全同 Boson（Fermion）体系总波函数必须是对称（反对称）的，并且 $\mathrm{Y}_{lm}(-\boldsymbol{e}_r)=(-1)^l\mathrm{Y}_{lm}(\boldsymbol{e}_r)$，于是有结论：不论两个散射（还是两个束缚——如氦核外电子）的全同粒子是 Boson 还是 Fermion，当体系总自旋 S =奇数时，体系空间波函数必为反对称的，从而它们相对运动的轨道角动量量子数 l =奇数；当总自旋 S =偶数时，体系空间波函数必为对称的，从而它们相对运动的轨道角动量量子数 l =偶数．于是，对称化（反称化）空间波函数的渐近形式成为

$$\boxed{\psi(r,\theta,\varphi)\to(\mathrm{e}^{ikz}\pm\mathrm{e}^{-ikz})+\frac{1}{r}\mathrm{e}^{ikr}[f(\theta,\varphi)\pm f(\pi-\theta,\pi+\varphi)]} \tag{10.23}$$

---

① 见张永德，高等量子力学，北京：科学出版社，2009，第 83 页．

于是有

$$\begin{cases}\sigma(\theta,\varphi)_{\mathrm{s}}=\left|f(\theta,\varphi)+f(\pi-\theta,\pi+\varphi)\right|^2 & (S=\text{偶数, 对两个全同粒子})\\ \sigma(\theta,\varphi)_{\mathrm{a}}=\left|f(\theta,\varphi)-f(\pi-\theta,\pi+\varphi)\right|^2 & (S=\text{奇数, 对两个全同粒子})\\ \sigma(\theta,\varphi)=\left|f(\theta,\varphi)\right|^2+\left|f(\pi-\theta,\pi+\varphi)\right|^2 & (\text{对两个可分辨粒子})\end{cases} \quad (10.24)$$

这里脚标s和a分别表示对称和反对称．注意，**波函数ψ的（10.23）式中f是求和，而非平均，因此没有$\frac{1}{\sqrt{2}}$因子．按全同性原理，在质心系中观察，它们是两个对撞的相同平面波——原则上不能说哪个是入射粒子，哪个是靶；测量时也无法分辨——原理上就无法说清每次测得的计数是来自左边的粒子，还是来自右边的粒子．因此所测得的出射球面波计数应当涉及两个粒子散射到给定$\mathrm{d}\Omega(\theta\varphi)$立体角内的总概率幅．散射截面应当等于总概率流与（两个入射平面波中任）一个平面波的入射流密度之比．也就是仍按以前原则，由此处渐近表达式第二项中e^{ikr}/r前系数模平方所给出**（图10-4）．全同粒子散射（10.24）式表明：存在可正可负的交叉项即干涉项，体现了来自全同性原理交换作用的干涉效应．这从理论上否定了 Dirac 所说的“**不同来源的光子不能相互干涉**”的论断[①]．

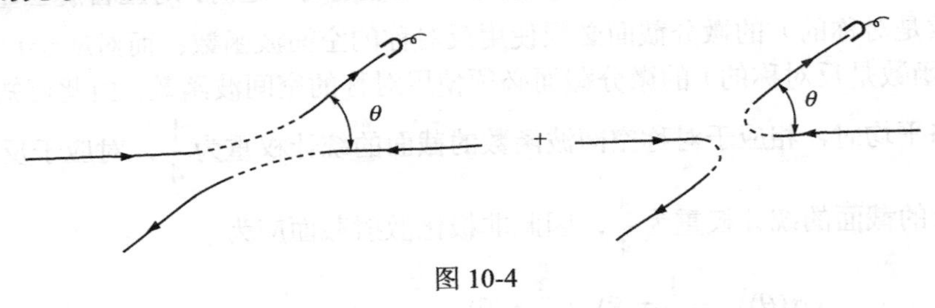

图 10-4

2．例算

i. 两个全同 Boson 散射

这包括α-α散射、π^0-π^0散射、^{16}O-^{16}O 核散射等自旋为零的粒子散射以及其他自旋为整数粒子的散射（如自旋 0 的π^+-π^+、π^--π^-散射等）．这时散射微分截面中应当使用空间对称波函数还是反对称波函数，要看耦合总自旋S是偶数还是奇数．例如，对α-α和^{16}O-^{16}O 散射，总自旋$S=0$，因此这两个散射所使用的微分截面均为

$$\begin{aligned}\sigma(\theta)_{\mathrm{s}}&=\left|f(\theta)+f(\pi-\theta)\right|^2\\&=\left|f(\theta)\right|^2+\left|f(\pi-\theta)\right|^2+2\,\mathrm{Re}\left\{f^*(\theta)f(\pi-\theta)\right\}\end{aligned}$$

① P.A.M.Dirac，量子力学原理，陈咸亨译，北京：科学出版社，1965，第9页．

最后一项是干涉项，它正是基于全同性原理显现出的粒子的波动性，是纯量子效应. 再举个例子，设两个自旋为 1 的全同粒子散射，求非极化的散射微分截面. 这时，总自旋 $S=0,1,2,$ 有 1+3+5 共 9 个自旋态，其中 $S=1$ 的自旋态有 3 个，按前面所说它们空间波函数均为反对称的，其余 6 个自旋态对应总自旋为 0 或 2，空间波函数均为对称的. 假如散射过程是非极化的（即入射粒子与靶粒子均未极化，自旋取向都是无规的），则各个自旋态出现的概率不仅相等，而且它们之间为非相干叠加. 非极化截面等于相应的截面对这些自旋初态所取的平均值（自旋权重的叙述见下节），即

$$\begin{aligned}\langle\sigma(\theta)\rangle_{\text{非}} &= \frac{3}{9}\sigma(\theta)_{\text{a}} + \frac{6}{9}\sigma(\theta)_{\text{s}} \\ &= \frac{1}{3}\left|f(\theta)-f(\pi-\theta)\right|^2 + \frac{2}{3}\left|f(\theta)+f(\pi-\theta)\right|^2 \\ &= \left|f(\theta)\right|^2 + \left|f(\pi-\theta)\right|^2 + \frac{2}{3}\mathrm{Re}\left\{f^*(\theta)f(\pi-\theta)\right\}\end{aligned}$$

ii. 两个全同 Fermion 散射

这包括 e-e 散射、e^+-e^+ 散射、p-p 散射、n-n 散射等. 这时，对应自旋三重态（自旋波函数是对称的）的微分截面必须使用反对称的空间波函数；而对应于自旋单态（自旋波函数是反对称的）的微分截面必须使用对称的空间波函数. 由此可知，在对自旋初态平均时，相应于对称空间波函数的截面的统计权重为 $\frac{1}{4}$，对应于反对称空间波函数的截面的统计权重为 $\frac{3}{4}$. 因此非极化散射截面应为

$$\begin{aligned}\langle\sigma(\theta)\rangle_{\text{非}} &= \frac{1}{4}\sigma(\theta)_{\text{s}} + \frac{3}{4}\sigma(\theta)_{\text{a}} \\ &= \frac{1}{4}\left|f(\theta)+f(\pi-\theta)\right|^2 + \frac{3}{4}\left|f(\theta)-f(\pi-\theta)\right|^2 \\ &= \left|f(\theta)\right|^2 + \left|f(\pi-\theta)\right|^2 - \mathrm{Re}\left\{f^*(\theta)f(\pi-\theta)\right\}\end{aligned}$$

以上分析是在自旋耦合表象中进行的. 其实分析也可以在无耦合表象中进行. 简记无耦合基为 $\left|m_{S_1}m_{S_2}\right\rangle$. 于是自旋初态有四个：$\left|\frac{1}{2},\frac{1}{2}\right\rangle$，$\left|\frac{1}{2},-\frac{1}{2}\right\rangle$，$\left|-\frac{1}{2},\frac{1}{2}\right\rangle$，$\left|-\frac{1}{2},-\frac{1}{2}\right\rangle$，所以各个态的统计权重都是 $\frac{1}{4}$. 区分四种情况讨论：

当入射粒子和靶粒子自旋初态为 $\left|\frac{1}{2},\frac{1}{2}\right\rangle$（$\begin{pmatrix}1\\0\end{pmatrix}_{\text{粒}}\begin{pmatrix}1\\0\end{pmatrix}_{\text{靶}}$）时，由于现在的势散射 S^2 和 S_z 守恒，出射自旋态不变. 但由于两个全同 Fermion 的自旋一直相同，无法区分在 θ 角

处测得的是入射前的哪一个粒子，导致干涉现象．由于现在自旋态是对称的，所以空间波函数为反称的．于是此时$\sigma(\theta)=\left|f(\theta)-f(\pi-\theta)\right|^2$；当自旋初态为$\left|-\frac{1}{2},-\frac{1}{2}\right\rangle$时，情况和上面类似，结果也为$\sigma(\theta)=\left|f(\theta)-f(\pi-\theta)\right|^2$；当自旋初态为$\left|\frac{1}{2},-\frac{1}{2}\right\rangle$时，由于自旋第三分量取向不同，入射粒子与靶粒子已可区分，这时在θ角处的微分截面总计（对应于入射粒子和靶粒子计数总和）为$\sigma(\theta)=\left|f(\theta)\right|^2+\left|f(\pi-\theta)\right|^2$；最后，当自旋初态为$\left|-\frac{1}{2},\frac{1}{2}\right\rangle$时，和第三种情况类同，有$\sigma(\theta)=\left|f(\theta)\right|^2+\left|f(\pi-\theta)\right|^2$．总计这四种情况，分别乘以权重$\frac{1}{4}$相加，即得非极化截面

$$
\begin{aligned}
\langle\sigma(\theta)\rangle_{\text{非}} &= \frac{1}{4}\left\{2\left|f(\theta)-f(\pi-\theta)\right|^2+2\left|f(\theta)\right|^2+2\left|f(\pi-\theta)\right|^2\right\} \\
&= \left|f(\theta)\right|^2+\left|f(\pi-\theta)\right|^2-\mathrm{Re}\left\{f^*(\theta)f(\pi-\theta)\right\}
\end{aligned}
$$

此结果和耦合表象中的结果是一致的．

※§10.5 考虑自旋的散射

1．散射分道概念

如果散射中相互作用势和自旋无关，散射中入射粒子和靶粒子的自旋态分别保持不变，这正是前面考虑的情况．但如果相互作用势与自旋相关，则散射前后守恒的自旋量子数固然保持不变，不守恒的自旋量子数将会发生变化．这导致散射前后入射粒子和靶粒子自旋状态改变．一般说，散射体系自旋初态或末态不止一个，所以带自旋的散射将会有多个散射分道．

通常，散射分道既可以用两个散射粒子自旋态的耦合表象基矢标记，也可以用无耦合表象基矢标记，视方便而定．若自旋初态为基矢$|\omega_i\rangle$，称为第 i 入射分道；自旋末态为基矢$\left|\omega_f\right\rangle$，称为第 f 出射分道；称$|\omega_i\rangle\to\left|\omega_f\right\rangle$的散射为$(i\to f)$散射分道．原则上每个分道的散射振幅（从而微分截面）各不相同，要分别计算．

2．分道散射振幅计算——考虑自旋的 Born 近似

现在问题是求解如下定态 Schrödinger 方程：

$$
\boxed{\left\{-\frac{\hbar^2}{2\mu}\Delta+V(\boldsymbol{r},\boldsymbol{S}_1,\boldsymbol{S}_2)\right\}|\psi\rangle=E|\psi\rangle} \tag{10.25}
$$

的正能量解，该解在 $r \to \infty$ 时有如下渐近形式：

$$\left|\psi(\boldsymbol{r},\boldsymbol{S}_1,\boldsymbol{S}_2)\right\rangle \xrightarrow{r\to\infty} \mathrm{e}^{\mathrm{i}kz}\left|\omega_i\right\rangle + f(\theta,\varphi)_{fi}\left|\omega_f\right\rangle \frac{\mathrm{e}^{\mathrm{i}kr}}{r} \tag{10.26}$$

右边渐近形式中，第一项为入射态，带着 $\left|\omega_i\right\rangle$ 这个自旋初态，第二项为渐近形式下的球面波出射态，带着 $\left|\omega_f\right\rangle$ 这个自旋末态. 注意，通常 $\left|\omega_i\right\rangle$ 和 $\left|\omega_f\right\rangle$ 受实验安排和测量意图决定，它们可能既不是耦合表象基矢也不是无耦合表象基矢. 为不失理论的普遍性，这里考虑的自旋初末态是任意的，相应的散射过程当然也就不属于某个分道散射. 对于这两个自旋初末态的散射截面（常称为极化截面）为

$$\sigma(\theta,\varphi)_{fi} = \left|f(\theta,\varphi)_{fi}\right|^2 \tag{10.27}$$

和无自旋情况类似，当 $r \to \infty$ 时，入射平面波和渐近出射球面波之间的干涉项因快速振荡而被抹去，于是可将 $f(\theta,\varphi)_{fi}$ 写为

$$f(\theta,\varphi)_{fi} = \left\langle \omega_f \middle| \psi(\boldsymbol{r},\boldsymbol{S}_1,\boldsymbol{S}_2)\right\rangle r\mathrm{e}^{-\mathrm{i}kr}\Big|_{r\to\infty} \tag{10.28}$$

$\left|\psi(\boldsymbol{r},\boldsymbol{S}_1,\boldsymbol{S}_2)\right\rangle$ 是由自旋初态 $\left|\omega_i\right\rangle$ 经过与自旋有关散射作用演化而来的渐近态矢，下面来求它. 引入 $U(\boldsymbol{r},\boldsymbol{S}_1,\boldsymbol{S}_2) = \dfrac{2\mu}{\hbar^2}V(\boldsymbol{r},\boldsymbol{S}_1,\boldsymbol{S}_2)$，于是定态方程（10.25）为

$$(\Delta + k^2)\left|\psi\right\rangle = U\left|\psi\right\rangle$$

此方程形式上和无自旋情况的方程（10.10）相同. 按照上面 Green 函数方法重复论述，可得（与（10.13）式相当）有自旋相互作用的积分方程解

$$\left|\psi(\boldsymbol{r},\boldsymbol{S}_1,\boldsymbol{S}_2)\right\rangle = \mathrm{e}^{\mathrm{i}kz}\left|\omega_{\mathrm{i}}\right\rangle - \frac{1}{4\pi}\int \frac{\mathrm{e}^{\mathrm{i}k|\boldsymbol{r}-\boldsymbol{r}'|}}{|\boldsymbol{r}-\boldsymbol{r}'|} U(\boldsymbol{r}',\boldsymbol{S}_1,\boldsymbol{S}_2)\left|\psi(\boldsymbol{r}',\boldsymbol{S}_1,\boldsymbol{S}_2)\right\rangle \mathrm{d}\boldsymbol{r}' \tag{10.29}$$

令 $r \to \infty$ 并对这个表达式作 Born 近似（将积分号下 $\left|\psi\right\rangle$ 代以 $\mathrm{e}^{\mathrm{i}kz}\left|\omega_i\right\rangle$、对 Green 函数中分子的指数作一阶近似而对其分母作零阶近似）. 若选定出射自旋态为 $\left|\omega_f\right\rangle$（即用 $\left\langle\omega_f\right|$ 左乘（10.29）式来选定出射分道），注意（10.28）式，最后即得

$$f(\theta,\varphi)_{fi} = -\frac{\mu}{2\pi\hbar^2}\int \mathrm{e}^{-\mathrm{i}\boldsymbol{q}\cdot\boldsymbol{r}'}\left\langle\omega_f\right|V(\boldsymbol{r}',\boldsymbol{S}_1,\boldsymbol{S}_2)\left|\omega_i\right\rangle \mathrm{d}\boldsymbol{r}' \tag{10.30}$$

此公式和前面无自旋散射振幅（10.15b）式差别仅在于：**将被积函数中相互作用势换成它在自旋初末态夹积下的矩阵元. 如上所说，若 $\left|\omega_i\right\rangle$ 和 $\left|\omega_f\right\rangle$ 是耦合（无耦合）表象的两个基矢，则相应的 $f(\theta,\varphi)_{fi}$ 是某个分道的散射振幅. 通常将未经自旋初末态夹积计算，只完成空间积分的（10.30）式称为散射振幅算符 $\hat{f}$.**

3．自旋散射的分道干涉与自旋权重平均

如果（10.30）式中自旋初、末态$|\omega_i\rangle$、$|\omega_f\rangle$是特定的叠加态，需用耦合（无耦合）基矢将它们展开．为确定起见，下面设用耦合基$\{|\chi_l\rangle\}$展开，系数分别为$\{c_l^{(i)}\}$和$\{c_m^{(f)}\}$，

$$|\omega_i\rangle=\sum c_l^{(i)}|\chi_l^{(i)}\rangle,\qquad |\omega_f\rangle=\sum c_m^{(f)}|\chi_m^{(f)}\rangle$$

于是散射振幅分解成为

$$f(\theta,\varphi)_{fi}=\sum_{lm}c_l^{(i)}c_m^{(f)*}f(\theta,\varphi)_{ml}$$

这里$f(\theta,\varphi)_{ml}$为$(l\to m)$散射分道的散射振幅．相应微分截面为

$$\boxed{\sigma(\theta,\varphi)_{fi}=\left|\sum_{lm}c_l^{(i)}c_m^{(f)*}f(\theta,\varphi)_{ml}\right|^2}$$

显然，**这时各分道之间存在干涉，散射截面$\sigma(\theta,\varphi)_{fi}$一般不能表示为各分道截面$\sigma(\theta,\varphi)_{ml}$按展开式系数模平方的非相干叠加**．但要注意，一般应将各分道之间的干涉区分为：①入射分道之间的干涉；②入出射分道之间的干涉．

极化粒子入射，即初态为耦合（无耦合）表象相干叠加纯态$|\omega_i\rangle$情况．这时各成分$c_l^{(i)}$之间将出现干涉——**入射分道之间的干涉**．**但对各个出射分道的末态仍为非相干求和**，就是说，若求这时总截面，应取出射分道的末态为耦合（无耦合）表象的全部基矢$\{\langle\chi_f|\}$，分别算出各出射分道截面并对它们全体求和——“非相干”的概率相加：

$$\sigma(\theta,\varphi)_i=\sum_f\sigma(\theta,\varphi)_{fi}=\sum_f\left|\sum_l c_l^{(i)}f(\theta,\varphi)_{fl}\right|^2$$

这是由于，**一般而言，测量招致的波包坍缩总是非相干的“选择”（Feynman 说的“alternative”）．在不同类型测量结果之间肯定不存在干涉．但有时测量坍缩结果并不是耦合（无耦合）基矢，所以各出射分道之间最终是否存在干涉还依赖于如何进行测量、导致何种自旋末态而定．不过，通常情况下，自旋末态测量常常是针对耦合（无耦合）基矢进行的，当然不存在各出射分道之间的干涉，这使得总截面就等于各出射分道截面之和．这种结果通常简称为“对末态求和”．**

非极化粒子入射，即初态为耦合（无耦合）表象某些基矢非相干混合的情况$\left\{|\chi_l^{(i)}\rangle,p_l,\sum_l p_l=1\right\}$．于是不会出现初态中这些成分之间的干涉，截面计算结果表现

为对初态各成分的结果按经典统计求平均，简称作“对初态平均”. 但此时总截面对末态仍为求和，**即非极化粒子入射的总截面等于各出射分道微分截面之和**，

$$\sigma(\theta,\varphi)_i=\sum_f\sigma(\theta,\varphi)_{fi}=\sum_f\sum_l p_l\sigma(\theta,\varphi)_{fl}$$

总之，非极化散射（非极化粒子入射到非极化靶上）情况下，总截面计算的统计原则是“对初态平均”并“对末态求和”.

非极化情况的自旋权重系数. 假设 σ_{a} 和 σ_{s} 与总自旋 S 取值无关,只考虑两个自旋为 s 的全同粒子散射,并假定为非极化情况(否则应严格按上页求和公式计算). 按前面所说，计算截面时应对自旋初态取平均. 往算这时权重系数. 这个全同粒子体系总自旋的可能取值由反平行取向时的零到平行取向时的 $2s$，逐个增加数值 1. 所以体系自旋态总数目为

$$\sum_{S=0}^{S=2s}(2S+1)=(2s+1)^2$$

$$\text{对 } s=\text{半整数情况}\quad\begin{cases}S\text{取偶数值的态数目：}s(2s+1)\\ S\text{取奇数值的态数目：}(s+1)(2s+1)\end{cases}$$

$$\text{对 } s=\text{整数情况}\quad\begin{cases}S\text{取偶数值的态数目：}(s+1)(2s+1)\\ S\text{取奇数值的态数目：}s(2s+1)\end{cases}$$

结合前面的叙述，当总自旋 S 为偶数时，空间波函数为对称的；S 为奇数时，空间波函数为反对称的，于是得如下结果（设空间对称化与反对称化截面和量子数 S 无关）：

$$\begin{cases}s=\text{半整数, 两Fermion: }\langle\sigma(\theta,\varphi)\rangle_{\text{非}}=\dfrac{s}{2s+1}\sigma(\theta,\varphi)_{\mathrm{s}}+\dfrac{s+1}{2s+1}\sigma(\theta,\varphi)_{\mathrm{a}}\\ s=\text{整数, 两Boson: }\quad\langle\sigma(\theta,\varphi)\rangle_{\text{非}}=\dfrac{s+1}{2s+1}\sigma(\theta,\varphi)_{\mathrm{s}}+\dfrac{s}{2s+1}\sigma(\theta,\varphi)_{\mathrm{a}}\end{cases}$$

4. 例算

例 1 极化散射例子. 考虑自旋初态 $|\omega_i\rangle$ 为如下叠加态：设两个可分辨的 $\dfrac{1}{2}$ 自旋粒子，自旋态分别为 $|\xi\rangle=\begin{pmatrix}1\\0\end{pmatrix}$ 和 $|\eta\rangle=\begin{pmatrix}\cos\dfrac{\alpha}{2}\mathrm{e}^{-\mathrm{i}\beta/2}\\ \sin\dfrac{\alpha}{2}\mathrm{e}^{\mathrm{i}\beta/2}\end{pmatrix}$. 于是自旋初态 $|\omega_i\rangle$ 为

$$\left|\omega_i\right\rangle=\begin{pmatrix}1\\0\end{pmatrix}\otimes\begin{pmatrix}\cos\frac{\alpha}{2}\mathrm{e}^{-\mathrm{i}\beta/2}\\ \sin\frac{\alpha}{2}\mathrm{e}^{\mathrm{i}\beta/2}\end{pmatrix}=\left\{\cos\frac{\alpha}{2}\mathrm{e}^{-\mathrm{i}\beta/2}\left|\frac{1}{2},\frac{1}{2}\right\rangle+\sin\frac{\alpha}{2}\mathrm{e}^{\mathrm{i}\beta/2}\left|\frac{1}{2},-\frac{1}{2}\right\rangle\right\}$$

$$=\cos\frac{\alpha}{2}\mathrm{e}^{-\mathrm{i}\beta/2}\left|1,1\right\rangle+\frac{1}{\sqrt{2}}\sin\frac{\alpha}{2}\mathrm{e}^{\mathrm{i}\beta/2}\left(\left|1,0\right\rangle+\left|0,0\right\rangle\right)$$

这里已经用了从无耦合基矢向耦合基矢的转换关系（当然也可以不作这种转换，视相互作用和末态如何而定）. 假如自旋末态是一般态$\left|\omega_f\right\rangle$（就是说不想进一步关心它的展开），相应的微分截面即为

$$\sigma(\theta,\varphi)_{fi}=\left|\cos\frac{\alpha}{2}\mathrm{e}^{-\mathrm{i}\beta/2}f(\theta,\varphi)_{(f,11)}+\frac{1}{\sqrt{2}}\sin\frac{\alpha}{2}\mathrm{e}^{\mathrm{i}\beta/2}f(\theta,\varphi)_{(f,10)}+\frac{1}{\sqrt{2}}\sin\frac{\alpha}{2}\mathrm{e}^{\mathrm{i}\beta/2}f(\theta,\varphi)_{(f,00)}\right|^2$$

这说明，如上所述，当相互作用与自旋有关时，σ_{fi}一般不是各分道截面以$\left|\omega_i\right\rangle$展开式中系数模方的权重平均，而存在分道之间的干涉.

例 2 非极化散射例子. 考虑两个$\frac{1}{2}$自旋的可分辨粒子，散射势为与自旋相关的接触势$V=\alpha\boldsymbol{S}_1\cdot\boldsymbol{S}_2\delta(\boldsymbol{r})$，求非极化截面. 这时

$$f(\theta)_{fi}=-\frac{\mu}{2\pi\hbar^2}\int\mathrm{e}^{\mathrm{i}(\boldsymbol{k}_0-\boldsymbol{k})\cdot\boldsymbol{r}'}\alpha\left\langle\chi_f\left|\boldsymbol{S}_1\cdot\boldsymbol{S}_2\right|\chi_i\right\rangle\delta(\boldsymbol{r}')\mathrm{d}\boldsymbol{r}'=-\frac{\alpha\mu}{2\pi\hbar^2}\left\langle\chi_f\left|\boldsymbol{S}_1\cdot\boldsymbol{S}_2\right|\chi_i\right\rangle$$

这里$\boldsymbol{S}_1\cdot\boldsymbol{S}_2=\frac{1}{2}\left(\boldsymbol{S}^2-\frac{3}{2}\right)$，$\boldsymbol{S}=\boldsymbol{S}_1+\boldsymbol{S}_2$是体系总自旋. 由$V$的形式可知，总自旋$\boldsymbol{S}$和总$S_z$都守恒. 于是从耦合表象来看，共计 16 个可能分道中仅存 4 个直接的耦合分道截面，

$$\begin{cases}s=0:\quad\sigma_0(\theta)=\dfrac{\alpha^2\mu^2}{(2\pi\hbar^2)^2}\left|\dfrac{1}{2}\left(-\dfrac{3}{2}\right)\hbar^2\right|^2=\dfrac{(3\alpha\mu)^2}{(8\pi)^2}\\[2ex] s=1:\quad\sigma_1(\theta)=\dfrac{\alpha^2\mu^2}{(2\pi\hbar^2)^2}\left|\dfrac{1}{2}\left(\dfrac{1}{2}\right)\hbar^2\right|^2=\dfrac{(\alpha\mu)^2}{(8\pi)^2}\end{cases}$$

对于非极化情况，自旋初态的 4 个耦合基矢出现概率相等，非极化截面为权重平均值

$$\left\langle\sigma(\theta)\right\rangle_{\text{非}}=\frac{1}{4}\sigma_0(\theta)+\frac{3}{4}\sigma_1(\theta)=\frac{3\mu^2\alpha^2}{(8\pi)^2}$$

注意，由于其余散射分道的矩阵元为零，“末态求和”已经消失了.

例 3 为便于描述两个$\frac{1}{2}$自旋可分辨粒子（如质子和中子）的各种极化与非极

化散射，引入散射振幅算符 $\hat{f}$，假设它的两个本征方程分别为

$$\hat{f}|\omega_{00}\rangle = f_1|\omega_{00}\rangle,\quad \hat{f}|\omega_{1M}\rangle = f_3|\omega_{1M}\rangle$$

这里$|\omega_{00}\rangle$为自旋单态；$|\omega_{1M}\rangle$为自旋三重态；f_1和f_3分别为它们的散射振幅（一般是θ、φ的复值函数）. 于是，（1）求$\hat{f}$的表达式；（2）若散射前质子处于$\begin{pmatrix}1\\0\end{pmatrix}_{\mathrm{p}}$态，中子为$\begin{pmatrix}0\\1\end{pmatrix}_{\mathrm{n}}$态，求散射后 n、p 自旋反向的概率；（3）若初态为$\begin{pmatrix}1\\0\end{pmatrix}_{\mathrm{p}}\begin{pmatrix}\cos\dfrac{\alpha}{2}\mathrm{e}^{-\mathrm{i}\beta/2}\\ \sin\dfrac{\alpha}{2}\mathrm{e}^{\mathrm{i}\beta/2}\end{pmatrix}_{\mathrm{n}}$，求散射总截面.

解　（1）题设$\hat{f}$的两个本征方程表明：$\hat{f}$在耦合表象中为对角的，也即保持初末态总自旋及第三分量不变，由此可一般性假设$\hat{f} = \alpha_1 + \alpha_2\boldsymbol{\sigma}_{\mathrm{p}}\cdot\boldsymbol{\sigma}_{\mathrm{n}}$，其中$\alpha_1$、$\alpha_2$为两个待定系数. 按§7.3 引入质子和中子的自旋交换算符$P_s = \dfrac{1}{2}(1+\boldsymbol{\sigma}_{\mathrm{p}}\cdot\boldsymbol{\sigma}_{\mathrm{n}})$，于是有

$$\begin{cases} P_s|1,M_s\rangle = |1,M_s\rangle,\quad P_s|0,0\rangle = -|0,0\rangle \\ P_s\left|\dfrac{1}{2},-\dfrac{1}{2}\right\rangle = \left|-\dfrac{1}{2},\dfrac{1}{2}\right\rangle,\quad P_s\left|-\dfrac{1}{2},\dfrac{1}{2}\right\rangle = \left|\dfrac{1}{2},-\dfrac{1}{2}\right\rangle \end{cases}$$

用P_s表示出$\hat{f}$，即

$$\hat{f} = (\alpha_1 - \alpha_2) + 2\alpha_2 P_s$$

因此可得

$$\begin{cases} \hat{f}|\omega_{00}\rangle = (\alpha_1 - 3\alpha_2)|\omega_{00}\rangle = f_1|\omega_{00}\rangle \\ \hat{f}|\omega_{1M}\rangle = (\alpha_1 + \alpha_2)|\omega_{1M}\rangle = f_3|\omega_{1M}\rangle \end{cases}$$

由联立方程$\alpha_1 - 3\alpha_2 = f_1$和$\alpha_1 + \alpha_2 = f_3$可得$\alpha_1$和$\alpha_2$，即得$\hat{f}$的表达式为

$$\hat{f} = \frac{f_1 + 3f_3}{4} + \frac{f_3 - f_1}{4}\boldsymbol{\sigma}_{\mathrm{p}}\cdot\boldsymbol{\sigma}_{\mathrm{n}} = \frac{1}{2}(f_1 + f_3) + \frac{1}{2}(f_3 - f_1)P_s$$

（2）给定的散射初态为

$$|\omega_i\rangle = \begin{pmatrix}1\\0\end{pmatrix}_{\mathrm{p}}\begin{pmatrix}0\\1\end{pmatrix}_{\mathrm{n}} = \left|\frac{1}{2},-\frac{1}{2}\right\rangle$$

按照题设散射中发生反转的要求，自旋末态为

$$|\omega_f\rangle = \begin{pmatrix}0\\1\end{pmatrix}_{\mathrm{p}}\begin{pmatrix}1\\0\end{pmatrix}_{\mathrm{n}} = \left|-\frac{1}{2},\frac{1}{2}\right\rangle$$

于是

$$\left\langle \omega_f \left| \hat{f} \right| \omega_i \right\rangle = \left\langle -\frac{1}{2},\frac{1}{2} \right| \hat{f} \left| \frac{1}{2},-\frac{1}{2} \right\rangle = \frac{1}{2}(f_3 - f_1)$$

相应的微分截面为$\sigma_{\text{反向}} = \frac{1}{4}|f_3 - f_1|^2$. 由于$\hat{f}$不改变量子数$M_S$（现为零），出射自旋态也只能是自旋反向$\left|-\frac{1}{2},\frac{1}{2}\right\rangle$和不反向$\left|\frac{1}{2},-\frac{1}{2}\right\rangle$这两种①. 它们的微分截面分别为

$$f_{\text{反向}} = \left\langle -\frac{1}{2},\frac{1}{2} \right| \left\{ \frac{1}{2}(f_1 + f_3) + \frac{1}{2}(f_3 - f_1)P_s \right\} \left| \frac{1}{2},-\frac{1}{2} \right\rangle = \frac{1}{2}(f_3 - f_1)$$

$$f_{\text{不反向}} = \left\langle \frac{1}{2},-\frac{1}{2} \right| \left\{ \frac{1}{2}(f_1 + f_3) + \frac{1}{2}(f_3 - f_1)P_s \right\} \left| \frac{1}{2},-\frac{1}{2} \right\rangle = \frac{1}{2}(f_1 + f_3)$$

于是反转的概率P为

$$P = \frac{\sigma_{\text{反向}}}{\sigma_{\text{反向}} + \sigma_{\text{不反向}}} = \frac{|f_3 - f_1|^2}{2\left(|f_1|^2 + |f_3|^2\right)}$$

注意，分子上已表现出两粒子自旋反转过程中分道之间存在干涉. 当然，此处也可以在耦合表象中做，但须注意$\hat{f}$的性质，结果相同.

（3）将这时的自旋初态用耦合基矢展开，可得

$$\left|\omega_i\right\rangle = \begin{pmatrix} 1 \\ 0 \end{pmatrix}_{\mathrm{p}} \otimes \begin{pmatrix} \cos\frac{\alpha}{2}\mathrm{e}^{-\mathrm{i}\beta/2} \\ \sin\frac{\alpha}{2}\mathrm{e}^{\mathrm{i}\beta/2} \end{pmatrix}_{\mathrm{n}} = \left\{ \cos\frac{\alpha}{2}\mathrm{e}^{-\mathrm{i}\beta/2}\left|\frac{1}{2},\frac{1}{2}\right\rangle + \sin\frac{\alpha}{2}\mathrm{e}^{\mathrm{i}\beta/2}\left|\frac{1}{2},-\frac{1}{2}\right\rangle \right\}$$

$$= \cos\frac{\alpha}{2}\mathrm{e}^{-\mathrm{i}\beta/2}\left|1,1\right\rangle + \frac{1}{\sqrt{2}}\sin\frac{\alpha}{2}\mathrm{e}^{\mathrm{i}\beta/2}\left(\left|1,0\right\rangle + \left|0,0\right\rangle\right)$$

于是各个出射分道的散射振幅分别为

$$\left\langle 1,1 \right| \hat{f} \left| \omega_i \right\rangle = \left\langle 1,1 \right| \left\{ \frac{1}{2}(f_1 + f_3) + \frac{1}{2}(f_3 - f_1)P_s \right\} \left| \omega_i \right\rangle = f_3 \cos\frac{\alpha}{2}\mathrm{e}^{-\mathrm{i}\beta/2}$$

$$\left\langle 1,0 \right| \hat{f} \left| \omega_i \right\rangle = f_3 \frac{1}{\sqrt{2}}\sin\frac{\alpha}{2}\mathrm{e}^{\mathrm{i}\beta/2}$$

$$\left\langle 0,0 \right| \hat{f} \left| \omega_i \right\rangle = f_1 \frac{1}{\sqrt{2}}\sin\frac{\alpha}{2}\mathrm{e}^{\mathrm{i}\beta/2}$$

$$\left\langle 1,-1 \right| \hat{f} \left| \omega_i \right\rangle = 0$$

---

① 注意，题设$\hat{f}$虽然使总自旋S^2守恒，但此时所给的入射态和出射态均不是S^2的本征态. 用耦合基计算时要注意.

根据微分总截面应当对末态求和，有

$$\begin{aligned}\sigma(\theta,\varphi) &= \left|\langle 1,1|\hat{f}|\omega_i\rangle\right|^2 + \left|\langle 1,0|\hat{f}|\omega_i\rangle\right|^2 + \left|\langle 0,0|\hat{f}|\omega_i\rangle\right|^2 \\ &= |f_3|^2\cos^2\frac{\alpha}{2} + \frac{1}{2}|f_3|^2\sin^2\frac{\alpha}{2} + \frac{1}{2}|f_1|^2\sin^2\frac{\alpha}{2} \\ &= \sigma_3\left(\cos^2\frac{\alpha}{2} + \frac{1}{2}\sin^2\frac{\alpha}{2}\right) + \sigma_1\frac{1}{2}\sin^2\frac{\alpha}{2} \\ &= \frac{1}{4}(3\sigma_3 + \sigma_1) + \frac{1}{4}(\sigma_3 - \sigma_1)\cos\alpha\end{aligned}$$

例 4　在例 3 中，若初态为 $|\omega_i\rangle = \begin{pmatrix}\cos\dfrac{\alpha}{2}\mathrm{e}^{-\mathrm{i}\beta/2} \\ \sin\dfrac{\alpha}{2}\mathrm{e}^{\mathrm{i}\beta/2}\end{pmatrix}_{\text{粒}} \otimes \begin{pmatrix}1 \\ 0\end{pmatrix}_{\text{靶}}$ 的两个 $\frac{1}{2}$ 自旋的全同粒子，求散射的非极化截面．其实，问题的初态可以放得普遍些：若两个 $\frac{1}{2}$ 自旋的全同粒子，各自处于自旋平均值为 $\langle \boldsymbol{S}_1\rangle$ 和 $\langle \boldsymbol{S}_2\rangle$ 的自旋初态上，求（非极化）散射总截面．

解　解普遍情况．设相应于给定值 $\langle \boldsymbol{S}_1\rangle\cdot\langle \boldsymbol{S}_2\rangle$ 的自旋初态为 $|\omega_i'\rangle$，假定散射势的形式为

$$V(\boldsymbol{r},\boldsymbol{S}_1,\boldsymbol{S}_2) = A_1(\boldsymbol{r}) + A_2(\boldsymbol{r})\boldsymbol{S}_1\cdot\boldsymbol{S}_2$$

其中，$A_1(\boldsymbol{r})$ 和 $A_2(\boldsymbol{r})$ 是某两个待定的空间函数．此种 V 形式有两个特点：①耦合表象中它是对角的，并且不改变第三分量量子数；②V 的各幂次仍然保持为此种形式．后者是因为有 $(\boldsymbol{S}_1\cdot\boldsymbol{S}_2)^2 = (3-2\boldsymbol{\sigma}_1\cdot\boldsymbol{\sigma}_2)/4$．

总截面为在给定初态 $|\omega_i'\rangle$ 之下对全部末态 $|\chi_f\rangle$ 的截面求和．因 $\sum_f|\chi_f\rangle\langle\chi_f| = 1$，有

$$\begin{aligned}\langle\sigma(\theta)\rangle_{\mathrm{t}} &= \sum_{\chi_f}\left|f(\theta)_{fi}\right|^2 = |c|^2\sum_{\chi_f}\int \mathrm{d}\boldsymbol{r}'\mathrm{d}\boldsymbol{r}''\mathrm{e}^{-\mathrm{i}\boldsymbol{q}\cdot\boldsymbol{r}+\mathrm{i}\boldsymbol{q}\cdot\boldsymbol{r}''}\cdot\langle\omega_i'|V|\chi_f\rangle\langle\chi_f||V|\omega_i'\rangle \\ &= |c|^2\int \mathrm{d}\boldsymbol{r}'\mathrm{d}\boldsymbol{r}''\mathrm{e}^{-\mathrm{i}\boldsymbol{q}\cdot(\boldsymbol{r}'-\boldsymbol{r}'')}\langle\omega_i'|V(\boldsymbol{r}'',\boldsymbol{S}_1,\boldsymbol{S}_2)V(\boldsymbol{r}',\boldsymbol{S}_1,\boldsymbol{S}_2)|\omega_i'\rangle\end{aligned}$$

由于 V 的二次幂乘积算符仍可归纳为一次幂的形式，因此完成空间积分后即得 $\langle\sigma(\theta)\rangle_{\mathrm{t}}$ 对初态极化矢量的一般依赖关系．其一般形式将为

$$\langle\sigma(\theta)\rangle_{\mathrm{t}} = a + b\langle\omega_i'|\boldsymbol{S}_1\cdot\boldsymbol{S}_2|\omega_i'\rangle = a + b\langle\boldsymbol{S}_1\rangle\cdot\langle\boldsymbol{S}_2\rangle$$

注意此处系数 a 和 b 与自旋初态无关，于是可用两种极端情况下的初态来决定它们．

第一，靶和入射粒子均为非极化的情况：$\langle\boldsymbol{S}_1\rangle = \langle\boldsymbol{S}_2\rangle = 0$，得

$$\langle\sigma(\theta)\rangle_{\mathrm{t}}=\frac{1}{4}(\sigma(\theta)_{\mathrm{s}}+3\sigma(\theta)_{\mathrm{a}})=a$$

第二，靶和粒子均沿同一方向极化：$\langle \boldsymbol{S}_1\rangle\cdot\langle \boldsymbol{S}_2\rangle=\dfrac{1}{4}$，这时体系总自旋必为 1，空间波函数为反对称，得

$$\langle\sigma(\theta)\rangle_{\mathrm{t}}=\sigma(\theta)_{\mathrm{a}}=a+\frac{1}{4}b$$

解出 a、b 之后即得

$$\langle\sigma(\theta)\rangle_{\mathrm{t}}=\frac{1}{4}(\sigma(\theta)_{\mathrm{s}}+3\sigma(\theta)_{\mathrm{a}})+\left(\sigma(\theta)_{\mathrm{a}}-\sigma(\theta)_{\mathrm{s}}\right)\langle \boldsymbol{S}_1\rangle\cdot\langle \boldsymbol{S}_2\rangle$$

这就是本题所求的结果．按照题设的特殊初态$|\lambda_i\rangle$代入，有

$$\langle \boldsymbol{S}_1\rangle\cdot\langle \boldsymbol{S}_2\rangle=\frac{1}{4}\{\sin\alpha\cos\beta,\sin\alpha\sin\beta,\cos\alpha\}_1\cdot\{0,0,1\}_2=\frac{1}{4}\cos\alpha$$

代入即得相应的非极化散射总截面．

最后附带指出，两个非全同粒子体系，截面σ_3当然不一定由反对称空间波函数算得，σ_1也不一定由对称空间波函数算出．但如果将上面例 3 的非全同粒子公式作如下替换：

$$\sigma_3\to\sigma_{\mathrm{a}},\quad \sigma_1\to\sigma_{\mathrm{s}}$$

即将其转化为此处全同粒子情况，该例中结果（3）即转化为此处结果．

习　题

1．质量为 μ 的粒子被中心势$V(r)=\dfrac{\alpha}{r^2}$散射（$\alpha>0$），

（1）求各分波的相移 δ_l；

（2）设作用势较弱：$8\mu\alpha/\hbar^2\ll1$，求相移、散射振幅和截面的表达式；

（3）用 Born 近似计算散射振幅和截面，并与（2）结果比较．

2．粒子被势场$V(r)=\alpha/r^4\,(\alpha>0)$散射，求低能极限下（只考虑 s 波）散射的散射长度、相移、散射振幅和截面．

提示　引进无量纲变量$\xi=\hbar r/\sqrt{2\mu\alpha}$．

3．对吸引的球方势阱（$V=-V_0$，$r<a$；$V=0$，$r>a$），求出正能量下$l=0$相移δ_0的能量依赖关系．由此证明，高能时$\delta(k)\to\dfrac{maV_0}{\hbar^2k}$，并从 Born 近似得出这个结果．

4．质量为 m 的粒子束被球壳势$V(r)=V_0\delta(r-a)$散射，在高能情况下，用 Born 近似计算散射振幅、微分截面、总截面，并讨论$\theta=0$的微分截面．

答

$$f(\theta)=\frac{-mV_0 a\sin(2ka\sin(\theta/2))}{\hbar^2 k\sin(\theta/2)}$$

$$\sigma(\theta)=|f(\theta)|^2$$

$$\sigma_{\rm t}\approx 2\pi mV_0 a^2/(\hbar^2 E)$$

$$\sigma(0)=|f(0)|^2=\left(2mV_0 a^2/\hbar^2\right)^2$$

5．推导半径为 R 的刚球散射 s 分波截面的表达式，并讨论高能近似和低能近似下的总截面.

答 $\sigma_{\rm t}=\dfrac{4\pi}{k^2}\sin^2(kR)$，低能时，$k\to 0$，$\sigma_{\rm t}=4\pi R^2$，高能时，$k\to\infty$，$\sigma_{\rm t}=0$.

6．在 Born 近似下计算一个质量为 m 的粒子被 δ 函数势 $V(\boldsymbol{r})=g\delta^3(\boldsymbol{r})$ 散射的微分截面及总截面.

7．一个质量为 m 的粒子，在排斥势 $V=A\mathrm{e}^{-r^2/a^2}$ 中运动，用 Born 近似求出微分散射截面，确定到一个相乘的常数.

8．质量为 m 的粒子受到中心势 $V(r)=-\dfrac{\hbar^2}{ma^2}\dfrac{1}{\mathrm{ch}^2(r/a)}$ 散射，a 为常数. 已知方程 $\dfrac{\mathrm{d}^2y}{\mathrm{d}x^2}+k^2y+\dfrac{2}{\mathrm{ch}^2x}y=0$ 的解为 $y=\mathrm{e}^{\pm ikr}(\mathrm{th}\,x\mp \mathrm{i}k)$，计算能量 E 时，s 分波对总散射截面的贡献.

答 $\sigma_{\rm t}=\dfrac{2\pi\hbar^2}{mE}\dfrac{1}{1+2a^2mE/\hbar^2}$.

9．一个电荷为 q 的粒子被一个核荷为 Q 的原子散射，作用势为 $V=\dfrac{qQ}{r}\mathrm{e}^{-\alpha r}$，其中 α^{-1} 表示原子中电子的屏蔽长度，用 Born 近似计算散射截面.

答 $\sigma_{\rm t}=\dfrac{4m^2q^2Q^2}{\hbar^4[\alpha^2+4k^2\sin^2(\theta/2)]^2}$，$\alpha=\dfrac{4me^2}{3\hbar^2}\left(\dfrac{4}{9\pi}\right)^{1/3}Z^{1/3}$.

10．一个自旋为 1/2，质量为 m，能量为 $E=\dfrac{\hbar^2k^2}{2m}$ 的粒子与无限重的自旋为 1/2 的靶粒子散射. 相互作用的 Hamilton 量为 $H=A\boldsymbol{\sigma}_1\cdot\boldsymbol{\sigma}_2\dfrac{\mathrm{e}^{-\mu r}}{r}(\mu>0)$，在最低阶 Born 近似下求微分散射截面 $\dfrac{\mathrm{d}\sigma}{\mathrm{d}\Omega}$. 其中，对自旋初态求平均，对自旋末态求和.

答 $f(\theta)=-\dfrac{2m}{\hbar^2}A\boldsymbol{\sigma}_1\cdot\boldsymbol{\sigma}_2\dfrac{1}{\mu^2+\boldsymbol{q}^2}$，$\boldsymbol{q}=\boldsymbol{k}_0-\boldsymbol{k}$，$q=2k\sin(\theta/2)$，对自旋初态求平均对末态求和以后，$\dfrac{\mathrm{d}\sigma}{\mathrm{d}\Omega}=\dfrac{12A^2m^2}{\mu^2+4k^2\sin^2(\theta/2)}$.

11．粒子被势 $V(r)$ 散射，求散射振幅的 Born 一级和二级修正.

答

$$f^{(1)}(\theta,\varphi)=-\frac{m}{2\pi\hbar^2}V(\boldsymbol{k}-\boldsymbol{k}_0)$$

$$f^{(2)}(\theta,\varphi)=\frac{1}{32\pi^4}\left(\frac{2m}{\hbar^2}\right)^2\int\frac{1}{\boldsymbol{k}'^2-\boldsymbol{k}^2}V(\boldsymbol{k}-\boldsymbol{k}')V(\boldsymbol{k}'-\boldsymbol{k}_0)\mathrm{d}^3\boldsymbol{k}$$

其中，$V(\boldsymbol{k}-\boldsymbol{k}_0)=\int V(\boldsymbol{r}')\mathrm{e}^{-\mathrm{i}(\boldsymbol{k}-\boldsymbol{k}_0)\cdot\boldsymbol{r}'}\mathrm{d}^3\boldsymbol{r}'$.

12．质量为 m，自旋为 1/2，能量为 E 的两个未极化全同粒子，相对入射产生弹性散射．相互作用势为 $V(r)=\dfrac{\beta}{r}\mathrm{e}^{-r/a}(a>0)$．求：

（1）设入射粒子能量 E 很大（$ka\gg1$），求微分散射截面；

（2）设 θ 及 $\pi-\theta$ 方向测得两个出射粒子，求它们的总自旋为 1 的概率，以及两个粒子自旋都指向入射方向（z 轴）的概率；

（3）在（1）中作近似，对能量 E 有何要求？

（4）如果 $E\to0$，散射后两个粒子总自旋为 1 的概率是多少？

答　（1）$\sigma(\theta)=\dfrac{1}{4}\sigma_{\mathrm{s}}(\theta)+\dfrac{3}{4}\sigma_{\mathrm{a}}(\theta)=\dfrac{\beta^2(1+3\cos^2\theta)}{16E^2\sin^4\theta}$；

（2）$p(\uparrow\uparrow)=(1/3)p(S=1)=\dfrac{\cos^2\theta}{1+3\cos^2\theta}$；

（3）$E\gg\dfrac{m\beta^2}{2\hbar^2}$，$E\gg\dfrac{\hbar^2}{2ma^2}$；

（4）$P(S=1)=0$．

13．求中子–中子低能散射（$E\to0$）s 分波散射截面．设两个中子之间的作用势为

$$V=\begin{cases}\boldsymbol{\sigma}_1\cdot\boldsymbol{\sigma}_2V_0 & (r\ll a)\\ 0 & (R>a)\end{cases}$$

其中，$V_0>0$；$\boldsymbol{\sigma}_1,\boldsymbol{\sigma}_2$ 为中子的 Pauli 自旋算符．入射中子和靶中子都是未极化的．

答　$\sigma=4\pi a_0^2=4\pi a^2\left(\dfrac{\tan k_0a}{k_0a}-1\right)^2$，$k_0=\sqrt{6\mu V_0}/\hbar=\sqrt{3mV_0}/\hbar$．

14．质量为 m 的粒子被一个很重的靶粒子散射，两粒子的自旋均为 1/2．设相互作用势为 $V=A\boldsymbol{S}_1\cdot\boldsymbol{S}_2\delta(\boldsymbol{r})$，$\boldsymbol{r}=\boldsymbol{r}_1-\boldsymbol{r}_2$，$A$ 是很小的常量，因此可以用 Born 一级近似来处理．设入射粒子的自旋“向上”，靶粒子的自旋取无规分布．求散射总截面以及散射后粒子自旋仍然保持“向上”的概率．

答　$\sigma_{\mathrm{t}}=\dfrac{3}{16\pi}m^2A^2$，$P_r=1/3$．

15．设中性原子的电荷分布为球对称，密度 $\rho(r)$ 具有如下性质：$r\to\infty$，$\rho(r)$ 迅速趋于 0，并有 $\int\rho(r)\mathrm{d}^3x=0$，但 $\int\rho(r)r^2\mathrm{d}^3x=A\neq0$（正负电荷分布不均匀）．今有质量为 m、电荷为 e 的粒子沿 z 轴方向入射，受到此电荷分布所产生静电场的散射．试用 Born 近似计算向前散射（$\theta=0$）的微分截面．

答　$\sigma(0)=\dfrac{m^2e^2A^2}{9\hbar^4}$．

第三部分 开放体系问题

第十一章 含时问题与量子跃迁

本章讨论量子力学中时间相关现象．它们包括：一般讨论、含时微扰论、量子跃迁也即辐射的发射和吸收问题．以前各章主要研究量子力学中的稳态问题，本章专门讨论非稳态问题．

根据第六章有关叙述，由于人们所处时空结构的时间轴固有的均匀性，孤立量子体系的 Hamilton 量必定不显含时间，从而遵守不显含时间的 Schrödinger 方程．因此，**除了初条件和边条件可能带来两类（即便 Hamilton 量不含时）含时问题之外，含时 Hamilton 量所表述的量子体系必定不是孤立体系，而是某个更大的可以看作孤立系的一个子体系．当这个子体系和孤立系的其余部分存在着能量、动量、角动量、甚至电荷或粒子交换导致子体系的各种含时问题**．

§11.1 含时 Schrödinger 方程求解一般讨论

1．时间相关问题一般分析

量子力学中与时间相关问题十分丰富而且庞杂．**如果问题允许有精确的、解析的解，就称相应 Hamilton 量 H 为可积的，相应体系为可积体系．所谓“精确解析解”是指所求波函数 $\psi(\boldsymbol{r},t)$ 能够被表述为解析的形式或是一个积分**[①]．

一般说，量子力学中，绝大多数含时问题只能以各种近似方法求解．由于课程所限，这里只初步叙述部分含时问题和基本的近似方法．

总括来说，量子力学中含时问题按 Hamilton 量显含或不显含时间划分为两大类．

① 含时问题精确求解的论述可参见 M. Kleber, Exact solutions for time-dependent phenomena in quantum mechanics, Phys. Reports, **236**, 6 (1994).

i. 体系 Hamilton 量不显含时间的含时问题

这时，要么是行进问题，要么是初始条件或边界条件的缘故使问题成为含时现象.

行进问题：例如，中子以一定的自旋取向进入均匀磁场并穿出，这是一个自旋沿磁场方向进动的时间相关问题．**初始条件问题**：例如，波包自由演化，这是一个与时间相关的波包弥散问题．更一般地说，**初态引起的含时问题：由于 Hamilton 量中的某种相互作用导致体系初态的不稳定，例如，Hamilton 量中的弱相互作用导致作为初态的自由飞行中子的β衰变 $\mathrm{n} \to \mathrm{p} + \beta^- + \bar{\nu}_e$ 等．边界条件变动问题**：例如，阱壁位置随时间变动的“一维量子活塞”或振荡势阱问题等.

ii. 体系 Hamilton 量显含时间的含时问题

这比如，频率调制谐振子问题、时间相关受迫谐振子问题、交变电磁场下原子中电子状态跃迁问题等.

现在，研究的问题可以一般地提为

$$\begin{cases} \mathrm{i}\hbar \dfrac{\mathrm{d}|\psi(t)\rangle}{\mathrm{d}t} = H(t)|\psi(t)\rangle \\ |\psi(t)\rangle\big|_{t=0} = |\psi(0)\rangle \end{cases} \tag{11.1}$$

通常情况下，不同时刻的 $H(t)$ 可能彼此不对易，

$$[H(t_1), H(t_2)] \neq 0 \quad (t_1 \neq t_2) \tag{11.2}$$

因而，描写演化算符和演化过程不再能用以往简明紧凑的办法，而只能按体系演化过程的本来真实面貌，即 step by step 的方式写出，

$$\begin{aligned} |\psi(\boldsymbol{r},t)\rangle = U(t)|\psi(\boldsymbol{r},0)\rangle = \lim_{\substack{\Delta t \to 0 \\ n\to\infty}} \exp\left\{-\frac{\mathrm{i}}{\hbar}H(t-\Delta t)\Delta t\right\} \exp\left\{-\frac{\mathrm{i}}{\hbar}H(t-2\Delta t)\Delta t\right\} \\ \cdots \exp\left\{-\frac{\mathrm{i}}{\hbar}H(\Delta t)\Delta t\right\} \exp\left\{-\frac{\mathrm{i}}{\hbar}H(0)\Delta t\right\} |\psi(\boldsymbol{r},0)\rangle \quad (\Delta t = t/n) \\ \left(\neq \exp\left\{-\frac{i}{\hbar}\int_0^t H(\tau)\mathrm{d}\tau\right\} |\psi(\boldsymbol{r},0)\rangle\right) \end{aligned} \tag{11.3a}$$

但时常引入时序算符 T，将上面 step by step 演化过程形式地简单记作

$$|\psi(\boldsymbol{r},t)\rangle \equiv T \exp\left\{-\frac{\mathrm{i}}{\hbar}\int_0^t H(\tau)\mathrm{d}\tau\right\} |\psi(\boldsymbol{r},0)\rangle \tag{11.3b}$$

这时，在算符 T 管制之下，后面全部含时算符都必须按它们所含时间的先后顺序，step by step 地依序相乘．于是，T 后面按照可对易假设写成积分形式没有任何实际效用.

2. 相互作用图像

含时 Hamilton 量 $H(t)$ 问题常常（并不总是！）可以分解为一个不含时的可解部分（本征值、本征矢量已知）H_0——由于对其了解并且不含感兴趣的相互作用，常称为运动学部分，加上难于解析处理的含时部分 $V(t)$——含有感兴趣的相互作用而称为动力学部分，

$$H(t)=H_0+V(t) \tag{11.4a}$$

现在对 Schrödinger 方程

$$\boxed{\mathrm{i}\hbar\frac{\partial|\psi(t)\rangle}{\partial t}=(H_0+V(t))|\psi(t)\rangle} \tag{11.4b}$$

作幺正变换 $U_0(t)=\mathrm{e}^{\mathrm{i}H_0t/\hbar}$（这就是常说的"转入相互作用图像"），即定义相互作用图像的态矢：

$$\boxed{\mathrm{e}^{\mathrm{i}H_0t/\hbar}|\psi(t)\rangle\equiv|\psi(t)\rangle_{\mathrm{I}}} \tag{11.5a}$$

于是有

$$\mathrm{i}\hbar\frac{\partial}{\partial t}\left\{\mathrm{e}^{-\mathrm{i}H_0t/\hbar}|\psi(t)\rangle_{\mathrm{I}}\right\}=(H_0+V)\mathrm{e}^{-\mathrm{i}H_0t/\hbar}|\psi(t)\rangle_{\mathrm{I}}$$

完成左边求导，消去等式两边含 H_0 项，即得**相互作用图像的 Schrödinger 方程**

$$\boxed{\begin{cases}\mathrm{i}\hbar\dfrac{\partial|\psi(t)\rangle_{\mathrm{I}}}{\partial t}=V_{\mathrm{I}}(t)|\psi(t)\rangle_{\mathrm{I}}\\ V_{\mathrm{I}}(t)\equiv\mathrm{e}^{\mathrm{i}H_0t/\hbar}V(t)\mathrm{e}^{-\mathrm{i}H_0t/\hbar}\end{cases}} \tag{11.5b}$$

由于减除了 H_0 的直接影响，（11.5b）式中态矢 $|\psi(t)\rangle_{\mathrm{I}}$ 随时间的演化和相互作用 $V(t)$ 中所含小参数就有了正比关系，便于对方程作逐级近似计算，研究相互作用 $V(t)$ 的影响．这是相互作用图像的特色和优点，也是它名称的由来．注意 V 一般与 H_0 不对易，因此即便 V 不含时，相互作用表象中的 $V_{\mathrm{I}}(t)$ 也会含时．计入初始条件，将（11.5b）式写成积分方程形式

$$|\psi(t)\rangle_{\mathrm{I}}=|\psi(0)\rangle+\frac{1}{\mathrm{i}\hbar}\int_0^t\mathrm{d}\tau V_{\mathrm{I}}(\tau)|\psi(\tau)\rangle_{\mathrm{I}} \tag{11.5c}$$

这种形式很便于用"迭代展开方法"求解（将上一级近似解 $|\psi(t)\rangle_I$ 代入方程右边积分号下，按右边计算出下一级的近似解，如此反复）．从 $|\psi(0)\rangle$ 开始如此反复迭代，展开后即得

$$\boxed{|\psi(t)\rangle_{\mathrm{I}}=\left\{1+\frac{1}{\mathrm{i}\hbar}\int_0^t\mathrm{d}\tau V_{\mathrm{I}}(\tau)+\frac{1}{(\mathrm{i}\hbar)^2}\int_0^t\mathrm{d}\tau_1\int_0^{\tau_1}\mathrm{d}\tau_2 V_I(\tau_1)V_I(\tau_2)+\cdots\right\}|\psi(0)\rangle} \tag{11.5d}$$

右边各项分别是 $V_I(t)$ 的零次幂项、一次幂项等．由于 V_I 算符正比于 V 中所含的小参数，大括号内各项即成为关于这个小参数的幂级数展开式，便于作各级近似的截断处理．这正是由于(11.5a)式和(11.5b)式是经由幺正变换 U_0 从原先 Hamilton 量 $H(t)$ 中消减了（和 V 数值相加减的）主要部分 H_0 的缘故．

举个例子．设 $H = a^+ a\hbar\omega + f(t)a^3 + f^*(t)(a^+)^3$，其中 $f(t)$ 含有小参量，可当作微扰．于是记 $H = H_0 + V$，$H_0 = \hbar\omega a^+ a$，$V = f a^3 + f^* a^{+3}$，引进如下幺正变换，转入相互作用图像：

$$U_0(t) = \exp(\mathrm{i}a^+ a\omega t)$$

即得相互作用图像态矢运动的 Schrödinger 方程

$$\mathrm{i}\hbar\frac{\partial}{\partial t}|\psi(t)\rangle_{\mathrm{I}} = \mathrm{e}^{\mathrm{i}a^+ a\omega t}(f(t)a^3 + f^*(t)(a^+)^3)\mathrm{e}^{-\mathrm{i}a^+ a\omega t}|\psi(t)\rangle_{\mathrm{I}}$$

容易对易出右边的幺正变换，可得

$$\mathrm{i}\hbar\frac{\partial}{\partial t}|\psi(t)\rangle_{\mathrm{I}} = (g(t)a^3 + g^*(t)(a^+)^3)|\psi(t)\rangle_{\mathrm{I}} \tag{11.6a}$$

$g(t) = f(t)\mathrm{e}^{-\mathrm{i}3\omega t}$．当 $g(t)$ 不是 t 的实函数时，此方程不易解析求解．这时便可以采用上面迭代级数展开近似求解，

$$|\psi(t)\rangle_{\mathrm{I}} = |\psi(0)\rangle + \frac{1}{\mathrm{i}\hbar}\int_0^t \mathrm{d}\tau(g(\tau)a^3 + g^*(\tau)(a^+)^3)|\psi(0)\rangle + \cdots \tag{11.6b}$$

注意这里积分号内的算符 a 和 a^+ 并不显含时间．

3．含时体系初始衰变率的一个普遍结论

现在研究的问题可以一般地提为

$$\begin{cases} \mathrm{i}\hbar\dfrac{\mathrm{d}|\psi(t)\rangle}{\mathrm{d}t} = H(t)|\psi(t)\rangle \\ |\psi(t)\rangle|_{t=0} = |\psi(0)\rangle \end{cases} \tag{11.7}$$

定义　任意不稳定量子体系，当其演化到 t 时刻时，初态仍存活着（而不衰变或跃迁）的概率为

$$P(t) = |\langle\psi(0)|\psi(t)\rangle|^2 \tag{11.8}$$

定理　任何不稳定量子体系在初始时刻的衰变（或跃迁）速率必定为零①，

① Y. D. Zhang, J. W. Pan, H. Rauch, Some studies about quantum Zeno effects, included in Fundamental Problems in Quantum Theory, edited by D.M. Greenberg, A. Zeilinger, Annals of the New York Academy of Sciences, 1995, vol. 755:353.

$$\boxed{\left.\frac{\mathrm{d}P(t)}{\mathrm{d}t}\right|_{t=0}=0} \tag{11.9}$$

证明 由于

$$\frac{\mathrm{d}|\psi(t)\rangle}{\mathrm{d}t}=\frac{1}{\mathrm{i}\hbar}H(t)|\psi(t)\rangle \quad 和 \quad \frac{\mathrm{d}\langle\psi(t)|}{\mathrm{d}t}=-\langle\psi(t)|\frac{1}{\mathrm{i}\hbar}H(t)$$

于是

$$\begin{aligned}\frac{\mathrm{d}P(t)}{\mathrm{d}t}&=\langle\psi(0)|\left\{\frac{\mathrm{d}}{\mathrm{d}t}|\psi(t)\rangle\right\}\langle\psi(t)|\psi(0)\rangle+\left\{\frac{\mathrm{d}}{\mathrm{d}t}\langle\psi(t)|\right\}|\psi(0)\rangle\langle\psi(0)|\psi(t)\rangle\\&=\frac{1}{\mathrm{i}\hbar}\langle\psi(0)|H(t)|\psi(t)\rangle\langle\psi(t)|\psi(0)\rangle-\frac{1}{\mathrm{i}\hbar}\langle\psi(t)|H(t)|\psi(0)\rangle\langle\psi(0)|\psi(t)\rangle\end{aligned}$$

令 $t\to 0$ 取极限，即得（11.9）式.

这是含时体系的一个普遍结论，当然也是下面各类含时微扰论的共同特征. 表面上看，此处量子力学结论（11.9）式和放射源的负指数衰变统计规律 $\mathrm{e}^{-\lambda t}$ 是互相抵触的（初始衰变速率是 $-\lambda$）. 然而，后者描述的是处于统计平衡的量子系综（在时间上“先先后后”制备出的大量同一种不稳定粒子），因而在 $\mathrm{d}t$ 时间内的衰变数 $\mathrm{d}N$ 必定正比于当时的粒子总数 N，并且“可以认为”比例系数与 t 无关（因为有各种存活“年龄”的不稳定粒子均衡混合着）. 这样一来，对 t 积分自然就得到负指数的统计衰变规律；而（11.9）式是指“在同一时刻”被制备出的、因而具有同一存活年龄的、大量同一种不稳定粒子的衰变规律. 两者所研究的量子系综不同，并不相互矛盾.

※4. 衰变体系长期衰变规律的一个分析①

和上面初始时刻衰变特性偏离负指数相呼应，下面证明，体系初态的衰变在 $t\to+\infty$ 时也将偏离负指数规律.

假定所研究的不稳定体系在其后演化中可看成孤立系，它初态的衰变完全由内部相互作用所致. 于是 Hamilton 量 H 将不显含 t，并且有

$$|\psi(t)\rangle=\mathrm{e}^{-\mathrm{i}Ht/\hbar}|\psi(0)\rangle$$

如记 $A(t)=\langle\psi(0)|\psi(t)\rangle$，到 t 时刻初态的存活概率即为 $P(t)=|A(t)|^2$.

量子力学以至整个量子理论中的 Hamilton 量 H，其能谱必须有一个下限. 这在物理上是必要的. 因为存在量子跃迁，特别是自发跃迁，没有这个下限的量子体系将因为不断地向下跃迁、不断地释放能量而最终会坍缩掉！ 设 H 本征函数族

① 本段内容可见 L. Fonda, G.C. Ghirardi, A. Rimini, Decay theory of unstable quantum systems, Rep. Prog. Phys., **41**, 587(1978).

为 $\{|\varphi(E,\alpha)\rangle\}$，这里 α 表示（除能量外的）标记能量本征态所必需的另一些量子数．于是

$$\begin{aligned}A(t)&=\langle\psi(0)|\mathrm{e}^{-\mathrm{i}Ht/\hbar}|\psi(0)\rangle\\&=\int\mathrm{d}E\mathrm{d}\alpha\langle\psi(0)|\varphi(E,\alpha)\rangle\langle\varphi(E,\alpha)|\mathrm{e}^{-\mathrm{i}Ht/\hbar}|\psi(0)\rangle\\&=\int_{E_{\min}}^{+\infty}\mathrm{d}E\int\mathrm{d}\alpha\left|\langle\varphi(E,\alpha)|\psi(0)\rangle\right|^2\mathrm{e}^{-\mathrm{i}Et/\hbar}\\&\equiv\int_{E_{\min}}^{+\infty}F(E)\mathrm{e}^{-\mathrm{i}Et/\hbar}\mathrm{d}E\end{aligned}\tag{11.10}$$

这里 $A(t),F(E)$ 构成（F 有下限的）Fourier 变换对．根据 Fourier 变换理论的 **Payley-Wiener 定理**①：如果像函数 $F(E)$ 在某个下限频率以下恒为零（现在 $F(E)$ 在能谱下限 $E_{\min}$ 以下恒为零），则原函数 $A(t)$ 必定满足

$$\int_{-\infty}^{+\infty}\mathrm{d}t\frac{\left|\log|A(t)|\right|}{1+t^2}<+\infty\tag{11.11a}$$

显然，若要这个积分当 $t\to+\infty$ 时收敛，必须要有（B、q 为两个常数）

$$\left|\log|A(t)|\right|\xrightarrow{t\to+\infty}Bt^q\quad(0<q<1)\tag{11.11b}$$

另一方面，注意

$$\langle\psi(0)|\psi(0)\rangle=A(0)=\int_{E_{\min}}^{+\infty}F(E)\mathrm{d}E=1$$

基于 $F(E)$ 这个绝对可积性质，由 Fourier 变换理论的 **Riemann-Lebesque 定理**②得知 $A(t)\xrightarrow{t\to+\infty}0$，这相应于 $\log|A(t)|$ 是负值，最后得

$$\boxed{P(t)=|A(t)|^2\xrightarrow{t\to+\infty}\exp\{-Ct^q\}\quad(C>0,\quad 0<q<1)}\tag{11.12}$$

这表明，**量子体系基态的存在性导致：在长的衰变时间下，不衰变概率必定偏离负指数规律，并且慢于负指数衰减．**

※5．量子 Zeno 效应，存在性的理论论证

理论研究发现③，**频繁地对一个不稳定体系进行量子测量将会抑制或阻止它的**

---

① N. Wiener, R. E. A. C. Payley, Fourier transtorms in the complex domain, Amer. Math. Soc., p.18, 1934；如将变数 t 和 ω 对换，下面对 ω 积分的积分不等式也称为 **Payley-Wiener 条件**．在电路滤波器理论中，体现信号脉冲响应因果律对器件传递函数的要求．见 D.C.香帕尼，傅里叶变换及其物理应用，北京：科学出版社，1980，第 124 页．

② 例如见，河田龙夫，富里哀变换与拉普拉斯变换，现代应用数学丛书，第 3 页，上海：上海科学技术出版社，1961．

③ 这个纯量子效应最早是作为一种佯谬由 Sudarshan 等提出，参见 J. Math. Phys., **18**, 756 (1977); Phys. Rev. D, **16**, 520（1977）．相关论述很多，这里的简明论述取自 Y.D. Zhang, J.W. Pan, H. Rauch, Some Studies about Quantum Zeno Effects, 此文收于 Fundamental Problems in Quantum Theory, edited by D.M. Greenberger and A. Zeilinger, Annals of the New York Academy of Sciences, Vol. 755, 353 (1995).

衰变（或跃迁）．极端而言，连续的量子测量将使不稳定体系稳定地保持在它的初态上，完全不发生衰变或跃迁．这种不稳定初态的存活概率随测量频度的增加而增加的现象就是量子 Zeno 效应．根据上面的推导并结合下面叙述可以看到，这种效应其实就是量子测量理论和 Schrödinger 方程的一个直接推论，是一种完全不存在经典对应的纯量子现象．应当强调指出，这里的量子测量是完整意义上的量子测量，也即第一章中所论述的那一类可以分解为谱分解、波函数坍缩和初态制备三个阶段的量子测量．

设一个含时量子体系的初态为 $|\psi(0)\rangle$，按上面 **Riemann-Lebesque** 定理，随着这个不稳定体系的演化，其初态的存活概率 $P(t)=|\langle\psi(0)|\psi(t)\rangle|^2$ 会越来越小．当然，这个 $P(t)$ 按其物理含义应当只适用于，自 $t=0$ 开始演化之后，直到 t 时刻才执行检验初态存活与否的量子测量，在 $(0,t)$ 时间间隔内不另进行任何这类量子测量．现在问，如果在 $(0,t)$ 之间再添加以若干次这类量子测量，到 t 时刻的初态存活概率实测值会不会发生变化？下面根据量子测量理论所作的分析表明，存活率的实测值应当增加．具体如下：

将 $[0,t]$ 区间等分为 N 份，在每一时刻 $t_n=\dfrac{nt}{N}$ 进行一次量子测量，以确认体系是否仍处在 $|\psi(0)\rangle$ 上．按上面关于 $P(t)$ 含义的叙述，第一次在 $\dfrac{t}{N}$ 时刻测量时，初态存活概率为 $P\left(\dfrac{t}{N}\right)$，按测量理论，除衰变或跃迁的已经不予计入了以外，剩下的这 $P\left(\dfrac{t}{N}\right)$ 部分将坍缩成初态 $|\psi(0)\rangle$，并以此时刻 $\dfrac{t}{N}$ 为初始时刻再次重新开始演化，演化到 $2\dfrac{t}{N}$ 时刻，再次作类似测量，于是，经两次测量后到 $2\dfrac{t}{N}$ 时刻，总计初态存活概率成为 $P^2\left(\dfrac{t}{N}\right)$．如此继续推论下去，最后可得：在 $[0,t]$ 内经受 N 次测量后，初态 $|\psi(0)\rangle$ 的存活概率为

$$P_N(t)=\left[P\left(\frac{t}{N}\right)\right]^N$$

当 N 足够大时 $\dfrac{t}{N}$ 足够小，可将 $P\left(\dfrac{t}{N}\right)$ 展开为

$$P\left(\frac{t}{N}\right)=P(0)+P'(0)\frac{t}{N}+\cdots$$

令 $N\to\infty$，过渡到在 $[0,t]$ 内为连续测量的理想极限情况．设这时存活概率为 P_c，有

$$P_c = \lim_{N\to\infty}\left(1 + P'(0)\frac{t}{N} + \cdots\right)^N = \mathrm{e}^{P'(0)t}$$

注意（11.9）式 $P'(0)=0$，最后得到

$$\boxed{P_c = 1} \tag{11.13}$$

即当一个不稳定体系经受“鉴别是否改变”的连续测量时，将一直处于初态而不发生（本应发生的）衰变或跃迁．当然，连续测量在实验上常常难于实现，因此实验检验这一效应存在与否只需做到：对于给定的区间 $[0,t]$，用实验检验存活概率的如下不等式即可，

$$\boxed{P_{N_2}(t) > P_{N_1}(t) \quad (N_2 > N_1)} \tag{11.14}$$

这里指出两点：**其一**，文献也表明[①]，对某些不稳定体系，如果测量频度在一定范围内，也可以出现加速衰变的反量子 Zeno 效应，具体由衰变曲线的形状决定．但此处推导表明，不论衰变曲线形状如何，只要测量频度够密，最终结果是反量子 Zeno 效应将消失，归结为量子 Zeno 效应．**其二**，以上关于量子测量及相关的讨论虽然是理想化的、概念性的，但还是足以令人相信，量子 Zeno 效应揭示，在量子测量过程中时间实际上是停滞了．就是说，测量导致量子体系演化时间坍缩[②]！这一深邃而难以捉摸的现象竟然直接蕴含在量子理论的公设，特别是第三、第四这两个公设之中，这是令人兴奋而又让人费解的．

※6. 受迫振子计算

和经典理论的情况相似，受迫振子模型在后继量子理论中有广泛的应用．受迫振子是指一个受含时外力 $F(t)$ 作用的谐振子，更一般地，还可以受一个与速度成正比的阻尼力 $G(t)$ 的作用．此体系的 Hamilton 量为

$$\boxed{H(t) = \frac{p^2}{2m} + \frac{1}{2}m\omega^2 x^2 - F(t)x - G(t)p} \tag{11.15}$$

这里 $F(t)$ 和 $G(t)$ 为两个实函数．转入 Fock 空间并利用量子变换来解决这一含时问题．为此先作变换（参见第五章相干态叙述）

$$\begin{cases} x = \sqrt{\dfrac{\hbar}{2m\omega}}(a + a^+) \\ p = \dfrac{1}{\mathrm{i}}\sqrt{\dfrac{m\hbar\omega}{2}}(a - a^+) \end{cases} \tag{11.16}$$

---

① A. G. Kofman, et al., Nature, **405**, 546(2000).

② R. Coveney, et al., 时间之箭，第一推动丛书，江涛，向守平译，长沙：湖南科学技术出版社，1995．

这里算符 a、a^+ 满足对易规则 $[a,a^+]=1$ 是 Boson．于是得

$$\begin{cases} H(t)=\left(a^+a+\dfrac{1}{2}\right)\hbar\omega+f(t)a+f^*(t)a^+ \\ f(t)=-\sqrt{\dfrac{\hbar}{2m\omega}}F(t)+\mathrm{i}\sqrt{\dfrac{m\hbar\omega}{2}}G(t) \end{cases} \tag{11.17}$$

进一步，对此 Boson 作平移变换 $U(t)=\mathrm{e}^{-za^++z^*a}$，其中复数 $z=z(t)$ 是 t 的待定函数，

$$\begin{cases} U(t)aU(t)^{-1}=a+z(t) \\ U(t)a^+U(t)^{-1}=a^++z^*(t) \end{cases}$$

将此变换 $U(t)$ 引入现在的问题：

$$\begin{cases} \mathrm{i}\hbar\dfrac{\partial|\psi(t)\rangle}{\partial t}=H(t)|\psi(t)\rangle \\ |\psi(t)\rangle\big|_{t=0}=|\psi(0)\rangle \end{cases} \Rightarrow \tag{11.18}$$

$$\mathrm{i}\hbar\frac{\partial\left(U|\psi(t)\rangle\right)}{\partial t}=\left[UHU^{-1}+\mathrm{i}\hbar\frac{\partial U}{\partial t}U^{-1}\right]\left(U|\psi(t)\rangle\right)$$

由于

$$\begin{cases} \dfrac{\partial U}{\partial t}=\dfrac{\partial}{\partial t}\left[\mathrm{e}^{-\frac{1}{2}|z|^2}\mathrm{e}^{-za^+}\mathrm{e}^{z^*a}\right]=\left[-\dfrac{1}{2}\dfrac{\mathrm{d}|z|^2}{\mathrm{d}t}-\dfrac{\mathrm{d}z}{\mathrm{d}t}a^++\dfrac{\mathrm{d}z^*}{\mathrm{d}t}(a+z)\right]U \\ UHU^{-1}=\hbar\omega[(a^++z^*)(a+z)]+f\cdot(a+z)+f^*\cdot(a^++z^*)+\dfrac{1}{2}\hbar\omega \end{cases}$$

可得

$$\begin{aligned} \mathrm{i}\hbar\frac{\partial\left(U|\psi\rangle\right)}{\partial t}=\Bigg\{&\hbar\omega a^+a+\left[-\mathrm{i}\hbar\frac{\mathrm{d}z}{\mathrm{d}t}+\hbar\omega z+f^*\right]a^++\left[\mathrm{i}\hbar\frac{\mathrm{d}z^*}{\mathrm{d}t}+\hbar\omega z^*+f\right]a \\ &+\left[\hbar\omega|z|^2+fz+f^*z^*+\frac{\mathrm{i}\hbar}{2}\left(z\frac{\mathrm{d}z^*}{\mathrm{d}t}-z^*\frac{\mathrm{d}z}{\mathrm{d}t}\right)+\frac{1}{2}\hbar\omega\right]\Bigg\}\left(U|\psi\rangle\right) \end{aligned} \tag{11.19}$$

选取待定函数 $z(t)$，使它满足如下方程和初条件：

$$\begin{cases} \mathrm{i}\hbar\dfrac{\mathrm{d}z}{\mathrm{d}t}-\hbar\omega z-f^*(t)=0 \\ z(0)=0 \end{cases}$$

由此 $U(0)=1$．按一阶线性非齐次微分方程通解表达式，可求得 $z(t)$ 为

$$z(t)=-\frac{\mathrm{i}}{\hbar}\mathrm{e}^{-\mathrm{i}\omega t}\int_0^t f^*(\tau)\mathrm{e}^{\mathrm{i}\omega\tau}\mathrm{d}\tau$$

于是原先对$|\psi(t)\rangle$的方程变换成为对$U(t)|\psi(t)\rangle$的如下简单可解的方程：

$$\begin{cases} i\hbar\dfrac{\partial(U(t)|\psi(t)\rangle)}{\partial t}=(a^+a\hbar\omega+K(t))(U(t)|\psi(t)\rangle) \\ K(t)=\dfrac{1}{2}(f(t)z(t)+f^*(t)z^*(t)+\hbar\omega) \end{cases} \tag{11.20}$$

求解此方程，最后得到的解为

$$\begin{aligned} |\psi(t)\rangle &= U(t)^{-1}e^{\int_0^t K(\tau)d\tau}e^{-ia^+a\omega t}|\psi(0)\rangle \\ &= e^{\int_0^t K(\tau)d\tau}e^{-i(a^+-z^*(t))(a-z(t))\omega t}U(t)^{-1}|\psi(0)\rangle \end{aligned} \tag{11.21}$$

这里，乘积$U(t)^{-1}|\psi(0)\rangle$的具体结果要视$|\psi(0)\rangle$如何而定．例如，若$|\psi(0)\rangle=|0\rangle$，则$U(t)^{-1}|0\rangle=|z(t)\rangle$是参数$z(t)$的相干态．这时进一步计算可将中间$e^{-i(a^+-z^*)(a-z)\omega t}$因子化为正规乘积形式，向右抽出含湮没算符的乘子，作用到其后的$|z(t)\rangle$并取出$z(t)$值，如此化简之后，已经容易直接计算下去．

§11.2　时间相关微扰论与量子跃迁

1．含时扰动及量子跃迁

体系 Hamilton 量原来为H_0，自某一时刻（$t=0$）起经受一扰动$V(t)$，总 Hamilton 量成为$H=H_0+V(t)$．现在是一个非定态问题，体系能量已不再守恒，其空间概率分布一般要随时间变化．此时惟有H_0的本征函数族$\left\{|n\rangle e^{-iE_n^{(0)}t/\hbar},\ H_0|n\rangle=E_n^{(0)}|n\rangle\right\}$可作为展开基矢．但注意，**这里对含时问题未知态$|\psi(t)\rangle$的展开应当是“变系数展开”——展开系数和时间有关，**

$$\begin{cases} |\psi(t)\rangle_I=\sum_n c_n(t)|n\rangle, \quad |\psi(0)\rangle=\sum_n c_n(0)|n\rangle \\ H_0|n\rangle=E_n^{(0)}|n\rangle \end{cases} \tag{11.22}$$

于是

$$\begin{cases} |\psi(t)\rangle=e^{-iH_0t/\hbar}|\psi(t)\rangle_I=\sum_n c_n(t)e^{-iE_n^{(0)}t/\hbar}|n\rangle \\ c_n(t)=\langle n|\psi(t)\rangle_I=\langle n|\psi(t)\rangle e^{iE_n^{(0)}t/\hbar} \end{cases} \tag{11.23}$$

从而到t时刻体系处于$|n\rangle$态的概率为

$$\boxed{P_n(t)=|c_n(t)|^2=\left|\langle n|\psi(t)\rangle\right|^2} \tag{11.24}$$

详细地说，这就是体系自 $t=0$ 时的初态 $|\psi(0)\rangle$，经 V 在 $0\sim t$ 时间段内的扰动，到 t 时刻处于 $|n\rangle$ 态的量子跃迁概率.

2．量子跃迁系数基本方程组及其一阶近似

现在进一步按上面"变系数展开法"具体计算量子跃迁概率. 由相互作用图像中态矢 $|\psi(t)\rangle_I$ 的方程（11.5c）

$$|\psi(t)\rangle_I=|\psi(0)\rangle+\frac{1}{\mathrm{i}\hbar}\int_0^t \mathrm{d}\tau V_I(\tau)|\psi(\tau)\rangle_I$$

两边作用以 $\langle n|$，并在积分号下的 $V_I(\tau)|\psi(\tau)\rangle_I$ 中间插入完备性关系 $\sum_l |l\rangle\langle l|=I$，即得

$$c_n(t)=c_n(0)+\sum_l\frac{1}{\mathrm{i}\hbar}\int_0^t \mathrm{d}\tau\langle n|\mathrm{e}^{\mathrm{i}H_0\tau/\hbar}V(\tau)\mathrm{e}^{-\mathrm{i}H_0\tau/\hbar}|l\rangle\langle l|\psi(\tau)\rangle_I$$

为便于一般性考虑，将刚加上扰动的时刻改记为 t_0，上式成为

$$\boxed{c_n(t)=c_n(t_0)+\frac{1}{\mathrm{i}\hbar}\sum_l\int_{t_0}^t \mathrm{d}\tau V_{nl}(\tau)\mathrm{e}^{\mathrm{i}\omega_{nl}\tau}c_l(\tau)\quad (n=0,1,2,\cdots)} \tag{11.25}$$

这里 $\omega_{nl}=\frac{1}{\hbar}(E_n^{(0)}-E_l^{(0)})$；$V_{nl}(\tau)=\langle n|V(\tau)|l\rangle$. 其中 t_0 既可以是有限值，也可以为 $-\infty$ 即无限的过去.

作为(11.25)式的一个特殊情况，如果 t_0 时刻体系处于 H_0 的一个本征态 $|m\rangle$ 上，经受扰动 $V(t)$ 之后直到 t 时刻，跃迁系数方程组即为

$$\boxed{c_{n,m}(t)=\delta_{nm}+\frac{1}{\mathrm{i}\hbar}\sum_l\int_{t_0}^t \mathrm{d}\tau V_{nl}(\tau)\mathrm{e}^{\mathrm{i}\omega_{nl}\tau}c_{l,m}(\tau)\quad (n=0,1,2,\cdots)} \tag{11.26}$$

这里已将向 $|n\rangle$ 态的跃迁系数由 $c_n(t)$ 改记为 $c_{n,m}(t)$，以表示是由初态 $|m\rangle$ 出发的跃迁. 对于跃迁情况（$n\neq m$），有

$$c_{n,m}(t)=\frac{1}{\mathrm{i}\hbar}\sum_l\int_{t_0}^t \mathrm{d}\tau V_{nl}(\tau)\mathrm{e}^{\mathrm{i}\omega_{nl}\tau}c_{l,m}(\tau)\quad (n\neq m;n=0,1,2,\cdots) \tag{11.27}$$

此式表明，跃迁系数 $c_{n,m}(t)$ 是扰动 $V(t)$ 的 Fourier 分量的相干叠加，相干叠加对全部一次间接跃迁进行（即对全部中间态 $n\leftarrow(\forall l)\leftarrow m$ 求和）. 相应的跃迁概率为 $P_{nm}(t)=|c_{n,m}(t)|^2$. 如果体系初始时刻处于混态 $\left\{p_m,|m\rangle;\sum_m p_m=1\right\}$，则向 $|n\rangle$ 态（$n\neq m$）的跃迁概率为

$$P_n(t)=\sum_m p_m P_{nm}(t)$$

积分方程组（11.27）式是研究量子跃迁问题的基本方程组．为具体求解，假定 $V(t)$ 含有一个可看作是小量的参数，于是可以对这个方程组作逐阶迭代近似．最低的一阶近似是将方程组右边积分号下的未知系数 $c_{l,m}$ 代以零阶近似 δ_{lm}，由此即得方程组左边跃迁系数 $c_{n,m}(t)$ 的一阶近似值（ $n\neq m$ ）①

$$\boxed{c_{nm}^{(1)}(t)=\frac{1}{\mathrm{i}\hbar}\int_{t_0}^{t}\mathrm{d}\tau V_{nm}(\tau)\mathrm{e}^{\mathrm{i}\omega_{nm}\tau}} \tag{11.28}$$

于是，只在 (t_0,t) 区间内有 $V(t)$ 扰动，在 (t_0,t) 以外都撤除（当然，前面说过，t_0、t 也可以分别假定为 $-\infty$ 和 $+\infty$ ）情况下，从 t_0 至 t 时刻体系自 $|m\rangle$ 态跃迁到 $|n\rangle$ 态的跃迁概率表示为

$$P_{nm}(t)=\frac{1}{\hbar^2}\left|\int_{t_0}^{t}\mathrm{d}\tau\langle n|V(\tau)|m\rangle\mathrm{e}^{\mathrm{i}\omega_{nm}\tau}\right|^2 \tag{11.29}$$

此式是一阶近似下讨论 $V(t)$ 产生量子跃迁问题的出发点．它表明，跃迁概率决定于下述 Fourier 变换的分量：扰动在初末态间的矩阵元实施向变数 $\omega_{nm}=(E_n^{(0)}-E_n^{(0)})/\hbar$ 的 Fourier 变换．矩阵元振幅越大扰动跃迁能力越强，能级之间差距越小越易跃迁，于是跃迁概率就越大．注意，只要积分区间比 $\dfrac{1}{\omega_{nm}}$ 大很多，积分上下限便可近似取为 $\pm\infty$．由于 V 在 (t_0,t) 区间之外已撤除，这里 Fourier 积分在上下限处是收敛的．附带指出，这里 $P_{nm}(t)$ 表达式显然满足前面普遍结论 $\dfrac{\mathrm{d}P_{nm}(t)}{\mathrm{d}t}\Big|_{t=t_0}=0$．

§11.3　几种常见含时微扰的一阶近似计算

1. 常微扰

假定微扰 V 与时间无关，并且（按 $\dfrac{1}{\omega_{nm}}$ 时间尺度衡量）在足够大的时间 $\left(-\dfrac{T}{2},\dfrac{T}{2}\right)$

① 显然，这里叙述也应当可以应用于 $n=m$．此时如假定 V 与 t 无关，将积分积出，由（11.19）式得

$$c_{mm}^{(1)}=1-\frac{\mathrm{i}}{\hbar}V_{mm}(t-t_0)$$

当 t 值够大时，会出现 $\left|c_{mm}^{(1)}(t)\right|^2>1$ 不合理情况．由这种分析可知，此处所作的近似应当要求 V 对角矩阵元对时间的积分值很小（虽然积分时间间隔 $(t-t_0)$ 比 $\dfrac{1}{\omega_{nm}}$ 大很多）．

内加在体系上．这时，按上面一阶近似所得方程（11.29），单位时间内体系从$|m\rangle$态向$|n\rangle$态的跃迁概率（即跃迁速率）为

$$p_{nm}=\lim_{T\to\infty}\frac{P_{nm}(T)}{T}=\lim_{T\to\infty}\frac{1}{T\hbar^2}\left|V_{nm}\right|^2\cdot\left|\int_{-\frac{T}{2}}^{\frac{T}{2}}\mathrm{e}^{\mathrm{i}\omega_{nm}t}\mathrm{d}t\right|^2$$

$$=\lim_{T\to\infty}\frac{1}{T\hbar^2}\left|V_{nm}\right|^2\cdot T\cdot 2\pi\delta(\omega_{nm})=\frac{2\pi}{\hbar^2}\left|V_{nm}\right|^2\delta(\omega_{nm})$$

或改写δ函数的自变量后，记为

$$\boxed{p_{nm}=\frac{2\pi}{\hbar}\left|V_{nm}\right|^2\delta(E_n^{(0)}-E_m^{(0)})}\tag{11.30}$$

这里p_{nm}只涉及两个单态之间的跃迁，量纲为s^{-1}；$\delta(E_n^{(0)}-E_m^{(0)})$表示能量守恒，$V_{nm}$表征由态$|m\rangle$向$|n\rangle$的跃迁能力．出现能量的$\delta$函数说明，所有导致能量改变的跃迁都是不可能的．

若向连续态跃迁（如在静电场扰动下原子的电离），设$E_n\to E_n+\mathrm{d}E_n$内有态数目$\rho(E_n)\mathrm{d}E_n$，其中$\rho(E_n)$为E_n附近单位能量间隔内末态的态密度，则单位时间内向E_n附近的连续末态跃迁的概率为

$$\boxed{p=\frac{2\pi}{\hbar}\left|V_{nm}\right|^2\rho(E_n)}\tag{11.31}$$

这个公式很有用，所以 Fermi 称它为 2 号黄金规则①．关于末态态密度$\rho(E)$的计算，参见后面光电效应中（11.67）式推导．

2．周期微扰

设微扰呈周期变化，即

$$V(t)=W(\mathrm{e}^{\mathrm{i}\omega t}+\mathrm{e}^{-\mathrm{i}\omega t})\tag{11.32}$$

这里W与t无关．于是

$$c_{n,m}^{(1)}(T)=\frac{1}{\mathrm{i}\hbar}\int_{-\frac{T}{2}}^{\frac{T}{2}}V_{nm}\mathrm{e}^{\mathrm{i}\omega_{nm}t}\mathrm{d}t=\frac{W_{nm}}{\mathrm{i}\hbar}\int_{-\frac{T}{2}}^{\frac{T}{2}}\mathrm{e}^{\mathrm{i}\omega_{nm}\tau}(\mathrm{e}^{\mathrm{i}\omega\tau}+\mathrm{e}^{-\mathrm{i}\omega\tau})\mathrm{d}\tau$$

当T充分大时，

$$c_{n,m}^{(1)}\to\frac{2\pi W_{nm}}{\mathrm{i}\hbar}\left[\delta(\omega_{nm}+\omega)+\delta(\omega_{nm}-\omega)\right]$$

① E. Fermi, Nuclear Physics. Chicago: Univ. of Chicago Press, 1950, p.142; L.I. 席夫，量子力学，李淑娴，陈崇光译，北京：人民教育出版社，1982，第 327 页．

由于$\omega>0$，方括号中第一个δ函数可以理解为，电子向下跃迁，并向扰动电磁场放出光子$\hbar\omega$；第二个δ函数表示电子从扰动电磁场吸收光子$\hbar\omega$之后向上跃迁．若假定是后者，由$p_{nm}=\lim\limits_{T\to\infty}\dfrac{\left|c_{n,m}^{(1)}\right|^2}{T}$，即得单位时间内由$|m\rangle\to|n\rangle$态的跃迁速率为

$$\boxed{p_{nm}=\frac{2\pi}{\hbar}\left|W_{nm}\right|^2\delta(E_n^{(0)}-E_m^{(0)}-\hbar\omega)} \tag{11.33}$$

此结果和常微扰很相似，只是δ函数中多了$\hbar\omega$项．表明周期变化的电磁场可以看作该频率的一束单色光子．

注意，一阶近似的量子跃迁系数对实际物理过程作了单光子过程近似，即只考虑该频率单个光子的吸收或发射．

§11.4　不撤除的微扰情况

1．不撤除微扰

现在考虑这一类微扰：$V(-\infty)=0$，$V(+\infty)=$**有限．就是说，在H_0上加上含时微扰$V(t)$之后就一直持续下去不再撤除．**这当然包括了在某个时刻突然阶跃式加在体系上并一直不变地持续下去的所谓突发微扰．

这时上节基本公式不适用．因为$t=+\infty$处$V(+\infty)$不为零，积分在上限处急剧振荡而不确定．这种不定性可以用如下办法绕过去：**将$H=H_0+V(t)$分解成$[H_0+V(+\infty)]$和$[V(t)-V(+\infty)]$两部分，第一项导致定态微扰变形，第二项引起动态量子跃迁．**数学上，相应的做法是：对$c_{nm}^{(1)}(t)$实施分部积分（设$n\neq m$）

$$\begin{aligned}
c_{nm}^{(1)}(t)&=\frac{1}{\mathrm{i}\hbar}\int_{-\infty}^{t}V_{nm}(\tau)\mathrm{e}^{\mathrm{i}\omega_{nm}\tau}\mathrm{d}\tau\\
&=\frac{1}{\mathrm{i}\hbar}\left\{\frac{1}{\mathrm{i}\omega_{nm}}V_{nm}(t)\mathrm{e}^{\mathrm{i}\omega_{nm}t}-\int_{-\infty}^{t}\frac{1}{\mathrm{i}\omega_{nm}}\frac{\partial V_{nm}(\tau)}{\partial\tau}\mathrm{e}^{\mathrm{i}\omega_{nm}\tau}\mathrm{d}\tau\right\}\\
&=\frac{V_{nm}(t)\mathrm{e}^{\mathrm{i}\omega_{nm}t}}{E_m^{(0)}-E_n^{(0)}}-\frac{1}{E_m^{(0)}-E_n^{(0)}}\int_{-\infty}^{t}\frac{\partial V_{nm}(\tau)}{\partial\tau}\mathrm{e}^{\mathrm{i}\omega_{nm}\tau}\mathrm{d}\tau
\end{aligned} \tag{11.34}$$

于是由（11.34）式可得

$$\begin{aligned}
|\psi(t)\rangle&=\sum_n c_n(t)|n\rangle\mathrm{e}^{-\mathrm{i}E_nt/\hbar}=\sum_n(\delta_{nm}+c_{nm}^{(1)}(t))|n\rangle\mathrm{e}^{-\mathrm{i}E_nt/\hbar}\\
&=\left\{|m\rangle+\sum_n{}'\frac{V_{nm}}{E_m^{(0)}-E_n^{(0)}}|n\rangle\right\}\mathrm{e}^{-\mathrm{i}E_mt/\hbar}\\
&\quad-\sum_n{}'\frac{\mathrm{e}^{-\mathrm{i}E_nt/\hbar}}{E_m^{(0)}-E_n^{(0)}}\int_{-\infty}^{t}\frac{\partial V_{nm}}{\partial\tau}\mathrm{e}^{\mathrm{i}\omega_{nm}\tau}\mathrm{d}\tau|n\rangle
\end{aligned} \tag{11.35}$$

这里，右边第一项是扰动$V(t)$到 t 时刻对原先$|m\rangle$态的一阶修正，是个（在缓慢变化条件下的）一阶定态微扰修正的形式（含时相因子在外面），并不涉及状态之间的动态跃迁．当$t\to+\infty$时即是$H=H_0+V(+\infty)$本征态的一阶近似表示，描述了原先$|m\rangle$态的静态变形．右边第二项描述动态跃迁．它前面的系数是含时的，即在此类扰动下，由$|m\rangle\to|n\rangle$的跃迁概率为

$$\boxed{P_{nm}(+\infty)=\frac{1}{(E_m^{(0)}-E_n^{(0)})^2}\left|\int_{-\infty}^{+\infty}\frac{\partial V_{nm}}{\partial t}\mathrm{e}^{\mathrm{i}\omega_{nm}t}\mathrm{d}t\right|^2}\tag{11.36}$$

不撤除微扰有两个极端相反的例子：突发微扰和绝热微扰．

2．特例之一——突发微扰

对于$t=0$时刻突然加上的常微扰$V(t)=\varepsilon(t)W$，$\varepsilon(t)$为$t=0$时刻的单位阶跃函数，有

$$\frac{\partial V_{nm}}{\partial t}=W_{nm}\delta(t)\tag{11.37}$$

$$\boxed{P_{nm}(+\infty)=\frac{|W_{nm}|^2}{(E_m^{(0)}-E_n^{(0)})^2}}\tag{11.38}$$

以上是当 H 本征态不好求解，只使用H_0的本征态展开的情况，于是跃迁当然也就在H_0的本征态之间进行．

另有一类突发扰动，比如H_0中的某个参数突然改变（如谐振子弹性系数k突然改变，原子核β衰变使原子序数Z突变等）．这时，**Hamilton 量虽然突变为H，但状态来不及突变．于是原先的定态便成为新 Hamilton 量H的初态，开始新一轮的演化．这时跃迁便简单地体现为两类态矢（H_0的和H的）之间的标积，特殊情况便是两套基矢之间的标积．**比如，谐振子的（在$t=0$时刻）弹性系数k突然改变为k'，假定原先处于H_0的基态，则粒子在新基矢中仍处于基态的概率为

$$\boxed{P=\left|\langle\psi_0(x,k')|\psi_0(x,k)\rangle\right|^2}\tag{11.39}$$

显然，如果新 Hamilton 量H的本征态可解，可以不必假定扰动很小．

当然，如果$V=H-H_0$很小，此处严格结果（11.39）式即简化为微扰近似结果（11.38）式[①]．因为，设初态处于H_0的$E_i^{(0)}$能级$|\varphi_i\rangle$，末态为H的E_f能级$|\psi_f\rangle$，即有

$$H|\psi_f\rangle=E_f|\psi_f\rangle,\quad H_0|\varphi_i\rangle=E_i^{(0)}|\varphi_i\rangle$$

① 参见朗道，非相对论量子力学，上册，第180页．

于是

$$(E_f - E_i^{(0)}) \cdot \langle \psi_f | \varphi_i \rangle = \langle \psi_f | H | \varphi_i \rangle - \langle \psi_f | H_0 | \varphi_i \rangle = \langle \psi_f | V | \varphi_i \rangle$$

$$\langle \psi_f | \varphi_i \rangle = \frac{1}{E_f - E_i^{(0)}} \langle \psi_f | V | \varphi_i \rangle$$

若 V 是微扰，则 $E_f \approx E_f^{(0)}$，$|\psi_f\rangle \approx |\varphi_f\rangle$，这样便得到

$$\boxed{P_{fi} = \frac{|V_{fi}|^2}{(E_f^{(0)} - E_i^{(0)})^2}}$$

转化为上面用 H_0 的基矢表示的突发微扰（11.38）式．

3．特例之二——绝热微扰

众所周知，体系常蕴涵着一系列源于体系内部各能级间跃迁的内禀特征时间（$\tau_{nm} \sim \hbar / (E_m - E_n)$，主要是邻近能级之间）．一种扰动，如果相对于体系各内禀特征时间，扰动持续时间 T 足够长，而扰动变化又足够地慢，就称这种扰动为绝热扰动．注意由于 T 很长，变化总量不一定很小．

研究含时 Hamilton 量 $h(\tau) = h(\boldsymbol{R}(\tau))$ 的绝热演化，$\boldsymbol{R}(\tau)$ 为含时参量，

$$\boxed{\mathrm{i}\frac{\partial |\psi(\tau)\rangle}{\partial \tau} = h(\boldsymbol{R}(\tau)) |\psi(\tau)\rangle, \quad |\psi(\tau)\rangle\big|_{\tau=0} = |\varphi_n(\boldsymbol{R}(0))\rangle} \tag{11.40}$$

Berry 假设此含时过程是个十分缓慢的绝热演化过程，绝热定理成立．于是可以合理地假设：时刻都有准定态方程成立，

$$\boxed{\begin{cases} h(\boldsymbol{R}(\tau)) |\varphi_n(\boldsymbol{R}(\tau))\rangle = e_n(\boldsymbol{R}(\tau)) |\varphi_n(\boldsymbol{R}(\tau))\rangle \\ \langle \varphi_n(\boldsymbol{R}(\tau)) | \varphi_{n'}(\boldsymbol{R}(\tau))\rangle = \delta_{nn'} \end{cases}} \tag{11.41}$$

与此逻辑相洽，还可以相应地假设，满足初条件含时解的形式为

$$|\psi(\tau)\rangle = \mathrm{e}^{-\mathrm{i}\int_0^\tau e_n(\lambda)\mathrm{d}\lambda + \mathrm{i}\gamma_n(\tau)} |\varphi_n(\boldsymbol{R}(\tau))\rangle \tag{11.42}$$

实质上，这相当于对态矢变化作了平行移动近似：$|\varphi_n(\boldsymbol{R}(\tau))\rangle$ 的变化量（！）向其他绝热变化态的投影为零，也即作了忽略绝热跃迁的近似（详见下面脚注③文件），

$$\langle \varphi_{n'}(\boldsymbol{R}(\tau)) | \dot{\varphi}_n(\boldsymbol{R}(\tau))\rangle = 0 \quad (\forall n'(\neq n)) \tag{11.43}$$

接着，根据 $|\psi(\tau)\rangle$ 满足含时 Schrödinger 方程要求，即得 $\gamma_n(\tau)$ 表达式

$$\boxed{\gamma_n(\tau) = \mathrm{i}\int_{\lambda=0}^{\lambda=\tau} \langle \varphi_n(\boldsymbol{R}(\tau)) | \frac{\partial}{\partial \lambda} | \varphi_n(\boldsymbol{R}(\tau))\rangle \mathrm{d}\lambda = \mathrm{i}\int_{\boldsymbol{R}(0)}^{\boldsymbol{R}(\tau)} \langle \varphi_n(\boldsymbol{R}) | \nabla_{\boldsymbol{R}} \varphi_n(\boldsymbol{R})\rangle \cdot \mathrm{d}\boldsymbol{R}} \tag{11.44}$$

注意，这里 $h(\boldsymbol{R}(\tau))$ 变化虽然十分缓慢，但经过长时间演化，$h(\boldsymbol{R}(\tau))$ 的变化量可以不小．至此，按以前观点，从表面上看，此处推导似乎是平庸的．但此时 Berry 指出，有些体系 Hamilton 量 $H(\boldsymbol{R}(\tau))$ 的参数空间拓扑不平庸，导致 $\gamma_n(\tau)$ 积分是不可积的．体系演化一周 C 之后，圈积分 $\gamma_n(C)$ 可能会不等于零．由于它具有 U（1）变换不变性，于是有可能是一个可观察的、物理的东西．Berry 称这个 $\gamma_n(C)$ 为"几何位相变化"．此时动力学方程解和 $\gamma_n(C)$ 分别为

$$\boxed{\begin{cases}|\psi(T)\rangle=\exp\left\{-\mathrm{i}\int_{\lambda=0}^{\lambda=T}e_n(\boldsymbol{R}(\tau))\mathrm{d}\lambda+\mathrm{i}\gamma_n(C)\right\}|\psi(0)\rangle\\ \gamma_n(C)=\mathrm{i}\oint_C\langle\varphi_n(\boldsymbol{R})|\nabla_{\boldsymbol{R}}\varphi_n(\boldsymbol{R})\rangle\cdot\mathrm{d}\boldsymbol{R}\end{cases}}\tag{11.45}$$

通常人们将发源于体系参数空间拓扑不平庸性的，循环一周 C 后非零改变的 $\gamma_n(C)$ 称作 Berry 相位．它与矢量平移中"和乐"的关系见下页注③文献附录 H.

可以认为，绝热变化过程中，体系时刻处于准稳定平衡状态

$$H_0|\psi_n(0)\rangle=E_n^{(0)}|\psi_n(0)\rangle,\quad H(t)|\psi(n,t)\rangle=E_n|\psi(n,t)\rangle\tag{11.46}$$

注意，$E_n^{(0)}$ 和 $E(T)$ 即便相互对应（即它们各自为 H_0、$H(T)$ 的基态），一般也不一定相等.

由不撤除扰动的状态跃迁公式（11.36），只要假定 $\dfrac{2\pi}{\omega_{nm}}$ 的振荡周期比 $\dfrac{\partial V_{nm}}{\partial t}$ 变化的时间尺度足够小，将后者按复数 Fourier 级数展开并积分，即知 $|m\rangle\to|n\rangle$ 跃迁概率可为

$$\begin{aligned}P_{nm}&=\frac{1}{(E_m^{(0)}-E_n^{(0)})^2}\left|\int_0^T\frac{\partial V_{nm}}{\partial t}\mathrm{e}^{\mathrm{i}\omega_{nm}t}\mathrm{d}t\right|^2\lesssim\frac{1}{\left(E_m^{(0)}-E_n^{(0)}\right)^2}\left|\frac{2}{\omega_{nm}}\frac{\partial V_{nm}}{\partial t}\right|^2\\&\cong\frac{4\hbar^2}{(E_m^{(0)}-E_n^{(0)})^4}\left(\left.\frac{\partial V_{nm}}{\partial t}\right|_{\text{proper}}\right)^2\end{aligned}$$

这里 $\left.\dfrac{\partial V_{nm}}{\partial t}\right|_{\text{proper}}$ 是函数 $\dfrac{\partial V_{nm}}{\partial t}$ 的某个适当数值（以下略去脚标）．于是求得

$$P_{nm}\leqslant\frac{4\hbar^2}{(E_m^{(0)}-E_n^{(0)})^4}\left(\frac{\partial V_{nm}}{\partial t}\right)^2$$

这说明，如果 $\dfrac{\partial V_{nm}}{\partial t}$ 足够小，即如果满足条件

$$\boxed{\frac{\hbar}{(E_m^{(0)}-E_n^{(0)})^2}\left|\frac{\partial V_{nm}}{\partial t}\right|\ll1}\tag{11.47}$$

则此绝热扰动触发不同能级跃迁的概率是很小的．物理上是说：所加势能扰动的变化足够缓慢，体系难以获得跃迁到另一能级所需的能量增量．于是，波函数只是以保持节点数不变的方式逐渐地改变它的形状，适应势能的变化．就是说，如果体系处于离散的无简并定态，体系无量纲量子数将保持不变[①]．

然而，近来有批评说[②]，**这个绝热近似条件不是充分的：有时即便此条件成立，也不一定保证绝热近似成立**．针对这种情况，加上近来人们对形形色色可控微结构的兴趣日益增加，有必要改进量子绝热理论的叙述[③]．

4．突发微扰和绝热微扰的一个比较

（突然加上的）突发微扰与（足够缓慢加上的）绝热微扰对体系的影响会很不相同．为了说明这一点，举一个无限深方势阱拆除势垒的例子．设 x 方向运动的粒子被堵在两面刚性墙之间（$|x|\leqslant a$）并处于基态．再设 $t=0$ 时刻，以突然和足够缓慢这两种方式将两堵墙分开并相距无穷远，看最后结果如何不同（另一个例子见本章习题 13）．

突然拆除：这时粒子与墙之间没来得及有能量交换，粒子将以无限深方势阱的基态波函数为初态波包，按新的 Hamilton 量 $\dfrac{p^2}{2m}$ 作自由粒子含时演化（波包弥散）．由于这时动能（即总能量）守恒，粒子自由运动的动能等于阱内时的能量．

绝热拆除：粒子在两墙拉开过程中的任一时刻，始终处于该时刻阱宽的基态上．于是当两墙拆除至无穷远时，粒子的总能量（现在是自由粒子运动的动能）将为

$$\lim_{a\to\infty}\frac{\pi^2\hbar^2}{8ma^2}=0$$

说明在墙拉开时，粒子向两面墙做功并将自己的能量完全交给了墙．顺便指出，此例并非主张存在静止粒子．粒子动能为零并不合理，那是由于此处模型设计得过于理想和简单（即便如此，也需要无穷长的时间）．

§11.5　光场与物质的相互作用

1．概论

众所周知，电磁波和物质之间存在电磁相互作用，这种相互作用决定着电磁波被物质吸收和发射．**经典理论成功地描述了电磁波在真空和介质中传播，然而却无**

---

① D. Bohm，量子理论，北京：商务印书馆，1982，第 607 页；朗道，非相对论量子力学，上册，第 179，234 页．

② K. P. Marzlin, B. C.Sanders, PRL, **93**, 160408 (2004).

③ 张永德，高等量子力学（第三版），北京：科学出版社，2015，第十章．

法正确描述电磁波如何被介质吸收以及怎样由介质辐射. 量子理论辉煌成就之一在于，能够全面正确地描述电磁波和物质的相互作用，包括相互作用导致的电磁波的吸收和辐射.

辐射和物质相互作用的全量子理论应当是从统一的量子化观点处理相互作用双方：电磁场和物质原子. 就是说，原子（及其中的电子）遵从 Schrödinger 方程（或 Dirac 方程，Klein-Gordon 方程），而同时电磁场被量子化成量子电磁场，这便是量子电动力学（非相对论量子电动力学、相对论量子电动力学）. 尽管量子电动力学理论本身还存在着问题，但可以说，它是迄今为止所建立的最为成功、最为精确的物理理论.

由于课程所限，这里只给出电磁场对物质作用的量子力学理论，可称为半量子理论. 理论的实质是对物质中原子、分子、电子采用量子力学描述，但对电磁场却采用经典电磁波描述. 于是成为如下一幅物理图像：量子力学中的原子（及原子中的各层电子）在经典电磁场受迫振动下，发生能级之间的量子跃迁，与此同时便发射（产生）出光子或吸收（湮没）光子.

半量子理论能够给出电磁辐射和物质相互作用的一部分正确结果，包括产生或湮没光子的能量、谱线强度、偏振状态、禁戒规则和角分布等. 但是，由于它的不彻底性，也如同非相对论量子力学局限性一样，不能解释处于激发态原子的自发辐射、强电磁场中多光子过程以及电磁场中物质粒子的产生和湮没等进一步问题. 其中关于自发辐射问题，Einstein 曾依据热力学平衡的一般观念，给出一个唯象的但简单普适的处理方法（见下面第 4 小节）.

2. 受激原子的量子跃迁

按半量子理论，原子和电磁场耦合体系的 Hamilton 量为

$$\boxed{\begin{cases} H = \dfrac{1}{2\mu}\left(\boldsymbol{p} - \dfrac{e}{c}\boldsymbol{A}\right)^2 + V(r) \\ \boldsymbol{A}(\boldsymbol{r}t) = \boldsymbol{A}_0 \cos(\boldsymbol{k}\cdot\boldsymbol{r} - \omega t) \end{cases}} \tag{11.48}$$

这里，μ、$\boldsymbol{p}$、$-e$ 是原子中电子的质量、动量、电荷；$V(r)$ 是原子核的 Coulomb 场. 选择矢势 $\boldsymbol{A}$ 满足横向 Coulomb 规范条件 $\nabla\cdot\boldsymbol{A} = 0$（即 $\boldsymbol{k}\cdot\boldsymbol{A}_0 = 0$），上述 Hamilton 量成为

$$\begin{cases} H = H_0 + H' \\ H_0 = \dfrac{\boldsymbol{p}^2}{2\mu} + V(r), \quad H' = \dfrac{\mathrm{i}e\hbar}{\mu c}\boldsymbol{A}\cdot\nabla + \dfrac{e^2}{2\mu c}\boldsymbol{A}^2 \end{cases} \tag{11.49}$$

如果电磁场不十分强，可如 Zeeman 效应中所做的那样，将 H' 中的 $\boldsymbol{A}^2$ 项略去.

由于电子位置矢径 $\boldsymbol{r}$ 只局限于原子尺度内变化，因此当电磁场的波长 λ 远大于原

子尺度 a 时，就意味着在电子运动的空间范围内，电磁场可看成空间均匀的（只随时间振荡），也即 $ka \ll 1$，这便是常说的电偶极近似. 在此近似下，可取 $e^{\pm i\boldsymbol{k}\cdot\boldsymbol{r}} \approx 1$. 于是

$$\boxed{H'(t) = \frac{ie\hbar}{\mu c}\cos(\omega t)\boldsymbol{A}_0 \cdot \nabla} \tag{11.50}$$

这就是不很强的电磁场在偶极近似下对原子中电子的扰动算符. 与此相应，电磁场场强为

$$\boldsymbol{E} = -\frac{1}{c}\frac{\partial \boldsymbol{A}}{\partial t} = -\frac{\omega}{c}\boldsymbol{A}_0\sin(\boldsymbol{k}\cdot\boldsymbol{r} - \omega t) \cong -\boldsymbol{E}_0\sin(\omega t)$$

以及

$$\boldsymbol{B} = \nabla \times \boldsymbol{A} \cong (\boldsymbol{k} \times \boldsymbol{A}_0)\sin(\omega t)$$

再考虑到 $|\boldsymbol{k}| = \dfrac{\omega}{c}$，$\boldsymbol{k}\cdot\boldsymbol{A}_0 = 0$，于是此电磁场的能流密度为

$$|\boldsymbol{S}| = \frac{c}{4\pi}|\boldsymbol{E}\times\boldsymbol{B}| \cong \frac{\omega^2|\boldsymbol{A}_0|^2}{4\pi c}\sin^2(\omega t)$$

设 $\rho(\omega)$ 为此电磁场在每个振动周期内的平均能量密度，记 $\langle \boldsymbol{S} \rangle$ 是周期内平均，可得

$$\rho(\omega) = \frac{1}{c}\langle \boldsymbol{S} \rangle \cong \frac{\omega^2|\boldsymbol{A}_0|^2}{8\pi c^2}$$

现在，假设电子跃迁前后所处的初末态分别为 $|i\rangle$ 和 $|f\rangle$，能量分别为 $E_i = \hbar\omega_i$ 和 $E_f = \hbar\omega_f$，记 $E_f - E_i = \hbar\omega_{fi}$. 注意 Coulomb 场中，$[H, \boldsymbol{r}] = -\dfrac{i\hbar}{m}\boldsymbol{p}$，有等式

$$\langle f|\boldsymbol{p}|i\rangle = i\mu\omega_{fi}\langle f|\boldsymbol{r}|i\rangle$$

于是 H' 在初末态之间的矩阵元为

$$\langle f|H'|i\rangle = -\frac{i}{2c}\omega_{fi}(e^{i\omega t} + e^{-i\omega t})\boldsymbol{A}_0\cdot\langle f|\boldsymbol{D}|i\rangle$$

这里 $\boldsymbol{D} = -e\boldsymbol{r}$ 是电子的电偶极矩算符. 由上面周期微扰叙述可知，对于吸收光子激发跃迁的情况（$E_f > E_i$），只需取第二项，即

$$H'_{fi} = \langle f|H'|i\rangle = -\frac{i}{2c}\omega_{fi}e^{-i\omega t}\boldsymbol{A}_0\cdot\langle f|\boldsymbol{D}|i\rangle$$

将此式模平方，利用 $\rho(\omega)$ 表示式代换 $|A_0|^2$，即得

$$|H'_{fi}|^2 = 2\pi\rho(\omega_{fi})\cos^2(\boldsymbol{A}_0, \boldsymbol{D})|D_{fi}|^2 \tag{11.51}$$

假定原子中 $\boldsymbol{D}_{fi}$ 的指向是无规的，可取 $\boldsymbol{E}_0$ 方向为 z 轴，即得方向余弦的平方平均为 $\left\langle \cos^2(\widehat{\boldsymbol{E}_0, \boldsymbol{D}_{fi}}) \right\rangle = \overline{\cos^2\theta} = \dfrac{1}{3}$. 于是有

$$\overline{\left|H'_{fi}\right|^2} = \frac{2\pi}{3}\left|\boldsymbol{D}_{fi}\right|^2 \rho(\omega_{fi}) \tag{11.52}$$

将此式代入周期微扰论的（11.33）式，最后得到在辐射场 $\boldsymbol{A}(t) = \boldsymbol{A}_0 \cos(\boldsymbol{k}\cdot\boldsymbol{r} - \omega t)$ 扰动和电偶极近似下，吸收辐射的跃迁速率为

$$\boxed{p_{fi}(\omega) = \frac{4\pi^2}{3\hbar}\left|D_{fi}\right|^2 \rho(\omega)\delta(E_f - E_i - \hbar\omega)} \tag{11.53}$$

以上计算是针对电磁场的频谱为单色的情况．如果电磁场的频谱是连续的，可将 $\rho(\omega)$ 另行理解为场在 ω 附近单位频率间隔内的平均能量密度，总的跃迁速率将为

$$\boxed{p_{fi} = \int p_{fi}(\omega)\mathrm{d}\omega = \frac{4\pi^2}{3\hbar^2}\left|\boldsymbol{D}_{fi}\right|^2 \rho(\omega_{fi})} \tag{11.54}$$

3．电偶极辐射

上面的受激跃迁将伴随着光子的发射与吸收．所辐射的光子称为电偶极辐射．现对上面结果作一些讨论．

（1）p_{fi} 和入射光的频谱有关，并正比于其中有关的能量密度．

（2）电偶极扰动下，离散态之间的跃迁选择定则可以推导如下：

由于

$$\langle n'l'm'|\boldsymbol{r}|nlm\rangle = \int R_{n'l'}(r)\mathrm{Y}^*_{l'm'}(\theta,\varphi)\left\{\frac{r}{2}\sin\theta(\mathrm{e}^{\mathrm{i}\varphi}+\mathrm{e}^{-\mathrm{i}\varphi}), \frac{r}{2\mathrm{i}}\sin\theta(\mathrm{e}^{\mathrm{i}\varphi}-\mathrm{e}^{-\mathrm{i}\varphi}), r\cos\theta\right\} \cdot R_{nl}(r)\mathrm{Y}_{lm}(\theta,\varphi)r^2\mathrm{d}r\mathrm{d}\Omega$$

并注意到[①]

$$\begin{cases} \mathrm{e}^{\pm\mathrm{i}\varphi}\sin\theta\mathrm{Y}_{lm}(\theta,\varphi) = \mp\sqrt{\dfrac{(l\pm m+1)(l\pm m+2)}{(2l+1)(2l+3)}}\mathrm{Y}_{l+1,m\pm1}(\theta,\varphi) \\ \qquad\qquad\pm\sqrt{\dfrac{(l\mp m)(l\mp m-1)}{(2l-1)(2l+1)}}\mathrm{Y}_{l-1,m\pm1}(\theta,\varphi) \\ \cos\theta\mathrm{Y}_{lm}(\theta,\varphi) = \sqrt{\dfrac{(l+1)^2-m^2}{(2l+1)(2l+3)}}\mathrm{Y}_{l+1,m}(\theta,\varphi) + \sqrt{\dfrac{l^2-m^2}{(2l-1)(2l+1)}}\mathrm{Y}_{l-1,m}(\theta,\varphi) \end{cases}$$

可得三个分量不全都为零的条件为

$$\boxed{\begin{cases} \Delta l = l' - l = \pm1 \\ \Delta m = m' - m = 0, \pm1 \end{cases}} \tag{11.55}$$

这便是电偶极跃迁的选择定则．

① 这里 $\mathrm{Y}_{lm}(\theta,\varphi)$ 以及 $\mathrm{P}_l^m(x)$ 的定义见（4.13）式和（4.14）式．

（3）角动量守恒和辐射光子的极化状态问题.

设原子沿 z 轴方向发出一个角动量为 $+\hbar$ 的光子：

这时光子极化状态为右手螺旋（正螺度）. 由于中心场和电偶极近似，角动量 L_z 守恒，电子相应自 $|i\rangle$ 态 $\to |f\rangle$ 态跃迁时，它的 L_z 应减少一个 $\hbar$，即 $m'=m-1$（$\Delta m=-1$），由（2）中的表达式可知：电子 $\boldsymbol{D}_{fi}$ 的 z 分量为零，x 和 y 分量中含 $\mathrm{e}^{-\mathrm{i}\varphi}$ 的项的矩阵元不为零，并且它们之间有如下关系

$$\langle D_y\rangle_{fi}=\mathrm{i}\langle D_x\rangle_{fi} \tag{11.56}$$

说明电子电偶极矩矩阵元 $\boldsymbol{D}_{fi}$ 的确绕 z 轴左手旋转，如图 11-1(a)所示，即电子在跃迁中 L_z 减少 $\hbar$. 偶极辐射的其他特征在经典电动力学中都有叙述，这里不再赘述. 如果是另附有 z 方向磁场的 Zeeman 效应的场合，原子将向 z 轴取向（相应地，前面对无规取向的平均应予取消），电子能级发生分裂，**$\Delta m=-1$ 的跃迁对应于比正常谱线频率略高的分裂谱线，是正螺度的圆偏振光（对应光学中的左旋光）.**

设原子沿 z 轴方向发出一个角动量为 $-\hbar$ 的光子：

这时光子极化状态为左手螺旋（负螺度）. 与此相应，电子自 $|i\rangle$ 态 $\to |f\rangle$ 态跃迁时，L_z 增加一个 $\hbar$，即应有 $m'=m+1$（$\Delta m=+1$）. 这时，$\boldsymbol{D}_{fi}$ 的 z 分量为零，x 和 y 分量中只有含 $\mathrm{e}^{\mathrm{i}\varphi}$ 的项不为零，它们之间关系为

$$\langle D_y\rangle_{fi}=-\mathrm{i}\langle D_x\rangle_{fi} \tag{11.57}$$

说明电子跃迁时矩阵元 $\boldsymbol{D}_{fi}$ 为绕 z 轴右手螺旋，如图 11-1(b)所示. 如果在 Zeeman 效应的场合，**$\Delta m=+1$ 的跃迁相应于频率略低于正常谱线的分裂谱线，是负螺度的圆偏振光（对应光学中的右旋光）.**

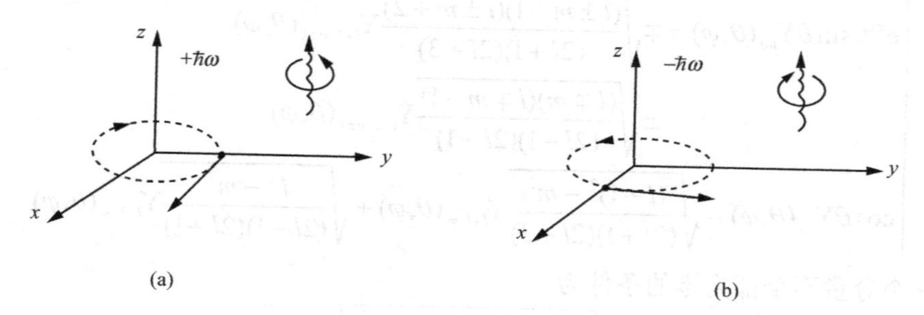

图 11-1

(a) 电子 $\boldsymbol{D}_{fi}$ 运动：x 分量相位为零时，y 分量相位已为 $\frac{\pi}{2}$，左手旋转. 与此相应，沿 z 方向发射的光子为右手螺旋. 在 xy 面内观察它也则为垂直 z 轴的线偏光 σ. (b) 电子 $\boldsymbol{D}_{fi}$ 运动：x 分量相位已到 $\frac{\pi}{2}$，y 分量相位才到零，右手旋转. 与此相应，沿 z 方向发射的光子将为左手螺旋. 在 xy 面内观察它也为垂直 z 轴的线偏光 σ

对于 $\Delta m=0$ 的情况，只有 $\langle D_z\rangle_{fi}$ 不为零，由于辐射场远场的横向性质，沿 z 轴方向将观察不到这种辐射，而在 xy 平面内观察光子将沿 z 轴作线偏振. 这个光子不带走角动量，因为电子自 $|i\rangle$ 态向 $|f\rangle$ 态跃迁时 L_x、L_y、L_z 的期望值均未改变（前两者仍为零，后者仍为 $m\hbar$ ）. 显然这对应于 Zeeman 效应中 $\Delta m=0$ 线偏振光谱线.

4. 自发辐射

考虑大量同类原子与辐射场相互作用的复合量子系综，设已经达到热平衡状态，平衡温度为 $T(\mathrm{K})$. 假设原子任意两个 $|i\rangle,|f\rangle$ 态的能级为 $E_i,E_f(E_i<E_f)$，原子数密度分别为 N_i,N_f .

除§1.1.1 和§3.1.3 外，下面第三次涉及 Plank 公式——再次深刻理解它. 由第一章（1.2a）到（1.3）式已经知道，Planck 得到热平衡下黑体辐射场能量密度的 Planck 公式

$$\boxed{\mathrm{d}E(\nu)=\overline{\varepsilon}_\omega\cdot\rho(\nu)\mathrm{d}\nu=\frac{8\pi h\nu^3}{c^3}\frac{\mathrm{d}\nu}{\exp[h\nu/(kT)]-1}} \tag{11.58}$$

（**11.58**）式可能启示 **Einstein** 找到以下唯象方式处理自发辐射[①]：由于此量子系综处于热平衡状态，即 $\mathrm{d}t$ 时间辐射场单位体积内原子向上和向下跃迁是平衡的，可以认为，受激辐射向上跃迁（ $i\to f$ ）原子数应该与辐射场相关的能量密度 $\rho(\omega_{fi})$ 和 i 态原子数 N_i 乘积成正比，比例系数称为受激辐射吸收系数 B_{fi}. 向下跃迁的（ $f\to i$ ）原子应当由两部分组成：一部分是受辐射场扰动后向下衰减跃迁，另一部分则是自发衰变辐射. 前者与外场相应能量密度 $\rho(\omega_{fi})$ 和 f 态原子数 N_f 乘积成正比，比例系数称为受激辐射衰减系数 B_{if}. 后者与外场 $\rho(\omega_{fi})$ 无关，只与 f 态原子数 N_f 成正比，比例系数称为自发辐射系数 A_{if}（即自发跃迁速率）. B_{fi} 和 B_{if} 的量纲是［$L^3E^{-1}S^{-1}$］，A_{if} 的量纲是 S^{-1} . 在热平衡情况下，单位时间和 $\mathrm{d}\omega$ 内能量密度的平衡方程为 $(\omega=2\pi\nu)$

$$\boxed{N_iB_{fi}\rho(\omega_{fi})\mathrm{d}\omega=N_f\left\{A_{if}+B_{if}\rho(\omega_{fi})\mathrm{d}\omega\right\}} \tag{11.59}$$

解出 $\rho(\omega_{fi})\mathrm{d}\omega$，用能量子表达的 **M-B** 分布律 $N_f/N_i=\exp(-\hbar\omega_{fi}/(kT))$ 代入此式，即得热平衡下辐射场能量密度如下表达式：

$$\boxed{\rho(\omega_{fi})\mathrm{d}\omega=\frac{(A_{if}/B_{fi})\mathrm{d}\omega}{\exp(\hbar\omega_{fi}/(kT))-(B_{if}/B_{fi})}} \tag{11.60}$$

---

① A. Einstein, Physikalische Zeitschrift, **18**, 121 (1917). 也参见费米，量子力学手稿，罗吉庭译，西安：西安交通大学出版社，1984，第 133~135 页.

将方程（11.60）和已由实验验证的 Planck 公式（11.58）相印证，即可求得三个辐射系数的"Einstein 关系"[①]

$$\boxed{B_{fi}=B_{if},\quad A_{if}=\frac{\hbar\omega^3}{\pi^2c^3}B_{fi}} \tag{11.61}$$

进一步，为具体确定 B_{fi}，利用偶极近似所得跃迁速率（11.54）式

$$p_{fi}=\frac{4\pi^2e^2}{3\hbar^2}\left|\boldsymbol{r}_{fi}\right|^2\rho(\omega_{fi})\equiv B_{fi}\rho(\omega_{fi}) \tag{11.62}$$

于是得到

$$\boxed{B_{fi}=\frac{4\pi^2e^2}{3\hbar^2}\left|\boldsymbol{r}_{fi}\right|^2} \tag{11.63}$$

（11.63）式表明，对辐射场作了一阶线性近似（略去含 $\boldsymbol{A}^2$ 项），吸收系数 B_{fi} 与辐射场性质无关，只和原子初末态有关．再由于偶极近似，B_{fi} 正比于电子位置矢量跃迁矩阵元的模平方．将 B_{fi} 表达式（11.63）代入（11.61）式 A_{if} 中，得到单位时间内激发原子自发跃迁速率

$$\boxed{\frac{1}{\tau}=A_{if}=\frac{4e^2\omega^3}{3\hbar c^3}\left|\boldsymbol{r}_{fi}\right|^2} \tag{11.64}$$

这里 τ 就是从 f 态向 i 态的自发跃迁平均寿命．若将（11.64）式乘以光子能量 $\hbar\omega_{fi}$ 即得自发衰变辐射功率．以上（11.59）式～（11.64）诸式即为 Einstein 处理自发辐射唯象理论的基本内容．

例算　计算氢原子 $|210\rangle\to|100\rangle$ 自发衰变寿命．此时

$$\begin{cases}\psi_{100}(r,\theta,\varphi)=\dfrac{1}{\sqrt{\pi\rho_{\mathrm{B}}^3}}\mathrm{e}^{-r/\rho_{\mathrm{B}}}\\[2ex]\psi_{210}(r,\theta,\varphi)=\dfrac{1}{4\sqrt{2\pi\rho_{\mathrm{B}}^3}}\dfrac{r}{\rho_{\mathrm{B}}}\mathrm{e}^{-r/(2\rho_{\mathrm{B}})}\cos\theta\end{cases}$$

这里 $\rho_{\mathrm{B}}=\dfrac{\hbar^2}{\mu e^2}$ 为 Bohr 半径，所以

$$\left|\langle 210|\boldsymbol{r}|100\rangle\right|^2=\left|\langle 210|z|100\rangle\right|^2=\left\{\frac{2^7\sqrt{2}}{3^5}\rho_{\mathrm{B}}\right\}^2$$

---

① 其实（11.60）分母第二项可有三种情况 $(B_{if}/B_{fi})=0,\pm1$．等于零为经典 M-B 分布、+1 对应 B-E 分布、−1 对应 F-D 分布．详见张永德《高等量子力学》附录 A 第三节．

求得平均寿命为

$$\tau_{100\leftarrow 210}=\frac{1}{A_{100\leftarrow 210}}=\frac{3}{4}\left(\frac{\hbar^4c^3}{e^2}\right)\frac{1}{(E_{210}-E_{100})^3}\frac{1}{\left|r_{100\leftarrow 210}\right|^2}=\left(\frac{3}{2}\right)^8\alpha^{-5}\frac{\hbar}{mc^2}$$
$$=1.59\times10^{-9}\,\mathrm{s}$$

注意，$\tau\propto\dfrac{\hbar}{mc^2}$ 包含常数 $\hbar$，说明激发定态的自发衰变是一类纯量子现象，甚至是量子力学的定态概念也难以解释的现象．只当将量子逻辑推向前进，解除粒子数守恒限制，脱离量子力学的力学理论框架，进入量子场论范围，发现了真空涨落，这一现象才得到了很好的解释．

※5．受激氢原子的光电效应

上面的跃迁过程是针对电子初、末态均为离散的束缚态的情况，这就是通常原子受辐射场激发（或退激发）的情况．但实际上也存在原子被辐射场所电离的光电效应．这时电子的末态在渐近意义下为自由状态．

现在为吸收光子的情况，由（11.32）式和（11.50）式知辐射场扰动为

$$\boxed{H'=\frac{\mathrm{i}e\hbar}{2\mu c}\mathrm{e}^{-\mathrm{i}\omega t}\boldsymbol{A}_0\cdot\nabla=K\boldsymbol{A}_0\cdot\boldsymbol{p}}\tag{11.65}$$

这里 $K=+\dfrac{e}{2\mu c}\mathrm{e}^{-\mathrm{i}\omega t}$，为简化计算，略去原子核 Coulomb 场对逸出电子状态的影响，从而将末态近似选作相应的动量本征态$\langle f|\approx\langle\boldsymbol{p}_f|$①，而初态则为基态．末态用箱归一化（最终计算结果与箱归一体积无关），于是有

$$\langle\boldsymbol{r}|\boldsymbol{p}_f\rangle=\frac{1}{\sqrt{V}}\mathrm{e}^{\mathrm{i}\boldsymbol{p}_f\cdot\boldsymbol{r}/\hbar},\quad \langle\boldsymbol{r}|i\rangle=\frac{1}{\sqrt{\pi\rho_\mathrm{B}^3}}\mathrm{e}^{-\frac{r}{\rho_\mathrm{B}}}$$

因此

$$H'_{fi}=\langle f|H'|i\rangle=\frac{K}{\sqrt{\pi\rho_\mathrm{B}^3V}}\int\mathrm{e}^{-\mathrm{i}\boldsymbol{p}_f\cdot\boldsymbol{r}/\hbar}\boldsymbol{A}_0\cdot\boldsymbol{p}\mathrm{e}^{-\frac{r}{\rho_\mathrm{B}}}\mathrm{d}\boldsymbol{r}$$
$$=\frac{K}{\sqrt{\pi\rho_\mathrm{B}^3V}}(\boldsymbol{A}_0\cdot\boldsymbol{p}_f)\int\mathrm{e}^{-\mathrm{i}\boldsymbol{p}_f\cdot\boldsymbol{r}/\hbar-\frac{r}{\rho_\mathrm{B}}}\mathrm{d}\boldsymbol{r}$$

其中积分为

① 这一近似与扰动的频率 ω 及初态 $|i\rangle$ 有关．当 $\hbar\omega\gg$ 原子电离能，和 $|i\rangle$ 处于 s 态时，误差可以忽略．详见 H.Bethe, et al., Quantum Mechanics of One and Two Electon Atoms, New York: Plenum, 1977, § 70.

$$\int e^{-\mathrm{i}p_f r/\hbar-\frac{r}{\rho_{\mathrm{B}}}}\mathrm{d}\boldsymbol{r}=\int_0^{\infty}\int_{-1}^{1}\int_0^{2\pi}e^{-\mathrm{i}p_f r\cos\theta/\hbar-\frac{r}{\rho_{\mathrm{B}}}}r^2\mathrm{d}r\mathrm{d}\cos\theta\mathrm{d}\varphi$$

$$=\frac{8\pi/\rho_{\mathrm{B}}}{\left[(1/\rho_{\mathrm{B}})^2+(p_f/\hbar)^2\right]^2}$$

跃迁速率为

$$P_{f\leftarrow i}=\frac{2\pi}{\hbar}\left|H'_{fi}\right|^2\delta(E_{\mathrm{p}}-E_i-\hbar\omega)$$

$$=\frac{2\pi}{\hbar}\cdot\frac{|K|^2}{\pi\rho_{\mathrm{B}}^3V}\cdot\frac{\left|\boldsymbol{A}_0\cdot\boldsymbol{p}_f\right|^2 64\pi^2\rho_{\mathrm{B}}^6}{[1+(\rho_{\mathrm{B}}p_f/\hbar)^2]^4}\delta(E_{\mathrm{p}}-E_i-\hbar\omega) \tag{11.66}$$

现在，散射末态$\left|\boldsymbol{p}_f\right\rangle$为连续分布，关于它的态密度计算如下：设$E_f=\dfrac{p_f^2}{2\mu}$值附近单位能量间隔内、$\Omega$方向附近单位立体角内出射电子的态密度为$\rho(E_f,\Omega)$，则有[①]

$$\rho(E_f,\Omega)\mathrm{d}E_f\mathrm{d}\Omega=\frac{1}{h^3}\cdot\text{末态所占的相空间体积}=\frac{1}{(2\pi\hbar)^3}\cdot V\cdot p_f^2\mathrm{d}p_f\mathrm{d}\Omega$$

$$\boxed{\rho(E_f,\Omega)=\frac{V}{(2\pi\hbar)^3}p_f^2\frac{\mathrm{d}p_f}{\mathrm{d}E_f}} \tag{11.67}$$

对于现在的非相对论情况，$E_f=\dfrac{p_f^2}{2\mu}$，也即$\mu\mathrm{d}E_f=p_f\mathrm{d}p_f$，可得

$$\rho(E_f,\Omega)=\frac{V\mu p_f}{(2\pi\hbar)^3}$$

注意此处因子V将消去末态中箱归一化因子$\left(1/\sqrt{V}\right)^2=1/V$，使计算结果与箱归一化体积$V$无关．于是向$\mathrm{d}\Omega$内跃迁速率为

$$P_{\mathrm{d}\Omega\leftarrow i}=\int_{E_f}P_{f\leftarrow i}\rho\mathrm{d}E_f\mathrm{d}\Omega=\frac{4e^2\rho_{\mathrm{B}}^3p_f}{\pi\mu\hbar^4c^2[1+(\rho_{\mathrm{B}}p_f/\hbar)^2]^4}\left|\boldsymbol{A}_0\cdot\boldsymbol{p}_f\right|^2\mathrm{d}\Omega$$

这里$p_f=\sqrt{2\mu(E_i+\hbar\omega)}$．上面已论述过，电磁场的能量密度$\rho=\dfrac{\omega^2\left|\boldsymbol{A}_0\right|^2}{8\pi c^2}$，于是入射到原子上的能流密度为

$$J=\rho c=\frac{\omega^2\left|\boldsymbol{A}_0\right|^2}{8\pi c}$$

最后得到光电过程的微分截面

---

① 设$V=L^3$，由周期边界条件，$k=2n\pi/L\to\delta k_{\min}=2\pi/L$．所以当$L\to\infty$时，$\mathrm{d}N=\mathrm{d}^3k/(\delta k_{\min})^3=V\mathrm{d}^3p/h^3$．

$$\frac{\mathrm{d}\sigma}{\mathrm{d}\Omega}=\frac{\Omega\text{方向单位立体角内(电离电子带走的)能量损失率(J/s)}}{\text{入射电磁场的能流密度(J/(cm}^2\cdot\text{s))}}$$
$$=\frac{32\rho_{\mathrm{B}}^3 e^2 p_f^3\cos^2\left(\widehat{\boldsymbol{A}_0,\boldsymbol{p}_f}\right)}{\mu c\hbar^3\omega[1+(\rho_{\mathrm{B}}p_f/\hbar)^2]^4} \tag{11.68}$$

取 $\boldsymbol{A}_0$ 方向为 z 轴，就 $\boldsymbol{p}_f$ 的所有方向对 4π 立体角积分，得到光电过程的总截面

$$\boxed{\sigma=\frac{128\pi e^2\rho_{\mathrm{B}}^3 p_f^3}{3\mu\hbar^3\omega c(1+p_f^2\rho_{\mathrm{B}}^2/\hbar^2)^4}} \tag{11.69}$$

注意，这个结果是在对电磁场作电偶极近似和对末态作自由电子近似这两个假设下得到的．若要第二个近似成立，要么电磁场频率足够高（但这会与第一个近似产生矛盾），要么要求初态为 s 态，正如这个推导中所做的．

对于类氢原子，可作替换 $\rho_{\mathrm{B}}\to\rho_Z=\dfrac{\rho_{\mathrm{B}}}{Z}$，$Z$ 为原子序数．于是，若要求 $p_f^2\rho_Z^2\gg\hbar^2$ 时，可得 $\sigma\propto Z^5$ 的结果．或许，从表面看来，这个要求（ p_f 不很小）和电偶极近似（入射光子频率不很高）会有矛盾．实际上，在一定范围内两者可以兼容．这可用下面估算来说明．电偶极近似下：$\lambda\gg\rho_{\mathrm{B}}$，这可以等价地转换为

$$\hbar\omega\ll\frac{2\pi\hbar c}{\rho_{\mathrm{B}}}=2\pi\mu c^2\alpha$$

而 $p_f^2\rho_Z^2\gg\hbar^2$ 近似下：

$$\hbar\omega>\frac{p_f^2}{2\mu}=\frac{p_f^2\rho_{\mathrm{B}}^2}{2\mu\rho_{\mathrm{B}}^2}\gg\frac{\hbar^2}{2\mu\rho_{\mathrm{B}}^2}=\frac{1}{2}\mu c^2\alpha^2$$

这里 $\mu c^2\approx 0.511\mathrm{MeV}$．由于精细结构常数 $\alpha=\dfrac{e^2}{\hbar c}=\dfrac{1}{137}$ 很小，对于两个不等式的组合，

$$\frac{1}{2}\mu c^2\alpha^2\ll\hbar\omega\ll 2\pi\mu c^2\alpha$$

显然会存在合适的 $\hbar\omega$ 的取值范围．

习　题

1．具有电荷 q 的离子，在其平衡位置附近做一维简谐运动，在光的照射下发生跃迁．入射光能量密度为 $\rho(\omega)$，波长较长．求：

（1）跃迁选择定则；

（2）设离子原来处于基态，求每秒跃迁到第一激发态的概率.

2．一维运动的体系，$|m\rangle$ 态跃迁到 $|n\rangle$ 态所相应的振子强度定义为

$$f_{nm}=\frac{2\mu\omega_{nm}}{\hbar}\left|\langle n|x|m\rangle\right|^2$$

μ 为振子质量．求证：

$$\sum_n f_{nm}=1\quad\left(\sum_n \text{指对一切能量本征态求和}\right)$$

（Thomas-Reich-Kuhn 求和规则）.

3．一个处于第一激发态（2p）的氢原子位于一空腔中，当空腔的温度等于多少时，自发跃迁概率和受激跃迁概率相等？

答　$T=1.76\times10^5\text{K}$.

4．一个电荷为 e 的粒子被禁闭在各边为 $2b$ 的立方盒子中，给定一个电场

$$\boldsymbol{E}=\begin{cases}\boldsymbol{0} & (t<0)\\ \boldsymbol{E}_0\mathrm{e}^{-\alpha t} & (\alpha>0,t>0)\end{cases}$$

$\boldsymbol{E}_0$ 垂直于盒子的某一面．$t=0$ 时，带电粒子处于基态，求 $t=\infty$ 时粒子处于第一激发态的概率.

5．一个氢原子放入一个与时间有关的均匀电场 $\varepsilon(t)=\dfrac{B\tau}{e\pi}\dfrac{1}{t^2+\tau^2}$ 中，式中 B 和 τ 为常数，如果在 $t=-\infty$ 时原子处于基态，计算在 $t=+\infty$ 时原子处于 2p 态的概率.

答　$p=\dfrac{2^{15}B^2\rho_{\mathrm{B}}^2}{3^{10}\hbar^2}\mathrm{e}^{-2\omega\tau}$，其中 $\omega=3me^4/(8\hbar^2)$.

6．当一个带电为 Ze 的重粒子在原子附近通过时，原子的电子将在其影响下从 m 态跃迁到 n 态，设 V 是重粒子的运动速度，D 为在 $t=0$ 时重粒子离原子最近的距离．计算这一个过程的概率.

提示　仅讨论重粒子与电子相互作用势展开后的前两项.

答　$\omega_{nm}=\dfrac{4Z^2e^2|y_{nm}|^2}{\hbar^2D^2V^2}$，$y_{nm}$ 为电子的坐标 y 的矩阵元.

7．若在 $t=0$ 时，电荷为 e、质量为 m 的线性谐振子处于基态，在 $t>0$ 时，附加一个与谐振子振动方向相同的恒定外电场 ε，求谐振子处于任意态的概率.

答　$\omega_n=|a_n|^2=\dfrac{(\alpha\chi_0)^{2n}\mathrm{e}^{-1/2\alpha^2\chi_0^2}}{2^n n!}$，其中 $\alpha=\left(\dfrac{m\omega}{\hbar}\right)^{1/2}$，$\chi_0=\dfrac{e\varepsilon}{m\omega^2}$.

8．若在 $t=0$ 时，电荷为 e、质量为 m 的线性谐振子处于基态，在 $t>0$ 时，附加一个外电场 $\varepsilon=\varepsilon_0\mathrm{e}^{-t/\tau}$，求谐振子处于激发态的概率.

答　$a_m^{(1)}\approx\delta_{1m}$，$|a_1^{(1)}|^2=\dfrac{e^2\varepsilon_0^2\tau^2}{2\hbar m\omega(1+\omega^2\tau^2)}$.

9．若在 $t=0$ 时，氢原子处于基态，以后由于受到周期均匀电场 $\boldsymbol{\varepsilon}_0\sin\omega t$ 作用而电离．设电离后电

子波函数为波矢 $\boldsymbol{k}$ 的平面波，求该周期场最小频率和在电离态的概率振幅.

答　$\omega_{\min}=\omega_{mk}=\dfrac{\mu e^4}{2\hbar^3}$；$a_{nm}^{(1)}=\dfrac{\mathrm{e}^{\mathrm{i}(\omega_{mk}-\omega)t}-1}{\sqrt{V}\hbar(\omega-\omega_{mk})}\dfrac{\pi e\varepsilon_0\cos\Theta}{\mathrm{i}(\pi\rho_{\mathrm{B}}^3)^{1/2}(2\pi\hbar)^{3/2}}\dfrac{16k\rho_{\mathrm{B}}^5}{(1+k^2\rho_{\mathrm{B}}^2)^3}$，其中 $\Theta=\left(\widehat{\boldsymbol{k},\boldsymbol{\varepsilon}_0}\right)$ 是电场和出射电子夹角，V 为归一化体积.

10．将处于基态的氢原子放在一个平行板电容器的电场中，取平行板的法线方向 z 轴方向，则电场沿 z 轴方向且可以看成均匀电场，若电容器突然充电，而后放电，则电场随时间的变化为 $\varepsilon(t)=\begin{cases}0 & (t<0)\\ \varepsilon_0\mathrm{e}^{-t/\tau} & (t>0)\end{cases}$，其中 τ 为常数，求时间足够长后，氢原子跃迁到 2s 态和 2p 态的概率.

答　$\omega(1\mathrm{s}\to 2\mathrm{p})=\dfrac{2^{15}}{3^{10}}\dfrac{e^2\varepsilon_0^2\rho_{\mathrm{B}}^2\tau^2}{\hbar^2\left[1+\left(\dfrac{3e^2\tau}{8\rho_{\mathrm{B}}\hbar}\right)^2\right]^2}$，$\omega(1\mathrm{s}\to 2\mathrm{s})=0$.

11．处于基态的氢原子受到脉冲电场 $\varepsilon(t)=\varepsilon_0\delta(t)$ 作用，ε_0 为常数，用微扰论计算电子跃迁到各激发态的概率以及仍然停留在基态的概率.

答　$\sum_n{}' P_n=(e\varepsilon_0\rho_{\mathrm{B}}/\hbar)^2$，留在基态的概率为 $1-\sum_n{}' P_n$.

12．有一个自旋为1/2，磁矩为 μ，电荷为0的粒子，置于一个磁场中．$t=0$ 时，磁场为 $\boldsymbol{B}_0=(0,0,B_0)$，粒子处于 σ_Z 的本征态 $\begin{pmatrix}0\\1\end{pmatrix}$，即 $\sigma_Z=-1$，在 $t>0$ 时，再加上沿 x 轴的弱磁场 $\boldsymbol{B}_1=(B_1,0,0)$，求 $t>0$ 时粒子的自旋态，以及测到自旋向上（$\sigma_Z=1$）的概率.

答

$$\psi(t)=\mathrm{i}\frac{\omega_1}{\omega}\sin\omega t\begin{pmatrix}1\\0\end{pmatrix}+\left(\cos\omega t-\mathrm{i}\frac{\omega_0}{\omega}\sin\omega t\right)\begin{pmatrix}0\\1\end{pmatrix}$$

其中

$$\omega_0=\frac{\mu B_0}{\hbar},\quad \omega_1=\frac{\mu B_1}{\hbar},\quad \omega=\sqrt{\omega_0^2+\omega_1^2}$$

$$P(\sigma_Z=1)=\frac{\omega_1^2}{\omega^2}\sin^2\omega t=\frac{B_1^2}{B_0^2+B_1^2}\left[\sin\left(\frac{\mu}{\hbar}\sqrt{B_0^2+B_1^2 t}\right)\right]$$

13．设含时体系 H（t）作绝热演化．初态为对应 E（0）的定态 $|\varphi(0)\rangle$．由于绝热近似假定下，量子数不会改变，且演化无限缓慢，这时有 $|\varphi(t)\rangle$ 存在，使得下面准定态方程成立：

$$H(t)|\varphi(t)\rangle=E(t)|\varphi(t)\rangle$$

（1）证明：此时初态 $|\varphi(0)\rangle$ 的含时 Schrödinger 方程

$$\mathrm{i}\hbar\frac{\partial}{\partial t}|\psi(t)\rangle=H(t)|\psi(t)\rangle$$

的解 $|\varphi(t)\rangle$ 可以表示为

$$|\psi(t)\rangle=\exp\left\{-\frac{\mathrm{i}}{\hbar}\int_0^t E(\tau)\mathrm{d}\tau\right\}\exp\{\mathrm{i}\gamma(t)\}|\varphi(t)\rangle$$

求出 $\gamma(t)$ 的表达式.

（2）这里相位 $\gamma(t)$ 包括两种情况：平庸情况—— $\gamma(t)$ 表达式是可积单值的，体系绝热演化一周返回 $|\varphi(0)\rangle$ 时，$\gamma(T)=0$；非平庸情况—— $\gamma(t)$ 表达式是不可积的、多值的，$\gamma(T)\neq 0$ ——这便是著名 Berry 相位．分析：平庸的 $\gamma(t)$ 是否总是恒为零.

答　（1）$\gamma(t)=\mathrm{i}\int_0^t\langle\varphi(\tau)|\frac{\partial}{\partial\tau}|\varphi(\tau)\rangle\mathrm{d}\tau$；（2）一维体系总是平庸的，$\gamma(t)$ 恒为零.

14. 证明自由电子不能吸收和发射光子.

15. 证明在量子理论（以及经典理论）中，一个带电线性谐振子只能吸收和发射等于它自身的经典振动频率的辐射.

16. 证明氢原子由 $|21m\rangle\to|100\rangle$ 的自发衰变寿命与磁量子数 m 无关.

提示　证明自发衰变速率（11.64）式的 A_{if} 中的 $|\langle 21m|\boldsymbol{r}|100\rangle|^2$ 与磁量子数 m 无关.

附录一　广义不确定性关系推导与分析

设 $\hat{\Omega}_1$ 和 $\hat{\Omega}_2$ 为两个任意算符，可证在任意态中总有

$$\boxed{(\Delta_\psi \Omega_1)(\Delta_\psi \Omega_2) \geqslant \frac{1}{2}\left|\left\langle\left[\hat{\Omega}_1, \hat{\Omega}_2\right]\right\rangle_\psi\right|} \tag{Ⅰ.1}$$

这里，$\left\langle\hat{\Omega}_1\right\rangle_\psi = \int\psi^* \hat{\Omega}_1 \psi \mathrm{d}v$ 为 $\hat{\Omega}_1$ 在态 ψ 中的平均值；$(\Delta_\psi \Omega_1) = \sqrt{\left\langle\left(\hat{\Omega}_1 - \left\langle\hat{\Omega}_1\right\rangle_\psi\right)^2\right\rangle_\psi}$ 是算符 $\hat{\Omega}_1$ 在态 ψ 中偏差的方均根.

证明 1　令

$$\hat{A} = \hat{\Omega}_1 - \left\langle\hat{\Omega}_1\right\rangle_\psi \hat{I}, \quad \hat{B} = \hat{\Omega}_2 - \left\langle\hat{\Omega}_2\right\rangle_\psi \hat{I}$$

$\hat{I}$ 为单位算符，于是

$$(\Delta_\psi \Omega_1)^2 = \left\langle\hat{A}^2\right\rangle_\psi = \int\psi^* \hat{A}^2 \psi \mathrm{d}\boldsymbol{r}$$
$$= \int(\hat{A}\psi)^* \cdot \hat{A}\psi \mathrm{d}\boldsymbol{r} \equiv \left\|\hat{A}\psi\right\|^2$$

这里 $\left\|\hat{A}\psi\right\|$ 是态 $\hat{A}\psi$ 的模长. 同样有

$$(\Delta_\psi \Omega_2) = \left\|\hat{B}\psi\right\|$$

注意 $[\hat{\Omega}_1, \hat{\Omega}_2] = [\hat{A}, \hat{B}]$，所以现在只需证明

$$\left\|\hat{B}\psi\right\| \cdot \left\|\hat{A}\psi\right\| \geqslant \frac{1}{2}\left|\left\langle[\hat{A}, \hat{B}]\right\rangle_\psi\right|$$

即可. 根据 Schwarz 不等式

$$\sqrt{\int\left|f(\boldsymbol{r})\right|^2 \mathrm{d}v} \cdot \sqrt{\int\left|g(\boldsymbol{r})\right|^2 \mathrm{d}v} \geqslant \left|\int f^*(\boldsymbol{r}) g(\boldsymbol{r}) \mathrm{d}v\right|$$

有

$$\left\|\hat{A}\psi\right\| \cdot \left\|\hat{B}\psi\right\| \geqslant \left|\int(\hat{A}\psi)^*(\hat{B}\psi)\mathrm{d}v\right| = \left|\int\psi^* \hat{A}\hat{B}\psi \mathrm{d}v\right|$$

利用恒等式

$$\hat{A}\hat{B}=\frac{1}{2}[\hat{A},\hat{B}]_{+}+\frac{1}{2}[\hat{A},\hat{B}]$$

这里$[\hat{A},\hat{B}]_{+}=\hat{A}\hat{B}+\hat{B}\hat{A}$是两个算符的反对易子．于是有

$$(\Delta_{\psi}\Omega_1)(\Delta_{\psi}\Omega_2)\geqslant\left|\int\psi^*\left(\frac{1}{2}[\hat{A},\hat{B}]_{+}+\frac{1}{2}[\hat{A},\hat{B}]\right)\psi\mathrm{d}v\right|$$

右边含反对易子的第一项在完成积分之后为实数（取 Hermite 不变），含对易子的第二项在积分之后为虚数（取 Hermite 将反号）．但对任何实数值a和b，总应当有$|a+\mathrm{i}b|=\sqrt{|a|^2+|b|^2}\geqslant|b|$，所以

$$\begin{aligned}(\Delta_{\psi}\Omega_1)(\Delta_{\psi}\Omega_2)&\geqslant\frac{1}{2}\left\{\left|\int\psi^*[\hat{A},\hat{B}]_{+}\psi\mathrm{d}v\right|^2+\left|\int\psi^*[\hat{A},\hat{B}]\psi\mathrm{d}v\right|^2\right\}^{1/2}\\&\geqslant\frac{1}{2}\left|\int\psi^*[\hat{A},\hat{B}]\psi\mathrm{d}v\right|\\&=\frac{1}{2}\left|\int\psi^*\left[\hat{\Omega}_1,\hat{\Omega}_2\right]\psi\mathrm{d}v\right|\end{aligned}$$

证毕．

证明 2　设有任意两个 Hermite 算符$\hat{A}$，$\hat{B}$，$|\psi\rangle$为量子态．记$\langle\psi|\hat{A}\hat{B}|\psi\rangle=a+\mathrm{i}b$，$a$，$b$是两个实数，有

$$\langle\psi|[\hat{A},\hat{B}]|\psi\rangle=2\mathrm{i}b,\quad\langle\psi|\{\hat{A},\hat{B}\}|\psi\rangle=2a$$

于是

$$\left|\langle\psi|[\hat{A},\hat{B}]|\psi\rangle\right|^2+\left|\langle\psi|\{\hat{A},\hat{B}\}|\psi\rangle\right|^2=4\left|\langle\psi|\hat{A}\hat{B}|\psi\rangle\right|^2$$

按照 Schwarz 不等式

$$\langle\psi|\hat{A}^2|\psi\rangle\langle\psi|\hat{B}^2|\psi\rangle\geqslant\left|\langle\psi|\hat{A}\hat{B}|\psi\rangle\right|^2$$

代入上面平方和方程，并弃去左边非负的第二项，得

$$\left|\langle\psi|[\hat{A},\hat{B}]|\psi\rangle\right|^2\leqslant4\langle\psi|\hat{A}^2|\psi\rangle\langle\psi|\hat{B}^2|\psi\rangle$$

令$\hat{A}=\hat{\Omega}_1-\left\langle\hat{\Omega}_1\right\rangle_{\psi}\hat{I}$，$\hat{B}=\hat{\Omega}_2-\left\langle\hat{\Omega}_2\right\rangle_{\psi}\hat{I}$，代入此不等式，即得（Ⅰ.1）式．　　证毕．

讨论：其一，注意，通常的提法“两个不对易算符没有共同的本征函数”不严谨．正确说，这时它俩没有共同本征函数族，不能说它们没有个别特殊的共同本征函数．由广义不确定关系可以直接看出：允许存在这种态，它是三个算符$\hat{A}$、$\hat{B}$和$\hat{C}=[\hat{A},\hat{B}]$（此时$\hat{C}$决不能是非零常数，而是一个算符）的本征值都为零（是确定值！）的共同本征函数．它们平均值及均方差当然也都是零．这时不等式的等号成立．例

子是轨道角动量三个分量在氢原子球对称基态中的平均值，见第四章习题 5.

其二，由于推导中只用到了前三个公设，并未用到 Schrödinger 方程公设. **这说明，这类不确定性关系直接根源于微观粒子的内禀性质——波粒二象性和量子测量理论. 因此，不论状态进行何种动力学演化，都可以对过程分析出这个不确定性关系.** 回忆 Pauli 的说法："不确定性关系始终防止波和粒子描述间的矛盾"[①]. **其实这种说法并不准确，它颠倒了微观粒子的实验表现和其内禀性质之间的地位. 正确说法是，微观粒子波粒二象性的内禀性质始终保证了不确定性关系成立.**

其三，不计内禀的自旋，时空坐标及其平移生成元之间的不确定性关系有三类：

坐标——动量，　时间——能量，　转角——角动量.

第三类如$\left(\varphi, \hat{L}_z = -\mathrm{i}\hbar\dfrac{\partial}{\partial\varphi}\right)$. 前两类不确定性关系中，自变量连续变化的范围无限，导致物理量取值可以连续变化（如无别的约束）；**第三类关系自变量变化范围有限，这导致其平移生成元取值总是分立的，量子化的.**

此外，还有曲线坐标系中的正则共轭对. 比如球坐标情况，由于

$$\frac{\partial}{\partial r} = \frac{\partial x}{\partial r}\frac{\partial}{\partial x} + \frac{\partial y}{\partial r}\frac{\partial}{\partial y} + \frac{\partial z}{\partial r}\frac{\partial}{\partial z} \to \hat{p}_r\left(\equiv -\mathrm{i}\hbar\frac{\partial}{\partial r}\right) = \frac{1}{r}(\boldsymbol{r}\cdot\hat{\boldsymbol{p}})$$

但因为球坐标本身在原点处固有的奇性，如此得出的 $\hat{p}_r$ 虽然也满足基本对易规则 $[r, \hat{p}_r] = \mathrm{i}\hbar$，但并不 Hermite，

$$\hat{p}_r^+ = (\hat{\boldsymbol{p}}\cdot\boldsymbol{r})\frac{1}{r} = \hat{p}_r - 2\mathrm{i}\hbar\frac{1}{r}$$

这时，通常的解决办法是将其对称化（Hermite 化），给出 Hermite 的径向动量算符表示$\left(\hat{p}_r + \hat{p}_r^{\,+}\right)/2$. 就是说，球坐标下真正的径向正则共轭量对是

$$\left(r, \hat{p}_r - \mathrm{i}\hbar\frac{1}{r}\right)$$

不但 Hermite，而且满足基本对易规则. 其他曲线坐标系参照处理.

其四，第一章给出的 Heisenberg 不确定关系式是正确的、普适的. 它客观存在于体系的任何状态里，表现在（对纯态系综作重复测量的）同一测量实验中. 然而当年他本人对此关系式的解释却有两点偏颇：其一，不适当地将关系式拔高到原理——不能推导论证；其二，用显微镜观测位置的解释，即测量干扰实验结果（MDR）的解释结果不精准. 引起近来文献中广泛讨论的"弱测量"中"测量和扰动"之间的许多 MDR 不等式关系. 本来，测量微观体系某个物理量是会扰动体系

① 详见：泡利物理学讲义与波动力学，洪铭熙等译，人民教育出版社，1982.

状态．一般说，观测精度越高，测量对体系的扰动也越大，造成后来对扰动后的态进行另一次非对易物理量测量值的不确定性也越大．在观测精度和不确定量之间存在许多（！）不等式关系．目前有人将这些不等式关系也称作不确定性关系，声称突破了 **Heisenberg** 不确定性关系对量子态的限制，等等．这容易造成混淆和误会．

其五，最后，应当预先指出，在高能情况下，粒子可以产生、湮灭和转化．当位置测量精度到达 λ_C 尺度时，按不确定性关系，位置测量引入的能量将高到足以产生全同的新粒子，与原先粒子不可区分．由此，在 λ_C 尺度下，粒子位置概念丧失意义．原则上不存在位置本征态概念，于是就不存在坐标表象．尽管这时因别无选择而依然采用定域描述手段！其实，微观粒子波粒二象性本性就与连续致密的定域描述方法格格不入．

其六，普遍采用的上述不确定性关系形式，对于概念分析和通常估值计算已是足够，但这并不妨碍再进一步细致分析，给出更为精准的估值不等式．

附录二　从杨氏双缝到 which way 及 qubit

Young 双缝实验是量子力学中最初、最普通、最著名，也是最奇特的实验．这是因为：第一，它表面浅显易懂，实质却深邃难以捉摸；第二，它很容易用程差办法作简易说明，但又难以精确严格地计算（解 Schrödinger 方程求强度分布）；第三，它出现在所有量子力学教材中，是众所周知的阐述基础概念的实验，却又常被人们忽略了许多重要和必要的侧面；第四，它是量子力学中最古老和最普通的实验，但近代却又不断出现花样翻新的新版本．

鉴于这些情况，就容易理解，为什么 Feynman 特别重视 Young 双缝实验，并且说：**“Young 双缝实验处于量子力学心脏的地位．”事实上，它确实是理解量子力学的关键，也是产生量子力学路径积分思想的实验基础．**本附录广泛而深入地分析这个实验及相关问题．

1．杨氏双缝实验难以说清楚之处——电子的波粒二象性

ⅰ．*一个两难回答的问题——每个电子是怎样穿过双缝的？*

（1）常常回答为：“在客观上应当是确定的，只是我们不知道，一旦知道就会改变原来的状态．”这种思想可以简述为“缝的路径确定，但不确知”．也有人形象地说：“电子不是孙悟空，只能从一条缝过去．”这确实应了 Feynman 的话：“I can safely say that nobody understands quantum mechanics．”因为，这样说法等于只承认两个单缝衍射强度相加的实验，否定了双缝干涉花样出现的实验．

（2）“这是个两难回答的问题”——意识到怎样回答都困难．

（3）绕过去不回答，说：“这是科学之外的问题．”或者说：“在双缝屏上入射电子消失了，在接收屏上某处电子被探测到了．”

（4）正确理解应当是：这是一个科学的、应当回答的问题．正确回答是每个电子都是**从两条缝同时穿过去，两条途径的两个态——两个概率幅的相干叠加．每一个电子都是自身干涉！**

微观粒子的行为有时“像”宏观的波、有时又“像”宏观的粒子；其实它们本性既非宏观的波也非宏观的粒子．采用宏观语言不确切地形容就是具有波粒二象性．

不同于宏观情况，对微观粒子进行实验观测，不可避免地会干扰观察对象，导致状态坍缩，不同类型的观测导致状态的不同类型的坍缩．不同观测，需要对量子态用不同本征函数族展开，决定了接着发生的不同的随机坍缩，使人们产生不同的印象．所以说，微观粒子究竟“像”什么与怎样观测有关——观测结果依赖于观测

类型——测量哪种类型的力学量．例如，电子的“粒子”形象完全依赖于企图“捉住”它们这一类型的实验．

请务必注意：①“测量可以不干扰被测对象”这种论断只源自宏观世界的物理经验，微观世界通常并非如此；②“几何点”“质点”“轨道”等概念本就是欧几里得和牛顿在主观思考中人为想像出来的、自然界中并不存在的东西①，只是有助于精确表达自然规律的有用工具②．现在的问题是，不要将这些宏观的或主观的思维积习认为理所当然，以致在思辨时有意无意地用到微观世界的量子力学中！

西方科学的精髓告诉我们，进入微观世界时，必须也只能依靠“**实验事实＋逻辑推理**”．解释（4）是惟一既符合所有实验事实又逻辑自洽的解释．同时，**只要无法知道电子从哪个缝过去，就会发生干涉；一旦用任何办法知道每个电子是从哪个缝过去的，干涉花样便会消失**（见后面分析）．

ii．*关于杨氏双缝实验装置草图，有一个常见的原则性错误*

通常将电子源直接面对双缝屏，而漏画了电子源和双缝屏之间应有的单缝屏．由于一般电子源或电子源孔径的尺寸比双缝间距大得多，从电子源上不同位置发出的电子，到达双缝时所经历的程差既不相等、也不确定，并且还远大于所考虑的双缝后面依赖于斜角的程差．这就是说，**Young 双缝实验入射概率幅的初始相对程差不确定．既然实验初条件无法保持恒定，经过双缝之后就无法产生干涉花样**．Feynman 在他书中对 Young 双缝实验的草图画了七幅之多③！六幅全都不嫌麻烦地画有单缝缝屏；只一幅未画，但却明确标示了平行线——平面波入射，电子入射的相对程差为零，这自然也是固定的．下面列出该书的这 7 幅图．

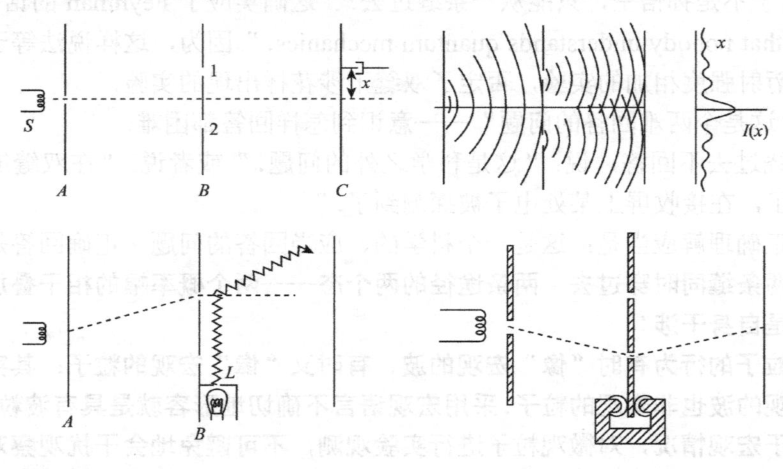

① H. Poincaré，科学与假设，叶蕴理，译，北京：商务印书馆，1989，第 63~65 页．

② P.A.M.狄拉克，量子力学原理，陈咸亨，译，北京：科学出版社，1965，第 47 页．

③ R.P.Feynman, A.R.Hibbs, Quantum Mechanics and Path Integrals, McGraw-Hill Book Company,1965.

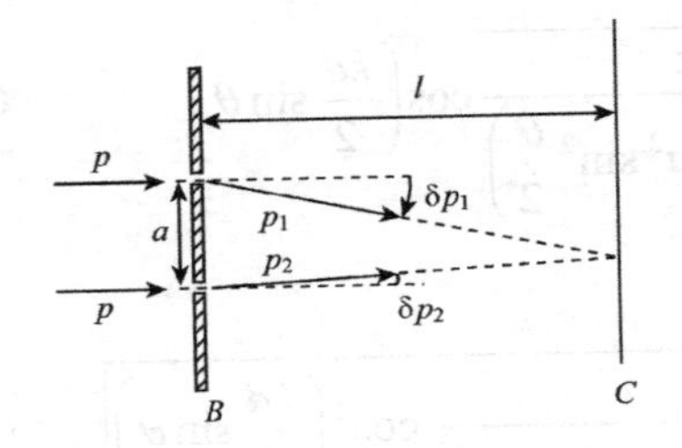

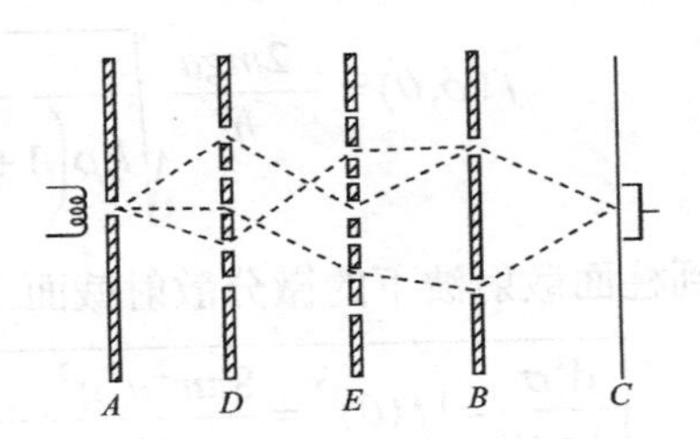

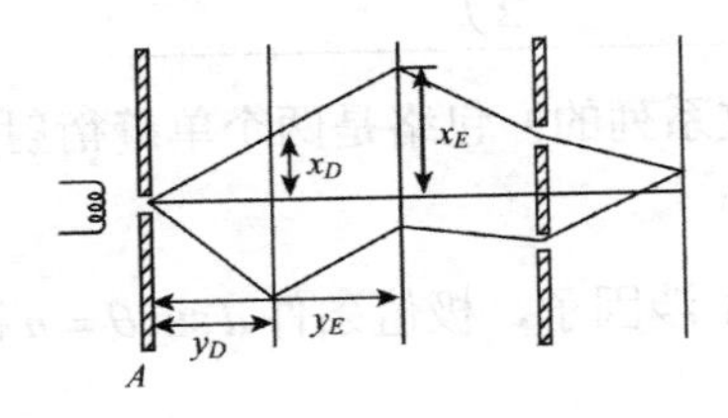

iii. 一个理论上难以进行的强度分布计算

这里给出一个唯象的强度分布计算①——用 Born 近似计算接收屏上既有干涉又有衍射的强度分布．设粒子前进方向是 x 方向，双缝沿 z 方向．于是有

$$\psi(\boldsymbol{r})=\mathrm{e}^{\mathrm{i}kx}-\frac{1}{4\pi}\int\frac{\mathrm{e}^{\mathrm{i}k|\boldsymbol{r}-\boldsymbol{r}'|}}{|\boldsymbol{r}-\boldsymbol{r}'|}U(\boldsymbol{r}')\mathrm{e}^{\mathrm{i}kx'}\mathrm{d}\boldsymbol{r}' \tag{Ⅱ.1}$$

这里，(x,y) 平面取极坐标；$\boldsymbol{r}=(\rho,z),\boldsymbol{r}'=(\rho',z')$ 分别是自双缝之间的 0 点到观察点和势散射点的矢径；(ρ,ρ') 分别是它们在 $z=0$ 平面上的投影；$|\boldsymbol{r}-\boldsymbol{r}'|=\sqrt{(z-z')^2+(\rho-\rho')^2}$；$a$ 为两缝间的距离．

取两条缝的衍射作用为等效势（d 等效势衰减长度）：

$$V(\rho')=g\left(\frac{\mathrm{e}^{-\rho_1'/a}}{\rho_1'}+\frac{\mathrm{e}^{-\rho_2'/a}}{\rho_2'}\right)\quad\left(\rho_1'=\rho'-\frac{d}{2},\rho_2'=\rho'+\frac{d}{2}\right)$$

由于 $V(\rho')$ 不含 z'，ψ 的 $\mathrm{d}\boldsymbol{r}'$ 积分对 z' 可先积出．经过一些特殊函数计算，将结果用 (x,y) 平面内变数 (ρ,θ) 表示

$$\psi(\rho,\theta)=\mathrm{e}^{\mathrm{i}kx}-\frac{2mga}{\hbar^2}\sqrt{\frac{2\pi}{k\rho\left(1+4k^2a^2\sin^2\dfrac{\theta}{2}\right)}}\mathrm{e}^{\mathrm{i}k\rho}\cos\left(\frac{kd}{2}\sin\theta\right)$$

将它写为柱面波散射的形式：$\psi(\rho,\theta)=\mathrm{e}^{\mathrm{i}kx}+f(\theta)\dfrac{\mathrm{e}^{\mathrm{i}k\rho}}{\sqrt{\rho}}$，就得到散射振幅

① 张永德，大学物理，第 9 期，第 9 页，1992.

$$f(\rho,\theta)=-\frac{2mga}{\hbar^2}\sqrt{\frac{2\pi}{k\rho\left(1+4k^2a^2\sin^2\frac{\theta}{2}\right)}}\cos\left(\frac{kd}{2}\sin\theta\right) \tag{Ⅱ.2}$$

最后得到柱面散射波下的微分散射截面

$$\boxed{\frac{\mathrm{d}^2\sigma}{\mathrm{d}\rho d\theta}=\left|f(\theta)\right|^2=\frac{8\pi m^2a^2g^2}{\hbar^4}\frac{1}{k\left(1+4k^2a^2\sin^2\frac{\theta}{2}\right)}\cos^2\left(\frac{kd}{2}\sin\theta\right)} \tag{Ⅱ.3}$$

这就是既考虑两个单缝干涉又考虑（干涉条纹系列的）包络是两个单缝衍射分布总强度的表达式．其中：

（1）$\cos^2\left(\frac{kd}{2}\sin\theta\right)=\frac{1}{2}(1+\cos\beta)$ 是双缝干涉因子，极值条件 $d\sin\theta=n\lambda$；

（2）$\frac{1}{1+4k^2a^2\sin^2\frac{\theta}{2}}$ 是两个单缝的总衍射因子，此包络稍有误差，这是由于所取等效位势不很妥当，并非量子力学原理的缺陷．

iv．“难以说清楚”的再次例证与分析

在文献[①]中有一段文字．该处正确地说：“Only when there is no way of knowing, not even in principle, through which slit the particle passes, do we observe interference.”

但是紧接着却错误地强调：“As a small warning we might mention that it is not even possible to say that the particle passes through both slits at the same time, although this is a position often held. The problem here is that, on the one hand, this is a contradictory sentence because a particle is a localised entity, and, on the other hand, there is no operational meaning in such a statement.”

下面接着又回到正确：“We also note that one can have partial knowledge of the slit the particle passes at the expense of partial decoherence.”

中间一段说法有问题是因为，文中告诫人们不能说粒子同时穿过两条缝的两条理由都不成立．这两条理由是：**其一**，粒子是个局域性的东西，因此不能说它从两条缝同时穿过，说粒子从两条缝同时穿过和粒子的局域性是相互冲突的；**其二**，从两条缝同时穿过的说法不具有可操作的意义，因为真要测量究竟从哪条缝穿过，会发现必定是从两缝之一穿过的．

第一条错误在于：为什么事先就规定微观客体是“局域化的东西”呢？难道它们的本性是粒子吗？！要知道它们的“粒子面貌”正是人们总是采用“抓住”这类

① D.Bouwmeester, A.Ekert, A.Zeilinger, The Physics of Quantum Information, Springer-Verlage, 2000, p.2.

测量方式将粒子“逼向”位置本征态所造成的！怎么可以把这一类测量结果当成被测微观客体在测量之前就客观存在的面貌呢？！

第二条错误在于：怎么能说“从两条缝同时通过”的说法“没有可操作意义”呢？！Young 双缝实验、单侧入射时 Mach-Zehnder 干涉仪（见下）的延迟选择，不同样也是“具有可操作意义”的实验事实吗？！

2．广义杨氏双缝实验之一——极化电子杨氏双缝实验

值得注意，光子、电子都是极化的，但关于它们的杨氏双缝实验却都未曾考虑它们的极化自由度．所以，**电子的杨氏双缝实验应当是极化的！**

ⅰ．设入射电子束为极化束，极化方向朝上

同时，在缝屏两缝之一（比如上缝）的后方添加一个小线圈，线圈中通以适当大小电流，线圈电流所生磁场使得穿过上缝和线圈的电子，在线圈磁场中进动使自旋刚好翻转朝下之后，穿出磁场．

这样，到达接收屏上的电子便可以用它们的极化方向来区分了：（未经翻转）自旋仍然朝上的电子是由下缝过来的；（经过翻转）自旋朝下的电子是从上缝过来的．

但实验结果是：干涉花样消失了！这是好量子数$\pm\dfrac{1}{2}$正交性结果．

ⅱ．一般极化的杨氏双缝实验计算

假设：①两缝之间距离$d\gg$缝宽 a，偏角θ很小；②磁场使上缝电子自旋绕 y 轴自z偏转α角；而下缝过来的电子自旋仍然朝上，如图 1 所示．

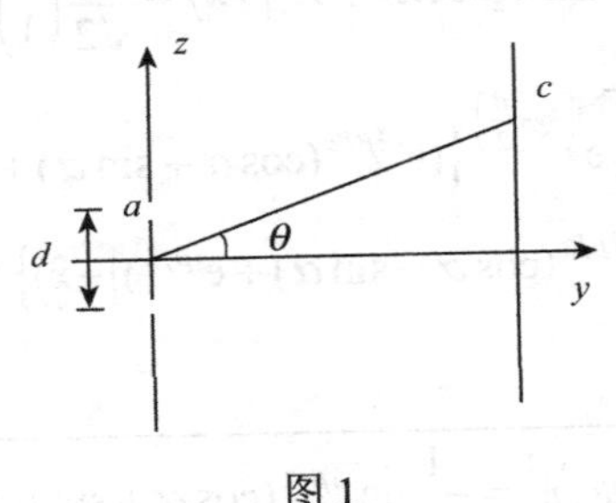

图 1

于是，在接收屏上c点的旋量波函数为

$$
\begin{aligned}
|\psi_c\rangle &= \frac{1}{\sqrt{N}}\left(|\psi_1\rangle+|\psi_2\rangle\right)=\frac{1}{\sqrt{N}}\left(\mathrm{e}^{\mathrm{i}ky}\begin{pmatrix}\cos\alpha\\ \sin\alpha\end{pmatrix}_1+\mathrm{e}^{\mathrm{i}(ky+\beta)}\begin{pmatrix}1\\0\end{pmatrix}_2\right) \\
&= \frac{\mathrm{e}^{\mathrm{i}\left(ky+\frac{\beta}{2}\right)}}{\sqrt{N}}\begin{pmatrix}\mathrm{e}^{-\mathrm{i}\beta/2}\cos\alpha+\mathrm{e}^{\mathrm{i}\beta/2}\\ \mathrm{e}^{-\mathrm{i}\beta/2}\sin\alpha\end{pmatrix}
\end{aligned}
\qquad (\text{Ⅱ}.4)
$$

这里，两束之间的相位差 β 和归一化系数 N 为

$$\beta = 2\pi\frac{\delta l}{\lambda} = 2\pi\frac{d\sin\theta}{\lambda},\quad N = \int_c \langle\psi_c|\psi_c\rangle \mathrm{d}c = 1$$

如果只测 $+z$ 方向自旋的情况，即探测点 c 安放的是对 $+z$ 自旋取向灵敏的探测器．这时必须将 $|\psi_c\rangle$ 按 σ_z 的本征态 $|+z\rangle = \begin{pmatrix}1\\0\end{pmatrix}, |-z\rangle = \begin{pmatrix}0\\1\end{pmatrix}$ 展开．按此重新表述上式，得

$$|\psi_c\rangle = \frac{\mathrm{e}^{\mathrm{i}\left(ky+\frac{\beta}{2}\right)}}{\sqrt{N}}\left\{(\mathrm{e}^{-\mathrm{i}\beta/2}\cos\alpha + \mathrm{e}^{\mathrm{i}\beta/2})|+z\rangle + (\mathrm{e}^{-\mathrm{i}\beta/2}\sin\alpha)|-z\rangle\right\}$$

于是，测得强度为

$$\boxed{I_{+z}(\beta,\alpha) = |\langle +z|\psi_c\rangle|^2 = \frac{1}{N}(1 + 2\cos\alpha\cos\beta + \cos^2\alpha)} \tag{Ⅱ.5}$$

由此表达式可看出：强度还依赖于自旋转角 α：

（1）自旋转角 α 固定，条纹极值 $\beta = 2n\pi \to d\sin\theta = n\lambda$；

（2）如 $\alpha = 0$，条纹随程差（θ 或 β）而变，同前结果；

（3）如 $\alpha = \frac{\pi}{2}$，上缝自旋向下，干涉消失，与 β 无关．

如果只测 $+x$ 方向自旋，c 点只安放对 $+x$ 自旋取向灵敏的探测器．这时须将 $|\psi_c\rangle$ 按 σ_x 本征态 $|\pm\hat{x}\rangle$ 展开．由于在 σ_z 表象中，$|+\hat{x}\rangle = \frac{1}{\sqrt{2}}\begin{pmatrix}1\\1\end{pmatrix}$，$|-\hat{x}\rangle = \frac{1}{\sqrt{2}}\begin{pmatrix}1\\-1\end{pmatrix}$，于是有

$$\begin{aligned}|\psi_c\rangle = \sqrt{\frac{1}{2N}}\mathrm{e}^{\mathrm{i}\left(ky+\frac{\beta}{2}\right)}&\left\{(\mathrm{e}^{-\mathrm{i}\beta/2}(\cos\alpha+\sin\alpha)+\mathrm{e}^{\mathrm{i}\beta/2})|+\hat{x}\rangle\right.\\ &\left.+(\mathrm{e}^{-\mathrm{i}\beta/2}(\cos\alpha-\sin\alpha)+\mathrm{e}^{\mathrm{i}\beta/2})|-\hat{x}\rangle\right\}\end{aligned} \tag{Ⅱ.6a}$$

相应探测到的强度将为

$$\boxed{\begin{aligned}I_{+x} &= |\langle +\hat{x}|\psi_c\rangle|^2 = \frac{1}{2N}\left|\mathrm{e}^{-\mathrm{i}\beta/2}(\cos\alpha+\sin\alpha)+\mathrm{e}^{\mathrm{i}\beta/2}\right|^2\\ &= \frac{1}{N}[1+\sin\alpha\cdot\cos\alpha+(\sin\alpha+\cos\alpha)\cos\beta]\end{aligned}} \tag{Ⅱ.6b}$$

由此得知：

（1）干涉极值位置依然由程差 $\beta(\theta)$ 决定，条纹角间距

$$\Delta\theta = \frac{\lambda}{d}\quad(\lambda \gg d)$$

对电子，$\lambda=\dfrac{h}{p}=\dfrac{2\pi\hbar}{\sqrt{2mE}}=1.23\times10^{-7}\,\mathrm{cm}\Big|_{E=1\mathrm{eV}}$.

（2）对 α 的依赖关系略为复杂.

综上所述，**空间干涉花样变成和自旋有关了！**当上下两缝自旋态为 $|\pm z\rangle$ 时，设想将对极化灵敏的探测器绕（粒子行进方向）y 轴旋转，就能一再观察到：**某一单缝衍射→双缝干涉→另一单缝衍射的循环过程**.

若缝宽 a 并不远小于双缝的间距 d，则应考虑单缝衍射的调制．此效应可近似处理成乘以下面因子：

$$\operatorname{sinc}\frac{\gamma}{2}\equiv\frac{\sin\frac{\gamma}{2}}{\frac{\gamma}{2}},\quad \gamma=\frac{2\pi\, a\sin\theta}{\lambda}$$

这里 a 为单缝的宽度．例如，对 $I_{+z}(\beta,\alpha)\Rightarrow I_{+z}(\beta,\alpha,\gamma)$，有

$$\boxed{I_{+z}(\beta,\alpha,\gamma)=\operatorname{sinc}^2\frac{\gamma}{2}\cdot\left|\langle+z|\psi_c\rangle\right|^2=\frac{\operatorname{sinc}^2\frac{\gamma}{2}}{N}(1+2\cos\alpha\cos\beta+\cos^2\alpha)}\qquad(\text{Ⅱ}.6\text{c})$$

3．广义杨氏双缝实验之二——Aharonov-Bohm 效应的杨氏双缝实验

参见§9.4.

4．广义杨氏双缝实验之三——双态体系：各类 which way 实验和各类 qubit

ⅰ．激发原子识别的双缝实验——which way 实验之一

这是利用“有内部自由度粒子”的杨氏双缝实验，是众多 which way 实验中的一种.

由于原子有内部结构，于是可以利用各种激励内部自由度的办法去查明“到底是从哪条缝（或是哪条路径）过来”的问题．例如，一条路径用合适波长的激光照射，另一条路径不照射．而会合点处则安放对原子是否激发很灵敏的探测器．根据测到的该原子是否激发，就可以判断它是从哪条路过来的.

实验结果：一旦知道每个电子的路径，双缝干涉花样就消失！

ⅱ．中子干涉量度学①、中子旋量干涉——又一广义杨氏双缝——which way 之二

§9.3 已叙述，不再补充，只指出干涉仪内，每个中子都同时经过两路．两条路径彼此最大空间间隔可为 5～10cm，这是远大于单个中子波包尺寸的宏观的分离.

① 文献见 § 9.3 第 2 小节脚注.

iii. 光学分束器——which way 实验之三（如图 2 所示）

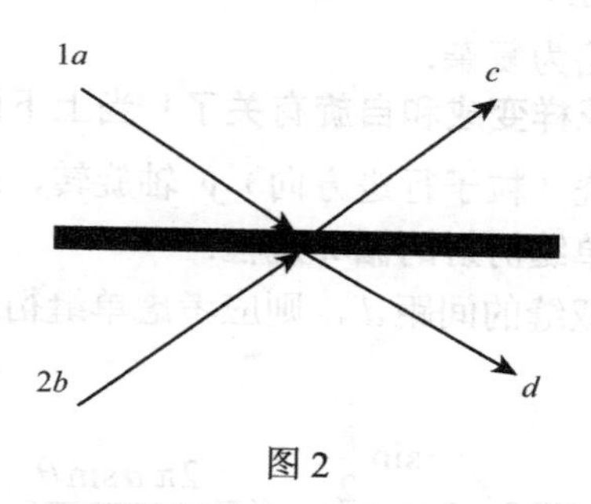

图 2

详见§6.3．这种分解对每个光子而言都是相干分解．此处现在是双光子入射：出现两个光子同时到达，出射态中光子的空间模有重叠，必须予以对称化．所以正确出射态应为

$$
\begin{aligned}
|\psi\rangle_{\text{out}} &= \frac{1}{\sqrt{2}}\left\{|\psi_{12}\rangle_{\text{out}} + |\psi_{21}\rangle_{\text{out}}\right\} \\
&= \frac{1}{2}\left\{\mathrm{i}\left|\psi^{+}_{(12)}\right\rangle\left[|c_1\rangle|c_2\rangle + |d_1\rangle|d_2\rangle\right] + \left|\psi^{-}_{(12)}\right\rangle\left[|d_1\rangle|c_2\rangle - |c_1\rangle|d_2\rangle\right]\right\}
\end{aligned}
\tag{Ⅱ.7}
$$

作为对比，此处显然类似于双电子杨氏双缝——每次均为两个电子同时入射的杨氏双缝（这种实验很难做）．这时两个电子各自的概率幅均为两缝相干叠加，只是需作反称化．

iv. Mach-Zehnder 干涉仪、延迟选择（如图 3 所示）

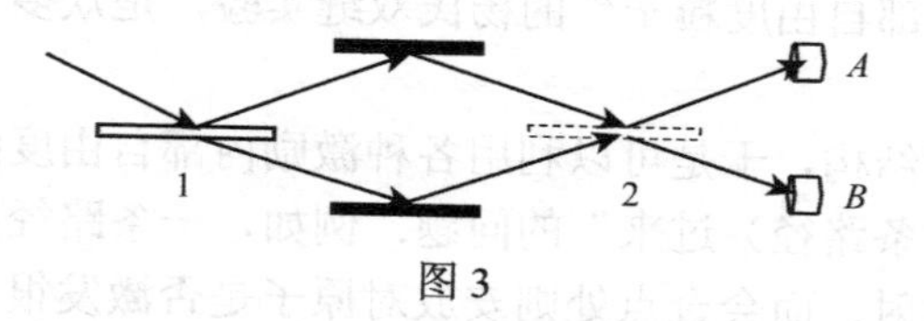

图 3

当一个光子自左入射到半透片 1 上，分解为透射和反射两路，分别经两个全反射镜反射后，这两路光子入射到半透片 2 上，最后进入探测器 A 和 B．

设想，在光子通过半透片 1 之后，才决定是否安置半透片 2——延迟选择．这时两种情况的计算结果如下．

不放置 2：A 和 B 中只有一个接收到该光子，随机、等概率．过 1 后处于两路的叠加态，由于 A、B 的探测迫使其坍缩到两路之一．这导致 A、B 中只有一个能探测到该光子．

放置 2 后：只有 B 能接收到该光子．说明一定从两路同时过来．

延迟选择暴露了：光子原来确是同时通过两路的（处于两路叠加态）．只是在前一方案中，A、B 测量迫使光子事后坍缩，归入了某一路．

v. 各类 Schrödinger Cat 态——还是 which way 实验

（1）各种“Schrödinger Cat”态．

要点是：一个粒子处于两个不同态的相干叠加态上，而这两个态又要在各种类型意义上是足够分开的，以致具有“宏观”的广义的“距离”．例如，中子干涉仪中的两路中子态．

（2）如果这只倒霉的 Schrödinger Cat 是装在透明箱子里的，那将如何呢？——对放射源的连续测量导致量子 Zeno 效应——结果：猫会一直活着！（如果开始放进去时是活的）

（3）Schrödinger Cat's Paradox：其实，**“死”“活”概念必定涉及大量原子分子总体的宏观观念．由于不可避免的大量相互作用产生了大量的纠缠，它们造成极快速的退相干，猫的“死”状态与“活”状态之间的相干叠加性质早已消失，只可能是非相干的、概率相加的混态．所以，“死活相干叠加”的佯谬是不会出现的．**

vi. 作为 qubit 的条件，各类 qubit

各种类型的量子位，不论是单粒子态或多粒子的集体态，都可以定义为一个 $|\text{Yes}\rangle$ 态和一个 $|\text{No}\rangle$ 态的相干叠加，即量子位一般处于

$$|\varphi\rangle=\alpha|\text{Yes}\rangle+\beta|\text{No}\rangle \quad (|\alpha|^2+|\beta|^2=1)$$

于是，正如《纽约时报》所说，**量子位的逻辑是：既是 Yes 又是 No，既不是 Yes 又不是 No；一经测量，不是 Yes 就是 No**．如果不仅仅把这两个基矢理解为两个能级、两种自旋取向、两种极化方式、哪条缝出来等状态，而且更广泛地理解为粒子由哪条路径过来，经过折射还是反射，两个出口的哪个出口出去，两种选择的、两种方式的概率幅，甚至是“猫”的死活、BEC 原子集合，则这些情况所对应的概率幅就都可以纳入广义 Young 双缝实验思考的范畴．

能作为 qubit 的双态体系必须满足条件：除这两个态之外，体系其余态在工作和测量期间的影响可以忽略；便于施加外控进行相应的幺正演化；可随意插入测量；退相干时间不短于多次运行时间．

NMR，极化光子，磁场中电子，Josephson junction, quantum dots, ion trap，甚至是各种大量相干原子的各类双模集体态等．

5．分析与结论

（1）无论是单粒子或复合粒子杨氏双缝、各种 which way、各类 Schrödinger 猫，就本质而言，都可归结为“广义杨氏双缝实验”：两种态的相干叠加，测量时向两者之一的随机坍缩．

（2）所有 **which way** 实验的总结．

无论涉及双缝、出口、死活、反射折射、旋转方向各种 **which way** 实验，结果都是：如果能够用某种办法区分 **which way**，干涉现象必定消失——已存在取值不同可供识别的广义好量子数（好量子数或“正交特性”）．正是它们的正交性，导致干涉消失；只当实验方案在原理上无法区分 **which way**——无广义好量子数可供识别时，干涉现象才能发生．如果是多粒子情况，“可识别性”相应于：按全同性原理进行对（反）称化时，出现的交换矩阵元（此时的干涉效应正来源于它们）因正交性而消失．

（3）这类实验中，发生干涉现象的物理根源来自微观粒子的内禀性质——波动性（确切说波粒二象性）．

（4）全同性原理主张：来源不同的全同粒子可以发生干涉！只要从初态 → 相互作用过程 → 测量坍缩的全过程中，不存在可供区分的广义好量子数．所以 **Dirac** 的“光子只能自身干涉”结论[①]，以及“$1+1\neq 2$”的辩护[②]都是不正确的，与实验事实和全同性原理都矛盾．

（5）虽然全部 **which way** 实验中的坍缩只是单个粒子的二择一坍缩，并非在多个纠缠粒子之间的坍缩与关联坍缩，但此类过程也是违背相对论性定域因果律的超空间过程！它们也一再警示：整个量子理论本质上是空间非定域性的理论——只是披着定域描述的外衣而已！

（6）除各类 **which way** 实验外，还有各类猫态坍缩均未涉及空间距离概念，可称之为“广义的空间非定域性”．

---

① P.A.M.狄拉克，量子力学原理，陈咸亨译，北京：科学出版社，1965，第 9 页．

② A talk of “1+1 is not 2”, Fundamental Problems in Quantum Theory Workshop, Aug.4~7,1997, Baltimore: Univ. of Maryland．

附录三　量子测量的 von Neumann 模型

为了理解量子力学测量公设，也为了解释量子测量过程的三个阶段，下面简略介绍 von Neumann 模型.

对被观测体系的可观测量 A 进行测量，在体系和测量仪器之间要有相互作用. 就是说体系和仪器的总 Hamilton 量中要有耦合项，将体系可观测量 A 和测量仪器指示器 X 连结起来. **A 和 X 之间的耦合，使可观测量的本征态和指示器的可区分态建立起量子纠缠. 正是这种量子纠缠，使人们能够通过观测指示器的变数 X 去制备可观测量 A 的本征态.**

设初始时刻被测体系处于叠加态 $|\varphi\rangle=\sum_n a_n|a_n\rangle$，指示器波包的 X 变量状态为 $|\psi(x)\rangle$，两者合成的大体系处于尚未纠缠的可分离态

$$|\varphi\rangle\otimes|\psi(x)\rangle=\sum_n a_n|a_n\rangle\otimes|\psi(x)\rangle \tag{III.1}$$

由于总 Hamilton 量内关于 A 和 X 的耦合项包含在时间演化算符 $U(t)$ 中，经 t 时刻演化之后，这个量子态就从可分离态演化成纠缠态. 例如，耦合项为 $\lambda\hat{M}_A\hat{p}_X$，$U(t)$ 中 $\hat{M}_A$ 作用于 A 取出本征值 m_A, m_A 再伴随 X 的算符 $\hat{p}_X$ 进入 X 态. 时间演化中两个分离态便关联起来. 即

$$U(t)\left\{\sum_n a_n|a_n\rangle\otimes|\psi(x)\rangle\right\}=\sum_n\left\{a_n|a_n\rangle\otimes|\psi(x-\lambda a_n t)\rangle\right\} \tag{III.2}$$

这种由关联求和所导致的纠缠，表现为可观测量 A 的数值和位置变量 X 本征值（a_n 和 x）的互相关联. 测量指示器波包，坍缩后给出数值 $x-\lambda a_n t$，伴随的关联坍缩就制备出本征态 $|a_n\rangle$，通过刻度转换给出 A 的相应本征值 a_n. 如果位置变量 X 的观测精度足以分辨 A 的全部本征值，就实现了通过测量 X 来给出 A 的相应本征态.

一个典型例子是 Stern-Gerlach 装置. 为测 $\frac{1}{2}$ 自旋粒子的 σ_z，使它通过 z 轴方向非均匀磁场：$B_z=\lambda z$. 粒子磁矩 $\mu\boldsymbol{\sigma}$，它和磁场之间耦合项为 $H'=-\lambda\mu z\sigma_z$，是电子可观测量 σ_z 和装置的位置指示 z 这两个算符相互耦合. 在不同 z 值处，H' 附加能数值不同，这产生一个力

$$F=-\frac{\partial H'}{\partial z}=\lambda\mu\sigma_z \tag{III.3}$$

力沿 z 轴，正负号视 σ_z 值而定．于是，在测量时间 Δt 内，这个力给电子一个冲量 $\Delta P = F\Delta t$．也就是说，这种耦合传递一个冲量给指示器，观察电子向+z 轴或−z 轴方向的偏转（$|h_i| \approx \frac{P}{m}\Delta t \approx \frac{F\Delta t^2}{m}$），便可以投影分离出粒子的自旋态 $|\uparrow_z\rangle$ 或 $|\downarrow_z\rangle$．按上面说法，相应地为

$$U(t) = \exp\left\{\frac{\mathrm{i}}{\hbar}\lambda\mu z\sigma_z t\right\} \tag{Ⅲ.4}$$

$$U(t)\left\{\left[\sum_{i=1}^{2}\alpha_i |i\rangle_{\text{自旋}}\right]\otimes|0\rangle_{\text{位置指示}}\right\} = \sum_{i=1}^{2}\left\{\alpha_i |i\rangle_{\text{自旋}}\otimes|h_i\rangle_{\text{位置指示}}\right\} \tag{Ⅲ.5}$$

详细说，（Ⅲ.5）式是电子的 σ_z 当 $U(t)$ 在作用 $|i\rangle_{\text{自旋}}$ 态取出本征值 i 之后，随 $U(t)$ 中算符 z 进入 $|0\rangle_{\text{位置指示}}$ 态，使其演化为 $|h_i\rangle_{\text{位置指示}}$ 态．产生了源自二维自旋内禀空间运动向三维位形空间运动的转化！

总之，von Neumann 模型将测量过程概括为：**测量仪器和被测体系相互作用，产生两者状态的量子纠缠，在读出仪器指数产生仪器状态坍缩的同时，被测体系发生关联坍缩——向被测力学量本征态族投影，最终呈现出各种测量结果的非相干混合——造就出一个纯态系综．具体说，对于给定的被测纯态 $|\psi\rangle$，测量是将它向被测力学量的本征态族 $\{|\varphi_n\rangle, E_n = |\varphi_n\rangle\langle\varphi_n|, \forall n\}$ 正交投影，制造出如下纯态系综：**

$$\left\{|\varphi_n\rangle,\quad p_n = \langle\psi|E_n|\psi\rangle|\langle\psi|\varphi_n\rangle|^2,\quad n = 1,2,\cdots,\quad \sum_n p_n = 1\right\} \tag{Ⅲ.6a}$$

这里涉及被测体系态空间中单位算符的一个（与所测力学量 A 有关的）正交投影分解

$$\sum_n E_n = I,\quad E_n \equiv |\varphi_n\rangle\langle\varphi_n|,\quad E_n^+ = E_n,\quad E_n E_m = \delta_{nm} E_n \tag{Ⅲ.7}$$

若被测态是混态，用密度矩阵替代态矢，（Ⅲ.6a）式变为

$$\rho \to \rho' = \sum_n E_n \rho E_n \tag{Ⅲ.6b}$$

这就是 von Neumann 关于量子测量的正交投影假说．

附录四 Dirac δ 函数

1. $\delta(x)$ 函数定义

$\delta(x)$ 函数是由 Dirac 引入的．它的定义有两点内容：

$$\boxed{\begin{aligned}&\delta(x-a)=0 \quad (x\neq a)\\ &\int_{-\infty}^{+\infty}\delta(x-a)\mathrm{d}x=1\end{aligned}} \tag{Ⅳ.1}$$

式中，a 为任一实数．可以将这个函数看成一个形状为单位面积的矩形函数，当其宽度无限减薄高度将无限增大理想极限．其实，只要某个函数到处为零，只在 $x=a$ 附近的一个长度为 ε 的小范围内很大，以至于它在这个范围内的积分是 1．函数在此小范围里的具体形状并不重要，只要它没有不必要的过于剧烈的振荡，而且函数值总保持在 ε^{-1} 的数量级就可以了．这样，当 $\varepsilon\to 0$ 取极限时，这个函数便成为 $\delta(x-a)$ 函数的形状．注意在 $x\neq 0$ 处的函数值并不一定要恒等于零，如果能以越来越快的速度正负交变振荡也可．而在 $x=0$ 的邻域即使存在快速振荡，有时也可以满足 δ 函数的条件．参见下面 δ 函数的相关表达式即知．显然，δ 函数是 Kronecker 符号向其下标为连续情况的推广．

由于 $\delta(x-a)$ 函数值除一点外全为零，而在其惟一有意义的点 $x=a$ 处还是无穷大！即便在积分号内理解它的作用，也不是数→数的映射，**所以它不是一个平常意义上的函数，而是一个广义的非正规函数**．但如果换个角度来看，当它在被积函数中作为因子出现时，整个积分却是有确定值的，只要求函数 $f(x)$ 在 a 点附近连续①，从（Ⅳ.1）式两个性质得到重要结果

$$\boxed{\int_{-\infty}^{+\infty}\delta(x-a)f(x)\mathrm{d}x=f(a)} \tag{Ⅳ.2a}$$

在（Ⅳ.1）式和（Ⅳ.2a）式里，积分区域不必为 $(-\infty,+\infty)$，可以是包括 δ 函数不为零的那个关键点及其邻域在内的任何区域．**由此可知，$\delta(x-a)$ 函数的实际作用是对 a 点处连续的函数→数的映射，是一个正规意义上的线性泛函数②：**

$$\boxed{\delta(x-a): f(x)\to f(a)} \tag{Ⅳ.2b}$$

① 见下页脚注．

② 参见，R. 柯朗，D. 希尔伯特，数学物理方法（Ⅱ），北京：科学出版社，1987，第 644 页．

通常将它理解作为了计算简便而采用的一种约定．用它可以方便地表示取极限和求积分手续的调换．应当说，关于它的正确运用和严格讨论有时需要相当谨慎．**比如要注意，乘积积分中的函数 $f(x)$ 在 δ 函数奇点附近必须连续．常见向不连续函数的推广，但那其实是不严密和不自洽的**[①]．由于 $\delta(x)$ 函数带来的直观和简便，加之物理学中所遇的函数通常有相当的正规性，有问题的时候不多，所以并不妨碍它的广泛使用．

2．$\delta(x)$ 函数的性质

（1）
$$\delta(-x)=\delta(x) \tag{Ⅳ.3}$$

（2）
$$(x-a)\delta(x-a)=0 \tag{Ⅳ.4}$$

（3）
$$\delta(\alpha x)=\frac{1}{|\alpha|}\delta(x) \tag{Ⅳ.5}$$

（4）
$$\delta[\varphi(x)]=\sum_i\frac{\delta(x-x_i)}{|\varphi'(x_i)|}\quad(\varphi(x_i)=0\text{，}x_i\text{ 为单重根}) \tag{Ⅳ.6}$$

（5）
$$\int\delta(x-a)\delta(x-b)\mathrm{d}x=\delta(a-b) \tag{Ⅳ.7}$$

（6）
$$f(x)\delta(x-a)=f(a)\delta(x-a) \tag{Ⅳ.8}$$

（7）
$$\delta(x-x_0)=\frac{\mathrm{d}\theta(x-x_0)}{\mathrm{d}x},\quad \theta(x-x_0)=\begin{cases}1 & (x>x_0)\\ 0 & (x<x_0)\end{cases} \tag{Ⅳ.9}$$

（8）假如乘积积分中函数 $f(x)$ 在 δ 函数奇点处有 n 阶导数，就可以设定 δ 函数的第 n 阶导数存在，并将其定义为

$$\int_{-\infty}^{+\infty}\delta^{(n)}(x)f(x)\mathrm{d}x=(-1)^n f^{(n)}(0) \tag{Ⅳ.10}$$

而且有

$$\delta^{(n)}(-x)=(-1)^n\delta^{(n)}(x) \tag{Ⅳ.11}$$

$$x\delta^{(n)}(x)=-n\delta^{(n-1)}(x) \tag{Ⅳ.12}$$

第一条说 δ 函数是偶函数；第二条是由于 $(x-a)\delta(x-a)$ 乘任意函数的积分总为零

$$\int f(x)(x-a)\delta(x-a)\mathrm{d}x=0$$

这就是说，作为被积函数中的因子它与零的作用是等价的，这正是第二条的意义．往证第三条．令 $y=\alpha x$，有

$$\int f(x)\delta(\alpha x)\mathrm{d}x=\frac{1}{|\alpha|}\int f\left(\frac{y}{\alpha}\right)\delta(y)\mathrm{d}y=\frac{1}{|\alpha|}f(0)$$

---

① 对于 $f(x)$ 在 $x=a$ 点不连续情况，可见 S. M. Dutra, Cavity Quantum Electrodynamics, Appendix F，而更多的讨论则见所列文献，John Wiley & Sons, Inc, 2005；采用非标准分析对 Dirac δ 函数作新定义，以及相关的应用可见 C. K. Raju, J. Phys. A: Math. Gen., **15**, 381 (1982).

第四条是关于 δ 函数宗量变换的一个等式．设函数 $\varphi(x)=0$ 有若干个单重根 x_i，则

$$\sum_i h(0)=\int h(\varphi)\delta(\varphi)\mathrm{d}\varphi$$
$$=\int h[\varphi(x)]\cdot|\varphi'(x)|\cdot\delta[\varphi(x)]\mathrm{d}x$$
$$\equiv\sum_i\int h\big[\varphi(x)\big]\delta(x-x_i)\mathrm{d}x$$

式中，$|\varphi(x)|$ 按第六条可将其中 x 替换成 x_i；而对它取模是因为，按积分测度定义，$\mathrm{d}\varphi$ 和 $\mathrm{d}x$ 一样均应为正．此式的一个例子是

$$\delta(x^2-a^2)=\frac{1}{2a}\{\delta(x-a)+\delta(x-a)\} \tag{Ⅳ.13}$$

（Ⅳ.9）式是由于

$$\frac{\mathrm{d}\theta(x-a)}{\mathrm{d}x}=\lim_{\varepsilon\to 0}\frac{\theta(x-a+\varepsilon)-\theta(x-a)}{\varepsilon}=\delta(x-a)$$

反过来，对 $\delta(x-a)$ 积分将得到在 a 点的单位阶跃函数 $\theta(x-a)$．为了验证（Ⅳ.12）式，利用（Ⅳ.10）式去分别计算（Ⅳ.12）式两边与任意函数 $f(x)$ 乘积后的积分值．

（9）
$$\delta\{(x-\alpha)(x-\beta)\}=\frac{\delta(x-\alpha)-\delta(x-\beta)}{|\alpha-\beta|}\quad(\alpha\neq\beta)$$

（10）
$$\delta(x+y)\delta(x-y)=\frac{1}{2}\delta(x)\delta(y)$$

3．$\delta(x)$ 函数的一些表达式

ⅰ．常用的 δ 函数表达式

$$\begin{aligned}\delta(x)&=\lim_{\alpha\to\infty}\sqrt{\frac{\alpha}{\pi}}\mathrm{e}^{-\alpha x^2}\\&=\lim_{\alpha\to\infty}\frac{\alpha}{2}\mathrm{e}^{-\alpha|x|}\\&=\lim_{\alpha\to\infty}(1\mp\mathrm{i})\sqrt{\frac{\alpha}{2\pi}}\mathrm{e}^{\pm\mathrm{i}\alpha x^2}\\&=\lim_{\alpha\to 0}\frac{\alpha}{\pi(\alpha^2+x^2)}\\&=\lim_{\alpha\to\infty}\frac{\sin\alpha x}{\pi x}\\&=\lim_{\alpha\to\infty}\frac{\sin^2\alpha x}{\pi\alpha x^2}\\&=\lim_{\alpha\to\infty}\int_{-\alpha}^{+\alpha}\frac{\mathrm{d}y}{2\pi}\mathrm{e}^{\pm\mathrm{i}xy}\end{aligned} \tag{Ⅳ.14}$$

注意此处这些等号的意思，并不表示右边这些函数在未取极限时性状相同，仅表示在取极限时它们在积分号下的作用与 δ 函数的定义相同.

ii．Legendre 多项式的完备性关系

$$\delta(x-x_0)=\sum_{n=0}^{\infty}\frac{2n+1}{2}\mathrm{P}_n(x)\mathrm{P}_n(x_0) \tag{Ⅳ.15}$$

iii．δ 函数无穷求和

$$\sum_{n=-\infty}^{+\infty}\delta(x-nx_0)=\frac{1}{x_0}\sum_{m=-\infty}^{+\infty}\mathrm{e}^{\pm 2\pi \mathrm{i} mx/x_0} \tag{Ⅳ.16}$$

iv．三维 δ 函数及其在球坐标和柱坐标中的表示

$$\delta(\boldsymbol{r}-\boldsymbol{r}_0)=\delta(x-x_0)\delta(y-y_0)\delta(z-z_0)$$

$$\delta(\boldsymbol{r}-\boldsymbol{r}_0)=\frac{1}{r^2\sin\theta}\delta(r-r_0)\delta(\theta-\theta_0)\delta(\phi-\phi_0)$$

$$\delta(\boldsymbol{\rho}-\boldsymbol{\rho}_0)=\frac{1}{\rho}\delta(\rho-\rho_0)\delta(\phi-\phi_0)\delta(z-z_0)$$

i 中第五种表达式需要作一点说明，函数 $\dfrac{\sin\alpha x}{\pi x}$ 当 $\alpha\to\infty$ 时在 $x=0$ 点是趋于无限的，并且其下的面积仍为 1，但它在 $x\neq 0$ 处的值并不趋于零，而是越来越快速地振荡. 这使得在任何不含 $x=0$ 的有限区域里，函数的平均值都等于零. 在多数情况下，这些性质已足以使它成为 δ 函数的一个表达式了. 完成第七种表达式的积分即可得到第五种表达式. 第三种表达式虽然很难将其看成面积为 1 的尖峰，但可以证明它满足（Ⅳ.2）式. 并且它的 Fourier 变换也趋于常数. 事实上可将第一种中的 α 换成 $\pm\mathrm{i}\alpha$ 来得到它.

v．Poisson 方程

这是§4.3 中 E=0 的特殊形式，为

$$\boxed{\Delta\frac{1}{r}=-4\pi\delta(\boldsymbol{r})} \tag{Ⅳ.17}$$

4．纵向 δ 函数与横向 δ 函数

i．纵向 δ 函数和横向 δ 函数定义

纵向 δ 函数

$$\delta_{ij}^{l}(\boldsymbol{r})\equiv\frac{\partial_i\partial_j}{\nabla^2}\delta(\boldsymbol{r})\equiv\int\frac{\mathrm{d}^3k}{(2\pi)^3}\frac{k_ik_j}{\boldsymbol{k}^2}\mathrm{e}^{\mathrm{i}\boldsymbol{k}\cdot\boldsymbol{r}} \tag{Ⅳ.18a}$$

横向δ函数 $\delta_{ij}^{t}(\boldsymbol{r})\equiv\left(\delta_{ij}-\dfrac{\partial_i\partial_j}{\nabla^2}\right)\delta(\boldsymbol{r})\equiv\displaystyle\int\frac{\mathrm{d}^3\boldsymbol{k}}{(2\pi)^3}\left(\delta_{ij}-\frac{k_ik_j}{\boldsymbol{k}^2}\right)\mathrm{e}^{\mathrm{i}\boldsymbol{k}\cdot\boldsymbol{r}}$ （Ⅳ.18b）

式中，$\partial_i=\dfrac{\partial}{\partial x_i}$是对$x_i\,(i=1,2,3)$的偏导数.

ii．一部分性质

$$\delta_{ij}^{t}(\boldsymbol{r})+\delta_{ij}^{l}(\boldsymbol{r})=\delta_{ij}\delta(\boldsymbol{r}) \tag{Ⅳ.19a}$$

$$\sum_{i=1}^{3}\frac{\partial\delta_{ij}^{t}(\boldsymbol{r})}{\partial x_i}=0;\quad \sum_{i=1}^{3}\frac{\partial\delta_{ij}^{l}(\boldsymbol{r})}{\partial x_i}=\frac{\partial\delta(\boldsymbol{r})}{\partial x_j} \tag{Ⅳ.19b}$$

$$\int\delta_{ij}^{l}(\boldsymbol{r}-\boldsymbol{r}')\delta_{ik}^{t}(\boldsymbol{r}-\boldsymbol{r}'')\mathrm{d}\boldsymbol{r}=0 \tag{Ⅳ.19c}$$

（Ⅳ.19b）式表明，在（Ⅳ.19a）式δ函数取散度时，其中$\delta_{ij}^{t}(\boldsymbol{r})$部分的散度为零，只剩下$\delta_{ij}^{l}(\boldsymbol{r})$部分．这说明$\delta_{ij}^{t}(\boldsymbol{r})$是$\delta$函数的横向部分，而$\delta_{ij}^{l}(\boldsymbol{r})$是其纵向部分．（Ⅳ.19c）式可将（Ⅳ.18）式代入并完成对$\boldsymbol{r}$积分即可证明.

iii．显式表达式

$$\boxed{\begin{aligned}\delta_{ij}^{l}(\boldsymbol{r})&=\frac{1}{3}\delta_{ij}\delta(\boldsymbol{r})+\frac{1}{4\pi r^3}(\delta_{ij}-3\hat{x}_i\hat{x}_j)\\ \delta_{ij}^{t}(\boldsymbol{r})&=\frac{2}{3}\delta_{ij}\delta(\boldsymbol{r})-\frac{1}{4\pi r^3}(\delta_{ij}-3\hat{x}_i\hat{x}_j)\end{aligned}} \tag{Ⅳ.20}$$

这里$\hat{x}_i=\dfrac{x_i}{r}$．注意（Ⅳ.20）式表明，和$\delta(\boldsymbol{r})$的情况不同，这两个δ函数在$\boldsymbol{r}\neq 0$处并不为零．当任意矢量场需要分解为横向部分和纵向部分时，用这两个δ函数将很方便（见下）．它们常用于Coulomb规范下Maxwell场的量子化及传播子的计算.

5．涉及δ函数的奇性运算举例

（1）（Ⅳ.4）式表明，对一个等式作除以$(x-a)$的运算时，由于x可以取a值，应该添加$\delta(x-a)$的某一倍数，即若$A=B$，并不能推断为$\dfrac{A}{x-a}=\dfrac{B}{x-a}$，而是

$$\boxed{\frac{A}{x-a}=\frac{B}{x-a}+C\delta(x-a)} \tag{Ⅳ.21}$$

其中，C是一个待定常数，由等式在求积分或带奇性的运算中是否自洽来选定.

举一个§4.3 自由粒子定态Schrödinger方程的应用例子．算符∇^2在从直角坐标向球坐标转换中已经除过r，而它的定义域$[0,+\infty)$是包含$r=0$点的．这种带奇性

运算的结果是表达式 $\psi(r)=\frac{1}{r}\mathrm{e}^{\pm\mathrm{i}\alpha r}$ 虽然满足球坐标下的自由粒子 Schrödinger 方程

$$-\frac{\hbar^2}{2\mu}\frac{\mathrm{d}^2}{\mathrm{d}r^2}(r\psi)=E(r\psi)$$

但它并不是直角坐标下的自由粒子 Schrödinger 方程解．因为代入之后，采用上面的分析会得到

$$-\frac{\hbar^2}{2\mu}\Delta\left(\frac{\mathrm{e}^{\mathrm{i}\alpha r}}{r}\right)=E\left(\frac{\mathrm{e}^{\mathrm{i}\alpha r}}{r}\right)+\frac{2\pi\hbar^2}{\mu}\delta(\boldsymbol{r})$$

右边第二项的存在说明已经不是 Schrödinger 方程了．由于（Ⅳ.21）式所说的疏忽，在验算中这一项常被遗漏．上面分析已表明了这一项的来历，其实它的存在还可以用积分办法直接检验，即将此方程两边对任一半径为 R 的球体进行积分，这时

$$\text{左边}=-\frac{\hbar^2}{2\mu}\iiint_{(R,\theta\varphi)}\nabla\cdot\nabla\left(\frac{\mathrm{e}^{\mathrm{i}\alpha r}}{r}\right)\mathrm{d}V=-\frac{\hbar^2}{2\mu}\oiint_{r=R}\nabla\left(\frac{\mathrm{e}^{\mathrm{i}\alpha r}}{r}\right)\cdot\mathrm{d}\boldsymbol{S}$$

$$=-\frac{\hbar^2}{2\mu}\oiint_{r=R}\frac{\mathrm{e}^{\mathrm{i}\alpha r}}{r^2}(\mathrm{i}\alpha r-1)r^2\mathrm{d}\Omega=\frac{2\pi\hbar^2}{\mu}(1-\mathrm{i}\alpha R)\mathrm{e}^{\mathrm{i}\alpha R}$$

$$\text{右边}=E\iiint_{R\text{球}}\frac{\mathrm{e}^{\mathrm{i}\alpha r}}{r}r^2\mathrm{d}r\mathrm{d}\Omega+\frac{2\pi\hbar^2}{\mu}=4\pi E\int_0^R r\mathrm{e}^{\mathrm{i}\alpha r}\mathrm{d}r+\frac{2\pi\hbar^2}{\mu}$$

$$=\frac{2\pi\hbar^2}{\mu}(1-\mathrm{i}\alpha R)\mathrm{e}^{\mathrm{i}\alpha R}$$

可知含 δ 函数的第二项对保持等式成立是必需的．

（2）函数 $\log x$ 的微分和函数 $\frac{1}{x}$ 的主值积分问题．在 $x\neq 0$ 的区域有 $\frac{\mathrm{d}\log x}{\mathrm{d}x}=\frac{1}{x}$，但在 $x=0$ 的邻域则应为

$$\boxed{\frac{\mathrm{d}\log x}{\mathrm{d}x}=\frac{1}{x}-\mathrm{i}\pi\delta(x)}\qquad\text{(Ⅳ.22a)}$$

此式在包含 $x=0$ 点的任意区域上作积分时，右边第一项 $\frac{1}{x}$ 应理解为主值积分．就是说，从函数 $\frac{1}{x}$ 的积分值中抠去以 $x=0$ 点为中心左右对称无穷小邻域 $[-\varepsilon,+\varepsilon]\ (\varepsilon>0)$ 的那一部分积分值．第二项虽然不影响 $x\neq 0$ 区域的数值，但有它才能保证等式在两边积分之后仍然成立．这是因为，左边积分出来的函数为 $\log x$，当它从 $-\varepsilon$ 变到 $+\varepsilon$ 时，其虚部从 $\mathrm{i}\pi$ 突降为零，出来一个 $-\mathrm{i}\pi$ 项．（Ⅳ.22a）式也可以写为更明确的形式

$$\boxed{\frac{1}{x+\mathrm{i}\varepsilon}=P\frac{1}{x}-\mathrm{i}\pi\delta(x)}\qquad\text{(Ⅳ.22b)}$$

式中，P 表示取主值积分．对此式取复数共轭可得另一等式，将两式相减又可得

$$\boxed{\frac{1}{x-\mathrm{i}\varepsilon}-\frac{1}{x+\mathrm{i}\varepsilon}=2\pi\mathrm{i}\delta(x)} \tag{Ⅳ.22c}$$

再次提醒，等式左边总有 $\lim\limits_{\varepsilon\to 0^+}$，有时（Ⅳ.22b）式左边定义为 $\delta_+(x)$ 函数

$$\boxed{\delta_+(x)=\frac{1}{\pi}\int_0^{\infty}\mathrm{e}^{\mathrm{i}\eta(x+\mathrm{i}\varepsilon)}\mathrm{d}\eta=\frac{\mathrm{i}}{\pi}\frac{1}{x+\mathrm{i}\varepsilon}}$$

这里积分原应出来两项，但函数 $\mathrm{e}^{\mathrm{i}\eta(x+\mathrm{i}\varepsilon)}$ 在上限处为零．这是由于按表达式的规定，运算次序是先对 η 积分代入上限，再对 ε（>0）求极限令其为零，所以此项为零．于是有

$$\boxed{\delta_+(x)=\frac{\mathrm{i}}{\pi}P\frac{1}{x}+\delta(x)} \tag{Ⅳ.22d}$$

这说明，包含 $\delta_+(x)$ 函数的积分可按下面规则计算：

$$\boxed{\int_{-\infty}^{+\infty}f(x)\delta_+(x)\mathrm{d}x=\frac{\mathrm{i}}{\pi}P\int_{-\infty}^{+\infty}f(x)\frac{\mathrm{d}x}{x}+f(0)}$$

实际上，这几个等式已包括在如下更一般的等式中：

$$\boxed{P\int_A^B\frac{f(x)}{x-x_0}\mathrm{d}x=\lim_{\varepsilon\to 0}\int_A^B\frac{f(x)}{x-x_0\pm\mathrm{i}\varepsilon}\mathrm{d}x\pm\mathrm{i}\pi f(x_0)} \tag{Ⅳ.23a}$$

可简写为如下记号：

$$\boxed{P\frac{1}{x-x_0}=\lim_{\varepsilon\to 0}\frac{1}{x-x_0\pm\mathrm{i}\varepsilon}\pm\mathrm{i}\pi\delta(x-x_0)} \tag{Ⅳ.23b}$$

（Ⅳ.23b）式的证明：下面为书写简单设 $x_0=0$，并设积分区间$[A,B]$（A、B 可以分别是$\pm\infty$）含 $x=0$ 点．奇性函数 $\dfrac{f(x)}{x}$ 的主值积分为

$$\begin{aligned}
P\int_A^B\frac{f(x)}{x}\mathrm{d}x&\equiv\lim_{\rho\to 0}\left\{\int_A^{-\rho}\frac{f(x)}{x}\mathrm{d}x+\int_{+\rho}^B\frac{f(x)}{x}\mathrm{d}x\right\}\\
&=\lim_{\varepsilon\to 0}\left\{\int_A^B\frac{f(x)}{x\pm\mathrm{i}\varepsilon}\mathrm{d}x-\lim_{\rho\to 0}\int_{-\rho}^{+\rho}\frac{f(x)}{x\pm\mathrm{i}\varepsilon}\mathrm{d}x\right\}\\
&=\lim_{\varepsilon\to 0}\int_A^B\frac{f(x)}{x\pm\mathrm{i}\varepsilon}\mathrm{d}x-\lim_{\substack{\rho\to 0\\ \varepsilon\to 0}}\int_{C\pm}\frac{f(x)}{x\pm\mathrm{i}\varepsilon}\mathrm{d}x\\
&=\lim_{\varepsilon\to 0}\int_A^B\frac{f(x)}{x\pm\mathrm{i}\varepsilon}\mathrm{d}x-f(0)\lim_{\substack{\rho\to 0\\ \varepsilon\to 0}}\int_{C\pm}\mathrm{i}\mathrm{d}\phi\\
&=\lim_{\varepsilon\to 0}\int_A^B\frac{f(x)}{x\pm\mathrm{i}\varepsilon}\mathrm{d}x\pm\mathrm{i}\pi f(0)
\end{aligned}$$

推导中的积分回路 $C_{\pm}$ 是以坐标原点为中心、无限小量 ρ 为半径的两个半圆周：C_{+} 是上半圆周，相应于被积函数极点在 $x=-\mathrm{i}\varepsilon$ 位置；C_{-} 是下半圆周，相应于被积函数极点在 $x=+\mathrm{i}\varepsilon$ 位置．这个等式在散射理论中有重要的应用．

（3）矢量场的纵向、横向分解．

利用横向和纵向 δ 函数，可将任一矢量场 $\boldsymbol{A}(\boldsymbol{r})$ 分解为横向部分 $\boldsymbol{A}_{\mathrm{t}}(\boldsymbol{r})$ 和纵向部分 $\boldsymbol{A}_{\mathrm{l}}(\boldsymbol{r})$，即

$$\begin{cases}\boldsymbol{A}(\boldsymbol{r})=\boldsymbol{A}_{\mathrm{t}}(\boldsymbol{r})+\boldsymbol{A}_{\mathrm{l}}(\boldsymbol{r})\\ \nabla\cdot\boldsymbol{A}_{\mathrm{t}}(\boldsymbol{r})=0,\quad \nabla\times\boldsymbol{A}_{\mathrm{l}}(\boldsymbol{r})=0\end{cases}$$

如将它们转到 $\boldsymbol{k}$ 空间即可发现它们的傅里叶变换分别垂直和平行于 $\boldsymbol{k}$ 矢量：$\boldsymbol{A}_{\mathrm{t}}(\boldsymbol{k})\cdot\boldsymbol{k}=0$ 和 $\boldsymbol{A}_{\mathrm{l}}(\boldsymbol{k})\times\boldsymbol{k}=0$．这正是横向、纵向名称的由来．分解的办法是

$$\begin{cases}A_{\mathrm{t}}(\boldsymbol{r})_i=\int\delta_{ij}^{\mathrm{t}}(\boldsymbol{r}-\boldsymbol{r}')A_j(\boldsymbol{r}')\mathrm{d}\boldsymbol{r}'\\ A_{\mathrm{l}}(\boldsymbol{r})_i=\int\delta_{ij}^{\mathrm{l}}(\boldsymbol{r}-\boldsymbol{r}')A_j(\boldsymbol{r}')\mathrm{d}\boldsymbol{r}'\end{cases}\tag{Ⅳ.24}$$

利用横向、纵向 δ 函数性质很容易检验这种写法满足横向（无源场）和纵向（无旋场）的要求．

（4）δ 函数经常被用来描述点电荷的密度分布，进入电动力学问题的各种计算．更一般地说，在用 Green 函数方法求解齐次或非齐次方程时，δ 函数是不可缺少的“标准化”源项．一般求解方法在散射问题的 Green 函数方法中已有叙述．那里求解程式具有一定的普遍性，其中算符 $(\Delta+k^2)$ 可以替换成相当一类微分算符，这里不再叙述．

附录五 非惯性系量子力学

微观粒子质量很小，惯性作用常不明显，特别在速度也很小的非相对论量子力学范围内，更是如此．因此，非惯性系的非相对论量子力学，除在核结构理论等少数问题上有应用之外，一般用途不大．但为了理论完整和概念启示的需要，这里作一简短叙述．

1．等效原理[①]

众所周知，经典力学中的**等效原理可区分为强等效原理和弱等效原理两种提法**．

强等效原理主张：就局部所观察到的物理规律而言，引力的物理效应可用适当的加速度来代替．就是说，如果知道了一个体系在无引力场时的运动规律，根据此原理便可找出在有引力场时的运动规律，办法是把它转移到适当的加速度坐标系中去，因为这就等于给该体系引入了引力场．假如强等效原理在量子力学中依然成立，那就知道了引力势进入 Schrödinger 方程的方式，办法是把 Schrödinger 方程写入加速度坐标系．下面推导表明，**Schrödinger 方程结构并不排斥强等效原理**．

弱等效原理主张：在外部引力场中运动的一个粒子，它的运动和它的质量无关，即它的质量不进入问题．正由于此，引力场中粒子的运动便成为纯几何问题．显然，**Schrödinger 方程结构是排斥弱等效原理的**．至少在低量子数的量子态中，弱等效原理已被破坏，只在大量子数的经典极限下才成立．例如，对重力势 mgx 的 Schrödinger 方程，当量子数 n 足够大时（参见前面第三章一维问题的均匀场中运动），粒子的概率分布和能量本征值为（当 $n\gg1$，$-x_0\to-\infty$ 时）

$$P(x)=\left|\psi(\xi)\right|^2\to\frac{\left|\beta\right|^2}{\pi\left|\xi\right|^{1/2}}\sin^2\left(\frac{2}{3}\left|\xi\right|^{3/2}+\frac{\pi}{4}\right)$$

$$E_n=\frac{1}{2}\left(\frac{9\pi^2\hbar^2F^2}{m}\right)^{1/3}\left(n-\frac{1}{4}\right)^{2/3}-x_0F\to\text{连续}$$

由于 $F=mg$ 和

① D.M.Greenberger，Rev. of Mod. Phys., **55**, 4, 875 (1983)．或见张永德，裴寿镛，大学物理，**11**，4，1992．

$$\xi=\left(\frac{2mF}{\hbar^2}\right)^{1/3}\left(x-\frac{E}{F}\right),\quad |\beta|^2=\frac{(2m)^{1/3}}{\pi^{1/2}F^{1/6}\hbar^{2/3}}$$

可知 $\xi\propto m^{2/3}$，$|\beta|^2\propto m^{1/3}$. 因此，向经典过渡并抹平振动因子之后，$P(x)$ 将与 m 无关.

2. Schrödinger 方程的广义 Galileo 变换①

量子力学分两个方面支持强等效原理：第一，Schrödinger 方程和强等效原理是兼容的，即引力势及非惯性力势可以采用和通常相同的方式进入 Schrödinger 方程. **第二，**量子引力实验显示这种进入方式是正确的. 这里先讲第一点. 下节 COW 实验讲第二点.

为将 Schrödinger 方程引入非惯性系，作如下**广义 Galileo 变换**：

$$\begin{cases}\boldsymbol{r}\to\boldsymbol{r}'=\boldsymbol{r}-\boldsymbol{\xi}(t)\\ t\to t'=t\end{cases}\tag{V.1}$$

由于这时 $\nabla=\nabla'$，$\dfrac{\partial}{\partial t}=\dfrac{\partial}{\partial t'}-\dot{\boldsymbol{\xi}}\cdot\nabla'$，Schrödinger 方程变换为

$$-\frac{\hbar^2}{2m}\Delta'\psi'+V\psi'=\mathrm{i}\hbar\left[\frac{\partial\psi}{\partial t'}-\dot{\boldsymbol{\xi}}\cdot\nabla'\right]\psi',\quad \psi'(\boldsymbol{r}',t')=\psi(\boldsymbol{r},t)$$

作变换

$$\begin{cases}\psi'(\boldsymbol{r}',t')=A(\boldsymbol{r}',t)\mathrm{e}^{\mathrm{i}S(\boldsymbol{r},t)}\quad (t=t')\\ S(\boldsymbol{r}',t)=\dfrac{m}{\hbar}\left[\dot{\boldsymbol{\xi}}\cdot\boldsymbol{r}'+\dfrac{1}{2}\displaystyle\int^t\dot{\xi}^2\mathrm{d}t\right]\end{cases}$$

注意有 $\nabla'S=\dfrac{m}{\hbar}\dot{\boldsymbol{\xi}}$，$\Delta'S=0$，$\dfrac{\partial S}{\partial t}=\dfrac{m}{\hbar}\left(\ddot{\boldsymbol{\xi}}\cdot\boldsymbol{r}'-\dfrac{1}{2}\dot{\xi}^2\right)$，即得 A 的 Schrödinger 方程

$$\boxed{-\frac{\hbar^2}{2m}\nabla'^2A+(V+m\ddot{\boldsymbol{\xi}}\cdot\boldsymbol{r}')A=\mathrm{i}\hbar\dot{A}}\tag{V.2}$$

于是，在这个广义 Galileo 变换下，量子体系由惯性系进入非惯性系，Schrödinger 方程将因此而多出一项等效位势项

$$V_{\mathrm{eff}}(\boldsymbol{r})=m\ddot{\boldsymbol{\xi}}\cdot\boldsymbol{r}\tag{V.3}$$

这相当于有效引力 $\boldsymbol{F}_{\mathrm{eff}}=-m\ddot{\boldsymbol{\xi}}$ 所带来的引力势项. 这就是量子理论中的强等效原理：量子理论允许引力势以通常的经典方式进入体系的 Hamilton 量. 显然，这里阐述

① 同上页脚注.

的正是 Coriolis 力进入 Schrödinger 方程的理论依据，并给出了这个非惯性力项的基本形式．但由于微观粒子的质量总是十分小，一般情况下这项（以及重力势）的影响不易觉察．然而不排除在某些特殊情况下会表现出可察觉的物理效应（例如，下面的引力实验、Coriolis 力对原子核转动能谱的影响等）．

3．COW 实验，引力红移

1975 年，Colella、Overhauser 和 Werner 第一次完成了量子引力实验，这就是著名的 COW 实验．办法是在地球重力场中，通过转动中子干涉仪来检验不同重力势对中子干涉极值的影响．1980 年，Staudenmann 等完成了一个更精确的实验，详细参见文献[①]．

COW 实验在量子理论的历史上很重要．因为它第一次测定了引力对量子体系波函数的影响、第一次用实验证实了引力进入 Schrödinger 方程的方式（尽管电磁力、核力进入的方式均已得到验证，但引力毕竟是另一种基本力）、第一次用实验证实了（在弱引力势下）强等效原理在量子理论中仍然成立．

在地球范围的实验条件下，另一个可行的引力量子效应实验是重力场中光子的频率红移实验．

若用平均观点来看上面的非惯性系中 Schrödinger 方程，该方程所代表的能量关系式为

<动能>+<势能>+<克服等效引力作功所增加的势能>=<总能>

这一体现能量守恒观点的等式虽然是针对粒子（$m \neq 0$）导出的，显然对光子（$m = 0$）也成立．就是说，如果设想一个光子$(\hbar\omega)$在重力场中垂直向上飞行，应当有如下关系式成立：

$$m^* gD = \hbar\omega - \hbar\omega'$$

这里 $m^* = \dfrac{\hbar\omega}{c^2}$ 是光子的等效质量；D 为向上飞行的距离；$\hbar\omega'$ 是向上飞行 D 距离后光子的能量．于是光子频率将产生红移

$$\Delta\omega = -\frac{\omega g D}{c^2}$$

这一理论结果已于 1960 年由 Pound 等在哈佛大学校园一座塔内用 Mössbauer 效应测量所证实[②]．

---

① COW 实验：Phys.Rev.Lett.，**34**，1472 (1975)；Staudenmann 实验：Phys. Rev., **A21**，1419 (1980)．中文介绍参见：张永德，量子力学几个专题，高等物理精编，第四卷，合肥：中国科技大学出版社，1990，或见前页的注解．

② 例如，参见 E.赫克特，A.赞斯，光学，詹达三等译，北京：高等教育出版社，1980，下册第 930 页．

附录六　时间反演算符①

时间反演算符是量子力学中一个重要而又特别的算符．对于它的基本性质，通常叙述得不够全面，也不够详细，并且常有含混和错误之处．这里尽量在量子力学范围内讲述得详尽一些，并给以相应的澄清．

1．算子 T 的定义和讨论

先说一点经典力学中的时间反演操作．时间反演操作并不神秘，不需要时间真的“倒流”，这只是一种等效的说法，是用同一时空坐标描述两个完全逆向进行的运动的结果．这两个运动的每一方都把自己时间认为正流，把对方时间认为倒流．其实，双方的看法是相互对等的．归根到底，在各自运动过程中，仍然各自保持着正确的因果关系和正向的时间流动．如果体系 Hamilton 量 H 是时间反演不变的，那么，如果 $\{q_i(t), p_i(t)\}$ 是可实现的一种运动，则 $\{q_i(-t), p_i(-t)\}$ 也是可实现的另一种运动．例如，地球绕太阳的转动运动本来就有互为时间反演的两种解，只是（某种原因形成的）初条件选择了现在的这个解．

经典力学中 $\{q_i(t), p_i(t)\}$ 组成了基本力学量组．就是说，任何力学量都可以表示为它们的实函数．量子力学中，考虑到粒子一般还有自旋角动量这一附加的内禀自由度，基本（可观察）力学量组通常扩充取为 $\{q_i, p_i, s_i\}$．

设时间反演变换在体系态矢 Hilbert 空间中的表示为算符 T．按照经典类比，可得量子力学 T 算符对基本力学量组的变换

$$\boxed{\begin{aligned} Tq_kT^{-1} &= +q_k \\ Tp_kT^{-1} &= -p_k \\ Ts_kT^{-1} &= -s_k \quad (k=1,2,3) \end{aligned}} \tag{VI.1}$$

按基本力学量组的含义，这组对易关系已能完全决定时间反演算符 T（不计常数因子）．于是，可将它们看成量子力学时间反演算符的定义式．

另一方面，依据 Wigner 定理，算符 T 对体系的变换不是幺正的便是反幺正的．若是前者则为线性算符，如为后者则为反线性算符．然而，对这两种情况都有

$$\boxed{T^+T = TT^+ = 1} \tag{VI.2}$$

---

① 张永德，大学物理，15 卷，第 1 期，1996．量子场情况见 Y. D. Zhang, L. Ma, Commun. Theor. Phys., **27**, 87(1997).

方程（Ⅵ.1）和（Ⅵ.2）是讨论算符 T 的出发点.

第一，由变换方程（Ⅵ.1）推知，T 算符是个反线性算符.

证明　根据方程（Ⅵ.1），有

$$\begin{aligned}T[q_i,p_i]T^{-1}&=Tq_iT^{-1}Tp_iT^{-1}-Tp_iT^{-1}Tq_iT^{-1}\\&=q_i(-p_i)-(-p_i)q_i=-[q_i,p_i]\end{aligned}$$

于是就有 $T(\mathrm{i}\hbar)T^{-1}=-\mathrm{i}\hbar$，即 $T(\mathrm{i}\hbar)=-\mathrm{i}\hbar T$. 这就是说，$T$ 必须是个反线性算符

$$\boxed{T\{\alpha|\psi\rangle+\beta|\varphi\rangle\}=\alpha^*T|\psi\rangle+\beta^*T|\varphi\rangle}\tag{Ⅵ.3}$$

反幺正算符正是这种反线性的幺正算符的简称. **由于 T 算符的反线性性质，它不存在任何本征方程和本征态，不能算是一个量子理论意义下的可观察力学量，它连"时间宇称"的地位也没有.**

证明　用反证法. 设有本征态和本征值，$T|A\rangle=a|A\rangle$. 立即可以看出，由于T的反线性性质，不存在任何态 $|A\rangle$ 和任何数 a 使这个等式成立. 证毕.

第二，由 T 的反线性性质和方程（Ⅵ.2）可知，对任意两个态 $|\psi\rangle$ 和 $|\varphi\rangle$ 有

$$\boxed{\langle T\psi|T\varphi\rangle=\langle T^+T\psi|\varphi\rangle^*=\langle\psi|\varphi\rangle^*=\langle\varphi|\psi\rangle}\tag{Ⅵ.4}$$

第三，即使对"点"量子力学（即忽略粒子内禀自由度自旋 s）情况，T 也不能由 q_i,p_i 组成（就是说，它没有可类比的经典力学量）.

证明　用反证法. 假设 $T=f(q_i,p_i)$，f 是自变量 (q_i,p_i) 的某个待定函数. 方程（Ⅵ.1）的第二式可以改写为如下反对易关系：

$$\{f(q_i,p_i),p_k\}=0$$

另外，对作为 q_i,p_i 函数的算符 f，有

$$[f(q_i,p_i),p_k]=\mathrm{i}\hbar\frac{\partial f}{\partial q_k}$$

将上面的反对易子代入此式，得到

$$2fp_k=\mathrm{i}\hbar\frac{\partial f}{\partial q_k},\quad -2p_kf=\mathrm{i}\hbar\frac{\partial f}{\partial q_k}$$

分别左乘、右乘以 f，并注意，根据 T 的物理含义，接连两次反演的算符 $f^2=CI$，I 为单位算符，C 为某个常相因子（对"点"量子力学，$C=1$；对有自旋的情况见后）. 可得

$$2Cp_k=f\,\mathrm{i}\hbar\frac{\partial f}{\partial q_k}=-\mathrm{i}\hbar f\frac{\partial f}{\partial q_k}$$

$$-2p_k C = -2Cp_k = \mathrm{i}\hbar \frac{\partial f}{\partial q_k} f$$

两式相减，得

$$4Cp_k = -\mathrm{i}\hbar\left(f\frac{\partial f}{\partial q_k} + \frac{\partial f}{\partial q_k} f\right) = -\mathrm{i}\hbar\frac{\partial (f)^2}{\partial q_k} = 0$$

这显然是荒谬的，说明前提假设不成立. 证毕.

第四，时间反演算符 T 与 Dirac 符号的局限性. Dirac 符号的矩阵元表示，对于反线性算符是含混、不严密的. 因为矩阵元 $\langle A|\hat{\Omega}|B\rangle$ 可以有两种不同理解：

$$\langle A|\hat{\Omega}|B\rangle = \langle A|\left\{\hat{\Omega}|B\rangle\right\} \text{或} \left\{\langle A|\hat{\Omega}\right\}|B\rangle$$

第二种的左矢 $\left\{\langle A|\hat{\Omega}\right\}$ 应当理解为右矢 $\left\{\hat{\Omega}^{+}|A\rangle\right\}$ Hermite 共轭，并且有

$$\boxed{\left\{\langle A|\hat{\Omega}\right\} = \left\{\hat{\Omega}^{+}|A\rangle\right\}^{+} = \left\{|\hat{\Omega}^{+}A\rangle\right\}^{+} = \langle\hat{\Omega}^{+}A|}$$

对于常用的线性（幺正和 Hermite）算符，这两种理解结果相同，不会出现歧义. 因为，不论 $\hat{\Omega}$ 是 Hermite 还是幺正算符，都有

$$\begin{aligned}\langle A|\cdot\left\{\hat{\Omega}|B\rangle\right\} &= \langle A|\hat{\Omega}B\rangle = \langle\hat{\Omega}^{+}A|B\rangle = \left\{\langle B|\hat{\Omega}^{+}A\rangle\right\}^{+} \\ &= \left\{\langle B|(\hat{\Omega}^{+}|A\rangle)\right\}^{+} = \left\{\langle A|\hat{\Omega}\right\}\cdot|B\rangle\end{aligned}$$

但对于量子力学中存在的唯一反线性算符——时间反演算符 T，两种理解导致不同的结果：因为反线性算符 $\hat{\pi}$ 不存在通常意义下的 Hermite 共轭算符 $\hat{\pi}^{+}$（参见第五章反线性算符的 Hermite 共轭算符定义（5.19）式）

$$(A, \hat{\pi}B) \neq (\hat{\pi}^{+}A, B)$$

此式左边关于 B 是反线性的，而右边（无论 $\hat{\pi}^{+}$ 取何形式）关于 B 都是线性的，所以不论算符 $\hat{\pi}^{+}$ 取何形式都无法使这个等式成立. 由此，再返回去看上面论证即知，对一个反线性算符 $\hat{\pi}$ 就有

$$\langle A|\left\{\hat{\pi}|B\rangle\right\} \neq \left\{\langle A|\hat{\pi}\right\}|B\rangle$$

因为，左边内积结果关于 A 、B 均为反线性的，而右边内积结果关于 A 、B 均为线性的. 两种理解完全不等. 于是，必须分辨下面两种情况：

$$\langle A|\left\{\hat{\pi}|B\rangle\right\} \quad \text{或} \quad \left\{\langle A|\hat{\pi}\right\}|B\rangle$$

或者返回到更精密的记号

$$\langle A|,|\hat{\pi}B\rangle \equiv \langle A|\hat{\pi}B\rangle,\quad \langle\hat{\pi}A|,|B\rangle \equiv \langle\hat{\pi}A|B\rangle$$

2．常用表象中算符的作用

为简明，以下均假定只有一个粒子的情况．

ⅰ．T在角动量表象$\{|j,m\rangle\}$中的作用

可证，在一定的相位约定下，有

$$\boxed{\begin{aligned} T|j,m\rangle &= (-1)^{j-m}|j,-m\rangle \\ T^{+}|j,m\rangle &= (-1)^{j+m}|j,-m\rangle \end{aligned}} \tag{VI.5}$$

证明　由方程（VI.1）和T的反线性性质，可得

$$TJ_zT^{-1}=-J_z,\quad TJ_{\pm}T^{-1}=-J_{\mp}$$

故

$$\begin{aligned} -m(T|jm\rangle) &= -T(J_z|jm\rangle) \\ &= -T(J_zT^{-1}T|jm\rangle)=J_z(T|jm\rangle) \end{aligned}$$

因此

$$T|j,m\rangle=\lambda_{jm}|j,-m\rangle$$

由方程（VI.2）知T不改变态矢模长，这里$|\lambda|=1$为一相因子，下面来确定它．注意

$$TJ_{-}|jm\rangle=-J_{+}T|jm\rangle=-\lambda_{jm}\sqrt{(j+m)(j-m+1)}|j,-m+1\rangle$$

但另一方面又有

$$\begin{aligned} TJ_{-}|jm\rangle &= T\sqrt{(j+m)(j-m+1)}|j,m-1\rangle \\ &= \lambda_{j,m-1}\sqrt{(j+m)(j-m+1)}|j,-m+1\rangle \end{aligned}$$

于是得到$\lambda_{jm}=-\lambda_{j,m-1}$．这导致

$$\lambda_{jm}=\delta_j(-1)^{-m}$$

（当然，此式也可取$\lambda_{jm}=\delta_j(-1)^{m}$，由下面叙述可知，那样即取顺时针左手螺旋，$U=e^{i\frac{\pi}{\hbar}J}$．）为进一步确定$\delta_j$，考虑$\boldsymbol{J}_1+\boldsymbol{J}_2=\boldsymbol{J}$，有

$$|j,m\rangle=\sum_{\substack{m_1m_2\\(m_1+m_2=m)}}\langle j_1j_2m_1m_2|jm\rangle|j_1m_1\rangle\otimes|j_2m_2\rangle$$

用T作用并注意CG系数均是实的，得到

$$\begin{aligned} (-1)^{-m}\delta_j|j,-m\rangle &= \sum_{m_1m_2}\langle j_1j_2m_1m_2|jm\rangle\delta_{j_1j_2}(-1)^{-(m_1+m_2)}|j_1,-m_1\rangle\otimes|j_2,-m_2\rangle \\ &= (-1)^{m}\delta_{j_1}\delta_{j_2}\sum_{m_1m_2}\langle j_1,j_2,-m_1,-m_2|jm\rangle|j_1j_2m_1m_2\rangle \end{aligned}$$

$$= (-1)^m \delta_{j_1}\delta_{j_2}(-1)^{j_1+j_2-j}\sum_{m_1m_2}\langle j_1 j_2 m_1 m_2 | j,-m\rangle | j_1 j_2 m_1 m_2\rangle$$
$$= (-1)^m \delta_{j_1}\delta_{j_2}(-1)^{j_1+j_2-j} | j,-m\rangle$$

于是得到

$$\delta_j = (-1)^{j_1+j_2-j}\delta_{j_1}\delta_{j_2}$$

若取 $\delta_j = (-1)^j$，$\delta_{j_1} = (-1)^{j_1}$，$\delta_{j_2} = (-1)^{j_2}$，由角动量合成规则可知有 $j_1 + j_2 - j =$ 整数，所以 $2(j_1 + j_2 - j) =$ 偶数，上式总成立．于是最后得

$$T | j,m\rangle = (-1)^{j-m} | j,-m\rangle$$

由此并注意 $T^+ = T^{-1}$，又可得 $T^+ | j,m\rangle = (-1)^{j+m} | j,-m\rangle$．　　证毕．

显然，上面证明和结论对 $\boldsymbol{s}, \boldsymbol{L}, \boldsymbol{J}$，以及它们有耦合的情况均成立．

ii．*T* 在坐标表象 $\{|\boldsymbol{x}, s, m_s\rangle\}$ 中的作用

利用上面的结果可得

$$\boxed{T|\boldsymbol{x}, s, m_s\rangle = T|\boldsymbol{x}\rangle \otimes T|s, m_s\rangle = (-1)^{s-m_s}|\boldsymbol{x}, s, -m_s\rangle} \tag{Ⅵ.6}$$

上式也可以换种办法来求．由 *T* 的反线性性质得知，*T* 的作用必含有对波函数取复数共轭的作用．因此，对有自旋的情况，自然应当假定

$$\boxed{T = UK}$$

式中，*K* 为复数共轭算符；*U* 为一个幺正算符，只对自旋变数作用．由此出发，根据前面 *T* 算符的定义（Ⅵ.1）式，可以得到

$$\boxed{T = \mathrm{e}^{-\frac{\mathrm{i}}{\hbar}\pi s_2} K} \tag{Ⅵ.7}$$

如果对 1/2 自旋，显然就有 $T = -\mathrm{i}\sigma_2 K$ 并且满足方程（Ⅵ.6）．也可以换一种说法，由于 $|s,m\rangle$ 是旋量空间的基矢，它们荷载着抽象 R_3 群的一个（2*s*+1）维表示．就是说，$|s,m\rangle$ 在自旋空间转动操作下，像行向量那样按 $D^{(s)}$ 矩阵的第 *m* 行变换，即

$$\mathrm{e}^{-\mathrm{i}\pi\frac{s_2}{\hbar}}|s,m\rangle = \sum_m D^{(s)}_{m',m}(0,\pi,0)|s,m'\rangle = (-1)^{s-m}\delta_{m,-m'}|s,m'\rangle$$

由此即得方程（Ⅵ.6）．对 T^+ 算符容易作类似的计算．

T 算符的矩阵元为

$$\begin{aligned}\langle \boldsymbol{x}, m|, T|\boldsymbol{x}', m'\rangle &= \langle \boldsymbol{x}, m|T, |\boldsymbol{x}', m'\rangle = \langle \boldsymbol{x}, m|T|\boldsymbol{x}', m'\rangle \\ &= (-1)^{s-m'}\delta_{m,-m'}\delta(\boldsymbol{x}-\boldsymbol{x}')\end{aligned} \tag{Ⅵ.8}$$

用并矢形式可得算符 *T* 的表示

$$T=K\sum_m(-1)^{s-m}\int|\boldsymbol{x},-m\rangle\mathrm{d}\boldsymbol{x}\langle\boldsymbol{x},m| \tag{VI.9}$$

这里保留了 K 算符，在以前的公式中，算符 T 右边的$|\ \rangle$之后，已没有 C 数，加之对坐标表象基矢，K 又不起作用，故可将 K 略去. 但方程（VI.9）右边总是接以某一右矢$|\ \rangle$，得其波函数是 C 数，K 不再能省略.

算符 T 对一般态矢的作用为

$$T|\Psi\rangle=T\sum_m\int|\boldsymbol{x},m\rangle\mathrm{d}\boldsymbol{x}\langle\boldsymbol{x},m|\psi\rangle=\sum_m(-1)^{s-m}\int\psi^*(\boldsymbol{x},m)|\boldsymbol{x},-m\rangle\mathrm{d}\boldsymbol{x} \tag{VI.10}$$

换一种方法计算为

$$\langle\boldsymbol{x},m|,T|\psi\rangle=\langle T^+(\boldsymbol{x},m)|,\psi\rangle^*=(-1)^{s+m}\langle\boldsymbol{x},-m|,\psi\rangle^*=(-1)^{s+m}\psi^*(\boldsymbol{x},-m) \tag{VI.11}$$

这里第二个等号是考虑到 $T^+=\mathrm{e}^{\mathrm{i}\pi\frac{s_2}{\hbar}}K$. 显然，（VI.11）式的结果可直接由（VI.10）式导出.

iii. T 在动量表象$\{|\boldsymbol{p},m\rangle\}$中的作用

$$\boxed{T|\boldsymbol{p},m\rangle=T|\boldsymbol{p}\rangle\otimes T|m\rangle=|-\boldsymbol{p}\rangle\otimes(-1)^{s-m}|-m\rangle=(-1)^{s-m}|-\boldsymbol{p},-m\rangle} \tag{VI.12}$$

在此表象中的矩阵元为

$$\langle\boldsymbol{p},m|T|\boldsymbol{p}',m'\rangle=(-1)^{s-m'}\delta_{m,-m'}\cdot\delta(\boldsymbol{p}+\boldsymbol{p}') \tag{VI.13}$$

算符 T 的并矢形式为

$$T=K\sum_m(-1)^{s-m}\int|-\boldsymbol{p},-m\rangle\mathrm{d}\boldsymbol{p}\langle\boldsymbol{p},m| \tag{VI.14}$$

对一般态矢的作用表现在使其动量波函数有如下变化：

$$\langle\boldsymbol{p},m|,T|\psi\rangle=\langle T^+(\boldsymbol{p},m)|\psi\rangle^*=(-1)^{s+m}\langle-\boldsymbol{p},-m|,\psi\rangle^*=(-1)^{s+m}\psi^*(-\boldsymbol{p},-m) \tag{VI.15}$$

也可根据坐标表象结果，按表象变换得到这些结论.

另外，利用广义线性量子变换理论，还可以得到 T 在粒子数表象中的表示式. 详细参见第十一章有关脚注所引的文献.

3. 时间反演算符的变换

首先，T 对任意算符 Ω 的变换

$$\boxed{\Omega^{(T)}\equiv T\Omega T^{-1}} \tag{VI.16}$$

由于在坐标表象中 $T=UK$，于是在此表象中有

$$\boxed{\Omega^{(T)}=UK\Omega KU^{-1}=U\Omega^*U^{-1}=U\Omega^*U^+} \tag{VI.17}$$

假如$\Omega^{(T)}=\Omega$，就称此Ω在时间反演下为不变的．顺便指出，结合T的反线性性质，就是文献[①]中的T算符的另一定义．

其次，若体系经受某一幺正变换u，T所经受的变换为

$$\boxed{T^{(u)}=uTu^{+}} \tag{Ⅵ.18}$$

于是在坐标表象中有

$$T^{(u)}=uUKu^{+}=uU\tilde{u}K \tag{Ⅵ.19}$$

若令$T^{(u)}\equiv U^{(u)}K$，则有

$$U^{(u)}=uU\tilde{u} \tag{Ⅵ.20}$$

可以验证，这时$U^{(u)}$仍是幺正的．

这里强调指出：对任一算符的时间反演变换存在两种不同的定义．一种是方程（Ⅵ.16），这相应于对任意两个态矢$|\varphi\rangle$和$|\psi\rangle$，有

$$\boxed{\langle\varphi,\Omega\psi\rangle=\left\langle T\varphi,\Omega^{(T)}T\psi\right\rangle^{*}\equiv\left\langle\varphi^{(T)},\Omega^{(T)}\psi^{(T)}\right\rangle^{*}} \tag{Ⅵ.21}$$

另一种是

$$\Omega^{(T)}=T\Omega^{+}T^{-1} \tag{Ⅵ.22}$$

显然，仅当Ω为 Hermite 算符时，两种定义才是等价的．这里按惯常用法取第一种．

时间反演不变性问题．设态$|\omega'\rangle$为 Hermite 算符$\Omega(q,p,s)$的本征值为ω'的本征态，则有

$$\omega'|\omega'\rangle=\Omega(q,p,s)|\omega'\rangle \tag{Ⅵ.23}$$

$$\omega'(T|\omega'\rangle)=\Omega^{(T)}(T|\omega'\rangle)=\Omega(q,-p,-s)(T|\omega'\rangle) \tag{Ⅵ.24}$$

这里，已考虑到Ω作为(q,p,s)的函数．于是，一般地说，在$|\psi^{(T)}\rangle$中发现$\Omega^{(T)}=\Omega(q,p,s)$的某一本征值的概率，等于在$|\psi\rangle$中发现$\Omega(q,p,s)$的同一本征值的概率．若$\Omega$在$T$的作用下不变，即$\Omega^{(T)}=\Omega$（或$[\Omega,T]=0$），则$|\psi\rangle$、$|\psi^{(T)}\rangle$发现$\Omega$的同一本征值的概率相同．

若体系的动力学是时间反演不变的，则$[H,T]=0$（按方程（Ⅵ.17）这可记为$UH^{*}U^{+}=H$）．对 Schrödinger 方程作T变换，变换前后的两个方程为

$$\begin{cases}\mathrm{i}\hbar\dfrac{\partial\varphi(\boldsymbol{r},t)}{\partial t}=H\varphi(\boldsymbol{r},t)\\ \mathrm{i}\hbar\dfrac{\partial\big(T\varphi(\boldsymbol{r},-t)\big)}{\partial(-t)t}=H(T\varphi(\boldsymbol{r},-t))\end{cases} \tag{Ⅵ.25}$$

说明这时（如果不计自旋变数的改变）若$\varphi(\boldsymbol{r},t)$是解，则$\varphi^{*}(\boldsymbol{r},-t)$也是解．这就是所谓 Schrödinger 方程的时间反演不变性．显然，**若体系受外磁场的作用，或作用能**

① 李政道，场论与粒子物理学，上册，北京：科学出版社，1982，第 163 页．

中包含动量（或角动量）的奇次幂项，体系动力学就不是时间反演不变的.

由 Hamilton 量 H 不变（当然全部的道 Hamilton 量 H^α 也不变）导致

$$TS = T\Omega^+_{(-)}\Omega_{(+)} = \Omega^+_{(+)}T\Omega_{(+)} = \Omega^+_{(+)}\Omega_{(-)}T = S^+T$$

故

$$\boxed{S = T^+S^+T} \tag{VI.26}$$

这里，S、$\Omega_{(\pm)}$ 分别为多道散射系统的总 S 矩阵和总 Møller 算符．由此

$$\begin{aligned}\langle\psi,S\varphi\rangle &= \langle\psi,T^+S^+T\varphi\rangle \\ &= \langle T\psi,S^+T\varphi\rangle^* = \langle ST\psi,T\varphi\rangle^* = \langle T\varphi,ST\psi\rangle\end{aligned}$$

故

$$\boxed{\langle\psi|S|\varphi\rangle = \langle\varphi^{(T)}|S|\psi^{(T)}\rangle} \tag{VI.27}$$

这就是动力学时间反演不变性在散射过程中的体现，常称为“**倒易定理**”或“**微观可逆性原理**”等．但要注意，这并不等于说此系统状态“因”“果”时序的颠倒[①].

4．时间反演平方算符 T^2

最后，简略说一下 T^2 算符．T^2 是两个反线性算符的乘积，是个线性算符（幺正算符）．应当注意的是，在粒子有自旋的情况下，连接两次时间反演的结果，并不可以轻易认为是个恒等变换．对此，下面求 T^2 的本征值给以说明．

设 $T^2=C$，C 是它的某个本征值，则一方面，由 $[T^2,T]=0$，得 $CT-TC=0$，故 $(C-C^*)T=0$，得 $C=C^*$，C 是实数；另一方面，$1=\langle T^2\psi|T^2\psi\rangle=|C|^2\langle\psi|\psi\rangle=|C|^2$．两方面结合，知 C 有 ±1 两个解．

实际上，有自旋时

$$\boxed{T^2 = \exp\left\{-\frac{i}{\hbar}2\pi s_z\right\}} \tag{VI.28}$$

由此，**导致全部态矢按 T^2 本征值 ±1 的绝对分类的“超级选择定则”**．就是说，由于

$$T^2|j,m_j\rangle = T\{(-1)^{j-m_j}|j,-m_j\rangle\} = (-1)^{2j}|j,m_j\rangle \tag{VI.29}$$

于是（除含任意数目的 Boson 外，）包含偶数个 Fermion 的态是 T^2 的本征值为+1 的本征态；含奇数个 Fermion 的态是 T^2 的本征值为−1 的本征态．所以，T^2 的本征值为 $(-1)^N$，这里 N 为态中 Fermion 的个数.

---

① 参见张永德，量子菜根谭——现代量子理论专题分析，第Ⅲ版，第 14 讲．清华大学出版社，2016 年.

附录七　几点感想后记

老子《道德经》说：**道，可道，非常道；名，可名，非常名**. 这是说自然界确实客观存在着各种各样恒定不变的规律，人们统称之为绝对真理. 这些绝对真理是可以为我们人类认识并表述出来的. 但是，当人类以眼耳鼻舌身意的感受方式，用人类能够理解的术语和概念，加上观察者们难免的站位、角度和约定，以及认识局限等等，将它们表述出来之后，由于伴随存在认识前提和有形无形的约定，不可避免就会成为有条件的、需要不断改进着的相对真理，并不是原本的永恒不变的绝对真理本身. 任何概念和术语也莫不如此，人类发现和建立的全体自然科学也莫不如此.

第五版前言的其一提及，猜测 Einstein 推导 Planck 公式时，书中加入了 Fermi-Dirac 分布的推导，将论述扩充为对三个基本统计规律的全面统一论证. 领略三江汇源固然重要和有趣，但就量子力学本身而论，前言的其二关于“**微观粒子波函数是微观粒子具有‘力学能力’的完备描述**”的物理解释更为基础. 何况目前量子力学正面临“**多世界解释**”的干扰！后者几近文学神话般的解释不仅无助于消解测量塌缩解释，反而引起许多非科学遐想. 真可谓“成事不足，败事有余”. 作者经过反复思量，在第 4 章中提出**微观粒子量子状态是微观粒子具有的“力学能力”的描述. 这种关于能力的描述本身是抽象的，但如果观测者决定进入某个具体表象实施观测，就会呈现相应的实验现象. 这种抽象看法来源于中心场氢原子波函数中磁量子数 m 所泄露的天机！**因为，除已有中心场 Coulomb 力之外，如果不再有任何外场（注意此时问题本身并不存在初始条件和边界条件）干扰，基于空间内秉具有各向同性性质，中心场氢原子波函数解并不容许此磁量子数 m 所体现的绕所选 Z 轴的转动！因为这违反了（若没有初边条件破坏）所得解必须具有 **Hamilton 量所具有的空间转动不变性！**设想将氢原子放置在无任何外场宇宙深空中，这时 m 就只能理解为原子所处状态具有一种将会绕着未来出现的（注意现在还没出现！并且该 Z 轴可以任意选定！）外场（这时空间已不是各向同性了！）进行转动的“转动能力（$L_z = m\hbar$）”！但现在并没有外场，只能表现为具有这种“内在的能力”！在这种能力的解释下，一方面现在计算所选 Z 轴具有任意性，物理上并未实现，所以实际上并没有破坏“**Hamilton 量具有的对称性必须体现在解特性里**”的数学规则；另一方面也避免了多个世界同时实际并存解释的诡异性！事实上，现在的理解只涉及“抽象能力描述”和“选定某个表象后实际观测表现”之间的关联！无损于波函数测量塌缩的随机性. 理论上可以设想制备大量全同体系，重复进行多次测量，归纳总结进行统计分析. 但这种多个样本的重复观测，每次都是各自独立进行的！各次测量之间绝不存在任何物理的关联！绝不存在任何相互影响和相互转换！绝不可以将各个样本各自独立观测的统计理论的设想误读成为多个状态空间的物理并存！甚至测量结果的相互关联！可以举个比喻就容易理解：测量过程类似于一位姑娘出嫁过程. 假定这位姑娘人缘和条件都很好，她有很多选择. 于是结婚之前，她的婚姻状态将会处于一种相干叠加状态. 但是，在选定对象办好手续进入礼堂的时候，她必定经过考量而选定了其中一位候选者作为新郎，和他共同组建一个新家庭. 她将以新娘身份作为初态，在新环境的新 Hamilton 量下开展一轮新的演化. 绝不可以想象这位新娘会遵从多世界理论，与原先的各位候选者保持着和新郎同样的关系！此外，更何况那么多空间的同时并存，将会有同样多位上帝在各自空间里各自主持着，成为多神论者？！也可以写部小说描写希特勒领先美国造出了原子弹并征服了世界？！因为当时这种可能性并不为零！可见文学艺术的幻想会把量子力学测量过程曲解成了什么样子！

前言其三. **为了方便，物理上也常常使用具有奇性的数学计算. 但此时一定要小心保持数学的最高原则——逻辑自洽性. 诚如 Dirac 所说：科学中有许多理论概念的例子，这些理论概念是实际上遇到事物的极限，虽然它们在实验上是不可能实现的，但它们对于自然规律的精确表达是有用的**[①]. 量子力学广泛使用了点、线、面、平面波、阶跃势、无限深势阱、δ 函数等等. 特别是中心场定态求解就应用了**一个有缺点的球坐标系. 它在原点具有奇性——非但不能对原点给出一组确定的数（$r=0$，$\theta\varphi$ 任意）作为坐标读数，而且运算中难免有时还会除以 r，但 r 定义域是包含零点的（$r\in[0,+\infty)$）！显然，这种计算在坐标原点附近是一种不合法的奇性运算！于是应当考察由此可能带来的后果！果然，后果是出现一个新的解及其时间反演解**

$$\psi(r\theta\varphi,t)=\mathrm{e}^{ikr-\mathrm{i}\omega t}/r,\quad \psi^*(r\theta\varphi,-t)=\mathrm{e}^{-ikr-\mathrm{i}\omega t}/r,$$

书中§4.3.2 节证明了它俩并不满足直角坐标系下同一个 Schrödinger 方程！因而它们是由奇性运算带来的多余的非物理的解！为保证数学运算逻辑自洽，只能人为引

① P.A.M.Dirac. 量子力学原理. 北京：科学出版社，1965: 47.

入限制条件 $\lim_{r\to 0} r\psi(\boldsymbol{r})=0$ 清除它们！（第一个解可以作为渐进解限制使用于渐进区域——如散射理论所做那样，第二个时间反演解由流密度计算可知概率密度流入奇点并消失，这违反了因果律和概率密度守恒假设，应当完全放弃）！这就是求解中心场波函数时，坐标原点应当附加自然边条件的物理依据．应当指出的是，有些量子力学书籍或论文，虽然涉及了某种奇性运算，但却没有注意考查补救可能带来逻辑不自洽的后果！广泛些说，长期以来数学家提出许多很通用的数学概念和工具．其中不乏显然是可道之道、自然界中压根儿就不存在、但却很便于使用的基本概念和工具．**可是，使用这些可道的道，有时会出现奇性和不自洽现象**．比如其大无外的无穷大∞[①]就是自然界中并不存在、纯粹人造的非物理的数学符号（注意自 Euler 开始，人们难堪地发现有无穷多种无懈可击的办法证明它等于各种有限数！）．再比如，对于 Euclid 所引入的其小无内的几何点，Poincare 就说过[②]：**“几何点其实是人的幻想”，“几何学不是真实的，但是有用的．”**上面已经表明，**球坐标奇性和随后奇性运算，导致出现并非全空间的真正解，而其中的时间反演解更是完全不合法，干扰了量子力学中心场的求解计算**．

这里强调指出，欣赏数学家赞美逻辑自洽、结构优美的数学理论的同时，不可以接着同意他们的推论：**理论正确性的最高原则是逻辑自洽、结构优美，一定会是自然界中存在之物．这其实未见得！**例如，Dirac 依据电和磁对称优美性的考虑，推测应当存在磁荷．其后有不少工作建立起漂亮的磁单极子数学理论．但这次就不像他上次建立优美的 Dirac 方程预言正电子存在并被实验所证实．这次由于上天入地都找不到磁荷而被实验所否定．再例如，描写物理过程镜向反演对称性的宇称，虽然对引力、电磁力、强力三类过程都是守恒的，**但对弱力过程就不是！**还例如，概括能力极强的超弦理论也由于算出的宇宙膨胀特征与宇宙各处氢原子哈勃常数实验结果分布相背而被否决．**事实上，人类仅限于了解而根本无法对话上帝是怎样创造世界的！人们不知道为什么世界有时就是破缺的！就是并不总如人们设想的那么对称美！人们常常欣赏自然界的总体优美，这当然是应该的！但人们更应该敬畏于自然界那种永恒彻底的理性、永恒绝对的自洽性！这里正如 Einstein 所强调的：The most incomprehensible thing about the world is that it is comprehensible.** [③]

总而言之，物理学家判定一个理论正确与否的最高原则是本书第三版前言的充

① 华盛顿美国国家博物馆说明此符号是美国印第安人发明的.

② Poincare H. 科学与假设. 叶蕴理，译. 北京：商务印书馆，1989: 63，65.

③ 张永德. 量子菜根谭. 3 版. 北京：清华大学出版社，2016：附录 C.

要条件:“科学理性精神”——优美自洽并经受实验验证!而不是数学家偏爱的数学结构优美自洽!那其实只是成为自然规律的必要条件，而不是充分条件!实际上，前面一再强调过，人类在发展历史长河中不断建立的总只是一些相对真理的可道之道，经常不是绝对真理“常道”本身. 按照 **Gödel 定理，人类依据公设和概念构造的所有逻辑体系都不可能是绝对自洽和封闭的，只能是开放的**[①]. **于是连相对的自洽性也常常难以做到!更不必说 Hawking 以他个人拟定的人造模型的自洽性去论证上帝的不存在**[②]**!**

① 张永德. 量子菜根谭. 3 版. 北京: 清华大学出版社，2016: 第 30 讲.

② 同上. 第 13 讲，第 30 讲.

名词索引